AF576178

EUL
VERLAG

SUPPLY CHAIN, LOGISTICS AND OPERATIONS MANAGEMENT

Herausgegeben von Prof. Dr. Dr. h. c. Wolfgang Kersten, Hamburg

Band 20
Henning Skirde
Kostenorientierte Bewertung modularer Produktarchitekturen
Lohmar – Köln 2015 • 256 S. • € 57,- (D) • ISBN 978-3-8441-0424-0

Band 21
Max Feser
Entwicklung eines Modells zur situationsadäquaten Implementierung von Supply Chain Risikomanagement
Lohmar – Köln 2015 • 252 S. • € 57,- (D) • ISBN 978-3-8441-0432-5

Band 22
Lars Werner Dentgen
Entscheidungslogische Gestaltung selbststeuernder Logistiksysteme – Am Beispiel der Luftfracht
Lohmar – Köln 2016 • 248 S. • € 56,- (D) • ISBN 978-3-8441-0446-2

Band 23
Markus Klotzbach
Analyse und Gestaltung technischer Leistungspotentiale herstellerunabhängiger Instandhaltungsdienstleister
Lohmar – Köln 2016 • 272 S. • € 58,- (D) • ISBN 978-3-8441-0458-5

Band 24
Robert Christian Fandl
Bewertung nachhaltiger Produktentwicklungspartnerschaften in der Gießereiindustrie
Lohmar – Köln 2017 • 308 S. • € 66,- (D) • ISBN 978-3-8441-0495-0

Band 25
Ulrich Berbner
Situationsadäquate Gestaltung des Supply-Chain-Risikomanagements unter Berücksichtigung des Informationstechnologieeinsatzes – Ein konfigurationstheoretischer Ansatz zur Auswahl adäquater Strukturtypen
Lohmar – Köln 2017 • 444 S. • € 80,- (D) • ISBN 978-3-8441-0505-6

JOSEF EUL VERLAG

Reihe: Supply Chain, Logistics and Operations Management · Band 25
Herausgegeben von Prof. Dr. Dr. h. c. Wolfgang Kersten, Hamburg

Dr. Ulrich Berbner

Situationsadäquate Gestaltung des Supply-Chain-Risikomanagements unter Berücksichtigung des Informationstechnologieeinsatzes

Ein konfigurationstheoretischer Ansatz zur Auswahl adäquater Strukturtypen

Mit einem Geleitwort von Prof. Dr. Dr. h. c. Hans-Christian Pfohl, Technische Universität Darmstadt

Bibliografische Information der Deutschen Nationalbibliothek

Die Deutsche Nationalbibliothek verzeichnet diese Publikation in der Deutschen Nationalbibliografie; detaillierte bibliografische Daten sind im Internet über <http://dnb.d-nb.de> abrufbar.

Dissertation, Technische Universität Darmstadt, 2016

D 17

ISBN 978-3-8441-0505-6
1. Auflage März 2017

JOSEF EUL VERLAG GmbH
Brandsberg 6
53797 Lohmar
Tel.: 0 22 05 / 90 10 6-80
Fax: 0 22 05 / 90 10 6-88
E-Mail: info@eul-verlag.de
http://www.eul-verlag.de

Bei der Herstellung unserer Bücher möchten wir die Umwelt schonen. Dieses Buch ist daher auf säurefreiem, 100% chlorfrei gebleichtem, alterungsbeständigem Papier nach DIN 6738 gedruckt.

Geleitwort

Das Supply-Chain-Risikomanagement (SCRM) hat seit der verstärkten wissenschaftlichen Diskussion vor etwas über zehn Jahren kontinuierlich an Bedeutung gewonnen. Beigetragen haben hierzu Ereignisse wie die globale Finanzkrise ab dem Jahr 2007, das Tohoku-Erdbeben aus dem Jahr 2011 sowie sich wiederholende Überflutungen in Südostasien, die in den letzten Jahren zu massiven Unterbrechungen in globalen Supply Chains führten. Die Vielzahl an Ereignissen und der Umfang ihrer Auswirkungen hat Unternehmen verstärkt für Supply-Chain-Risiken sensibilisiert und zu einer veränderten Wahrnehmung des SCRM geführt. Letzteres wird in der Unternehmenspraxis immer weniger als notwendiges Übel sondern vielmehr als entscheidender Wettbewerbsfaktor wahrgenommen. Der Nachfrage nach einem effektiven und professionalisierten SCRM steht aktuell eine hochinteressante Entwicklung auf dem Softwaremarkt gegenüber. So werden seit wenigen Jahren auf Big-Data- und Cloud-Technologien basierende Softwarelösungen zur Unterstützung des SCRM angeboten.

In seiner Dissertation führt Ulrich Berbner die im Rahmen des SCRM entstehenden Anforderungen und die Fähigkeiten neuartiger Technologien zur Entscheidungsunterstützung in einem integrierten Konzept zur Bewertung situationsadäquater Strukturtypen zusammen. Hierzu wird auf einer übergeordneten Ebene die in der Literatur bislang unbeantwortete Forschungsfrage nach der situationsadäquaten Ausgestaltung des SCRM unter besonderer Berücksichtigung des Einsatzes neuartiger Informationstechnologien beantwortet.

Die Forschungsfrage wird in der vorliegenden Arbeit in drei aufeinanderfolgenden Teilen bearbeitet. Im ersten Teil erarbeitet Ulrich Berbner basierend auf bestehender Literatur den konzeptionellen und theoretischen Bezugsrahmen seiner Arbeit. Neben Grundlagen des SCRM und der Organisationsgestaltung werden an dieser Stelle mit der Entscheidungstheorie und der Systemtheorie die grundlegenden forschungsleitenden Theorien vorgestellt. Basierend auf dem Bezugsrahmen erarbeitet Ulrich Berbner daraufhin im zweiten Teil der Arbeit ein Modell zur situationsadäquaten Gestaltung des SCRM. Hierbei werden wesentliche situationsdeterminierende Faktoren sowie Gestaltungsparameter aus den Dimensionen Mensch, Organisation und Technik herausgearbeitet. Zudem wird basierend auf organisations- und konfigurationstheoretischen Überlegungen ein Effizienzkonstrukt zur Bewertung situationsadäquater Strukturtypen des SCRM entwickelt. Im dritten und letzten Teil der Arbeit werden schließlich die entwickelten Faktoren mit Hilfe einer breit angelegten Fallstudie bei 19 produzierenden Unternehmen zu konsistenten Situations- und Strukturtypen verwoben. Zudem können unter Zuhilfenahme des entwickelten Effizienzkonzepts und den in der Fallstudie erfolgten Beobachtungen situationsadäquate Strukturtypen identifiziert werden.

Durch die Kombination von Erkenntnissen aus SCRM-Forschung, der Entscheidungstheorie und der Konfigurationstheorie gelingt es Ulrich Berbner einen Beitrag zur theoretischen Bewertung von Strukturtypen im SCRM zu schaffen. So werden basierend auf der umfassenden Literaturrecherche und der wissenschaftlichen Leitlinien folgenden Umsetzung der Fallstudienmethodik wesentliche Lücken in der SCRM-Literatur geschlossen.

Zudem sind die Ergebnisse der vorliegenden Arbeit von hoher praktischer Relevanz, denn die entwickelten situationsadäquaten Strukturtypen bilden eine Entscheidungsheuristik, die Unternehmen bei der Ausgestaltung des eigenen SCRM unterstützt. Da die vorliegende Arbeit sich als erste Arbeit überhaupt mit dedizierten Informationstechnologien für das SCRM befasst, profitieren Praktiker zudem vom gewährten Überblick über am Markt angebotene Software und die grundsätzliche Funktionalität von SCRM-Informationssystemen. Softwareanbietern werden zudem mögliche Entwicklungspotenziale durch die fallstudiengeleitete Identifikation von Adoptionsfaktoren aufgezeigt.

In diesem Sinne wünsche ich der vorliegenden Arbeit sowohl beim wissenschaftlichen Fachpublikum als auch in der Unternehmenspraxis breite Anerkennung und eine hohe Gestaltungskraft.

Darmstadt, November 2016 Prof. Dr. Dr. h. c. Hans-Christian Pfohl

Vorwort

Bei der vorliegenden Arbeit handelt es sich um die nahezu unveränderte Fassung meiner Dissertationsschrift. Sie bildet den Abschluss meiner fünfjährigen Zeit als wissenschaftlicher Mitarbeiter im Bereich Supply Chain- und Netzwerkmanagement der TU Darmstadt, während der ich an vielfältigen Projekten an der Schnittstelle von Unternehmensführung und Logistik forschen durfte. Einen spannenden Teilbereich bildete hierbei das Supply-Chain-Risikomanagement (SCRM), mit dem ich mich in meiner Dissertation umfassend auseinandersetze.

Die Bedeutung des SCRM in Unternehmen möchte ich basierend auf meinen Beobachtungen aus der Praxis als volatil oder wechselhaft bezeichnen. Ereignisse wie Finanzkrisen, Erdbeben, politische Unruhen etc. führen bei Unternehmen mitunter zu einer kurzfristigen SCRM-Euphorie, die oft jedoch zu nur kurzfristig angelegten Gegenmaßnahmen führt. Die mangelnde Transparenz bezüglich vorhandenen Risiken und potenziellen Risikokosten erschwert regelmäßig die nachhaltige Umsetzung eines SCRM. Natürlich ist hierbei auch zu erwähnen, dass sich gerade Logistiker selbst als Risiko- oder Krisenmanager verstehen, denn Themen wie das Auflösen von Lieferengpässen gehören in der Logistik zum Tagesgeschäft. Hierbei ist es jedoch wichtig, darauf zu achten, dass Risikomanagement nicht zu einem unstrukturierten Krisenmanagement wird. Viele Unternehmen beobachten in ihren eigenen Strukturen und Prozessen eine Firefighting-Mentalität, die zu hohen aber kaum transparenten Risikomanagementkosten führt. In diesem Sinne soll diese Dissertation nicht nur einen Beitrag zur SCRM-Forschung liefern, sondern auch für Unternehmen Hinweise darauf geben, welche Möglichkeiten zur situationsadäquaten Gestaltung des SCRM existieren.

Die Umsetzung der vorliegenden Arbeit ist durch die große und engagierte Unterstützung vieler Personen aus der TU Darmstadt, von befragten Unternehmen sowie aus meinem privaten Umfeld erst möglich geworden, denen ich an dieser Stelle meinen herzlichen und aufrichtigen Dank ausspreche.

Allen voran bedanke ich mich bei meinem Doktorvater und akademischen Lehrer Herrn Prof. Dr. Dr. h. c. Hans-Christian Pfohl. Die Arbeit als wissenschaftlicher Mitarbeiter an seinem Lehrstuhl gestattete es mir, Erfahrung in vielseitigen forschungs- und anwendungsnahen Kooperationsprojekten zu sammeln und das notwendige Rüstzeug zur Umsetzung dieser Dissertation zu erwerben. Prof. Pfohl stand mir jederzeit mit fachlichem Rat zur Seite und gewährte mir die notwendigen Freiräume, um die von mir gewählten Themenschwerpunkte in der notwendigen Tiefe zu bearbeiten. Auch bedanken möchte ich mich an dieser Stelle bei Herrn Prof. Dr. Ralf Elbert für seine Unterstützung, insbesondere durch die Übernahme des Korreferats.

Mein wesentlicher Dank gilt auch meinen ehemaligen Kollegen des Bereichs Supply Chain- und Netzwerkmanagement an der TU Darmstadt. Hervorheben möchte ich hierbei insbesondere Dr. David Thomas, der mich durch wertvolle Diskussionen und Anregungen während meiner Zeit als Doktorand unterstützte und motivierte. Gleiches gilt für meinen ehemaligen Kollegen Burak Yahsi, der zudem nicht unerhebliche Zeit in das Korrekturlesen der vorliegenden Arbeit investierte.

Großer Dank gilt natürlich auch all jenen Experten, die mir als wertvolle Interviewpartner zur Verfügung standen. Ohne ihre großzügige Unterstützung wäre diese Arbeit nicht möglich gewesen.

Abschließend möchte ich mich auch bei meiner Familie bedanken. Meine Eltern Hildegard und Manfred haben mir mein Studium an der TU Darmstadt ermöglicht und mich auch während meiner Zeit als Doktorand immer unterstützt. Besonders danken möchte ich an dieser Stelle zudem meiner Freundin Sonja, die mich nicht nur während der Endphase meiner Promotion immer wieder motivierte, sondern zusätzlich auch das finale Korrekturlesen der vorliegenden Arbeit übernahm.

Darmstadt, November 2016 Ulrich Berbner

Inhaltsverzeichnis

Abbildungsverzeichnis

Tabellenverzeichnis

Abkürzungsverzeichnis

APS	Advanced Planning System
ATP	Available to Promise
BIV	Business Interruption Value
CTP	Capable to Promise
MbO	Management by Objectives
CSCMS	Collaborative Supply Chain Management System
EBIT	Earnings before Interest and Taxes
EDI	Electronic Data Interchange
EDIFACT	Electronic Data Interchange for Administration Commerce and Transport
EMS	Electronics Manufacturing Services
ERP	Enterprise Resource Planning
EVA	Economic Value Added
GPS	Global Positioning System
IOS	Interorganisationssystem
IS	Informationssystem
IT	Informationstechnologie
JIS	Just in Sequence
JIT	Just in Time
MES	Manufacturing Execution System
MRP	Material Requirements Planning
NOPAT	Net Operating Profit after Taxes
OEM	Original Equipment Manufacturer
OMD	Original Design Manufacturer
PPS	Produktions-Planungs-System
RFID	Radio Frequency Identification

RMIS	Risiko-Management-Informationssystem
SaaS	Software as a Service
SC	Supply Chain
SCC	Supply Chain Council
SCM	Supply Chain Management
SCMS	Supply-Chain-Management-System
SCOR	Supply Chain Operations Reference (Model)
SCRM	Supply-Chain-Risikomanagement
SCRM-IS	Supply-Chain-Risikomanagement-Informationssystem
SCVI	Supply Chain Vulnerability Index
SCEM	Supply Chain Event Management
SLA	Service Level Agreement
SOP	Start of Production
TAM	Technologie-Akzeptanz-Modell
TMS	Transport-Management-System
TOE	Technology Organization Environment
TRA	Theory of Reasoned Action
UTAUT	Unified Theory of Acceptance and Use of Technology
VAR	Value at Risk
WMS	Warehouse-Management-System

1 Einführung in das Thema

„(...) alle weisen Fürsten (...) müssen nicht nur die gegenwärtigen Zerwürfnisse im Auge haben (...), sondern auch die Zukünftigen und diesen mit Sorgfalt vorbeugen; denn wenn man sie in der Ferne voraussieht, kann man leicht Abhilfe treffen, wartet man aber, bis sie nahe herankommen, so ist die Arznei nicht mehr an der Zeit, weil die Krankheit unheilbar geworden ist (...) (und das, obwohl die Krankheit) im Beginn leicht zu heilen und schwer zu erkennen ist, im Verlauf der Zeit aber (...), leicht zu erkennen und schwer zu heilen sein wird."

Niccolò Machiavelli, 1513

Informationen – oder präziser: den richtigen Informationen zur rechten Zeit – kommt bei der Beurteilung von Situationen und der Ergreifung geeigneter Maßnahmen eine bedeutende Rolle zu. Dies erkannte unter anderen bereits der Politiker und Philosoph Niccolò Machiavelli, der in seiner den Medici gewidmeten Abhandlung *Il Principe* (*Der Fürst*) bereits 1513 darauf hinwies, dass auf bestimmte Entwicklungen nur dann adäquat reagiert werden kann, wenn sie zur rechten Zeit erkannt werden. Was Machiavelli als Voraussetzung für den Machterhalt äußeren Bedrohungen ausgesetzter Herrscher des 16. Jahrhunderts begriff, lässt sich heute ohne weiteres auf Akteure in globalen Supply Chains übertragen. Nur wer rechtzeitig die richtigen Informationen über die gegenwärtige Situation und zukünftige Entwicklungen inner- wie außerhalb seiner Supply Chain erhält, kann die Erreichung seiner Ziele und die Existenz seines Unternehmens sicherstellen.

Aus diesem Grund wurden in den letzten Jahren, wie im Folgenden noch gezeigt wird, die Forschungsbemühungen im Supply-Chain-Risikomanagement deutlich intensiviert. In diesem Kontext findet gegenwärtig vor allem die Rolle von Informationen zunehmend Beachtung. Letzteres ist allerdings weniger durch die Wissenschaft getrieben, sondern vielmehr durch die zunehmende Verfügbarkeit neuer Technologien, die eine umfassende Datenerhebung und -verarbeitung in globalen Supply Chains erst ermöglichen. Damit ergibt sich ein für die vorliegende Arbeit hoch interessantes und bislang nur wenig bearbeitetes Forschungsfeld.

Bevor mit der Bearbeitung des Forschungsfeldes begonnen werden kann, muss ein Wissenschaftler jedoch darlegen, *was* er erforscht und *wie* er es erforscht.[1] Hierzu findet in Kapitel 1.1 eine Auseinandersetzung mit der Ausgangssituation und der sich ergebenden

[1] Vgl. Kamitz (1980), S. 771.

Problemstellung statt, bevor in Kapitel 1.2 gegenwärtige Forschungslücken identifiziert werden. Hierauf aufbauend werden in Kapitel 1.3 das Ziel der vorliegenden Arbeit sowie hieran angelehnte Forschungsfragen abgeleitet. Das Vorgehen im wissenschaftlichen Forschungsprozess wird anschließend mit einer wissenschaftstheoretischen Einordnung in Kapitel 1.4 und einer Skizzierung des Aufbaus der vorliegenden Arbeit in Kapitel 1.5 erläutert.

1.1 Ausgangssituation und Problemstellung

Am 12. August 2015 ereignete sich im Hafen der chinesischen Stadt Tianjin eine Reihe von Explosionen mit umfangreichen Folgen für globale Supply Chains.[2] So wurden durch die Explosionen und die von ihnen ausgelösten Brände über 12.000 Kraftfahrzeuge der Marken Jaguar, Land Rover, Volkswagen, Renault, Hyundai und Mitsubishi sowie rund 7.500 Frachtcontainer vernichtet. Die Zerstörung der wichtigen Hafeninfrastruktur und die unmittelbare Beeinträchtigung der Produktionsanlagen international agierender Unternehmen – wie beispielsweise John Deere oder Toyota – führte zur Unterbrechung globaler Supply Chains.[3]

Ein Beispiel für ein Ereignis mit noch weitreichenderen Folgen liefert das Tōhoku-Erdbeben aus dem Jahr 2011: Das Erdbeben mit der Magnitude 9,0 löste am 11.03.2011 einen Tsunami aus, der 670 km der japanischen Küstenlinie betraf.[4] Neben verheerenden humanitären Auswirkungen hatte das Ereignis ebenfalls umfassende Folgen für globale Supply Chains. Es waren wichtige Industrieanlagen betroffen, was beispielsweise die Belieferung der Halbleiterindustrie mit dem für die Produktion notwendigen Wasserstoffperoxid (H_2O_2) stark beeinträchtigte, aber auch unmittelbar zu einem Ausfall von Unternehmen der Elektronikindustrie führte. Dies hatte wiederum weitreichende Folgen für die mit der Elektronikindustrie eng verzahnte Automobilindustrie. Beispielsweise musste das Unternehmen Toyota mehrere Produktionslinien über mehrere Wochen stilllegen.[5] Obwohl Toyota Beschaffungsrisiken durch eine Dual-Sourcing-Strategie begrenzte, konnte es nicht kontrollieren, dass mehrere Lieferanten spezifische Elektronikkomponenten von dem gleichen, vom Tōhoku-Erdbeben betroffenen Unterlieferanten bezogen. Toyota benötigte über eine Woche, um 500 Teile aus 200 Quellen zu identifizieren, deren Beschaffung aufgrund des Erdbebens gefährdet war. Nach einem massiven Produktionsabfall konnte Toyota erst nach Monaten wieder zum ursprünglichen Produktionsniveau zurückkehren.[6] Auch General Motors (GM) benötigte lange, um die vom Erdbeben betroffenen Lieferanten und Teile zu identifizieren. Während GM ad-hoc nur 390

---

2 Vgl. NYT (2015).

3 Vgl. FT (2015); IBT (2015); Resilinc (2015), S. 7ff.; Global Times (2016).

4 Vgl. Matsuo (2015), S. 217.

5 Vgl. Matsuo (2015), S. 220.

6 Vgl. Matsuo (2015), S. 220.

potenziell betroffene Teile identifizierte, stieg diese Zahl nach einer aufwendigen, 11 Wochen andauernden Analyse auf 5.850.[7]

Dass es sich hierbei nicht um Einzelfälle handelt, sondern die Bedrohungslage für globale Supply Chains insgesamt steigt, zeigen aktuelle Studien.[8] Beispielsweise identifiziert der Versicherungskonzern Allianz in seinem *Risk Barometer 2016* im vierten Jahr in Folge Business Interruption und Supply-Chain-Risiken als die kritischsten Risiken überhaupt.[9] Unterstrichen wird die Bedeutung von Supply-Chain-Risiken auch durch das aktuelle Interesse der Internationalen Organisation für Normung (ISO) einen internationalen Standard für das Supply-Chain-Risikomanagement zu schaffen.[10]

Als Gründe für eine verschärfte Risikolage werden neben Supply-Chain-exogenen Faktoren wie einer zunehmenden Gefahr durch Naturkatastrophen oder politische Umwälzungen auch Supply-Chain-endogene Faktoren, die die Verwundbarkeit von Supply Chains erhöhen, gesehen.[11] Zu letzteren zählt insbesondere der Trend zur Verringerung der Wertschöpfungstiefe im Rahmen der globalen Verlagerung von Produktion und Beschaffung. Zudem ist gerade die Automobilindustrie in den letzten Jahren dazu übergegangen, die durch zunehmende Variantenvielfalt induzierte Komplexitätserhöhung durch die Vergabe ganzer Systeme an Systemlieferanten zu kompensieren.[12] Dies hat zu einem hohen Verlust der Transparenz in Supply Chains geführt, was mit einem hohen Unwissen von Unternehmen bezüglich der eigenen Risikoexposition einhergeht.[13] Aufgrund der verschärften Bedrohungslage versuchen Unternehmen aktuell allerdings, die Transparenz in der Supply Chain wieder zu erhöhen.[14] Eine Grundlage hierfür schaffen dedizierte Informationssysteme für das Supply-Chain-Risikomanagement, die auf Industrie 4.0-Technologien[15] aufbauen und die Verarbeitung umfangreicher Datenmengen im Supply Chain Management und Supply-Chain-Risikomanagement gestatten.[16]

---

7 Vgl. Sheffi/Lynn (2014), S. 26.

8 Vgl. bspw. The Economist Intelligence Unit Limited (2009); airmic (2013); Allianz (2014); Munich RE (2014); Allianz (2015); Allianz (2016).

9 Vgl. Allianz (2014), S. 1; Allianz (2015), S. 1; Allianz (2016), S. 1.

10 Mit dem TC262 wurde im Jahr 2015 ein technisches Komitee ins Leben gerufen, dessen Aufgabe in der Entwicklung eines neuen Standards mit der Bezeichnung „Managing Supply Chain Risk – A Compilation of best Practices" besteht (Vgl. ISO (2015)).

11 Vgl. hierzu u.a. Peck (2005), S. 223; Rao/Goldsby (2009), S. 111; Wagner/Neshat (2010), S. 126; Ceryno u. a. (2013), S. 146; Marley/Ward/Hill (2014), S. 146; Bode/Wagner (2015), S. 220-223.

12 Vgl. Ostertag (2008), S. 47.

13 Vgl. Harland/Brenchley/Walker (2003)a, S. 59; Lumsden/Mirzabeiki (2008), S. 670; Bunkley (2011), S. 61.

14 Vgl. UPS (2015); Jüttner/Maklan (2011), S. 249.

15 Für einen strukturierten Überblick über Industrie 4.0-Technologien siehe Pfohl/Yahsi/Kurnaz (2015).

16 Vgl. hierzu bspw. Sheffi/Vakil/Griffin (2012).

1.2 Forschungslücken

Das Supply-Chain-Risikomanagement gehört zu den am schnellsten wachsenden Segmenten in der Logistikforschung.[17] Dies zeigt auch die in Abbildung 1 dargestellte Entwicklung wissenschaftlicher Veröffentlichung nach einer eigenen Recherche über das *Thomsen Reuters Web of Science*. Während sich die Anzahl der jährlichen Veröffentlichungen zu Supply-Chain-Management-Themen in den letzten zehn Jahren in etwa verdreifachte, hat sich die Zahl der Veröffentlichungen mit Bezug zum Supply-Chain-Risikomanagement (SCRM) im gleichen Zeitraum mehr als verfünffacht.[18]

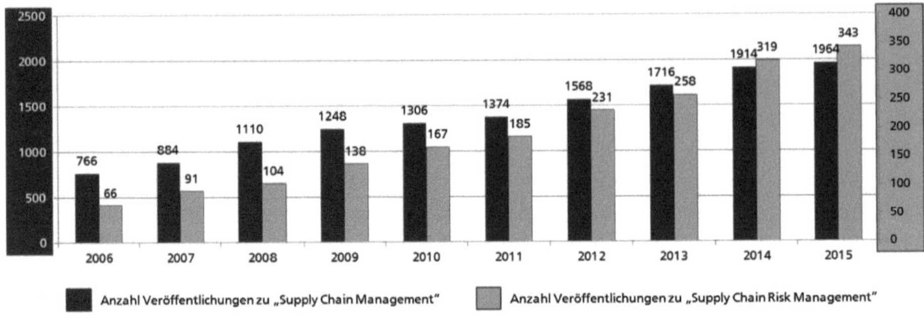

Abbildung 1: Entwicklung der wissenschaftlichen Veröffentlichungen zu den Themen „Supply Chain Management" und „Supply Chain Risk Management"[19]

Trotz des zunehmenden Forschungsinteresses lassen sich wesentliche Lücken in der Supply-Chain-Risikomanagement-Forschung identifizieren. Wichtige Hinweise auf Forschungslücken geben die umfassenden Literatur-Reviews von Ghadge/Dani/Kalawsky (2012), Ceryno u. a. (2013) sowie Ho u. a. (2015).

Ghadge/Dani/Kalawsky (2012) zeigen basierend auf einem umfassenden Literaturüberblick, dass zukünftig umfassender Forschungsbedarf zu verhaltenswissenschaftlichen Aspekten im SCRM, der Rolle von Nachhaltigkeit im SCRM, Kooperation im SCRM und Risikointerdependenzen im SCRM besteht. Zudem wird betont, dass sich aufgrund der Entwicklung neuer Telematik-Technologien zukünftig umfassende Möglichkeiten zur Verbesserung der Transparenz in globalen Supply Chains ergeben. Die rechtzeitige Verfügbarkeit von korrekten Informationen wird als Grundvoraussetzung für ein erfolgreiches präventives und reaktives Supply-Chain-Risikomanagement bislang nur unge-

---

17 Vgl. Wieland/Wallenburg (2012), S. 887.

18 Vgl. zur Entwicklung des Forschungsinteresses im SCRM-Kontext auch Ghadge/Dani/Kalawsky (2012), S. 317ff.; Ceryno u. a. (2013), S. 142ff.; Ho u. a. (2015), S. 5031ff.

19 Die Daten wurden zuletzt am 16.02.2016 über das Thomsen Reuters Web of Science (www.webofknowledge.com) gewonnen. Dargestellt sind die Anzahl der Funde zu den *Topics „Supply Chain Management"* und *„Supply Chain Risk Management"* in den jeweiligen Veröffentlichungsjahren.

nügend in der Forschung berücksichtigt.[20] Zudem identifizieren Ghadge/Dani/ Kalawsky (2012) das Fehlen eines ganzheitlichen Ansatzes zum Umgang mit Supply-Chain-Risiken. Empfohlen wird daher für die Zukunft die Verfolgung eines Systemansatzes, der unterschiedliche Risikodimensionen, deren Einflüsse sowie Risikomanagementmaßnahmen ganzheitlich untersucht und hierbei die Supply Chain als System mit unterschiedlichen Systembestandteilen und Kopplungen begreift.[21]

Einen neueren, ebenfalls umfassenden Literaturüberblick liefern Ceryno u. a. (2013). Die Autoren zeigen, dass es an einem einheitlichen Verständnis sowie einem allgemein anerkannten und in der Praxis bestätigten integrierten Framework für das SCRM mangelt. Zudem merken die Autoren an, dass die SCRM-Forschung von konzeptionellen Arbeiten dominiert wird und empirisch fundierte, für bestimmte Branchen und Kulturen generalisierbare Erkenntnisse fehlen.[22]

Ho u. a. (2015) betonen in ihrem Literatur-Review den Beitrag, den die Forschung bereits durch die Konzeption umfassender Techniken zur Unterstützung des SCRM geleistet hat. Gezeigt wird jedoch, ähnlich wie bei Ceryno u. a. (2013), dass eine umfassende empirische Prüfung dieser Techniken noch aussteht. Auch werden gegebenenfalls unterschiedliche situative Kontexte des SCRM bei der Konzeption von Techniken und Maßnahmen nur unzureichend berücksichtigt. Zudem zeigen die Autoren, dass bestehende Literatur insbesondere die Phasen *Identifikation*, *Analyse* und *Steuerung* des SCRM-Prozesses fokussiert, es allerdings an Beiträgen zur Phase der *Kontrolle* bzw. des *Monitorings* mangelt. Aus diesem Grund sollte zukünftig die Rolle von Frühwarnsystemen, die rechtzeitig für das SCRM relevante Informationen bereitstellen, weiter erforscht werden.[23]

Zu ähnlichen Ergebnissen wie in der dargestellten Literatur kommt auch eine für die vorliegende Untersuchung selbst durchgeführte Literaturrecherche. So zeigt die existierende Literatur, dass für das SCRM insbesondere aufgrund der zunehmenden Komplexität von Supply Chains umfassende Informationen notwendig sind und dass Risikoinformationen Unternehmen oft erst zu einem späten Zeitpunkt erreichen, wenn keine adäquaten Maßnahmen mehr implementiert werden können. Auch die Notwendigkeit des Einsatzes von Techniken bei der Informationsverarbeitung wird immer wieder betont. [24] Allerdings bleibt die SCRM-Forschung konkrete Aussagen zur Rolle von Informationen und dazu, wie Informationen im SCRM durch den Einsatz von Methoden und Instrumenten überhaupt zur Entscheidungsunterstützung zu erschließen sind, schuldig.[25] Dies ist besonders gravierend, da zumindest einzelne Beiträge belegen, dass im

---

20 Vgl. Ghadge/Dani/Kalawsky (2012), S. 328.

21 Vgl. Ghadge/Dani/Kalawsky (2012), S. 328f.

22 Vgl. Ceryno u. a. (2013), S. 143, 147. Ähnlich argumentieren auch Sodhi/Son/Tang (2012), S. 10-12.

23 Vgl. Ho u. a. (2015), S. 5060f.

24 Vgl. Schneckenburger (2003), S. 794, Jüttner (2003), S. 785; Zhou/Benton Jr. (2007), S. 1353; Wagner/Neshat (2010) S. 122; Henschel (2014), S. 64f.

25 Forschungsbeiträge im SCRM, die Informationen im SCRM zumindest implizit adressieren, sind u.a. Harland/Brenchley/Walker (2003); Hendricks/Singhal (2003); Jüttner/Peck/Christopher (2003a);

Unternehmen vorhandene Techniken oftmals aus verschiedenen Gründen überhaupt nicht genutzt werden. Um einen effizienten und effektiven Einsatz von Technologien zu erreichen, müssen diese in enger Abstimmung mit den bestehenden Strukturen und den Qualifikationen der im SCRM tätigen Mitarbeiter eines Unternehmens abgestimmt werden.[26]

Aufgrund der identifizierten Forschungslücken muss sich die SCRM-Forschung insbesondere der Rolle von Informationen und dem Einsatz von neuartigen Technologien widmen. Offensichtlich bestehen wesentliche Zusammenhänge zwischen der SCRM-Gestaltung, Informationen und neuartigen Technologien, die bei der Informationsverarbeitung unterstützen. Im Rahmen der Erforschung dieser Phänomene sollte aufgrund der Defizite bestehender Forschungsbeiträge besonderer Wert auf die empirische Fundierung gelegt werden. Zudem sollte SCRM-Forschung einen Systemansatz verfolgen. Dieser Systemansatz soll zu einer engen Abstimmung neuer Technologien mit anderen, wesentlichen Subsystemen des Unternehmens, wie Mitarbeitern oder Organisationsstrukturen, führen. Zudem sollte der Systemansatz Unternehmen als Subsysteme von Supply Chains begreifen und so zu einem besseren Verständnis von Supply-Chain-Risiken und entstehenden Risikowirkungen beitragen.

1.3 Zielsetzung und Forschungsfragen

Das Ziel der vorliegenden Arbeit richtet sich nach den identifizierten Forschungslücken sowie der in Kapitel 1.1 formulierten Ausgangssituation, die aufzeigt, dass neuartige Technologien heute die Verarbeitung komplexer Supply-Chain-Daten zur Unterstützung von Entscheidungen im SCRM gestatten. Hieraus ergibt sich das folgende, übergeordnete Ziel für die vorliegende Arbeit.

Übergeordnetes Forschungsziel der vorliegenden Arbeit

Das Ziel der vorliegenden Arbeit besteht in der empirisch fundierten Identifikation situationsadäquater Typen des Supply-Chain-Risikomanagements unter besonderer Berücksichtigung der Rolle von Informationen und neuartiger Technologien.

Aus diesem übergeordneten Forschungsziel lässt sich eine für diese Arbeit übergeordnete Forschungsfrage ableiten, in der Informationen und neuartige Technologien explizit berücksichtigt werden.

Jüttner (2005a); Craighead u. a. (2007); Lumsden/Mirzabeiki (2008); Braunscheidel/Suresh (2009); Blackhurst/Dunn/Craighead (2011); Jüttner/Maklan (2011); Speier u. a. (2011); Ghadge/Dani/Kalawsky (2012); Gümüş/Ray/Gurnani (2012); Lavastre/Gunasekaran/Spalanzani (2012); Simangunsong/Hendry/Stevenson (2012); Brandon-Jones u. a. (2014); Fujimoto/Park (2014).

[26] Vgl. Jüttner (2005a) S. 248; Sheffi/Vakil/Griffin (2012), S.15.

Übergeordnete Forschungsfrage

Wie sollte das Supply-Chain-Risikomanagement (SCRM) in Unternehmen unter der notwendigen Beachtung der Rolle von Informationen und neuartiger Technologien gestaltet werden?

Um diese Forschungsfrage umfassend beantworten zu können wird sie im Folgenden in mehrere Unterfragen gegliedert. Über die Beantwortung der Gesamtheit der Unterfragen wird auch die übergeordnete Forschungsfrage beantwortet und das übergeordnete Forschungsziel der vorliegenden Arbeit erfüllt. Um überhaupt die Zusammenhänge zwischen dem SCRM und Informationen aufzeigen zu können, ist die Rolle von Informationen im SCRM zu beleuchten. Gleiches gilt für die Rolle neuartiger Technologien.

Forschungsfrage 1

Welche Rolle spielen Informationen im Supply-Chain-Risikomanagement und wie werden sie heute beschafft?

Forschungsfrage 2

Welche Rolle spielen neuartige Technologien im Supply-Chain-Risikomanagement?

Um die Rolle neuartiger Technologien überhaupt betrachten zu können, stellt sich die Frage, welche Technologien sich als relevant für das SCRM erweisen. Da gerade in den letzten Jahren verstärkt Softwareanbieter und Beratungshäuser dedizierte Informationssysteme für das SCRM am Markt platziert haben, die in Supply Chains vorhandene Informationen mittels unterschiedlicher Industrie 4.0-Technologien für das SCRM erschließen, liegt es nahe, gezielt solche Systeme als wesentlichen Teilausschnitt relevanter Technologien zu untersuchen.[27] Hierbei muss geklärt werden, was überhaupt solche Informationssysteme für das SCRM sind, welchen Beitrag sie für das SCRM leisten und in welchen Fällen sie von Unternehmen adoptiert werden. Hieraus ergeben sich die folgenden weiteren Unterfragen.

---

27 Für eine frühe Betrachtung solcher Supply-Chain-Risikomanagement-Informationssysteme siehe Sheffi/Vakil/Griffin (2012). Von solchen Systemen verwendete Technologien sind u.a. Apps, Mobile Services, Smart Data, Business Intelligence, AIDC etc. (Vgl. zu Industrie 4.0-Technologien bspw. Pfohl/Yahsi/Kurnaz (2015), S. 41).

Forschungsfrage 2a

Was sind Supply-Chain-Risikomanagement-Informationssysteme (SCRM-IS) und welchen Beitrag leisten sie für das Supply-Chain-Risikomanagement?

Forschungsfrage 2b

Welche Faktoren beeinflussen die Adoption bzw. Ablehnung von Supply-Chain-Risikomanagement-Informationssystemen?

Nachdem die Rolle von Information und Technologie geklärt wurde, kann sich die Arbeit abschließend der situationsadäquaten Gestaltung des SCRM widmen. Adressiert wird die situationsadäquate Gestaltung über die dritte Forschungsfrage.

Forschungsfrage 3

Welche situationsadäquaten Gestaltungstypen ergeben sich für das Supply-Chain-Risikomanagement?

Aufgrund der hohen Komplexität der Problemstellung werden aus der dritten Forschungsfrage wiederum mehrere Unterfragen abgeleitet. Hierbei sind in einem ersten Schritt unter Verfolgung eines Systemansatzes die Situation als die Menge gegebener Rahmenbedingungen sowie die Struktur als Ergebnis einer Gestaltungsaufgabe voneinander zu differenzieren und Situations- und Strukturtypen zu entwickeln. Abschließend ist zu ermitteln, welche Strukturtypen eine besonders geeignete Passung (Fit) mit bestimmten Situationstypen aufweisen.

Forschungsfrage 3a

Welche Situationstypen gibt es und wie werden sie determiniert?

Forschungsfrage 3b

Welche Strukturtypen gibt es und wie werden sie determiniert?

Forschungsfrage 3c

Wie kann ein Fit zwischen Situationstypen und Strukturtypen hergestellt werden?

Nachdem nun die wesentlichen Forschungsfragen formuliert wurden, stellt sich die Frage, wie diese Forschungsfragen in einem Forschungsprozess beantwortet werden können. Wesentliche Hinweise hierauf gibt die Wissenschaftstheorie, weshalb im folgenden Kapitel eine wissenschaftstheoretische Einordnung der vorliegenden Arbeit erfolgt.

1.4 Wissenschaftstheoretische Einordnung

In der Betriebswirtschaftslehre dominieren aufgrund der Anlehnung an praxisnahe Themen und der geforderten Gestaltungsaussagen überwiegend pragmatische Forschungsansätze.[28] Allerdings resultieren hieraus teils miteinander unvereinbare Erkenntnisaussagen,[29] was die Notwendigkeit einer Wissenschaftstheorie auch im pragmatischen Forschungszusammenhang erklärt. Die Wissenschaftstheorie ist als *„Reflexion über Wissenschaft"*[30] zu verstehen. Sie befasst sich mit den Voraussetzungen, Methoden, Erfolgsfaktoren sowie Rahmenbedingungen der wissenschaftlichen Forschung und verfolgt hierbei eine deskriptive und eine normative Ausrichtung. Im Rahmen der normativen Ausrichtung gibt Wissenschaftstheorie Hinweise darauf, wie Wissenschaft betrieben werden sollte.[31] Mit der wissenschaftstheoretischen Einordnung einer Forschungsarbeit wird das der Forschung zugrunde liegende Paradigma im Sinne der Festlegung des Forschungszwecks, der Art des zu untersuchenden Gegenstands sowie der zu verwendenden Methodik fixiert.[32]

Bezüglich des Forschungszwecks lassen sich die Anlehnung an ein theoretisches Erklärung- und ein pragmatisches Gestaltungsziel unterscheiden. So wird in der theoretischen Wissenschaft der Erkenntnisfortschritt zum Selbstzweck, während er in der angewandten Wissenschaft als Mittel zum Zweck zur Erreichung vorab definierter Ziele fungiert.[33] Während sich das theoretische Wissenschaftsziel an der Ergründung von Wahrheit orientiert, verfolgt das pragmatische Ziel die praktische Anwendbarkeit von Ergebnissen.[34] Die vorliegende Arbeit ist der betriebswirtschaftlichen Forschung zuzuordnen, die heute in der Regel als angewandte Wissenschaft eingeordnet wird.[35] Daher sollte die Arbeit neben einem theoretischen auch einem pragmatischen Wissenschaftsziel folgen. Zur Erfüllung des theoretischen Wissenschaftsziels sind theoretische Aussagen im Sinne von Hypothesen zur Erklärung und Prognose von Sachverhalten in Gestalt von Ursache-Wirkungsbeziehungen zu entwickeln. In diesem Rahmen sind auch entsprechende definitorische Grundlagen zu schaffen.[36] Das theoretische Wissenschaftsziel dieser Arbeit ist wie folgt definiert.

---

[28] Vgl. Thomae (1999), S. 287ff.

[29] Vgl. Kuhn (1999), S. 25ff.

[30] Scherer (2006), S. 22.

[31] Vgl. Steinmann/Scherer (1995), S. 1056ff.;Scherer (2006), S. 22

[32] Vgl. Scherer (2006), S. 23.

[33] Vgl. Ziegler (1980), S. 4; Ulrich (1981), S. 4; Sikora (1994), S. 179; Schwegler (1995), S. 71f.; Bunge 1996), S. 196.

[34] Vgl. Heinen/Dietel (1976), S. 3.

[35] Vgl. Ulrich/Hill (1979), S. 163; Ulrich (1984), S. 200; Fülbier (2004), S. 267.

[36] Vgl. Heinen/Dietel (1976), S. 3; Pfohl (1977), S. 32; Fülbier (2004), S. 267. Zur Erfüllung des theoretischen Wissenschaftsziel bedient sich die Betriebswirtschaftslehre verschiedener definitorischer, beschreibender (deskriptiver), erklärender (explikativer) und prognostischer Aussagen (vgl. Pfohl (1977), S. 32).

Theoretisches Wissenschaftsziel

Das theoretische Wissenschaftsziel besteht in der Identifikation, Beschreibung und Erklärung der Rolle von Informationen und IT im Supply-Chain-Risikomanagement sowie der Wechselwirkung zwischen der Situation eines Unternehmens und dem von einem Unternehmen herausgebildeten Supply-Chain-Risikomanagement-System.

Das pragmatische Wissenschaftsziel baut auf dem theoretischen Wissenschaftsziel auf und berücksichtigt hierbei explizit Mittel, die zur Erreichung vorgegebener Ziele einzusetzen sind.[37] Das pragmatische Wissenschaftsziel dieser Arbeit ist wie folgt definiert.

Pragmatisches Wissenschaftsziel

Das pragmatische Wissenschaftsziel besteht in der anschaulichen Darstellung des Marktes und der Funktionsweise von Supply-Chain-Risiko-Management-Technologien, der Identifikation von Faktoren, die die Adoption solcher Technologien beschreiben und erklären sowie der Bereitstellung einer Entscheidungsheuristik, die in Abhängigkeit von der Unternehmenssituation Auskunft über die situationsadäquate Gestaltung des Supply-Chain-Risikomanagement-Systems gibt.

Um zu präzisieren, wie betriebswirtschaftliche Forschung zu betreiben ist, sollte auch im Rahmen einer praxisbezogenen wissenschaftlichen Arbeit eine metawissenschaftliche Fundierung erfolgen. Diese gibt Hinweise über die zu treffenden Gestaltungsaussagen und zu verwendende Methoden, ermöglicht eine Verortung der Arbeit, beeinflusst den Wert der Forschungsergebnisse über die Prägung eines Vorverständnisses und stellt den Bezug zu vorhandenen Forschungserkenntnissen her.[38] Hervorgehoben wird die Notwendigkeit zur Explizierung des verwendeten wissenschaftstheoretischen Ansatzes zudem, da es nicht *die eine* allgemein anerkannte Wissenschaftstheorie gibt.[39] Wesentliche Hauptströmungen wissen-schaftstheoretischer Positionen, die im Folgenden vorgestellt werden, sind der *klassische Rationalismus*, der *Empirismus*, der *kritische Rationalismus* sowie der *Konstruktivismus*.

Vertreter des *klassischen Rationalismus* argumentieren, dass Erkenntnisse über die Wirklichkeit allein auf Verstand und Vernunft beruhen und Erkenntnisfortschritt unabhängig von Erfahrung bzw. sinnlicher Wahrnehmung ist.[40] Erkenntnisse werden auf Basis allgemeingültiger Gesetzesaussagen bzw. Axiome durch Deduktion als logische Schlussfolgerung vom

---

37 Vgl. Chmielewicz (1994), S. 17f., 185; Kieser/Kubicek (1992), S. 55f. Zur Erfüllung des pragmatischen Wissenschaftsziels bedient sich die Betriebswirtschaftslehre technologischer und praktisch-normativer Aussagen.

38 Vgl. Schildknecht (2013), S. 44f.

39 Vgl. Fülbier (2004), S. 268ff.

40 Vgl. Ruß (2004), S. 25ff.; Popper (2010), S. 11.

Allgemeinen auf das Besondere gewonnen.[41] Die im betriebswirtschaftlichen Kontext fehlenden allgemeingültigen Gesetzesaussagen lassen die Anwendung des klassischen Rationalismus als problematisch erscheinen.[42]

Demgegenüber nehmen Vertreter des *Empirismus* eine deutliche Gegenposition ein, indem sie Erfahrung bzw. sinnliche Wahrnehmung als eigentliche Quelle von Erkenntnis ansehen.[43] Die Erkenntnisgewinnung folgt hierbei über Induktion als Schluss vom Speziellen als endliche Zahl von Beobachtungen der Realität auf das Allgemeine.[44] Der Schluss von oft wenigen, meist nicht reproduzierbaren Fällen auf allgemeingültige Aussagen wird hierbei jedoch als kritisch angesehen.[45]

Vertreter des in der betriebswirtschaftlichen Forschung dominierenden *kritischen Rationalismus*, der eine vermittelnde Position zwischen den beiden vorgenannten Strömungen einnimmt, betonen die theoretische Herleitung von Hypothesen und deren anschließende Überprüfung an der Realität. Durch Deduktion sind folglich falsifizierbare (im Forschungsprozess widerlegbare) Hypothesen und Theorien zu entwickeln und anschließend an Einzelfällen (mittels entgegengesetztem Induktionsschritt) zu überprüfen. Im Kern des kritischen Rationalismus steht damit die Falsifikation, die besagt, dass eine empirische Überprüfung von Aussagen nicht zu deren Bestätigung sondern ausschließlich zu deren Widerlegung führen kann. Ein iterativer Prozess als Wechselspiel zwischen Hypothesenbildung und Falsifikation dient der Ansammlung von *„bewährtem Wissen“*.[46]

Vertreter des *Konstruktivismus* verneinen im Gegensatz zum kritischen Rationalismus die objektive Überprüfbarkeit von Gesetzmäßigkeiten,[47] denn jeder Akt des Erkennens basiert auf der Konstruktion eines Beobachters.[48] Mit dem Konstruktivismus wird zwar die Existenz einer Außenwelt nicht grundsätzlich verneint, sie ist allerdings auch nicht voraussetzungsfrei erkennbar, so dass dem Konstruktivismus zufolge kein objektives, vom Subjekt losgelöstes Wissen über die Wirklichkeit besteht.[49] Im Gegensatz zum kritischen Rationalismus nimmt der Konstruktivismus eine subjektivistische Position ein. Wissen bzw. Erkenntnis

---

41 Vgl. Scherer (2006), S. 25; Lamnek (2010), S. 222ff.

42 Vgl. Schneider (1981), S. 23ff.; Raffée (1999), S. 21.

43 Vgl. Kromrey (2006), S. 15f.

44 Vgl. Lamnek (2010), S. 222f.; Schnell/Hill/Esser (2011), S. 61ff.

45 Vgl. Chmielewicz (1994), S. 89; Popper (2005), S. 3.

46 Vgl. Fülbier (2004), S. 268; Popper (2005), S. 16; 54ff.; Scherer (2006), S. 26f.

47 Fülbier (2004), S. 268ff. Es gibt nicht den einen Konstruktivismus, da dieser auf unterschiedliche epistemologische und philosophische Strömungen zurückzuführen ist. Das konstruktivistische Lernproblem ist in den unterschiedlichen Strömungen jedoch identisch (vgl. Fülbier (2004), S. 269; Scherer (2006), S. 44ff.)

48 Vgl. Maturana (1998), S. 25; Pörksen (2015), S. 4.

49 Vgl. Scholl (2011), S. 163f.

ergibt sich als das Ergebnis von Argumentationsleistungen und wissenschaftlichen Diskursen. Hierdurch sollen Tendenzaussagen abgeleitet und Wahrheit „*konstruiert*“ werden.[50]

Da die vorliegende Arbeit ein Verständnis von der Rolle von Informationen und Informationstechnologie im Supply-Chain-Risikomanagement schaffen soll, ist sie auf die subjektiven Wahrnehmungen von einzelnen Akteuren im Supply-Chain-Risikomanagement angewiesen. Dies gilt auch für die Ermittlung idealer, situationsabhängiger Strukturtypen des Supply-Chain-Risikomanagements. Wie im Rahmen dieser Arbeit angestellte Voruntersuchungen zeigten, stehen viele Unternehmen bei der Organisation sowie beim IT-Einsatz im Supply-Chain-Risikomanagement noch am Anfang. Es wäre also fraglich, ob sich durch ein iteratives Vorgehen aus Hypothesenentwicklung und Falsifizierung aufgrund einer notgedrungen beschränkten Stichprobe überhaupt stichhaltige Erkenntnisse gewinnen ließen. Aus diesem Grund werden zur Ermittlung situationsadäquater Strukturtypen die subjektiven Erfahrungen von Experten mittels Argumentationsleistungen zur Fundierung vorab deduzierter Wirkungszusammenhänge verwendet. Damit folgt die vorliegende Arbeit einem konstruktivistischen Wissenschaftsbild.

Wie bereits angedeutet, ist unter Befolgung eines konstruktivistischen Paradigmas die subjektive Wirklichkeit von Akteuren im Unternehmen und deren Wahrnehmung des Supply-Chain-Risikomanagements zu untersuchen. Während die quantitative Sozialforschung mittels statistischer Verfahren ex ante Hypothesen prüft, dient die qualitative Sozialforschung der Schaffung eines Verständnisses innerer Strukturen empirisch entdeckter Zusammenhänge. Qualitative Forschung zeichnet sich neben einer starken Anwendungsorientierung auch dadurch aus, dass sie der Komplexität realer Phänomene durch einen offenen und explorativen Zugang gerecht wird.[51] Im Hinblick auf das Forschungsparadigma und die Neuheit des Untersuchungsgegenstands empfiehlt sich folglich ein qualitatives Vorgehen.

Bei den in einer konstruktivistischen Arbeit notwendigen Kommunikationsleistungen können Subjektivitäts- und Kommunikationsprobleme auftreten. Um diesen zu begegnen, ist im realwissenschaftlichen Forschungsprozess eine gedankliche Trennung zwischen Entdeckungs-, Begründungs- und Verwendungszusammenhang anzustreben. Die Basis der Forschung bildet der Entdeckungszusammenhang mit der Bildung eines konzeptionellen Bezugsrahmens. Hierbei wird das Vorwissen durch erste Untersuchungen erweitert und das Untersuchungsobjekt strukturiert. Der Begründungszusammenhang dient der empirischen Fundierung des entwickelten Bezugsrahmens, der Verwendungszusammenhang dient schließlich der Übertragung der Forschungsergebnisse zur Sicherstellung praktischer Verwendbarkeit.[52]

Aufgrund der Stellung der Betriebswirtschaftslehre als angewandte Wissenschaft ergibt sich bei den unterschiedlichen Schlussverfahren – Deduktion und Induktion – ein Theorie-

---

50 Vgl. Raffée/Abel (1979), S. 6; Watzlawick (2003), S. 15, 182; Fülbier (2004), S. 269.

51 Vgl. Becker (1993), S. 113.

52 Vgl. Glaser/Strauss (1967), S. 102ff.; Kohli (1978), S. 6; Ulrich/Hill (1979), S. 146ff.

Praxis-Problem.[53] In der vorliegenden Arbeit wird diesem Problem in Anlehnung an Grochla (1978) durch die Verfolgung einer integrierten Forschungsstrategie, die ein sachlich-analytisches mit einem empirischen Vorgehen kombiniert, begegnet.[54] Einem eklektischen Theorieverständnis folgend werden im Rahmen des sachlich-analytischen Vorgehens insbesondere Ansätze der Konfigurations-, Entscheidungs-, Organisations-, Informations- und Systemtheorie zu einem konzeptionellen Bezugsrahmen verwoben, der bereits hypothesenhaft die Rolle der Information und Informationstechnologie und der hierauf aufbauenden SCRM-Systeme mit dem situativen Umfeld von Unternehmen in Beziehung setzt. Das Vorgehen in der vorliegenden Arbeit ist auf die Methoden der empirischen Sozialforschung gestützt. Hierbei kommen insbesondere Fallstudien und Experteninterviews zum Einsatz – das exakte Vorgehen wird in Kapitel 5 beschrieben. Nachdem durch das analytische Vorgehen eine hypothetisch-spekulative Beantwortung der Forschungsfragen ermöglicht wird, dient die Empirie zur abschließenden interpretativ-induktiven Entwicklung eines Aussagensystems, welches insbesondere Ursachen-Wirkungszusammenhänge im Rahmen der situativen Gestaltung von SCRM-Systemen enthält.[55] Durch die Entwicklung eines Analyserasters im Sinne einer Heuristik zur Unterstützung von Entscheidungen der Organisationsgestaltung, werden Ziel-Mittel-Aussagen getroffen und somit auch das pragmatische Wissenschaftsziel dieser Arbeit erfüllt.

1.5 Aufbau der Arbeit

Der Aufbau der vorliegenden Arbeit ist in Abbildung 2 skizziert. Aus der Abbildung ist zudem der Beitrag der unterschiedlichen Kapitel zur Beantwortung der oben skizzierten Forschungsfragen ersichtlich.

Kapitel 1 diente der Vorstellung der Problemstellung und Ausgangssituation der vorliegenden Arbeit. Zudem wurden in Kapitel 1 bereits Forschungslücken aufgezeigt und aus dem vorgestellten Forschungsziel eine zentrale Forschungsfrage sowie Unterfragen abgeleitet. Zudem fand eine wissenschaftstheoretische Einordnung der vorliegenden Arbeit statt.

Im Folgenden werden mit den Kapiteln 2 bis 4 der theoretische und konzeptionelle Bezugsrahmen der vorliegenden Arbeit aufgespannt und relevante Begriffe definiert. Kapitel 2 liefert hierbei eine Einführung in das Supply Chain Management und zeigt Herausforderungen von Elektronik- und Automobil-Supply-Chains auf. Im Anschluss findet hieran in Kapitel 3 eine umfassende Auseinandersetzung mit dem allgemeinen Risikomanagement und dem SCRM statt. Schwerpunkte bilden hierbei die Diskussion der Rolle von Informationen im SCRM sowie die Entwicklung eines Systemverständnisses, welches das SCRM als informationsverarbeitungsorientiertes Subsystem des Unternehmens begreift. In Kapitel 4 wird schließlich basierend auf den zuvor gewonnenen Erkenntnissen und ergänzenden Theorien – insbesondere auf Basis des Konfigurationsansatzes – ein hypothesenhaftes

53 Vgl. Freimann (1994), S. 7ff. sowie Köhler (2011), S. 6 und die dort genannte Literatur.

54 Vgl. Grochla (1978), S. 71ff., 93ff.

55 Vgl. Scherer (2006), S. 36f.

Aussagensystem bezüglich situationsadäquater Strukturtypen des SCRM entwickelt. Mit der Beleuchtung der relevanten Themengebiete, den vorgenommenen Definitionen und dem entwickelten Aussagensystem liefern die Kapitel 2 bis 4 einen wesentlichen Beitrag zur Beantwortung der oben skizzierten Forschungsfragen. Es wird jedoch gezeigt werden, dass zur Erreichung des Forschungsziels eine empirische Fundierung und Ergänzung der Ergebnisse erfolgen muss.

Kapitel 5 bildet über eine Erläuterung des implementierten Forschungsdesigns schließlich die Überleitung zum empirischen Teil der vorliegenden Arbeit. Hier werden die zur Datenerhebung durchgeführte Vorstudie, bei der Experten von Seiten der Technologieanbieter befragt wurden, sowie die Kernstudie, in deren Rahmen eine Fallstudie mit 19 Unternehmen der Automobil- und Elektronikindustrie durchgeführt wurde, vorgestellt.

Kapitel 6 widmet sich anschließend im Wesentlichen der Beantwortung der zweiten Forschungsfrage. Das Kapitel gibt einen Überblick über den Status Quo des SCRM in den betrachteten Fällen und beleuchtet die Rolle von Informationen im SCRM.

Im Anschluss hieran wird in den Kapiteln 7 und 8 die zweite Forschungsfrage beantwortet. Kapitel 7 gibt einen umfassenden Einblick in die Funktionsweisen sowie den Markt von Informationssystemen für das SCRM und beantwortet damit Forschungsfrage 2a. In Kapitel 8 werden Faktoren identifiziert, die zur Adoption bzw. Ablehnung von solchen neuartigen Technologien führen. Hierdurch wird Forschungsfrage 2b beantwortet.

Alle Ergebnisse der vorliegenden Arbeit werden schließlich in Kapitel 9 zusammengeführt, um hier die dritte Forschungsfrage und deren Unterfragen zu beantworten. Hierzu werden relevante Situations- und Strukturtypen identifiziert und es wird der Fit möglicher Situations-Strukturkombinationen (Konfigurationen) bewertet. Durch die Ableitung von Idealprofilen wird in Kapitel 9 auch die übergeordnete erste Forschungsfrage beantwortet.

Die Arbeit schließt mit Kapitel 10 in dem die Ergebnisse zusammengefasst und Limitationen der vorgestellten Forschung offengelegt werden. Neben einem Ausblick auf die zukünftig zu verfolgende Forschung auf der interorganisationalen Ebene des SCRM werden zudem weitere Implikationen für Praxis und Forschung benannt.

Aufbau der Forschungsarbeit			
Kapitel	**Schwerpunkte**	**Eingeführte Theorien**	**Adressierte Forschungsfragen**
1	Einleitung & Identifikation des Forschungsbedarfs		(F1-F3)
2	Grundlagen des Supply Chain Managements		
3	Grundlagen des Risikomanagements		
	Definition: Supply-Chain-Risiko	Systemtheorie	
	Strukturierung von Supply-Chain-Risiken und Verwundbarkeiten		
	Definition: Supply-Chain-Risikomanagement (SCRM)		
	Entscheidung im SCRM	Entscheidungstheorie	
	SCRM als Informationssystem	Informationstheorie	
	Aufgaben des SCRM		
	Organisation des SCRM		
	Informationstechnik im SCRM		
4	Entwicklung eines hypothesenhaften Aussagensystems zu Strukturen, Situationen und Wechselwirkungen im SCRM	Informationstheorie	
		Konfigurationstheorie	
		Transaktionskostentheorie	
		Ressourcentheorie	
5	Konzeption der empirischen Untersuchung		
6	Beschreibung des Status Quo der betrachteten Fälle und der Rolle von Information im SCRM		F1
7	Beschreibung der Funktionalitäten von SCRM-IS und des Marktes für SCRM-IS		F2a
8	Beschreibung und Erklärung der Adoption von SCRM-IT		F2b
9	Identifikation von Strukturtypen		F3a
	Identifikation von Situationstypen		F3b
	Bewertung von Situations-Struktur-Kombinationen und Ableitung von situationsadäquaten Strukturtypen		F3c
10	Zusammenfassung / Fazit / Ausblick		

Abbildung 2: Aufbau der vorliegenden Forschungsarbeit

2 Supply Chain Management und Herausforderungen in Supply Chains der Automobil- und Elektronikindustrie

Bevor eine tiefergehende Auseinandersetzung mit dem Risikomanagement und dem Supply-Chain-Risikomanagement stattfinden kann, findet im Folgenden eine Auseinandersetzung mit den relevanten Feldern des Supply Chain Managements statt. In Kapitel 2.1 wird hierzu der Supply-Chain-Begriff eingeführt bevor in Kapitel 2.2 zwei unterschiedliche Arten der Supply-Chain-Modellierung diskutiert werden. In Kapitel 2.3 wird daraufhin eine für diese Arbeit gültige Supply-Chain-Management-Definition erarbeitet, bevor sich Kapitel 2.4 mit den spezifischen Herausforderungen der Automobil- und der Elektronikindustrie befasst.

2.1 Supply Chains: Begriffsabgrenzung und aktuelle Herausforderungen

Der Literatur lassen sich verschiedene Supply-Chain-Definitionen entnehmen, die jeweils unterschiedliche Aspekte hervorheben.[56] Aus diesem Grund erfolgt in Kapitel 2.1.1 eine Begriffsabgrenzung bevor sich Kapitel 2.1.2 den Herausforderungen globaler Supply Chains widmet.

2.1.1 Definition des Supply-Chain-Begriffs

Cooper/Lambert/Pagh (1997) betonen in Ihrer Definition als konstituierendes Merkmal von Supply Chains lediglich den Austausch von Gütern, Informationen und Dienstleistungen zwischen mindestens drei unabhängigen organisatorischen Einheiten: *„Supply chains are defined as three or more organizationally distinct handlers of products, where products include physical goods, services and information.“*[57] Hammervoll (2009) ergänzt diese Definition mit Aspekten der Finanz- und Informationsflüsse: *„A supply chain is made up of trading partners that are interconnected because of financial, information, and product/service-flows.“*[58] Handfield/Nichols (1999) betonen den umfassenden Charakter der Supply Chain von der Rohstoffquelle bis zum Endkunden, sowie die Ungerichtetheit von Supply-Chain-Flüssen: *„The supply chain encompasses all activities associated with the flow and transformation of goods from the raw materials stage (extraction), through to the end user, as well as the associated information flows. Material and information flow both up and down the supply chain.“*[59] Andere Definitionen, wie die von Bowersox/Closs (1996), betonen hingegen die strategische Bedeutung von Supply Chains, indem sie die übergreifende Koordination vormals lose gekoppelter Einheiten und die hiermit angestrebten Effizienz- und Wettbewerbsvorteile hervorheben: *„The supply chain perspective shifts the*

---

56 Für eine Übersicht über Supply-Chain-Definitionen siehe auch Sucky (2004), S. 7f.; Schulze (2009), S. 2-34; Daecke (2012), S. 65f.

57 Cooper/Lambert/Pagh (1997), S. 67.

58 Hammervoll (2009), S. 222.

59 Handfield/Nichols (1999), S. 2.

channel arrangement from a loosely linked group of independent businesses to a coordinated effort focused on efficiency improvement and increased competitiveness.“[60]

Im deutschsprachigen Raum werden die Begriffe *Supply Chain*, *Wertschöpfungskette*, *Versorgungskette* und *Lieferkette* oft synonym verwendet.[61] Sie betonen zwar zutreffender Weise die Verkettung einzelner Elemente, verkürzen allerdings die Darstellung des Betrachtungsgegenstands, indem sie eine nicht vorhandene Linearität der Supply Chain suggerieren.[62] Reale Supply Chains lassen sich in der Regel nicht als einfache Ketten zwischen Rohstoffquelle und Endkunden darstellen, sondern es handelt sich um Versorgungs- oder Wertschöpfungsnetzwerke, die komplexe vertikale und horizontale Verflechtungen zwischen unterschiedlichen Akteuren wie Rohmateriallieferanten, produzierenden Unternehmen, Händlern und Dienstleistern aufweisen.[63] Der Netzwerk-Begriff ist somit für die Beschreibung der Supply-Chain-Struktur wesentlich geeigneter.[64] Mit der Betonung der Produkt- bzw. Produktgruppenbezogenheit von Supply Chains durch Swaminathan/Smith/Sadeh (1997) wird deutlich, dass ein Unternehmen auch mehreren, unter Umständen konkurrierenden Supply Chains angehören kann.[65] Basierend auf dieser Tatsache versuchen sich verschiedene Autoren an weiteren Begriffsabgrenzungen: Harland u. a. (2004) sehen *Supply Networks* als Ergebnis der Verknüpfung unterschiedlicher Supply Chains. Zudem wird bemerkt, dass es sich bei Supply Networks wiederum um Subsysteme übergeordneter Netzwerke handelt. Eine genaue Definition der Bestandteile und des Aufbaus solcher Supply Networks erfolgt allerdings nicht.[66] Auch Greening/Rutherford (2011) verweisen lediglich darauf, dass Supply Networks mehrere Supply Chains mit gleichen Elementen verbinden.[67]

Die Betrachtung gängiger Literatur, insbesondere im Supply Chain Risk Management, zeigt jedoch auch, dass nach wie vor nicht der Netzwerkbegriff sondern vornehmlich der Supply-Chain-Begriff Verwendung findet, weshalb er auch in dieser Arbeit zur Anwendung kommen soll. Um die relevanten Austauschbeziehungen sowie strategischen Gesichtspunkte von Supply Chains zu berücksichtigen, wird daher die folgende, an Greening/Rutherford (2011) sowie Mentzer u. a. (2001a) angelehnte Definition gewählt:[68]

---

60 Bowersox/Closs (1996), S. 101.

61 Vgl. Sucky (2004), S. 8; Larson/Poist/Halldorsson (2007), S. 4.

62 Vgl. Knolmayer/Mertens/Zeier (2000), S. 2.

63 Vgl. Choi/Dooley/Rungtusanatham (2001), S. 352f; Busch/Dangelmaier (2004), S. 4, Basole/Bellamy (2014), S. 10.

64 Vgl. Sucky (2004), S. 8 und die dort genannte Literatur.

65 Vgl. Hahn (2000), S. 13; Busch/Dangelmaier (2004), S. 4;

66 Vgl. Harland u. a. (2004), 1f.

67 Vgl. Greening/Rutherford (2011), S. 104f.

68 Vgl. Mentzer u. a. (2001a), S. 4; Greening/Rutherford (2011) S. 104.

Definition: Supply Chain

Supply Chains umfassen ein Netzwerk rechtlich unabhängiger Unternehmen, die in koordinierter Weise agieren und in die von der Rohstoffquelle bis zum Kunden stromaufwärts bzw. stromabwärts gerichteten Flüsse von Produkten, Dienstleistungen, Finanzen und/oder Informationen involviert sind, um hierbei gemeinsam Wettbewerbsvorteile zu erzielen.

2.1.2 Herausforderungen globaler Supply Chains

Die Struktur und Bedeutung von Supply Chains hat sich in den vergangenen Jahren entscheidend verändert.[69] Dies machen insbesondere Vergleiche innerhalb der Automobilindustrie deutlich: Mit den Anfängen der Fließfertigung verfügte Henry Ford zu Beginn des 20. Jahrhunderts über eine integrierte Supply Chain mit eigenen Stahlwerken, Kautschuk-Plantagen und einer eigenen Forstwirtschaft für die Holzproduktion.[70] Heute zwingen der zunehmende Wettbewerbsdruck und die gleichzeitig steigende Dynamik und Komplexität Unternehmen, sich auf ihre Kernkompetenzen zu konzentrieren und sich mit anderen Unternehmen zu vernetzen.[71] Beispielsweise verantworten Automobil-OEM in der modernen PKW-Produktion, wie in Abbildung 3 dargestellt, heute nur noch rund 35% der gesamten Wertschöpfung – Tendenz fallend.[72] Auch andere Industrien sind von dieser Entwicklung betroffen.[73] Im Zuge der Verringerung der Wertschöpfungstiefe ergibt sich eine Intensivierung der globalen Beschaffung, so dass Unternehmen vermehrt komplexe, globale Supply Chains managen müssen.[74]

Einen großen Einfluss auf die Komplexität hat die zunehmende Variantenvielfalt. Der Henry Ford zugeschriebenen Aussage „*Any color you like, as long as it's black.*“[75] steht heute eine beträchtliche Variantenvielfalt gegenüber. Für ein Fahrzeug der oberen Mittelklasse sind durch den Endkunden alleine über 500.000 theoretische Sitzvarianten konfigurierbar; im Produktlebenszyklus wird ein großer Teil dieser theoretisch möglichen Varianten auch tatsächlich produziert.[76]

---

69 Siehe hierzu auch die branchenspezifischen Kapitel zur Automobil- (Kapitel 2.4.1) bzw. Elektronik-Supply-Chain (Kapitel 2.4.2).

70 Vgl. Christopher (2013), S. 292f.

71 Vgl. Wildemann (1997), S. 419; Bellmann (2001), S. 36f.; Geimer/Kuehn/Salje (2005), S. 43ff.

72 Vgl. Oliver Wyman (2013), S. 10; siehe auch Mohr (2009), S. 9f. und die hier angegebenen älteren uellen zur Entwicklung der Wertschöpfungsverteilung.

73 Beispielsweise hat der Flugzeughersteller Boeing im Rahmen der Fertigung des Flugzeugtyps 787 Dreamliner 70% der Fertigung an seine Zulieferer vergeben (vgl. Sodhi/Tang (2009), S. 30).

74 Vgl. Sodhi/Tang (2009), S. 30; Handfield u. a. (2013), S. 21.

75 Vgl. Christopher (2013), S. 194.

76 Vgl. Abele u. a. (2012), S. 30; Vgl. hierzu auch Meyr (2004), S. 449f.

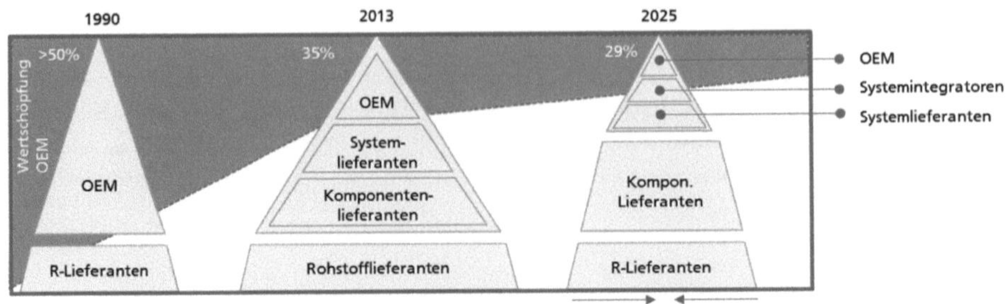

Abbildung 3: Veränderung der Wertschöpfungsverteilung in der Automobil-Supply-Chain (Quelle: In Anlehnung an Mohr (2009) S. 10 und Spohr (2001), S. 27 unter Verwendung aktueller Daten aus Oliver Wyman (2013), S. 10)

Aufgrund der stetig zunehmenden Bedeutung von Supply Chains, bei denen jedes einzelne Unternehmen nicht nur von den anderen Kettengliedern, sondern auch vom reibungslosen Ineinandergreifen der Glieder abhängig ist, wird zunehmend eine Verschiebung des Wettbewerbs von einzelnen Unternehmen hin zu Supply Chains gesehen.[77]

2.2 Modellhafte Abbildung der Supply Chain

Modelle dienen der Abbildung von realen Zusammenhängen und bedienen sich hierbei oft der Abstraktion, um komplexe reale Strukturen begreifbar zu machen.[78] Im Supply Chain Management können Ebenenmodelle das Verständnis von Supply-Chain-Akteuren und deren Beziehungen auf unterschiedlichen Abstraktionsebenen veranschaulichen. Prozessmodelle gestatten die Analyse von Supply-Chain-Prozessen und die hiermit einhergehenden unternehmensübergreifenden Verflechtungen. Im Supply-Chain-Risikomanagement unterstützen Supply-Chain-Modelle durch die Strukturierung des Betrachtungsgenstandes bei der Analyse von Risiken und Verwundbarkeiten. Im Folgenden werden mit dem Ebenenmodell nach Sucky (2004) [79] sowie dem prozessorientierten SCOR-Modell zwei unterschiedliche Supply-Chain-Modelle näher betrachtet.

2.2.1 Abbildung von Supply-Chain-Ebenen und -Beziehungen

Mittels graphentheoretischer Methoden können Netzwerke bzw. Supply Chains modellhaft als Graphen dargestellt werden. Einheiten innerhalb der Supply Chain werden als Knoten, Verflechtungen als Kanten dargestellt.[80] Wie in Abbildung 4 skizziert, kann eine modellhafte Auseinandersetzung mit Supply-Chain-Strukturen auf unterschiedlichen System-bzw. Abstraktionsebenen erfolgen.[81]

---

77 Vgl. Christopher (2000), S. 39; Christopher (2013), S. 284.

78 Vgl. Arnold (2008), S. 36; Sennheiser (2008), S. 40f.

79 Ein ähnliches Modell findet sich auch bei Gomm/Trumpfheller (2004), S. 55 sowie bei Choy/Lee (2003), S. 144.

80 Vgl. Beckmann (2012), S. 289f.

81 Vgl. Sucky (2004), S. 9f., 15; Beckmann (2012), S. 289f.

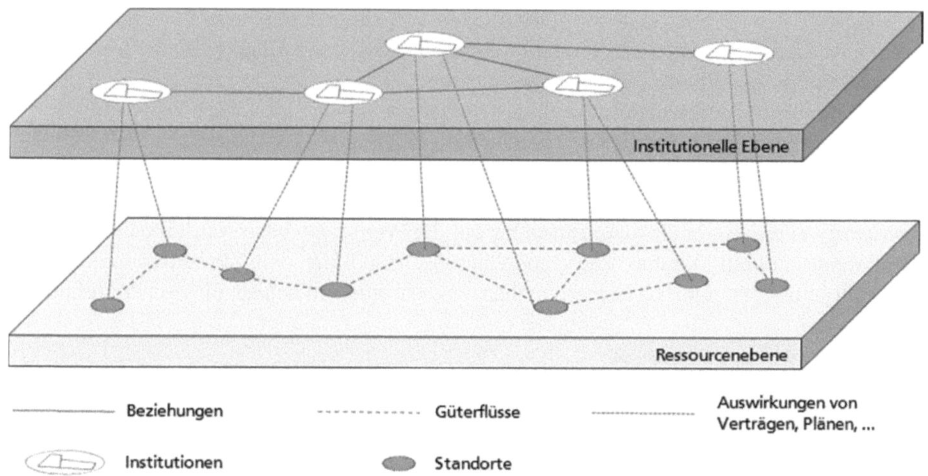

Abbildung 4: Supply Chains – institutionelle Ebene und ressourcenorientierte Ebene (Quelle: In Anlehnung an Sucky (2004), S. 16)

Zum einen können Supply Chains in der Form des Unternehmensnetzwerks auf der institutionellen Ebene betrachtet werden. [82] Institutionen werden in diesem Falle als Knoten abgebildet und Beziehungen als Kanten. Eine zweite Betrachtungsebene dient der Abbildung von Infrastruktur, Ressourcen und Geschäfts- bzw. Wertschöpfungsprozessen.[83] Geschäftsprozesse sind „*(...) Abfolgen von Aktivitäten, die in einem logischen inneren Zusammenhang dadurch stehen, dass sie im Ergebnis zu einem Produkt bzw. Leistung führen, die durch einen Kunden(-prozess) nachgefragt wird.*“[84] Über Geschäftsprozesse wird somit Wertschöpfung betrieben und es werden Leistungen für interne oder externe Kunden bereitgestellt.[85] Der Begriff des Wertschöpfungsprozesses erweitert den Geschäftsprozess um eine explizite Berücksichtigung des Prozessinputs neben Wertschöpfung und Prozessoutput. Ein Wertschöpfungsprozess kombiniert unterschiedliche Aktivitäten die einen Input annehmen, Wert beitragen, und einen Output für interne oder externe Kunden bereitstellen.[86] Elemente des Wertschöpfungssystems liegen zum einen auf der institutionellen Ebene, können aber auch auf der Ressourcen-Ebene, beispielsweise in Form von Lager- und Produktionsstandorten sowie Filialen des Handels, verortet werden. Wertschöpfung wird sowohl innerhalb der Einheiten (bspw. Fertigungs- und Montageprozesse), als auch zwischen den Einheiten (bspw. räumliche Gütertransformation) betrieben. Im Rahmen einer modellhaften Darstellung der Wertschöpfungsebene entsprechen einzelne Knoten den Standorten in der Supply Chain und Kanten entweder den zur Raumüberbrückung

---

82 Vgl. Sucky (2004), S. 10.

83 Vgl. Sucky (2004), S. 12f.; siehe zu Geschäftsprozessen auch Staud (2006), S. 2.

84 Gaitanides (1996), Sp. 1683,

85 Vgl. Gaitanides u. a. (1994), S. 166.

86 Vgl. Harrington (1991), S. 9; Pibernik (2001), S. 144-147; Sucky (2004), S. 12f.

notwendigen Ressourcen oder den Güterflüssen zwischen den Knoten.[87] Je nach Fragestellung ist auch eine integrierte Betrachtung der Systemebenen möglich. Bspw. werden auf der institutionellen Ebene Verträge geschlossen, Vereinbarungen getroffen und Pläne entwickelt, die sich anschließend auf der Ressourcen-Ebene auswirken bzw. auf dieser Ebene umgesetzt werden müssen. Entscheidungsabhängigkeiten können mittels Kanten zwischen verantwortlichen Entscheidern auf der institutionellen Systemebene und den entsprechenden Ressourcen auf der Ressourcen-Ebene dargestellt werden.[88] Weiterhin kann eine weitere Systemdekomposition bis auf die Wertstromebene stattfinden. In diesem Falle repräsentieren Knoten die modellhafte Darstellung von Produktionseinheiten innerhalb eines Standorts. Kanten stellen Wertströme zwischen diesen Produktionseinheiten dar.[89]

2.2.2 Abbildung von Supply-Chain-Prozessen mit Hilfe des SCOR-Modells

Referenzmodelle sind als Modelle mit Empfehlungscharakter zu sehen.[90] Zur Beschreibung von Prozessen und Aufgaben in der Supply Chain wurde eine Vielzahl von Referenzmodellen entwickelt.[91] Beim Supply-Chain-Operations-Reference (SCOR)-Model handelt es sich um ein vom Supply Chain Council (SCC)[92] entwickeltes Referenzmodell zur standardisierten Beschreibung aller Prozesse, die zur Deckung des Endkundenbedarfs notwendig sind.[93] Das SCOR-Modell integriert Performance-Metriken, Prozesse, Best Practices sowie Mitarbeiter-Fertigkeiten in ein einheitliches Framework und gestattet die Messung und den übergreifenden Vergleich von Supply-Chain-Aktivitäten sowie der Supply Chain Performance. In der Praxis wird das SCOR-Modell zur Supply-Chain-Visualisierung, der Analyse von Geschäftsprozessen, dem Supply-Chain-Benchmarking mittels einheitlicher Kennzahlen sowie zur Optimierung in Anlehnung an Best Practices verwendet.[94] Als einer der fünf Kernbereiche des Einsatzes von SCOR wird vom SCC das Supply-Chain-Risikomanagement aufgeführt. Zu den im SCOR-Modell festgehaltenen Best Practices zählt daher auch ein Prozessmodell für das Supply-Chain-Risikomanagement.[95]

---

87 Vgl. Pibernik (2001), S. 153-156; Otto (2002), S. 15; Sucky (2004), S. 13f.

88 Vgl. Sucky (2004), S. 15.

89 Vgl. Sucky (2004), S. 16.

90 Vgl. Schütte (1998), S. 70; Schwegmann (1999), S. 53.

91 Für eine Übersicht siehe Nienhaus (2005), S. 22-44 sowie Schnetzler (2005), S. 28-35. Von anderen Referenzmodellen zur Geschäftsprozessmodellierung (Kölner Integrationsmodell (KIM), Modell der ganzheitlichen Informationssystem-Architektur (ISA), Architektur integrierter Informationssysteme (ARIS)) hebt sich SCOR durch seinen Fokus auf Supply-Chain-Prozesse ab (vgl. Bolstorff/Rosenbaum/Poluha (2007), S. 16).

92 Der Supply Chain Council (SCC) wurde 1996 gegründet und versteht sich selbst als Forschungseinrichtung, die mit und für ihre Mitglieder (Unternehmen, Forschungseinrichtungen, non Profit Organisationen) Modelle, Werkzeuge und Praktiken für das Supply Chain Management entwickelt. Siehe hierzu auch Supply Chain Council (2011), S. 1, S. 20-21 und Bolstorff/Rosenbaum/Poluha (2007), S. 18.

93 Vgl. Bolstorff/Rosenbaum/Poluha (2007), S. 16; Werner (2013), S. 64.

94 Vgl. Ziegenbein (2007), S. 10; Supply Chain Council (2011), S. 1f.

95 Vgl. Supply Chain Council (2011), S. 4, S. 18.

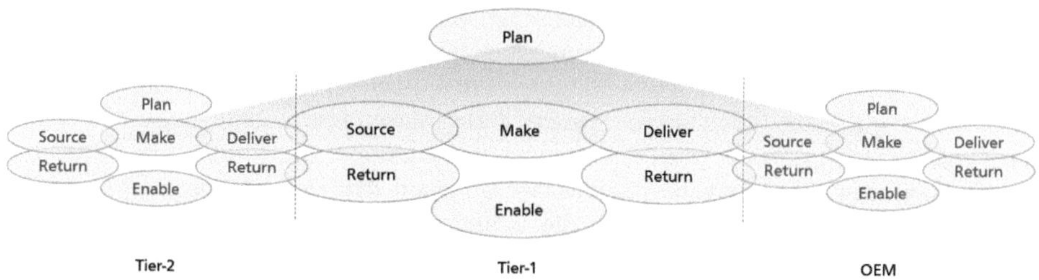

Abbildung 5: Die Hauptprozesse des Supply Chain Operations Reference Model (SCOR) (In Anlehnung an: Supply Chain Council (2012b), i.2)

Die aktuelle SCOR-Version (SCOR 11.0) beschreibt die Supply Chain über vier Detaillierungsebenen.[96] Die erste Ebene enthält die in Abbildung 5 dargestellten sechs Hauptprozesse *Plan, Source, Make, Deliver, Return* und *Enable*. Diese Hauptprozesse werden auf Ebene 2, der Konfigurationsebene, in Prozesskategorien eingeteilt. Diese geben über Standardkonfigurationen wie Make-to-stock und Make-to-order die Supply-Chain-Strategie vor.[97] Die dritte Ebene ist die Gestaltungsebene. Sie beinhaltet für alle Prozesskategorien detaillierte Definitionen der Prozesselemente, zugehöriger Inputs und Outputs, Best Practices, Kennzahlen, technologische Fähigkeiten sowie Fertigkeiten der Mitarbeiter. Ebene 4 beinhaltet branchen- bzw. unternehmensspezifische Prozessdetails, die nicht Teil der SCOR-Dokumentation sind.[98]

Der Plan-Prozess umfasst die strategische Planung und Überwachung der gesamten Supply Chain.[99] Hier werden die Pläne für die nachgeordneten Prozesse Source, Make, Deliver und Return erarbeitet.[100] Gegenstand der Planung ist die Ermittlung von Kundenbedarfen und der Abgleich mit vorhandenen Kapazitäten.[101] Die Source-[102], Make-[103] und Deliver-[104]Prozesse adressieren die Beschaffung, die Transformation und den Absatz von Gütern.

---

96 Vgl. Supply Chain Council (2012b), S. i.3.

97 Vgl. Supply Chain Council (2012b), S. i.3; Wolfgang Kersten (2014), S. 3.

98 Vgl. Supply Chain Council (2012b), S. i.3;

99 Vgl. Bolstorff/Rosenbaum (2003), S. 93f.; Supply Chain Council (2012b), S. 2.1.1.

100 Vgl. Schulze (2009), S. 196.

101 Vgl. Werner (2013), S. 66. Je nachdem, welcher Hauptprozess unterstützt wird, ergeben sich für den Plan-Prozess unterschiedliche Sub-Prozesse wie *bspw. „Identifikation, Priorisierung und Aggregation von Produktionsanforderungen"* als einer der Plan-Make-Prozesse. Aus dem Abgleich resultieren ggf. Handlungsanweisungen zur Anpassung der vorhandenen Kapazitäten an den Bedarf (vgl. Supply Chain Council (2011), S. 12, Harmon (2014), S. 150).

102 Der Source-Prozess umfasst die Prozesskategorien S1: Source Stocked Product, S2: Source Make-to-Order Product und S3: Source Engineer-to-Order Product. Auslöser ist ein Make- oder Deliver-Prozess (vgl. Bolstorff/Rosenbaum (2003), S. 89f.).

103 Der Make-Prozess umfasst die Prozesskategorien M1: Make to Stock, M2: Make to Order und M3: Engineer to Order (vgl. Supply Chain Council (2012b), S. 1.1.20).

104 Der Deliver-Prozess umfasst die Prozesskategorien D1:Deliver Stocked Product, D2:Deliver Make-to-Order Product und D3:Deliver Engineer-to-Order Product. Speziell für den Handel wurde hier der Prozess D4:Deliver Retail Product ergänzt (Vgl. Bolstorff/Rosenbaum (2003), S. 91f.).

Der Beschaffungsprozess umfasst die Anlieferung, den Empfang und die Bereitstellung von Gütern. Aufgaben sind die Beschaffungsmarktanalyse, die Lieferantenauswahl sowie die Vertragsgestaltung und Zahlungsabwicklung.[105] Den Auslöser für einen Source-Prozess bildet immer ein Make- oder Deliver-Prozess.[106] Der Make-Prozess umfasst die Allokation von Produktionskapazitäten, die Einsteuerung der Aufträge, die Produktion sowie die Zwischenlagerung und Übergabe produzierter Güter an den Deliver-Prozess.[107] Letzterer adressiert die Auftragsabwicklung sowie die administrativen und physischen Distributionsprozesse.[108] Der Return-Prozess umfasst nachgeordnete Prozesse, die die Rückgabe defekter Produkte, von zu reparierenden Produkten sowie von überzähligen Produkten behandeln.[109] Der Enable-Prozess dient als Unterstützung der anderen SCOR-Prozesse. Aufgabe des Prozesses ist die Bereitstellung, Erhaltung und Überwachung von Informationen, Beziehungen, Ressourcen, Regeln, Compliance und Verträgen, die für die Funktionsfähigkeit der Supply Chain von Bedeutung sind.[110] An dieser Stelle findet mit dem Sub Prozess *se9: Manage Supply Chain Risk* auch das Supply-Chain-Risikomanagement Beachtung. Der Prozess gibt eine Reihe von Sub-Prozessen für die Identifikation, Analyse und Handhabung von Supply-Chain-Risiken vor und enthält zudem Metriken für die quantitative Risikobewertung.[111] Gleichzeitig werden verschiedene Best Practices für das SCRM formuliert.[112]

2.3 Supply Chain Management

Nachdem nun ein grundlegendes Verständnis vom diese Arbeit prägenden Supply-Chain-Begriff vermittelt wurde, sollen im Folgenden unterschiedliche Perspektiven des Supply Chain Managements beleuchtet und eine für diese Arbeit gültige Supply-Chain-Management-Definition gewählt werden. Hierbei werden auch die Ziele des Supply Chain Managements herausgearbeitet, die zu einem späteren Zeitpunkt in dieser Arbeit im Rahmen der Diskussion der Ziele des Supply-Chain-Risikomanagements noch eine zentrale Rolle spielen werden.

2.3.1 Perspektiven des Supply Chain Managements

Aufgrund gestiegener Anforderungen, bspw. durch die wachsende Komplexität von Produkten und Produktion sowie zunehmendem Wettbewerbsdruck, hat die Logistik[113] in

---

105 Vgl. Supply Chain Council (2012b), S. 2.0.1, 2.2.1ff.

106 Vgl. Bolstorff/Rosenbaum (2003), S. 89f.

107 Vgl. Supply Chain Council (2012b), S. 2.0.1, 2.3.1ff.

108 Vgl. Supply Chain Council (2012b), S. 2.0.1, 2.5.1ff.

109 Es handelt sich um die Prozesse S/DR1: Return Defective Product, S/DR2: Return MRO Product und S/DR3: Return Excess Product (vgl. Bolstorff/Rosenbaum (2003), S. 91ff.).

110 Vgl. Supply Chain Council (2012b), S. 2.6.1.

111 Vgl. Supply Chain Council (2012b), S. 2.6.78ff.

112 Vgl. Supply Chain Council (2012b), S. 3.2.5ff.

113 Der Ursprung der Logistik, insbesondere als Versorgungsfunktion, liegt im militärischen Bereich. Beschrieben wurde sie schon vom byzantinischen Kaiser Leontos dem VI, für den sie neben Taktik und Strategie die dritte Kriegskunst bildete (Semmelroggen (1988), S. 7; Ihde (2001), S. 22f.).

der zweiten Hälfte des 20. Jahrhunderts in der Praxis eine starke Aufwertung erfahren.[114] Ab den frühen 1960er Jahren findet auch eine betriebswirtschaftliche Auseinandersetzung mit der Logistik statt.[115] Dennoch wird in der Literatur immer wieder auf das Fehlen eines einheitlichen Logistik-Begriffsverständnisses aufgrund der Neuheit und Heterogenität der betriebswirtschaftlichen Logistikforschung aufmerksam gemacht.[116] Im Rahmen einer flussorientierten Definition umfasst Logistik nach Pfohl (2010) *„alle Tätigkeiten, durch die die raumzeitliche Gütertransformation und die damit zusammenhängenden Transformationen hinsichtlich der Gütermengen und -sorten, der Güterhandhabungseigenschaften sowie der logistischen Determiniertheit der Güter geplant, gesteuert, realisiert oder kontrolliert werden. Durch das Zusammenwirken dieser Tätigkeiten soll ein Güterfluss in Gang gesetzt werden, der einen Lieferpunkt mit einem Empfangspunkt möglichst effizient verbindet“.*[117]

Gegenstand der Logistik sind nicht nur Güterflüsse sondern auch Flüsse von Informationen, Finanzmitteln und Rechten.[118] Die Logistik ist nicht auf ein einzelnes Unternehmen beschränkt, sondern betrachtet Güterflüsse vom Liefer- bis zum Empfangspunkt[119] und stellt mit dem Systemdenken und dem Gesamtkostendenken bereits Anforderungen an die (auch unternehmensübergreifende) Integration interdependenter Prozesse und Funktionen.[120] Dies erschwert die Abgrenzung des Logistik- bzw. Logistikmanagement-Begriffs vom Begriff des Supply Chain Managements. Der Terminus *Supply Chain Management* wird als erstes im Jahr 1982 durch Oliver und Webber[121] verwendet.[122] Betrachtet wurde funktionale Integration innerhalb der Supply Chain allerdings bereits zu früherer Zeit, beispielsweise im Rahmen von Untersuchungen des Materialflusses[123], in unterschiedlichen Disziplinen wie Logistik, Marketing, Operations Research oder Operations Management.[124] Trotz der Zeit, die seit der erstmaligen Verwendung des Begriffes vergangen ist, existiert in Forschung und Praxis jedoch nach wie vor kein einheitliches Verständnis von Supply Chain Management.[125] Basierend auf unterschiedlichen Positionen identifizieren

---

[114] Vgl. Bowersox/Closs/Helferich (1986), S. 5f.; Bowersox/Closs (1996), S. 3ff.; Weber/Kummer (1998), S. 1ff.

[115] Zunächst in den USA, rund 10 Jahre später dann auch im deutschen Sprachraum (vgl. Pfohl (2004), S. 4. Vgl. auch Klaas (2002), S. 8 und die dort genannte umfassende Literatur zur Entstehung der Logistik).

[116] Vgl. Delfmann (1995), S. 506; Schwegler (1995), S. 10. Vgl. für eine Übersicht über unterschiedliche Logistik-Definitionen auch Pfohl (2010), S. 12ff.

[117] Pfohl (2010), S. 12;

[118] Vgl. Pfohl (2000), S. 6ff.

[119] Vgl. Engelke (1997), S. 40.

[120] Vgl. Pfohl (2010), S. 25 – 32.

[121] Vgl. Oliver/Webber (1992).

[122] Vg. Böger (2010), S. 28.

[123] Vgl. Corsten/Gabriel (2002), S. 6.

[124] Vgl. Sucky (2004), S. 5; Cousins/Lawson/Squire (2006), S. 697f.

[125] Vgl. Sucky (2004), S. 18f; Stock (2009), S. 148. Einen Überblick über Supply Chain Management Definitionen geben u.a. Bechtel/Jayaram (1997), Kotzab (2000), Mentzer u. a. (2001b) und auch Sucky (2004).

Larson/Poist/Halldorsson (2007) vier zu differenzierende Perspektiven des Supply Chain Managements, die in Abbildung 6 dargestellt sind.

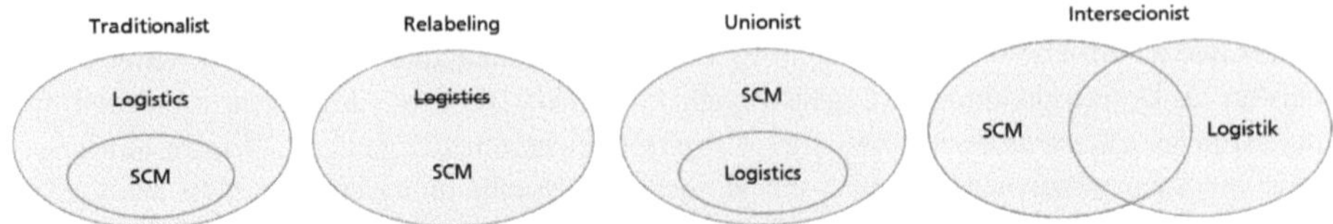

Abbildung 6: Perspektiven auf Logistik und Supply Chain Management (Quelle: Larson/Poist/Halldorsson (2007), S. 3)

Während die *Traditionalist-Perspektive* SCM als den interorganisationalen Teil von Logistik versteht, bei dem sich das SCM als Subsystem der Logistik auf Aufgaben der Integration beschränkt, sieht die Unionist-Perspektive Logistik als Teil des SCM, wobei das SCM verschiedene funktionale Bereiche eines Unternehmens wie Marketing, Logistik und Einkauf integriert und eine umfassende Betrachtung von Prozessen wie dem Customer Service Management, dem Manufacturing Flow Management oder dem Supplier Relation Management sicherstellt.[126] Die *Intersectionist-Perspektive* nimmt eine ähnliche Sichtweise ein, sieht Logistik allerdings nicht als Teil des SCM sondern vielmehr SCM als eine Querschnittsfunktion, die Schnittmengen mit unterschiedlichsten Unternehmensfunktionen, unter anderem der Logistik, aufweist.[127] Die *Re-Labling-Perspektive* berücksichtigt, dass viele Autoren die Begriffe Logistik und SCM synonym verwenden.[128]

Neben dieser Einteilung finden sich in der Literatur noch weitere Strukturierungsansätze. Beispielsweise analysieren Bechtel/Jayaram (1997) die vorhandene Literatur und ordnen die existierenden Supply-Chain-Management-Definitionen entsprechend ihrem Fokus fünf unterschiedlichen Denkschulen zu:[129] Während die *functional chain awareness school* die am Materialfluss beteiligten Akteure bis zum Endkunden in den Mittelpunkt stellt,[130] fokussiert die *Linkage/Logistics School* die Verknüpfungen auf Materialflussebene zwischen Funktionsbereichen wie Einkauf, Produktion und Distribution und verfolgt hierbei das Ziel, Wettbewerbsvorteile in Logistik und Transport durch eine verbesserte Vernetzung der betroffenen Funktionsbereiche zu generieren.[131] Die *Information School* fokussiert den bidirektionalen Informationsfluss zwischen Supply-Chain-Partnern als kritischen Faktor und Enabler konkurrenzfähiger Wertschöpfungsketten,[132] während die *Integration/Process School* die systemübergreifende Integration zwischen einzelnen Funktionsbereichen

126 Vgl. Larson/Poist/Halldorsson (2007), S. 4.

127 Vgl. Larson/Poist/Halldorsson (2007), S. 5.

128 Siehe bspw. Thomas C. Jones/Daniel W. Riley (1985); Weber (2002).

129 Vgl. Bechtel/Jayaram (1997), S. 19.

130 Vgl. Thomas C. Jones/Daniel W. Riley (1985), S. 19.

131 Vgl. Bechtel/Jayaram (1997), S. 18; Charles Scott/Roy Westbrook (1991), S. 23.

132 Vgl. Johannson (1994), S. 525.

betrachtet[133] und sich somit von der *linkage/logistics school* dadurch abgrenzt, dass Funktionsbereiche nicht als abgeschlossene Einheiten betrachtet werden, sondern stattdessen ein integrierter Ansatz der systemübergreifenden Optimierung verfolgt wird.[134] Unter dem Begriff *future* [135] fassen Bechtel/Jayaram (1997) mögliche zukünftige Denkschulen zusammen. Neuere Ansätze rücken das Management der Beziehungen und Partnerschaften der Supply-Chain-Akteure in den Fokus[136] oder nehmen eine Neudefinition des SCM-Ansatzes vor. Hierbei wird vom Supply-Chain-Begriff abgerückt, da dieser einen Push-Prozess impliziert, und an dessen Stelle der Begriff *seamless demand pipeline* eingeführt, der den Endkunden stärker in den Mittelpunkt rückt.[137]

Aufgrund des Fokus dieser Arbeit auf das Supply-Chain-Risikomanagement, welches eine übergreifende und partnerschaftliche Arbeit der Supply-Chain-Akteure erfordert und zudem den Informationsaustausch in der Supply Chain in den Vordergrund rückt, wird im Folgenden eine an die Integration/Process School sowie die Unionist-Perspektive angelehnte Supply-Chain-Management-Definition verwendet, die an den Definitionen von Johannson (1994), Handfield/Nichols (1999) und Lambert/Cooper (2000) angelehnt ist.

Definition: Supply Chain Management

Supply Chain Management bezeichnet die Integration von zentralen Geschäftsprozessen vom Endkunden zum originären Lieferanten durch die Implementierung eines aktiven Beziehungsmanagements und Ermöglichung eines bidirektionalen Informationsaustausches zwischen den Supply-Chain-Partnern, um Produkte, Dienstleistungen und Informationen bereitzustellen und so nachhaltig Wettbewerbsvorteile zu sichern.

Mit dem Supply Chain Management soll ein unternehmensübergreifendes Prozessmanagement gewährleistet werden.[138] Eine besondere Herausforderung der Prozessorientierung ergibt sich aus der Vielzahl interorganisatorischer Schnittstellen[139] in der Supply Chain, die jeweils den Output eines Prozesses in den Input eines anderen Prozesses übergeben.[140] Die Zahl der Schnittstellen steigt mit wachsender Zahl der Wertschöpfungsstufen in überproportionaler Form an.[141] Zur Handhabung der Prozessschnittstellen bieten sich daher die Kategorisierung nach Integrationsbedarf, Standardisierung, Mass Customization/Postponement sowie die Modularisierung von Produktbestandteilen und

---

133 Vgl. Lambert/Cooper (2000), S. 66.

134 Vgl. Bechtel/Jayaram (1997), S. 18.

135 Von anderen Autoren auch als *future school* bezeichnet (vgl. bspw. Thun (2005), S. 478).

136 Vgl. Handfield/Nichols (1999), S. 2.

137 Vgl. Farmer (1995) zitiert nach Bechtel/Jayaram (1997), S. 19.

138 Vgl. Corsten (1997), S. 19; Karrer (2006), S. 26.

139 Nach Pfohl (2010), S. 282.

140 Vgl. Otto/Kotzab (2002), S. 137.

141 Vgl. Karrer (2006)

Komponenten an.[142] Im Rahmen der Integration, die den Kern des Supply Chain Managements darstellt, können aus Sicht eines Akteurs unterschiedliche Integrationsbedarfe abgeleitet werden. Nicht alle Schnittstellen zu allen Lieferanten müssen in gleichem Maße gemanagt werden.[143] Karrer (2006) versteht in diesem Rahmen unter Integration die *„(...) präsituative, planerische Gestaltung von Geschäftsprozessen bzw. deren Verknüpfung zu einem Gesamtprozess (...)“.*[144] Lambert/Cooper (2000) definieren vier verschiedene Integrationstypen. Schnittstellen zu Schlüsselpartnern in der Supply Chain mit hohem Integrationsbedarf werden als *Managed Process Links* behandelt. *Monitored Prozess Links* beziehen sich auf als weniger wichtig eingestufte Schnittstellen, bspw. auf Schnittstellen zu Unterlieferanten. Da Integrationsbedarf entstehen könnte, werden sie beobachtet. *Non-Managed Process Links* beziehen sich auf Supply Chain Mitglieder mit geringer strategischer Bedeutung. Die Integrationskosten wären im Verhältnis zur strategischen Bedeutung dieser Unternehmen zu hoch. *Non Member Process Links* beziehen sich auf Nicht-Mitglieder der Supply Chain, die allerdings mit Mitgliedern vernetzt sind und daher potenziell Bedeutung erlangen können.[145] Dem umfangreichen und notwendigen Schnittstellenmanagement in Supply Chains kommen zunehmende Möglichkeiten der Standardisierung entgegen. Standards können sich auf Produktkomponenten aber auch auf Prozesse beziehen und reduzieren Medienbrüche in der Supply Chain (bspw. über standardisierten Datenaustausch mittels EDI).[146]

Heutzutage wird dem Supply Chain Management in Unternehmen eine sehr hohe Bedeutung zugeschrieben. Supply Chain Performance ist eng mit der finanziellen Performance eines Unternehmens verknüpft.[147] Studien zeigen allerdings auch, dass interorganisationale Aspekte des Supply Chain Managements in der Praxis oft kaum implementiert sind. Unternehmen kooperieren meist nur mit wenigen, ausgewählten Partnern.[148] Zudem liegt der Schwerpunkt der Kooperation zumeist auf der operativen Ebene und wird vom mangelnden Willen, Informationen zu tauschen, gehemmt.[149]

2.3.2 Ziele des Supply Chain Managements

Nachdem das Konzept des Supply Chain Managements vorgestellt wurde, stellt sich die Frage, warum Unternehmen überhaupt ein Supply Chain Management implementieren. In den letzten Jahren ist deutlich geworden, dass sich der Wettbewerb zwischen einzelnen Unternehmen hin zu einem Wettbewerb zwischen Supply Chains verlagert.[150] Das Verhält-

---

142 Vgl. Mohr (2009), S. 97f.

143 Vgl. Bechtel/Jayaram (1997), S. 24; Stock/Lambert (2001), S. 63ff.; Choi/Krause (2006), S. 639.

144 Karrer (2006), S. 27 in Anlehnung an Häusler (2002), S. 77ff.

145 Vgl. Lambert/Cooper (2000), S. 75.

146 Vgl. Bowersox/Closs/Stank (1999), S. 94f.; Kersten u. a. (2005), S. 11; Alt/Österle (2012), S. 12.

147 Vgl. Copacino/Lewinski/Lee (2003), S. 59ff.; Eisenbarth (2003), S. 198f.; Poirier/Quinn (2003), S. 42f.

148 Vgl. Poirier/Quinn (2003), S. 43.

149 Vgl. Schönsleben u. a. (2003), S. 20f.

150 Siehe hierzu bspw. Douglas M. Lambert/Martha C. Cooper/Janus D. Pagh (1998), S. 1; ambert/Cooper (2000), S. 65. Zäpfel (2000), S. 1f.; Corsten/Gabriel (2002), S. 4;

nis zwischen Unternehmen als Akteure innerhalb der Supply Chain wandelt sich dementsprechend zunehmend von kurzfristigen, transaktionsorientierten zu langfristigen, kooperativen Beziehungen, mit dem Ziel, die Wettbewerbsfähigkeit der gesamten Supply Chain zu steigern. [151] Die *Erreichung bzw. Erhaltung der Wettbewerbsfähigkeit* unter *Schaffung von Wettbewerbsvorteilen* kann somit als übergeordnetes Ziel des Supply-Chain-Managements interpretiert werden.[152]

Abbildung 7: Ziele des Supply Chain Managements

Basierend auf diesem Oberziel gelten als allgemeine Zielkategorien des Supply Chain Managements die *Steigerung des Endkundennutzens*, die *Kostensenkung*, die *Realisierung von Zeitvorteilen* sowie die *Verbesserung der Qualität.* [153] Gerade in jüngerer Literatur wird zusätzlich das Ziel der *Wertorientierung* der Supply Chain eingeführt, welches in intensiver Wechselwirkung zu den anderen Supply-Chain-Zielen steht.[154]

Das Ziel der Steigerung des Endkundennutzens ist eng an die klassischen Serviceziele der Logistik – Lieferzeit, Lieferzuverlässigkeit, Lieferbereitschaft, Lieferbeschaffenheit und Lieferflexibilität – geknüpft.[155] Das Supply Chain Management stellt hierbei die Abstimmung aller Wertschöpfungsstufen zur Befriedigung des Endkunden in den Vordergrund.[156] Die konkreten Serviceanforderungen sind kundenspezifisch und werden von verschiedenen Kunden auch unterschiedlich wahrgenommen.[157] Das Ziel der Kostensenkung überträgt das Totalkostendenken der Logistik[158] auf den Wirkungsbereich des Supply Chain Managements.[159] Relevante Kostenkategorien sind Kosten der Supply-Chain-Struktur, der Supply-Chain-Prozesse sowie das in der Supply Chain gebundene Umlaufvermögen (insbesondere

---

151 Vgl. Schade (1993), S. 495; Stank/Keller/Daugherty (2001), S. 29; Haasis (2008). 58; Stadtler (2009), S. 8f.; Christopher (2013), S. 5

152 Vgl. Göpfert (2005), S. 65f.

153 Heusler stellt in der einschlägigen Supply-Chain-Literatur einen weitgehenden Konsens bzgl. dieser Zielkategorien fest (vgl. Heusler (2004), S. 17).

154 Vgl. Karrer (2006), S. 19.

155 Vgl. Pfohl (2010), S. 35ff.

156 Vgl. Bernard J. La Londe/James M. Masters (1994), S. 46f.

157 Vgl. Christopher (1998), S. 61.

158 Vgl. Pfohl (2010), S. 29ff.

159 Vgl. Heusler (2004), S. 18.

Bestände).[160] Das Ziel der Realisierung von Zeitvorteilen bezieht sich auf die rechtzeitige Bereitstellung von Gütern durch optimierte Auftrags-, Durchlauf- und Marktbearbeitungszeiten.[161] Bedeutende Zeitkategorien („*Lead Times*") sind die „*Time to Market*" (vom Beginn der Produktentwicklung bis zur Markteinführung) sowie die „*Time to Serve*" (vom Auftragseingang bis zur Auslieferung) und mit zunehmender Supply-Chain-Dynamik die „*Time to React*" als Flexibilitätsmaß.[162] Dem Ziel der Verbesserung der Qualität liegt ein zweckorientiertes, an der subjektiven Qualitätseinschätzung des Kunden orientiertes Qualitätsverständnis zugrunde. Der Qualitätsbegriff bezieht sich hierbei auf die Produkt-, Prozess- und Potenzialqualität.[163] Aktivitäten des Total Quality Managements sind auf die gesamte Supply Chain auszudehnen.[164] Das Ziel der Wertorientierung weist auf eine zunehmende Beachtung von Ansätzen der wertorientierten Unternehmensführung in der Supply-Chain-Management-Forschung hin.[165] Im Fokus steht hierbei insbesondere die Anpassung von Partialinteressen einzelner Supply-Chain-Mitglieder zur Steigerung des Supply-Chain-Wertes.[166]

Unter Betrachtung der geschilderten Zielstellungen werden die besonderen Herausforderungen des Supply Chain Managements deutlich: In der Regel handelt es sich bei den beteiligten Unternehmen um rechtlich wie wirtschaftlich selbstständige Unternehmungen, die im Rahmen ihrer Tätigkeit keiner Fremdbestimmung unterliegen.[167] Zwischen den Zielen besteht in der Regel eine Reihe von Interdependenzen die zu Konflikten innerhalb einzelner Unternehmen und der Supply Chain führen können.[168] Dies ist im besonderen Maße der Fall, wenn eine sogenannte Win-Lose-Situation eintritt, bei welcher einzelne Unternehmen im Rahmen der Verbesserung der Supply-Chain-Situation Verluste hinnehmen müssen.[169] Auf welcher Ebene Ziele in der Supply Chain beeinflusst werden können, richtet sich nach der Art der Supply-Chain-Koordination.[170] Während in hierarchischen Supply Chains Ziele auf Formalzielebene vorgegeben werden können, sollten Ziele in heterarchischen Supply Chains, bspw. zur Handhabung von Zielkonflikten, die durch Doppelmitgliedschaften entstehen, auf der Sachzielebene definiert werden.[171]Neben den aus Zielkonflikten herrührenden Herausforderungen bestehen weitere Herausforderungen

---

160 Vgl. z.B. Christopher (1998), S. 80ff.; Bowersox/Closs/Stank (1999), S. 99.

161 Vgl. Bernard J. La Londe/James M. Masters (1994), S. 35ff.; Buscher (1999), S. 450; Handfield/Nichols (1999), S. 8; Bernard J. La Londe/James M. Masters (1994), S. 35ff.

162 Vgl. Buscher (1999), S. 450; Christopher (2005), S. 157-161.

163 Vgl. Pfohl (2004), S. 260ff.

164 Vgl. Schröder (2001), S. 273ff.

165 Vgl. bspw. Martin Christopher/Lynette Ryals (1999), S. 1ff.; Hofmann/Elbert (2004), S. 95ff.

166 Vgl. Karrer (2006), S. 22.

167 Vgl. Sucky (2004), S. 24.

168 Vgl. Hahn (2000), S. 13f.; Knolmayer/Mertens/Zeier (2000), S. 15, 19.

169 Vgl. Sucky (2004), S. 25.

170 Siehe hierzu Kapitel 3.6.2 zu Formen der Netzwerk- bzw. Supply-Chain-Organisation.

171 Vgl. Karrer (2006), S. 231.

in der Handhabung von Komplexität und Dynamik sowie der Schaffung von Transparenz.[172]

2.4 Besonderheiten des Supply Chain Managements in der Automobil- und Elektronikindustrie

Bereits in Kapitel 2.1 wurden die sich verändernden Supply Chains und die sich hierdurch ergebenden steigenden Anforderungen für das Supply Chain Management skizziert. Insbesondere die Automobil- und Elektronikindustrie sind durch eine zunehmende Supply-Chain-Komplexität sowie eine zunehmende Unsicherheit von Supply Chain und Supply-Chain-Umfeld gekennzeichnet. Daher waren die beiden Industrien von den eingangs beispielhaft skizzierten Risikoereignissen besonders betroffen. Zu beachten sind auch die sich intensivierenden Verflechtungen zwischen Automobil- und Elektronikindustrie. Während 2005 bereits 90% der Innovationen im Automobilbereich von der Elektronik bzw. Elektrik getrieben wurden, lag der wertmäßige Anteil der Elektronik je Fahrzeug im gleichen Jahr bei 20% – Tendenz steigend.[173] Hierdurch ergibt sich für Automobil OEM eine zunehmende Abhängigkeit beispielsweise von Halbleiterherstellern, die bislang vornehmlich andere Industrien beliefert haben.[174] Im Folgenden werden Supply-Chain-Strukturen und -Prozesse sowie die sich ergebenden Herausforderungen der beiden Fokusindustrien näher beleuchtet.

2.4.1 Supply Chains der Automobilindustrie

Die Automobilindustrie ist von einem zunehmenden Wettbewerbsdruck gezeichnet,[175] der in den vergangenen Jahren zu einer Vervielfachung von Modellen und Derivaten einzelner OEM und zu einer stetigen Verkürzung von Produktlebenszyklen geführt hat.[176] Zudem haben sich die Umfeldbedingungen, bspw. durch steigende Rohstoffpreise, verschärft.[177] Als Reaktion auf die sich ändernden Bedingungen haben Automobil-OEM (*Original Equipment Manufacturers*) die Änderungsflexibilität innerhalb der Produktion deutlich erhöht, so dass noch bis wenige Tage vor Produktionsbeginn (*Start of Production, SOP*) Änderungswünsche von Kunden[178] eingesteuert werden können.[179] Diese Struktur der (deutschen) Automobilindustrie ist insbesondere auf Restrukturierungen in den 90er

---

172 Vgl. Amann (2009), S. 71.

173 Vgl. Mercer Management Consulting (2005), S. 1; VDA (2006), S. 182.

174 Vgl. Spohr (2001), S. 81.

175 Vgl. Köth (2007), S. 42; Mößmer/Schedlbauer/Günther (2007), S. 4.

176 Vgl. Krog/Statkevich (2008), S. 187f.

177 Vgl. Götz (2007), S. 21; Krog/Statkevich (2008), S. 189.

178 Die diesbezüglichen Anforderungen unterscheiden sich je nach Absatzregion. Während Endkunden in Europa immer stärker zur Bestellung kundenindividueller Fahrzeuge tendieren und somit hohe Anforderungen an den *Build-to-Order*-Planungsprozess gestellt werden, bevorzugen Endkunden aus den USA eine möglichst zeitnahe Verfügbarkeit eines Fahrzeugs ggü. einer kundenindividuellen Fahrzeugausstattung. OEM müssen in diesem Falle einen effizienten *Build-to Forecast*-Planungsprozess implementieren (vgl. Klug (2012), S. 100f.).

179 Vgl. Krog/Statkevich (2008), S. 192.

Jahren zurückzuführen, in deren Rahmen OEM sich auf ihre Kernkompetenzen konzentrierten und die Entwicklung und Produktion ganzer Systeme an Systemlieferanten verlagerten.[180] Hieraus resultieren heute übliche, besonders tiefe und mehrstufige, konvergierende Supply Chains,[181] mit Automobilherstellern an der Spitze und stromaufwärts angeordneten System- (*Tier-1*), Modul- (ab *Tier-2*) sowie Teile- und Rohmateriallieferanten (siehe Abbildung 8).[182] Die beim OEM verbleibenden Kernkompetenzen bestehen in der Entwicklung von Gesamtfahrzeugen. Hierzu zählen Design, Rohbau, Lackierung und Endmontage sowie die Entwicklung und Herstellung ausgewählter Module wie Getriebe, Achsen und Abgasanalagen.[183]

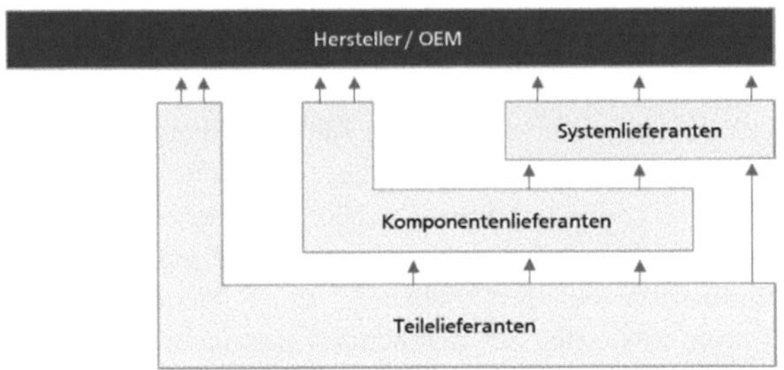

Abbildung 8: Idealisierte Darstellung der Automobil-Supply-Chain (Quelle: Wildemann (1995), S. 205)

Die Restrukturierung der Automobil-Supply-Chains hat die Komplexität und damit den Koordinationsaufwand auf Seiten der OEM verringert, gleichzeitig allerdings für eine Erhöhung der gleichen Größen beim Tier-1 als Systemlieferant geführt.[184] Problematisch ist hierbei, dass bei Tier-1 oft die entsprechenden Kompetenzen und Strukturen fehlen, um komplexe Lieferantennetzwerke zu managen.[185] Das Verhältnis zwischen Systemlieferanten und OEM ist zudem durch einen hohen Preisdruck und einen hohen Grad an Kontrolle durch den OEM geprägt. Während durch die Machtstellung des OEM bereits in der Anbahnungsphase ein hoher Preisdruck ausgeübt wird, setzt sich dies auf Basis von Kostenreduktionvereinbarungen von bis zu 3%[186] p.a. auch im laufenden Vertragsverhältnis fort.[187] Tier-1-Lieferanten müssen daher Strukturen entwickeln, die es ihnen erlauben, sich

---

180 Dies wird auch als "Modulare Beschaffung" oder "Modular Sourcing" bezeichnet (vgl. Piller/Waringer (1999), S. 94).

181 In wie weit sich solch eine, auch als „pyramidal" bezeichnete, konvergierende Struktur herausbildet, hängt auch von der Machtposition des Automobil OEM im lokalen Beschaffungsmarkt ab (vgl. Demeter/Gelei/Jenei (2006), S. 562).

182 Vgl. Meyr (2004), S. 451f.; Giese (2012), S. 2; Hertwig (2012), S. 254; Träger/Wellbrock/Kanowski (2013), S. 48f. Aufgrund der engen, oft langfristigen Partnerschaft zwischen OEM und Systemlieferanten entsprechen Automobil-Supply-Chains strategischen bzw. hierarchischen Netzwerken (vgl. Sydow (2010b), S. 395f.).

183 Vgl. Piller/Waringer (1999), S. 94.

184 Vgl. Ostertag (2008), S. 47.

185 Vgl. Wildemann (2004), S. 38-40.

186 In Einzelfällen bis zu 6% (vgl. Choi/Hong (2002), S. 482).

187 Vgl. Choi/Hong (2002), S. 485.

gegenüber den OEM und den Unterlieferanten zu behaupten.[188] Die Art der in der Supply Chain umgesetzten Koordination unterscheidet sich allerdings auch innerhalb der Automobilindustrie:[189] Während einige OEM die Beschaffung strikt formalisieren und den Systemlieferanten einen Großteil der Unterlieferanten auf Tier-2- und Tier-3-Ebene vorgeben[190] und hierbei teilweise auch unmittelbar als Auftraggeber der Unterlieferanten fungieren,[191] gestatten andere OEM ein größeres Ausmaß an Flexibilität. Sie definieren gegenüber ihren Systemlieferanten lediglich Qualitätskriterien und schlagen Tier-2-Lieferanten vor.[192] Durch diese eingeräumte Flexibilität können Systemlieferanten Kostenpotenziale nutzen und den von den OEM ausgeübten Druck auf ihre eigenen Lieferanten abwälzen. Während OEM durch diese Form der Dezentralisierung Komplexität reduzieren können, birgt der Ansatz Risiken: Anforderungen an den Systemlieferanten steigen,[193] dem OEM sind Unterlieferanten oft nicht bekannt[194] und im Falle einer Beendigung der Geschäftsbeziehung zum Systemlieferanten sind ggf. auch die Unterlieferanten zu ersetzen.[195] Ein hoher Zentralisierungsgrad schafft hingegen Transparenz und sichert die Loyalität niedriger Lieferantenebenen gegenüber dem OEM, kann aber zu Konflikten unter den Lieferanten (bspw. Systemlieferant und Tier-2) und erhöhter Supply-Chain-Komplexität führen.[196] Die Literatur zeigt, dass für besonders wichtige Bauteile ein Trend zu einer stärkeren Zentralisierung besteht.[197] Ziele, die hierdurch erreicht werden sollen, sind die baureihenübergreifende Standardisierung von Komponenten, Sicherung technologischen Know-hows, Nutzung von Skaleneffekten, Schaffung von Preistransparenz sowie eine verbesserte Qualitätssicherung.[198] Ein hoher Grad an Zentralisierung ist in der Regel auch mit einer großen Abhängigkeit von Lieferanten vom OEM verbunden.[199] Für die Zukunft wird damit gerechnet, dass der hohe auf Zulieferern lastende Druck zu einer stärkeren Konsolidierung auf der Tier-1-Ebene führt. Durch horizontale und vertikale

---

188 Vgl. Sydow (2010b), S. 397.

189 Welche Art der Koordination bzw. Kontrolle gewählt wird hängt u.a. von der strategischen Ausrichtung des Automobilunternehmens aber auch von diversen Kontextfaktoren, wie bspw. der Verfügbarkeit kompetenter Systemlieferanten, ab (vgl. Choi/Hong (2002), S. 471; Demeter/Gelei/Jenei (2006), S. 562ff.).

190 Solche vom OEM vorgegebenen Teile werden auch als *Setzteile* bezeichnet (vgl. Wildemann (2004), S. 18).

191 Vgl. Choi/Hong (2002), S. 475-477.

192 Choi/Hong (2002) zeigen anhand beispielhafter Supply Chains, dass in der Supply Chain für die Mittelkonsole des Honda Acura CL/TL 40% der Lieferanten durch Honda vorgegeben werden, wobei DaimlerChrylser für ein vergleichbares Bauteil des Grand Cherokee nur 10% der Lieferanten vorbestimmt (vgl. Choi/Hong (2002), S. 483, 486).

193 Vgl. Choi/Hong (2002), S. 489.

194 Vgl. Choi/Hong (2002), S. 483.

195 Vgl. Choi/Hong (2002), S. 488.

196 Vgl. Choi/Hong (2002), S. 480, S. 489.

197 Siehe hierzu bspw. Träger/Wellbrock/Kanowski (2013).

198 Vgl. Choi/Hong (2002), S. 486; Träger/Wellbrock/Kanowski (2013), S. 52f.

199 Mitunter erzielt ein Lieferant bis zu 90% des Umsatzes mit einem einzelnen OEM (vgl. Choi/Hong (2002), S. 477).

Integration können Tier-1-Zulieferer Optimierungsansätze durch integrierte Informationssysteme realisieren.[200]

Abbildung 9 zeigt beispielhaft einen Ausschnitt einer Automobil-Supply-Chain für ein von einem Tier-1-Lieferanten produziertes Modul. Deutlich wird, wie Automobilhersteller durch die Vergabe von Modulen und Komponenten an System- und Komponentenlieferanten die Komplexität der eigenen Lieferantenbasis verringern, hierbei aber die Komplexiät letztendlich zum Systemlieferanten verschieben und selbst Transparenz und Kontrolle innerhalb der Lieferantenbasis einbüßen.

Auf der Prozessebene helfen Konzepte wie *Just-in-Time (JIT)*[201] oder *Just-in-Sequence (JIS)*[202] dabei, die oben geschilderten Herausforderungen zu meistern.[203] In der Regel erfolgt die Anlieferung durch Systemlieferanten nach dem kurzfristigen Feinabruf in Abrufreihenfolge direkt an das Band des OEM (*Ship to Line / Sequence in Line Supply, SILS*).[204] Unterschiedliche Planungsebenen stellen die Verzahnung von OEM und Lieferanten sicher. Entsprechend des Planungshorizonts ist zwischen strategischer Kapazitätsplanung (1 bis 5 Jahre), taktischer Kapazitätsabsicherung (0 bis 24 Monate), sowie der operativen Kapazitätssteuerung (0 bis 26 Wochen) zu unterscheiden.[205] Zur Realisierung langfristiger und mittelfristiger Flexibilität werden im Rahmen von *Rolling Forecasts* Schwankungsbreiten mit den Lieferanten vereinbart.[206] Um den gestiegenen kurzfristigen Flexibilitätsanforderungen der Planung gerecht zu werden, ergänzen Unternehmen bestehende zentrale Push-Konzepte[207] zur *Produktionsplanung und -steuerung mit stabiler Auftragsfolge* durch Pull-Konzepte[208] auf dezentraler Ebene.[209]

---

[200] Vgl. Choi/Hong (2002), S. 490; Becker (2010), S. 15f.

[201] Bedarfssynchrone Anlieferung von Material am Verbauort (vgl. Wildemann (1995), S. 19).

[202] Bedarfssynchrone Anlieferung von Material in Auftragsreihenfolge am Verbauort (vgl. Konrad (2005), S. 136).

[203] Vgl. Abele u. a. (2012), S. 30.

[204] Vgl. Meyr (2004), S. 451; Abele u. a. (2012), S. 30.

[205] Vgl. Krog u. a. (2002), S. 47.

[206] Vgl. Monsees/Saatmann/Schorr (2007), S. 57.

[207] Push-orientierte PPS-Konzepte gehen von einer deterministischen Planungssituation aus. Die Konzepte sehen eine zentrale Ablaufplanung vor, was eine übergreifende Optimierung auf Kosten von Flexibilität und Reaktionsgeschwindigkeit im Falle von Störungen oder Schwankungen ermöglicht (vgl. Klug (2012), S. 86).

[208] Pull-orientierte PPS-Konzepte gehen von einer stochastischen Planungssituation aus. Die Konzepte sehen eine dezentrale Ablaufplanung vor, was die ganzheitliche Optimierung behindert dafür jedoch Reaktionsgeschwindigkeit und Flexibilität erhöht (vgl. Klug (2012), S. 86).

[209] Vgl. Klug (2012), S. 84-86.

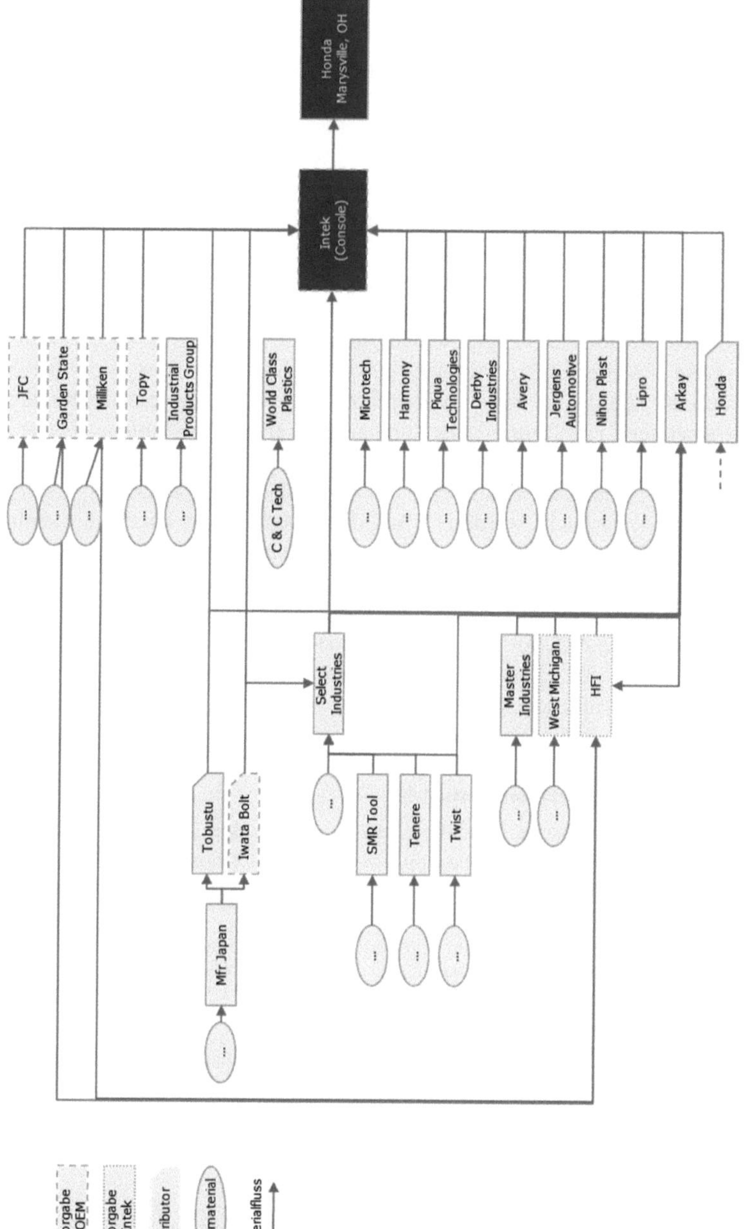

Abbildung 9: Illustration eines Ausschnitts einer Supply Chain der Automobilindustrie am Beispiel einer Honda-Mittelkonsole (Quelle: Angelehnt an Choi/Hong (2002), S. 479)

Hierbei werden mit einem mehrtägigen Vorlauf vor Montagebeginn Bearbeitungsreihenfolge, Produktionstermine und spezifische Inhalte der Fahrzeugaufträge in Form einer *Perlenkette*[210] fixiert, um Taktausgleichsverluste zu reduzieren und die Auslastung der Fertigung zu optimieren.[211] Aus den Montageperlenketten der OEM werden dann Zulieferperlenketten abgeleitet.[212] Der Perlenkettenabschnitt, für den keine Änderungen mehr gestattet sind, bildet die *Frozen Zone.*[213] Während eine kurze Frozen Zone die Kundenflexibilität erhöht und Planabweichungen minimiert, kann durch Verlängerung der Frozen Zone die Termintreue erhöht, die Auslastung verbessert und die Robustheit von Beschaffungsprozessen erhöht werden.[214] Diesem Dilemma kann durch späte Auftragszuordnung sowie einer Pull-Steuerung auf dezentraler Ebene entgegengewirkt werden: Der Entkopplungspunkt lässt sich bis zum Einlauf in die Montage verschieben, indem Karosseriebau und Lackiererei keinen verbindlichen Orderbezug erhalten, sondern deren konkrete Bearbeitungsreihenfolge durch Pull-Aufträge der Montage bestimmt wird.[215] Durch die Einführung von Sortier-Puffern zwischen einzelnen Gewerken sowie der intraorganisatorischen Einführung eines Kunden-Lieferanten-Verhältnisses, bspw. zwischen Karosseriebau und Lackiererei, können mit Hilfe eines dezentralen Pull-Prozesses Steuerungsaufgaben vereinfacht und eine lokale Auslastungsoptimierung unter globalen Auftragsrestriktionen erreicht werden.[216] Auf diese Weise wird auch die Flexibilität zur Reaktion auf externe und interne Störereignisse reduziert.[217] Zudem gestattet die Fixierung des Produktionsprogramms mittels Frozen Zone eine Verschlankung der Produktionsprozesse auf Zuliefererseite, eine Reduktion der Sicherheitsbestände sowie eine mögliche Verlängerung der JIT-/JIS-Vorlaufzeit und eine hiermit verbundene Reduktion der Standortabhängigkeit von Zulieferern.[218] Aufgrund der genannten Faktoren ist die Automobilproduktion jedoch trotz entsprechender Flexibilitätskonzepte äußerst anfällig für Störungen, die schnell Kettenreaktionen hervorrufen können.[219]

2.4.2 Supply Chains der Elektronikindustrie

Analog zur Automobilindustrie handelt es sich auch bei der Elektronikindustrie[220] in der Regel um strategische Netzwerke, die von einem fokalen Unternehmen, meist dem OEM,

---

210 Im Extremfall einer Push-orientierten Planung wird hierbei die von einem einzelnen Auftrag einzuhaltende Zeitspanne auf einen einzelnen Takt reduziert (vgl. Weyer/Spath (2001), S. 18).

211 Vgl. Weyer (2002), S. 59.

212 Vgl. Weyer (2002), S. 59.

213 Vgl. Monsees/Saatmann/Schorr (2007), S. 57; Krog/Statkevich (2008), S. 193; Klug (2012), S. 95.

214 Vgl. Klug (2012), S. 96.

215 Vgl. Klug (2012), S. 96f.

216 Vgl. Klug (2012), S. 97-100.

217 Vgl. Meissner (2009), S. 32.0

218 Vgl. Krog/Statkevich (2008), S. 194.

219 Vgl. Meissner (2009), S. 32.

220 Die Elektronikindustrie umfasst unterschiedliche Marktsegmente, hierzu zählen: Computer, Computer Peripherie, Consumer Electronics, Server und Speichergeräte, Kommunikationstechnologie, Automobil-Elektronik, Medizintechnik, Industrieelektronik sowie Militär- und Luftfahrt-Elektronik (vgl. Sturgeon/Kawakami (2011), S. 125).

geführt werden.[221] Ähnlich wie in der Automobilindustrie haben in der Elektronikindustrie in den 1990er und frühen 2000er Jahren der Wille zu einer Komplexitäts- und Kostenreduktion zu einem umfangreichen Outsourcing und einer Reduktion vormals ausgeprägter vertikaler Integration geführt.[222] Es ergeben sich jedoch einige Unterschiede gegenüber der Automobilindustrie. Diese umfassen noch kürzere Produktlebenszyklen, eine höhere Dynamik der Absatzmärkte, hoher Wert- bzw. Preisverfall sowie besonders lange Durchlaufzeiten für Kernkomponenten.[223]

Die Elektronik-Supply-Chain erstreckt sich vom Rohmateriallieferanten (bspw. Silizium Wafer, Rohöl), über Komponentenhersteller, Systemintegratoren, Auftragsfertiger und Distributoren bis zum Hersteller des Endprodukts (OEM).[224] OEM werden daher auch als *Lead Firms* bezeichnet, da sie die übergreifende Koordination der Supply Chain sowie die Vermarktung der Produkte übernehmen.[225] Lead Firms sind in Elektronik-Supply-Chains allerdings nicht zwingend die dominanten, fokalen Unternehmen, denen die höchsten Profite zufallen;[226] in einzelnen Fällen spielen neben ihnen auch sogenannte *Platform Leader* eine entscheidende Rolle. Plattform Leader können als Hersteller bzw. Besitzer von systemrelevanten Komponenten oder Patenten maßgeblichen Einfluss auf die Supply Chain, sogar auf die OEM, ausüben und sich somit oft die höchsten Margen in der Supply Chain sichern.[227]

Die spezifischen Produktionsschritte zur Herstellung eines Elektronik-Produkts zur Vermarktung an Endkunden umfassen die Schritte *Chip Produktion*[228], *Board Printing*[229], *Endmontage und Test* sowie *Software Flashing, Verpackung und Distribution*.[230] Lieferanten auf der ersten Stufe sind spezialisierte Halbleiterproduzenten. Prozessschritte der dritten und vierten Stufe werden an Auftragsfertiger verlagert, die neben der reinen Fertigung auch Aufgaben des Produktdesigns, der Planung und der Beschaffung übernehmen können.[231] Der Umfang des Outsourcings hängt eng mit der Unternehmensstrategie zusammen. Während das Unternehmen Samsung im Jahr 2004 nur 6% und Nokia nur 20% der eigenen Mobiltelefonproduktion fremdvergeben haben, waren es bei Sony Ericsson im gleichen Jahr

---

221 Vgl. Sydow (2010b), S. 395f.

222 Vgl. Linden (1998), S. 3; Akkermans/Dellaert (2005), S. 175; Hilmola/Helo/Holweg (2005), S. 2.

223 Vgl. Harland u. a. (2001), S. 26; Sturgeon/Kawakami (2011), S. 122f.

224 Vgl. Catalan/Kotzab (2003), S. 671; Dedrick/Kraemer/Linden (2010), S. 6f.; Adexa (2015), S. 3.

225 Vgl. Sturgeon/Kawakami (2011), S. 124.

226 Vgl. Sturgeon/Kawakami (2011), S. 128.

227 Beispiele hierfür sind die Unternehmen Intel und Microsoft (vgl. Dedrick/Kraemer/Linden (2010), S. 82).

228 Auch Mikrochip-/Chipsatz-Produktion oder die Produktion integrierter Schaltungen.

229 Auch Printed Circuit Board Assembly (PCBA) (vgl. Minnich (2007), S. 30).

230 Vgl. Wendin (2004), S. 3-8; Minnich (2007), S. 30, S. 34.

231 EMS (Electronics Manufacturing Services) nehmen Aufgaben wie Einkauf, Board Printing, Endmontage und Testen wahr. Beispiele sind Foxconn, Felxtronics und Jabil Circuit. OMD (Original Design Manufacturer) übernehmen zusätzlich Aufgaben der Produktentwicklung. Beispiele sind Quanta, Compal und Wistron (vgl. Scott J. Mason u. a. (2002), S. 613; Riikka Kaipia/Hille Korhonen/Helena Hartiala (2006), S. 97; Dedrick/Kraemer/Linden (2010), S. 7; Sturgeon/Kawakami (2011), S. 126f.).

66%.[232] Die starke Modularisierung ermöglicht eine räumliche Trennung des oben geschilderten Fertigungsprozesses, was zu geographisch weit verteilten Produktionsnetzen führt.[233]

Den Ausgangspunkt der spezifischen Fertigung[234] in der Elektronikindustrie bildet die Microchipfertigung. Sie ist äußerst komplex und verfügt über eine Vielzahl teils iterativer Prozessschritte.[235] Die Chipfertigung beginnt mit der Wafer[236]-Produktion. Aus jedem Wafer werden bis zu mehrere tausend Chips gefertigt.[237] Anschließend werden die Wafer geprüft (engl. *Probe/Sort*) und defekte Chips (*engl. Die*) für eine spätere Aussonderung vorgemerkt.

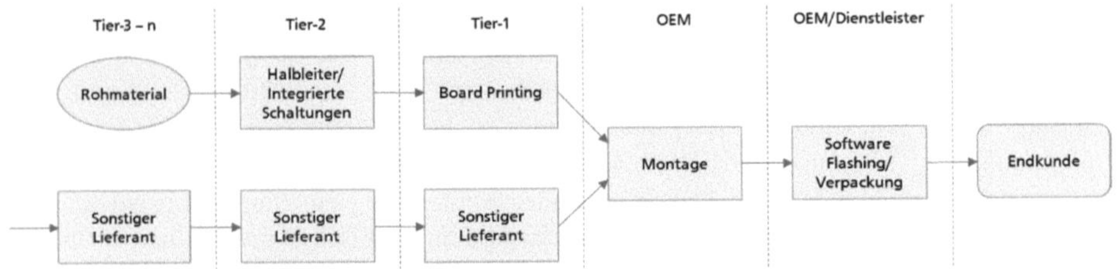

Abbildung 10: Ausschnitt aus einer beispielhaften Supply Chain der Elektronikindustrie (Quelle: Minnich (2007), S. 34, siehe auch Olhager u. a. (2002), S. 47)

Final werden die Wafer zersägt und die funktionsfähigen Chips montiert und mit Konnektoren versehen.[238] Der gesamte Fertigungsprozess umfasst je nach Chip-Komplexität bis zu 700 einzelne Prozessschritte und hat eine Durchlaufzeit von bis zu drei Monaten. Hierbei ist die Erzielung einer hohen Auslastung der Produktionsanlagen zwingend, da diese bis zu 70% der Gesamtkosten einer Wafer-Fertigung (bis zu $5Mrd.) erreichen. Während die ersten Produktionsschritte oft in Hochlohn-Ländern durchgeführt werden, erfolgen der finale Test und die Montage in der Regel in Niedriglohnländern.[239] Die hohe Spezifität

---

[232] Vgl. Coker (2004), S. 34; Morais (2015); Reinhardt (1995); Bowman (2006), S. 74-77 sowie Minnich (2007), S. 33 und die dort genannte Literatur.

[233] Vgl. Lee (2001), S. 508; Sturgeon/Kawakami (2011), S. 122f.

[234] Auf Semiconductor-Ebene wird zwischen unterschiedlichen Fertigertypen unterschieden: Integrated Device Manufacturers (IDM) entwickeln und produzieren Microchips. Reine Entwickler ohne eigene Fabriken werden als fabless bezeichnet, reine Produzenten ohne eigene Entwicklung als foundries (vgl. Matsuo (2015), S. 221).

[235] Vgl. Schömig (2001), S. 40; Minnich (2007), S. 34; Ponsignon (2013), S. 16f.; Van Zant (2014), S. 12f.

[236] Es handelt sich hierbei dünne Scheiben (200 bis 300μm dicke und bis zu 450mm Durchmesser) aus monokristallinem Silizium oder anderen Verbindungen (vgl. Van Zant (2014), S. 8f.).

[237] Für eine detaillierte Beschreibung des Herstellprozesses siehe Ponsignon (2013), S. 18ff.

[238] Die Wafer Produktion und der Probe/Sort-Prozess werden unter dem Begriff Frontend zusammengefasst. Die dann folgenden Prozessschritte als Backend (vgl. Lee (2001), S. 189-191; Schömig (2001), S. 40; Mönch/Fowler/Mason (2013), S. 11f.).

[239] Vgl. Mönch/Fowler/Mason (2013), S. 12.

des erforderlichen Know-hows und der Produktionsanlagen erschwert eine flexible Standortverlagerung von Fertigungsaufträgen.[240]

Beim Board-Printing handelt es sich um einen hochautomatisierten sowie technologie- und kapitalintensiven Prozess, bei welchem die Komponenten (u.a. Mikrochips) auf einer Platine montiert werden. Gewöhnlich wird nach dem Fließprinzip nur eine Variante gefertigt.[241] Die hohen Investitionskosten erfordern auch hier eine intensive Auslastung der Produktionsanalagen.[242] Kritisch ist, dass Komponenten teilweise aus anderen Ländern importiert werden, was zu langen und unsicheren Wiederbeschaffungszeiten führt.[243] Bei der Endmontage handelt es sich in der Regel um einen manuellen Prozess der daher oftmals in Niedriglohnländer wie China verlagert wird.[244] Im Rahmen der Montage erfolgt auch eine Variantenbildung, die sich im Vergleich zur Automobilindustrie jedoch in Grenzen hält.[245] Zur Sicherung der Flexibilität wird nach der Endmontage ein Puffer vorgefertigter Geräte aufgebaut. Der Puffer repräsentiert einen Entkopplungspunkt, denn erst hier erfolgt die finale Variantenbildung durch ein softwareseitiges Customizing und die Beigabe von (Länder-)spezifischem Zubehör wie Netzteil und Bedienungsanleitungen.[246]

Die Schilderung von Supply-Chain-Struktur und -Prozessen machen die zentralen Herausforderungen der Elektronik-Supply-Chain deutlich: Während sich die Produktionsprozesse, insbesondere auf Semiconductor-Ebene durch lange Durchlaufzeiten auszeichnen, fordern Kunden kurze Lieferzeiten und einen hohen Grad an Individualisierung.[247] Verschärft wird dieses Problem durch kurze Produktlebenszyklen, die durch eine hohe Nachfrage zum Zeitpunkt der Produkteinführung und einem anschließenden kontinuierlichen Nachfrageabfall geprägt sind.[248] Zusätzlich ergeben sich hohe Schwankungen in der Supply Chain, welche in Form von Unsicherheit von der Nachfrageseite[249] aber insbesondere durch Variabilität innerhalb der Supply Chain generiert werden.[250] Letzteres bezieht sich auf das

---

240 Vgl. Matsuo (2015), S. 221.

241 Vgl. Chang/Lin/Sheu (2002), S. 4769; Olhager u. a. (2002), S. 49; de Kok u. a. (2005), S. 40; Trovinger/Bohn (2005), S. 207f.; Aertsen/Versteijnen (2006), S. 33.

242 Vgl. de Kok u. a. (2005), S. 40; Aertsen/Versteijnen (2006), S. 33.

243 Vgl. Chang/Lin/Sheu (2002), S. 4769.

244 Vgl. Minnich (2007), S. 34.

245 Mobiltelefon-Varianten unterscheiden sich bspw. Front- und Back-Cover sowie länderspezifischen Tastaturen (vgl. Reinhardt (2006)).

246 Vgl. Reinhardt (2006); Minnich (2007), S. 36. Dieser letzte Individualisierungsschritt kann entweder zentral erfolgen oder dezentral, bspw. durch einen Dienstleister in einem regionalen Distributionszentrum (vgl. Minnich (2007), S. 36).

247 Auf Semiconductor-Ebene gefertigte Microchips sind zudem in der Regel produktspezifisch (vgl. de Kok u. a. (2005), S. 39; Riikka Kaipia/Hille Korhonen/Helena Hartiala (2006), S. 96;

248 Vgl. Burrus/Kuettner (2002), S. 10.

249 Die Kundenseitige Unsicherheit bezieht sich insbesondere auf Saisonalitäten. Dies betrifft insbesondere Consumer Electronics (höchste Verkäufe zu Weihnachten) aber auch den B2B-Bereich (bspw. durch die Ausnutzung von Budgets zum Jahresende). Zudem gibt es eine zufällige Variabilität/Rauchen auf Tagesbasis (vgl. Lee/Padmanabhan/Whang (1997b), S. 96; Sterman u. a. (2007), S. 687).

250 Vgl. Harrison (1996), S. 83.

Phänomen des Bullwhip-Effekts.[251] Supply Chains der Elektronikindustrie sind zudem stark fragmentiert und über verschiedene Länder verteilt, u.a. um Lohneffekte durch Outsourcing in Niedriglohnländer ausnutzen zu können.[252] Neben anderen Maßnahmen[253] sollen zukünftig eine stärkere informatorische Integration und eine integrierte Planung dabei helfen, die genannten Herausforderungen zu meistern.[254]

---

251 Vgl. Lee/Padmanabhan/Whang (1997a), S. 546. Der Bullwhipp ist ein Ergebnis der Akkumulation von Forecast-Fehlern, der Sicherung von Beständen durch überhöhte Bestellungen, von Promotion-Aktionen, der Versuche Skaleneffekte zu realisieren oder der Überlappung von Bestellperioden. (vgl. Forrester (1958), S. 45; Lee/Padmanabhan/Whang (1997b), S. 96f.; Lee/Whang (2000)Disney/Towill (2003), S. 378; S. 157f.; Gonçalves/Management (2003), S. 89ff.). Eine weitere Ursache für den Bullwhip-Effekt ist die begrenzte Rationalität von Entscheidungsträgern (vgl. Croson/Donohue (2006), S. 332f.).

252 Vgl. Linden (1998), S. 3; Akkermans/Dellaert (2005), S. 175; Hilmola/Helo/Holweg (2005), S. 2.

253 Vgl. de Kok u. a. (2005), S. 42ff.

254 Vgl. hierzu auch die Aufgaben im Supply Chain Management in Kapitel 3.3.2.2.

3 Risikomanagement und Supply-Chain-Risikomanagement

Nachdem ein grundlegendes Verständnis für die Herausforderungen des Supply Chain Managements im Allgemeinen und des Supply Chain Managements der Automobil- und der Elektronikindustrie im Besonderen geschaffen wurde, wird nun der konzeptionelle Bezugsrahmen um wesentliche Aspekte des Risiko- und des Supply-Chain-Risikomanagements erweitert. In diesem Rahmen findet, wo notwendig, bereits eine Einführung in relevante betriebswirtschaftliche Theorien statt, auf welche später zur Herleitung von Ursache-Wirkungs-Zusammenhängen zurückgegriffen wird. Kapitel 3.1 widmet sich den Grundlagen und der Herkunft des allgemeinen Risikomanagements, bevor mit Kapitel 3.2 eine strukturierte Betrachtung von Supply-Chain-Risiken sowie eine Einführung in das Supply-Chain-Risikomanagement erfolgt. Anschließend widmen sich die Kapitel 3.3 und 3.4 der Rolle von Entscheidungen und Informationen im Supply-Chain-Risikomanagement. An dieser Stelle findet auch eine Einführung in die Entscheidungstheorie statt. Kapitel 3.5 beginnt mit einer Einführung in die Organisationstheorie, bevor organisatorische Aspekte des allgemeinen Risikomanagements sowie des Supply-Chain-Risikomanagements beleuchtet werden. Kapitel 3.6. gibt schließlich einen Überblick über den Supply-Chain-Risikomanagement-Prozess bevor Kapitel 3.7, nach einer Einführung in die Informationstechnologie, einen ersten Einblick in die im Supply-Chain-Risikomanagement verwendeten Techniken liefert.

3.1 Grundlagen des Risikomanagements

Das Supply-Chain-Risikomanagement hat insbesondere seine methodischen Ursprünge im allgemeinen Risikomanagement des Unternehmens, welches wiederum mit neuen gesetzlichen Regelungen wie bspw. dem KonTraG zum Ende des 20. Jh. eine starke Aufwertung erfahren hat.[255] Aus diesem Grunde befassen sich die folgenden Kapitel mit wesentlichen Begrifflichkeiten und der Entstehung des allgemeinen Risikomanagements, bevor in Kapitel 3.2 eine hierauf aufbauende Auseinandersetzung mit Supply-Chain-Risiken und dem Supply-Chain-Risikomanagement stattfindet.

3.1.1 Etymologie und Historie des Risiko-Begriffs

Die Herkunft des Risiko-Begriffs wird im italienischen *rischio* sowie im griechisch-byzantinischen *rhizio* vermutet, was übersetzt so viel bedeutet wie Wagnis, Glück, Schicksal oder Zufall.[256] Andere Quellen verorten die Wortherkunft im Arabischen, wo *risq* so viel bedeutet wie *„gegeben von Allah"*.[257] Gemäß dem heutigen Sprachverständnis bezeichnet ein Risiko ein Wagnis, eine Gefahr oder die Verlustmöglichkeit im Rahmen einer unsicheren Unternehmung.[258] Grundsätzlich ist jede betriebswirtschaftliche Tätigkeit mit Risiken

255 Vgl. Maier (2001), S. 21f.

256 Vgl. Luhmann (1991a), S. 16ff.; Rosenkranz/Mißler-Behr (2005), S. 1.

257 Vgl. Norrman/Lindroth (2004), S. 17f.

258 Vgl. Duden (2004), s. 817.

verbunden.[259] Weit gefasst lässt sich Risiko im unternehmerischen Kontext mit Hilfe der frühen Definition der „*Gefahr des Misslingens jedes wirtschaftlichen Tuns und Seins im Betrieb*“ [260] beschreiben. Die betriebswirtschaftliche Literatur kann jedoch nicht auf eine einheitliche Definition des Risikobegriffs zurückgreifen.[261] Die im Folgenden zitierten Definitionen unterscheiden sich je nach Herkunft beziehungsweise Blickwinkel der jeweiligen Autoren, wobei Gemeinsamkeiten in den bestehenden Systematisierungsansätzen zu erkennen sind.[262]

3.1.2 Ursachen- und wirkungsbezogene Risikodefinition

Grundsätzlich können Risikodefinitionen und damit auch betriebswirtschaftliche Strömungen der Risikoforschung auf eine *ursachen- bzw. informationsbezogene* Risikodefinition, mit einer schwerpunktmäßigen Untersuchung von *Bedingungsrisiken,* sowie eine *wirkungsbezogene* Risikodefinition mit einer Fokussierung auf *Aktionsrisiken* zurückgeführt werden.[263]

Die ursachenbezogene Definition erklärt Risiko über den Informationsstand eines Entscheiders[264] und geht hierbei davon aus, dass Entscheidungsträger im Rahmen der Risikosituation einem Informationsdefizit, insbesondere bzgl. zukünftiger Entwicklungen, gegenüberstehen.[265] Das Informationsdefizit kann im Rahmen des Entscheidungsprozesses zu Fehlentscheidungen führen.[266] Zur Abgrenzung unterschiedlicher Informationsstände werden, wie in Abbildung 11 skizziert, die Begriffe *Sicherheit, Unsicherheit, Risiko* und *Ungewissheit* verwendet.[267]

---

259 Vgl. Weber/Weißenberger/Liekweg (2001), S. 49; Zsidisin/Ellram (2003), S. 24.

260 Lisowsky (1947), S. 98.

261 Vgl. Miller (1992), S. 311; Thiemt (2003), S. 5; Schubert (2004), S. 9.

262 Vgl. Schuy (1989), S. 10; Schubert (2004), S. 9f.; Spille (2009), S. 33f.

263 Vgl. Braun (1984), S. 44; Haller (1990), S. 235f. In der Literatur werden zur Differenzierung von Risikomanagementdefinitionen meist jüngere Quellen zitiert, wie bspw. Burger/Buchhart (2002), Eckert/Lamparter/Möller (2004) oder Lazanowski (2006), die sich jedoch alle auf die ursprüngliche Unterscheidung von Braun (1984) stützen bzw. sich auf diese zurückführen lassen. Bedingungsrisiken beziehen sich auf unbewusste Randbedingungen, wie das Auftreten von politischen Krisen. Aktionsrisiken sind Risiken, die sich auf bewusst gesetzte Unternehmensziele auswirken, wie bspw. eine falsche Ausgestaltung des Produktportfolios. Allerdings haben aufgrund falsch getroffener Annahmen auch Bedingungsrisiken eine Zielverfehlung als Ergebnis (vgl. Haller (1990), S. 236.)

264 Vgl. Kupsch (1973), S. 26f. Risiken, die die Unsicherheit des Inforationsstands des Entscheiders betreffen werden aus entscheidungstheoretischer Sich auch als Informationsrisiken bezeichnet (vgl. Schneider (2001), S. 183). Eine Abgrenzung zur ursachenbezogenen Risikodefinition ist daher nicht ohne weiteres möglich.

265 Vgl. Knight (1921), S. 19ff.; Duncan (1972), S. 317; Lipshitz/Strauss (1997) S. 151.

266 Vgl. Mikus (2001b), S. 6.

267 Vgl. Obermaier/Saliger (2013), S. 18.

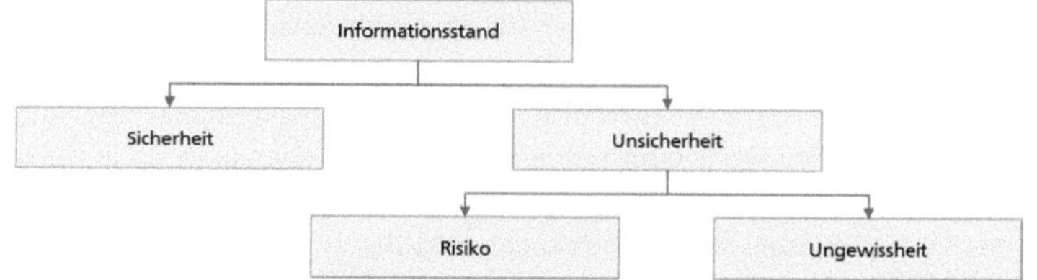

Abbildung 11: Ursachenbezogener Risikobegriff (Quelle: Obermaier/Saliger (2013), S. 18)

Sind dem Entscheider sämtliche für die Entscheidung relevanten Umweltzustände bekannt, handelt es sich um eine Entscheidung unter Sicherheit, andernfalls um eine Entscheidung unter Unsicherheit.[268] Entscheidungen, bei denen die Wahrscheinlichkeit des Risikoeintritts mit subjektiven oder objektiven[269] Wahrscheinlichkeiten[270] beschrieben werden kann, werden als Entscheidungen unter *Risiko* bezeichnet.[271] Kann keine Wahrscheinlichkeit beschrieben werden, dann handelt es sich um eine Entscheidung unter Ungewissheit[272] (oder auch *Unsicherheit im engeren Sinne).*[273] Neben dem reinen Informationsdefizit kann sich Unsicherheit auch aus einem ungenügenden Verständnis der Situation sowie einer ungenügenden Abgrenzbarkeit von Alternativentscheidungen ergeben.[274] Der Begriff der Unsicherheit bezieht sich hierbei aus Sicht einer Unternehmung auf die Verhaltensweise bestimmter Akteure des Marktes, von Konkurrenten, Lieferanten, Behörden aber auch auf unternehmensinterne Quellen wie die Organisation oder Mitarbeiter des Unternehmens.[275] Je weiter eine Entscheidung in die Zukunft reicht, desto größer ist die Unsicherheit bzgl. der zukünftigen Situation und des zukünftigen Entscheidungsergebnisses.[276] Hervorzuheben ist, dass Unsicherheit in der Regel aus dem Blickwinkel eines einzelnen Akteurs

---

268 Vgl. Laux u. a. (2014), S. 32f.

269 Ein Abgrenzung von subjektiven und objektiven Wahrscheinlichkeiten ist schwierig, da objektive Wahrscheinlichkeiten bzgl. zukünftiger Umweltzustände oftmals basierend auf (im Unternehmen nur unregelmäßig vorhandenen) Vergangenheitsdaten geschätzt werden und die Prognose wiederum subjektiven Einschätzungen unterliegt (vgl. Neubürger (1989), S. 20; Meyerhans (2000), S. 21; Schneider (2001), S. 195; Vgl. Eberle (2005), S. 34).

270 Risiken können mithilfe der Wahrscheinlichkeit, dass ein bestimmtes (negatives) Ereignis eintritt sowie den Auswirkungen dieses Ereignisses beschrieben werden. Für ein Ereignis n mit der Eintrittswahrscheinlichkeit P und dem Umfang der Auswirkung I kann das Risiko als mathematische Funktion wie folgt angegeben werden: $Risk_n = P(Loss_n) * I(Loss_n)$ (vgl. Mitchell (1995) S. 116; Vilko/Ritala/Edelmann (2014), S. 5.

271 Diesbezüglich besteht kein einheitliches Verständnis in der Literatur, denn teilweise werden Entscheidungen, bei denen lediglich subjektive Wahrscheinlichkeiten zugrunde liegen auch als Entscheidungen unter Ungewissheit bezeichnet (vgl. Fasse (1995), S. 49).

272 Situationen der Ungewissheit können weiter in Situationen unterteilt werden, in denen mögliche Ereignisse, die eintreten können, bekannt sind, sowie Ereignisse die vollkommen unbekannt sind (vgl. Fasse (1995), S. 49). Mögliche Ereignisse, die nicht bekannt sind, werden auch als „Black Swan" bezeichnet (vgl. Taleb (2010), S. XXII).

273 Vgl. Braun (1984), S. 26f.; Obermaier/Saliger (2013), S. 18.

274 Vgl. Duncan (1972), S. 317; Lipshitz/Strauss (1997) S. 151.

275 Vgl. Cyert/March (1999) S. 160; Ritchie/Brindley (2005), S. 8.

276 Vgl. Ritchie/Brindley (2009) S. 12.

betrachtet wird, sei es ein Unternehmen oder ein einzelner Entscheider, da in der Regel von einer subjektiven Wahrnehmung der Umwelt ausgegangen werden kann.[277] Nach Starbuck (1976) ist Unsicherheit folglich weniger die unmittelbare Eigenschaft einer Situation als vielmehr die Eigenschaft der Wahrnehmung einer Situation.[278]

Risiko setzt das Vorhandensein von Erwartungen und damit von bewussten und unbewussten Zielen bzw. Bedingungen voraus und muss aus dem Blickwinkel eines definierten Systems, bspw. eines spezifischen Unternehmens, beschrieben werden.[279] Wirkungsbezogene Ansätze stellen die Auswirkungen einer Entscheidung und die hiermit in Verbindung stehende Möglichkeiten der Zielverfehlung in den Vordergrund.[280] Haller (1986) definiert bspw. Risiko im unternehmerischen Kontext als *„die Summe der Möglichkeiten, dass sich Erwartungen des Systems Unternehmung aufgrund von Störprozessen nicht erfüllen.“*[281] Auch *Nicht-Entscheiden* fällt unter die wirkungsbezogene Definition, da Passivität ebenfalls zu einer Zielverfehlung führen kann.[282] Der wirkungsbezogene Risikobegriff lässt sich, entsprechend Abbildung 12, weiter in *reines Risiko* und *spekulatives Risiko* unterscheiden.[283]

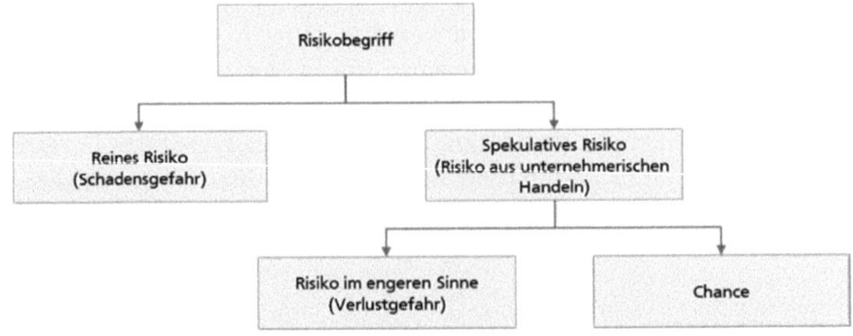

Abbildung 12: Wirkungsbezogener Risikobegriff (Quelle: Kless (1998), S. 93)

Reine Risiken (auch als *asymmetrische Risiken* bezeichnet) beziehen sich ausschließlich auf eine Verlust- bzw. Schadensgefahr und schließen mögliche Chancen aus.[284] Spekulative

---

277 Vgl. Schreyögg (1994), S. 73.

278 Vgl. Starbuck (1976), S. 1087.

279 Haller (1986) unterscheidet sogenannte Bedingungs- und Aktionsrisiken. Während Aktionsrisiken Risiken der Zielverfehlung darstellen, wie bspw. falsche Produktwahl oder falsche Personalpolitik beschreiben Bedingungsrisiken Risiken der Verfehlung von (unterbewussten) Erwartungen bzgl. Randbedingungen wie bspw. den Ausfall von Schlüsselpersonen (vgl. Haller (1986), S. 18-20). Die Definition von Haller macht die Schwierigkeit der Abgrenzung zwischen ursachen- und wirkungsbezogener Risikodefinition besonders deutlich.

280 Vgl. Krelle (1957), S. 633; Wälchli (1975), S. 40; Braun (1984), S. 23; Horst/Schreyögg/Koch (2005), S. 9; Schubert (2004), S. 11.

281 Haller (1986), S. 18.

282 Vgl. Diederichs (2012), S. 10.

283 Vgl. Kless (1998), S. 93; Martin/Bär (2002), S. 71ff.

284 Vgl. Kless (1998), S. 93.

Risiken[285] (auch *symmetrische Risiken*[286] genannt) können hingegen einen positiven oder negativen Einfluss auf das Unternehmen haben und stellen den Risiken entsprechende Chancen gegenüber. Die Verlustgefahr im Rahmen spekulativer Risiken wird hierbei als *Risiko im engeren Sinne*, mögliche positive Effekte als Chance bezeichnet.[287] Der geschilderte Sprachgebrauch ist jedoch nicht etabliert, so dass unter dem Begriff des Risikos in der Regel lediglich Risiko als Verlustgefahr verstanden wird.[288]

Da gerade in einem unsicheren Umfeld die Auswirkungen von Entscheidungen nur schwer abzuschätzen sind und die Risikoursache wie die Risikowirkung gleichermaßen mit Fehlentscheidungen in Verbindung gebracht werden,[289] ist eine Trennung zwischen ursachen- und wirkungsbezogener Risikodefinition mitunter schwierig. Dies zeigt sich auch dadurch, dass Unsicherheit im Entscheidungsprozess bzgl. Zielen, Umweltinformationen und Supply-Chain-Informationen auftreten kann (ursachenbezogen) während Entscheider andererseits den Ausgang von Entscheidungen nicht akkurat vorhersagen bzw. nicht ausreichend kontrollieren können (wirkungsbezogen).[290] Zudem ist die Kapazität der Informationsverarbeitung ein weiterer Unsicherheitsfaktor, der sich nicht direkt der ursachen- oder wirkungsbezogenen Definition zuordnen lässt.[291] Aus diesem Grund integrieren einige Autoren beide Sichtweisen.[292] In Anlehnung an Liekweg (2013) und die systemtheoretischen Überlegungen nach Haller (1986) und Erben/Romeike (2003) kann Risiko als das Zusammenspiel von möglichen Einflussfaktoren (Ursache), der Exponiertheit eines Systems gegenüber diesen Einflussfaktoren sowie den hieraus resultierenden positiven oder negativen Zielabweichungen (Wirkung) verstanden werden.[293] Die Exponiertheit des Systems ist hierbei das Ergebnis eines Entscheidungsprozesses. Durch Entscheidungen innerhalb des vorhandenen (Re-)Aktionspotenzials können die Exponiertheit und somit auch der Grad der Zielabweichung positiv oder negativ beeinflusst werden (siehe Abbildung 13).

---

285 Die Definition des spekulativen Risikos ist insbesondere auf die ökonomische Theorie zurückzuführen, in der Risiko als positive oder negative Abweichung eines Ereignisses zu seiner Prognose verstanden wird (vgl. Romeike (2009), S. 107.)

286 Bei symmetrischen Risiken geht das Risiko aus einer Entscheidung hervor, der bestimmte Entscheidungsalternativen zugrunde lagen. Hingegen bezeichnen asymmetrische Risiken Ereignisse, die auf äußere Effekte zurückzuführen sind, die nicht im Einflussbereich des Entscheiders liegen (vgl. Weber/Weißenberger/Liekweg (2001), S. 51f.). Die Begrifflichkeiten sind offensichtlich verwandt mit den Begriffen der Bedingungs- und Aktionsrisiken, wie sie Haller (1986) verwendet.

287 Vgl. Kless (1998), S. 93; Nguyen/Romeike (2012), S5.

288 Vgl. Kupsch (1973), S. 26; Mitchell (1995) S. 175.

289 Vgl. Daft/Sormunen/Parks (1988), S. 136f.

290 Vgl. Vorst/Beulens (2002) S. 413.

291 Vgl. Vorst/Beulens (2002) S. 413.

292 Vgl. Liekweg (2013), S. 62.

293 Vgl. Haller (1986), S. 26ff.; Erben/Romeike (2003), S. 46f.; Liekweg (2013), S. 63.

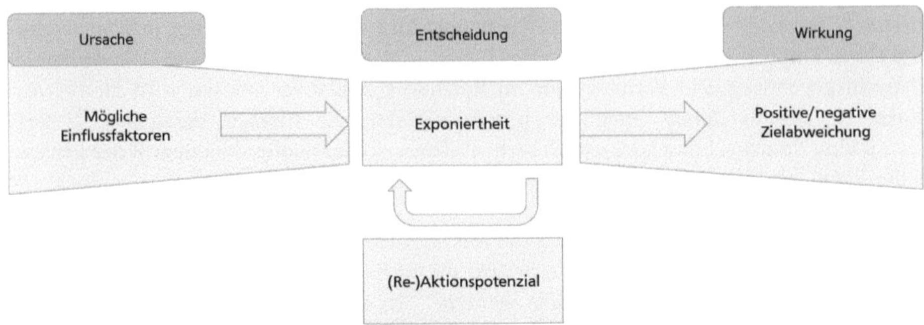

Abbildung 13: Risiko als Definition des Zusammenspiels von Einflussfaktoren, Auswirkung/Exposure, (Re-)Aktionspotenzial und Zielabweichung

Da einzelne Einflussfaktoren sowie mögliche Zustände des Systems Unternehmung nicht isoliert betrachtet werden dürfen, wird auch von *Störketten* oder *Störprozessen* gesprochen, die sich in Form kritischer Pfade als Risiko manifestieren und den Markterfolg einer Unternehmung beeinflussen.[294] Komponenten dieser Störprozesse sind nach Haller (1990) *interne oder externe Störungsquellen* (was ist der Auslöser der Störung?), *Störobjekte* (was wird gestört?), *Störungsarten* (wie wird gestört?), *gestörte Vollzugsprozesse* (welche Prozesse sind betroffen?), *nichterreichte Unternehmensziele* (welche Ziele werden nicht erreicht?) sowie *gestörte Umweltfunktionen* (welche sonstigen Konsequenzen gibt es?).[295] Diese Komponenten sowie deren Verflechtung sind im Rahmen der Risikoanalyse zu erfassen. Insbesondere aufgrund der Systemkomplexität und des begrenzten Informationsstandes betroffener Entscheider können nicht alle Risiken im Risikomanagement bedacht werden. Diese Risiken stellen das *Restrisiko* dar.[296]

3.1.3 Abgrenzung des Krisenbegriffs

Mit der obigen Diskussion wurde die Zukunftsgerichtetheit des Risikobegriffs verdeutlicht.[297] Der Risikobegriff endet somit dort, wo der Krisenbegriff beginnt. Das Wort Krise geht etymologisch auf das griechische Wort *„krisis"* zurück und bedeutet so viel wie *„Entscheidung"* im Sinne einer *entscheidenden Wendung*.[298] Im unternehmerischen Kontext wird unter dem Begriff der Krise eine die Unternehmensexistenz bedrohende Situation verstanden, die, sollte sie sich nicht mit Gegenmaßnahmen abwenden lassen, zur Insolvenz des Unternehmens führt.[299] Mit dieser Deutung des Krisenbegriffs geht, ähnlich wie im Falle des Risiko-Verständnisses, eine deutlich negative Konnotation einher, obwohl die Krise gemäß ihrem Wortstamm neben der Gefahr auch die Chance umfasst. Durch die

---

294 Vgl. Haller (1986), S. 28f; Haller (1990), S 241f.

295 Vgl. Haller (1990), S 242.

296 Vgl. Haller (1990), S 243; Schneider (2001), S. 186.

297 Vgl. hierzu auch Maier (2001), S. 18.

298 Vgl. Glasl (2008), S. 17.

299 Vgl. Geißler (1995), S. 7.

Krisen-Definition von Fink (2002) wird diese Ambivalenz des Krisenbegriffs verdeutlicht: *„A crisis is an unstable time or state of affairs in which a decisive change is impending – either one with the distinct possibility of a highly undesirable outcome or one with the distinct possibility of a highly desirable and extremely positive outcome.“*[300] Konstituierende Merkmale einer Krise sind nach Hermann (1963) die Bedrohung hoch priorisierter Werte eines Unternehmens, enge zeitliche Restriktionen für die effektive Maßnahmenergreifung sowie die Unerwartetheit ihres Auftretens.[301] Mit dieser Definition ergibt sich, gemeinsam mit dem engen Liquiditätsbezug des Krisenbegriffs, dass sich nicht sämtliche Risiken im Falle ihres Auftretens auch als Krise manifestieren.[302] Aufgrund dieser Strenge des Krisenbegriffs in der deutschsprachigen Literatur wird für die Beschreibung der Manifestation eines Risikos als Risikoeintritt in dieser Arbeit der Begriff des *Schadensereignisses* gewählt und der Begriff Krise nicht weiter verwendet. Eine nähere Definition und Abgrenzung der Begriffe Risiko und Schadensereignis findet in Kapitel 3.2.1 statt.

3.1.4 Entstehung, Grundlagen und Ziele des Risikomanagements

Das *Risikomanagement* hat seinen Ursprung in den 50er Jahren in Amerika, als Industrieunternehmen ein Versicherungsmanagement einführten und interne Versicherungsabteilungen mit dieser Aufgabe betrauten.[303] Hierbei handelt es sich um das *Risikomanagement im engeren Sinne*; ein Ansatz, der ausschließlich versicherbare bzw. übertragbare Risiken adressiert.[304] Die Risiken und das Verhältnis des Unternehmens zu den Risiken werden hierbei als nicht steuerbar angenommen, so dass die Aufgabe des Risikomanagers in der externen Beschaffung von Versicherungsleistungen zu optimalen Konditionen besteht.[305] Mit seiner Weiterentwicklung hat das Risikomanagement im engeren Sinne Impulse für die Suche nach geeigneten Substituten zur externen Beschaffung von Versicherungsleistungen gegeben. Beispiele hierfür sind Ansätze zur Risikoselbsttragung oder Risikoverminderung.[306] Der Eingriffsbereich des Risikomanagements wird mit der Evolution zum Konzept des *erweiterten Risikomanagements*[307] über die Beschaffung von Versicherungsleistungen hinaus ausgedehnt und findet Einzug in verschiedenste Funktionsbereiche und die Führung des Unternehmens.[308] Das Risikomanagement hebt sich

---

300 Fink (2002), S. 15.

301 Vgl. Hermann (1963), S. 64.

302 Der enge Liquiditätsbezug des Krisenbegriffs wurde in der Krisenforschung insbesondere aufgrund der Ermöglichung der Krisen-Operationalisierung hergestellt (vgl. Radowski (2007), S. 19ff.).

303 Vgl. Haller (1986), S. 9f.; Söder (1996), S. 52; Martin/Bär (2002), S. 72; Maier (2002), S. 70f.

304 Vgl. Blankenburg (1978), S. 329.

305 Vgl. Haller (1986), S. 9f.; Söder (1996), S. 52; Maier (2002), S. 70f.; Martin/Bär (2002), S. 72.

306 Vgl. Haller (1986), S. 9f.

307 Wird in der Literatur der Begriff Risikomanagement verwendet, so ist in der Regel, wie auch in der vorliegenden Arbeit, das Risikomanagement im weiteren Sinne gemeint (vgl. Schubert (2004), S. 40).

308 Vgl. Haller (1978), 485ff.; Ulrich (1984), S. 110ff.; Haller (1986), S. 11f.; Hahn (1987), S. 139. Steinmann/Schreyögg/Koch (2005) sehen bspw. in der Situationsanalyse und der hiermit einhergehenden Analyse der Umfeldsituation und der Unternehmenskonfiguration einen zentralen Teil der strategischen Planung, die essentiell zur Unsicherheitsreduktion beiträgt (vgl. Steinmann/Schreyögg/Koch (2005), S. 172f.).

hierbei vor dem allgemeinen Management durch die Überwachung der *„Normalität unter dem Blickwinkel der möglichen Abweichungen“*[309] hervor und nimmt hierbei eine unterstützende Funktion ein,[310] deren Ziele[311] im engen Zusammenhang mit den Unternehmenszielen stehen und daher auch aus diesen abgeleitet werden können.[312] Als wesentliche unternehmerische Ziele werden in der Literatur die Gewinnerzielung als *erwerbswirtschaftliches Ziel* sowie die Potenzialerhaltung bzw. die Sicherung der Unternehmensexistenz als *Sicherungsziel* betont.[313] Aus diesen Teilzielen ergibt sich ein Zielkonflikt innerhalb der unternehmerischen Ziele, denn Ziele der Gewinnerzielung sind in der Regel mit dem Eingehen von Risiken verbunden[314] denen das Sicherungsziel offenkundig entgegensteht. Aus diesem Konflikt wird deutlich, dass es nicht die Aufgabe oder das Ziel des Risikomanagements sein kann, alle Risiken zu vermeiden oder zu vermindern, denn hierdurch würde eine Starrheit oder Inflexibilität entstehen, die Drucker (1974) als *„greatest risk off all“*[315] bezeichnet.[316] Da dieser Zielkonflikt nicht aufgelöst werden kann, ist nach einem Kompromiss zu suchen, wobei die Unternehmensleitung festzulegen hat, zu welchem Grade sie bereit ist, Risiken zu akzeptieren, um bestehende Chancen zu nutzen (Risikoappetit).[317] Als Ziel hat sich das Risikomanagement an der Sicherung der Zielerreichung des Unternehmens zu orientieren,[318] was eine unmittelbare Operationalisierung anhand der Unternehmensziele ermöglicht.[319] Braun (1984) sieht im Risikomanagement die Funktion der *„Unterstützung der Unternehmensleitung bei der Verwirklichung der nachhaltigen Existenzsicherung durch die Bewältigung der unternehmerischen Risiken.“*[320] Ähnlich sieht Hermann (1996) die Funktion des Risikomanagements in der *„Sicherung der Zielerreichung des Unternehmens“*.[321] Zur besseren Operationalisierung lassen sich hieraus zwei Teilziele ableiten: Zum einen muss Risikomanagement die *Risiken kalkulierbar und bewusst machen*, indem es den Informationsstand der Entscheider verbessert und es ihnen ermöglicht, Risiken mit objektiven oder zumindest subjektiven Wahrscheinlichkeiten zu belegen. Das zweite Teilziel des Risikomanagements ist der *innerbetriebliche Risikoausgleich*, der wiederum der Vermeidung von existenzgefährdenden Einzelrisiken sowie der partiellen

---

309 Haller (1991), S. 169.

310 Vgl. Haller (1986), S. 11f.

311 Die Ziele des Risikomanagements werden im Rahmen einer zu definierenden Risikopolitik bestimmt. Würde Risikomanagement tatsächlich auf allen Ebenen der Führung verwirklicht, wie es von verschiedenen Autoren gefordert wird, könnte auf ein spezielles Risikomanagement und eine eigene Risikopolitik verzichtet werden (vgl. Haller (1990), S. 238).

312 Vgl. Schubert (2004), S. 68.

313 Vgl. Braun (1984), S. 44; Schubert (2004), S. 68.

314 Vgl. Kajüter (2014), S. 1.

315 Drucker (1974), S. 514f.

316 Vgl. Haller (1986), S. 8; Schubert (2004), S. 69f.

317 Vgl. Braun (1984), S. 44f.

318 Vgl. Hermann (1996), S. 39f.

319 Vgl. Schubert (2004), S. 72f.

320 Braun (1984), S. 45.

321 Hermann (1996), S. 39f.

Risikostreuung dient.[322] Existenzgefährdende Einzelrisiken sind solche Risiken, deren Verlust-Erwartungswert die Ertragskraft bzw. die Risikotragfähigkeit eines Unternehmens überschreitet. [323] Hierbei sind auch mögliche Interdependenzen zu beachten, da unterschiedliche Risiken eine verstärkende Wirkung aufeinander ausüben können. [324] Hingegen dient der Ansatz der partiellen Risikostreuung der Bildung eines optimalen Risikoportfolios aus voneinander unabhängigen Risiken auf Gesamtunternehmens- oder Funktionsbereichsebene. [325] Einen ähnlichen Ansatz zur Beschreibung der Risikomanagementziele verfolgt Hermann (1996), wobei hier ein besonderer Schwerpunkt auf der Effizienz des Risikomanagements liegt. Bedingung für die Effizienz ist u.a. die Wirtschaftlichkeit des Risikomanagements, d.h. die Maßgabe, dass die Kosten des Risikomanagements dessen Nutzen nicht übersteigen.[326] Neben diesen intrinsischen Faktoren, die die Ausgestaltung eines Risikomanagements beeinflussen, sind auch extrinsische Faktoren zu berücksichtigen. [327] So ist es auch Ziel des Risikomanagements, nationale und internationale gesetzliche Vorgaben, Vorgaben von Banken sowie (ggf. branchenübliche) Standards zu bedienen.[328] Risiken der Nichteinhaltung gesetzlicher Vorgaben können jedoch auch unter den bereits benannten Teilzielen zusammengeführt werden, da eine Nichteinhaltung bspw. zu einer Bedrohung der Existenz führen kann. Die vorgestellten Ziele des Risikomanagements werden in Abbildung 14 zusammengeführt.

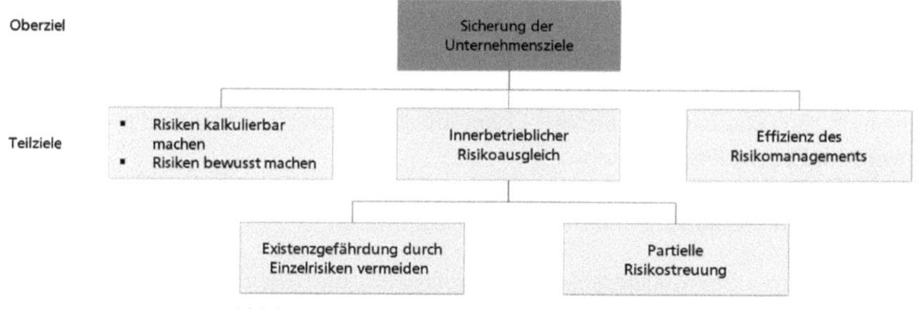

Abbildung 14: Zielsetzung des Risikomanagements
(Quelle: In Anlehnung an Braun (1984), S. 46ff.)

322 Vgl. Braun (1984), S. 45-47; Kratzheller (1997), S. 96.

323 Vgl. Braun (1984), S. 47; Hölscher/Elfgen (2013), S. 21f.

324 Vgl. Hölscher/Elfgen (2013), S. 21f.

325 Vgl. Braun (1984), S. 47.

326 Vgl. Hermann (1996), S.40.

327 Vgl. Teuteberg (2008), S. 847.

328 Vgl. Brühwiler (2007), S. 38ff., S. 66ff.; Kajüter (2015), S. 20; Kalwait (2008), S. 93ff.; Jessensberger/Zimmermann (2008), S. 207ff.; Sartor/Bourauel (2013), S. 135f. Relevante Stakeholder des Risikomanagements sind der Gesetzgeber, Baken, Standardisierungsorganisationen sowie Kapitalgeber und Arbeitnehmer. Zu den relevanten Gesetzgebungen zählen insbesondere das Aktiengesetz, das KonTraG, das BiMoG sowie der Sarbanes Oxley Act. Aus Sicht der Banken sind Basel II sowie die MaRisk (Mindestanforderungen an das Risikomanagement) relevant. Für das Risikomanagement relevante Standards sind insbesondere das COSO ERM Framework, die ISO Norm 31000 zum Risikomanagement sowie das SCOR-Modell (vgl. Kalwait (2008), S. 94, 106; Pfohl/Gallus/Köhler (2008b), S. 17; Teuteberg (2008), S. 847.

Das hier beschriebene und dieser Arbeit zugrunde liegende Risikomanagement-Verständnis nach Haller (1986) sieht im Risikomanagement eine eigene, nach dem Systemansatz integrierte Teildisziplin, die Risiko als spekulatives Risiko begreift und neben der wesentlichen Funktion der Gefahrenabwehr auch die Nutzung von Chancen unterstützt.[329] Ob das Risikomanagement tatsächlich als eigene Teildisziplin im Sinne einer organisatorischen Segmentierung[330] realisiert sein sollte, ist Gegenstand heftiger Kontroversen und wurde gerade in den letzten Jahren von verschiedenen Seiten empirisch untersucht.[331] Kritisiert wird an einer Separation des Risikomanagements die Unvereinbarkeit mit der geforderten gleichzeitigen Integration in die Unternehmensführung. Vorteile entstehen mit der Schaffung einer unabhängigen Risikomanagementinstanz durch die Sicherstellung eines einheitlichen Umgangs mit Risiken im Unternehmen und der besseren Möglichkeit, den umfangreichen, in den letzten Jahren zunehmenden Anforderungen, zu entsprechen. Zudem zeigen entscheidungspsychologische Untersuchungen, dass menschliche Intuition in Risikosituationen oftmals ein ungeeignetes Werkzeug darstellt, welches formalisierter Unterstützung bedarf.[332] Die Aufgabe des Risikomanagements als unabhängige Instanz besteht in Schaffung von Risikomanagementstrukturen und einer übergreifenden Koordination, in deren Rahmen allen Entscheidern im Unternehmen Instrumente und Methoden bereitgestellt werden, die eine bessere Erkennung, Beurteilung und Handhabung von Risiken ermöglichen.[333] Besondere Herausforderungen des Risikomanagements bestehen demnach in der Breite des Ansatzes und der sich hieraus ergebenden methodischen und instrumentellen Vielfalt sowie den Schwierigkeiten, die sich aus der mangelnden Möglichkeit der Konkretisierung und Quantifizierung einzelner Risiken ergeben.[334] Wie ein Risikomanagement im Kontext der Supply Chain diesen Herausforderungen gerecht werden kann, wird im Folgenden diskutiert.

3.2 Grundlagen des Supply-Chain-Risikomanagements

Nachdem nun erste Begriffsabgrenzungen erfolgt sind und ein Einblick in das allgemeine Risikomanagement gegeben wurde, findet im Folgenden eine tiefergehende Auseinandersetzung mit Supply-Chain-Risiken und dem Supply-Chain-Risikomanagement statt. In Kapitel 3.2.1 wird, basierend auf einer Literaturübersicht und einer systemtheoretischen Verankerung des Risikobegriffs eine für diese Arbeit gültige Begriffsdefinition geschaffen. Die Kapitel 3.2.2 und 3.2.3 zeigen anschließend Strukturierungsansätze und Beispiele für Supply-Chain-Risiken und Verwundbarkeiten der Supply Chain auf, bevor in Kapitel 3.2.4 basierend auf einem Literaturüberblick eine für diese Arbeit gültige Definition des Supply-Chain-Risikomanagements erarbeitet wird.

---

[329] Vgl. Haller (1986), S. 8, 12.

[330] Siehe Kapitel 3.6.1 zur organisationalen Gestaltungs- und Konfigurationsmöglichkeiten.

[331] Zur Vorstellung ausgewählter empirischer Ergebnisse siehe Kapitel 3.6.2.

[332] Vgl. Haller (1986), S. 8f.

[333] Vgl. Haller (1986), S. 9, 13; Haller (1990), S. 231.

[334] Vgl. Schubert (2004), S. 42.

3.2.1 Definition, Abgrenzung und theoretische Fundierung von Supply-Chain-Risiken

3.2.1.1 Überblick über Begriffsdefinitionen aus der Literatur

Eine einheitliche Definition von Supply-Chain-Risiken gibt es in der Literatur nicht, wie die Übersicht in Tabelle 1 zeigt.[335]

Tabelle 1: Auswahl von Supply-Chain-Risiko-Definitionen aus der Literatur

Definition	Quelle
"Chance of danger, damage, loss, injury or any other undesired consequences."	Harland/Brenchley/Walker (2003), S. 52.
“Any risks for the information, material, and product flows from the original supplier to the delivery of the final product to the end customer.”	Jüttner/Peck/Christopher (2003b), S. 200.
“Risks related to the logistics activities in companies' flows of material and information (...) the Supply Chain perspective also implies a perspective (...) on at least three entities: customers, suppliers and sub-suppliers.”	Norrman (2003), S. 257
„(Supply-Chain-Risiken sind)(...) solche Faktoren, die diese logistischen Ströme sowie Beziehungen zwischen den Unternehmen der Wertschöpfungskette beeinträchtigen.“	Kajüter (2003), S. 112
„Gefahr von Fehleinschätzungen, die zu Nicht-Erreichung der gesetzten Ziele der Supply-Chain bzw. der bei der Entscheidung zugrunde gelegten Erwartungen führen.“	Gabriel (2007), S. 23
“Distribution of the loss resulting from the variation in possible Supply Chain outcomes, their likelihood, and their subjective values.”	Goankar/Viswanadham (2007), S. 265
„Supply-Chain-Risiken sind potentielle Störungen in der unternehmens-übergreifenden Logistik (verursacht durch systeminhärente oder externe Quellen), die eine negative Abweichung von den Zielen des Logistiknetzwerks zur Folge haben.“	Ziegenbein (2007), S. 40
“Potential occurrence of an incident to seize opportunities with inbound supply in which its outcomes result in a financial loss for the (purchasing) firm.”	Zsidisin/Ritchie (2008), S. 252
„Supply-Chain-Risiken umfassen Risiken, die auf Störungen und Unterbrechungen der Flüsse innerhalb des Güter-, Informations- und Finanznetzes sowie des sozialen und institutionellen Netzes zurückgeführt werden können und negative Auswirkungen auf die Zielerreichung der einzelnen Unternehmen bzw. der gesamten Supply Chain bzgl. Endkunden-nutzen, Kosten, Zeit und Qualität haben.“	Pfohl/Gallus/Köhler (2008a), S. 21
„Ein Supply Chain Risiko ist eine potentielle Störung, die mindestens zwei Unternehmen betrifft und die durch systeminhärente oder externe Ursachen hervorgerufen wird.“	Wente (2013), S. 27
„Unter Supply Chain Risiko versteht man mögliche Störungen oder Lieferunterbrechungen in der SC. Das SC-Risiko betrifft sowohl wertschöpfende Leistungsobjekte (z.B. Produktionsstandorte, Warenlager) als auch nicht-wertschöpfende Leistungsobjekte wie z.B. Transportrouten.“	Risk Management Association (RMA) (2015), S. 14
“Supply chain disruptions are unexpected significant negative deviation(s) from process plans caused by one or more temporal events.”	Brenner (2015), S. 33

335 Vgl. Sodhi/Son/Tang (2012), S. 2f. und Vilko/Ritala/Edelmann (2014) S. 3f.

Die dargestellten Definitionen liefern unterschiedliche Betrachtungsperspektiven auf das Phänomen des Supply-Chain-Risikos. In Anlehnung an die in Kapitel 3.1.2 eingeführte ursachenbezogene Risiko-Definition schreiben Zsidisin/Ritchie (2008) und Wente (2013) von der *„probaility of an incident“*[336] oder einer *„potentiellen Störung“*[337], die *„entweder durch systeminhärente oder externe Ursachen hervorgerufen wird“*[338]. Als Entstehungsorte für Supply-Chain-Risiken werden in der Literatur das Unternehmen, die Supply Chain als Umsystem des Unternehmens sowie die Umwelt als erweitertes Unternehmens- bzw. Supply-Chain-Umfeld untersucht.[339]

In welcher Art diese Störung die Supply Chain beeinträchtigt, wird im Rahmen dieser ursachenbezogenen Definitionen nur vage oder überhaupt nicht spezifiziert. Andere Autoren weisen einen stärkeren Bezug zur wirkungsorientierten Risiko-Definition auf: Gabriel (2007) identifiziert als Risiko-Wirkung die *„Nicht-Erreichung von Supply-Chain-Zielen* sowie die *ungenügende Verwirklichung von Entscheidungen zugrunde liegenden Erwartungen“*.[340] Ziegenbein (2007) stellt bei seiner Definition die *Ziele des Logistiknetzwerkes* in den Vordergrund,[341] während Pfohl/Gallus/Köhler (2008a) neben der *Zielerreichung auf Supply-Chain-Ebene* auch die *Unternehmensziele* berücksichtigen und explizit die Zielkategorien *Endkundennutzen*, *Kosten*, *Qualität* und *Zeit* benennen.[342] In Abhängigkeit der Ebene des jeweiligen Risikoobjekts ruft ein Risiko eine operative Störung, eine taktische Unterbrechung oder eine strategische Unsicherheit hervor.[343] Auch lassen sich die Auswirkungen von Risiken einzelnen Prozessen (bspw. in Anlehnung an das SCOR-Modell) sowie bestimmten Funktionsbereichen wie der Produktion oder der Beschaffung zuordnen.[344]

Während der Risikobegriff immer mit Ungewissheit oder Unsicherheit verbunden ist, bezeichnen die Begriffe *Risikoeintritt*, *Ereignis* oder *Veränderung* ein Risiko, welches sich bereits manifestiert.[345] Neben der unterschiedlichen Fokussierung auf Risikoursache und Risikowirkung lassen sich in der Literatur noch andere Unterscheidungsmerkmale identifizieren, beispielsweise im Hinblick auf die Breite der Betrachtung über die Supply

---

336 Zsidisin/Ritchie (2008), S. 252

337 Wente (2013), S. 27.

338 Wente (2013), S. 27.

339 Vgl. Jüttner/Peck/Christopher (2003b), S. 201f.; Christopher/Peck (2004), S. 044; Peck (2005), S. 217f.; Rao/Goldsby (2009), S. 114; Aghapur/Zailani/Marthandan (2015), S. 182.

340 Vgl. Gabriel (2007), S. 23. Hier wird eine Anlehnung an die von Haller (1986) von Aktionsrisiken abgegrenzten Bedingungsrisiken deutlich. Ähnlich wie Haller (1986) geht auch Gabriel (2007) davon aus, dass neben Zielen auch Erwartungen nicht erfüllt werden können (siehe hierzu Kapitel 3.1.2).

341 Vgl. Ziegenbein (2007), S. 40.

342 Vgl. Pfohl/Gallus/Köhler (2008b), S. 21.

343 Vgl. Kupsch (1995), S. 531ff.; Götze/Mikus (2007), S. 36.

344 Vgl. Hornung/Reichmann/Diederichs (1999), S. 320; Götze/Mikus (2007), S. 37; Ziegenbein (2007), S. 25f.

345 Siehe hierzu u.a. Melnyk/Rodrigues/Ragatz (2009), S. 107f.

Chain: So adressiert Zsidisin (2003a) ausschließlich Beschaffungsrisiken,[346] Norrman (2003) beschränkt Supply-Chain-Risiken auf einen abgegrenzten Ausschnitt der Supply Chain[347] und Ziegenbein (2007) verortet Supply-Chain-Risiken auf der Ebene der unternehmensübergreifenden Logistik. Zudem werden neben der oben geschilderten Wirkung auf Unternehmens- und Supply-Chain-Ziele auch noch andere Effekte von Supply-Chain-Risiken beschrieben: Fast alle Autoren sprechen von einer *Störung (Disturbance)* und/oder einer *Unterbrechung (Disruption)* von *Flüssen,* aber auch von der *Störung von Beziehungen* in der Supply Chain und geben mit dieser begrifflichen Differenzierung einen Hinweis auf die Intensität der aus einem Risikoeintritt resultierenden *Beeinträchtigung.*[348] Störungen beeinträchtigen die Supply Chain nur mit geringer Intensität und beschränktem zeitlichen Umfang.[349] Nachteilige Auswirkungen von Störungen lassen sich in der Regel durch Puffer abfangen und erfordern keine nachhaltige Anpassung der Supply-Chain-Struktur.[350] Im Gegensatz zu Unterbrechungen lassen sich Störungen mit traditionellen Maßnahmen des Supply Chain Managements bewältigen.[351] Unterbrechungen bezeichnen hingegen langfristige, in Intensität und Einflussbereich umfangreiche Beeinträchtigungen der Supply Chain.[352] Sie verursachen bspw. den Ausfall ganzer Knoten, die durch neue Knoten zu ersetzen sind.[353] Eine weitere Abgrenzung nach der Intensität der Risikoauswirkungen liefern Sheffi/Lynn (2014) mit der Definition *systemischer Supply-Chain-Risiken* als die Wahrscheinlichkeit einer systemischen Supply-Chain-Unterbrechung. Hierbei handelt es sich um „*Ereignisse die eine weit verbreitete und andauernde Verknappung von Produkten oder Dienstleistungen bei mangelnder Verfügbarkeit von Alternativen und Substituten*“ verursachen.[354] Im Rahmen der Modellierung von Versorgungsrisiken identifizieren Melnyk/Rodrigues/Ragatz (2009) unterschiedliche Merkmale zur Beschreibung von Supply-Chain-Beeinträchtigungen, die sich auf Supply-Chain-Risiken übertragen lassen: Die Häufigkeit der Beeinträchtigung, die Länge der Beeinträchtigung, die Intensität der Beeinträchtigung (bspw. Menge verlorener Teile), das Profil der Beeinträchtigung[355], die Output-Menge nach der Wiederherstellung, die Beeinträchtigungsbreite (eine oder mehrere

---

346 Zsidisin (2003b) bezieht sich bei seiner Betrachtung allerdings explizit auf „*Supply Risks*“ (vgl. Zsidisin (2003b), S. 222).

347 Norrman (2003), S. 257.

348 Vgl. Wagner/Bode (2009), S. 9; Pfohl/Köhler/Thomas (2010), S. 35.

349 Vgl. Pfohl/Köhler/Thomas (2010), S. 35.

350 Vgl. Greening/Rutherford (2011), S. 105.

351 Vgl. Stölzle/Wütz (2014), S. 5.

352 Vgl. Pfohl/Köhler/Thomas (2010), S. 35 sowie Brenner (2015), S. 30 und die dort gegebene Literaturübersicht.

353 Vgl. Greening/Rutherford (2011), S. 105.

354 Vgl. Sheffi/Lynn (2014), S. 22f.

355 Es können unterschiedliche Stufen der Supply-Chain-Beeinträchtigung unterschieden werden. Dies sind der *Beginn des Risikoeintritts,* der *Extrempunkt des Risikoeintritts* sowie die *Wiederherstellung nach dem Risikoeintritt*. Hierbei können sich für jede Stufe unterschiedliche Dynamiken entwickeln. Bspw. entsteht eine Beeinträchtigung ggf. abrupt (Unterbrechung des Güterflusses) oder schleichend (langsame Reduktion des Güterflusses) (vgl. Melnyk/Rodrigues/Ragatz (2009), S. 108; siehe auch Sheffi (2007), S. 65.

Quellen der Störung/Unterbrechung) sowie der Ort der Beeinträchtigung (bspw. Stufe innerhalb der Supply Chain).[356]

Im Rahmen der flussorientierten Definitionen werden Informations-, Güter- und Finanzflüsse unterschieden. Diese Flüsse verbinden entweder einzelne Unternehmen, oder, nach der Definition der Risk Management Association (RMA) (2015), unterschiedliche Leistungsknoten innerhalb der Supply Chain.[357] Neben den bereits genannten Wirkungen von Supply-Chain-Risiken beziehen Harland/Brenchley/Walker (2003) explizit auch Verletzungen („*Injuries*") mit ein, die bspw. beim Endkunden im Falle ungeeigneter Produktqualität auftreten können.[358] Supply-Chain-Risiken führen zu Verlusten von Reputation, Marktanteilen sowie Aufträgen.[359] Empirisch wurden u.a. die Auswirkungen von Supply-Chain-Risiken auf die Supply-Chain-Performance,[360] den Shareholder Value[361], Volatilität von Aktienkursen[362] sowie den Profit von Unternehmen[363] nachgewiesen.

Im Gegensatz zur ursprünglichen Risikodefinition sind zudem im Falle von Supply-Chain-Risiken mindestens zwei Akteure einer Supply-Chain, die miteinander in Beziehung stehen, betroffen. Die Quelle des Risikos kann bei einem der beiden Akteure (unternehmensbezogene endogene Risiken), auf Ebene der Beziehung der beiden Akteure (unternehmensübergreifende endogene Risiken/Netzwerkrisiken), oder außerhalb der Beziehung bzw. außerhalb der Supply Chain (Supply-Chain-exogene Risiken/Umfeldrisiken) liegen.[364] Supply-Chain-Risiken dürfen nicht als eine einfache Kombination von Unternehmensrisiken (bspw. über Addition oder Multiplikation) angesehen werden.[365] Die Wirkung einzelner Unternehmensrisiken kann sich in der Supply Chain verstärken oder abschwächen,[366] zudem können auch vollkommen neue Risiken entstehen, die auf Supply-Chain-Ebene anders zu managen sind, als auf Ebene einzelner Unternehmen.[367] Supply-Chain-Risiken, die sich auf die gesamte Supply Chain auswirken können, dürfen im Gegensatz zu singulären Risiken mit lokal begrenzter Wirkung nicht isoliert betrachtet werden.[368] Liegen Risikointerdependenzen vor, ist zwischen kumulativen und additiven Risiken zu

---

356 Vgl. Melnyk/Rodrigues/Ragatz (2009), S. 107ff.

357 Vgl. Risk Management Association (RMA) (2015), S. 14.

358 Siehe hierzu bspw. die aktuell durch mangelhafte Airbags des Produzenten Takata ausgelöste Rückrufaktion, die eine Vielzahl von Automobilhersteller betrifft (vgl. u.a. Reuters (2015)).

359 Vgl. Ceryno u. a. (2013), S. 146; Ziegenbein (2007), S. 32.

360 Vgl. Wieland (2012).

361 Vgl. Hendricks/Singhal/Zhang (2009), S. 233ff. Hendricks/Singhal (2012), S. 4f.

362 Vgl. Hendricks/Singhal (2012), S. 7-9.

363 Vgl. Ioannis S. Papadakis (2006), S. 25ff.; Hendricks/Singhal (2012), S. 10f.

364 Vgl. Götze/Mikus (2007), S. 35.

365 Vgl. Kajüter (2003), S. 111f.).

366 Siehe bspw. Bode/Wagner (2015) für die empirische Untersuchung synergetischer Effekte von Supply-Chain-Strukturen auf mögliche Supply-Chain-Unterbrechungen.

367 Vgl. Kajüter (2003), S. 111.

368 Vgl. Ziegenbein (2007), S. 29f; Kajüter (2003), S. 112ff.

unterscheiden: Kumulative Risiken können sich in ihrer Wirkung über die Supply Chain aufschaukeln und ihr Schadenspotential erhöhen. Additive Risiken entfalten ihre Wirkung erst im Falle des Eintritts eines anderen, korrespondierenden Ereignisses.[369] Aufgrund möglicher Risikointerdependenzen kann neben den Dimensionen Eintrittswahrscheinlichkeit und Auswirkungsgrad auch der Pfad, der zum Risikoeintritt führt, zur Beschreibung von Risiken verwendet werden.[370] Risiken wie Naturkatastrophen oder Streiks, für die keine eingehenden Pfade existieren, die allerdings weitere Risikoereignisse wie Kapazitätsengpässe oder Lieferverzögerungen verursachen können, werden als *Lead-Risiken* bezeichnet.[371] Tabelle 2 fasst die relevantesten Merkmale zusammen, die in den unterschiedlichen Supply-Chain-Risiko-Definitionen genannten werden.

Tabelle 2: Betrachtungsperspektiven von Supply-Chain-Risiken

Betrachtungs-perspektive	**Detailierung**	**Literatur**
Wirkrichtung	Ursachenbezogene, wirkungsbezogene Risiken	Siehe bspw. Zsidisin/Ritchie (2008), Wente (2013), S. 27
Entstehungsort der Supply-Chain-Risiken	Unternehmensbezogene endogene Risiken, unternehmensübergreifende Supply-Chain-endogene Risiken, Supply-Chain-exogene Risiken	Jüttner/Peck/Christopher (2003b), S. 201f.
	Prozessrisiken, Steuerungs-/Kontrollrisiken, Absatzrisiken, Beschaffungsrisiken, Umfeldrisiken	Christopher/Peck (2004), S. 044
	Framework-Risiken (Umwelt, Branche, Unternehmen), Problemspezifische Risiken, Entscheider-Risiken	Rao/Goldsby (2009), S. 11
	Unternehmensrisiken (Prozessrisiken, Kontrollrisiken), Umfeldrisiken, Supply-Chain-bezogene Risiken (Supply Risk, Demand Risk)	Aghapur/Zailani/Marthandan (2015), S. 182
	Umfeldebene, Institutionelle Ebene, Ressourcenebene, Wertstromebene	Peck (2005), S. 218f.
	Wahrscheinlichkeit eines Vorfalls, potentielle Störung, systeminhärente oder externe Ursachen	Zsidisin/Ritchie (2008)Wente (2013), S. 27
Wirkungsebene	Operative Störung, taktische Unterbrechung, strategische Unsicherheit	Kupsch (1995), S. 531ff.
	Strategische, operative, finanzielle Risiken	Pfohl/Bundesvereinigung Logistik (2008), S. 1f.
	Ungenügende Verwirklichung der Entscheidungen zugrunde liegenden Erwartungen, Verfehlung der Unternehmens- und Supply-Chain-Ziele (Endkundennutzen, Zeit, Qualität, Kosten)	Gabriel (2007); Pfohl/Gallus/Köhler (2008b), S. 21

369 Vgl. Pfohl (2007), S. 1144; Kajüter (2003), S. 112ff.

370 Vgl. Ritchie/Brindley (2007), S. 305.

371 Vgl. Pfohl/Gallus/Thomas (2011), S. 848f.

Betrachtungs-perspektive	Detailierung	Literatur
	Reputation, Marktanteile, Aufträge, Supply-Chain-Performance, Shareholder Value, Volatilität von Aktienkursen, Profit	Ceryno u. a. (2013), S. 146; Ziegenbein (2007), S. 32
Risikoobjekt/ Risikobereich	Produktbezogene Risiken, Prozessbezogene Risiken, Ressourcenbezogene Risiken, Kooperationsbezogene Risiken	Götze/Mikus (2007), S. 36
	Beschaffungsseitige Risiken, Risiken in abgegrenzten Teilen der Supply Chain, Risiken im Logistiknetzwerk, Risiken in der gesamten Supply Chain vom Rohmateriallieferanten bis zum Endkunden	Zsidisin (2003b), S. 222; Norrman (2003), S. 257; Wagner/Bode (2009), S. 9; Pfohl/Köhler/Thomas (2010), S. 35
	F&E Risiken, Beschaffungsrisiken, Produktionsrisiken, Absatzrisiken, Finanzwirtschaftliche Risiken, Personalrisiken, Risiken der Führung	Hornung/Reichmann/Diederichs (1999), S. 320
	Prozesse, Strukturen, Funktionen, Institutionen	Brenner (2015), S. 38-41
	Flüsse (Informations-, Güter- und Finanzflüsse), Leistungsknoten, Menschen (über durch Qualitätsmängel herbeigeführte Verletzungen)	Risk Management Association (RMA) (2015), S. 14
Flussebene	Güterwirtschaftliche Risiken, finanzielle Risiken, informationelle Risiken, rechtliche Risiken	Kupsch (1995), S. 531ff.; Harland/Brenchley/Walker (2003)
SCOR-Hauptprozesse	Risiken des Planens, Risiken des Beschaffens, Risiken des Herstellens, Risiken des Lieferns, Risiken des Entsorgens	Götze/Mikus (2007), S. 37; Ziegenbein (2007), S. 25f.
Wirkungsphasen/ Manifestation	Vorbereitung, Risikoeintritt, erste Reaktion, verzögerte Wirkung, volle Wirkung, Vorbereitung der Erholung, Erholung, langfristige Wirkung/potentielle Unterbrechung, latente Unterbrechung, steuerbare Unterbrechung, nicht-steuerbare Unterbrechung	Sheffi (2007), S. 65; Brenner (2015), S. 34
Umfang der Risikoauswirkungen und Art der Beziehungen	Systemische/nicht systemische Supply Chain Risiken	Sheffi/Lynn (2014), S. 23
	Störung, Unterbrechung	Pfohl/Köhler/Thomas (2010), S. 35
	Singuläre Risiken, Supply-Chain-weite Risiken	Ziegenbein (2007), S. 29f; Kajüter (2003), S. 112ff.
	Kumulative Risiken, additive Risiken, Lead Risiken	Pfohl (2007), S. 1144; Kajüter (2003), S. 112ff. Pfohl/Gallus/Thomas (2011), S. 848f.;
	Geographische Ausdehnung (single stage, supply chain, regional), Dauer, Frequenz	Richey u. a. (2009), S. 543
	Disaster, Disruption, (Disturbance), Deviation	Maslaric u. a. (2012), S. 110

3.2.1.2 Systemtheoretische Betrachtung von Supply-Chain-Risiken und dem SCRM

Bevor eine weitergehende Auseinandersetzung mit den relevanten Begriffen des Supply-Chain-Risikomanagements stattfindet, soll im Folgenden eine Einführung in die Systemtheorie erfolgen. Die Systemtheorie bietet wesentliche Erkenntnisse zur Wahrnehmung von Risiken durch Unternehmen und bildet im weiteren Verlauf dieser Arbeit zudem die Grundlage für die Konzeptualisierung eines Supply-Chain-Risikomanagement-Systems. Die Grundlagen der Systemtheorie wurden u.a. von v. Bertalanffy gegen Ende der 1930er Jahre gelegt,[372] der seine Erkenntnisse aus der Biologie systematisch zur *Allgemeinen Systemtheorie* ausbaute.[373] Begründet wurde die systemorientierte Betriebswirtschaftslehre im deutschsprachigen Raum durch Ulrich (1970), der Systeme als *„eine geordnete Gesamtheit von Elementen, zwischen denen irgendwelche Beziehungen bestehen oder hergestellt werden können"* beschreibt.[374] Die Beschreibung eines Systems und die Abgrenzung zur Systemumwelt erfolgt basierend auf den Systemelementen und deren interdependenten Beziehungen.[375] Elemente, die nicht Teil eines Systems sind, gehören zur Systemumwelt.[376] Die Systemgrenze wird als konstituierendes Merkmal eines Systems angesehen.[377] Unternehmen sind nach der Systemtheorie offene Systeme[378] und stehen mit ihrer Umwelt in ständiger Wechselwirkung.[379] Die Besonderheit der Systemtheorie besteht in der expliziten Erfassung und Betrachtung der System-Umwelt, die auch als Umsystem oder Supersystem bezeichnet wird.[380] Eine zentrale Voraussetzung für die Existenz eines Systems besteht in

---

372 Neben v. Bertalanffy werden in der Literatur noch anderen Autoren als Urheber anderer systemtheoretischer Strömungen identifiziert. Ursprünge liegen somit in dem Konzept der Rechenmaschine von Turing (1937) sowie der Automatentheorie von Neumann (2010). Eine weitere Quelle liegt in der Arbeit von Wiener (1965) zu Regelsystemen und der Kybernetik. Diese eher ingenieurwissenschaftlichen Ansätze sahen in der Systemtheorie die Grundlage zum Verständnis von Systemen die die Konstruktion sowie die Regelung von Systemen ermöglicht. Hingegen legt von Bertalanffy (1972) den Fokus seiner Betrachtung auf die Systemautonomie und die Fähigkeit von Systemen, sich selbst zu erhalten. Diese Sichtweisen müssen sich nicht notwendig ausschließen, sondern können auch als komplementär betrachtet werden (vgl. Steiner (1988), S. 5).

373 V. Bertalanffy sieht eine Isomorphie in den Gesetzmäßigkeiten unterschiedlichster Fachrichtungen (wie Informatik, Physik, Biologie, Elektrotechnik, Pädagogik, Soziologie, Betriebswirtschaft etc.) und leitet hieraus allgemeingültige Systemgesetze ab. Siehe hierzu Bertalanffy (1968) und von Bertalanffy (1972).

374 Ulrich (1970), S. 105. Was genau als System betrachtet wird, hängt von der individuellen Definition ab. Dies gestattet eine breite Auslegung des System-Ansatzes (vgl. Ulrich/Probst (1988), S. 36; Horváth (2008), S. 98.). Kritik erfährt die Systemtheorie allerdings aufgrund *„ihrer terminologischen Abstraktion, politischer Unzulänglichkeiten"* sowie der *„Neigung zum Laissez-faire"* (Swoboda (2003), S. 54).

375 Der Begriff des *Elements* ist umstritten, da nicht sichergestellt werden kann, ob es bei einem betrachteten Element tatsächlich um die kleinstmöglich zu betrachtende Einheit im Sinne eines Elementarteilchens handelt. Es wird daher auch von Insystemen oder Untersystemen gesprochen, wobei der Begriff *„Element"* für solche Insysteme Verwendung findet, die im Betrachtungskontext nicht näher zu untersuchen sind (vgl. Wacker (1971), S. 15f.).

376 Vgl. von Bertalanffy (1972), S. 18; Brehm (2003), S. 17.

377 Vgl. Luhmann (1991b), S. 35.

378 Basierend auf der Art der Systemgrenze können *offene Systeme*, bei denen die Systemgrenze mit der Analogie der durchlässigen Membran beschrieben wird oder *geschlossene Systeme* mit undurchlässiger Systemgrenze unterschieden werden (vgl. Roggisch/Wissuek (2002), S. 26ff.).

379 Vgl. Pfeiffer/Weiss (1994), S. 65ff.

380 Vgl. Lehmann (1992), Sp. 1844; Pfeiffer/Weiss (1994), S. 65ff.; Steinmann/Schreyögg (1997), S. 63.

seiner Fähigkeit, sich an sein Umfeld anzupassen. Systeme sind abhängig von ihrer Umwelt und können ihre Umwelt wiederum selbst beeinflussen.[381] In der Systemtheorie werden sowohl Beziehungen innerhalb des Systems (zwischen den Subsystemen) sowie Beziehungen zwischen System und Systemumwelt untersucht.[382] Systeme können anhand der Merkmale *Komplexität* und *Dynamik* typisiert werden.

Einfache Systeme verfügen nur über wenige Elemente während äußerst komplexe Systeme aufgrund der Vielzahl ihrer Elemente nicht mehr beschreibbar sind. Die Dynamik bezieht sich auf die Vorhersagbarkeit eines Systems: Während das Verhalten eines deterministischen Systems vorhergesagt werden kann, ist im Falle eines probabilistischen Systems keine exakte Vorhersage des Systemverhaltens möglich.[383]

Mit der Dynamik von Systemen und der notwendigen Systemanpassung an die dynamische Systemumwelt befasst sich die *Kybernetik*.[384] Durch Erweiterung der Systemtheorie um die Zeitdimension gestattet sie die Ableitung von Handlungsempfehlungen zum Zweck der Zielerreichung.[385] Ein Gleichgewicht kann durch *externe Steuerung* oder durch *Selbstregulierung* mittels *Regelung* oder *Anpassung* erreicht werden:[386] Im Falle der *externen Steuerung* beeinflusst eine steuernde Instanz das Verhalten eines Systems von außen. Steuerungsmechanismen sind dazu geeignet, bereits auf externe Einflüsse zu reagieren, bevor sie vom System registriert werden.[387] Im Falle der Regelung wird von außen lediglich ein Ziel vorgegeben; das System regelt sein Verhalten daraufhin selbst. Im Falle der Anpassung steht das Überleben des Systems im Mittelpunkt. Ziele werden nicht von außen vorgegeben, sondern selbst vom System entwickelt und bei der eigenen Regelung berücksichtigt.[388] Externe Steuerung und Selbstregulierung werden in der Literatur auch als *Kybernetik erster* und *zweiter Ordnung* bezeichnet.[389]

---

381 Vgl. Ulrich/Probst (1988), S. 97.

382 Vgl. Grochla/Lehmann (1981), Sp. 2209; Ulrich/Probst (1988), S. 97. Beziehungen auf der gleichen Betrachtungsebene werden als horizontale Beziehung, Beziehungen zwischen Betrachtungsebenen als vertikale Beziehungen bezeichnet (vgl. Thom (2008), S. 31). Systeme könne zudem auf unterschiedlichen Aggregationsebenen betrachtet werden: Über eine Subsystembildung (auch *Dekomposition* oder *Ausdifferenzierung)* lassen sich Systeme in ihre Bestandteile zerlegen. Der umgekehrte Weg ist die Systembildung über Aggregation der Elemente und Subsysteme, mit dem Ziel der Schaffung eines ganzheitlichen Systemverständnisses (vgl. Luhmann (1991b), S. 84; Ulrich (2001), S. 31).

383 Vgl. Beer (1962), S. 27ff.

384 Kybernetik wird verstanden als „die allgemeine, formale Wissenschaft von der Struktur, den Relationen und dem Verhalten dynamischer Systeme" (Flechtner (1966), S. 10) siehe auch Ulrich (1970), S. 118; Kaufmann (2001), S. 75.

385 Vgl. Ulrich (1970), S. 120f.; Jirasek (1977), S. 15ff.

386 Vgl. Flechtner (1966), S. 44.

387 Vgl. Ulrich (1970), S. 123ff.; Küpper u. a. (1997), S. 179f.

388 Vgl. Ulrich (1970), S. 120f.

389 Vgl. Schwaninger (1994), S. 24.

Von der hier skizzierten *allgemeinen Systemtheorie* lässt sich die *neue Systemtheorie* nach Luhmann (1988) über die Hervorhebung der Eigenschaft der Selbstreferenz (*Autopoiese*) abgrenzen.[390] Sie setzt an der gegenüber der Kybernetik hervorgebrachten Kritik bzgl. der Beschränkung des Regelkreismodells auf vorprogrammierte Systemleistungen an.[391] Im Gegensatz zur allgemeinen Systemtheorie wird nicht mehr die Umwelt als vornehmlicher Auslöser von Systemänderungen gesehen, sondern das System selbst.[392] Selbstreferentielle Systeme erzeugen nicht nur ihre eigenen Strukturen sondern auch ihre Elemente. Die hierfür notwendigen Eigenschaften sind im System redundant veranlagt, was jedes Element zu einem potenziellen Systemgestalter macht.[393] Umwelteinflüsse sind in der neuen Systemtheorie keine direkten Steuerungsimpulse sondern Störungen, auf welche das System unterschiedlich reagieren kann.[394] Im Gegensatz zum Systemverständnis der allgemeinen Systemtheorie besitzen Systeme gleichgewichtsverändernde (dissipative) Strukturen, die es ihnen gestatten, durch kontinuierliche Adaption der Systemgrenzen neue Gleichgewichtszustände zu erreichen.[395] Damit wird die externe Steuerung zwar eingeschränkt, aber nicht unmöglich. Ein System kann allerdings die Rahmenbedingungen dieser Beeinflussung selbst bestimmen.[396] Fremdsteuerung wird im Rahmen der neuen Systemtheorie daher auch als *Intervention*, *Einflussversuch* oder *Kontextsteuerung* bezeichnet.[397] Aufgrund der betonten Eigenschaften der Selbststeuerung werden das Konzept der Autopoiese und der Kybernetik zweiter Ordnung als annähernd identisch angesehen.[398] Die in der Systemtheorie verankerte Grenzziehung zwischen System- und Systemumwelt wird insbesondere durch die Notwendigkeit der Reduktion von Umweltkomplexität begründet. In Anlehnung nach Luhmann (1968) formulieren Staehle/Conrad/Sydow (1999) fünf Reduktionsstrategien:[399]

- *Subjektivierung:* Abstraktion von einer unüberschaubaren Weltkomplexität durch Ausblendung irrelevanter Strukturen und Beziehungen
- *Institutionalisierung:* Aufbauend auf der Subjektivierung werden durch die Institutionalisierung mögliche Systemverhaltensweisen vordefiniert

---

390 Vgl. Strack (2001), S. 99-103; Lattwein (2002), S. 66f. Für spezifischen Arbeiten der Neuen Systemtheorie sei auf die Werke von Niklas Luhmann verwiesen, u.a.: Luhmann (1988) und Luhmann (2011).

391 Vgl. Luhmann (1973) S. 161.

392 Vgl. Luhmann (1988), S. 324-349; Liebig (1997), S. 57.

393 Vgl. Probst (1986), S. 397.

394 Vgl. Liebig (1997), S. 77.

395 Vgl. Bühl (1990), S. 6; Willke (1991), S. 38; Lattwein (2002), S. 65f.

396 Vgl. Ansoff (1991), S. 454ff.; Kasper u. a. (1999), S. 186.

397 Vgl. Liebig (1997), S. 74-77; Kasper u. a. (1999), S. 186-189; Willke (2001), S. 358.

398 Vgl. Staehle/Conrad/Sydow (1999), S. 47f.

399 Vgl. auch im Folgenden Luhmann (1968), S. 125ff.; Staehle/Conrad/Sydow (1999), S. 47.

- *Umweltdifferenzierung:* Das System bildet für unterschiedliche Sub-Umwelten entsprechende Spezialisierungen heraus und entwickelt in diesem Rahmen zu verschiedenen Ausschnitten besondere Grenzen und Relationen
- *Innendifferenzierung:* Bildung von Subsystemen innerhalb des Gesamtsystems die für die Reaktion auf bestimmte Störungen aus der Umwelt verantwortlich sind. Störungen übertragen sich nur noch auf Subsysteme und nicht mehr auf das Gesamtsystem[400]
- *Flexibilisierung:* Flexibilisierung von Strukturen um Umweltkomplexität und -dynamik absorbieren zu können

Unternehmen sind im Sinne der Systemtheorie als offene und hochgradig komplexe Systeme zu verstehen, deren Formalziel in der Gewinnerzielung liegt. Unternehmen verfügen selbst über eine Vielzahl heterogener und interdependenter Elemente, die zudem mit Elementen aus der Systemumwelt gekoppelt sind. Elemente der Umwelt und die mit ihnen unterhaltenen Beziehungen sind häufig starken und abrupten Änderungen unterworfen.[401] Im Rahmen systemtheoretischer Überlegungen im SCRM wird ein fokales Unternehmen (und auch die von diesem Unternehmen gegebenenfalls unmittelbar beinflussbaren Supply-Chain-Akteure) als Eingriffssystem bezeichnet. Entscheider im Kontext des SCRM können auf die Elemente dieses Subsystems unmittelbaren Einfluss ausüben.

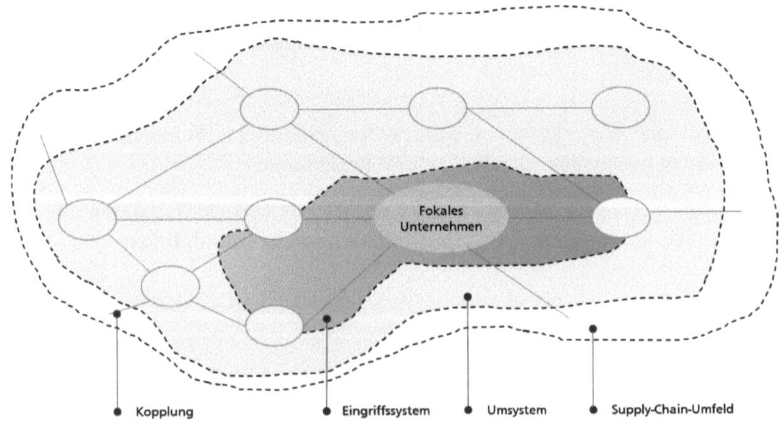

Abbildung 15: Beispielhafte Darstellung gekoppelter Systeme im SCRM

Die weiteren Elemente der Supply Chain formen das Umsystem, während alle anderen Elemente dem Supply-Chain-Umfeld angehören. Während Entscheider im Rahmen des SCRM potenziell von außen auf Elemente des Umsystems einwirken und ggf. Veränderungen bewirken können, ist eine Beeinflussung des Umfelds in der Regel

400 Die Innendifferenzierung gestattet neben einer schnelleren Reaktion auf Umwelteinflüsse auch eine schnelle Anpassung des Systems aufgrund der Möglichkeit lediglich einzelne Subsysteme anzupassen.

401 Vgl. Holzkämpfer (1996), S. 10-12, 20-28.

ausgeschlossen.[402] Supply-Chain-Risiken liegen im Supply-Chain-Umfeld bzw. im Umsystem des Unternehmens und sind aus systemtheoretischer Perspektive als externe Störungen zu betrachten, auf die das Unternehmen mit dem Zweck der Systemerhaltung reagieren muss. Abbildung 15 zeigt beispielhaft die Kopplung unterschiedlicher Subsysteme als Teil eines Unternehmens und seiner Supply Chain in seiner Systemumwelt.

Aus der steigenden Komplexität und Dynamik von Supply Chains ergeben sich aus systemtheoretischer Sicht zwangsläufig weitreichende Konsequenzen für das Supply-Chain-Risikomanagement, denn durch die zunehmende Zahl hypothetisch möglicher Systemzustände ergibt sich ceteris paribus eine zunehmende Möglichkeit ungünstiger Systemzustände mit der potenziellen Folge negativer Zielabweichungen und einem insgesamt steigenden Risiko.[403] Mit zunehmender Komplexität erhöhen sich zudem die Anforderungen an das Wissen von Entscheidern bzw. an die Entscheidern zur Verfügung zu stellenden Informationen. Als Gegenmaßnahme müssen Entscheidern mehr Informationen zur Verfügung gestellt werden, sie sind allerdings auch im Umgang mit diesen zusätzlichen Informationen zu befähigen.[404] Eine ungenügende Informationsbereitstellung verschlechtert die Reaktionsfähigkeit des Unternehmens, was wiederum ein höheres Risiko impliziert.[405]

3.2.1.3 Einordnung relevanter Begrifflichkeiten und Begriffsdefinitionen

Nachdem unterschiedliche Risikodefinitionen und Betrachtungsperspektiven vorgestellt wurden, sollen nun die für die vorliegende Arbeit entscheidenden Begriffe und Begriffszusammenhänge zusammengefasst und eine für diese Arbeit relevante Definition des Supply-Chain-Risiko-Begriffs erarbeitet werden.

In der Regel werden Supply-Chain-Risiken R_i über ihre *Eintrittswahrscheinlichkeit* P_i und den im Fall der Risikomanifestation als Schadensereignis potenziell verursachten *Schaden* S_i beschrieben.[406]

$$R_i = f(S_i, P_i) = S_i * P_i$$

Die vorangegangene Literaturbetrachtung hat allerdings gezeigt, dass für Supply-Chain-Risiken neben den hier genannten Größen insbesondere die Faktoren *Zeit* und *Ort* eine entscheidende Rolle spielen. Die Wichtigkeit dieser Faktoren wird durch die an die Logistik angelehnte Aufgabe des Supply Chain Managements zur raum-zeitlichen Gütertransforma-

402 Vgl. Ziegenbein (2007), S. 72f. Siehe zur Herkunft der Begriffe Eingriffssystem, Umsystem und Umfeld auch Züst (2004), S. 75f.

403 Vgl. Erben/Romeike (2003), S. 48. Vgl. hierzu auch die auf Basis der Nominal Accident Theory getroffenen Annahmen nach Perrow (1999).

404 Vgl. Romeike/Erben (2002), S. 559.

405 Vgl. Voigt (1992), S. 83f.; Adam (1996a), S. 315f.

406 Vgl. bspw. Ziegenbein (2007), S. 101; Hohrath (2013), S. 194ff. Vgl. hierzu auch die Erläuterungen zur Risikoanalyse in Kapitel 3.5.2.3.

tion unterstrichen.[407] Aufgrund der oben skizzierte Annahme, dass ein Risiko immer nur über eine Wirkung auf ein Stör- bzw. Beeinträchtigungsobjekt seine Auswirkung entfalten kann, müssen bei der Ermittlung potentieller Auswirkungen von Supply-Chain-Risiken sowohl der Ort der Risikoquellen bzw. Lead-Risiken als auch der Ort möglicher Beeinträchtigungsobjekte zu bestimmten Zeitpunkten berücksichtigt werden. Der Zeit kommt über die zur Ergreifung von Gegenmaßnahmen benötigte Zeitspanne eine weitere zentrale Bedeutung zu. Diese Zeitspanne kann weiter in die benötigte Zeit zur Detektion eines Schadensereignisses, zur Entwicklung von Gegenmaßnahmen, zur vollständigen Umsetzung von Gegenmaßnahmen sowie zur Rückkehr in den ursprünglichen Funktionszustand unterteilt werden.[408] Wie in Abbildung 16 dargestellt stehen einem Unternehmen desto mehr Handlungsalternativen zur Verfügung, je früher es ein drohendes Risiko identifiziert. Durch rechtzeitige Entscheidungen lassen sich in der Regel bessere Entscheidungen verbunden mit geringeren Risikobewältigungskosten treffen.[409] Droht bspw. die Insolvenz eines Lieferanten kann ein Unternehmen bei rechtzeitiger Kenntnis alternative Lieferanten aufbauen oder Maßnahmen zur Substitution des beschafften Gutes ergreifen. Wird das Risiko nicht rechtzeitig erkannt, bleibt oft nur eine massive finanzielle Stützung des Lieferanten.[410] Durch rechtzeitiges Eingreifen, idealerweise noch vor Eintreten eines Schadensereignisses, lassen sich folglich die Kosten der Risikobewältigung begrenzen.[411] Wolf/Runzheimer (2003) sprechen davon, dass sich eine zu spät vorgenommene Korrektur in einem 25- bis 1.000-mal höheren Aufwand niederschlägt.[412] Ein Dilemma ergibt sich hierbei aus dem Umstand, dass bei Entscheidungen mit hoher Zukunftsgerichtetheit oft nur ein schlechter Informationsstand besteht. Damit erhöht sich das Risiko ggf. eine falsche Entscheidung zu treffen.[413]

Mit dem sich über die Zeit verändernden Informationsstand über SC-Risiken entwickeln sie sich zu *latenten Schadensereignissen* bzw. *Schadensereignissen*. Bei SC-Risiken handelt es sich um potenzielle Ereignisse, die im Falle einer Manifestation als Schadensereignis eine Beeinträchtigung der Supply Chain nach sich ziehen können. Latente Schadensereignisse sind Ereignisse, die noch nicht eingetreten sind, die allerdings mit drastisch erhöhter Wahrscheinlichkeit zu einem bestimmten Zeitpunkt an einem bestimmten Ort eintreten werden (bspw. bereits angekündigte Streiks). Bei Schadensereignissen handelt es sich um Ereignisse, die bereits eingetreten sind und zu einer Beeinträchtigung der Supply Chain führen.[414]

---

407 Vgl. hierzu Kapitel 2.3.1.

408 Vgl. Sodhi/Tang (2012), S. 32.

409 Vgl. Schneider (2011), S. 32f.

410 Vgl. Waters (2007), S. 61.

411 Vgl. Kajüter (2003), S. 115; Craighead u. a. (2007), S. 148; Sodhi/Tang (2012), S. 32.

412 Vgl. Wolf/Runzheimer (2003), S. 199.e

413 Vgl. Wacker (1971), S. 52; Romeike/Erben (2002), S. 559.

414 Vgl. Sheffi (2007), S. 65. Wie bereits in Kapitel 3.1.3 angedeutet, wird für Risiken, die sich bereits manifestiert haben, nicht der Krisenbegriff verwendet, da dieser in der deutschen Literatur im Gegensatz

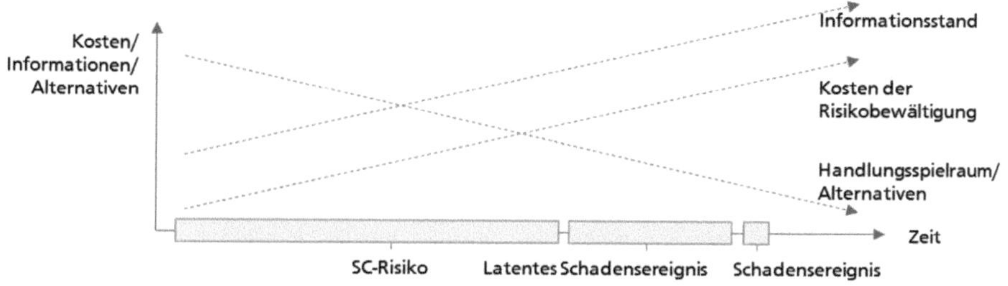

Abbildung 16: Informationsstand, Kosten der Risikobewältigung und Handlungsalternativen (Quelle: In Anlehnung an Wacker (1971), S. 52; Schneider (2011), S. 32f.)

Weiterhin soll für ein besseres Verständnis an dieser Stelle, in Anlehnung an die vorgenommene systemtheoretische Betrachtung, eine Unterscheidung in Supply-Chain-Risikoquellen und Supply Chain-Risiken stattfinden. Supply-Chain-Risikoquellen sind hierbei eng an die ursachenbezogene Risikodefinition angelehnt und beschreiben potenziell eintretende, nicht von einem Unternehmen beeinflussbare Ereignisse, die in der Supply Chain (als Umsystem eines fokalen Unternehmens) oder im Supply-Chain-Umfeld zu verorten sind. Zum eigentlichen Risiko werden solche Risikoquellen erst dann, wenn gleichzeitig eine *Störbarkeit* bzw. *Verwundbarkeit* des Eingriffssystems und der hier zu verortenden Beeinträchtigungsobjekte gegeben ist.[415] Je nachdem, welche Vorsorgemaßnahmen im Rahmen des SCRM zur Schaffung von Supply-Chain-Resilienz getroffen wurden und welche Verwundbarkeiten die Supply Chain aufweist, kommt es als Folge des Schadensereignisses zu einer Störung (engl. Disturbance/delay) oder Unterbrechung (engl. disruption) der Supply Chain. Supply-Chain-Störungen treten in Supply Chains verhältnismäßig häufig auf und beziehen sich auf eine ungenügende Abstimmung von Angebot und Nachfrage. Sie sind daher tendenziell eher dem SCM zuzuschreiben, gilt doch der Bullwhip-Effekt als Form der Supply-Chain-Störung als zentrale Motivation für die Einführung des Supply Chain Managements.[416] Eine ganze Reihe von Forschungsarbeiten in den Disziplinen Product Management[417], Supply Management[418], Demand Management[419] und Information

zur angelsächsischen Begriffsauffassung von existenzbedrohenden Ereignissen besetzt ist und sich Risiken nicht zwangsläufig in solch existenzbedrohenden Ereignissen niederschlagen müssen (vgl. hierzu auch Richey u. a. (2009), S. 541).

415 Vgl. zur Störbarkeit und Störobjekten insbesondere Haller (1978), S. 29. Im Weiteren wird der in Begriff Verwundbarkeit (siehe Kapitel 3.2.3.1) verwendet, da er in der SCRM-Literatur gängiger ist.

416 Vgl. Sucky (2004), S. 21; Sodhi/Tang (2012), S. 18.

417 Vgl. bspw. Jüttner/Peck/Christopher (2003b); Lee/Tang (1997); Dapiran (1992).

418 Vgl. bspw. Choi/Hartley (1996); Cohen/Agrawal (1999); TANG (1999); Shin/Collier/Wilson (2000); de Boer/Labro/Morlacchi (2001); Cachon (2003); Jüttner/Peck/Christopher (2003b); Minner (2003); Carter/Ellram/Tate (2007); Craighead u. a. (2007); Falasca/Zobel/Cook (2008), Greening/Rutherford (2011); Basole/Bellamy (2014).

419 Vgl. bspw. Iyer/Deshpande/Wu (2003); Tang u. a. (2004); Weng/Parlar (2005); Tang (2006b).

Management[420] adressieren im Kontext des Supply Chain Managements zumindest implizit Störungen verursachende Supply-Chain-Risiken. Supply-Chain-Unterbrechungen treten hingegen selten auf, sind kaum vorherzusagen und haben in der Regel eine hohe Zielabweichung bzw. ein hohes Schadensausmaß zur Folge.[421] Kleindorfer/Saad (2005) unterscheiden folglich auch SC-Risiken, die ihren Ursprung in einer ungenügenden Abstimmung von Angebot und Nachfrage haben und SC-Risiken, die sich aus einer Unterbrechung normaler Aktivitäten ergeben.[422]

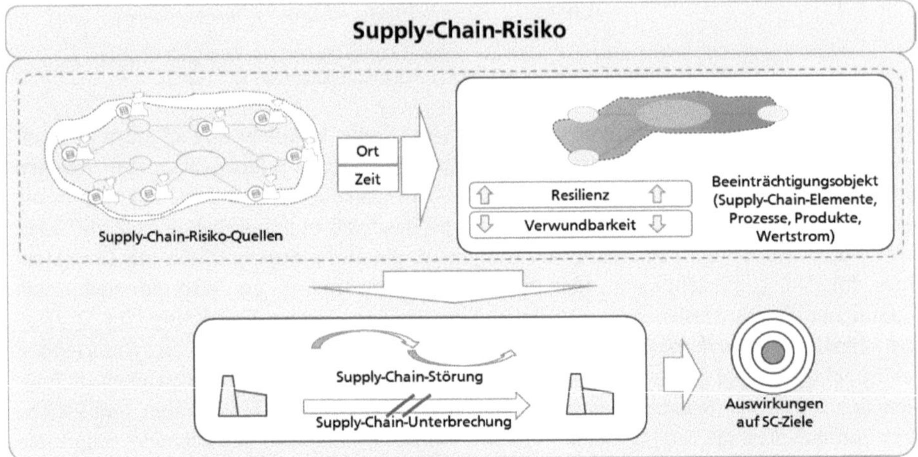

Abbildung 17: Zusammenhänge zwischen den vorgestellten Konzepten

Abbildung 17 gibt einen Überblick über die vorgestellten Begriffe und Konzepte. Diese Arbeit ist auf die Untersuchung des SCRM als präventives und reaktives Management zur Vermeidung bzw. zur Handhabung von Unterbrechungen fokussiert.[423] Die Begriffe Supply-Chain-Risiko und Supply-Chain-Unterbrechungen sind in dieser Arbeit wie folgt definiert:

Definition: Supply-Chain-Risiko

Supply-Chain-Risiken (SC-Risiken) sind potentielle Ereignisse, die zu Unterbrechungen der Supply Chain führen oder Entscheidungen, die die Wahrscheinlichkeit oder die Intensität einer Unterbrechung beim Auftreten von bestimmten Ereignissen verstärken können.

---

420 Vgl. bspw. Sterman (1989); Lee/Padmanabhan/Whang (1997a); Lee/So/Tang (2000); Boone/Ganeshan/Stenger (2005); Tang (2006b).

421 Vgl. Hopp/Iravani/Liu (2012), S. 24f.; Sodhi/Tang (2012), S. 18;

422 Vgl. Kleindorfer/Saad (2005), S. 3.

423 Vgl. Maslaric u. a. (2012), S. 108-111; Stölzle/Wütz (2014), S. 5. Auch die Supply-Chain-Risikodefinition im Rahmen des SCOR-Modells beschränkt sich daher zumindest implizit auf Supply-Chain-Unterbrechungen (vgl. Supply Chain Council (2012b), Abs. 2.6.78).

Definition: Supply-Chain-Unterbrechung

Bei Supply-Chain-Unterbrechungen handelt es sich um unerwartete, signifikante, negative Abweichungen von geplanten Prozessen und Supply-Chain-Zielen, die sich nicht mit regulären Konzepten und Instrumenten des Supply Chain Managements bewältigen lassen.

Mit diesen Definitionen wird das SC-Risiko bewusst ursachen- und wirkungsorientiert definiert. Während Risikoursachen wie bspw. Naturkatastrophen oder Streiks nicht im Eingriffssystem bzw. Entscheidungsfeld[424] von Entscheidern im Kontext des Supply-Chain-(Risiko-)Managements liegen, können sie mit Supply-Chain-bezogenen Entscheidungen die Verwundbarkeit der Supply Chain signifikant beeinflussen und so das SC-Risiko erhöhen. Durch die Definition des Begriffs der Supply-Chain-Unterbrechung und die Aufnahme dieses Begriffes in die Supply-Chain-Risikodefinition wird im Folgenden eine zielführende Abgrenzung des SCRM-Begriffs vom Begriff des Supply Chain Managements ermöglicht.

3.2.2 Strukturierung von Supply-Chain-Risiken

Nachdem eine Definition des SC-Risiko-Begriffs erfolgte, soll nun unter Anlehnung an die in Kapitel 2.2 mit dem Ebenen- und dem SCOR-Modell vorgestellten Modellierungsweisen ein besseres Verständnis von der Art und den Wirkungsweisen von SC-Risiken geschaffen werden. Folglich widmet sich Kapitel 3.2.2.1 der Strukturierung von SC-Risiken nach Risikoebenen und Kapitel 3.2.2.2 der Strukturierung nach Prozessen im Rahmen des SCOR-Modells.

3.2.2.1 Strukturierung von Supply-Chain-Risiken nach Risikoebenen

In Anlehnung in das in Kapitel 2.2.1 skizzierte Ebenenmodell lassen sich Risiken, wie in Abbildung 18 dargestellt, auf der Ebene des *Supply-Chain-Umfelds*, der Ebene von *Institutionen und institutionellen Netzwerken*, der *Ressourcen- und Infrastrukturebene* sowie der *Wertstrom-, Produkt- und Prozess-Ebene* verorten. [425] Rao/Goldsby (2009) identifizieren zusätzlich mit *Marktrisiken* eine Meso-Ebene zwischen dem Umfeld und den einzelnen Institutionen. [426] Zur Vereinfachung werden in dieser Arbeit Marktrisiken den Umfeldrisiken zugerechnet. Faktoren der Umfeld-, Markt- und der institutionellen Ebene werden auch als Rahmen-Faktoren bezeichnet, da sie die allgemeinen situativen Faktoren determinieren, unter denen ein Unternehmen arbeitet.[427]

---

424 Vgl. hierzu Kapitel 3.2.1.2 und 4.3.1 mit Ausführungen zur Systemtheorie und zur Entscheidungstheorie im Kontext des SCRM.

425 Vgl. Peck (2005), S. 218f.; siehe auch Cranfield University (2003), S. 15ff.

426 Vgl. Rao/Goldsby (2009), S. 114.

427 Vgl. Ritchie/Marshall (1993), S. 158; Rao/Goldsby (2009), S. 106.

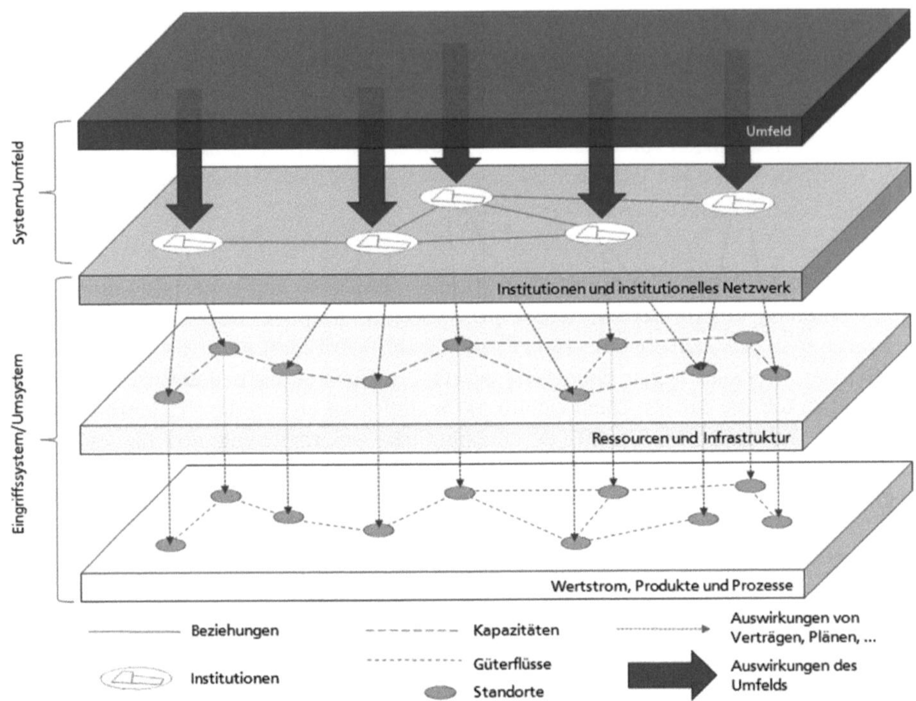

Abbildung 18: Ebenenspezifische Einordnung von Supply-Chain-Risiken
(Quelle: In Anlehnung an Sucky (2004), S. 16; Peck (2005), S. 218)

Bei Umfeldrisiken handelt es sich um Supply-Chain-externe Risiken.[428] Sie setzen sich aus *politischen, rechtlichen, makroökonomischen, technologischen, regulatorischen, sozialen, marktbezogenen* und *naturbezogenen Risiken* zusammen.[429] Naturbezogene Risiken lassen sich wiederum in *geologische, meteorologische* und *pathologische* Risiken unterteilen.[430] Umfeldrisiken, die in ihrer Herkunft bzw. Auswirkung auf einzelne Branchen begrenzt sind, werden auch als *Branchenrisiken* bezeichnet.[431] Zusätzlich sind auf der Umfeldebene *Marktrisiken*, die wiederum *Risiken* des *Beschaffungs-* und des *Absatzmarktes* sowie *Wettbewerbsrisiken* umfassen zu berücksichtigen.[432] Umfeldrisiken, wie bspw. Naturkatastrophen, sind oft nicht vorherzusagen und bieten daher begrenztes Potenzial zur Ergreifung vorbereitender

428 Vgl. Jüttner (2003),S. 787.

429 Vgl. Kersten u. a. (2006a), S. 236; Rao/Goldsby (2009), S. 106. Zudem können Umfeldrisiken in menschgemachte Risiken und Natur-Risiken (vgl. Ghadge/Dani/Kalawsky (2012), S. 323) oder anhand des Umfelds (physisch, sozial, politisch, gesetzlich, ökonomisch) unterschieden werden (vgl. Bogataj/Bogataj (2007), S. 292.).

430 Vgl. Peck (2005), S. 223.

431 Vgl. Ceryno u. a. (2013), S. 146.

432 Vgl. Rao/Goldsby (2009), S. 111.

Maßnahmen.[433] Doch auch wenn, wie bspw. im Falle von Streiks, eine Vorhersage möglich ist, sind Unternehmen oft nur ungenügend vorbereitet.[434] Umfeldrisiken können von den Mitgliedern einer Supply Chain in der Regel nicht unmittelbar beeinflusst werden.[435] Die zunehmende Globalisierung sorgt dafür, dass Unternehmen oftmals auch von geographisch weit entfernten Umfeldrisiken betroffen sind.[436] Verschiedene empirische Untersuchungen zeigen, dass es sich bei Umfeldrisiken um die Risiken mit der geringsten Eintrittswahrscheinlichkeit und zugleich dem größten Schadensausmaß handelt.[437] Von der geringen Eintrittswahrscheinlichkeit darf jedoch nicht auf eine geringe Relevanz geschlossen werden. So zeigt Sheffi (2007) bspw. am Beispiel von General Motors, dass alle vom Unternehmen als *„rare Event"* klassifizierten Risiken binnen eines 12-monatigen Zeitraums eingetreten sind und die Supply-Chain-Ziele von GM negativ beeinträchtigt haben.[438] Im Falle von Umfeldrisiken stellt sich somit weniger die Frage ob sie eintreten als vielmehr die Fragen nach dem Wann und Wo. Umfeldrisiken wirken sich direkt auf die anderen Ebenen aus und beeinflussen Institutionen bzw. das institutionelle Netzwerk, Ressourcen und Infrastruktur sowie die darunter liegenden Wertströme. Auf Ebene der Institutionen und des institutionellen Netzwerks rücken einzelne Unternehmen und deren Beziehungen und Abhängigkeiten in den Mittelpunkt der Betrachtung.[439] Insbesondere bei einer kleinen Lieferantenbasis, verbunden mit Konzepten wie Single- oder System-Sourcing, gewinnen Risiken der *hohen Marktmacht von Lieferanten* sowie *Lieferanten-Ausfallrisiken* an Brisanz. Zudem besteht die Gefahr, dass Lieferanten von *Konkurrenten übernommen* werden.[440] Eng mit Ausfallrisiken verbunden sind *Finanzrisiken* auf Seiten eines Supply-Chain-Partners, zu denen wiederum *Kreditrisiken* und *Insolvenzrisiken* zählen. Weitere Risiken bestehen im möglichen *Wissensabfluss zu Supply-Chain-Partnern* sowie in einer *mangelnden Enge der Vertragsgestaltung*.[441] Letztere führt gerade in komplexen Supply Chains zum Risiko *unklarer Verantwortungsbereiche* und hiermit zu hohen Lager-, Liefer- oder Fehlmengenkosten.[442] Risiken auf Ebene der Institutionen und des Institutionellen Netzwerks haben damit einen unmittelbaren Einfluss auf die Ressourcen- und Infrastrukturebene sowie auf die Wertstromebene.

Risiken auf der Ressourcen- und Infrastrukturebene beziehen sich auf den Ausfall einzelner Knoten, Verbindungen sowie zusätzlicher, für die Leistungserbringung relevanter materieller und immaterieller Ressourcen. Hierzu zählen *Produktions-*, *Lager-*, *Verkaufs-* und

[433] Vgl. Peck (2005), S. 223.

[434] Vgl. Christopher/Peck (2004), S. 6.

[435] Vgl. Peck (2005), S. 223.

[436] Vgl. Behdani u. a. (2012), S. 1.

[437] Vgl. Pfohl/Gallus/Köhler (2008b), S. 107.

[438] Vgl. Sheffi (2007), S. 26.

[439] Vgl. Christopher/Peck (2004), S. 6; Peck (2005), S. 223.

[440] Vgl. Miller (1992), S. 318; Peck (2005), S. 221.

[441] Vgl. Miller (1992), S. 319; Pfohl/Gallus/Köhler (2008b), S. 100-102; Ghadge/Dani/Kalawsky (2012), S. 323.

[442] Vgl. Jüttner (2003), S. 784.

Umschlagsstandorte sowie zentrale Knoten im Transportnetzwerk wie *Seehäfen, Binnenhäfen, Flughäfen, Bahn-Terminals* etc. Zu Verbindungen zählen die Transportinfrastruktur wie *Straßen-, Wasser-, Schienenwege* und der *Luftraum* sowie die *Transportmittel* zur Transportdurchführung.[443] Zu den materiellen Ressourcen zählt zudem die *IT-Infrastruktur* (IT-Knoten und Kommunikationsnetze).[444] Zu immateriellen Ressourcen, die von einem Ausfallrisiko betroffen sein können, gehören *Wissen* und *Fähigkeiten*. Auch der Mangel an qualifiziertem Personal zählt zu den Ressourcenrisiken.[445] Durch Prinzipien wie Lean Management und einer zunehmenden Verzahnung von Supply Chains haben Ausfälle auf der Ressourcen- und Infrastrukturebene unmittelbare Folgen für den Wertstrom bzw. hiermit verbundene Produkte und Prozesse.

Risiken auf der Wertstromebene beziehen sich unmittelbar auf die Unterbrechung der Supply-Chain-Flüsse auf der operativen Ebene. Konkrete Risiken bestehen in der verspäteten, qualitativ ungenügenden oder ausbleibenden Bereitstellung von Gütern, Informationen und Finanzen. Ursächlich hierfür sind bspw. eine *mangelnde Informationsweitergabe* durch den Lieferanten, *Logistikrisiken*,[446] die *Inflexibilität von Lieferanten* bei Bedarfsänderungen, das Erreichen von *Kapazitätsgrenzen, Sabotage und Diebstahl, Verhaltensrisiken* auf der Mitarbeiterebene sowie *operationelle Risiken* wie *Maschinenfehler* oder *Unfälle*.[447] Aus der zunehmenden Supply-Chain-Komplexität entstehen zudem *„chaotische Effekte"*, die zu hohen Bedarfsschwankungen und somit auch zu anderen Risiken führen können.[448] Da Unternehmen oft prognosegetrieben agieren haben sie eine geringe Transparenz über die Supply Chain. Dies führt zu isolierten Entscheidungen und einer mangelnden Reaktionsfähigkeit.[449] Trends wie die Globalisierung führen zudem zu langen Beschaffungswegen und somit zu einer Trägheit von Supply Chains.[450]

Die Ebenen-übergreifende Abhängigkeit von SC-Risiken verdeutlicht die Schwierigkeit, Risikoquellen von Beeinträchtigungsobjekten zu trennen. Über die Wirkungen, die eine Risikoquelle auf ein Beeinträchtigungsobjekt entfaltet, wird dieses gegebenenfalls selbst zur Risikoquelle. Deutlich wird durch die Ebenenbetrachtung zudem, dass bestimmte Risiken für Entscheider lediglich situative Kontextfaktoren darstellen und sich somit von den Entscheidern nicht unmittelbar beeinflussen lassen. Solche Risiken sollten allerdings immer als Prämissen Eingang in relevante Entscheidungsprozesse finden.[451] Andere Risiken

---

443 Vgl. Peck (2005), S. 219f.

444 Vgl. Peck (2005), S. 220; Pfohl/Gallus/Köhler (2008b), S. 100-102.

445 Vgl. Peck (2005), S. 220; Pfohl/Gallus/Köhler (2008b), S. 101.

446 Zu diesen zählen wiederum Transportschäden, Schlechte Lieferqualität, mangelnde Ressourcenverfügbarkeit Warendiebstahl, mangelnde/zu enge Vertragsgestaltung, Insolvenz/Ausfall des Logistikdienstleisters (vgl. Pfohl /Gallus /Köhler (2008b), S. 103).

447 Vgl. Miller (1992), S. 318f.; Pfohl /Gallus /Köhler (2008b), S. 101. Pfohl /Gallus /Köhler (2008b), S. 100f.; Ghadge /Dani /Kalawsky (2012), S. 323.

448 Vgl. Jüttner (2003), S. 785.

449 Vgl. Christopher/Peck (2004), S. 6.

450 Vgl. Jüttner (2003), S. 784.

451 Vgl. Peck (2005), S. 223.

hingegen, wie bspw. die Abhängigkeit von bestimmten Lieferanten, sind das Ergebnis von Entscheidungen innerhalb des Eingriffssystems.[452] Zudem wird deutlich, dass Unsicherheit einer Entscheidungssituation durch eine Verbesserung des Informationsstands, durch eine Entkopplung mittels Puffern oder Redundanzen[453] sowie durch die Beeinflussung der Umwelt begegnet werden kann.[454] Beispiele zeigen zudem, dass gerade dann ein besonders hohes Schadensausmaß zu erwarten ist, wenn besonders hochentwickelte Supply Chains (Anwendung von Konzepten wie Lean, Just-in-Time etc.) auf nicht oder nur schwer beeinflussbare Umfeldrisiken treffen.[455] Ereignisse wie das Erdbeben im Jahr 1999 um die Stadt Hsinchu, von dem 10% der weltweiten Produktion von Speicherchips betroffen waren, geben zudem erste Hinweise auf die Notwendigkeit der ebenenübergreifenden Integration von Informationen für ein erfolgreiches Supply-Chain-Risikomanagement.[456]

Tabelle 3 gibt einen Überblick über die oben eingeführten Risiko-Ebenen und die in der Literatur beschriebenen Risikoobjekte sowie Beispiele für potenzielle Risiken.

Tabelle 3: Risikoebenen, Risikoobjekte und Risikokategorien bzw. -beispiele

Risikoebene	Risikoobjekte	Risikobeispiele
Umfeld	Staaten, Länder, geographische Regionen, Märkte	politische, rechtliche, makroökonomische, technologische, regulatorische, geologische, meteorologische, pathologische Risiken, Marktrisiken
Institution	Unternehmen und Netzwerkbeziehungen	Lieferanten-/Kunden-Ausfall, Konkurrenz, Marktmacht, Vertragsgestaltung/unklare Verantwortungsbereiche
Infrastruktur und Ressourcen	Produktions-/Lager-/Verkaufs-/Umschlags-standorte, Seehäfen, Binnenhäfen, Flughäfen, Bahn-Terminals, Straßen-/Wasser-/Schienenwege, Luftraum, Transportmittel, IT-Infrastruktur, Wissen, Fähigkeiten, Mitarbeiter	Ausfall, Funktionsbeeinträchtigung, ungenügende Qualität der Leistungserstellung
Wertstrom	Güter-, Finanz- und Informationsflüsse	Mangelnde Informationsweitergabe, Logistikrisiken, Inflexibilität von Lieferanten, Erreichen von Kapazitätsgrenzen, Verhaltensrisiken auf der Mitarbeiterebene, operationelle Risiken wie Maschinenfehler und Unfälle, Schwankungen

452 Vgl.Peck (2005), S. 223.

453 Als Beispiele können Lagerbestände an Rohmaterialien auf Beschaffungsseite oder Fertigwaren auf Distributionsseite angeführt werden (vgl. Thompson (2011), S. 20f.)

454 Als Beispiele können beschaffungsseitig bspw. Qualitätsvorschriften oder Produktionsvorschriften und absatzseitig absatzpolitische Instrumente wie Werbung, Produktgestaltung oder Preisdifferenzierung genannt werden (vgl. Schreyögg (1994), S. 177f.)

455 Vgl. Peck (2005), S. 224.

456 Vgl. Baum (1999), S. 95.

3.2.2.2 Strukturierung von Supply-Chain-Risiken anhand des SCOR-Modells

Neben unterschiedlichen Ebenen können auch die Prozesse auf Unternehmens- und Supply-Chain-Ebene die Quelle von Risiken bilden. Hierbei bietet sich die Anlehnung an das SCOR-Modell an, das aufgrund seiner weiten Verbreitung in Unternehmen eine anschauliche und praxisgerechte Darstellung von Risikoursachen gestattet.[457] Die Prozesse des SCOR-Modells beziehen sich auch auf die Gestaltung des institutionellen Netzwerks, insbesondere aber auf die Planung und Steuerung von Infrastruktur und Ressourcen zur Leistungserstellung auf der Wertstromebene. Wie in Abbildung 19 skizziert werden daher Umfeldrisiken nicht durch das SCOR-Modell erfasst.

Ein Sub-Ziel des Supply Chain Managements besteht in der unternehmensübergreifenden Prozessintegration. So sind bspw. auf der Planungsebene die unterschiedlichen Pläne der an der Supply Chain beteiligten Unternehmen aufeinander abzustimmen.[458] Übertragen auf das SCOR-Modell können Netzwerkrisiken als mangelnde Integration der SCOR-Prozesse verstanden werden. Eine zentrale Bedeutung hat hierbei der *Plan-Prozess*, der die Planung von Material- sowie Informationsflüssen auf Ebene der gesamten Supply Chain sowie alle Planungsaktivitäten bzgl. der Hauptprozesse *Source*, *Make*, *Deliver* und *Return* umfasst.[459] Die Anforderungen an die Planungsprozesse steigen mit einer zunehmenden Arbeitsteilung in der Supply Chain.[460] Risiken auf der Planungsebene sind auf *ungeeignete Planungsinstrumente* und *ungenaue Planungsinformationen* zurückzuführen. Ungeeignete Planungsinstrumente betreffen bspw. die fehlerhafte Anwendung von Methoden, das Fehlen von Methoden sowie Störungen der Informationstechnologie. Im Falle ungenauer Planungsinformationen werden bspw. Informationen zu Lagerbeständen, Engpässen oder der Nachfrage nicht im erforderlichen Maße weitergegeben.[461] Der Enable-Prozess nimmt seit SCOR 11.0 wie der Plan-Prozess eine übergreifende Unterstützungsfunktion ein. Enable-Risiken lassen sich daher auf eine mangelhafte Unterstützung der Hauptprozesse zurückführen.

---

[457] Vgl. Christopher/Peck (2004), S. 6.

[458] Vgl. Fleischmann/Meyr/Wagner (2008), S. 81f.

[459] Vgl. Supply Chain Council (2012a), S. 6.

[460] Vgl. Jüttner (2003), S. 784.

[461] Vgl. Nienhaus (2003); Ziegenbein (2007), S. 26;

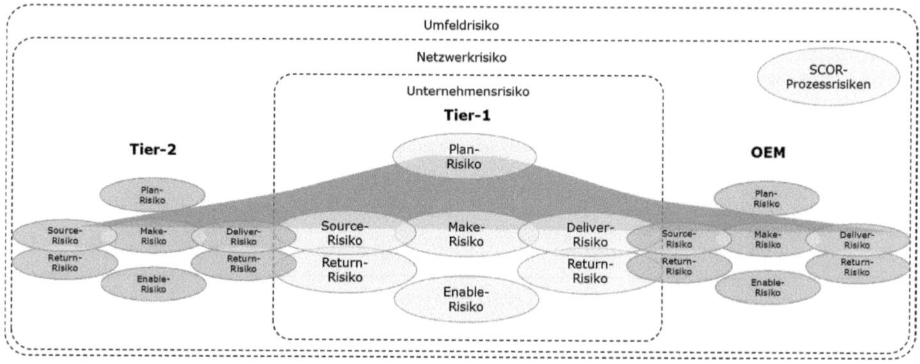

Abbildung 19: Strukturierung von Risikoquellen und Einordnung in das SCOR-Modell (Quelle: In Anlehnung an Ziegenbein (2007), S. 25; Supply Chain Council (2012b), S. i.2.)

Auf der operativen Ebene ergeben sich Supply-Chain-Risiken an den Prozessschnittstellen, also bspw. an den Schnittstellen der *Source-* und der *Deliver-Prozesse.*[462] *Source-* und *Deliver-Risiken* beziehen sich auf Störungen bzw. Unterbrechungen im Finanz-, Informations- und Güterfluss, die sich aus der Vernetzung und Abhängigkeiten von Ressourcen, Infrastruktur, Kontrollmechanismen sowie der Prozesse der Supply-Chain-Partner ergeben.[463] Da *Plan-, Source-* und *Deliver-Risiken* an den Unternehmensschnittstellen angesiedelt sind, betreffen sie sowohl Unternehmens- als auch Supply-Chain-Risiken. Ein *Deliver-Risiko* eines Unternehmens, bspw. eine Beschädigung im Warenausgang, wird unmittelbar zu einem *Source-Risiko* der Kunden, die das betreffende Gut beziehen. Unter *Return-Risiken* fallen neben Lieferrisiken, ähnlich den *Source-* und *Deliver-Risiken*, auch spezielle Risiken, die im Umgang mit Entsorgungsrückständen, wie bspw. im Bereich der kontrollierten Einhaltung von Umweltvorschriften, anfallen. Die genannten Prozessrisiken können weiter anhand der Kategorien Mensch/Organisation, Prozess/Material, Infrastruktur und Umfeld strukturiert werden.[464] Risiken innerhalb der SCOR-Prozesse wirken sich unmittelbar auf die Erreichung der Supply-Chain-Ziele aus, wobei das Ziel des Endkundennutzens als Ergebnis der Ziele Zeit, Qualität und Kosten in der Literatur nicht separat aufgeführt wird. Während bzgl. der Dimensionen Qualität, Zeit und Kosten in der Regel Störungen betrachtet werden, können Fehler innerhalb der Prozesse auch zu einer kompletten Unterbrechung der Supply-Chain-Flüsse führen. Die Plan- und Enable-Prozesse wirken nicht direkt auf die Supply-Chain-Ziele sondern über eine ungeeignete bzw. ungenaue Planung sowie eine mangelhafte Unterstützung zu aller erst auf die anderen Hauptprozesse.[465] Einen Überblick über die geschilderten Prozessrisiken gibt Tabelle 4.

462 Vgl. Wiendahl/Selaouti/Nickel (2008), S. 426.

463 Vgl. Christopher/Peck (2004), S. 5.

464 Vgl. Ziegenbein (2007), S. 27f.

465 Vgl. Ziegenbein (2007), S. 25ff.; Wente (2013), S. 29.

Tabelle 4: Risikoursache und Wirkungsbeispiele nach dem SCOR-Modell
(Quelle: In Anlehnung an Ziegenbein (2007), S. 26-27; Wente (2013), S. 29.)

Prozess	Wirkung und Beispiele			
Plan	Ungenaue Planung (mangelnder Informationsaustausch), Ungeeignete Planung (ungenügender bzw. fehlender Methodeneinsatz, Mangel an Methoden, Störung von Methoden)			
Enable	Ungenügende Unterstützung (bspw. mangelhaftes Supply Chain Risk Management)			
	Störung der Qualität	Störung der Zeit	Störung der Kosten	Unterbrechung des Materialflusses
Source	Beschädigung im Wareneingang	Kapazitätsengpässe im Wareneingang	Beschaffung von Ersatzlieferant	Ausfall Lieferant
Make	Unzuverlässige Produktionstechnologie	Maschinendefekt, Bedienungsfehler	Sonntagsarbeit	Maschinenausfall, Krankheit, Streik
Deliver	Beschädigung im Warenausgang	Kommissionierfehler, Zoll	Alternative Transportmittel	Vernichtung von Lager oder Transportbeständen
Return	Unsachgemäße Handhabung von Rückständen	Ungenügende Kapazität für die Leergutsammlung	Alternative Anbieter für die Rohstoffentsorgung	Ausfall von Recycling-Maschinen

3.2.3 Verwundbarkeit und Resilienz von Supply Chains

Im Rahmen der vorigen Kapitel wurden SC-Risiken strukturiert und es wurde verdeutlicht, dass es sich bei SC-Risiken keinesfalls um ein von Unternehmen nicht zu beeinflussendes Phänomen handelt, sondern dass diese vielmehr durch Entscheidungen von Unternehmen erst verschärft bzw. hervorgerufen werden. In der Literatur werden in diesem Kontext mit der Supply-Chain-Verwundbarkeit und der Supply-Chain-Resilienz zwei Konzepte behandelt, die sich mit risikoverstärkenden bzw. -induzierenden Faktoren sowie risikoreduzierenden bzw. die Risikohandhabung ermöglichenden Faktoren befassen. Diese Konzepte werden im Folgenden näher vorgestellt.

3.2.3.1 Supply-Chain-Verwundbarkeit und Strukturmerkmale als Verwundbarkeitstreiber

Das SC-Risiko wird maßgeblich durch die Verwundbarkeit[466] von Supply Chains und Unternehmen bestimmt. Mit steigender Verwundbarkeit nimmt auch die Beeinträchtigung im Falle von Risikoereignissen zu.[467] Der SCRM-Literatur[468] sind zwei Sichtweisen der

---

466 In Anlehnung an den englischen Begriff *Vulnrability* wird im deutschen Schrifttum ebenfalls der Begriff *Vulnerabilität* verwendet. Eine andere in diesem Kontext verwendete Terminologie, die zumindest nach der in dieser Arbeit verwendeten Auffassung einen ähnlichen Gegenstand bezeichnet, ist die Supply-Chain-Starrheit (eng. *Rigidity*). Supply Chains werden dann als *starr* oder *rigid* eingestuft, wenn sie keine Konzepte implementieren, die es ihnen gestatten mit Änderungen zurechtzukommen. Somit kann auch Starrheit/Regidity als Gegenpol zu Resilienz verstanden werden (vgl. Wieland (2013), S. 655-660). In Anlehnung an Hohrath (2013) wird der Vulnerability-Begriff in der vorliegenden Arbeit mit *Verwundbarkeit* übersetzt (vgl. Hohrath (2013), S. 123f.).

467 Vgl. Harland/Brenchley/Walker (2003), 53; Cardona u. a. (2012), S. 67f.

Verwundbarkeit von Supply Chains zu entnehmen: Verwundbarkeit als *Anfälligkeit* (eng. *susceptability*)[469] oder Verwundbarkeit als *Exponiertheit* (eng. *exposure*)[470]. Verwundbarkeit als Anfälligkeit bezieht sich auf Systemmerkmale, bspw. von Supply Chains oder Unternehmen, die in Kombination mit Risikoquellen zu einem Schadenseintritt führen bzw. diesen verstärken können[471] und ist somit als unmittelbares Ergebnis von Entscheidungen im Supply Chain Management zu verstehen.[472] Verwundbarkeit als *Exponiertheit* integriert hingegen den Aspekt der Verwundbarkeit mit potenziellen externen Einflussfaktoren und ergibt sich somit aus der Kombination von Entscheidungen sowie dem situativen Kontext.[473] Da sich Verwundbarkeit im Sinne der Exponiertheit nur unscharf vom Risikobegriff abgrenzen lässt, wird der Verwundbarkeitsbegriff im Folgenden ausschließlich zur Beschreibung der *Anfälligkeit* von Supply Chains verwendet. In Anlehnung an die in Kapitel 3.2.1.3 skizzierte mathematische Darstellung des SC-Risikos als Produkt der potenziellen Schadenshöhe und der Eintrittswahrscheinlichkeit in der Form

$$R_i = f(S_i, P_i) = S_i * P_i$$

kann die Schadenshöhe S_i als Funktion, basierend auf der Beeinflussung durch eine Risikoquelle Q_i und der Verwundbarkeit V_i, wie folgt beschrieben werden:[474]

$$S_i = f(Q_i, V_i)$$

Aufgrund der Bedeutung von Supply-Chain-Verwundbarkeiten für das SCRM sollten Verwundbarkeiten einen zentralen Ausgangspunkt für die Ableitung von SCRM-Maßnahmen bilden.[475] Wegen der Multidimensionalität des Gegenstands und der umfassenden Verflechtungen von Risikoquellen, Verwundbarkeiten sowie dem resultierenden Risiko gibt es bislang jedoch nur wenige Studien, die sich intensiv mit den Zusammenhängen befassen.[476] In der Forschung wurden allerdings bereits verschiedene verwundbarkeitsbeeinflussende Supply-Chain-Strukturen bzw. Strukturmerkmale als Ergebnis Supply-Chain-bezogener Gestaltungsentscheidungen identifiziert.[477] Diese

---

468 In anderen Forschungszweigen, wie bspw. der Katastrophenforschung, herrscht wiederum ein anderes Begriffsverständnis vor. Vgl. hierzu bspw. Cardona u. a. (2012), S. 69.

469 Vgl. Wagner/Bode (2006a), S. 86; Wagner/Neshat (2010), S. 122.

470 Vgl. Jüttner/Peck/Christopher (2003b), S. 9; Christopher/Peck (2004), S. 4; Platz (2005), S. 3; Sheffi (2007), S. 20. Vgl. auch Hohrath (2013), S. 147 für eine ausführlichere Diskussion und Abgrenzung des Verwundbarkeits-Begriffs.

471 Vgl. Wagner/Neshat (2010), S. 122.

472 Vgl. Haller (1986), S. 18-20.

473 Vgl. Haller (1986), S. 18-20; Jüttner/Peck/Christopher (2003b), S. 9.

474 Vgl. Hohrath (2013), S. 95.

475 Vgl. Jüttner (2005a), S. 135; Manuj/Mentzer (2008), S. 145.

476 Vgl. Wagner/Bode (2006b), S. 79ff.; Wagner/Neshat (2010), S. 122; Bode/Wagner (2015), S. 215f.

477 Vgl. bspw. Norrman/Jansson (2004), S. 2004; Ioannis S. Papadakis (2006), S. 32; Choi/Krause (2006), S. 645f.; Wagner/Bode (2006b), S. 302; Wagner/Neshat (2010), S. 126; Hohrath (2013), S. 211; Bode/Wagner (2015), S. 226.

Strukturmerkmale werden in der Literatur in *abhängigkeitsbeeinflussende* Merkmale und *komplexitätsbeeinflussende* Merkmale unterteilt.[478]

Abhängigkeitsbeeinflussende Merkmale umfassen neben der *starken Verhandlungsposition* von Supply-Chain-Partnern die hohe *Abhängigkeit* von Supply-Chain-Partnern sowie die *enge Bindung* an Supply-Chain-Partner. Die beschriebenen Abhängigkeiten treten genauso wie komplexitätsinduzierende Strukturmerkmale sowohl beschaffungsseitig als auch absatzseitig in der Supply Chain auf.[479] Zu den beschaffungsseitigen komplexitätsinduzierenden Merkmalen zählen die *Größe der Lieferantenbasis*, der *Umfang beschaffungsseitiger Bestände, die Art des beschaffungsseitigen Entkopplungspunktes* und die *resultierende Beschaffungsart* (bspw. JIT- oder JIS-Beschaffung), die *Komplexität der Beziehungen der Lieferanten* untereinander sowie die *Heterogenität der Lieferanten*.[480] Zu berücksichtigen ist auch die *globale Beschaffung*, die neben einer geographischen Diversifikation auch längere Beschaffungswege zur Folge hat.[481] Nachfrageseitige Strukturmerkmale sind die *Fertigungstiefe*, der *Umfang nachfrageseitiger Bestände*, die *zentrale Lagerung von Fertigfabrikaten*, sowie der *Zeitpunkt der Entkopplung* innerhalb der Supply Chain.[482] Zudem werden für die Beschaffungs- und Absatzseite die *Dauer von Beziehungen* als Indikator für die Supply-Chain-Dynamik, die *Abhängigkeit von gesetzlichen Vorschriften* sowie *die Inkompatibilität von Informationssystemen* als weitere zentrale komplexitätsbeeinflussende Strukturmerkmale genannt.[483]

Die der Literatur entnommenen, die Supply-Chain-Verwundbarkeit beeinflussenden Strukturmerkmale sind in Abbildung 20 zusammengefasst. Ähnlich wie bei Risiken hat auch die Kombination von bestimmten Ausprägungen unter Umständen einen stärkeren Einfluss als die Summe der Einzeleffekte.[484] Entsprechend den Ausführungen in der Literatur und dem Fokus der vorliegenden Arbeit auf Supply-Chain-Risiken, werden hier beschaffungs- und absatzseitige Merkmale fokussiert und Merkmale, die den Prozess der Herstellung (Make)[485] oder gar den Rückführungsprozess (Return) beeinflussen, werden

---

478 Vgl. Kersten u. a. (2007), S. 1161; Hohrath (2013), S. 205.

479 Vgl. Svensson (2002), S. 170ff.; Wagner/Bode (2006b), S. 305f.; Ioannis S. Papadakis (2006), S. 32;Choi/Krause (2006), S. 645f.; Wagner/Neshat (2010), S. 126f.; Bode/Wagner (2015), S. 220-223, 226.

480 Vgl. Norrman/Jansson (2004), S. 434f.; Choi/Krause (2006), S. 645f.; Ioannis S. Papadakis (2006), S. 32; Sheffi (2007), S. 18ff.; Hendricks/Singhal/Zhang (2009), 241f.; Wagner/Neshat (2010a), S. 126; Marley/Ward/Hill (2014), S. 146; Bode/Wagner (2015), S. 220-223.

481 Bspw. im Rahmen der kundenauftragsbezogenen Fertigung (bspw. Deliver Make to Order Product) (vgl. Hendricks/Singhal/Zhang (2009), 241f.; Wagner/Neshat (2010), S. 126).

482 Vgl. Ioannis S. Papadakis (2006), S. 32; Choi/Krause (2006), S. 645f.; Wagner/Neshat (2010a), S. 126; Hendricks/Singhal/Zhang (2009), 241f.; Wagner/Neshat (2010), S. 126; Marley/Ward/Hill (2014), S. 146; Bode/Wagner (2015), S. 220-223.

483 Vgl. Hohrath (2013), S. 230f.

484 Vgl. Wagner/Neshat (2010), S. 126f.; Bode/Wagner (2015), S. 226.

485 Die Verwundbarkeit des Herstellprozesses wird in der Literatur meist direkt an Produktmerkmale wie die Produktkomplexität oder Produktlebenszyklen sowie an die Merkmale der Herstellung spezifischer

nicht explizit betrachtet.[486] Aus systemtheoretischer Perspektive erhöhen die hier genannten Vulnerabilitätstreiber entweder die Komplexität des Eingriffssystems (bspw. steigende Produktkomplexität) oder die Komplexität des Umsystems (bspw. Verringerung der Wertschöpfungstiefe). Zudem führen die genannten Treiber zu einer Reduktion redundanter Kopplungen zwischen Unternehmen und Umsystem (bspw. durch die Entwicklung hin zu Systemlieferanten/Single Sourcing).[487]

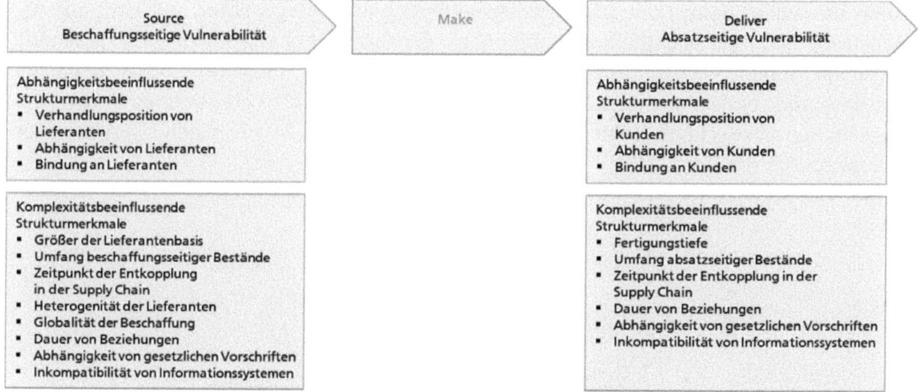

Abbildung 20: Übersicht über verwundbarkeitsbeeinflussende Strukturmerkmale

3.2.3.2 Resilienz, Agilität, Robustheit als Ergebnisse des SCRM

Das Konzept der Resilienz von Supply Chains stellt gewissermaßen einen Gegenentwurf zur Verwundbarkeit dar.[488] Resilienz, Agilität, Robustheit und Sicherheit werden in der Literatur als Konzepte bzw. Fähigkeiten diskutiert, die einen geeigneten Umgang mit Risiken in der Supply Chain gestatten.[489] *Agilität* beschreibt die Fähigkeit einer Supply Chain, schnell auf geänderte Umfeldbedingungen zu reagieren und sich diesen in kürzester Zeit anzupassen.[490] Im Gegensatz hierzu stellen *robuste* Supply Chains verlässliche und/oder redundante Ressourcen zur Verfügung, die im Falle eines Risikoeintritts eine stabile Situation erhalten[491] und so die Funktionstüchtigkeit im Risikofall sicherstellen.[492]

Produkte wie die Werkzeugerstellungszeit, Ramp-up-Zeit, Produktionszeit und Entwicklungszeit geknüpft (vgl. Rao/Young (1994); Wagner/Neshat (2010), S. 126; Wente (2013).

486 Aufgrund der im SCOR-Modell vorhandenen Verflechtungen mit dem Enable- und Plan-Prozess (bspw. Plan Source, Enable Source) findet keine eigenständige Betrachtung dieser übergeordneten Prozesse statt. Es wird davon ausgegangen, dass die Komplexität der Planung und die Komplexität der unterstützenden Systeme unmittelbar mit der Komplexität des Wertschöpfungsnetzwerkes verknüpft sind.

487 Vgl. hierzu auch Schuh/Friedl (1999), S. 222-230.

488 Cardona u. a. (2012) identifizieren unzureichende Resilienz sowie Fragilität als ursächliche Faktoren für Vulnerabilität (vgl. Cardona u. a. (2012), S. 72).

489 Vgl. Sheffi (2007), S. 13-15; Wieland/Wallenburg (2013), S. 304; Zitzmann (2014), S. 373.

490 Vgl. Christopher/Peck/Towill (2006), S. 281; Braunscheidel/Suresh (2009), S. 120.

491 Vgl. Rice/Caniato (2003), S. 25f.; Wieland (2013), S. 654.

Neben der Schaffung von Puffern und Redundanzen[493] kann Robustheit auch durch eine rechtzeitige Einbindung der richtigen Supply-Chain-Partner im Rahmen der Supply-Chain-Planung erreicht werden.[494] Der Begriff *Resilienz*[495] ist den Begriffen Robustheit und Agilität übergeordnet.[496] Er beschreibt die Fähigkeit eines Systems, nach dem Eintritt eines Risikoereignisses wieder in seine Ausgangsposition zurückzukehren.[497] Wieland (2013) definiert Resilienz als die *„Verwendung von Ressourcen zur Ermöglichung des Umgangs mit Veränderungen oder Risiken"*.[498] Supply-Chain-Resilienz lässt sich durch Robustheit und Agilität erreichen. Robustheit ist hierbei vornehmlich zukunftsgerichtet und baut auf der Möglichkeit auf, potenzielle zukünftige Veränderungen vorherzusehen und präventiv korrespondierende Vorbereitungen zu treffen. Agilität hat hingegen einen reaktiven Charakter und basiert auf der Wahrnehmung gegenwärtiger Veränderungen und der Fähigkeit, auf diese schnell reagieren zu können.[499] Abbildung 21 gibt einen Überblick über das Konzept der Resilienz.[500]

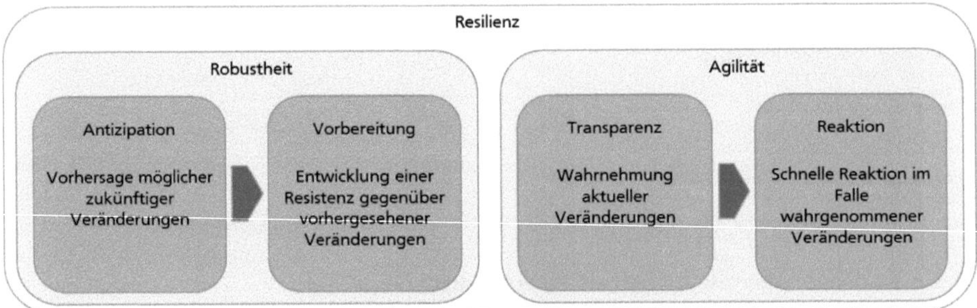

Abbildung 21: Konzepte des Supply-Chain-Risikomanagements
(Quelle: In Anlehnung an Wieland/Wallenburg (2013), S. 304)

492 Vgl. Dekker/Colbert (2004), S. 359.

493 Vgl. Zsidisin/Ellram (2003) S. 16.

494 Vgl. Handfield/McCormack (2008), S. 42.

495 Auch bezeichnet als Widerstandsfähigkeit der Supply Chain. Der Begriff Resilienz geht auf die Materialwissenschaften und die Fähigkeit von Materialien, ihre Form nach einer Deformation wiederzuerlangen, zurück (vgl. Sheffi/Vakil/Griffin (2012), S. 2).

496 Vgl. Wieland (2013), S. 654f.

497 Vgl. Sheffi (2005), S. 2f.; Sheffi/Rice (2005), S. 41; Pfohl/Gallus/Köhler (2008a), S.12.

498 Wieland (2013), S. 655.

499 Vgl. Sheffi/Rice (2005), S. 41; Tang (2006a), S. 36; Wieland (2013), S. 655; Wieland/Wallenburg (2013), S. 304.

500 Neben Resilienz wird in der Literatur auch das Sicherheitskonzept diskutiert. Sicherheit als engl. Security bezieht sich insbesondere auf den Erhalt der Funktionsfähigkeit im Falle vorsätzlicher bzw. krimineller Handlungen. Ein System gilt als sicher im Sinne von engl. Safety, wenn der negative Einfluss von Risiken ausgeschlossen werden kann. Aufgrund einer Überlagerung mit dem Resilienz-Konzept wird der Sicherheits-Begriff in dieser Arbeit nicht weiter verwendet (vgl. Wehmeier/McIntosh/Turnbull (2005), S. 1372 u. S. 1339; Pfohl/Gallus/Köhler (2008a), S.11. Pfohl/Köhler/Thomas (2010), S. 35).

Informationen haben eine entscheidende Bedeutung für die Resilienz von Supply Chains. Empirische Befunde zeigen, dass Robustheit sowie Agilität und somit auch Resilienz durch Förderung der Supply-Chain-Transparenz gestärkt werden können. Dies gilt insbesondere für komplexe Supply Chains mit vielen Mitgliedern, da hier informelle Informationsprozesse im Falle eines Schadensereignisses nicht mehr den Supply-Chain-Anforderungen entsprechen.[501] Supply-Chain-Transparenz führt zu einer höheren Robustheit von Supply Chains, da zukünftige Veränderungen des Umfelds frühzeitig antizipiert und Schwächen der Supply Chains proaktiv erkannt werden. Supply-Chain-Transparenz fördert zudem die Agilität durch die Ermöglichung einer schnellen Reaktion im Falle eines Schadensereignisses im Supply-Chain-Umfeld und innerhalb der Supply Chain.[502]

3.2.4 Grundlagen und Ziele des Supply-Chain-Risikomanagements

Die zunehmende Brisanz von Supply-Chain-Risiken hat zu dem steigenden Verlangen von Unternehmen geführt, diese Risiken zu *„Managen"*. Management kann verstanden werden als *„ein System von Steuerungsaufgaben, die bei der Leistungserstellung- und Sicherung erbracht werden müssen."*[503] Während sich frühe Management-Ansätze auf die Kybernetik erster Ordnung stützen und von einer Steuerung des operativen Systems durch ein externes Management ausgehen, adaptieren neuere Ansätze die Kybernetik zweiter Ordnung in dem Sinne, dass Management Lenken (sich-selbst-unter-Kontrolle-halten), Gestalten (sich-selbst-Konzipieren) sowie präskriptives Entwickeln (sich-selbst-Umstrukturieren) eines Systems von innen heraus beschreibt.[504]

Im Folgenden werden in Kapitel 3.2.4.1 anhand bestehender Definitionen die notwendigen Grundlagen des Supply-Chain-Risikomanagements herausgearbeitet, bevor in Kapitel 3.2.4.2 neben den Zielen des Supply-Chain-Risikomanagements eine für diese Arbeit gültige Begriffsdefinition entwickelt werden kann.

3.2.4.1 Grundlagen und Definitionen des Supply-Chain-Risikomanagements

Der Begriff des Supply-Chain-Risikomanagements und seine Anwendung in der Unternehmenspraxis sind noch relativ jung.[505] Eine wissenschaftliche Auseinandersetzung mit Risiken in der Supply Chain findet seit den späten 1990er Jahren statt.[506] Der Begriff *Supply-Chain-Risikomanagement* (im Folgenden *SCRM*) setzt sich aus den Begriffen *Supply Chain Management* und *Risikomanagement* zusammen und verweist auf die Verknüpfung der beiden Konzepte.[507] Während sich der Begriff des Risikomanagements schon seit

[501] Vgl. Jüttner/Maklan (2011), S. 247f.; Brandon-Jones u. a. (2014), S. 65f.

[502] Vgl. Wieland/Wallenburg (2013), S. 304; Brandon-Jones u. a. (2014), S. 60.

[503] Steinmann/Schreyögg/Koch (2005), S. 5.

[504] Vgl. Staehle/Conrad/Sydow (1999), S. 43f.

[505] Vgl. Schwaninger (1994), S. 16f.; Lavastre/Gunasekaran/Spalanzani (2012), S. 830.

[506] Vgl. Paulsson (2004), S. 84f.

[507] Vgl. Klein-Schmeink (2012), S. 7; Vgl. auch Paulsson (2004), S. 80; Kersten u. a. (2006a), S. 46; Tang (2006a), S. 453; Kajüter (2015), S. 17.

langem in der betriebswirtschaftlichen Forschung und Praxis etabliert hat,[508] besteht kein einheitliches Verständnis bzgl. des SCRM-Begriffs. Tabelle 5 gibt einen Überblick über eine Auswahl in der Literatur verwendeter Definitionen.[509]

Tabelle 5: Definitionen des Supply-Chain-Risikomanagements

Definition	Quelle
"Supply chain risk management is to collaboratively with partners in a supply chain apply risk management process tools to deal with risks and uncertainties caused by, or impacting on logistics related activities and resources."	Norrman/Lindroth (2004), S. 14
"Supply chain risk management can be defined as the identification and management of operational risks and disruption risks, through a coordinated approach amongst supply chain members, to reduce supply chain vulnerability as a whole."	Wagner/Bode (2009), S. 32
"Global supply chain risk management identification and evaluation of risks and consequent losses in the global supply chain and implementation of appropriate strategies through a coordinated approach among supply chain members with the objective of reducing one or more of the following – losses, probability, speed of event, speed of losses, the time for detection of the events, frequency, or exposure – for supply chain outcomes that, in turn, lead to close matching of actual cost savings and profitability with those desired."	Manuj/Mentzer (2008), S. 205
„Supply-Chain-Risikomanagement ist (...) ein systematischer Ansatz zur kooperativen Analyse, Steuerung und Kontrolle sowie Kommunikation von Risiken entlang der Supply Chain."	Kajüter (2003), S. 116
(Supply chain risk management) "can be defined as the identification and management of risks for the supply chain, through a coordinated approach amongst supply chain members, to reduce supply chain vulnerability as a whole."	Jüttner/Peck/Christopher (2003a), S. 201

Das SCRM zeichnet sich gegenüber dem allgemeinen Risikomanagement durch zwei zentrale Aspekte aus: Zum einen wird der Bezugsrahmen des Risikomanagements auf die gesamte Supply Chain erweitert. Gegenstand des SCRM sind demnach nicht mehr ausschließlich Prozesse und Strukturen innerhalb des Unternehmens sondern es werden Ereignisse in der gesamten Supply Chain betrachtet, die zu einer Zielverfehlung im Supply Chain Management führen können.[510] Das SCRM erfordert daher eine ganzheitliche Sicht auf die Supply Chain, die auch übergreifende Interdependenzen sowie Einflüsse des gesamten Supply-Chain-Umfelds berücksichtigt. Der zweite Aspekt bezieht sich auf die für das Risikomanagement verantwortlichen Akteure. Im Gegensatz zum allgemeinen Risikomanagement kann das SCRM auch als gemeinschaftliche und koordinierte Leistung

508 Vgl. Paulsson (2004), S. 80.Vgl. hierzu auch Kapitel 3.1.

509 Vgl. Sodhi/Son/Tang (2012), S. 8.

510 Vgl. Kajüter (2003), S. 115f. Auch wenn das SCRM eine explizite Berücksichtigung des Unternehmensumfelds fordert, ist die Integration des Umfeldaspekts nicht neu. Bereits Haller (1986) verweist auf die Einbettung des Unternehmens in eine soziale, ökonomische sowie eine technologische Sphäre die wiederum in die ökologische Umwelt eingebettet sind. Hierbei wird die Abhängigkeit des Unternehmens von Beschaffungs- und Absatzmärkten und den Güter- und Finanzflüssen zwischen diesen Märkten betont (vgl. Haller (1986), S. 14-16, S. 20).

mehrerer, eng kooperierender Supply-Chain-Partner verstanden werden.[511] Aus diesen Aspekten ergeben sich in Gegenüberstellung zum allgemeinen Risikomanagement spezifische Herausforderungen, die in Tabelle 6 dargestellt sind.

Tabelle 6: Besonderheiten und Herausforderungen des SCRM
(Quelle: Thom (2008) S. 110; Böger (2010a), S. 40; Kajüter (2015), S. 16)

Besonderheiten und Herausforderungen des spezifischen Bezugsrahmens	**Besonderheiten und Herausforderungen aus der Heterogenität der Supply-Chain-Mitglieder**
▪ Erweiterung des Handlungs- und Entscheidungsraumes vom Unternehmen auf die Akteure der Supply Chain ▪ Übergeordnete Koordination notwendig ▪ Veränderung der Risikostruktur auf Supply-Chain-Ebene ▪ Regulatorische, länderspezifische Anforderungen in globalen Supply Chains ▪ Steigende Informationsasymmetrien	▪ Risikobereitschaft und -tragfähigkeit ▪ Strukturen und Standards ▪ Konkurrierende Risikomanagement-Ziele ▪ Unterschiede in Kultur und Managementansätzen der Unternehmen ▪ Konkurrenz der kooperierenden Unternehmen auf anderen Geschäftsfeldern

Um zu einer eigenen Definition des SCRM zu gelangen, muss zuerst noch ein weiterer zentraler Aspekt berücksichtigt werden: Schon in Kapitel 3.2.3.2 wurde angemerkt, dass im Rahmen des SCRM offensichtlich präventive Maßnahmen aufgrund von Prognosen sowie reaktive Maßnahmen auf Basis bereits eingetretener Ereignisse umzusetzen sind. Folgerichtig wird in der Literatur auch zwischen einem *präventiven SCRM* (auch *proaktives SCRM*) und *reaktivem SCRM* unterschieden.[512] Das *präventive SCRM* adressiert Situationen mit einem unsicheren Informationsstand bzgl. des Eintritts und der Auswirkungen potentiell beeinträchtigender Ereignisse. Es ist also zeitlich vor dem Risikoeintritt verankert und soll Maßnahmen zur Vermeidung von Risiken oder der Verminderung der Risikoauswirkungen ergreifen.[513] Ansätze des reaktiven SCRM werden in der Literatur wesentlich seltener diskutiert und adressieren Situationen, in denen ein potentiell beeinträchtigendes Ereignis bereits eingetreten ist.[514] Die Aufgaben des reaktiven SCRM bestehen in der Begrenzung des negativen Einflusses von Ereignissen durch Reaktions- und Recovery-Maßnahmen sowie Maßnahmen, die unter Einbeziehung von Lerneffekten den Risikomanagementprozess nachträglich verbessern.[515] Reaktives SCRM hat eine große Bedeutung, da nicht für jedes potentiell beeinträchtigende Ereignis präventive Maßnahmen ergriffen werden können.[516] Wird nur von *SCRM* gesprochen, bezieht sich der Begriff

511 Vgl. Paulsson (2004), S. 80; Kersten u. a. (2006a), S. 46; Tang (2006a), S. 453; Thom (2008) S. 110; Böger (2010), S. 40.; Kajüter (2015), S. 16f.

512 Vgl. Norrman/Lindroth (2004), S. 15; Behdani u. a. (2012), S. 3; Wente (2013), S. 132f.; Bode (2015), S. 50.

513 Vgl. Klein-Schmeink (2012), S. 3.

514 Vgl. Behdani u. a. (2012), S. 5.

515 Vgl. Moder (2008), S. 45;Behdani u. a. (2012), S. 1. Vgl. hierzu auch Kapitel 3.5.2.6.

516 Vgl. Wente (2013), S. 132f.; Bode (2015), S. 51.

oftmals ausschließlich auf das präventive SCRM.[517] Erst in jüngerer Zeit werden ganzheitliche Konzepte entwickelt, die die präventive und reaktive Perspektive integrieren.[518] Wie in Abbildung 22 gezeigt, lassen sich die beiden Konzepte den drei bereits in Kapitel 3.2.1.3 skizzierten Risikophasen zuordnen.[519]

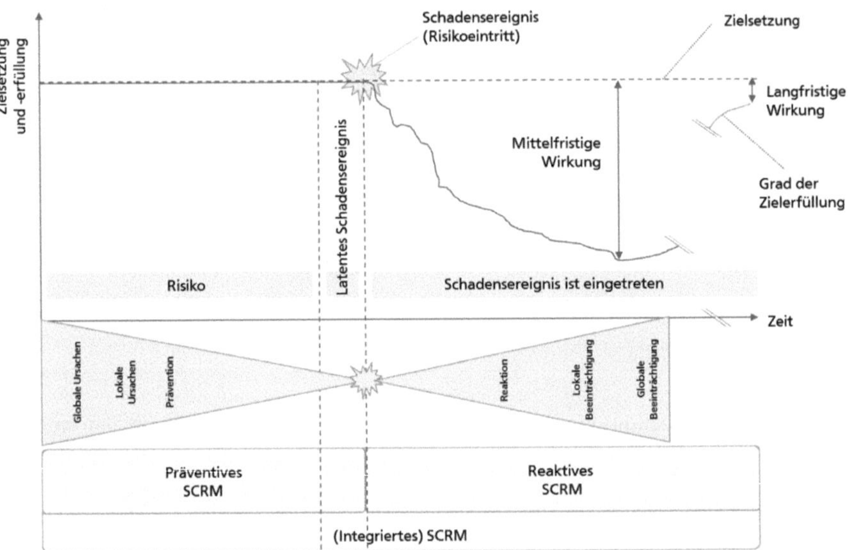

Abbildung 22: Profil einer Supply-Chain-Unterbrechung bzw. eines Supply-Chain-Risikos (Quelle: in Anlehnung an Sheffi (2007), S. 65 und Sodhi/Son/Tang (2012), S. 15f.)

Eine Definition für einen ganzheitlichen SCRM-Ansatz muss die präventive und die reaktive Sichtweise integrieren. Zudem ist das kooperative, koordinierte Vorgehen mit der ganzheitlichen Sicht auf die Supply Chain als Bezugsrahmen hervorzuheben. Eine für diese Arbeit gültige Definition des SCRM und der SCRM-Ziele wird im folgenden Kapitel erarbeitet.

3.2.4.2 Supply-Chain-Risikomanagement: Ziele, Begriffsabgrenzung und abschließende Definition

Die Ziele des SCRM sind an den in Kapitel 3.1.4 vorgestellten Zielen des allgemeinen Risikomanagements anzulehnen. Damit ergibt sich als übergeordnetes Ziel des SCRM die Sicherung der Erreichung der Supply-Chain-Ziele.[520] Die SCRM-Ziele stehen somit in direkter Wechselwirkung mit den in Kapitel 2.3.2 vorgestellten Zielen des Supply Chain

---

[517] Vgl. Behdani u. a. (2012), S. 3.

[518] Vgl. Norrman/Lindroth (2004), S. 15; Behdani u. a. (2012), S. 4f.

[519] In Anlehnung an Sheffi (2007), S. 65, der sich nur auf Supply Chain Disruptions bezieht und folglich nur zwischen der zweiten und dritten Phase unterscheidet sowie Behdani u. a. (2012), S. 3, der allgemein zwischen einem *„Pre Disruption View"* und einem *„Post Disruption View"* unterscheidet.

[520] Vgl. Schubert (2004), S. 97; Böger (2010), S. 37. Vgl. hierzu auch Erkenntnisse aus dem Risikomanagement bei Mikus (2001c), S. 88.

Managements.[521] Noch stärker als das allgemeine Risikomanagement muss das SCRM aufgrund der hohen Umfelddynamik und Komplexität und der hieraus resultierenden Unsicherheit für eine Verbesserung des Informationsstands sorgen. Nur mit entsprechenden Informationen können Unternehmen ihre Risikosituation adäquat einschätzen und entsprechende Maßnahmen ergreifen.[522] Fraglich ist, ob mit dem SCRM ein innerbetrieblicher oder ein Supply-Chain-weiter Risikoausgleich erfolgen soll. Dies hängt von der Gewichtung des Ziels der Wertorientierung der Supply Chain in Verbindung mit der Intensität der Kooperation und dem gewählten interorganisationalen SCRM-Ansatz [523] ab. Götze/Mikus (2007) stellen insbesondere das Ziel der Vermeidung der Existenzgefährdung für das SCRM in Frage, da sie Supply Chains nur als *Mittel zum Zweck* ansehen. Vor dem Hintergrund der steigenden Bedeutung von Supply-Chain-Risiken ist jedoch zumindest die Möglichkeit der Existenzgefährdung einzelner Unternehmen durch Supply-Chain-Risiken als relevant anzusehen.

Abbildung 23: Ziele des Supply-Chain-Risikomanagements
(Quelle: In Anlehnung an Schubert (2004), S. 74; Götze/Mikus (2001), S. 31-34)

Wie im allgemeinen Risikomanagement dürfen auch im SCRM Risiken nicht isoliert betrachtet werden, da sonst die Gefahr der Überschreitung der Risikotragfähigkeit besteht. Die Balancierung des Gesamtrisikoportfolios ist somit auch bei den Zielen des SCRM zu berücksichtigen. Das SCRM muss allerdings auch wirtschaftlich sein; d.h. die Kosten des SCRM und der vom SCRM implementierten Maßnahmen dürfen ihren Nutzen nicht überschreiten.[524] Einen Überblick über die Ziele des SCRM gibt Abbildung 23.

Mit dem definierten Zielsystem des SCRM ergibt sich die Frage, wie die benannten Ziele in ein risikoorientiertes Zielsystem des Supply-Chain-Managements zu integrieren sind.[525] Götze/Mikus (2007) identifizieren vier mögliche Kategorien der Zielintegration. Die erste Kategorie sind risikobezogene Grundstrategien, bei denen die *statisch-adaptive* und die *dynamisch-aggressive Strategie* als Extremtypen verstanden werden können. Während erstere darauf abstellt, durch die Bereitstellung notwendiger Ressourcen zu vergleichsweise

---

[521] Vgl. Götze/Mikus (2007), S. 32.

[522] Vgl. Analog die Ausführungen von Schubert (2004), S 73-75 zum Risikomanagement im Beschaffungsmarketing.

[523] Siehe hierzu Kapitel 3.6.4.2.

[524] Vgl. Berg/Knudsen/Norrman (2008), S. 290.

[525] Vgl. Norrman/Jansson (2004), S. 453; Götze/Mikus (2007), S. 32. Vgl. hierzu auch positive und negative Wirkungen des Risikomanagements bei Mikus (2001c), S. 83ff.

hohen Kosten sämtliche Risiken abfedern zu können, ist die zweite Strategie risikofreudiger, führt aber auch zu höheren Gewinnchancen.[526] Die zweite Kategorie bilden die bereits in Kapitel 2.3.2 vorgestellten Supply-Chain-Ziele, die zum Teil in Form von abgeleiteten Formal- und Sachzielen bereits implizit auf das Management von Risiken ausgelegt sind und sich somit mit dem SCRM überlagern. Als dritte Kategorie können explizite Risikoziele für das Supply Chain Management definiert werden. Hierbei kann es sich bspw. um Flexibilitätsziele oder Ziele zur Reduktion von Störungen handeln. Die vierte Zielkategorie bildet die explizite Berücksichtigung von Unsicherheit unter der individuellen Bildung von Unsicherheitspräferenzrelationen für alle Entscheidungen des Supply Chain Managements.[527] In dieser letzten Kategorie werden Risiken selbst als Entscheidungsproblem aufgefasst.[528] Einen Überblick über die verschiedenen Zielkategorien und deren Einordnung in das Zielsystem des Supply Chain Managements gibt Abbildung 24.

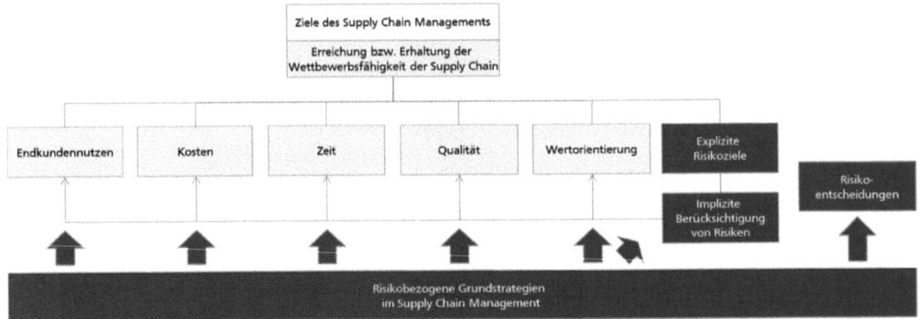

Abbildung 24: Berücksichtigung von Risikozielen im Zielsystem des Supply Chain Managements (Quelle: In Anlehnung an Norrman/Jansson (2004), S. 453; Götze/Mikus (2007), S. 32)

Basierend auf den im vorhergehenden Kapitel diskutierten Blickwinkeln und Definitionen des SCRM-Begriffs und den hier vorgestellten SCRM-Zielen wird für die vorliegende Arbeit folgende Definition des Supply-Chain-Risikomanagements gewählt:

Definition: Supply-Chain-Risikomanagement (SCRM)

Das Supply-Chain-Risikomanagement (SCRM) umfasst das präventive und reaktive Management von Supply-Chain-Risiken durch einen möglichst kooperativen und koordinierten Ansatz, an dem die für das SCRM relevanten Mitglieder der Supply Chain beteiligt werden. Das SCRM betrachtet hierbei mehrere Supply-Chain-Stufen, idealerweise vom Rohmateriallieferanten bis zum Endkunden und dient der Sicherstellung der Erreichung der Supply-Chain-Management-Ziele.

526 Vgl. Braun (1984), S. 104f.; Götze/Mikus (2007), S. 32.

527 Vgl. Götze/Mikus (2007), S. 32f.

528 Vgl. Mikus (2001d), S. 75.

Hervorgehoben wird mit dieser Definition, dass sowohl präventive als auch reaktive Maßnahmen in das Aufgabengebiet des SCRM fallen. Damit wird es sowohl vor, als auch während bzw. nach dem Risiko-Eintritt aktiv. Der gewählte Ansatz muss hierbei nicht zwingend koordiniert und kooperativ erfolgen,[529] allerdings betrachtet das SCRM mehrere Supply-Chain-Stufen und deckt möglichst die gesamte Supply Chain ab.[530]

3.3 Entscheidung und Entscheidungstheorie im SCRM

Nachdem nun ein grundlegendes Verständnis von SC-Risiken und dem SCRM geschaffen wurde, setzen sich die folgenden Kapitel mit der Rolle von Entscheidung und Information auseinander. Entscheidungen werden hierbei, wie später noch näher auszuführen ist, unter zwei Perspektiven betrachtet. Zum einen wird jede Entscheidung unter einem gewissen Risiko getroffen, damit wird jede Supply-Chain-Entscheidung automatisch zum Gegenstand des SCRM. Zum anderen verfolgt die vorliegende Arbeit mit dem pragmatischen Wissenschaftsziel selbst die Gestaltung einer Entscheidungshilfe zur Auswahl geeigneter Strukturtypen. Im Folgenden wird die Bedeutung von Entscheidungen im Kontext des SCRM verdeutlicht. Während Kapitel 3.3.1 eine grundlegende Einführung in die Entscheidungstheorie gibt, zeigt Kapitel 3.3.2 die Relevanz von Entscheidungstheorie und Entscheidungen für die vorliegende Arbeit auf.

3.3.1 Entscheidungstheoretische Grundlagen

3.3.1.1 Einführung in die Entscheidungstheorie

Im Rahmen der betriebswirtschaftlichen Entscheidungstheorie wird unter einer Entscheidung *„die (mehr oder weniger bewusste) Auswahl einer von mehreren möglichen Handlungsalternativen verstanden.“*[531] Mit der Erklärung und Analyse von Entscheidungen befasst sich die Entscheidungstheorie. Sie kann in einen *präskriptiven* und einen *deskriptiven* Strang unterschieden werden.[532]

Im Rahmen der präskriptiven Entscheidungstheorie werden Verhaltensempfehlungen entwickelt und die Frage beantwortet, wie Entscheidungen getroffen werden sollen.[533] Hierzu werden Handlungsanleitungen für rationales Entscheiden mit Hilfe von mathematischen Modellen, Regeln und Normen gegeben.[534] Die präskriptive Entscheidungstheorie basiert auf den Annahmen der klassischen Wirtschaftstheorie und somit des rationalen Entscheiders, der unter logischer Abwägung von Entscheidungsalternativen die Maxi-

[529] Vgl. hierzu die Ausführungen zur Netzwerkorganisation des SCRM in Kapitel 3.6.4.2.

[530] Vgl. Kajüter (2003), S. 116; Jüttner (2005a), S. 100; Moder (2008), S. 28.

[531] Laux et al. (2012), S. 2.

[532] Vgl. Gäfgen (1974), S. 52; Pfohl (1977), S. 35-38. In der Betriebswirtschaftslehre nehmen Entscheidungen zunehmend eine zentrale Rolle ein, weshalb Sie auch als angewandte Entscheidungstheorie bezeichnet wird (vgl. Laux u. a. (2014), S. 4.).

[533] Vgl. Pfohl (1977), S. 37; Pfohl/Braun (1981), S. 17, 22f.; Laux u. a. (2014), S. 4.

[534] Vgl. Gäfgen (1974), S. 52; Eisenführ/Langer/Weber (2010), S. 1f.; Laux u. a. (2014), S. 16-20.

mierung seiner Ziele anstrebt.[535] Diese Rationalitätsannahme führt zu Kritik an der klassischen Wirtschaftstheorie im Allgemeinen und der präskriptiven Entscheidungstheorie im Speziellen.[536] Zudem liegt der Fokus von entscheidungsunterstützenden Methoden durch die vornehmliche Implementierung mathematischer Modelle auf dem Entscheidungsakt und weniger auf der vorgelagerten Alternativengenerierung.[537]

Im Gegensatz zum präskriptiven Ansatz soll die deskriptive Entscheidungstheorie reales Entscheidungsverhalten beschreiben und erklären. Sie verfolgt hierbei einen verhaltenswissenschaftlichen Ansatz und berücksichtigt auch kognitive Prozesse sowie die ggf. begrenzte Rationalität des Entscheiders.[538] Mittels empirischer Analysen können Einflussfaktoren und Zusammenhänge realen Entscheidens erhoben sowie Hypothesen und Modelle entwickelt werden, die eine Prognose bzgl. zukünftiger Entscheidungen ermöglichen.[539] Das Konzept der begrenzten Rationalität von Entscheidern rückt hierbei in den Fokus der deskriptiven Entscheidungstheorie. Hiermit wird berücksichtigt, dass es Entscheidern aufgrund begrenzter Fähigkeiten zur Aufnahme und Verarbeitung von Informationen nicht möglich ist, sämtliche Alternativen zu kennen und alle Konsequenzen ihrer Handlungen bereits vorab zu bedenken.[540] Die begrenzte Rationalität führt somit zwangsläufig zur Schaffung gezielter Annahmen auf Seiten der Entscheider, verbunden mit einer Vereinfachung des Entscheidungsproblems. Hierdurch kann zwar keine ultimativ beste Lösung erzielt werden, wohl aber die beste Alternative in Bezug auf das vereinfachte Entscheidungsproblem.[541] Mithilfe der Erkenntnisse der deskriptiven Entscheidungstheorie lassen sich somit Empfehlungen zur Gestaltung erfolgsversprechender Entscheidungsprozesse ableiten.[542] Erst durch die Synthese deskriptiver und präskriptiver Ansätze kann es der Entscheidungstheorie gelingen, die Frage nach dem bestmöglichen Vorgehen in einer konkreten Entscheidungssituation zu beantworten.[543]

Der Literatur sind zwei Betrachtungsebenen bezüglich des Entscheidungsbegriffs zu entnehmen.[544] Diese sind die *Entscheidung im engeren Sinn*, bei welcher der Moment des Entscheidens sowie die für das Entscheidungsergebnis relevanten Elemente im Mittelpunkt stehen, sowie die *Entscheidung im weiteren Sinn*, bei der sich die Untersuchung auf den

---

535 Vgl. Domschke/Scholl (2005), S. 47; Welling (2013), S. 10ff.

536 Vgl. Simon (1959), S. 256.

537 Vgl. Wolf (2011), S. 128f.

538 Vgl. Simon (1959), S. 272; Bamberg/Coenenberg/Krapp (2012), S. 4ff.; Wolf (2011), S. 125.

539 Vgl. Bamberg/Coenenberg/Krapp (2012), S. 4f.; Kroeber-Riel (1979), S. 267; Laux u. a. (2014), S. 17.

540 Vgl. Simon (1979), S. 502.

541 Vgl. Harrison (1975), S. 73ff.; Simon (1997), S. 3f.; Domschke/Drexl (2007), S. 128f. Insbesondere für komplexe Probleme stehen oftmals keine Verfahren zur exakten Lösung zur Verfügung. Mit Hilfe von Heuristiken lassen sich in diesem Fall relativ beste Alternativen ermitteln (Taschner (2012), S. 187).

542 Vgl. Klein/Scholl (2011), S. 4; Wessler (2012), S. 3.

543 Vgl. Bamberg/Coenenberg/Krapp (2012), S. 12.

544 Vgl. Pfohl/Braun (1981), S. 21-23; Jungermann/Pfister/Fischer (2010), S. 3f.

gesamten Entscheidungsprozess fokussiert.[545] Die beiden Ansätze werden als aufbauorientiertes Modell der Entscheidung und als ablauforientiertes Modell der Entscheidung in den beiden folgenden Kapiteln diskutiert.

3.3.1.2 Aufbauorientiertes Modell der Entscheidung – Entscheidung im engeren Sinn

Untersuchungen der Entscheidung im engeren Sinn beziehen sich auf das aufbauorientierte Grundmodell der Entscheidung. Im Rahmen dieser Betrachtung ergeben sich Entscheidungen aus verschiedenen konstituierenden Merkmalen, die als Entscheidungsprämissen[546] zusammengefasst werden.[547] Die Entscheidungsprämissen definieren das Informationsfeld der präskriptiven Entscheidungstheorie. Hierdurch wird betont, dass es sich bei Entscheidungsprämissen um Informationen handelt, die zur Lösung eines Entscheidungsproblems beitragen.[548] Das *Informationsfeld* setzt sich wiederum aus dem *Entscheidungsfeld* dem *Zielfeld* und dem *Methodenfeld* zusammen.[549]

Faktische Entscheidungsprämissen sind falsifizierbare Tatsachenaussagen und entsprechen dem Entscheidungsfeld. Elemente des Entscheidungsfelds sind *Alternativen*, *Umweltzustände* (Ereignisse) mit *Wahrscheinlichkeitsverteilungen* und *Konsequenzen*.[550] Alternativen (auch Aktionen) bezeichnen Wahlmöglichkeiten mit unterschiedlichen Konsequenzen, die sich gegenseitig ausschließen.[551] In diesem Sinne ist auch Nicht-Entscheiden eine mögliche Alternative (Unterlassungsalternative).[552] Bei den Umweltzuständen (auch Ereignisse) handelt es sich um vom Entscheider nicht beeinflussbare Sachverhalte, die dennoch auf das Ergebnis einer Entscheidung einwirken. Aus unsicheren Umweltzuständen, bei denen oft nur Erwartungen über die Wahrscheinlichkeit ihres Eintreffens bestehen, resultieren Entscheidungsunsicherheiten.[553] Konsequenzen sind die Zustände die sich aus einer Entscheidung, d.h. den gewählten Alternativen unter gegebenen Umweltzuständen, ergeben. Sie sind oft multidimensional und lassen sich über die Ausprägungen unterschiedlicher Attribute ausdrücken. Welche Attribute mit einer Entscheidung herbeigeführt werden sollen (bspw. Lieferqualität, Flexibilität etc.) hängt von den Zielen und deren Gewichtung ab.[554] Wertende Entscheidungsprämissen entsprechen dem Zielfeld und umfassen als Elemente die Ziele des Entscheiders.[555] Ziele schränken die theoretisch unendliche Zahl in einer Entscheidungssituation relevanter und möglicher Alternativen ein.

---

545 Vgl. Pfohl/Braun (1981), S. 102ff.; Jungermann/Pfister/Fischer (2010), S. 4.

546 Prämissen bezeichnen Annahmen, die für eine weitere (logische) Ableitung von Schlussfolgerungen notwendig sind (vgl. Pfohl/Braun (1981), S. 24.; Jungermann/Pfister/Fischer (2010), S. 2f.

547 Vgl. Pfohl/Braun (1981), S. 23ff.; Bamberg/Coenenberg/Krapp (2012), S. 2f.

548 Vgl. Mag (1977), S. 25.

549 Vgl. Pfohl/Braun (1981), S. 25.

550 Vgl. Pfohl/Braun (1981), S. 25f.; Laux u. a. (2014), S. 4.

551 Vgl. Luhmann (2011), S. 135; Laux u. a. (2014), S. 5f.

552 Vgl. Jungermann/Pfister/Fischer (2010), S. 18.

553 Vgl. Pfohl/Braun (1981), S. 30ff.; Eisenführ/Langer/Weber (2010), S. 20; Laux u. a. (2014), S. 50.

554 Vgl. Pfohl/Braun (1981), S. 35f.; Laux u. a. (2014), S. 31.

555 Vgl. Pfohl/Braun (1981), S. 40f.

Im Rahmen einer Entscheidung können auch mehrere Ziele verfolgt werden, die miteinander in Beziehung stehen. In diesem Fall handelt es sich um ein Zielsystem.[556] Methodische Entscheidungsprämissen entsprechen dem Methodenfeld und umfassen Lösungsmethoden, die Entscheider bei der Selektion geeigneter Alternativen bei gegebenen Umweltzuständen unterstützen.[557] Abbildung 25 gibt einen Überblick über das Informationsfeld und Entscheidungsprämissen.

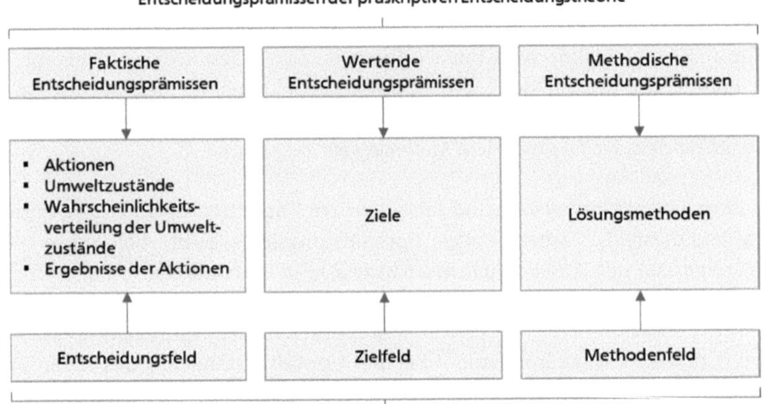

Abbildung 25: Informationsfeld und Entscheidungsprämissen in der Entscheidungstheorie (Quelle: In Anlehnung an Pfohl/Braun (1981), S. 26)

3.3.1.3 Ablauforientiertes Modell der Entscheidung – Entscheidung im weiteren Sinn

Neben dem skizzierten aufbauorientierten Verständnis, das den auf Entscheidungsprämissen basierenden Wahlakt fokussiert, betrachten ablauforientierte Modelle mit dem Entscheidungsprozess einen weitergefassten Entscheidungsbegriff. Entscheidungsprozesse werden auch als Problemlösungsprozesse oder Planungsprozesse bezeichnet – im Folgenden soll allein der Begriff des Entscheidungsprozesses verwendet werden.[558] Phasenmodelle aus der Literatur umfassen in der Regel die Entscheidungsvorbereitung, den eigentlichen Wahlakt und enden mit einer Kontrolle des Entscheidungsergebnisses und unterscheiden sich bzgl. ihres weitergehenden Detailierungsgrades. [559] Pfohl/Braun (1981) unterteilen den Entscheidungsprozess in die vier Hauptphasen *Entscheidungsvorbereitung*,

---

556 Vgl. Vahs/Schäfer-Kunz (2012), S. 60ff.; Laux u. a. (2014), S. 7.

557 Vgl. Pfohl (1977), S. 188ff.; Pfohl/Braun (1981), S. 25f., 65f.; 93f.

558 Vgl. Pfohl/Braun (1981), S. 102. Gerade im Planungskontext bezieht sich der Entscheidungsbegriff dann allerdings auf die Entscheidung im engeren Sinn als reiner Wahlakt (vgl. hierzu bspw. Klein/Scholl (2011), S. 7f.).

559 Vgl. Pfohl/Braun (1981), S. 102ff.; Siehe als Beispiele für weitere Phasenmodelle auch Wild (1971), S. 331; Heinen (1976), S. 21; Gibson u. a. (2009), S. 461ff.; Laux u. a. (2014), S. 12ff.

Entscheidung, *Entscheidungsausführung* und *Kontrolle*.[560] Die Entscheidungsvorbereitung kann wiederum in die Phasen Problemfeststellung, (Informations-)Suche und (Lösungs-)Ableitung unterschieden werden. Die Problemfeststellung bildet mit der Erkennung des Problems den Auslöser für den Entscheidungsprozesses.[561] Sie lässt sich weiter in die Problemerkenntnis, -analyse und -formulierung unterscheiden.[562] Da Probleme unternehmensinterne und unternehmensexterne Ursachen haben können, sind zur Problemerkennung interne und externe Informationen zu erfassen.[563] Solche Anregungsinformationen können entweder vergangenheitsgerichtet oder im Sinne von Frühindikatoren zukunftsgerichtet sein.[564] Die Informationssuche umfasst die Sammlung von für die Entscheidung relevanten Informationen zu den Entscheidungsprämissen.[565] Basierend auf der Ableitung der optimalen Lösung[566] wird anschließend eine Entscheidung über die tatsächlich zu implementierende Lösung gefällt. Die anschließende Phase der Entscheidungsausführung umfasst die Entscheidungsanregung, in deren Rahmen Implementierungsprobleme widergespiegelt werden können und die eigentliche Umsetzung der Entscheidung. Der Gesamtprozess schließt mit einer Kontrolle des Entscheidungsergebnisses ab, die gegebenenfalls einen neuen Entscheidungsprozess anstößt.[567] Zwischen allen Prozessschritten ist eine Rückkopplung möglich. Wird im Rahmen der Bewertung festgestellt, dass die Entscheidungsprämissen unzureichend sind, kann erneut der Prozess der Informationssuche durchlaufen werden.[568] Deutlich wird die Notwendigkeit zur informatorischen Unterstützung des Entscheiders in allen skizzierten Prozessphasen.[569] In Anlehnung an den Entscheidungsprozess lassen sich diese in Ziel-, Anregungs-, Entscheidungs-, Ausführungs- und Kontrollinformationen unterscheiden.[570]

---

560 Vgl. Klein/Scholl (2011), S. 13.

561 Vgl. Pfohl/Braun (1981), S. 105.

562 Vgl. Pfohl/Stölzle (1997), S. 57.

563 Vgl. Domschke/Scholl (2005), S. 70.

564 Vgl. Götze/Mikus (2001), S. 407ff.; Brokmann/Weinrich (2012), S. 15ff.

565 Siehe hierzu Kapitel 3.3.1.1 zu den relevanten Entscheidungsfeldern und Entscheidungsprämissen.

566 Die Ableitung der optimalen Lösung wird an anderer Stelle in die Prozessschritte Alternativenermittlung und -bewertung unterteilt (vgl. Klein/Scholl (2011), S. 13). Die Alternativenermittlung lässt sich weiter in die Alternativensuche, -analyse und -formulierung unterscheiden. Während der erste Prozessschritt ggf. auch eine kreative Aufgabe darstellt, sind die Alternativenanalyse und -formulierung streng rationale Aufgaben (vgl. Laux u. a. (2014), S. 14, 31f.). Die Alternativenanalyse dient der Erfassung der Konsequenzen, der Durchsetzbarkeit und der Risiken der Alternativen. Mit der Alternativenformulierung soll eine Vergleichbarkeit über die unterschiedlichen Alternativen geschaffen werden (vgl. Bamberg/Coenenberg/Krapp (2012), S. 15-31).

567 Vgl. Pfohl/Braun (1981), S. 105f.; Kahle (2001), S. 43f.

568 Vgl. Pfohl/Braun (1981), S. 104.

569 Vgl. Cyert/Simon/Trow (1956), S. 237; Niggemann (1973), S. 17.

570 Vgl. Müller (1992).

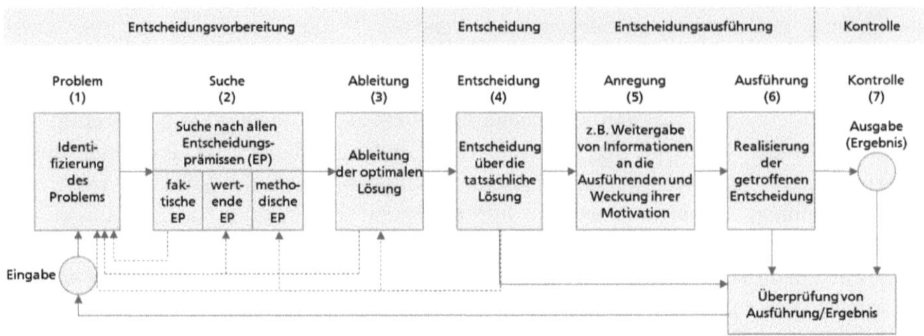

Abbildung 26: Grundmodell des Entscheidungsprozesses
(Quelle: Pfohl/Braun (1981), S. 105).

Entscheidungsprozesse erfordern in der Regel eine übergreifende Koordination, da häufig Interdependenzen mit anderen Entscheidungen vorliegen. Mögliche Interdependenzen sind der *Restriktionsverbund* (eine Entscheidung beeinträchtigt das Entscheidungsfeld einer anderen Entscheidung, bzw. engt dieses ein), *Erfolgsverbund* (der Erfolg einer Entscheidung ist von anderen Entscheidungen abhängig), *Risikoverbund* und *Bewertungsverbund*. Die beiden letztgenannten sind für das SCRM von besonderem Interesse: Ein *Risikoverbund* liegt vor, wenn die Erfolge unterschiedlicher Entscheidungen voneinander abhängen.[571] Ein Beispiel wäre die Entscheidung für eine Single-Sourcing-Konzept im Supply-Chain-Management mit einer parallelen Entscheidung für das Sourcing aus einer besonders risikobehafteten Region, die im Einkauf getroffen wird. Auch wenn keine stochastische Abhängigkeit zwischen Risiken vorliegt, kann aus Risikogesichtspunkten eine übergreifende Entscheidungskoordination erforderlich sein. Ob eine riskante Entscheidung in einem Bereich in Kauf genommen wird, hängt von dem Risiko ab, welches mit anderen Entscheidungen bereits eingegangen wird.[572] Es handelt sich um einen *Bewertungsverbund* – die Parallelen zum Ziel der Ausbalancierung des Risikoportfolios des SCRM sind offensichtlich.

3.3.2 Entscheidungen im Supply-Chain-Risikomanagement

Entscheidungen werden im Rahmen der vorliegenden Arbeit aus zwei Perspektiven betrachtet: Zum einen bildet die Entscheidung über die Ausgestaltung das SCRM den Kern dieser Arbeit, da sie eine Antwort auf *Forschungsfrage 4* zur idealen Gestaltung des SCRM geben soll. Die grundlegenden Gedanken zu dem die Forschung leitenden entscheidungslogischen Ansatz werden in Kapitel 3.3.2.1 beschrieben. Als zweiter Aspekt spielen Risiko-induzierende Entscheidungen im SCRM eine zentrale Rolle, da es gilt, diese Entscheidungen im Rahmen des SCRM zu unterstützen. Kapitel 3.3.2.2 gibt einen Überblick über solche risiko-induzierenden Entscheidungen.

[571] Vgl. Laux u. a. (2014), S. 8ff.

[572] Vgl. Laux u. a. (2014), S. 8ff.

3.3.2.1 Grundmodell des entscheidungslogischen Ansatzes

Der entscheidungslogische Ansatz baut auf der präskriptiven Entscheidungstheorie auf und soll die Optimierung von Entscheidungsprozessen unterstützen.[573] Wird das Problem der SCRM-Gestaltung als Entscheidungsproblem aufgefasst, kann der entscheidungslogische Ansatz dabei helfen, die Ausgangssituation, mögliche Gestaltungsalternativen und Gestaltungsziele zu strukturieren und für das resultierende Entscheidungsproblem ein Modell zur formaltheoretischen Lösung bereitzustellen. Die Stärken des entscheidungslogischen Ansatzes liegen in der mit ihm vorgenommenen Komplexitätsreduktion und in seiner Funktion als Formulierungs- und Argumentationshilfe.[574]

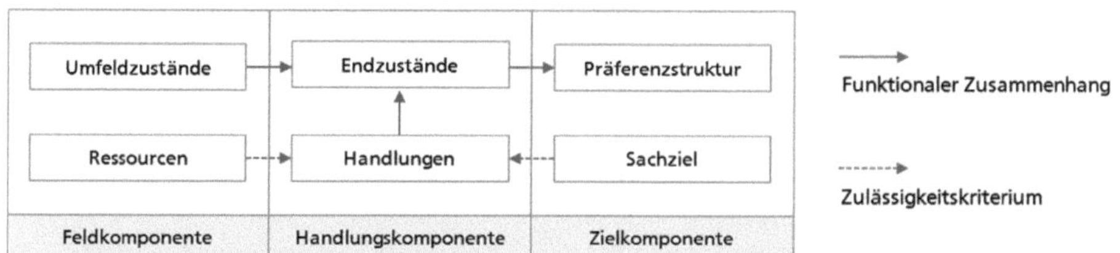

Abbildung 27: Der Entscheidungslogische Ansatz (Quelle: Frese/Graumann/Theuvsen (2012), S. 117)

Im Rahmen der Gestaltung des SCRM sind Entscheidungen zu treffen, deren Voraussetzung (wie in Abbildung 27 dargestellt) Informationsgewinnungs- und Informationsverarbeitungs-akte bilden, die sich wiederum auf die *Feld-, Handlungs- und Zielkomponente* des Entscheidungsfeldes beziehen.[575] Die Feldkomponente umfasst gestaltungsrelevante Umfeldzustände und Ressourcen.[576] *Umfeldzustände* liegen aus Sicht eines Unternehmens in der Supply Chain bzw. im Supply-Chain-Umfeld und somit außerhalb des Dispositionsbereichs von Entscheidungseinheiten innerhalb des Unternehmens. Ressourcen in Form von Personal, Verbrauchs- und Betriebsstoffen sind hingegen Teil des Eingriffssystems und liegen im disponierbaren Bereich der Feldkomponente. Da Gestaltungsentscheidungen allerdings vorhandene Ressourcenkapazitäten berücksichtigen müssen, determinieren sie genauso wie auch Umfeldzustände die Zulässigkeit von Handlungen. Die *Handlungskomponente* umfasst mögliche, von Umfeld und Ressourcen beschränkte Handlungsalternativen sowie Endzustände als Handlungsergebnis. Aufgrund beschränkter Informationskapazitäten sind Handlungsergebnisse nur beschränkt prognostizierbar. Die *Zielkomponente* umfasst das Sachziel und die Präferenzstruktur von Entscheidern. In der vorliegenden Arbeit wird das Sachziel durch die in Kapitel 3.2.4.2 formulierten SCRM-Ziele determiniert. Allerdings sind bei der SCRM-Gestaltung ggf. auch individuelle Risikopräferenzen der das SCRM gestaltenden Entscheider zu berücksichtigen. Die hier skizzierten Bestandteile des entscheidungslogischen Grundmodells bilden die Grundlage für das in Kapitel 4.4.3 zu entwickelnde Konzept zur Auswahl effizienter SCRM-Systeme.

---

573 Vgl. Bea/Göbel (2010), S. 114.

574 Vgl. Kieser/Segler (1981), S. 132.

575 Vgl. Frese (1980), Sp. 207; Frese/Graumann/Theuvsen (2012), S. 113.

576 Vgl. hierzu in im Folgenden die analogen Ausführungen von Gallus (2011), S. 108f.

3.3.2.2 Risikoinduzierende Entscheidungen des Supply Chain Managements

Bereits in Kapitel 3.1.2 wurde gezeigt, dass Entscheidungen die Risikosituation eines Unternehmens beeinflussen. Der direkte Zusammenhang zwischen Supply-Chain-Risiken und den Prozessen des Supply Chain Managements wurde in Kapitel 3.2.2.2 anhand des SCOR-Modells hergestellt. Im Rahmen der in der vorliegenden Arbeit eingenommenen Unionist-Perspektive umfasst das Supply Chain Management vielfältige Entscheidungen unterschiedlichster Funktionsbereiche wie der Beschaffungslogistik, dem Einkauf, der Materialwirtschaft, der Produktion oder der Distribution,[577] die somit auch in den Handlungsraum des SCRM rücken. Da zwischen diesen Funktionsbereichen aufgrund erfolgter Segmentierungs- und Strukturierungsentscheidungen[578] oftmals Entscheidungsinterdependenzen auftreten,[579] werden zudem der Risiko- und der Bewertungsverbund von Entscheidungen zum Gegenstand von SCRM-Betrachtungen und verlangen nach einer interdisziplinären Sichtweise.

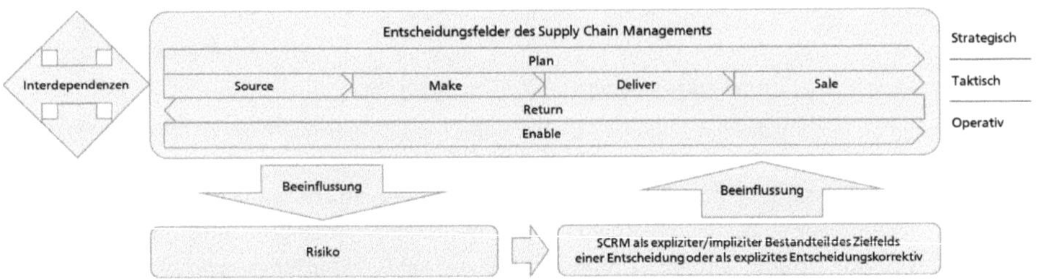

Abbildung 28: Risikoinduzierende Prozesse des Supply Chain Managements

Mit den in Abbildung 28 dargestellen und aus dem SCOR-Modell abgeleiteten Entscheidungsfeldern[580] rücken mit Unsicherheit behaftete[581] langfristige (strategische), mittelfristige (taktische) und kurzfristige (operative) SCM-Entscheidungen in den Fokus des SCRM.[582] Langfristige Entscheidungen beziehen sich in der Regel auf das Supply-Chain-Design und die Supply-Chain-Struktur und umfassen u.a. die Auswahl von Lieferanten, die Definition von Beschaffungskonzepten und die Festlegung der Standorte der Produktions- und Logistikinfrastruktur. Mittelfristige Entscheidungen umfassen Mengen und Zeiten von

---

577 Vgl. bspw. Poluha (2014), S. 135f.

578 Vgl. hierzu Kapitel 3.6.1.

579 Vgl. bspw. Frese/Graumann/Theuvsen (2012), S. 112f.; Rühl u. a. (2013), S. 11.

580 In Anlehnung an die Supply-Chain-Planning-Matrix von Rohde/Meyr/Wagner (2000) wurde der Sales-Prozess ergänzt, da er über das Demand-Fulfilment und das Demand-Planning ebenfalls ein zentrales Entscheidungsfeld des SCM darstellt (vgl. Rohde/Meyr/Wagner (2000), S. 10; Vgl. hierzu auch Knolmayer (2009), S. 24f.).

581 In Anlehnung an Kapitel 3.1.4 sind im Risikomanagement solche Entscheidung von besonderer Relevanz, die von der Norm abweichen. Entweder, da sie umfangreiche Auswirkungen nach sich ziehen (wirkungsbezogene Definition des Risikobegriffs) oder da sie im Rahmen besonders großer Unsicherheit getroffen werden (ursachenbezogene Definition des Risikobegriffs).

582 Vgl. zur Typisierung von Entscheidungen nach ihrer Reichweite Berndt/Altobelli/Schuster (1998), S. 134; Werder (2005), S. 264. Domschke/Scholl (2005), S. 28f.; Klein/Scholl (2011), S. 19f.

Güterflüssen sowie die Ressourcen(einsatz)planung für einen Zeitraum mehrerer Monate.[583] Kurzfristige Entscheidungen haben einen Planungshorizont von wenigen Tagen bis zu mehreren Monaten. Da auf dieser Ebene genaue Anweisungen zur Ausführung in der Supply Chain formuliert werden, ist im Rahmen der Entscheidungsfindung ein hoher Detailgrad und eine hohe Exaktheit notwendig.[584] In den Fokus des SCRM rücken auf den unterschiedlichen Entscheidungsebenen insbesondere Nicht-Routine-Entscheidungen, da sie mit besonders großer Unsicherheit behaftet[585] und in der Regel wenig strukturiert[586] sind. Die schlechte Strukturiertheit äußert sich durch mangelnde Informationen über Ursache-Wirkungsbeziehungen, nicht quantifizierbare Zustände, unbekannte oder mehrdimensionale Zielgrößen sowie einen Mangel an exakten Lösungsverfahren. Die geschilderten Zustände werden in der Entscheidungstheorie auch als *Wirkungsdefekt*, *Bewertungsdefekt*, *Zielsetzungsdefekt* und *Lösungsdefekt* bezeichnet. [587]

Für das SCRM lassen sich aus entscheidungs- und systemtheoretischer Sicht zwei Wirkungsweisen unterscheiden: Das SCRM kann entweder auf den unterschiedlichen Entscheidungsebenen in der Form eines Regelkreises[588] als explizites Korrektiv wirken und im Falle entscheidungsinduzierter Risiken die Entwicklung von Gegenmaßnahmen einleiten. In diesem Falle wird von einem Management im Sinne der Kybernetik erster Ordnung ausgegangen, das SCM-Entscheidungen durch äußere Einwirkung beeinflusst. Das SCRM kann Entscheidungen allerdings auch durch die implizite oder explizite Berücksichtigung von Risikozielen im Rahmen jedweder Supply-Chain-Entscheidung auf unterschiedlichen Entscheidungsebenen beeinflussen.[589] In diesem Falle wird von einem Management im Sinne der Kybernetik zweiter Ordnung ausgegangen, bei welchem jede Einheit selbst Verantwortung für das SCRM übernimmt. Aufgrund der Schwierigkeit der Berücksichtigung sämtlicher Risikoziele im Rahmen jeder Entscheidung empfehlen Bogaschewsky/Müller/Altmann (2009) einen Ansatz unter Zuhilfenahme externer Regelung. Hieraus resultiert ein iteratives Vorgehen, bei welchem nach erfolgter Planung als Entscheidungsvorbereitung der Planungsstand auf mögliche Risiken untersucht und ggf. Anpassungen bzw. erneute Planungsschritte vorgenommen werden.[590]

---

583 Vgl. Fleischmann/Meyr/Wagner (2008), S. 82.

584 Vgl. Fleischmann/Meyr/Wagner (2008), S. 82.

585 Vgl. Duncan (1974), S. 708ff.; Frese (1992b), S. 168-170; bungenstock (1995), S. 49f.; Kratzheller (1997), S. 81f.

586 Vgl. Romeike/Erben (2002), S. 554; Erben/Romeike (2003), S. 50; Klein/Scholl (2011), S. 54ff.; Aufgrund der hohen, zunehmenden Komplexität und Dynamik von Supply Chains ist davon auszugehen, dass dies im besonderen Maße auch für das Supply-Chain-Risikomanagement gilt. Anhaltspunkte hierfür liefern Bleicher (1995), S. 26; Kienzle (2000), S. 30f.; Karimi/Somers/Gupta (2004), S. 175.

587 Vgl. Adam (1996b), S. 315. Vgl. auch Erben/Romeike (2003), S. 51ff.; Klein/Scholl (2011), S. 51.

588 Siehe hierzu Kapitel 3.2.1.2 zum kybernetischen Regelkreis in der Systemtheorie.

589 Vgl. Schubert (2004), S. 86ff. Unsicherheit ist bei allen (Supply-Chain-bezogenen) Entscheidungen im Unternehmen zu berücksichtigen (vgl. Domschke/Scholl (2005), S. 25.Götze/Mikus (2007), S. 16).

590 Vgl. Bogaschewsky/Müller/Altmann (2009), S. 219. Ziegenbein (2007) sieht zudem die Planungsebene (als Entscheidungsvorbereitung) selbst als Risikoquelle, da eine ungenaue Planung (bspw. aufgrund unzureichender Informationen über zukünftige Nachfrage) oder eine ungeeignete Planung (bspw.

3.4 Informationen im SCRM und Definition des SCRM als Informationssystem

Über das Informationsfeld bilden Informationen einen zentralen Bestandteil der Entscheidungstheorie. Das Ziel des SCRM zu Verbesserung des Informationsstands verdeutlicht zudem die Bedeutung von Informationen für die vorliegende Arbeit. Nachdem im Folgenden in Kapitel 3.4.1 relevante informationstheoretische Grundlagen vermittelt werden, setzt sich Kapitel 3.4.2 mit der Rolle des Unternehmens als Informationssystem auseinander. In Kapitel 3.4.3 werden die gewonnenen Erkenntnisse schließlich auf das SCRM-System als Subsystem des Supply Chain Managements übertragen.

3.4.1 Informationstheoretische Grundlagen

„Informationstheoretisch bedeutet Unsicherheit das Gegenteil von Information (...)“.[591] Mit dieser Aussage und der Abkehr von der Annahme *vollständiger Information* rückte das Problem der Informationsbereitstellung verstärkt in den Mittelpunkt der wissenschaftlichen Betrachtung. *„Informationen bilden die Grundlage für Entscheidungen und sind damit wesentlicher Produktionsfaktor im betrieblichen Leistungsprozess.“*[592] Aufgrund der stetig zunehmenden Informationsmenge stellt die Versorgung von Entscheidungsträgern mit den richtigen Informationen die größte Herausforderung der Informationswirtschaft dar.[593] Neben der Diskussion des Informationsbegriffs in Kapitel 3.4.1.1 sollen daher in Kapitel 3.4.1.2 auch mögliche Informationsstände von Entscheidungsträgern beleuchtet werden. Mit dem Informationswert wird anschließend in Kapitel 3.4.1.3 ein Konzept zur Bewertung von Entscheidungen zur Informationsbeschaffung beleuchtet.[594] Kapitel 3.4.2 rundet die Darstellung des Informations-Begriffs ab, indem es das Unternehmen als Informationsverarbeitungssystem einführt.

3.4.1.1 Informationen, Daten, Wissen und Informationsqualität

Der Begriff Information wurde mit dem ursachenbezogenen Risikobegriff bereits in Kapitel 3.1.2 eingeführt. Zur Schärfung des Begriffsverständnisses sind die Begriffe *Daten*, *Informationen* und *Wissen* voneinander abzugrenzen.[595] Hierzu ist folgendes Zitat von

---

aufgrund fehlerhafter oder falsch angewendeter Planungsmethoden) selbst ein Risiko darstellen können (vgl. Ziegenbein (2007), S. 26).

591 Schreyögg (1994) unter Verweis auf Duncan (1972), S. 317.

592 Krcmar (2015), S. 113.

593 Vgl. Krcmar (2015), S. 115.

594 Im Rahmen von Informationsprozessen sind Informationsentscheidungen zu treffen. Eine Entscheidungsunterstützung liefert hierbei der Informationswert (vgl. Niggemann (1973), S. 11, 24).

595 Siehe für entsprechende Abgrenzungen in der Literatur bspw. bei Rechenberg (2003), S. 325; Bäppler (2009), S. 9ff.; Loh (2009), S. 12f.; Brodersen/Pfüller (2013), S. 65f. Im Vergleich zu physikalischen Gütern besitzen Informationen die Eigenschaften der Immaterialität und Mehrfachnutzbarkeit und können mit hoher Geschwindigkeit transportiert werden. Informationen sind keine freien Güter. Sie stiften beim Verwender einen Nutzen, wobei der Wert von Informationen vom Kontext und der zeitlichen Verwendung abhängt. Der Wert lässt sich durch das Hinzufügen, Selektieren, Konkretisieren und Weglassen verändern. Informationen können anhand der Informationsqualität unterschieden werden. (vgl. Buxmann (2001), S. 24f.; Krcmar (2015), S. 14ff.) In ihren Anfängen stützte sich die Informationstheorie (im engeren Sinn) auf die Ansätze von Shannon (1948), der einen rein

Denning (2001) sehr hilfreich: *„Information liegt auf der Grenze zwischen den Fähigkeiten von Maschinen und den Fähigkeiten von Menschen. Daten liegen auf der Maschinenseite, Wissen liegt auf der menschlichen, Information überlappt beide.“*[596] Bei Daten handelt es sich um Ketten aus syntaktisch definierten und geordneten Zeichen.[597] Um Daten in Informationen zu überführen, müssen sie im Rahmen ihres Bedeutungskontexts bzw. innerhalb des Systems, indem sie Geltung besitzen, interpretiert werden.[598] Die Qualität von Daten erhält erst durch die Verwertung durch ein Subjekt Bedeutung.[599] Aus der Immaterialität von Daten und Informationen resultiert die Notwendigkeit von Daten-/Informationsträgern zur Sichtbar-machung der Informationsinhalte.[600]

Im Gegensatz zu Informationen und Daten wurde der Wissens-Begriff in der Literatur bislang nur unzureichend betrachtet.[601] In der betriebswirtschaftlichen Informationstheorie wird unter Informationen *entscheidungsorientiertes Wissen* verstanden, welches sich immer auf eine konkrete Entscheidungssituation bezieht.[602] In der Informationstheorie wird Wissen damit auch mit dem Begriff des *Wissenskosmos* referenziert und als allgemeine *Abbildung der Welt* interpretiert.[603] Wissen ist damit ein Rohstoff, der mittels Transformation und Bewertung einem Veredelungsprozess unterzogen wird. Die Umwandlung von Wissen in Information schafft einen *informationellen Mehrwert*.[604] Hingegen kommt dem Wissensbegriff im Kontext des Wissensmanagements eine andere Bedeutung zu: Hier wird aus Informationen *„(…) Wissen durch Einbindung in einen zweiten Kontext von Relevanzen.“*[605] Dieser *„zweite Kontext von Relevanzen“* bezieht sich auf in einem System gespeicherte Erfahrungsmuster, die die Verknüpfung neu erlangter und bereits besessener Informationen gestatten.[606] North (2011) sieht folglich *Informationen als Rohstoffe*, aus denen Wissen generiert wird.[607] Nach dieser Auffassung kann Wissen nicht informa-

---

syntaktischen, irreführenden Informationsbegriff verwendete der in den auf die Erstveröffentlichung folgenden Jahrzenten zu einer vermeintlichen Messbarkeit der Information und weiteren Fehlinterpretationen führte (vgl. Rechenberg (2003), S. 317ff.).

596 Denning (2001) zitiert nach Rechenberg (2003), S. 325.

597 Vgl. Kuhlen (1994), S. 39; North (2011), S. 36.

598 Vgl. Bodendorf (2006), S. 1; Sabherwal/Becerra-Fernandez (2010), S. 5f.; North (2011), S. 37;

599 Vgl. Loh (2009), S. 12.

600 Vgl. Wacker (1971), S. 39.

601 Vgl. Noeske (1999), S. 16; Bodendorf (2006), S. 1; Bäppler (2009), S. 9. Einen Überblick über Definitionen des Wissens-Begriffs gibt Bäppler (2009), S. 11f.

602 Vgl. Witte (1972), S. 4f.; Mag (1977), S. 5.

603 Vgl. Noeske (1999), S. 16; Wacker (1971), S. 39.

604 Vgl. Kuhlen (1994), S. 34.

605 Hartlieb (2013), S. 41.

606 Vgl. Brodersen/Pfüller (2013), S. 66.

607 Vgl. North (2011), S. 37. Der Aufbau von Wissen erfolgt schrittweise, entweder über Assimilation neuer Aspekte oder über Akkomodation des vorhandenen Wissens an neue Aspekte. Neues kann assimiliert werden, wenn aufgrund des bestehenden Wissens eine Einordnung möglich ist. Fehlt die Möglichkeit der Einordnung, muss der Mensch allmählich über Akkomodation neue Strukturen entwickeln, die ihm dann eine Einordnung gestatten (vgl. Scholl (1992), Sp. 903).

tionstechnisch gespeichert und nur in Form von Informationen und Daten übertragen werden.[608] Vom Empfänger werden Informationen anschließend wieder in Wissen übersetzt,[609] Wissen ist daher, wie in Abbildung 29 dargestellt, oft nur dezentral vorhanden.[610]

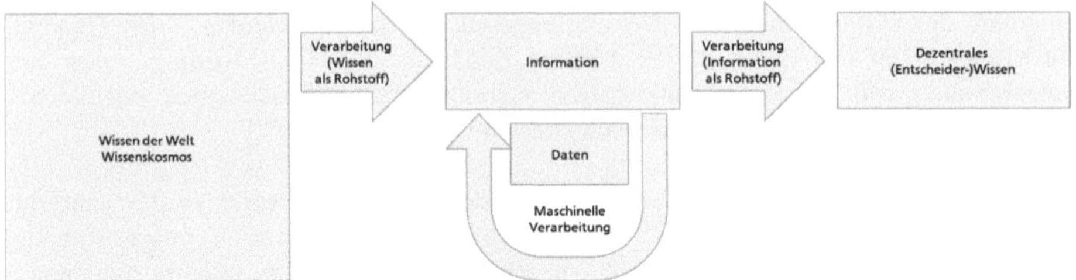

Abbildung 29: Daten, Information, Wissen

Zusammenfassend handelt es sich bei Informationen um zweckorientiertes Wissen zur Verwendung in bestimmten Entscheidungssituationen. Informationen beziehen sich zudem in der Regel auf betriebsrelevante Variablen und sind sach-, personen- und zeitbezogen.[611] Ob Entscheider die ihnen bereitgestellten Informationen verwenden, hängt auch von der Informationsqualität ab.[612] Kampker (2003) identifiziert insgesamt fünf relevante und objektiv messbare Kriterien zur Bewertung von Informationsqualität,[613] die sich weitestgehend mit anderen Ausführungen zur Informationsqualität decken:[614]

- *Korrektheit*: Übereinstimmung zwischen Informationen und dem Real-Zustand. Bewertung über definierte Sollwerte und Toleranzbereiche.
- *Aktualität*: Tatsächliche Abbildung der Ist-Situation.
- *Inhaltliche Konsistenz*: Alle zur Verfügung stehenden Informationen sind konsistent, d.h. sie stehen nicht im Widerspruch zueinander.

---

608 Vgl. Krishnan S. Anand (1997), S. 1610.; Brodersen/Pfüller (2013), S. 66.

609 Vgl. Lehner (2012), S. 54.

610 Vgl. Krishnan (1997), S. 1610. Dies führt zur weiteren Unterscheidung in objektives Wissen, das in Dokumenten und mittels informationstechnischer Instrumente festgehalten wird, und subjektives, personenbezogenes Wissen. (vgl. Stock (2007), S. 34). Wissen kann nur gespeichert werden, wenn von einem informationswissenschaftlichen Wissensbegriff ausgegangen wird. Der betriebswirtschaftliche Wissensbegriff verneint die Speicherbarkeit von Wissen mittels informationstechnischer Instrumente (vgl. Loh (2009), S. 14). Ferner ist zwischen explizitem Wissen, das ohne weiteres bspw. auf sprachlichem Wege als Information weitergegeben werden kann und implizitem Wissen, das sich nicht ohne Reduktions- bzw. Abstraktionsprozesse weitergegeben lässt, zu unterscheiden (Lehner (2012) S. 57f.).

611 Vgl. Niggemann (1973), S. 17.

612 Vgl. Wermers (2000), S. 4. Es existieren gerade im Supply-Chain-Kontext viele unterschiedliche Ansätze zur Messung von Informationsqualität (vgl. Zhou/Benton (2007), S. 1351).

613 Vgl. Kampker (2003), S. 18f.

614 Vgl. Zhou/Benton (2007), S. 1357.

- *Relevanz*: Bewertung der Notwendigkeit der Information durch den betreffenden Entscheider. Die Relevanz einer Information steigt u.a. mit der Häufigkeit ihres Abrufs.
- *Vollständigkeit*: Breite, in welcher die Realität durch die Information wiedergegeben wird.

Zhou/Benton Jr. (2007) erweitern die Merkmale der Informationsqualität um *Fähigkeiten der Organisation, mit den Informationen umgehen zu können*. Die Informationsqualität wird daher auch durch die interne und externe Vernetztheit eines Unternehmens sowie adäquate (technische) Zugriffsmöglichkeiten positiv beeinflusst.[615]

3.4.1.2 Informationsstand in Entscheidungssituationen

Offensichtlich kann ein Entscheider nicht das gesamte Wissen des *Wissenskosmos* über die Verarbeitung von Informationen erfassen. Zur Lösung eines Entscheidungsproblems entsteht damit ein Informationsbedarf, der durch das vorhandene (Vor-)Wissen, die Intuition sowie die individuellen Risikopräferenzen des Entscheiders determiniert wird.[616] Das Vorwissen erlaubt es Entscheidern, Probleme und ggf. zusätzliche Informationen zur Problemlösung einzuordnen. Intuitionen bezeichnen Wertungen bzw. Einschätzungen, die unbewusst ablaufen und auf einem verborgenen, impliziten Wissen aufbauen. Sie ermöglichen ein tieferes Verständnis einer Situation und führen zu schnellen, reflexartigen Handlungen, wie sie auf Basis bewusster Gedankenprozesse nicht umsetzbar wären.[617] Risikoaverse Entscheider haben im Gegensatz zu risikofreudigen Entscheidern einen höheren Informationsbedarf, da sie sich aus zusätzlichen Informationen eine erhöhte Sicherheit der Entscheidung versprechen.[618]

Auch wenn in Kapitel 3.1.2 die ursachenbezogene Definition des Risikobegriffes am Unsicherheitsbegriff der Entscheidungstheorie angelehnt wurde, ist für ein besseres Verständnis der Rolle von Informationen im SCRM eine weitere Differenzierung notwendig. Der Unsicherheitsbegriff der Entscheidungstheorie basiert auf einem wahrscheinlichkeitstheoretischen Paradigma, und trägt damit der bereits in Kapitel 3.4.1.1 adressierten Subjektivität des Wissens eines Individuums bzgl. des Zustands eines beobachteten Phänomens bzw. Systems nur ungenügend Rechnung.[619] In der Informationstheorie wird die resultierende Unsicherheit einer Entscheidungssituation daher als direkte Folge der Unvollkommenheit der zur Verfügung stehenden Informationen beschrieben. Zur Unvollkommenheit tragen, wie in Abbildung 30 gezeigt, die *Unsicherheit*, die *Mehrdeutigkeit* und die *Unvollständigkeit* von Informationen bei. [620]

---

615 Vgl. Zhou/Benton Jr. (2007), S. 1357.

616 Vgl. Vroom/Yetton (1973), S. 23f.; Roth (1976), S. 19f.; Müller (1992), S. 197f.

617 Vgl. Khatri/Ng (2000), S. 62; Dane/Pratt (2007), S. 40.

618 Vgl. Klein/Scholl (2011), S. 454.

619 Vgl. Zimmermann (2000), S. 191f.; Winter (2011), S. 46f.

620 Zimmermann (2000) sieht als Ursprung unvollkommener Informationen das Fehlen von Informationen, die Komplexität, die Divergenz, die Mehrdeutigkeit, die Messbarkeit und die Subjektivität (vgl.

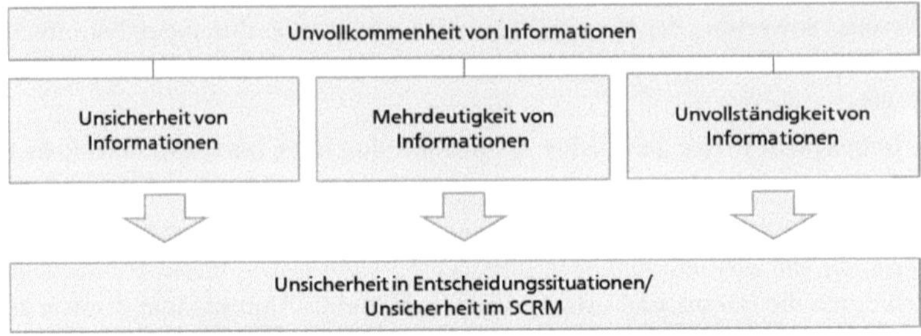

Abbildung 30: Vergleich des informationswirtschaftlichen und betriebswirtschaftlichen Unsicherheitsbegriffs aus der Risikoforschung

Der *Unsicherheitsaspekt* geht unmittelbar aus der Zukunftsgerichtetheit unternehmerischer Entscheidungen hervor, die aufgrund der zu berücksichtigenden Zeit-Dimension oftmals auf Basis von Prognosen und Schätzungen getroffen werden müssen.[621] Entscheidungen werden daher auf Basis unsicherer Informationen getroffen, die allerdings mit objektiven Wahrscheinlichkeiten oder Wahrscheinlichkeitsabschätzungen im Sinne subjektiver Wahrscheinlichkeiten belegt werden können.[622] Von der hier beschriebenen informationellen Unsicherheit ist die *Mehrdeutigkeit*[623] als nichtstochastische Informationsbeschränkung abzugrenzen.[624] Mehrdeutigkeit liegt dann vor, wenn Interpretationsspielräume bzgl. der vorliegenden Informationen bestehen. Der Grund hierfür kann in einem mangelnden Problemverständnis liegen, gegebenenfalls auch, weil einem Entscheider der Problemkontext nicht geläufig ist.[625] Die Mehrdeutigkeit von Informationen lässt sich daher nicht durch eine schlichte Erhöhung der Informationsmenge verringern. Vielmehr sind bei der Informationsbereitstellung die richtige Form der Informationsdarstellung und das Vor-

---

Zimmermann (2000), S. 191f.). Zur Reduktion der Komplexität bleibt die vorliegende Betrachtung auf die häufig in der informationstheoretischen Literatur genannten Konstrukte beschränkt (vgl. Bildingmaier (1970), S. 97; Wacker (1971), S. 52f.; Niggemann (1973), S. 16).

621 Vgl. Mag (1981), S. 478f.; Schweitzer (1994), S. 35; Blum/Gleißner (2007), S. 113; Bamberg/Coenenberg/Krapp (2012), S. 76.

622 Vgl. Wright/Ayton (1994), S. 165; Blum/Gleißner (2007), S. 113; Bamberg/Coenenberg/Krapp (2012), S. 76f., 127. In Anlehnung an Rinne (2008) sind die subjektive, die objektive Prior- sowie die objektive Posteriorwahrscheinlichkeit zu unterscheiden. Die subjektive Wahrscheinlichkeit bezieht sich auf die Einschätzung einer Person bzgl. der Realisierung eines Zufallsereignisses. Die Prior-Wahrscheinlichkeit (auch Laplace-Wahrscheinlichkeit) ergibt sich als Quotient günstiger Fälle und der Anzahl möglicher Fälle. Die objektive Posterior-Wahrscheinlichkeit ergibt sich schließlich als Quotient von Versuchsausgängen mit einem positiven Ergebnis und der Anzahl der Versuchswiederholungen (vgl. Rinne (2008), S. 179). Die oftmals fehlende Wiederholbarkeit von Entscheidungen bzw. Situationen im Unternehmen macht die subjektive Schätzung von Wahrscheinlichkeiten erforderlich (vgl. Perridon/Steiner (2003), S. 100f.).

623 Es wird auch von der *Ambiguität* von Entscheidungssituationen, *äquivokem Wissen, Vagueheit* oder *sematischer Unbestimmtheit* gesprochen (vgl. Linke/Nussbaumer/Portmann (2004), S. 166f; Borgelt/Kruse (2001), S. 6; Gresse (2010), S. 56 Kowalczyk/Buxmann (2014), S. 290).

624 Vgl. Winter (2011), S. 51.

625 Vgl. Daft/Lengel (1986), S. 554, S. 557; Sandkuhl (2008), S. 47; Kowalczyk/Buxmann (2014), S. 290.

wissen des Entscheiders zu berücksichtigen.[626] Die dritte Komponente unvollkommener Informationen, die *Unvollständigkeit*, bezieht sich auf das Vorhandensein einer mengenmäßigen Informationslücke und damit auf das Fehlen von Teilinformationen.[627]

Für die Lösung eines Entscheidungsproblems versuchen Entscheider einen bestmöglichen *Informationsstand* zu erreichen. Der Informationsstand steht in engem Zusammenhang mit der *Menge erfassbarer* bzw. *verfügbarer Informationen*, dem *Informationsangebot*, dem *objektiven* und dem *subjektiven Informationsbedarf* sowie der *Informationsnachfrage* [628] Die Menge *erfassbarer Informationen* bezeichnet alle Informationen, die zur Lösung eines Entscheidungsproblems erhoben werden können. Sie ist ungleich der theoretischen Gesamtmenge aller Informationen, da sich, wie bereits oben skizziert, bspw. statistische Wahrscheinlichkeiten nicht in jedem Falle erheben lassen [629] und ggf. nicht alle notwendigen Methoden und Instrumente zur Informationsverarbeitung zur Verfügung stehen.[630] *Verfügbare Informationen* sind die Teilmenge der erfassbaren Informationen, die innerhalb des betrachteten Systems – bspw. mit Hilfe von Informationstechnologie – zur Verfügung stehen.[631] Das *Informationsangebot* ergibt sich aus den dem Entscheidungsträger zu einer bestimmten Zeit und zu einem bestimmten Ort zur Verfügung stehenden Informationen und schränkt so die Menge der insgesamt zur Verfügung stehenden Informationen weiter ein. [632] Dem Informationsangebot steht der *Informationsbedarf* gegenüber, der die Informationen umfasst, die ein Entscheider zur Lösung eines Entscheidungsproblems benötigt. [633] Während der *objektive Informationsbedarf* die tatsächlich zur Erfüllung einer Aufgabe erforderlichen Informationen beschreibt, bezeichnet der *subjektive Informationsbedarf* die aus subjektiver Sicht des Entscheidungsträgers notwendigen Informationen.[634] Die *Informationsnachfrage* basiert auf dem subjektiven Informationsbedarf und der Nachfrage, die der Entscheider kommunizieren kann. [635] Aufgrund unscharfer Formulierung kann die informationsnachfrage auch zusätzliche Elemente außerhalb der Menge des subjektiven Informationsbedarfs enthalten.[636]

---

626 Vgl. Daft/Lengel (1986), S. 554;

627 Vgl. Niggemann (1973), S. 16.

628 Vgl. Teichmann (1971), S. 134f.

629 Vgl. Pfohl (1977), S. 27ff.; Hujer/Cremer (1977), S. 19; Laux u.a. (2012), S. 285ff.

630 Vgl. Simon (1997), S. 93-95.

631 Im Unternehmen sind diese Informationen auf verschiedene Abteilungen und Speicherorte verteilt. Aufgrund technischer Hürden können sie dem Entscheider nur teilweise in Form des Informationsangebots zur Verfügung gestellt werden (vgl. Gansor/Totok/Stock (2010), S. 14-18).

632 Vgl. Mayer (1999), S. 166.

633 Vgl. Picot/Reichwald/Wigand (2008), S. 68. Der Informationsbedarf kann über die Art, Menge und Beschaffenheit von Informationen präzisiert werden (vgl. Taschner (2012), S. 17ff.).

634 Vgl. Krcmar (2015), S. 59f.

635 Vgl. Simpson (1997), S. 9; Krcmar (2015), S. 61; Weber/Schäffer (2011), S. 86f.

636 Vgl. Strauch (2002), S. 70; Navrade (2008), S. 71.

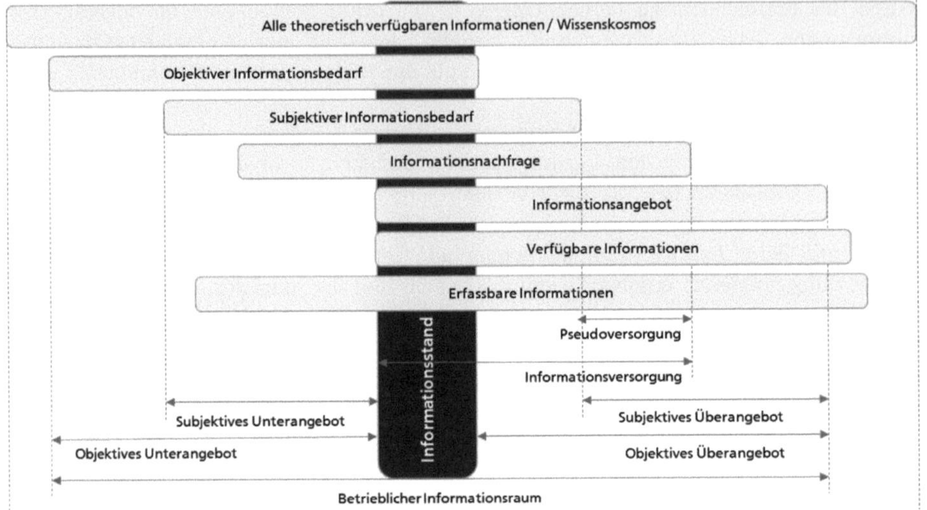

Abbildung 31: Informationen in Entscheidungssituationen (Quelle: In Anlehnung an Strauch (2002), S. 70, mit Veränderungen aus Thomas (2015), S. 102 und eigenen Veränderungen)

Der *Informationsstand* ergibt sich, wie in Abbildung 31 dargestellt, als Schnittmenge zwischen den Teilinformationsmengen *Informationsangebot* und *objektiver Informationsbedarf.*[637] Aus den Abweichungen der Informationsmengen ergeben sich *subjektive* und *objektive Über-* bzw. *Unterangebote* an Informationen.[638] Gründe für ein objektives Unterangebot von Informationen werden im Rahmen informations- und organisationstheoretischer Überlegungen im Bereich der Informationspathologien verortet. Aus diesem Grund findet in Kapitel 4.1 eine nähere Auseinandersetzung mit solchen Informationspathologien statt. Zur Optimierung des Informationsstands, sind Informationsbedarfsanalysen durchzuführen.[639]

3.4.1.3 Informationsnutzen, Informationskosten und Informationswert

Durch Anpassungen des Informationssystems des Unternehmens, beispielsweise durch Einführung neuer IT-Systeme, lässt sich insbesondere der Informationsstand von Entscheidern verbessern und somit die Unsicherheit in Entscheidungssituationen

---

637 Der Informationsstand kann aber auch oder als Quotient aus dem *Informationsangebot* und dem *objektiven* bzw. *subjektiven Informationsbedarf* dargestellt werden (vgl. Wittmann (1959), S. 25; Picot (1989), S. 5; Strauch (2002), S. 70).

638 Vgl. Navrade (2008), S. 72.

639 Vgl. Hillebrand (2002), S. 46. Es sind subjektive, objektive und gemischte Verfahren zu unterscheiden: Während im Rahmen subjektiver Verfahren ausgehend von der Informationsnachfrage einzelner Entscheider auf den allgemeinen Informationsbedarf geschlossen wird, kann der Informationsbedarf auch objektiv aus den bestehenden Aufgaben, Prozessen und Strategien abgeleitet werden. Gemischte Verfahren kombinieren beide Ansätze, indem bspw. eine Prozess- oder Input-Output-Analyse die Grundlage für die strukturierte Befragung von Mitarbeitern bildet (vgl. Krcmar (2015), S. 62ff.).

reduzieren.[640] Unter Beachtung der Wirtschaftlichkeitsziele eines Unternehmens bzw. im vorliegenden Fall der in Kapitel 3.2.4.2 skizzierten Wirtschaftlichkeitsziele des SCRM ist bei Entscheidungen über die Informationsbeschaffung der *Informationswert* als Differenz aus *Informationsnutzen* und *-kosten* zu berücksichtigen.[641] Ein informationsökonomisches Optimum des Informationsangebotes in Entscheidungssituationen liegt vor, wenn der Grenznutzen den Grenzkosten zusätzlicher Informationen entspricht.[642] Aus dem Problem der Bestimmung des Informationswerts ergibt sich unmittelbar die Frage nach der Bestimmung der Informationskosten und des Informationsnutzens.

Informationskosten lassen sich (zumindest theoretisch) objektiv und absolut berechnen und können Kosten der internen und externen Informationsbereitstellung umfassen. Externe Informationskosten lassen sich in der Regel leicht ermitteln, da sie meist zu einem festgelegten Preis von einem externen Dienstleister beschafft werden. Schwieriger gestaltet sich die Bestimmung von Informationskosten, wenn Stellen innerhalb des Unternehmens die Aufgabe der Informationsbereitstellung ganz oder teilweise übernehmen und sich Informationskosten folglich als Gemeinkosten oder Eh-da-Kosten niederschlagen.[643]

Die Ermittlung des Informationsnutzens gestaltet sich weitaus schwieriger als die Ermittlung der Informationskosten.[644] Probleme bei der Informationsbewertung ergeben sich unmittelbar aus der Natur von Informationen: Neu beschaffte Informationen bilden oft nur eine Teilmenge der für eine Entscheidung herangezogenen Informationen, zudem werden auf Basis beschaffter Information ggf. unterschiedliche Entscheidungen gefällt. Damit ergibt sich ein *„Zurechnungsproblem“*[645] bei der Bestimmung des individuellen Informationsnutzens.[646] Aufgrund der Probleme bei der Bestimmung des Informationsnutzens werden Informationen oft aufgrund der aus der Verbesserung des Informationsstands (Informationsfeld) induzierten erhofften Verbesserung des Entscheidungsergebnisses bewertet.[647] Eine zentrale Rolle spielt hierbei die *Entscheidungsflexibilität*, als Möglichkeit

---

640 Es kann davon ausgegangen werden, dass sich zusätzlich erhobene Informationen niemals negativ auf den Ausgang zu treffender Entscheidungen auswirken: *„(...) there is no damage in information (...)“* (Marschak (1974), S. 201).

641 Vgl. Niggemann (1973), S. 27; Kappler (1975), S. 98; Müller (1992), S. 51; Ragowsky/Ahituv/Neumann (1996), S. 98.

642 Vgl. Simon (1959), S. 270f.; Harrison (1975), S. 29-31.

643 Vgl. Wild (1973), S. 619f., 622f.; Kappler (1975), S. 97f.; Weidner (2013), S. 12.

644 Für unterschiedliche Ansätze zur Ermittlung des Informationsnutzens Vgl. bspw. Marschak (1971), S. 198ff.; Mock (1971), S. 770f.; Stephens (2001), S. 128f.; Ragowsky/Ahituv/Neumann (1996), S. 91.

645 Wild (1971), S. 333.

646 Vgl. Pastoors (1965), S. 183; Nieden (1972), S. 499; Höflinger (1975), S. 101.

647 Vgl. Klein/Scholl (2011), S. 454; Krcmar (2015), S. 91f. Da der Informationsnutzen von der Art der Informationsverwendung abhängt, kann er nur vom die Informationen verwendenden Entscheider bestimmt werden. Der Nutzen von Informationen wird also ggf. erst nach der Ausführung einer Entscheidung deutlich, frühestens allerdings mit dem Erhalt der Information (vgl. Kappler (1975), S. 100; Müller (1992), S. 51; Klein/Scholl (2011), S. 454; Buxmann (2001), S. 24f.; Krcmar (2015), S. 14ff.) Letzteres führt zu dem Dilemma, dass Informationen erst dann bewertet werden können, wenn die Kosten für deren Beschaffung bereits aufgewendet wurden (vgl. Wild (1971), S. 333).

des Entscheidungsträgers, sich Vorteile durch die Anpassung von Entscheidungen im Falle neu gewonnener Informationen zu sichern.[648] Unterschieden wird *Entscheidungsflexibilität* in *Zielsetzungsfelxibilität, Erfolgsflexibilität* und *Aktionsflexibilität. Zielsetzungsflexibilität* bezieht sich auf die Möglichkeit der Veränderung von Zielvariablen im Falle neuer Umfeldbedingungen.[649] *Erfolgsflexibilität* oder auch Erfolgselastizität bezieht sich auf die Sensitivität von Entscheidungsfeldern. Der *Aktionsflexibilität* (auch Dispositionsflexibilität) kommt schließlich im Rahmen der vorliegenden informationstheoretischen Betrachtung die wichtigste Bedeutung zu, da sie sich auf die Freiheitsgrade eines Entscheiders zur Reaktion auf potenzielle Umfeldereignisse bezieht. [650] Der Nutzen und Wert zusätzlicher Informationen stehen damit in direktem Verhältnis zu den potenziell auf Basis dieser Informationen treffbaren Entscheidungen. Je größer die Aktionsflexibilität desto höher ist auch der Nutzen von beschafften Informationen.[651] Bei der Ermittlung des Informationsnutzens ist der abnehmende Grenznutzen von Informationen zu berücksichtigen, da der zusätzliche Nutzen von Ergänzungs- oder Randinformationen begrenzt ist. [652] Ragowsky/Ahituv/Neumann (1996) identifizieren zwei Faktoren, die den Informationsnutzen beeinflussen: Dies sind der *Grad der Unsicherheit* unter dem Entscheidungen getroffen werden sowie die Auswirkungen einer zu treffenden Entscheidung.[653]

3.4.2 Das Unternehmen als Informationssystem

Die vorigen Kapitel haben die Bedeutung von Informationen für Unternehmen und die sich durch Unsicherheit, Mehrdeutigkeit und Unvollkommenheit ergebenden Herausforderungen verdeutlicht. Aufgrund der dynamischen und komplexen Umwelt, der Unternehmen ausgesetzt sind, müssen sie die Verarbeitung von Informationen aus unternehmensinternen- und externen Quellen ermöglichen. [654] In Anlehnung an Lawrence/Lorsch (1986) schreiben Staehle/Conrad/Sydow (1999): *„Um die geplanten Transaktionen mit der Umwelt erfolgreich durchführen zu können, benötigt jede Organisation rechtzeitig möglichst exakte Informationen über ihre Umwelt und vor allem über ihre Umweltveränderungen."* [655] Und Kortzfleisch (1973) bemerkt: *„(...) denn nur, wenn der Informationsfluß intakt ist, kann eine Organisation zielgerichtet in Gang gesetzt und in Gang gehalten werden. Jede Organisation (und damit jedes Unternehmen) ‚lebt' gleichsam von Informationen."*[656]

---

648 Vgl. Marschak/Nelson (1962), S. 78.

649 Die Ziele des SCRM sollen in Anlehnung an die Ausführungen in Kapitel 3.2.4.2 als fixiert wahrgenommen werden. Zielflexibilität wird daher im weiteren Verlauf der Arbeitet nicht weiter betrachtet.

650 Vgl. Meffert (1969), S. 779-800; Niggemann (1973), S. 79.

651 Vgl. Niggemann (1973), S. 91f.

652 Vgl. Wenzel (1975), S. 6f.; Bamberg/Coenenberg/Krapp (2012), S. 136-140.

653 Vgl. Ragowsky/Ahituv/Neumann (1996), S. 91.

654 Vgl. Tushman/Nadler (1978), S. 614; Choo (1996), S. 329f.

655 Staehle/Conrad/Sydow (1999), S. 470.

656 Kortzfleisch (1973), S. 549f.

Informationen umfassen in diesem Kontext entscheidungsrelevante Kenntnisse zu interessierenden historischen, gegenwärtigen und zukünftigen Aspekten der Realität und bilden den Rohstoff für zu treffende Entscheidungen. Entscheidungsprozesse können daher als teilweise umfeldgerichtete Informationsverarbeitungsprozesse und Organisationen bzw. Unternehmen, in Anlehnung an das in Kapitel 3.2.1.2 skizzierte Systemverständnis, als Informationsverarbeitungssysteme oder schlicht Informationssysteme aufgefasst werden.[657] Das Unternehmen als Informationssystem ermöglicht durch die Erkennung von Veränderungen im System- bzw. Unternehmensumfeld die rechtzeitige Anpassung des Unternehmens. Idealerweise werden hierbei Störungen frühzeitig antizipiert, um eine möglichst zeitnahe Reaktion zu ermöglichen. Zudem entfaltet das Informationssystem innerhalb des Unternehmens eine koordinierende Wirkung.[658] Um diese Aufgaben zu erfüllen, müssen Informationssysteme aus der Gesamtheit des Wissens die zur Bearbeitung der betrieblichen Aufgabe *richtigen Informationen*, zur *richtigen Zeit* am *richtigen Ort* in der *richtigen Menge* und in der *geforderten Informationsqualität* zur Verfügung stellen. Einen zentralen Beitrag hierzu leistet die *Informationslogistik*.[659] Dieses Konzept bezeichnet „*die Planung, Steuerung, Durchführung und Kontrolle der Gesamtheit der Datenflüsse (…) die über eine Betrachtungseinheit hinausgehen, sowie die Speicherung und Aufbereitung dieser Daten.*“[660] Der Begriff der *Betrachtungseinheit* ist hierbei variabel zu sehen und kann bspw. eine Organisationseinheit aber auch ein ganzes Unternehmen umfassen. In der Literatur wird das Bezugsobjekt der Informationslogistik auf analytische Informationen, die die Grundlage für zu treffende Entscheidungen bilden, beschränkt.[661] Die Informationsverarbeitung umfasst in enger Anlehnung an das Konzept der Informationslogistik Tätigkeiten der *Informationsbeschaffung*, *Informationsspeicherung*, *Informationsdistribution*[662] sowie der *Informationsverarbeitung im engeren Sinne* (auch *Informationsproduktion*) und ermöglicht auf Basis dieser Tätigkeiten die *Informationsverwendung* welche ebenfalls als Teil des Informationssystems zu sehen ist.[663] Bezüglich der Informationsverarbeitung im engeren Sinne bzw. der Informationsproduktion lassen sich die Prozesse der *Transmission*, *Translation* und *Transformation* unterscheiden, die *Input-Informationen* in *Output-Informationen* verwandeln. Die *Transmission* dient der identischen Replikation der Input-Informationen in Form von Output-Informationen. Mit der *Translation* bleibt ebenfalls der Inhalt der Input-Informationen erhalten, allerdings wird die Form der Informationen verändert (bspw. Informationsvisualisierung). Durch die *Transformation* werden Input-Informationen in Form und Inhalt durch Kombinations-, Verdichtungs-, Verknüpfungs- und Spezialisierungsvorgänge sowie durch Unterteilen und Schließen verändert.[664]

---

657 Vgl. Greschner/Zahn (1992), S. 9f; Heinrich/Burgholzer (1996), S. 8; Hall/Tolbert (2009), S. 121.

658 Vgl. Katz/Kahn (1978), S. 26, 223; Heinen (1985), S. 24.

659 Vgl. Staneck-Pohl (1997), S. 38; Krcmar (2015), S. 117.

660 Winter u. a. (2008), S. 2.

661 Siehe bspw. Winter u. a. (2008), S. 2f.

662 Auch *Informationsübermittlung* (vgl. Berthel (1975)).

663 Vgl. Wacker (1971), S. 193ff.; Sorg (1982), S. 6.

664 Vgl. Meffert (1975), S. 31f.; Noeske (1999), S. 25f.

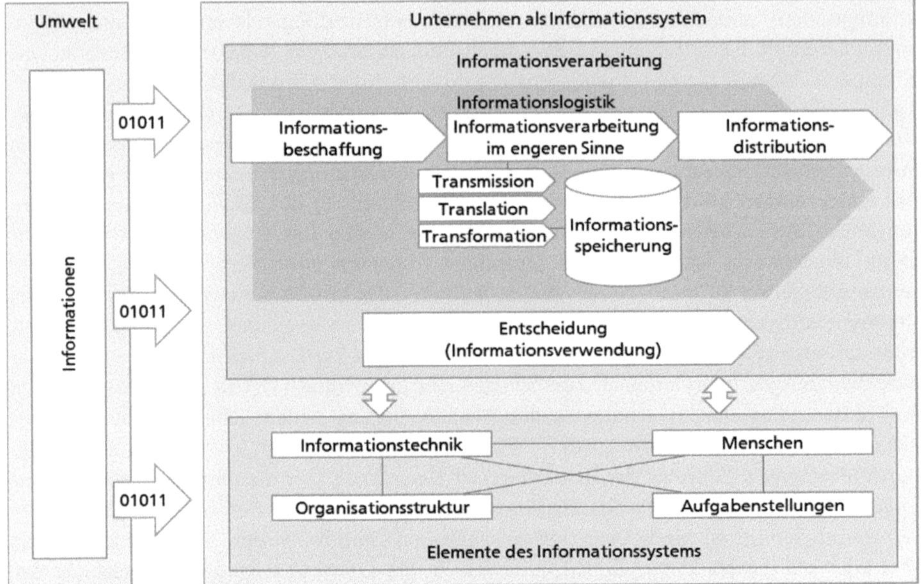

Abbildung 32: Elemente und Prozesse IT-gestützter Informationssysteme
(In Anlehnung an: Leavitt (1965), S. 1145; Berthel (1975), S. 19)

Um die skizzierten Aufgaben der Informationslogistik wahrnehmen zu können, verfügen Unternehmen über leistungsfähige Informationssysteme. Diese setzen sich, wie in Abbildung 32 dargestellt, aus Menschen, unterstützender Informationstechnik[665], der Organisationsstruktur sowie den zu bewältigenden betrieblichen Aufgabenstellungen zusammensetzt.[666] Eine Verbesserung der Leistungsfähigkeit des Informationssystems im Hinblick auf die zu lösende Aufgabenstellung ist theoretisch über die Variation einer der Systemvariablen *Mensch*, *Technik* oder *Organisation* zu erreichen. Allerdings hat bereits Leavitt (1965) die umfangreichen und bei der Systemgestaltung zu berücksichtigenden Interdependenzen der Systemvariablen erkannt.[667] Zudem sind bei der Systemgestaltung die Wechselwirkungen zwischen System und Systemumfeld zu berücksichtigen,[668] denn eine zunehmende Komplexität des Systemumfelds erhöht die Komplexität der Informationen, denen Systeme – im vorliegenden Falle Unternehmen – ausgesetzt sind.[669]

---

665 Hervorzuheben ist die bedeutende Rolle der Informationstechnik bei der Informationsverarbeitung als Transmission, Translation und Transformation von Input-Informationen in Output-Informationen (vgl. Meffert (1975), S. 31f.; Noeske (1999), S. 25f.).

666 Vgl. Tushman/Nadler (1978), S. 614; Choo (1996), S. 331; Dietrich (2007), S. 35f.

667 Vgl. Leavitt (1965), S. 1145; Leavitt (1978), S. 329ff.

668 Vgl. Luhmann (2011), S. 34ff.

669 Vgl. Espejo/Watt (1988), S. 8. Wesentlich detaillierter wird auf den Zusammenhang zwischen Informationssystem und Systemumfeld in Kapitel 4.1.4 eingegangen.

Die Wirkweise der hier dargestellten Systemelemente lässt sich anschaulich an den Erkenntnissen von Espejo/Watt (1988) verdeutlichen. Die Autoren identifizieren drei Ebenen, mit deren Hilfe Informationssysteme die Informationsgewinnung aus dem Unternehmensumfeld steuern und somit eine imformationelle Überforderung von in der Organisation tätigen Menschen mittels Dämpfung vermeiden und die Weitergabe relevanter Informationen verstärken können. Hierzu zählen die *Organisationstrukturen*, die *Kommunikation* als Wechselwirkung zwischen Menschen im Unternehmen sowie die *Kognition* als Problemwahrnehmung der Menschen im Unternehmen. Die *Organisationsstruktur* fungiert als Linse, über die Menschen im Unternehmen nur einen Ausschnitt der realen Welt wahrnehmen. Sie definiert sowohl den Aktionsraum eines Entscheiders und hierüber seinen Informationsbedarf, gleichzeitig aber – über die Bereitstellung von Informationskanälen – auch das Informationsangebot. Dämpfung und Verstärkung lassen sich durch die Anpassung der Organisationsstrukturen beeinflussen.[670] Auch die Art der *Kommunikation* im Unternehmen, die von vorhandenen Organisationsstrukturen beeinflusst wird, kann sich dämpfend bzw. verstärkend auswirken. Anpassungen lassen sich über die Kommunikation unterstützende Maßnahmen erreichen.[671] In Bezug auf die Kognition sprechen Espejo/Watt (1988) von einem *„Manager-Task-Fit"*. Wie bereits weiter oben skizziert, beeinflussen das Vorwissen und die hiermit in Zusammenhang stehenden kognitiven Fähigkeiten eines Menschen seinen Umgang mit neuen Informationen. Anpassungen können entweder über die Verbesserung der kognitiven Fähigkeiten oder durch *„verschieben"* des Menschen innerhalb der Organisationsstruktur in einen Aktionsraum mit anderen Anforderungen erreicht werden. Informationstechnik kann die hier skizzierte Informationssteuerung auf allen Ebenen unterstützen.[672]

3.4.3 Das SCRM als Informationssystem

In Anlehnung an die Systemtheorie wurden Unternehmen bislang als Systeme vorgestellt, die als Subsysteme in die Supply Chain und das Supply-Chain-Umfeld eingebettet sind. Je nach Abstraktionsebene kann allerdings auch von einem Unternehmen als Supersystem gesprochen werden, das sich wiederum aus einer Vielzahl von Subsystemen konstituiert.[673] Die Untergliederung von Unternehmen in Subsysteme kann *„nach grundsätzlich beliebigen Kriterien"* [674] erfolgen. So ist zum einen das bereits weiter oben skizzierte Informationssystem als Subsystem eines Unternehmens zu verstehen, eine Unterteilung kann aber auch anhand der Funktionsbereiche eines Unternehmens erfolgen.[675] In Anlehnung an dieses Systemverständnis ist ein *Supply-Chain-Risikomanagement-System* (SCRM-System) als Subsystem des Supply-Chain-Management-Systems zu verstehen, welches wiederum ein Subsystem des Unternehmens darstellt. Aufgrund der großen Bedeutung, die der Aufgabe der Verbesserung des Informationsstandes im SCRM zukommt,

---

670 Vgl. Espejo/Watt (1988), S. 10f.

671 Vgl. Espejo/Watt (1988), S. 11f.

672 Vgl. Espejo/Watt (1988), S. 12f.

673 Vgl. Katz/Kahn (1978), S. 17ff.

674 Heinen (1985), S. 20.

675 Vgl. Heinen (1985), S. 2ff.; Grozdanovic (2007), S. 61f.

wird das SCRM-System im Folgenden aus der Perspektive eines Informationssystems betrachtet. Bevor in Kapitel 3.4.3.3 eine erste Konzeptualisierung des in der vorliegenden Arbeit betrachteten SCRM-Systems erfolgt, setzt sich Kapitel 3.4.3.1 mit Früherkennungssystemen als möglichem Bestandteil eines SCRM-Systems auseinander.[676]

3.4.3.1 Exkurs: Das Früherkennungssystem als Subsystem des Unternehmens

Früherkennung und Früherkennungssysteme sind schon wesentlich länger Teil der wissenschaftlichen Diskussion als das SCRM.[677] Aus diesem Grunde sollen an dieser Stelle für die Konzeption eines SCRM-Systems relevante Aspekte von Früherkennungssystemen vorgestellt werden. Risikoeintritte bzw. Unternehmenskrisen deuten sich meist schon im Rahmen einer Inkubationszeit durch Warnsignale an. Solche Warnsignale werden allerdings oft nicht bemerkt oder finden nur ungenügende Beachtung.[678]Als Antwort auf dieser Defizite der Informationsverarbeitung sind Früherkennungssysteme[679] zu verstehen. Früherkennung bezeichnet die rechtzeitige Identifikation von bereits latent vorhandenen Chancen und Risiken, die es einem Unternehmen gestattet, entsprechende Maßnahmen zur Nutzung der Chancen und Handhabung der Risiken frühzeitig einzuleiten. [680] Früherkennungssysteme sollen unter Verwendung *„(...) schon heute verfügbarer Informationen möglichst früh, möglichst präzise (und) möglichst nachvollziehbar die Zukunft einer für das Unternehmen relevanten Variable (...)"*[681] vorhersagen. Der Begriff des Früherkennungssystems bezieht sich auf einen Teil des Informationssystems eines Unternehmens, welches möglichst frühzeitig potentiell relevante Informationen zur Verfügung stellen soll.[682] Es können die in Abbildung 33 dargestellten vier Generationen der Früherkennung unterschieden werden, denen jeweils andere Arten von Früherkennungsinformationen zugrunde liegen.

---

676 Vgl. hierzu analog auch Moder (2008), S. 26ff. der in enger Anlehnung an das hier skizzierte Systemverständnis ein Supply Frühwarnsystem entwickelt.

677 Vgl. hierzu bspw. Ansoff (1976); Wiedmann (1984); Zurlino (1995); Kienzle (2000); Gleißner/Füser (2000); Weigand/Buchner (2000); Bergamin (2002); Gehra (2005); Moder (2008).

678 Vgl. Turner/Pidgeon (1997), S. 196f.; Gresse (2010), S. 67. Gründe für eine ungenügende Berücksichtigung von Warnsignalen werden in der Literatur unter dem Begriff der Informationspathologien zusammengefasst und werden in Kapitel 4.1 näher beschrieben

679 Analog werden, teilweise auch unter weitergehender begrifflicher Abgrenzung, die Begriffe Frühwarnsystem, Frühaufklärungssystem und Prognosesystem verwendet. In der vorliegenden Arbeit wird keine begriffliche Unterscheidung vorgenommen (vgl. Gleißner/Füser (2000), S. 933).

680 Vgl. Zurlino (1995), S. 22; Kienzle (2000), S. 83ff.; Moder (2008), S. 106.

681 Gleißner/Füser (2000), S. 933.

682 Vgl. Weigand/Buchner (2000), S. 10.

Früherkennungsgeneration	Früherkennungsinformationen	Planungshorizont/ Verwendungszweck
1. Generation	Kennzahlen	Operative Früherkennung
2. Generation	Frühindikatoren	↕
3. Generation	Schwache Signale	Strategische Früherkennung
4. Generation	Integrierte Ansätze	Operative & Strategische Früherkennung

Abbildung 33: Generationen der Früherkennung
(Quelle: In Anlehnung an Kienzle (2000), S. 86 sowie Schneider (2011), S. 49)

Die kennzahlenorientierte Früherkennung soll potentielle Risiken als Veränderungen außerhalb der Norm mit Hilfe eines Soll-Ist-Vergleichs ermitteln.[683] Im Rahmen einer eigenorientierten Früherkennung werden Kennzahlen basierend auf innerhalb des eigenen Unternehmens erhobenen Informationen ermittelt.[684] Eine zukunftsgerichtete Interpretation der Kennzahlen wird durch statistische Zeitreihenanalysen, organisationseinheitenübergreifende Vergleiche mit normprägenden Einheiten sowie unternehmensübergreifende Vergleiche in Form von Betriebsvergleichen oder Benchmarking ermöglicht.[685] Mit der fremdorientierten Früherkennung werden Kennzahlen bzgl. des Unternehmensumfelds aus externen Quellen, wie bspw. Cashflow/Fremdkapital von Supply-Chain-Partnern, gebildet und deren mögliche Auswirkungen auf das eigene Unternehmen berücksichtigt.[686] Kritisiert wird die kennzahlenorientierte Früherkennung wegen der fehlenden Berücksichtigung von Risiken entgegengesetzten Chancen und dem ex-Post-Analysecharakter der auch zur Bezeichnung als *„Spätindikatoren“*[687] führt.[688] Hierbei wird unzutreffender Weise eine Strukturkonstanz bzw. Zeitstabilität von Ursache-Wirkungsbeziehungen postuliert. Zudem ignoriert der Kennzahlenansatz durch die Fokussierung auf wenige, meist unternehmensinterne Merkmale, wichtige Faktoren aus dem Unternehmensumfeld.[689] Aufgrund dieser Schwächen wurde Ende der 70er Jahre mit der zweiten Generation von Früherkennungssystemen ein indikatorbasiertes Konzept der Früherkennung eingeführt, das neben quantitativen auch qualitative Informationen berücksichtigt.[690] Die hierbei verwendeten Frühindikatoren können aufgrund ihrer kausalen oder sachlogischen Beziehung mit risiko- und chancenrelevanten Variablen mögliche

---

683 Vgl. Krystek/Müller-Stewens (1993), S. 9.

684 Vgl. Hahn (1983), S. 39; Krystek (1987), S. 87.

685 Vgl. Müller-Merbach (1979), S. 157ff.; Wildemann (1984), S. 70; Krystek/Müller-Stewens (1993), S. 45f.; Kienzle (2000), S. 88.

686 Vgl. Müller-Merbach (1979), S. 426f.; Hahn (1983), S. 28; Krystek/Müller-Stewens (1993), S. 143. Zu dieser ersten Früherkennungsgeneration zählt auch die dem Controlling entlehnte hochrechnungsorientierte Früherkennung, bei der Ist-Größen zu einem Periodenende hochgerechnet und mit Plangrößen verglichen werden (vgl. Wild (1982), S. 44; Klausmann (1983), S. 41; Hasselberg (1989), S. 104ff.; Kienzle (2000), S. 92.

687 Vgl. Kühn/Winterling (1991), S. 40.

688 Vgl. Krystek/Müller-Stewens (1993), S. 56; Kienzle (2000), S. 89.

689 Vgl. Kienzle (2000), S. 87, 91; Schubert (2004), S. 206.

690 Vgl. Krystek/Müller-Stewens (1993), S. 20.

Veränderungen bereits vor ihrer Sichtbarkeit anzeigen.[691] Damit ergibt sich durch indikatorgestützte Ansätze im Vergleich zur kennzahlenbasierten Früherkennung ein bedeutender zeitlicher Vorteil.[692] Allerdings setzt auch der Indikatoransatz Zeitstabilität voraus und kann daher keine Strukturbrüche oder neuartige Entwicklungsmuster erfassen, weshalb Krystek/Müller (1999) auch von *„einer Art Frühwarnillusion“*[693] sprechen.[694] Von der Prämisse der Strukturstabilität rücken die durch Ansoff (1976) begründeten (strategischen) Frühwarnsysteme der dritten Generation ab, die davon ausgehen, dass auch Strukturbrüche bzw. Diskontinuitäten nicht vollkommen unvorhergesehen auftreten. Hierbei wird das Betrachtungsfeld um eine permanente, ungerichtete Umfeldbeobachtung erweitert. Nach Ansoff (1976) kündigen sich Diskontinuitäten über *Schwache Signale*[695] bereits vor dem eigentlichen Ereignis an, wodurch Unternehmen, die solche Signale suchen und finden, einen Zeitvorteil und eine Erweiterung ihres Handlungsfelds erfahren.[696] Der Prozess beginnt mit einem Scanning zur Ortung schwacher Signale. Sind diese gefunden, werden sie im Rahmen des Monitoring weiter beobachtet und auf ihre Relevanz geprüft.[697] Hervorgehoben wird der explorative Charakter der dritten Früherkennungsgeneration, der die Informationsgewinnung als Ausgangspunkt weiterführender Entscheidungen versteht. Hierbei muss der Zeitpunkt der Reaktion auf schwache Signale sorgfältig gewählt werden, da sich der Entscheidungsraum von Unternehmen mit zunehmender zeitlicher Annäherung an das Ereignis einengt.[698] Hierdurch soll keine Überreaktion von Unternehmen sondern eine Sensibilisierung und die Förderung des Problembewusstseins sowie des Vordenkens möglicher Lösungsansätze im Frühstadium einer Diskontinuität erzielt werden.[699] Die Basisaufgaben strategischer Frühaufklärung können Tabelle 7 entnommen werden.

Die Hindernisse der auf schwachen Signalen beruhenden Früherkennung liegen in einer mangelnden Informationsverarbeitung, die wiederum in einer mangelnden Operationalisierbarkeit des Konzepts begründet ist. Kritik an dem Konzept von Ansoff wird aufgrund einer mangelnden Begriffserläuterung von schwachen Signalen, der fehlenden Methoden-

---

691 Vgl. Hahn/Krystek (1979), S. 21f.; Fasse (1995), S. 123.

692 Vgl. Bergamin (2002), S. 123.

693 Krystek/Müller (1999), S. 180.

694 Vgl. Bergamin (2002), S. 126; Kienzle (2000), S. 104.

695 Als Schwache Signale bezeichnet Ansoff „imprecise early indicators about impending impactful events“ (Ansoff (1976), S. 20).

696 Schwache Signale zeichnen sich durch ihren schlecht strukturierten Informationsinhalt und einen geringen Diffusionsgrad aus. Ansoff unterscheidet in Abhängigkeit zur Intensität eines schwachen Signals als abgestufte Reaktionsmaßnahmen die weitere Beobachtung, die Steigerung der Flexibilität sowie die unmittelbare Reaktion. Vgl. Ansoff (1976), S. 133; Krystek/Müller (1999), S. 181.

697 Vgl. Krystek/Müller (1999), S. 181. Es können drei Varianten des Scanning unterschieden werden: Periodisches Scanning, kontinuierliches Scanning (für hochkritische Problemfelder) und außerplanmäßiges Scanning (im Falle bereits aufgetretener Krisen) (vgl. Hazebrouk (1998), S. 72).

698 Vgl. Bergamin (2002), S. 133.

699 Vgl. Klausmann (1983), S. 44;

unterstützung sowie einer mangelnden Beschreibung von Suchorten und Suchzeiten geübt. Somit fehlt es an konkreten Handlungsanweisungen zur Implementierung.[700]

Tabelle 7: Basisaktivitäten der strategischen Früherkennung (Quelle: Krystek/Müller-Stewens (1993), S. 175)

	Ungerichtete Suche	Gerichtete Suche	
Informal	Das Abtasten nach (schwachen) Signalen **außerhalb** der Domäne ohne festen Themenbezug	Das Abtasten nach (schwachen) Signalen **innerhalb** der Domäne ohne festen Themenbezug	Scanning
Formal	Das Abtasten nach (schwachen) Signalen **außerhalb** der Domäne mit einem speziellen Themenbezug	Das Abtasten nach (schwachen) Signalen **innerhalb** der Domäne mit einem speziellen Themenbezug	Scanning
Formal	Die Beobachtung und vertiefende Suche nach Informationen **außerhalb** der Domäne mit speziellem Themenbezug eines bereits identifizierten Signals	Die Beobachtung und vertiefende Suche nach Informationen **innerhalb** der Domäne mit speziellem Themenbezug eines bereits identifizierten Signals	Monitoring

Aufgegriffen wird diese Problematik mit der vierten Generation der Früherkennung, die als *integrative Früherkennung* operative und strategische Informationen erfasst und die ersten Früherkennungsgenerationen in ein ganzheitliches Modell integrieren soll.[701] Auf strategischer Ebene werden Informationen durch ein *Scanning* zunächst als schwache Signale erfasst. Das Scanning dient dem Aufspüren neuartiger Phänomene und umfasst die Vorstrukturierung von Analysefeldern und die Bildung eines Vorverständnisses bzgl. potentieller zukünftiger Entwicklungen. Im Rahmen des parallel ablaufenden Monitorings werden Analysefelder weiter segmentiert und selektiert, mit dem Ziel spezifische Indikatoren für ausgewählte Überwachungssegmente zu bilden und laufend zu überwachen. Mit zunehmender Konkretisierung lassen sich Ursache-Wirkungsbeziehungen analysieren und die Indikatoren in stabile Hochrechnungen bzw. Prognosen überführen.[702] Kritisiert werden Früherkennungssysteme jedoch auch heute noch wegen der Schwierigkeit, Diskontinuitäten überhaupt im oft auf Erfahrungsmustern aufbauenden Scanning-Prozess zu erfassen, die Problematik der strukturierten Ablage gewonnener Informationen, der mangelnden Methoden und Instrumente zur Analyse der vorliegenden Informationen, der fehlenden Einbindung in den Entscheidungsprozess sowie der mangelnden Wirtschaftlichkeit. Forschung und Praxis begegneten dieser Kritik allerdings in den letzten Jahren mit der Entwicklung integrierter Entscheidungsunterstützungssysteme und neuer Methoden und Instrumente zur integrierten Informationsverarbeitung.[703] Einen wichtigen Stellenwert nehmen hierbei Methoden ein, die in der Lage sind, bekannte und unbekannte Muster in großen Datenbeständen zu erkennen. Hierzu zählen u.a. Data Mining, Text

[700] Vgl. Kienzle (2000), S. 111.

[701] Vgl. Gehra (2005), S. 21f.; Reich (2003), S. 101.

[702] Vgl. Kienzle (2000), S. 205; Weigand/Buchner (2000), S. 19; Schubert (2004), S. 210ff.Gehra (2005), S. 22f.

[703] Vgl. Gehra (2005), S. 23ff.

Mining, Geo Mining sowie künstliche neuronale Netze.[704] Im Rahmen des SCRM sollen Risiken möglichst früh aufgedeckt und eine Prognose von Risikoauswirkungen ermöglicht werden. Die Früherkennung liefert hierzu einen wesentlichen Beitrag durch die frühzeitige Beschaffung von Informationen zu potenziell gefährdenden Risiken und Schadensereignissen und ist somit als elementarer Teil des im Folgenden zu entwickelnden SCRM-Systems zu verstehen.[705]

3.4.3.2 Unsicherheit als Ausgangspunkt für die Informationsverarbeitung durch das SCRM

Aufgrund der schon zu Beginn dieser Arbeit skizzierten Dynamisierung des Unternehmensumfelds und der in Kapitel 3.2.3.1 beschriebenen zunehmenden Komplexität und Abhängigkeit in Supply Chains steigt die Zahl potenziell negativer Systemzustände und der Umfang von Unternehmen zu berücksichtigenden Informationen nimmt zu.[706] Da die Informationsgewinnung jedoch, wie in Kapitel 3.4.1.3 dargelegt, immer mit Kosten einhergeht, fragen Unternehmen die zusätzlich erforderlichen Informationen oftmals nicht nach. Als Konsequenz ergibt sich eine steigende Diskrepanz zwischen objektivem Informationsbedarf und Informationsstand und damit eine zunehmende Unsicherheit in Entscheidungssituationen.[707] Aus diesem Grund ist Unsicherheit zentraler Gegenstand der SCRM-Forschung:[708] Sanchez-Rodrigues/Potter/Naim (2010) sowie Zsidisi/Melnyk/Ragatz (2005) sehen – ähnlich der in Kapitel 3.1.2 vorgenommenen Risikodefinition – Unsicherheit in Supply Chains als eine Situation, in der kein Urteil über die Eintrittswahrscheinlichkeit von Ereignissen abgegeben werden. Lavastre/Gunasekaran/Spalanzani (2014) differenzieren Unsicherheit nach Supply-Chain-endogenen und Supply-Chain-exogenen Unsicherheitsquellen.[709] Vorst/Beulens (2002) nehmen eine weitergehende Differenzierung von Unsicherheitsarten vor und unterscheiden unsichere Situationen, in denen ein Entscheider über seine Ziele im unklaren ist, ungenügende Informationen über die Umwelt besitzt, nicht über ausreichende Informationsverarbeitungskapazitäten verfügt, die Auswirkungen von Entscheidungen nicht vorhersagen kann oder nicht über effektive Steuerungsmaßnahmen verfügt.[710] Allerdings werden schon seit vielen Jahren auch in der betriebs-

---

704 Vgl. Gehra (2005), S. 40ff.

705 Siehe hierzu analog die Ausführungen von Schubert (2004) zur Früherkennung im Kontext des Risikomanagements im Beschaffungsmarketing (vgl. Schubert (2004), S. 213ff.).

706 Vgl. Michael Milgate (2001), S. 108; Bode/Wagner (2015), S. 218-220. Vgl. auch Erben/Romeike (2003), S. 48f. für eine entsprechende systemtheoretische Betrachtung.

707 Vgl. Erben/Romeike (2003), S. 48f..

708 Für Beiträge zur Rolle von Informationen im SCRM siehe insbesondere Harland/Brenchley/Walker (2003); Hendricks/Singhal (2003); Jüttner/Peck/Christopher (2003a); Jüttner (2005a); Craighead u. a. (2007); Lumsden/Mirzabeiki (2008); Braunscheidel/Suresh (2009); Blackhurst/Dunn/Craighead (2011); Jüttner/Maklan (2011); Speier u. a. (2011); Ghadge/Dani/Kalawsky (2012); Gümüş/Ray/Gurnani (2012); Lavastre/Gunasekaran/Spalanzani (2012); Simangunsong/Hendry/Stevenson (2012); Brandon-Jones u. a. (2014); Fujimoto/Park (2014).

709 Vgl. Zsidisi/Melnyk/Ragatz (2005), S. 3403; Sanchez-Rodrigues/Potter/Naim (2010), S. 46; Lavastre/Gunasekaran/Spalanzani (2014), S. 3383.

710 Vgl. Vorst/Beulens (2002), S. 413.

wirtschaftlichen Literatur Konzepte zur Beschreibung von Unsicherheit entwickelt.[711] Von diesen erweist sich insbesondere das von Milliken (1987) auf Basis eines Literaturüberblicks entwickelte und vielfach zitierte[712] Konzept für die vorliegende Arbeit als besonders zweckdienlich. Hiernach lassen sich drei Unsicherheitsarten differenzieren:[713]

1. Unsicherheit bzgl. des Unternehmensumfelds und möglichen Entwicklungen des Unternehmensumfelds
2. Unsicherheit bzgl. Wirkungen von Umfeldveränderungen auf das Unternehmen
3. Unsicherheit bzgl. möglicher Entscheidungsalternativen und deren Auswirkungen

Für die Betrachtung von Supply-Chain-Risiken ist diese Strukturierung besonders hilfreich, da sie Unsicherheit auf drei für das SCRM besonders relevanten Ebenen betrachtet. Durch die Skizzierung der Unsicherheit des Unternehmensumfelds werden vom Unternehmen nicht beeinflussbare Risikoquellen in Form Supply-Chain-exogener und -endogener Unsicherheiten zum Gegenstand des Unsicherheitsbegriffes. Über den zweiten Aspekt wird eine Verbindung zwischen dem nicht beeinflussbaren Unternehmensumfeld und den von einem Entscheider innerhalb des Eingriffssystems beeinflussbaren Teilen von Unternehmen und Supply Chain hergestellt. Der dritte Aspekt berücksichtigt schließlich die Unsicherheit bzgl. Entscheidungsalternativen und deren Auswirkungen und adressiert damit insbesondere die mit der Veränderung der in Kapitel 3.2.3.1 vorgestellten Strukturmerkmale hervorgerufene Unsicherheit. In Anlehnung an die Definition von Milliken (1987) sollen daher im Folgenden die in Abbildung 34 skizzierten Unsicherheitsarten definiert und verwendet werden. So besteht für Entscheider im Kontext des SCRM Unsicherheit bzgl. des Zustandes und der zukünftigen Entwicklung von Supply Chain (2) und Supply-Chain-Umfeld (3). Zudem besteht Unsicherheit bzgl. möglicher im SCRM zur ergreifenden Maßnahmen (1). Gleichzeitig besteht Unsicherheit einerseits bzgl. der Auswirkungen möglicher Supply-Chain- und Umfeldveränderungen (5) sowie andererseits bzgl. der Auswirkungen im Supply-Chain- oder SCRM-Kontext getroffener Entscheidungen (4), die beispielsweise über Strukturveränderungen die Komplexität/Abhängigkeit und damit die Verwundbarkeit der Supply Chain beeinflussen können.

---

[711] Vgl. insbesondere Lawrence/Lorsch (1967), S. 54ff.; Duncan (1972), S. 318f.; Khandwalla (1975), S. 141; Tushman/Nadler (1978), S. 616ff.

[712] Gemäß Recherche via Google-Scholar am 15.02.2016 (vgl. Google Scholar (2015)).

[713] Vgl. hierzu und im Folgenden Milliken (1987), S. 136-138. Eine ähnliche Perspektive nehmen auch Trkman/McCormack (2009), S. 249 für das SCRM ein.

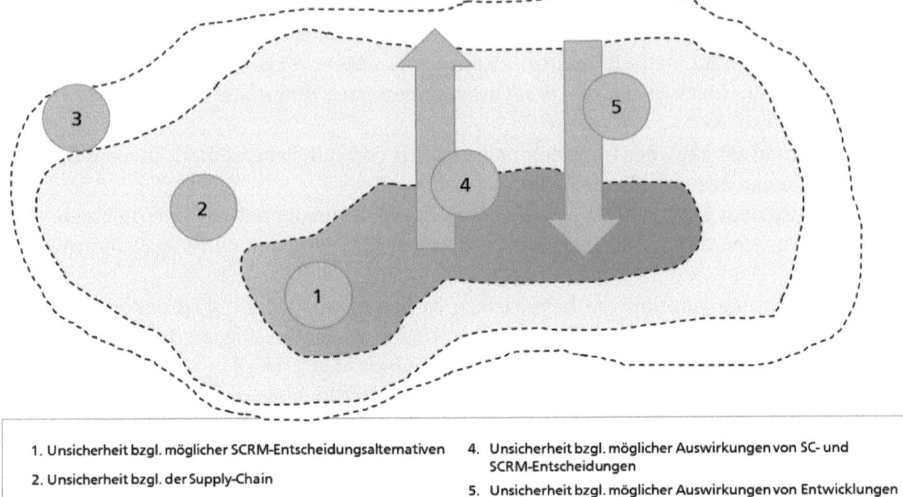

Abbildung 34: Differenzierung relevanter Unsicherheitsarten im SCRM

3.4.3.3 Strukturierte Darstellung und Definition des SCRM-Systems

Mit der Diskussion von Entscheidungen im Kontext dieser Arbeit in Kapitel 3.3.2 wurde die Querschnittsfunktion des SCRM, die Entscheidungen in unterschiedlichen Bereichen des Supply Chain Managements unterstützen soll, verdeutlicht. Vor dem Hintergrund der oben angesprochenen Unsicherheiten in Supply Chains rückt damit die Rolle des SCRM als Informationssystem – mit dem in Kapitel 3.2.4.2 definierten Ziel der Verbesserung des Informationsstands – in den Vordergrund. Im Folgenden wird daher das SCRM-System als Informationssystem verstanden, das ein Subsystem des Supply-Chain-Management-Systems bildet. Die Aufgabe des SCRM-Systems besteht in der Verarbeitung und Bereitstellung von Informationen, die dazu dienen, das Risikoportfolio auszubalancieren und eine Existenzgefährdung zu vermeiden.[714] Beiträge aus der SCRM-Forschung geben in diesem Kontext insbesondere Hinweise darauf, *welche* Informationen durch das SCRM-System in *welcher Art* bereitzustellen sind und *wer* in die Informationsverarbeitung involviert wird.[715]

Die durch das SCRM-System bereitzustellenden Informationsarten müssen die in Kapitel 3.4.3.2 vorgestellten Unsicherheiten reduzieren. Das SCRM-System muss daher neben Informationen zu potenziellen SCRM-Maßnahmen möglichst frühzeitig Informationen zum

---

[714] Vgl. hierzu Kapitel 3.2.4.2. Vgl. auch Romeike/Erben (2002), S. 565f. sowie Gleißner/Romeike (2005) S. 15; Brandon-Jones u. a. (2014), S. 59,63ff..

[715] Vgl. hierzu insbesondere Harland/Brenchley/Walker (2003); Jüttner/Peck/Christopher (2003a); Hendricks/Singhal (2003); Jüttner (2005a); Craighead u. a. (2007); Lumsden/Mirzabeiki (2008); Braunscheidel/Suresh (2009); Blackhurst/Dunn/Craighead (2011); Speier u. a. (2011); Jüttner/Maklan (2011); Gümüş/Ray/Gurnani (2012); Ghadge/Dani/Kalawsky (2012); Simangunsong/Hendry/Stevenson (2012); Lavastre/Gunasekaran/Spalanzani (2012); Brandon-Jones u. a. (2014); Fujimoto/Park (2014).

aktuellen und zukünftigen Status der Supply Chain sowie zum aktuellen und zukünftigen Status des Supply-Chain-Umfelds liefern. Relevante Informationsobjekte sind in Anlehnung an die in Kapitel 3.2.2.1 und 3.2.2.2 skizzierten Risikoebenen und SCOR-Prozesse Elemente des Supply-Chain-Umfelds, Institutionen innerhalb der Supply Chain, Infrastruktur und Ressourcen sowie Prozesse und Wertströme. Zudem muss das SCRM-System potenzielle Auswirkungen von Umfeldveränderungen – in möglichst kurzer Zeit – verdeutlichen können. Neben diesen Anforderungen sind Auswirkungen von in das System eingreifenden Entscheidungen zu verdeutlichen. Diese Anforderungen beziehen sich sowohl auf die Möglichkeit, potenzielle SCRM-Maßnahmen zu bewerten als auch auf die Vorhersage der Auswirkungen potenziell Verwundbarkeits- oder Resilienz-induzierender Entscheidungen in unterschiedlichen Bereichen des Supply Chain Managements.[716] Neben diesen konkreten, Supply-Chain-bezogenen Informationen können durch das SCRM-System zudem Informationen zu SCRM-Best-Practices sowie SCRM-Maßnahmen von Supply-Chain-Partnern bereitgestellt werden.[717] Hierbei wird von einem *Risk-Knowledge-Management* oder *Risikospeicher* gesprochen in dessen Rahmen auch präventive Maßnahmen für das reaktive SCRM festgehalten werden: Zu den relevanten Informationen zählen Business Continuity Pläne, Listen mit Notfall-Ansprechpartnern sowie Listen mit Ersatz-Lieferanten und Ersatz-Dienstleistern.[718] Weitere in einem solchen zentralen Risikospeicher festzuhaltende Informationen sind SCRM-Ziele, Risikokataloge, relevante Ereignisse, Interdependenzen, ergriffene Maßnahmen, Prozesse und Verantwortlichkeiten.[719]

Hinweise auf die Art der Informationsbereitstellung wurden bereits gegeben. So können statische Informationen im Rahmen eines Risk-Knowledge-Managements oder mittels Business- bzw. Supply-Chain-Continuity-Plänen unter Zuhilfenahme von Datenbanken oder Risikospeichern festgehalten werden.[720] Dynamische Informationen werden in Anlehnung an Früherkennungssysteme als Kennzahlen, Indikatoren oder Warnsignale erhoben und bereitgestellt.[721] Kennzahlen sind hierbei verdichtete Informationen zur knappen und konzentrierten Darstellung quantitativ erfassbarer Sachverhalte.[722] Indikatoren stellen vermutete Zusammenhänge auf Basis von Einflussgrößen dar und geben zukunftsgerichtete

[716] Vgl. Blackhurst/Dunn/Craighead (2011), S. 382. Ghadge/Dani/Kalawsky (2012), S. 328; Hopp/Iravani/Liu (2012), S. 26f. Vgl. hierzu auch Milliken (1987), S. 136-138 sowie Zurlino (1995), S. 22.

[717] Vgl. Kleindorfer/Saad (2005), S. 49.

[718] Vgl. Speier u. a. (2011), S. 726; Jüttner/Maklan (2011), S. 249.

[719] Auch *Risikoatlas* oder *Risikoinventar*. Vgl. hierzu Erkenntnisse aus dem allgemeinen Risikomanagement bei Romeike/Erben (2002), S. 577; Gleißner/Romeike (2005) S. 157.

[720] Vgl. Jüttner/Maklan (2011), S. 249; Speier u. a. (2011), S. 726.

[721] Vgl. Blackhurst/Dunn/Craighead (2011), S. 382.

[722] Einzelne, sachlich miteinander in Verbindung stehende Kennzahlen können zu Kennzahlensystemen zusammengeführt werden. Mit steigender Größe eines Unternehmens und einer zunehmenden Anzahl interner und externer Verflechtungen steigt die Bedeutung von Kennzahlensystemen die eine zentrale Beurteilung des Unternehmens nach Innen aber ggf. auch für Außenstehende ermöglichen (vgl. Kienzle (2000), S. 103; Reichmann (2014), S. 24-29; Werner (2014), S. 11f.).

Hinweise auf potenzielle Veränderungen [723] Da sich nicht alle Veränderungen über Indikatoren erfassen lassen, muss das SCRM in seinem Umfeld auch eine ungerichtete Suche nach Warnsignalen implementieren.[724] Während alle Arten der hier genannten dynamischen Informationen durch das SCRM-System beschafft werden, ist davon auszugehen, dass innerhalb des SCRM-Systems mit der Informationsverarbeitung im engeren Sinne eine Verdichtung der Informationen in Form von Kennzahlen und qualitativen Berichten zur besseren Informationsverwendung stattfindet.

Mit der Verringerung der Wertschöpfungstiefe und den sich ergebenden *„deep multi tiered supply chains"* hat in den letzten Jahren der Begriff *Supply Chain Visibility* an Bedeutung gewonnen. Supply Chain Visibility bezeichnet die Reichweite der informatorischen Integration innerhalb der Supply Chain. Nach einigen kritischen Schadensereignissen versuchen Unternehmen, die heute oft nur eine Supply-Chain-Stufe umfassende Supply-Chain-Visibility auf mehrere Stufen auszudehnen.[725] Neben Subsystemen innerhalb des Unternehmens werden daher zunehmend Supply-Chain-Partner wie Lieferanten, Kunden und Logistikdienstleister zu wesentlichen Bestandteilen der Informationsverarbeitung. [726] Hinzu kommen Supply-Chain-externe Akteure und Anspruchsgruppen, die entweder als Informationsversorger oder als Informationsnachfrager auftreten. Bei ersteren handelt es sich um spezialisierte Informationsdienstleister, die ihren Kunden Echtzeitinformationen und statistische Daten zu Supply Chain und Supply-Chain-Umfeld zur Verfügung stellen. Zu letzteren zählen insbesondere Unternehmen der Finanzbranche, Versicherungen und Investoren.[727]

Die Elemente sowie innere und äußere Kopplungen des SCRM-Systems sind in Abbildung 35 skizziert. Die Informationsverarbeitungsleistung wird in diesem System durch ein Zusammenspiel der Aufgabe des SCRM, der SCRM-Organisation, in dieser Organisation tätiger Menschen sowie unterstützender SCRM-IT erbracht. Diese Elemente des SCRM-Systems werden in den folgenden Kapiteln näher beschrieben. Kapitel 3.5 gibt im Folgenden eine an den SCRM-Prozess angelehnte Übersicht über die Aufgaben des SCRM. Da diese Aufgaben immer wieder Schnittstellen zur Informationsverarbeitung aufweisen, wird, wo nötig, der Bezug zum SCRM-System als Informationssystem hergestellt.

---

[723] Für Kennzahlen wird auch im deutschsprachigen Raum der angloamerikanische Begriff Key Performance Indicators (KPI) verwendet. KPI weisen explizit einen engen zukunftsgerichteten Zielbezug auf und werden in Performance Measurement-Systemen zusammengeführt (vgl. Kienzle (2000), S. 103; Reichmann (2014), S. 24-29; Werner (2014), S. 11f.).

[724] Vgl. Kienzle (2000), S. 103; Darkow/Richter (2004), S. 119. Vgl. hierzu auch Braunscheidel/Suresh (2009), S. 136.

[725] Vgl. Svensson (2004), S. 743; Craighead u. a. (2007), S. 147; Blackhurst/Dunn/Craighead (2011), S. 382.; Speier u. a. (2011), S. 726; Gümüş/Ray/Gurnani (2012), S. 2; Sheffi/Lynn (2014), S. 26f.; Fujimoto/Park (2014), S. 432.

[726] Vgl. Speier u. a. (2011), S. 726.

[727] Vgl. Hendricks/Singhal (2003), S. 503; Speier u. a. (2011), S. 726; Jüttner/Maklan (2011), S. 254; Sheffi (2015).

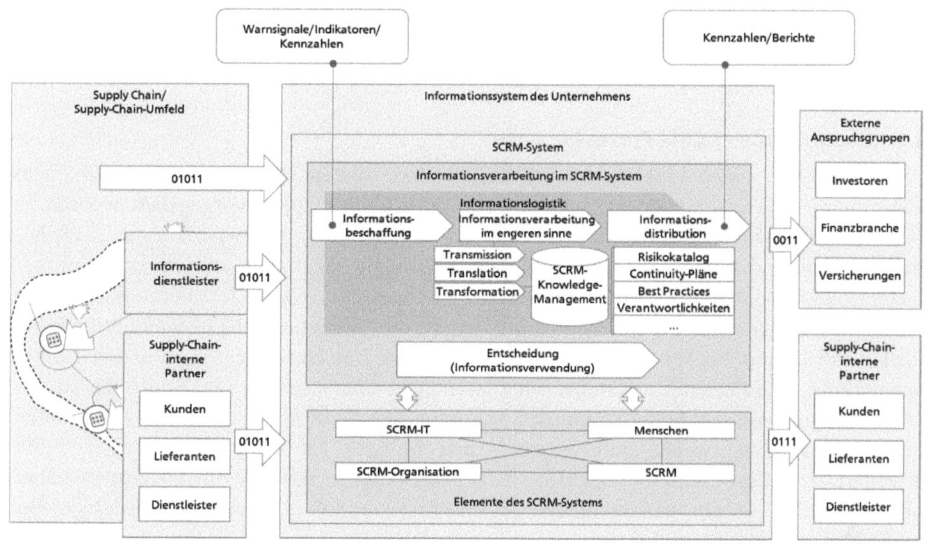

Abbildung 35: Informationsverarbeitung im Supply-Chain-Risikomanagement

Kapitel 3.6 widmet sich den für diese Arbeit notwendigen organisationstheoretischen Grundlagen und hierauf aufbauend der organisatorischen Gestaltung des SCRM. Da der Fokus dieser Arbeit nicht auf verhaltenswissenschaftlichen Aspekten[728] liegt, werden einzelne zentrale Merkmale des Faktors Mensch ebenfalls im Rahmen der Organisationsgestaltung besprochen. Kapitel 3.7 befasst sich schließlich mit dem Aspekt der Informationstechnologie. Aufgrund mangelnder Literatur zu dedizierten Informationssystemen für das SCRM muss sich das Kapitel bis auf einen kurzen Einblick in diese Systeme auf die für diese Arbeit relevanten wirtschaftsinformatischen Grundlagen beschränken, bevor im empirischen Teil dieser Arbeit eine umfassende Einführung in SCRM-IT gegeben werden kann.

3.5 Skizzierung der Aufgaben des SCRM anhand des SCRM-Prozesses

Das Risikomanagement muss sich kontinuierlich an die Umwelt und neue Risikosituationen anpassen. Aus funktionaler Sicht wird das Risikomanagement daher in der Regel als kybernetischer Regelkreis[729] angelegt, der laufend den Status Quo überwacht und, falls notwendig, Anpassungen vornimmt.[730] Jede Phase verfügt hierbei über einen Informations-Input, über den sie wesentliche Informationen aus der Vorgängerphase aufnimmt und einen Informations-Output, der die Ergebnisse des Informationsverarbeitungsprozesses der

[728] Für eine verhaltenswissenschaftliche Risikobetrachtung siehe bspw. Sitkin/Pablo (1992).

[729] Siehe hierzu auch die Ausführungen zur Systemtheorie und der Rolle der Kybernetik in Kapitel 3.2.1.2.

[730] Vgl. Lück (1998a), S. 1926f.; Kajüter (2014), S. 21. Siehe hierzu auch bspw. Braun (1984), S. 65ff.; Culp (2001), Kajüter (2003), FERMA (2003), Fiege (2006), COSO (2011).

Phase darstellt. Das folgende Kapitel 3.5.1 gibt einen Überblick über SCRM-Prozessmodelle bevor in Kapitel 3.5.2 die einzelnen Prozessphasen und deren Input- und Outputinformationen näher beschrieben werden.

3.5.1 Überblick über SCRM-Prozessmodelle

Grundlage für einen spezifischen SCRM-Prozess bieten Prozessmodelle aus dem allgemeinen Risikomanagement, wie sie bspw. durch ISO 31000 vorgegeben werden.[731] Das ISO-Prozessmodell beginnt mit der Festlegung des Rahmens für das Risikomanagement, indem Ziele der Organisation und mögliche interne und externe Einflussfaktoren auf die Zielerreichung definiert bzw. abgeleitet werden.[732] Hieran knüpft die Phase der Risikobeurteilung an, die wiederum die Prozessstufen Risikoidentifikation, Risikoanalyse und Risikobewertung umfasst. Es folgt die Phase der eigentlichen Risikobehandlung. Alle Phasen unterstehen einer ständigen Überwachung und Kontrolle, zudem werden Ergebnisse der Prozesse laufend kommuniziert.[733] Dieser Prozess des allgemeinen Risikomanagements wurde von verschiedenen Autoren für das SCRM adaptiert und erweitert. Tabelle 8 stellt unterschiedliche Prozessmodelle dar, die im Folgenden näher betrachtet und in ein ganzheitliches SCRM-Prozessmodell als weitere Grundlage der vorliegenden Arbeit überführt werden.

Die Prozessschritte Risikoidentifikation, -analyse und -kontrolle, werden von fast allen SCRM-Prozessmodellen, teilweise unter Anpassung der Nomenklatur, integriert. Insbesondere der im SCOR-Modell definierte SCRM-Referenzprozess ist eng am durch die ISO 31000 definierten Prozessmodell angelehnt und greift mit dem Prozessschritt *Establish Context* explizit den vorgelagerten Schritt des Aufbaus eines SCRM-Systems mit auf.[734] Ähnlich verfährt auch Behdani (2013), der die Definition des SCRM-Systems allerdings in die Phase der *Risikoidentifikation* integriert.[735] Das Modell von Ziegenbein (2007) ist hingegen auf die Kernphasen Risikoidentifikation, Risikobewertung und Risikosteuerung begrenzt, zeichnet sich dafür allerdings durch eine weitere Detaillierung auf einer Sub-Prozessebene aus. Beispielsweise werden für die Risikoidentifikation die Unterschritte *1. Abgrenzung der Untersuchung, 2. Visualisierung der Supply Chain, 3. Identifikation von kritischen Risiken und bisherigen Gegenmaßnahmen* sowie *4. Zusammenfassung der Risiken in einem Risikokatalog* formuliert.[736] Das Modell von Harland/Brenchley/Walker (2003) berücksichtigt mit der Phase der Entwicklung einer übergreifenden, kollaborativen SCRM-Strategie explizit einen koordinierten SCRM-Ansatz.[737]

---

731 Vgl. ISO (2009), S. 14.

732 Vgl. Purdy (2010), S. 884.

733 Vgl. Purdy (2010), S. 884.

734 Vgl. Supply Chain Council (2012b), Abs. 2.6.80.

735 Vgl. Behdani (2013), S. 34.

736 Vgl. Ziegenbein (2007), S. 69.

737 Vgl. Harland/Brenchley/Walker (2003),

Tabelle 8: Ausgesuchte RM- und SCRM-Prozessmodelle

Ursprung	Prozessschritte	Quelle
Allgemeines RM	*1. Establish context, 2. Risk identification, 3. Risk analysis, 4. Risk evaluation, 5. Risk treatment; sowie als begleitende Prozesse: Communication and consultation, monitoring and review*	ISO (2009), S. 14.
	1. Risikoidentifikation, 2. Risikoanalyse und -bewertung, 3. Risikobewältigung, 4. Risikoüberwachung	Gunkel (2010), S. 56.
SCRM	*1. Risk identification, 2. Risk measurement & priorization, 3. Risk analysis, 4. Risk reduction, 5. Risk control*	Cranfield University (2003), S. 54f.
	1. Identification, 2. Analysis, 3. Assessment, 4. Handling, 5. Control	Kersten u. a. (2006), S. 9, ähnlich auch bei Kajüter u. a. (2003)
	1. Map supply network, 2. Identify risk and its current location, 3. Asses risk, 4. Manage risk, 5. Form collaborative supply network risk strategy, 6. Implement strategy	Harland/Brenchley/Walker (2003), S. 56.
	1. Identification, 2. Risk assessment, 3. Risk treatment, 4. Risk monitoring, 5. Incident handling and contingency planning	Norrman/Jansson (2004), S. 442
	1. Risikoidentifikation, 2. Risikobewertung, 3. Risikosteuerung	Ziegenbein (2007), S. 69.
	1. Risk identification and modelling, 2. Risk analysis, assessment and impact measurement, 3. Risk management, 4. Risk monitoring and evaluation, 5. Organizational and personal learning including knowledge transfer	Ritchie/Brindley (2009), S. 16
	1. Establish context, 2. Identify risk, 3. Asses risk, 4. Evaluate risk, 5. Mitigate risk, 6.Monitor risk	Supply Chain Council (2012b), Abs. 2.6.78.
	R1. System definition & Risk identification, R2. Risk quantification, R3. Risk evaluation & treatment, R4. Risk monitoring, D1. Disruption detection, D2. Disruption reaction, D3. Disruption recovery, D4. Disruption learning	Behdani u. a. (2012), S. 8; Behdani (2013), S. 98

Ritchie/Brindley (2009) ergänzen basierend auf den Erkenntnissen der Risikokontrolle eine Lernphase.[738] Andere Autoren wie Norrman/Jansson (2004), Blackhurst/Wu/O'Grady (2005) und Behdani u. a. (2012) erweitern die beschriebenen präventiven Prozessmodelle um reaktive Elemente wie die *Erkennung des Risikoeintritts*, die *Reaktion auf den Risikoeintritt*, die *Erholung vom Risikoeintritt* und das (Supply Chain) *Redesign*.[739]

In Anlehnung an die in Kapitel 3.2.4.2 formulierte SCRM-Definition integriert das in Abbildung 36 dargestellte und dieser Arbeit zugrunde liegende Prozessmodell die

[738] Vgl. Ritchie/Brindley (2009), S. 16.

[739] Vgl. Norrman/Jansson (2004), S. 442; Blackhurst/Wu/O'Grady (2005), S. 407; Norrman/Lindroth (2004), S. 15, S. 20 – 23; Berg/Knudsen/Norrman (2008), S. 304. Behdani u. a. (2012), S. 8; Behdani (2013), S. 30-32, 98.

präventiven und reaktiven Phasen des SCRM. Der übergeordnete Prozessschritt *Gestaltung des SCRM-Systems* dient der Abgrenzung von Zielen und Betrachtungsgegenständen des SCRM sowie der Gestaltung der Variablen des SCRM-Systems. Der präventive SCRM-Prozess umfasst die Prozessschritte *Risikoidentifikation*, *Risikoanalyse*, *Risikosteuerung* sowie *Risikokontrolle*. Werden im Rahmen der Kontrolle Veränderungen der Umwelt und/oder neue potenzielle Risiken erfasst, werden diese wiederum in den Prozessschritt Identifikation eingesteuert. Die Risikokontrolle führt im Falle der Wahrnehmung (latenter) Schadensereignisse zu einer *Risikodetektion* und löst hierdurch den reaktiven Prozessteil aus. Auf die Detektion folgt die *Reaktion*, bei der entweder auf vorgefertigte Pläne zurückgegriffen oder individuelle Maßnahmen zur Schadensbeseitigung entwickelt werden. Anschließend erfolgen mit der *Recovery-Phase* die Wiederherstellung des Normalbetriebs und mit der *Redesign-Phase* die Einsteuerung von Erfahrungen aus dem reaktiven in den präventiven SCRM-Prozess.[740] Jede der hier beschriebenen Prozessphasen nimmt Informationen als Input aus den in Kapitel 3.4.3 skizzierten Informationsquellen auf, führt unter Einsatz der Bestandteile des SCRM-Systems eine Informationsverarbeitung durch und stellt die Output-Informationen wiederum anderen Prozessphasen bzw. externen Anspruchsgruppen zur Verfügung.

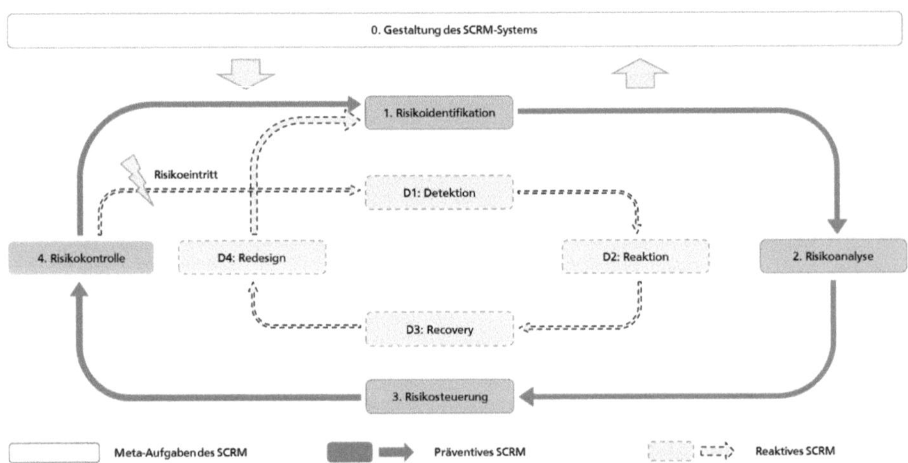

Abbildung 36: Integriertes Prozessmodell des präventiven und reaktiven SCRM
(Quelle: In Anlehnung an Supply Chain Council (2012b), S. Abs. 2.6.78.; Behdani u. a. (2012), S. 8)

3.5.2 Phasen des SCRM-Prozesses

3.5.2.1 Gestaltung des SCRM-Systems

In Anlehnung an das SCOR-Modell in der Version 11.0 sowie den ISO-Standard 31000 bildet die Gestaltung des SCRM-Systems die Grundlage für den weiteren SCRM-Prozess.[741]

---

[740] Vgl. Behdani (2013), S. 34f.;

[741] Nach den Definitionen von ISO und Supply Chain Council wird dieser Prozessschritt als *Establish-Kontext* bezeichnet (vgl. ISO (2009), S. 14; Supply Chain Council (2012b), Abs. 2.6.80.).

Die Phase der SCRM-Gestaltung kann auch als Meta-Aufgabe des SCRM verstanden werden und bildet den Ausgangspunkt für alle weiteren Prozessphasen.[742] Zur Gestaltung des SCRM-Systems zählen die Definition risikopolitischer Grundsatzentscheidungen, die Abgrenzung von Zielen und Betrachtungsfeldern des SCRM, die Gestaltung der SCRM-Organisation und die Entwicklung der Rolle des Menschen in dieser Organisation sowie die Entwicklung und Bereitstellung von SCRM-Technik (siehe Abbildung 10).[743] Ergebnisse der Gestaltung sind das in Kapitel 3.4.3 skizzierte SCRM-System sowie eine Eingrenzung der im SCRM zu betrachtenden Teile der Supply Chain und die SCRM-Ziele.

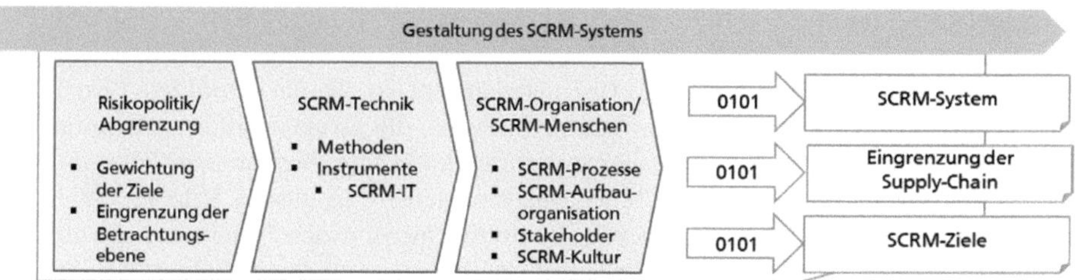

Abbildung 37: Gestaltung des SCRM-Systems als Meta-Aufgabe des SCRM

Die Risikopolitik wird über risikopolitische Grundsatzentscheidungen zu den Zielen und Aufgaben des SCRM sowie zu Risikoverhalten und Risikobereitschaft definiert.[744] Zudem werden mit der Risikopolitik die Anforderungen an die SCRM-Organisation festgehalten.[745] Da eine umfassende Betrachtung der gesamten Supply Chain oft nicht möglich ist,[746] sind im Rahmen einer Abgrenzung durch das SCRM zu betrachtende Subsysteme der Supply Chain einzugrenzen.[747] Hierbei werden Parallelen zu den in Kapitel 2.3.1 vorgestellten Typen von Process-Links im Supply Chain Management deutlich. Eine Eingrenzung kann auf Basis von Märkten, geographischen Regionen, Gütern (Warengruppen/Teile/Produkte) und spezifischen Charakteristika der Supply Chain vorgenommen werden.[748] Ziegenbein (2007) schlägt zudem eine Bewertung von Sub-Supply-Chains mittels eines zweidimensio-

---

[742] Vgl. Gunkel (2010), S. 54-56.

[743] Vgl. Supply Chain Council (2012b), Abs. 2.6.80. Siehe auch ISO (2009), S. 14; Gunkel (2010), S. 54-56; Behdani u. a. (2012), S. 8; Behdani (2013), S. 98. Zu risikopolitischen Grundsatzentscheidungen siehe auch Wolf (2013), S. 47.

[744] Werden im SCM bspw. die Ziele Qualität und Lieferzeit besonders hoch gewichtet. sollte eine ähnliche Gewichtung auch im SCRM vorgenommen werden (vgl. Ziegenbein (2007), S. 72f., siehe auch Oehmen u. a. (2009), S. 347, 352).

[745] In früher Risiko-Literatur werden mit dem Begriff der Risikopolitik konkrete Maßnahmen zur Risikosteuerung beschrieben (siehe bspw. Mikus (2001c)) in neuerer Literatur wird der Risikopolitik-Begriff wie hier angegeben verwendet (vgl. Wolf (2013), S. 46f.)

[746] bspw. aufgrund beschränkter Ressourcen.

[747] Vgl. Ziegenbein (2007), S. 69, 71; Wiendahl u. a. (2006), S. 426; Wente (2013), S. 172f.

[748] Vgl. Ziegenbein (2007), S. 71f. Die Eingrenzung kann entweder übergreifend erfolgen, beispielsweise durch die Beschränkung auf bestimmte Supply-Chain-Stufen und Kanäle auf Beschaffungs- sowie Absatzseite, oder gezielt, bspw. auf Basis der Bewertung von Teilen und Supply Chains (vgl. Ziegenbein (2007), S. 71; Behdani (2013), S. 35; siehe auch Mentzer u. a. (2001a), S. 4).

nalen Portfolios anhand der jeweiligen strategischen Bedeutung und der Verletzlichkeit vor.[749] Wente (2013) entwickelt hingegen sechs Segmente von Bewertungskriterien auf Produktebene: Beschaffungs- und absatzseitige Alternativen, Produktalternativen, Wiederherstellungszeit, Transportzeit und Transportmodus, die betroffene Menge sowie die Eintrittswahrscheinlichkeit eines Risikos.[750] Da die vorgenommene Eingrenzung die Grundlage für alle weiteren Phasen des SCRM-Prozesses bildet, ist sie für den SCRM-Erfolg ausschlaggebend. Empirische Ergebnisse zeigen, dass in der Praxis oftmals wichtige Elemente der Supply Chain ignoriert werden,[751] denn das SCRM fokussiert sich oft auf strategische Lieferanten bzw. Lieferanten mit hohem Beschaffungsvolumen und ignoriert sonstige kritische Lieferanten.[752]

Die Aufgabe zur Schaffung der SCRM-Organisation umfasst die übergeordnete Gestaltung und Steuerung des hier vorgestellten SCRM-Prozesses, die Strukturierung und Verteilung von SCRM-Aufgaben in der Aufbauorganisation sowie die Bestimmung aller SCRM-Stakeholder innerhalb und außerhalb des Unternehmens.[753] In diesem Rahmen obliegt es auch dem SCRM bei der Bildung einer Risiko-Kultur, bspw. durch Etablierung von Risiko-Leitfäden, zu unterstützen. Weitere Aufgaben im Rahmen der Bereitstellung von SCRM-Techniken bestehen in der Schaffung von SCRM-Standards, der Verwaltung der SCRM-Dokumentation sowie die Entwicklung und Bereitstellung von Methoden und Instrumenten für das SCRM.[754] Einen tiefergehenden Einblick in die SCRM-Organisation bietet Kapitel 3.6 während sich Kapitel 3.7 mit der Rolle von Informationstechnik im SCRM befasst.

3.5.2.2 Risikoidentifikation

Aufbauend auf den SCRM-Zielen und der zuvor für die SCRM-Betrachtung eingegrenzten Supply Chain sind durch die Risikoidentifikation alle Supply-Chain-Risiken umfassend zu erkennen und zu sammeln.[755] Der Prozess der Risikoidentifikation lässt sich, wie in Abbildung 38 dargestellt, in die Phasen *Mapping der Supply Chain* und *Identifikation kritischer Risiken und bisheriger Gegenmaßnahmen* unterteilen. Das Ergebnis der Risikoidentifikation ist ein *Risikokatalog*.

---

[749] Vgl. Ziegenbein (2007), S. 71f.

[750] Vgl. Wente (2013), S. 140f., S. 150ff. Siehe auch Ziegenbein (2007), S. 71; Behdani (2013), S. 35.

[751] Vgl. Pfohl/Zuber/Berbner (2014), S. 423ff.; Simchi-Levi/Schmidt/Wey (2014), S. 96f.

[752] Basierend auf einer Analyse von 1.000 Lieferanten der Ford Motor Company zeigen bspw. Simchi-Levi/Schmidt/Wey (2014), dass gerade kleine Lieferanten, die Ford bislang kaum im Rahmen von Risikomanagement-Maßnahmen berücksichtigte, den größten finanziellen Schaden verursachen können (vgl. Simchi-Levi/Schmidt/Wey (2014), S. 100f.).

[753] Vgl. Böger (2010), S. 124f.; Gunkel (2010), S. 54-56; Supply Chain Council (2012b), Abs. 2.6.80.

[754] Vgl. Norrman/Jansson (2004), S. 442f.; Lavastre/Gunasekaran/Spalanzani (2012), S. 836; Schlegel/Trent (2014).

[755] Vgl. Rogler (2002), S. 57.

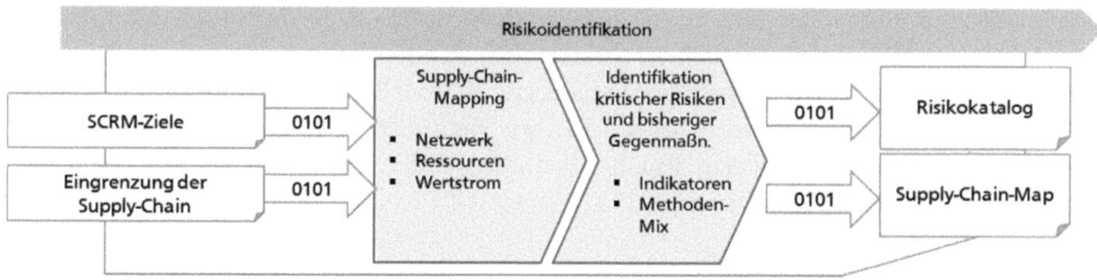

Abbildung 38: Ablauf der Supply-Chain-Risikoidentifikation
(Quelle: In Anlehnung an Oehmen u. a. (2009), S. 350)

Das Supply-Chain-Mapping umfasst eine Modellierung und Visualisierung der Supply Chain.[756] In das Modell aufgenommen werden die relevanten Standorte der betrachteten Supply-Chain-Akteure sowie Verflechtungen auf der Beziehungs- sowie Wertstromebene.[757] Das Modell ist um geographische Aspekte sowie Elemente der Verkehrs- und Logistikinfrastruktur zu ergänzen.[758] Die Abbildung auf der Wertstromebene kann in Anlehnung an die erste und zweite Prozessebene des SCOR-Modells erfolgen. Hierbei sind Informationen wie Standorte, Lager, Sicherheitsbestände, Transportmedien und Durchlaufzeiten sowie produktbezogene, marktbezogene und produktionsbezogene Merkmale der Supply Chain zu erfassen.[759]

Das mit dem Supply-Chain-Mapping geschaffene Modell bildet die Grundlage für die weitergehende methodengestützte Risikoidentifikation, geht allerdings auch als Input in die nachgelagerten Phasen der Analyse und Steuerung ein. Methoden zur Unterstützung der Risikoidentifikation werden in allgemeine Methoden und spezifische Methoden unterteilt. Zu den allgemeinen Methoden zählen u.a. kreativ-intuitive Techniken wie Brainstorming, Brainwriting, Interviews oder die Delphi-Methode, die sich insbesondere zur Detektion neuartiger Risiken eignen, aber auch strukturierte Methoden zur Fokussierung auf bereits bekannte Risikotypen, wie bspw. Risikochecklisten.[760] Spezifische Methoden für die Betrachtung des Umfelds sind die SWOT-Analyse sowie eine auf das Unternehmensumfeld ausgerichtete Früherkennung.[761] Auf der institutionellen Ebene werden insbesondere Methoden zur finanziellen Bewertung von Lieferanten aber auch Kunden eingesetzt. Eine Fülle unterschiedlicher Methoden findet sich auf der Wertstrom- und Ressourcenebene: Hierzu zählen die Logistik-FMEA, Fehlerbaum- und Ereignisanalysen, Netzplantechnik,

---

756 Vgl. Ziegenbein (2007), S. 74; Oehmen u. a. (2009), S. 350.

757 Vgl. Cranfield University (2003), S. 64; Christopher/Peck (2004), S. 7f.; Norrman/Lindroth (2004), S. 21;

758 Vgl. Ziegenbein (2007), S. 73.

759 Vgl. Ziegenbein (2007), S. 73. Bspw. für Produkte: Verkaufswert, Tiefe der Produktstruktur, Produktvarianten. Bspw. für Märkte: Wichtigkeit der Lieferqualität, der Produktqualität und der Variantenvielfalt. Bspw. für die Produktion: Produktionslayout, -typen und Technologien (vgl. Sennheiser (2004), S. 66f.; Sennheiser (2008), S. 234.

760 Vgl. Romeike (2003), S. 174; Ziegenbein (2007), S. 50, 77.

761 Vgl. Lück (1998b), S. 12.

Engpassidentifikation sowie Stresstests und Beanspruchungs- & Belastbarkeitsportfolios.[762] Bei der Risikoidentifikation können zudem Strukturierungsmethoden wie Ursache-Wirkungsdiagramme[763] oder Interpretative Structural Modelling[764] unterstützen, mit deren Hilfe sich auch Abhängigkeiten zwischen Risiken identifizieren lassen.[765] Der entwickelte Risikokatalog und die modellierte Supply-Chain-Map bilden die Grundlage für die weitergehenden Phasen des SCRM-Prozesses.[766]

3.5.2.3 Risikoanalyse

In Ergänzung zur bereits vor der Risikoidentifikation vorgenommenen Eingrenzung und Zielbildung können als erster Schritt der Risikoanalyse *Wesentlichkeitsgrenzen* für das SCRM definiert werden. Auf diese Weise werden unwesentliche Risiken für die weitere Betrachtung ausgeschlossen. Hieran schließen sich die Phasen der *Bewertung des Risikoeintritts* und der *Bewertung möglicher Schadensausmaße* auf Unternehmens- und auf Supply-Chain-Ebene an. [767] Das Ergebnis der Risikoanalyse bilden das SCRM-Risikoportfolio, Risikokennzahlen sowie eine Risikovisualisierung (siehe Abbildung 39).[768]

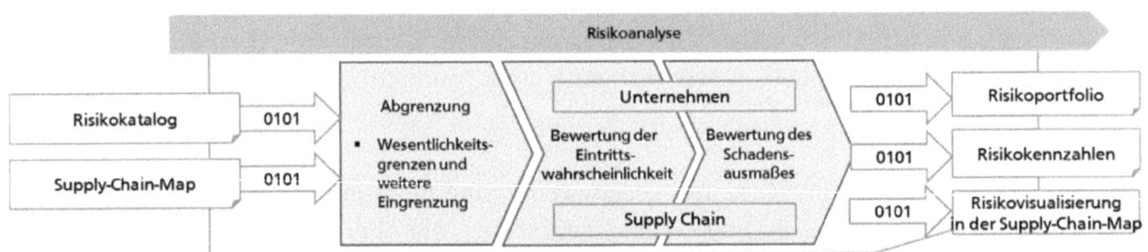

Abbildung 39: Ablauf der Supply-Chain-Risiko-Analyse
(Quelle: Mit Veränderungen/Ergänzungen aus Ziegenbein (2007), S. 69)

Die Festlegung von Wesentlichkeitsgrenzen gestattet eine Vorselektion der in der weitergehenden Analyse berücksichtigten Risiken und Elemente.[769] Die hierzu in der Literatur vorzufindenden Ansätze beschränken sich weitestgehend auf theoretische Erkenntnisse.[770] Aufgrund der höchst unterschiedlichen Wirkung von Risiken auf Supply-Chain- und

762 Vgl. Domschke/Drexl (2002), S. 96ff.;Ziegenbein (2007), S. 58; Sennheiser (2008), S. 45. Für eine breite Übersicht über Methoden zur Risikoidentifikation siehe Ziegenbein (2007), S. 50ff.; Pfohl/Gallus/Köhler (2008b), S. 37ff.; Böger (2010), S. 59f.

763 Vgl. Mikus (2001a), S. 205.

764 Vgl. Pfohl/Gallus/Thomas (2011), S. 839ff.

765 Vgl. Pfohl/Gallus/Köhler (2008b), S. 42-45.

766 Vgl. Ziegenbein (2007), S. 78.

767 Vgl. Harland/Brenchley/Walker (2003), S. 53.

768 Vgl. Ziegenbein (2007), S. 69.

769 Vgl. Sauerwein/Thurner (1998), S. 12; Weber/Weißenberger/Liekweg (2001), S. 58; Burger/Buchhart (2002), S. 47f.; Fiege (2006), S. 162ff.; Pfohl/Gallus/Köhler (2008b), S. 45f.

770 Siehe hierzu bspw. Kajüter (2003), S. 121.

Unternehmensebene sind bei der Vorselektion und bei der weitergehenden Analyse beide Ebenen zu beachten.[771]

Für die Bewertung von Eintrittswahrscheinlichkeit und Schadensausmaß sind Ordinal- und Verhältnisskalen geeignet.[772] Ordinalskalen gestatten die Bildung einer Risikorangfolge gemäß spezifischer Risikoeigenschaften. Die Eintrittswahrscheinlichkeit und das Schadensausmaß eines Risikos werden hierbei verbal beschrieben (bspw. *sehr häufig*, *häufig*, etc.). Die Aussagekraft von Verhältnisskalen ist höher, mit ihnen lassen sich die Abstände zwischen Messgrößen exakt bestimmen.[773] Analog zu den Messgrößen können Bewertungsmethoden in qualitative, semi-quantitative und quantitative Methoden unterschieden werden.[774] Qualitative Methoden zeichnen sich durch eine einfache Anwendung und damit auch durch geringen Ressourcenaufwand aus. Semi-quantitative Methoden gestatten eine quantitative sowie qualitative Bewertung von Risiken.[775] Quantitative Methoden setzen die Verfügbarkeit von umfangreichen, gesicherten Daten voraus. Obwohl mit quantitativen Methoden verhältnismäßig exakte Ergebnisse zu erzielen sind, werden sie in der Praxis aufgrund des hohen Ressourcenaufwands eher selten eingesetzt.[776] Zu den rein qualitativen Methoden zählen die Expertenschätzung, Delphi-Methode, Klassifizierungen sowie die Szenarioanalyse. Semi-quantitative Methoden sind die Supply-Chain- oder Logistik-FMEA, die Fehlerbaumanalyse, die Ereignisbaumanalyse, die Entscheidungsbaumanalyse, Scoring-Modelle sowie AHP und ANP. Zu quantitativen Methoden zählen statistische Auswertungen, Risikodatenbanken, spezifische Algorithmen, Sensitivitätsanalysen und Risikosimulationen.[777]

Die quantitative Bewertung der Eintrittswahrscheinlichkeit von Risiken kann über relative Häufigkeiten,[778] eine Wahrscheinlichkeitsrate[779] oder eine absolute Häufigkeitsverteilung erfolgen. Kann die Eintrittswahrscheinlichkeit nicht exakt bestimmt werden, lässt sie sich auch als Wertebereich an Stelle eines Punktwertes ausdrücken.[780] Zur Ermittlung der Eintrittswahrscheinlichkeit auf qualitativem Wege werden in der Literatur die Expertenschätzung sowie die qualitativen Ausprägungen der Supply-Chain-FMEA sowie der Fehlerbaumanalyse empfohlen. Als quantitative Methoden wird die Geeignetheit der

---

771 Vgl. Pfohl/Gallus/Köhler (2008a), S. 45f.

772 Vgl. Ziegenbein (2007), S. 79.

773 Zu unterschiedlichen Skalentypen siehe Stier (1999), S. 42ff.

774 Vgl. Wildemann (2006), S. 87, 147ff.). Es werden auch andere Klassifizierungen eingesetzt, wie bspw. Top-Down und Bottom-Up-Klassifikationsverfahren (vgl. Romeike (2003), S. 185).

775 Vgl. Pfohl/Gallus/Köhler (2008a), S. 51.

776 Vgl. Jüttner (2005b) S. 132; Ziegenbein (2007), S. 80f.; Pfohl/Gallus/Köhler (2008b), S. 124-126.

777 Vgl. Ziegenbein (2007), S. 81.; Pfohl/Gallus/Köhler (2008b), S. 51; Pfohl/Gallus/Köhler (2008b), S. 125; Böger (2010), S. 59f.; Fazli/Masoumi (2012), S. 2767ff.; Badea u. a. (2014), S. 116ff.

778 Als Quotient zwischen Anzahl von Schadensereignissen und der theoretisch möglichen Ereignisse.

779 Die Wahrscheinlichkeitsrate bezieht die relative Häufigkeit auf einen spezifischen Beobachtungszeitraum.

780 Vgl. Ziegenbein (2007), S. 80.

quantitativen Fehlerbaumanalyse, einer Risikodatenbank sowie von statistischen Auswertungen betont.[781]

Wie bereits in Kapitel 3.2.4 geschildert, muss das SCRM unterschiedliche Zielbereiche adressieren. Zur Vereinfachung können diese Zielbereiche auf einzelne Messgrößen bzw. Kennzahlen reduziert werden, die gesamthaft den (finanziellen) Schaden im Falle von Risiken bzw. Schadensereignissen, ggf. auch unter Berücksichtigung der Eintrittswahrscheinlichkeiten, erfassen. Zentrale, im Rahmen des SCRM diskutierte Kennzahlen zur quantitativen Bewertung der Schadenshöhe sind EBIT (Earnings before Interest and Taxes), EVA (Economic Value added) sowie BIV (Business Interruption Value).[782] Der VaR (Value at Risk) stellt hingegen eine integrierte Kennzahl dar, die neben der Schadenshöhe auch die Eintrittswahrscheinlichkeit berücksichtigt. Der SCVI (Supply-Chain-Vulnerability-Index) zeigt als Kennzahl die Verwundbarkeit von Supply Chains an.

Der EBIT wird als Gewinn vor Steuern durch Verrechnung des Umsatzes mit den Herstellkosten für verkaufte Produkten, administrativen Kosten und Abschreibungen berechnet. Durch seine Vernachlässigung von Zinsen und Kapitalstruktur wird er als Maß für die operative Leistung gesehen. Eine EBIT-Verfehlung nach Risikoeintritt lässt sich als Risikowirkung interpretieren.[783] Aufgrund der Etablierung im SCM-Kontext ist auch der EVA (bzw. dessen Soll-Abweichung) eine geeignete Messgröße zur Schadensermittlung. Der EVA wird berechnet als Differenz zwischen dem NOPAT (Net Operating Profit) sowie dem Produkt aus den Kapitalkosten und dem investierten Kapital.[784] Eine eher auf das operative Management zugeschnittene Messgröße ist der BIV. Er ergibt sich aus der Summe des durch einen Risikoeintritt verlorenen Deckungsbeitrags, des Schadens durch den Verlust von Kunden, Marktanteilen und Reputation, zusätzlichen operationellen Kosten und erhöhten Investitionen.[785] Der aus dem Bereich der Finanzdienstleistungen stammende VaR bietet eine integrierte Betrachtung von Schadensausmaß und Eintrittswahrscheinlichkeit. Voraussetzung für die Anwendung ist die Existenz quantitativer Risiken und Schadenswerte. Der VaR beschreibt eine maximale negative Veränderung die zu einem bestimmten Konfidenzniveau (Wahrscheinlichkeit) nicht überschritten wird.[786] Der SCVI ist dazu geeignet, losgelöst von Eintrittswahrscheinlichkeiten und potenziellen Schadensausmaßen Einblick in die Verwundbarkeit von Supply Chains zu geben, um hieraus grobe Handlungsrichtungen für das SCRM ableiten zu können. Der SCVI errechnet sich über die Bewertung

[781] Vgl. Ziegenbein (2007), S. 81.

[782] Zu den unterschiedlichen Kennzahlen siehe: Coenenberg (2003), S. 619ff.; Yeniyurt (2003), S. 135; Clark (1990), S. 60; Norrman/Jansson (2004), S. 446.

[783] Vgl. Zsidisin u. a. (2004), S. 446; Ziegenbein (2007), S. 86f..

[784] Vgl. Coenenberg (2003), S. 620.

[785] Vgl. Clark (1990), S. 60; Norrman/Lindroth (2004), S. 446.

[786] Vgl. Burger/Buchhart (2002), S. 121f.; Fiege (2006), S. 167; Romeike (2003), S. 188.

der in der Supply Chain identifizierten Einzelrisiken sowie den über eine Korrelationsanalyse ermittelten Risikointerdependenzen.[787]

Die Risikobewertung kann durch ein einzelnes Unternehmen oder in Kooperation mit Supply-Chain-Partnern durchgeführt werden.[788] Während die Durchführung durch ein einzelnes Unternehmen die Koordinationskosten reduziert ergeben sich Nachteile durch einen hohen Aufwand der Informationsbeschaffung sowie Informationsasymmetrien. Gerade in komplexen Supply Chains empfiehlt sich daher eine integrierte, dyadische oder sogar netzwerkweite Risikobewertung. Hierbei bilden die Ergebnisse der Risikoidentifikation die Grundlage für eine übergreifende, kooperative Risikoanalyse. Unternehmensbezogene Wesentlichkeitsgrenzen sind hierbei in Supply-Chain-weite Wesentlichkeitsgrenzen zu überführen, da Sachverhalte, die für einzelne Unternehmen kein Risiko darstellen, aus Supply-Chain-Sicht zum Risiko werden können.[789]

Das Ergebnis der Risikoanalyse ist ein Maß für das Gesamtrisiko, das sich beispielsweise als Produkt von Eintrittswahrscheinlichkeit und Schaden ausdrücken lässt. Zur einfach verständlichen Visualisierung der Risikopositionen in der Supply Chain empfiehlt sich ein Risikoportfolio.[790] Hier können Risiken anhand der Eintrittswahrscheinlichkeiten und erwarteten Schäden eingeordnet und hierauf aufbauend unterschiedlichen Risikoklassen zugeordnet werden. Gleichzeitig lassen sich über die Punktgröße oder -farbe im Portfolio direkt die Kosten der ergriffenen Gegenmaßnahmen abtragen, um diese mit dem Risikomaß in Verbindung zu setzen.[791] Die Risikoportfolios einzelner Unternehmen lassen sich in ein Supply-Chain-weites Risikoportfolio integrieren. So können insbesondere Risiken verdeutlicht werden, die für einzelne Unternehmen von geringer Bedeutung sind, für die Supply Chain aber umfangreiche Folgen haben können.[792] Neuere Veröffentlichungen schlagen die Erweiterung des Portfolios um die Entdeckungszeitspanne (Detection Lead Time) vor, da diese wichtige Hinweise bzgl. der Maßnahmenimplementierung geben kann.[793] Neben der Darstellung über Kennzahlen bzw. Portfolien ist auch eine anschauliche Risikovisualisierung in der Supply-Chain-Map möglich.

3.5.2.4 Risikosteuerung

Eine regelmäßig verwendete Einordnung von Konzepten des Supply-Chain Risikomanagements entstammt der allgemeinen Risikomanagement-Literatur.[794] Hiernach lassen

---

[787] Vgl. Wagner/Neshat (2010), S. 124ff.

[788] Vgl. Pfohl/Gallus/Köhler (2008b), S. 47.

[789] Bei der dyadischen bzw. netzwerkweiten Risikobewertung handelt es sich um weitgehend theoretische Konzepte, die in der Praxis noch keine Rezeption finden und auch in der Wissenschaft seit ersten Veröffentlichungen nicht vertiefter diskutiert wurden. Für weitere Konzeptdetails siehe Pfohl/Gallus/Köhler (2008b), S. 48-50.

[790] Vgl. Hallikas/Virolainen/Tuominen (2002), S. 54.

[791] Vgl. Ziegenbein (2007), 101f.

[792] Vgl. Kajüter (2003), S. 121; Ziegenbein (2007), 122f.

[793] Siehe hierzu bspw. Sheffi (2015), S. 33f.

[794] Vgl. Mikus (2001b), S. 17.

sich Maßnahmen des Supply-Chain-Risikomanagements in ursachen- und wirkungsbezogene Maßnahmen unterscheiden (siehe Abbildung 40).[795] Während ursachenbezogene Maßnahmen bei der Risikoquelle ansetzen und somit die Eintrittswahrscheinlichkeit eines Risikos beeinflussen,[796] beziehen sich wirkungsbezogene Maßnahmen auf die Verringerung der Auswirkungen eines Risikos im Falle eines Risikoeintritts.[797]

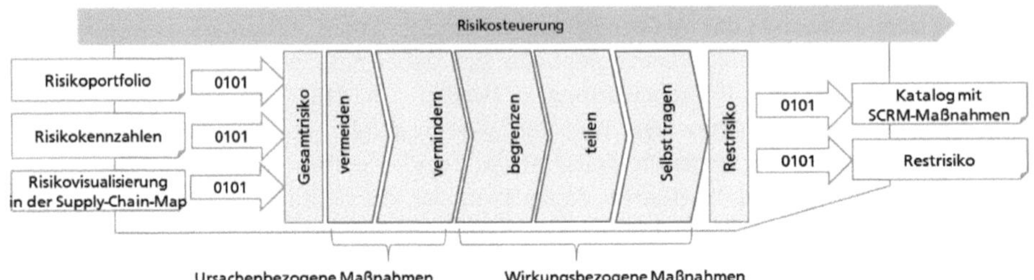

Abbildung 40: Risikomanagementstrategien

Ursachenbezogene Maßnahmen lassen sich in Maßnahmen zur Risikovermeidung und zur Risikoverminderung unterscheiden.[798] Einen besonderen Stellenwert nehmen hierbei Informationen bzw. die Informationsverarbeitung ein, da Informationen zum einen für die Planung relevante Erkenntnisse bzgl. möglicher Risikoursachen liefern und zudem auch selbst bei entsprechender Ungenauigkeit Quelle von Risiken sein können.[799] Die Risikovermeidung stellt die grundlegende Entscheidung eines Unternehmens dar, bestimmte Tätigkeiten aufgrund eines Risikos zu unterlassen und so der Risikoursache auszuweichen.[800] Da die Unterlassung von Handlungen, wie bspw. des Vertriebs von Produkten in einer bestimmten Region, nicht immer eine gangbare Option darstellt, können auch Maßnahmen zur Verminderung der Risikoursachen umgesetzt werden.[801] Hierzu zählen bspw. die Implementierung von internen/externen Kontrollen oder Lieferantenbewertungen,[802] die Entwicklung von Prognosemodellen,[803] die Implementierung einer Kommunikationsplattform[804], die Erhöhung der Supply-Chain-Transparenz[805] sowie die Schaffung einer Supply-Chain-weiten Risikokultur.[806] Von den ursachenbezogenen Maßnahmen sind

[795] Vgl. Pfohl/Gallus/Köhler (2008b), S. 65.

[796] Sie können somit ggf. auch auf die vollständige Vermeidung eines Risikos abzielen.

[797] Vgl. Rogler (2002), S. 22f; Mikus (2001b), S. 17.

[798] Vgl. Pfohl/Gallus/Köhler (2008b), S. 66.

[799] Vgl. Mikus (2001b), S. 16f.

[800] Vgl. Hornung/Reichmann/Diederichs (1999), S. 321.

[801] Vgl. Pfohl/Gallus/Köhler (2008b), S. 66.

[802] Vgl. Lasch/Janker (2007), S. 116f;

[803] Vgl. Fiege (2006), S. 138f.; Mikus (2001b), S. 17.

[804] Vgl. Erben/Reichwald (2005), S. 172f.

[805] Vgl. Pfohl/Gallus/Köhler (2008b), S. 67.

[806] Vgl. Erben/Reichwald (2005), S. 188.

wirkungsbezogene Maßnahmen abzugrenzen. Sie umfassen das Begrenzen, das Teilen sowie das Selbsttragen von Risiken.[807] Durch Risikobegrenzung lassen sich die Auswirkungen durch die Einrichtung von Puffern und Dual-Sourcing-Konzepten oder die proaktive Entwicklung von Business-Continuity-Maßnahmen für den Schadenfall abmildern.[808] Das Teilen oder Übertragen von Risiken kann entweder über entsprechende vertragliche Regelungen auf Supply-Chain-Partner oder mit Hilfe von Supply-Chain- oder Betriebsunterbrechungsversicherungen auf Versicherungsunternehmen erfolgen.[809] Während sich hierdurch im Gegensatz zu den oben beschriebenen Maßnahmen keine Änderungen bzgl. des Schadensausmaßes ergeben, kann der Schaden auf andere Akteure übertragen werden. Eine letzte Möglichkeit besteht in der Akzeptanz und Selbsttragung des Schadens.[810] Hierbei ist entweder die Tragung des Risikos über im Unternehmen geschaffene Reserven oder ein Verlust- bzw. Risikoausgleich über Diversifikation denkbar. Nach der Umsetzung umfangreicher Maßnahmen verbleibt in der Regel ein Restrisiko.[811] Das Ergebnis der Phase der Risikosteuerung ist ein umfangreicher Maßnahmenkatalog sowie ggf. Informationen zu verbleibenden Restrisiken.

3.5.2.5 Risikokontrolle

Die zuvor beschriebenen Prozessphasen gestatten es Unternehmen, resiliente Supply-Chain-Strukturen zu entwickeln. Es gibt jedoch eine Fülle von Gründen, die zu einer regelmäßigen Veränderung des Risikoprofils führen. Der Prozess der Risikokontrolle wirkt daher als Regler mittels Feedbackschleifen auf die anderen Phasen (siehe Abbildung 41) und stellt so die Nachhaltigkeit des SCRM-Prozesses sicher.[812] Die Supply Chain und ihr Umfeld unterliegen einer ständigen Veränderung (bspw. neue Regularien, wechselnde Kundenanforderungen etc.). Aus diesem Grund ändern sich auch die Supply-Chain-Risiken (und deren Eintrittswahrscheinlichkeit), denen Unternehmen und Supply Chains ausgesetzt sind, ständig.[813] Werden im Rahmen der Risikokontrolle neue Risiken oder wesentliche Veränderungen des Umfelds registriert, muss dies im Prozessschritt Risikoidentifikation erneut berücksichtigt werden (A). Zudem ist ggf. eine Anpassung der Risikobewertung sowie der Wesentlichkeitsgrenzen nötig (B). Zusätzlich ist die Effektivität von Maßnahmen zur Risikosteuerung laufend zu evaluieren. Eine ungenügende Effektivität führt zu einer Überarbeitung der Steuerungsmaßnahmen (C).[814]

---

807 Vgl. Pfohl/Gallus/Köhler (2008b), S. 68.

808 Vgl. Wagner/Bode (2007), S. 71; Pfohl/Gallus/Köhler (2008a), S. 168f.

809 Vgl. Mikosch (2005), S. 128ff; Ziegenbein (2007), S. 103; Manuj/Mentzer (2008), S. 2009;

810 Vgl. Mikus (2001b), S. 18.

811 Vgl. Mikus (2001b), S. 18.

812 Vgl. Behdani (2013), S. 37; Locker/Grosse-Ruyken (2013), S. 197ff., 203f.

813 Vgl. Hallikas u. a. (2004), S. 54.

814 Vgl. Schoenherr/Tummmala/Harrison (2008), S. 108.

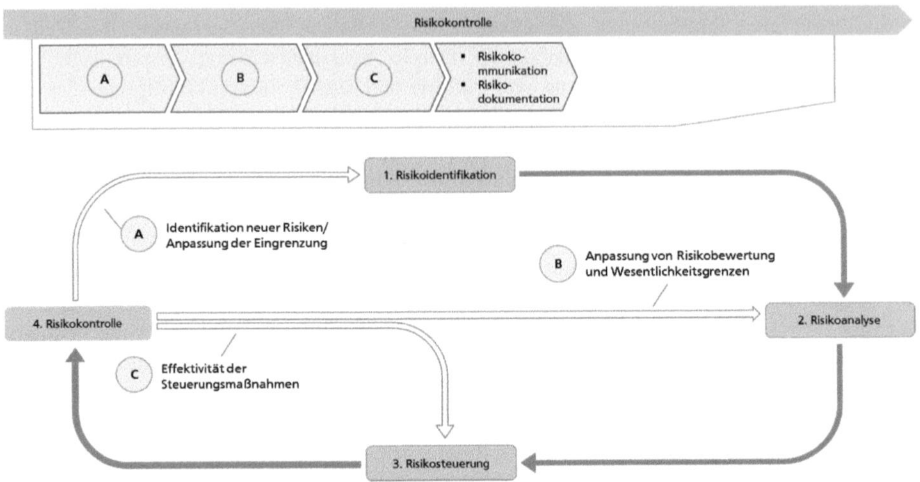

Abbildung 41: Feedbackschleifen als Ergebnis der Risikokontrolle (Quelle: In Anlehnung an Behdani (2013), S. 38)

Weitere Aufgaben der Risikokontrolle bestehen in der Risikokommunikation und der allgemeinen Dokumentation des SCRM. [815] Letztere muss eine Rechenschafts-, Sicherungs-, und Prüfbarkeitsfunktion erfüllen.[816] Methoden zur Risikokontrolle umfassen Audits und Workshops sowie weitere, dem Controlling entlehnte Methoden wie Kennzahlensysteme, Szenariotechniken und Planbilanzen. Auch der Einsatz von künstlichen neuronalen Netzen und Netzwerk-Balanced-Scorecards werden in der Literatur diskutiert.[817]

3.5.2.6 Reaktives SCRM

Im Rahmen des reaktiven SCRM bleibt in der Regel nur wenig Zeit, um Risiken zu detektieren und eine erste Reaktion umzusetzen. Nur durch schnelle Reaktion bleibt einem Unternehmen eine möglichst große Handlungsbreite erhalten, so dass es sich im Falle eines Schadensereignisses gegebenenfalls sogar Wettbewerbsvorteile sichern kann. [818] Die Aufgaben des reaktiven SCRM bestehen darin, Unterbrechungen schnell zu beheben und die Supply Chain wieder in den Normalbetrieb zu überführen.[819] Vorliegende Konzepte werden in unterschiedlichen Ausprägungen bspw. als *Supply Chain Continuity Management*[820], *Reaktives Supply-Chain-Risikomanagement*[821] sowie *Supply Chain Disruption*

---

815 Vgl. Wagner/Bode (2009), S. 68; Henke (2009), S. 125; Kersten/Feser/Schröder (2013), S. 32.

816 Vgl. Henke (2009), S. 125.

817 Vgl. Henke (2009), S. 119ff.; Kersten/Feser/Schröder (2013), S. 84f.; Feser (2015), S. 184ff.

818 Vgl. Hopp/Iravani/Liu (2012), S. 26f.

819 Vgl. Bode (2015), S. 51.

820 Vgl. Pfohl/Gallus/Köhler (2008a), S. 166f.; Zsidisin/Ragatz/Melnyk (2005), S. 186f.

821 Vgl. Berg/Knudsen/Norrman (2008), S. 305; Wente (2013), S. 110f., S. 132.

Management[822] bezeichnet und ähneln sich in ihrer Aufgabe zur Sicherstellung der Kontinuität im Falle eines Risikoeintritts. Das Supply Chain Continuity Management ist hierbei in der Regel auf Risiken mit potenzieller Existenzgefährdung außerhalb des Eingriffs- bzw. Kompetenzbereichs der Organisation beschränkt.[823] Aufgrund dieser Sonderstellung wird es im Folgenden nicht näher betrachtet. Das *Disruption Management* als *reaktives Supply-Chain-Risikomanagement* bildet eine logische Fortführung des präventiven SCRM. Es beschränkt sich auf die Handhabung eines bereits eingetretenen Risikos und der hierdurch entstandenen Unterbrechung.[824] Der reaktive SCRM-Prozess lässt sich, wie in Abbildung 42 skizziert, in die Prozessschritte *Detektion*, *Reaktion*, *Recovery* und *Redesign* untergliedern.[825]

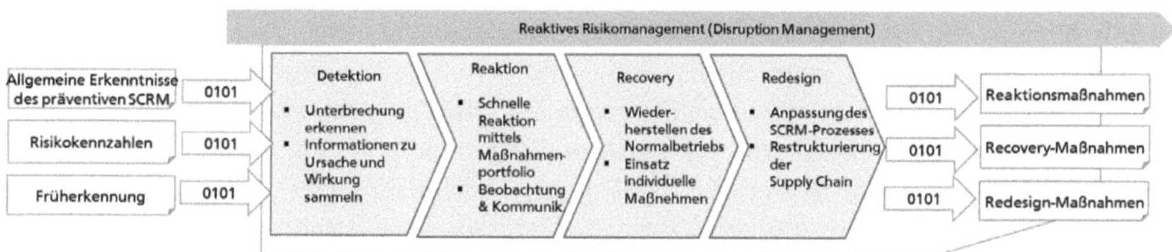

Abbildung 42: Prozessschritte des reaktiven SCRM

Es existieren unterschiedliche Möglichkeiten zur *Risikodetektion*:[826] Entweder ein Unternehmen stellt eine Unterbrechung unmittelbar fest (bspw. durch die Benachrichtigung von einem Lieferanten) oder die Detektion erfolgt über eine Soll-Ist-Abweichung festgelegter Kennzahlen. Eine weitere Möglichkeit besteht in der Nutzung von Methoden der Früherkennung wie Event Management oder Predictive Analytics, mit deren Hilfe ein Risiko bereits erkannt werden kann, bevor es sich als Unterbrechung oder über Kennzahlen manifestiert.[827] Herausforderungen bei der Detektion in der Supply Chain bestehen insbesondere in Informationsasymmetrien. Lieferanten verheimlichen gegebenenfalls Informationen zu internen Problemen und qualitativen Mängeln gelieferter Produkte.[828] Im Rahmen der Detektion sind nach Auftreten des Ereignisses die Ursachen für das Ereignis zu identifizieren, die möglichen Auswirkungen zu ermitteln und weitere Informationen bezüglich betroffenen Produkten, Zulieferern, Kunden, Regionen, Produktionsvolumen, Beständen und der voraussichtlichen Dauer der Unterbrechung zu sammeln. Zudem sind

---

[822] Vgl. Sodhi/Tang (2009), S. 29; Behdani (2013), S. 38ff.; Stölzle/Wütz (2014), S. 3f.

[823] Vgl. Pfohl/Gallus/Köhler (2008c), S. 166ff. Zum Business Continuity Management siehe Elliott/Herbane/Swartz (2001), S. 2f., 13f.

[824] Vgl. Wente (2013), S. 132; Bode (2015), S. 51.

[825] Vgl. Behdani (2013), S. 38ff. Siehe auch Blackhurst/Wu/O'Grady (2005), S. 4073, Sodhi/Tang (2009), S. 29 sowie Bode (2015), S. 51 für vergleichbare Prozessmodelle des reaktiven SCRM.

[826] Vgl. Behdani (2013), S. 39.

[827] Vgl. Blackhurst u. a. (2005), S. 4072; Adhitya/Srinivasan/Karimi (2007), S. 496f.; Sheffi (2015), S. 41. Siehe auch Haberl (2014), S. 52, Karrer/Graf (2014), S. 81 sowie Henschel (2014), S. 64f. für entsprechende Fallbeispiele.

[828] Vgl. Henschel (2014), S. 65; Sheffi (2015), S. 36.

Informationen zum Transportsystem und ggf. vorhandene Unterwegsbestände auf Rohmaterial-, Teile- und Komponentenebene zu erfassen.[829] Basierend auf diesen Informationen lassen sich Materialreichweiten ableiten und konkrete Auswirkungen des Ereignisses berechnen.[830] Im Gegensatz zu Risiken werden Unterbrechungen im Disruption Management nicht über die Eintrittswahrscheinlichkeit und das Schadensausmaß bemessen. Stattdessen kommen als Kennzahlen die Zeitdauer einer Unterbrechung, die Auswirkungen auf operativer Ebene, die Abhängigkeit von den betroffenen Produkten (Output) und Kunden sowie die Abhängigkeit von betroffenen Beschaffungsgütern und Lieferanten zum Einsatz. Unterbrechungen können zur Verdeutlichung in Ernsthaftigkeits- sowie Abhängigkeitsportfolien dargestellt werden.[831]

Zudem müssen im Rahmen der Detektion das Ereignis und seine Auswirkungen weiter beobachtet werden. Eine enge Abstimmung mit den Supply-Chain-Partnern ist hierbei unabdingbar.[832] Im Rahmen der *Reaktion* muss ein Unternehmen nach der erfolgreichen Detektion möglichst schnell mit geeigneten Gegenmaßnahmen reagieren, um den entstehenden Schaden zu begrenzen.[833] Idealerweise kann das Unternehmen hierbei auf Maßnahmen zurückgreifen, die bereits durch das Risikomanagement entwickelt wurden. Im Automobil-Kontext werden als mögliche Maßnahmen ein beschleunigter Freigabeprozess, ein vordefinierter Eskalationsprozess sowie ein standardisierter Allokationsprozess genannt. Im Falle eines schwerwiegenden Ereignisses werden reaktive SCRM-Teams gebildet.[834] Die Ergebnisse der Reaktion sind ständig zu evaluieren. Kann mit den durchgeführten Maßnahmen keine vollkommene Wiederherstellung erreicht werden, ist anschließend der Prozessschritt Recovery zu durchlaufen.[835] Im Rahmen der Schritte Reaktion und Recovery sind die um das eingetretene Ereignis entstehenden Entwicklungen kontinuierlich zu beobachten. Hierzu zählen auch die Reaktionen anderer Akteure.[836]

Im Rahmen des Recovery-Schritts muss die Supply Chain wieder in den Normalbetrieb überführt werden.[837] Hat die erste Reaktion nicht ausgereicht, wird nach alternativen Möglichkeiten zur Wiederherstellung der Supply-Chain-Funktion gesucht. Hierbei kann ein iterativer Prozess implementiert werden, der mit einer ersten Reaktion beginnt und – falls diese keine positiven Resultate erzielt – andere alternative Maßnahmen implementiert. Zur

---

829 Vgl. Henschel (2014), 85f.

830 Vgl. Wente (2013), S. 121f.

831 Vgl. Zsidisin/Ellram (2003) S. 15; Stölzle/Wütz (2014), S. 13; Haberl (2014), S. 52f.

832 Vgl. Behdani (2013), S. 281f.; Wente (2013), S. 121.

833 Vgl. Behdani (2013), S. 39; Wente (2013), S. 112; Henschel (2014), S. 65.

834 Vgl. Wente (2013), S. 114, 117.

835 Vgl. Behdani (2013), S. 281.

836 Vgl. Behdani (2013), S. 40.

837 Vgl. Sheffi (2007), S. 66; Stölzle/Wütz (2014), S. 12.

schnelleren Evaluation potenzieller Alternativen empfiehlt sich der Einsatz von Simulation. Die Recovery-Phase endet, wenn der Ausgangszustand wieder erreicht wurde.[838]

Der reaktive SCRM-Prozess endet mit der Redesign-Phase (auch Lernphase).[839] Dies hat in erster Linie Auswirkungen auf die unterschiedlichen Prozessstufen des präventiven SCRM-Prozesses über die Anpassung des Risikokatalogs (als Ergebnis der Risikoidentifikation) und des Risikoportfolios (als Ergebnis der Risikoanalyse) sowie der Überarbeitung der im Rahmen der Risikosteuerung etablierten Maßnahmen.[840] Zusätzlich kann auch die gesamte Supply Chain einem Redesign unterzogen werden. Beispielhaft zu nennen sind der Austausch von Lieferanten und Dienstleistern oder die Anpassung bestehender Standorte. [841] Mit Abschluss des Redesigns ist der Risikomanagementzyklus erneut zu durchlaufen, um potenziell neu geschaffene Risiken zu identifizieren.[842]

3.6 Organisation des SCRM

Nachdem nun Einblicke in die Aufgaben des SCRM anhand des SCRM-Prozesses gegeben wurden, soll an dieser Stelle mit der SCRM-Organisation eine weitere, zentrale Variable des SCRM-Systems vorgestellt werden. Zur Fundierung der Organisations-Diskussion werden hierzu als erstes in Kapitel 3.6.1 organisationstheoretische Grundlagen behandelt. Die in diesem Rahmen erarbeiteten Erkenntnisse geben Hinweise auf mögliche Gestaltungsformen des SCRM sowie Einflussfaktoren auf die SCRM-Gestaltung. Aufgrund der (untergeordneten) Relevanz für die vorliegende Arbeit erfolgt in Kapitel 3.6.2 ein Exkurs in die Netzwerkorganisation bevor sich die Kapitel 3.6.3 und 3.6.4 der Organisation des allgemeinen Risikomanagements sowie der Organisation des SCRM widmen. Insbesondere aufgrund der beschränkten Verfügbarkeit von empirisch fundierten Erkenntnissen zur SCRM-Organisation findet neben der Betrachtung des SCRM auch eine tiefergehende Betrachtung des allgemeinen Risikomanagements statt.

3.6.1 Organisationstheoretische Grundlagen

Für organisationale Probleme einzelner Subsysteme des Unternehmens sollte auf Erkenntnisse der Organisationsforschung zurückgegriffen werden. [843] Allerdings ist die Organisationsforschung vielfältig und stellt kein in sich abgeschlossenes Theoriegebäude dar:[844] Die Begründung für die Inhomogenität der Organisationsforschung liegt in ihrem Ursprung in den Sozialwissenschaften, bei denen *„eine Entscheidung für eine Forschungs-*

---

838 Vgl. Adhitya/Srinivasan/Karimi (2007), S. 496f.; Behdani (2013), S. 285.

839 Vgl. Blackhurst u. a. (2005), S. 4077; Behdani (2013), S. 285f.

840 Vgl. Norrman/Jansson (2004), S. 452; Behdani (2013), S. 285.

841 Vgl. Blackhurst u. a. (2005), S. 4073, 4077; Henschel (2014), S. 67.

842 Vgl. Behdani (2013), S. 286.

843 Vgl. Frese (2000b), S. 24; Schwegler (1995), S. 90.

844 Vgl. Grochla (1975), S. 8; Schanz (1994), S. 1f. Nach Frese (1992a) besteht der *„Erkenntnisstand der Organisationstheorie (...) aus einer Ansammlung zum Teil sehr heterogener Einzelerkenntnisse“* (Frese (1992a), S. 359).[844] und nach Schreyögg (2010) ist Organisationtheorie eine *„vielfältige Disziplin“*[844] (Schreyögg (2010), S. 25).

perspektive auf einer Reihe von (häufig nicht explizierten) Vorentscheidungen und einer allgemeinen Grundsicht des Phänomens (‚Weltbild')“[845], aufbaut. Die vielfältigen Ansätze lassen sich insbesondere auf ihre historische Entwicklung, die zugrunde liegende Methodologie, das zugrundeliegende Leitbild oder die jeweilige Basis-Disziplin, aus welcher eine Definition entwickelt wurde, zurückführen.[846] Eine weitergehende Erörterung der Entwicklung der Organisationsforschung und unterschiedlicher Forschungsparadigmen findet in dieser Arbeit an späterer Stelle im Rahmen der Diskussion des Konfigurationsansatzes in Kapitel 4.2 statt. Im Folgenden wird zunächst in Kapitel 3.6.1.1 der institutionelle vom instrumentellen Organisationsbegriff abgegrenzt, bevor in Kapitel 3.6.1.2 Möglichkeiten der Organisationsgestaltung diskutiert werden.

3.6.1.1 Instrumenteller und institutioneller Organisationsbegriff

In der wissenschaftlichen Literatur wird zwischen dem *instrumentellen* und dem *institutionellen* Organisationsbegriff unterschieden.[847] Mit dem instrumentellen Organisationsbegriff rücken das Ziel der Rationalisierung von Arbeitsabläufen[848] und somit Fragestellungen der effizienten Organisationsgestaltung in den Fokus. Es sollen möglichst geeignete Gestaltungsformen der Auf- und Ablauforganisation ermittelt werden, um den ökonomischen Zielen einer Unternehmung gerecht zu werden.[849] Die Organisation als Instrument unterstützt die Unternehmensführung bei der Erreichung ihrer Ziele.[850] Der instrumentelle Organisationsbegriff lässt sich ferner in einen *funktionalen* und einen *konfigurativen* Organisationsbegriff unterscheiden. Im Rahmen des funktionalen Organisationsverständnisses ist Organisation als Funktion des Managements zu verstehen, die die Zweckerfüllung einer Unternehmung sicherstellt.[851] Gutenberg (1983) versteht in diesem Sinne Organisation als den Vollzug der Planung und somit als reines Umsetzungsinstrument. Die Organisation bildet die Gesamtheit aller Regelungen, die zur Planumsetzung erlassen werden.[852] Als Gegenposition, die der Organisation einen wesentlich höheren Stellenwert einräumt, ist der konfigurative Organisationsbegriff zu verstehen.[853] Nach Kosiol (1976) ist die Organisation eine langfristige, der Planung vorgelagerte Strukturierung, die das Grundgerüst der Unternehmung schafft. Die Struktur

---

[845] Vgl. Schreyögg (1999), S. 29.

[846] Vgl. Schreyögg (1999), S. 30.

[847] Vgl. Grochla (1978), S. 15. Aufgrund der vielfältigen und oft abweichenden Verwendung des Organisationsbegriffes lässt sich die vom jeweiligen Autor implizierte Bedeutung oft nur aus dem Kontext erkennen (Vgl. Schreyögg (1999), S. 4).

[848] Vgl. Schreyögg (1999), S. 5.

[849] Vgl. Kieser/Kubicek (1976), S. 1f.

[850] Vgl. Kieser/Kubicek (1976), S. 1; Schreyögg (1999), S. 4f.

[851] Vgl. Schreyögg (1999), S. 5.

[852] Vgl. Gutenberg (1983), S. 235f.; Schreyögg (1999), S. 6.

[853] Vgl. Schreyögg (1999), S. 7.

wird hier unmittelbar aus den Aufgaben (bspw. Produktion von Automobilen) und Teilaufgaben der Unternehmung abgeleitet.[854]

Während im deutschen Sprachraum die instrumentelle Deutung des Organisationsbegriffs überwiegt, ist insbesondere im angloamerikanischen Sprachraum der institutionelle Organisationsbegriff gebräuchlicher.[855] Eine Organisation als *Institution* bezeichnet ein von Menschen mit gemeinsamen Zielen geschaffenes geregeltes und strukturiertes soziales Gebilde.[856] Mit dem institutionellen Organisationsbegriff rückt das Ergebnis der Organisationsgestaltung in den Fokus, da hier, neben der formalen Ordnung, auch das gesamte soziale Gebilde mit seinen komplexen Eigenschaften und internen wie externen Kontextfaktoren erfasst wird.[857] Die drei zentralen Elemente des Organisationsbegriffes sind *spezifische Zweckorientierung*, *geregelte Arbeitsteilung* sowie *beständige Grenzen*:[858] Organisationen verfolgen Ziele, wobei die unterschiedlichen Ziele nur teilweise komplementär zueinander sind bzw. oft auch konkurrieren können. Die Arbeitsteilung bildet die Voraussetzung für die (effiziente) Erreichung der Ziele.[859] Wird die Art der Arbeitsteilung dauerhaft geregelt (bspw. über Rollen und Stellenbeschreibungen), dann wird diese Regelung als Organisationsstruktur bezeichnet. Über beständige Grenzen lässt sich die Organisation als System von ihrer Umwelt unterscheiden und es können Mitglieder der Organisation identifiziert werden.[860]

Aus dem institutionellen Organisationsverständnis folgt, dass jedes Unternehmen eine Organisation ist und sich Unternehmen bestimmten Organisationstypen zuordnen lassen.[861] Mit der Aussage *„Die Unternehmung ist eine Organisation weil sie eine Organisation hat!“*[862] verweisen die Autoren Kieser/Kubicek (1976) auf die untrennbare Beziehung zwischen dem instrumentellen und dem institutionellen Organisationsbegriff.[863] Da der instrumentelle Organisationsbegriff Phänomene der Organisation auf allgemeingültige und kontextunabhängige Aspekte der Aufbau- und Ablauforganisation reduziert,[864] können durch alleinige Betrachtung der instrumentellen Ebene viele reale Phänomene und

---

854 Vgl. Kosiol (1976), S. 20ff. Schreyögg (1999) kritisiert an diesem Ansatz allerdings die ungenügende Begründung der geforderten Dauerhaftigkeit bzw. Starrheit der Organisation (vgl. Schreyögg (1999), S. 8.).

855 Vgl. Grochla (1975), S. 2; Bünting (1995), S. 74.

856 Vgl. Schreyögg (1994), S. 17f.; Schreyögg (1999), S. 8.

857 Vgl. Schreyögg (1999), S. 11; Gaitanides (2012), S. 1.

858 Vgl. March/Simon (1994), S. 1ff.; Schreyögg (1999), S. 9f.

859 Schreyögg (1999), S. 10.

860 Vgl. Schreyögg (1999), S. 10.

861 Vgl. Kieser/Kubicek (1976), S. 1; Schreyögg (1999), S. 4f.

862 Kieser/Kubicek (1976), S. 2. Ähnlich auch bei Lawrence/Lorsch (1967): „An organization is defined as a system of interrelated behaviours of people who are performing a task that has been differentiated into several distinct subsystems, each subsystem performing a portion of the task, and the efforts of each being integrated to achieve effective performance of the system.“ (Lawrence/Lorsch (1967), S. 3).

863 Vgl. Kieser/Kubicek (1992), S. 8ff.

864 Vgl. Schreyögg (1999), S. 8ff.

Funktionsbedingungen nicht erfasst werden. Dies hat in den letzten Jahren zu einer zunehmenden Akzeptanz des institutionellen Organisationsbegriffs geführt.[865] Dies impliziert jedoch nicht die Aufgabe der instrumentellen Sichtweise, sondern legt mit der institutionellen Perspektive die Grundlage für eine aufgeklärte Sichtweise auf das Phänomen der Organisation, in deren Rahmen auch interne und externe Kontextfaktoren berücksichtigt werden.[866]

Aufgrund der hier geschilderten Perspektiven folgt das in Kapitel 3.4.3 eingeführte SCRM-System einem institutionellen Organisationsverständnis. Im Folgenden wird allerdings mit der SCRM-Organisation als Bestandteil dieses Systems zunächst einer instrumentellen Sichtweise gefolgt.

3.6.1.2 Möglichkeiten der Organisationsgestaltung

Bei der Spezialisierung, Koordination und Konfiguration handelt es sich, wie in Abbildung 43 gezeigt, um die grundlegenden Merkmale der Organisationsgestaltung.[867] Das Ziel der organisationalen Gestaltung unter Rückgriff auf die geschilderten Merkmale ist die Schaffung eines organisatorischen Gleichgewichts zwischen Flexibilität und Stabilität.[868] Aufgrund der Komplexität von Aufgaben und Umwelt eines Unternehmens ist eine Spezialisierung und hiermit einhergehend eine Gliederung von Aufgaben notwendig.[869] Durch Spezialisierung werden allerdings Elemente der Aufbauorganisation mit dysfunktionaler Wirkung voneinander abgegrenzt, so dass eine gegenläufige Integration durch Maßnahmen der Koordination erforderlich wird.[870] Basierend auf der mit der Spezialisierung erreichten Arbeitsteilung und den hierauf ausgerichteten Koordinationsmaßnahmen ergibt sich die Konfiguration als spezifische Ausgestaltung des Stellengefüges.[871] Im Folgenden werden die beschriebenen Möglichkeiten der Organisationsgestaltung näher vorgestellt, um später eine Einordnung bisheriger Forschungserkenntnisse im Risikomanagement und SCRM vornehmen und hieran eigene empirische Erkenntnisse ausrichten zu können.

---

865 Vgl. Schreyögg (1999), S. 11.

866 Vgl. Klaas (2013), S. 62f.

867 Vgl. Thom/Wenger (2010), S. 48. Vgl. zu den grundlegenden Merkmalen der Organisationsgestaltung auch Grochla (1982), S. 96ff. 166ff.; Hill/Fehlbaum/Ulrich (1994), S. 170ff.; Kieser/Walgenbach (2010), S. 65.

868 Vgl. Bleicher (1993), S. 102.

869 Vgl. Staehle/Conrad/Sydow (1999), S. 676. Siehe hierzu auch die Ausführungen zur Systemtheorie in Kapitel 3.2.1.2 und zu den Bestandteilen des Informationssystems des Unternehmens in Kapitel 3.4.2.

870 Vgl. Rühli (1992), Sp. 1165; Kieser/Walgenbach (2010), S. 77.

871 Vgl. Grochla (1978), S. 32; Kieser/Walgenbach (2010), S. 77.

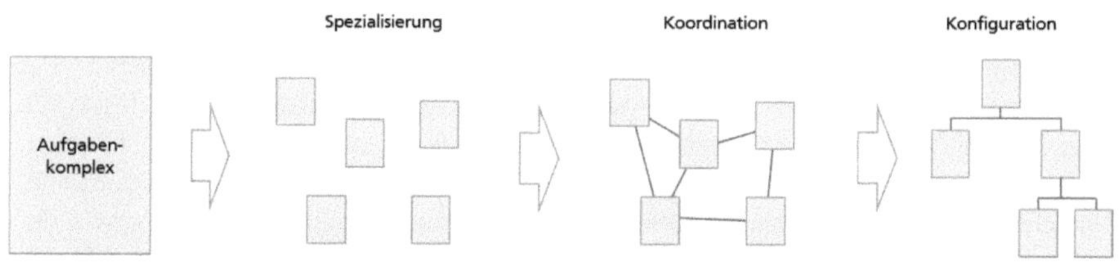

Abbildung 43: Organisatorische Gestaltungsmöglichkeiten
(Quelle: In Anlehnung an Thom/Wenger (2010), S. 48)

3.6.1.2.1 Spezialisierung

Ideen zur Spezialisierung finden sich bereits bei Taylor (1911), der die von Arbeitern verrichteten Aufgaben aufbricht und sie – mit dem Ziel der Spezialisierung – in kleinere Arbeitsschritte zerlegt.[872] Durch verminderte Aufgabeninhalte und deren Zuordnung zu Stellen bzw. Abteilungen[873] wird eine Aufbauorganisation geschaffen, die Qualifikationsanforderungen und Einarbeitungszeiten reduziert, Lerneffekte verstärkt und Überwachung und Kontrolle vereinfacht.[874] Die Spezialisierung[875] einer Organisation lässt sich bzgl. des *Spezialisierungsgrades* und der *Spezialisierungsart* unterscheiden. [876] Der Spezialisierungsgrad wird durch den Umfang der von einer Person wahrgenommen Tätigkeiten festgelegt, während die Spezialisierungsart die Ausprägungen *Spezialisierung nach Verrichtungen, Spezialisierung nach Objekten, und Spezialisierung nach Prozessphasen* annehmen kann.[877] Im Falle der Spezialisierung nach Verrichtungen ergibt sich eine *funktionale Organisation* bei der sich ähnelnde Aufgaben, bspw. solche bei denen ein ähnliches Werkzeug oder ähnliches Wissen von Nöten ist, in einer Organisationseinheit zusammengefasst werden.[878] Vorteile liegen in einer effizienten Nutzung von Ressourcen, der Berücksichtigung funktionaler Abhängigkeiten, Synergieeffekten zwischen Verrichtungen sowie Lerneffekten bei sich wiederholenden Verrichtungen. Nachteile bestehen in einer hohen Zahl von Schnittstellen und den sich hieraus ergebenden

---

872 Vgl. Schreyögg (1999), S. 40.

873 Die Aufgabenteilung kann auf mikroorganisatorischer (einzelne spezialisierte Stellen) und makroorganisatorischer (spezialisierte Abteilungen) Ebene vorgenommen werden (vgl. Bühner (2004), S. 69ff.).

874 Vgl. Kieser/Kubicek (1992), S. 76; Staehle/Conrad/Sydow (1999), S. 676.

875 In wissenschaftlicher Literatur zum Gegenstand der Organisation wird an Stelle des Begriffs Spezialisierung auch der Begriff der Zentralisierung/Zentralisation oder der Zentralisation im Sinne der Zusammenfassung gleichartiger Aufgaben in zentralen Organisationseinheiten verwendet. Weitere Synonym verwendete Begriffe sind Arbeitsteilung und Differenzierung. Siehe hierzu bspw. Staehle/Conrad/Sydow (1999), S. 676; Kagelmann (2001), S. 58; Bornewasser (2009), S. 102; Gunkel (2010), S. 36.

876 Vgl. Kieser/Walgenbach (2010), S. 81.

877 Vgl. Hill/Fehlbaum/Ulrich (1994), S. 176; Frese (2000a), S. 409ff.; Kieser/Walgenbach (2010), S. 81. Aus der für eine Organisation gewählten Spezialisierungsart folgen die idealtypischen Strukturkonfigurationen wie die funktionale oder die divisionale Organisation (vgl. Schreyögg (1999), S. 120f., S. 132-135.).

878 Vgl. Schreyögg (1999), S. 120f.

Abstimmungsbedarfen, einer möglicherweise ungenügenden Ausrichtung am Gesamtergebnis sowie Zuordnungs- und Motivationsproblemen aufgrund eintöniger Arbeit.[879] Die Spezialisierung nach Objekten führt zu einer *divisionalen Organisation* und fasst alle Aufgaben, die sich auf ähnliche Objekte beziehen, in einer Organisationeinheit zusammen. Vorteile liegen in der konkreten Zuordenbarkeit von Aufgaben, der Komplexitätsreduktion, der Möglichkeit der Betonung spezifischer Regionen/Sparten/Produkte/Kunden sowie der Unterstützung von technologischen Innovationen. Nachteile ergeben sich aus der Duplizierung verrichtungsbezogener Organisationseinheiten und dem hiermit einhergehenden Verlust von Spezialisierungsvorteilen sowie der ungenügenden Abstimmung bzw. mangelnden Hebung von Synergien zwischen den Objektbereichen.[880] Die Spezialisierung nach Prozessphasen richtet die Spezialisierung an einzelnen Prozessschritten des Entscheidungsprozesses aus. So können bspw. Entscheidungsvorbereitung und der eigentliche Entschluss voneinander getrennt werden, was eine Spezialisierung auf entscheidungsunterstützende Methoden und bezüglich des für Entscheidungen notwendigen Fachwissens erlaubt. Nachteile liegen in der formal nicht durch die Linienorganisation legitimierten Macht solcher Stellen [881] sowie Konflikten auf der personellen Ebene, die sich bspw. durch eine von Generalisten wahrgenommene Bedrohung durch Spezialisten ergeben.[882]

Spezialisierungsaspekte werden auch unter dem Begriff der (De-)Zentralisierung diskutiert.[883] Im Sinne der Systemtheorie bezeichnet (De-)Zentralisierung den Grad der Häufung von Systemelementen an Punkten innerhalb eines Systems.[884] Übertragen auf das System der Organisation kann sich (De-)Zentralisierung auf Aufgaben oder auf Entscheidungen beziehen. [885] Die (De-)Zentralisierung von Aufgaben bezieht sich auf den Umfang, in dem gleichartige Aufgaben der Entscheidung, Kontrolle und Durchführung in einer Organisationseinheit zusammengefasst und konzentriert werden.[886]

---

879 Vgl. Schreyögg (1999), S. 130f.; Kieser/Walgenbach (2010), S. 74-76. Für einen Überblick über Vor- und Nachteile der Organisationsform siehe bspw. Freichel (1992), S. 123.

880 Vgl. Schreyögg (1999), S. 132-135. Für einen Überblick über Vor- und Nachteile der Organisationsform siehe bspw. Freichel (1992), S. 120f; Hill/Fehlbaum/Ulrich (1994), S. 187.

881 Siehe hierzu auch den Absatz zu Linien- und Stabsstellen in Kapitel 3.6.1.2.3. In der Regel findet eine Spezialisierung nach Entscheidungsprozessphasen im Rahmen der Schaffung von Stabsstellen statt, die Aufgaben wie strategische Planung, Public Relations oder Controlling wahrnehmen (vgl. Schreyögg (1999), S. 150f.).

882 Vgl. Schreyögg (1999), S. 150-153.

883 Vgl. Bleicher (1966), S. 43. In der Literatur wird auch von horizontaler und vertikaler Spezialisierung gesprochen. Während Ansätze der horizontalen Spezialisierung sich auf die Breite bzw. den Umfang der von einer Stelle oder Abteilung wahrgenommenen Aufgaben bezieht, versteht man unter vertikaler Spezialisierung die Differenzierung nach ausführenden und anordnenden Tätigkeiten (vgl. Bornewasser (2009), S. 103f.; Schanz (1992), Sp. 1462.) Der Begriff der horizontalen Spezialisierung wird allerdings auch für die Produkt(programm)-bezogene Spezialisierung einer Unternehmung (Diversifikation) verwendet (vgl. Bünting (1995), S. 118ff.).

884 Vgl. Beuermann (1992), Sp. 2611; Hungenberg (1995), S. 44f.

885 Vgl. Bleicher (1966), S. 29ff.; Schanz (1994), S. 214; Hungenberg (1995), S. 45.

886 Vgl. Drumm (2004), Sp. 180.

Die (De-)Zentralisierung findet aus diesem Blickwinkel im oben diskutierten Begriff der Spezialisierung ihre Entsprechung und wird teilweise auch synonym verwendet. Die (De-)Zentralisierung von Entscheidungen bezieht sich hingegen auf die Verteilung bzw. Konzentration von Entscheidungsbefugnissen in einer Organisation. [887] Bei organisatorischen Stellen mit Weisungsbefugnis handelt es sich um Instanzen. [888] Da nicht sämtliche Entscheidungen durch die Unternehmensleitung als oberste Instanz getroffen werden können, sind im Rahmen einer Entscheidungsdelegation[889] als Ergebnis einer organisationalen Strukturierung Entscheidungsbefugnisse auf hierarchisch niedrigere Instanzen innerhalb der Organisation zu delegieren. [890] Der Begriff der Partizipation beschreibt umgekehrt die Möglichkeit von Organisationeinheiten, auf die Willensbildung übergeordneter Instanzen einzuwirken.[891]

3.6.1.2.2 Koordination

Spezialisierung führt mit einer zunehmenden Arbeitsteilung unweigerlich zu einer Verringerung des Gesamtverständnisses für interdependente Aufgaben und Entscheidungsprozesse[892] und zu einer Zunahme organisationseinheitenübergreifender Aufgaben- und Entscheidungsinterdependenzen.[893] Entscheidungsinterdependenzen liegen vor, wenn *„die Entscheidung einer Einheit die Komponenten des Entscheidungsvektors einer anderen Entscheidungseinheit verändert."* [894] Neben Entscheidungsinterdependenzen ist der Koordinationsbedarf auch auf die Delegation von Aufgaben und die Gewährung von Entscheidungsautonomie zurückzuführen.[895] Die Koordination[896] dient somit der Eingren-

---

887 Vgl. Grochla (1978), S. 37.

888 Vgl. Kieser/Walgenbach (2010), S. 82.

889 Im Gegensatz zum Begriff der (De-)Zentralisierung wird der Begriff der Delegation in der Regel verwendet, um das Verhältnis zwischen genau zwei Organisationeinheiten zu beschreiben (vgl. Hungenberg (1995), S. 149f.

890 Vgl. Laux/Liermann (2005), S. 15f.

891 Vgl. Kieser/Walgenbach (2010), S. 168. Die umfangreichsten Entscheidungsbefugnisse weisen Organisationseinheiten mit Entscheidungskompetenz auf. Organisationseinheiten mit Ausführungskompetenz besitzen den geringsten Umfang an Befugnissen. Zwischen diesen beiden Extremtypen besteht ein breites Kontinuum weiterer Typen. Hierzu zählen die Weisungskompetenz (das Recht Organisationsmitgliedern Weisungen zu erteilen) oder die Verfügungskompetenz (Recht über Objekte und Informationen zur Aufgabenerfüllung zu verfügen) (vgl. Frese (1992a), Sp 207; Schertler (1998), S. 25.); Pfänder (2009), S. 122).

892 Vgl.Hoffmann (1980), S. 264; Kieser/Walgenbach (2010), S. 100; Gaitanides (2012), S. 74ff

893 Vgl. Kieser/Walgenbach (2010), S. 93f.

894 Frese (1975), Sp. 2265. Der Entscheidungsvektor enthält die Entscheidungsprämissen eines Entscheidungsträgers (vgl. Hoffmann (1980), S. 90. Es können unterschiedliche Formen von Entscheidungsinterdependenzen unterschieden werden: Bei gebündelten Interdependenzen stimmen sich Entscheidungsträger bzgl. gemeinsam benötigter Ressourcen ab, bei sequenziell abhängigen Entscheidungen wird ein von einem Entscheidungsträger begonnener Entscheidungsprozess von einem anderen fortgesetzt und bei wechselseitigen Interdependenzen wird das Ergebnisse eines Entscheidungsprozesses von mehreren Entscheidungsträgern wechselseitig beeinflusst (vgl. Thompson (2011), S. 54; Staehle/Conrad/Sydow (1999), S. 527).

895 Vgl. Frese/Graumann/Theuvsen (2012), S. 223ff.

zung dysfunktionaler Wirkungen der Spezialisierung [897] und ist als *„zielgerichtete Abstimmung der sich aus der Arbeitsteilung ergebenden Interdependenzen bzw. als zielgerichtete Abstimmung interdependenter Systeme“* zu verstehen.[898] Kosten, die aufgrund mangelnder Abstimmung und einer hieraus entstehenden Abweichung von einer theoretisch möglichen Optimallösung entstehen, werden als Autonomiekosten bezeichnet. Koordinationsmaßnahmen, die der Senkung von Autonomiekosten dienen, führen hingegen zu steigenden Kommunikations- bzw. Abstimmungskosten (siehe Abbildung 44).[899]

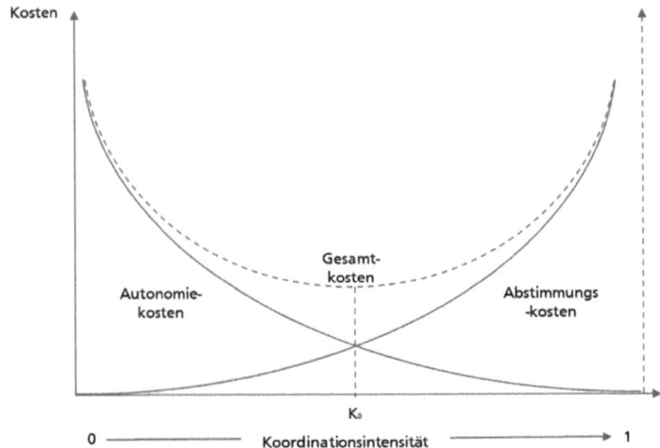

Abbildung 44: Zusammenhang zwischen Autonomie- und Abstimmungskosten
(Quelle: Frese/Graumann/Theuvsen (2012), S. 146)

Alternative Organisationsformen können anhand ihrer Gesamtkosten als Summe aus Autonomie- und Abstimmungskosten bewertet und verglichen werden. Das Ergebnis des Einsatzes von Koordinationsmaßnahmen mit dem Ziel der bestmöglichen Erfüllung der Zielsetzung des Unternehmens wird als Koordinationsgleichgewicht bezeichnet.[900] In der Praxis ergeben sich jedoch Schwierigkeiten bei der Kostenermittlung,[901] im Rahmen von

---

[896] Abgegrenzt werden kann hierbei der Begriff der Koordination vom Begriff der Integration, der teilweise – jedoch nicht immer – synonym verwendet wird. Während unter Integration ein zeitlich begrenzter Prozess von Aufgaben der organisatorischen Verzahnung zu verstehen ist, bspw. im Rahmen der Übernahme und Eingliederung von neuen Organisationselementen in eine bestehende Organisation (bspw. durch Akquise eines Unternehmens), umschreibt der Begriff der Koordination eine dauerhafte Aufgabe (vgl. Gallus (2011), S. 27). In der vorliegenden Arbeit sollen beide Begriffe synonym verwendet werden.

[897] Vgl. Rühli (1992), S. 1165.

[898] Scheer (2008), S. 39. Dies wird auch als *Dualproblem* der Organisation bezeichnet (vgl. Schreyögg (2010), S. 92).

[899] Vgl. Frese/Graumann/Theuvsen (2012), S. 146.

[900] Vgl. Hoffmann (1980), S. 306.

[901] Vgl. Frese/Graumann/Theuvsen (2012), S. 146.

Effizienzbetrachtungen werden daher Bestimmungsfaktoren für beide Kostenarten herausgearbeitet.[902]

Für die Koordination steht ein breites Spektrum an Mitteln zur Verfügung.[903] Grundsätzlich lassen sich Mechanismen unterscheiden, die den Koordinationsbedarf reduzieren und solche, die den Koordinationsbedarf decken.[904] Mechanismen zur Deckung des Koordinationsbedarfs reduzieren die Komplexität und tragen zur Auflösung von Zieldifferenzen bei.[905] Als Beispiele können die Entkopplung von Organisationeinheiten, die bspw. auf Wertstromebene mit Pufferbeständen erreicht wird, und der Einsatz flexibler Ressourcen sowie die Vorhaltung von Reserveressourcen genannt werden. Auch die Abstimmung über Bandbreiten an Stelle exakt definierter Zielwerte hilft den Koordinationsaufwand zu reduzieren. Der Übergang zwischen Mechanismen zur Senkung und zur Deckung des Koordinationsbedarfs ist fließend und eine eindeutige Zuordnung bestimmter Mechanismen nicht immer möglich.[906] Mechanismen zur Deckung des Koordinationsbedarfs lassen sich, wie in Abbildung 45 dargestellt in *strukturelle*, *technokratische* und *personenorientierte Mechanismen* unterscheiden.[907] Unabhängig von dieser Einteilung lassen sich Koordinationsmechanismen nach ihrer zeitlichen Wirkung der *zukunftsgerichteten Vorauskoordination* sowie der *Feedbackkoordination*, bei welcher gegebenenfalls auftretende Diskrepanzen durch nachträgliche Handlungen beseitigt werden, zuordnen.[908]

Strukturelle Mechanismen beziehen sich auf die bereits skizzierte koordinierende Wirkung von Organisationsstrukturen und Organisationseinheiten. So ergeben sich unterschiedliche integrative Schwerpunkte in funktionalen sowie divisionalen Organisationsstrukturen. Zudem können Elemente der Sekundärorganisation wie Stäbe oder Projekte ebenfalls eine koordinierende Wirkung entfalten.[909] Personenorientierte Koordination kann wiederum entsprechend der Kompetenzverteilung in zentral/vertikal wirkende sowie dezentral/horizontal wirkende Instrumente unterschieden werden.[910]

---

902 Vgl. zu den Begriffen *Effizienz* und *organisatorische Effizienz* Kapitel 4.2.4.

903 An dieser Stelle kann nicht aufgrund der Breite des Themas nicht auf alle möglichen Strukturierungsformen eingegangen werden. (vgl. Hoffmann (1980), S. 306; Freichel (1992), S. 179; Kajüter (2015), S. 131. Siehe hierzu auch die Arbeiten von Lawrence /Lorsch (1967); Galbraith (1973); March /Simon (1994); Frese (2000a); Thompson (2011)).

904 Vgl. Hoffmann (1980), S. 306; Freichel (1992), S. 178; Kieser/Walgenbach (2010), S. 99f.

905 Vgl. Hoffmann (1980), S. 306.

906 Koordinationsbedarfsreduzierende Maßnahmen sollen aufgrund der geringen Relevanz für diese Arbeit an dieser Stelle nicht weiter behandelt werden. Für weitere Ausführungen siehe: Hoffmann (1980), S. 328; Winkler (1999), S. 103; Kutschker/Schmid (2008), S. 997f.; Scheer (2008), S. 43; Kieser/ Walgenbach (2010), S. 99f.

907 Vgl. Kutschker/Schmid (2008), S.1033. Siehe auch Freichel (1992), S. 179; Breilmann (1995), S. 162 für eine zweigeteilte Einordnung, bei welcher die strukturellen Mechanismen keine eigene Berücksichtigung finden. Andere Strukturierungsansätze finden sich in Lühring (2006), S. 85f. und Scheer (2008), S. 49.

908 Vgl. Kieser/Walgenbach (2010), S. 96f.

909 Vgl. Kutschker/Schmid (2008), S.1033ff.

910 Vgl. Welge (1987), S. 415; Freichel (1992), S. 179.

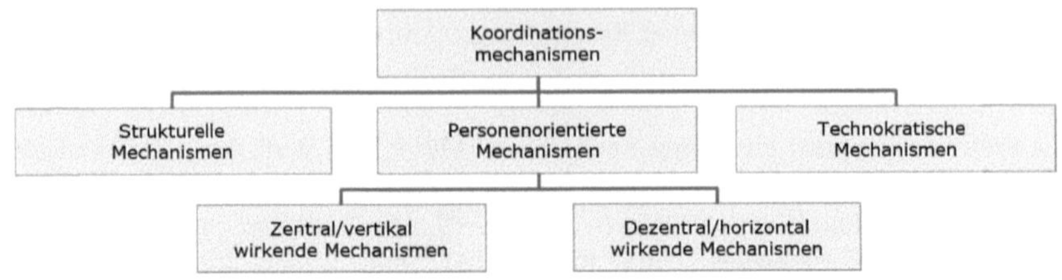

Abbildung 45: Systematisierung von Maßnahmen der Koordination
(In Anlehnung an: Hoffmann (1980), S. 306; Freichel (1992), S. 179; Kutschker/Schmid (2008), S.1033ff.)

Zentral/vertikal wirkende Elemente ergeben sich aus persönlichen Weisungen innerhalb der organisationalen Hierarchie. Aufgrund der hohen Belastung von Instanzen innerhalb der Linie erfolgt oftmals eine Kombination mit anderen, wie den dezentralen/horizontalen Instrumenten.[911] Zu den dezentral/horizontal wirkenden Instrumenten zählt insbesondere die Selbstabstimmung, bei welcher interdependente, gleichrangige Organisationeinheiten eine Selbstkoordination wahrnehmen und Entscheidungen oft gemeinschaftlich getroffen werden. [912] Strukturelle Regelungen können die Selbstkoordination unterstützen. Entsprechend der Intensität bzw. Art der Regelung können *fallweise Interaktion nach eigenem Ermessen* (keine Regelung), *themenspezifische Interaktion* (Abstimmung wird bei bestimmten Themen zur Pflicht) sowie die *institutionalisierte Interaktion* unterschieden werden. Letztere bezieht sich auf Organe oder Gremien (wie bspw. Ausschüsse, Komitees, Projektgruppen, Kollegien etc.) die, falls Entscheidungen gleichberechtigt gefällt werden müssen, ebenfalls als Form der Selbstabstimmung anzusehen sind.[913] Deutlich wird, dass mit zunehmenden Regelungen bereits die Schwelle zu technokratischen Koordinationsinstrumenten überschritten wird.

Ein weiterer Bestandteil dezentraler, personenorientierter Mechanismen ist die Unternehmensphilosophie oder Unternehmenskultur. [914] In diesem Rahmen wird angenommen, *„dass jede Organisation für sich eine spezifische Kultur entwickelt, d.h. in gewisser Hinsicht eine eigenständige Kulturgemeinschaft darstellt.“*[915] Mithilfe der sich hieraus ergebenden gemeinsamen Wertvorstellungen, Orientierungsmustern [916] und Zielvorstellungen werden Konflikte reduziert, Konsens erleichtert und Vertrauen mit dem Ergebnis der Reduktion opportunistischen Verhaltens geschaffen. [917] Aufgrund dieser

---

911 Vgl. Mintzberg (1979), S. 3ff.; Welge (1987), S. 418; Kieser/Walgenbach (2010), S. 102.

912 Vgl. Scheer (2008), S44; Kieser/Walgenbach (2010), S. 103f.

913 Besitzen jedoch einzelne Organisationsmitglieder bevorzugte Entscheidungskompetenzen, so handelt es sich auch hier um Koordination durch persönliche Weisung (vgl. Kieser/Walgenbach (2010), S. 103ff).

914 Vgl. Welge (1987), S. 419f.; Kieser/Walgenbach (2010), S. 120-126. Der Kulturbegriff entstammt der Ethnologie (siehe hierzu auch Kluckhohn/Strodtbeck (1961)) und wurde von der Organisationsforschung auf das System der Organisation übertragen (vgl. Schreyögg (1999), S. 437ff.).

915 Schreyögg (1999), S. 437.

916 Vgl. Schreyögg (1999), S. 437.

917 Auch wenn in empirischen Studien ein Kausalzusammenhang zwischen der Ausprägung einer Unternehmenskultur und dem Unternehmenserfolg bislang nicht nachgewiesen wurde (siehe hierzu

koordinierenden Funktion sind Unternehmen mit starker Unternehmenskultur in geringerem Maße als andere Unternehmen auf technokratische Koordinationsmaßnahmen angewiesen.[918] Während Wilkins/Ouchi (1983) feststellen, dass Organisationskultur insbesondere in unsicheren und komplexen Situationen, in welchen innovative Lösungen notwendig sind, als geeignete Koordinationsmethode anzusehen ist, sehen Nystrom /Starbuck (1984) Kultur selbst als Risikoquelle an, da sie die Organisationsmitglieder in ein Korsett zwängt, welches eine radikale Neuorientierung in Extremsituationen verhindert.[919]

Technokratische Maßnahmen werden von Organisationsmitgliedern nicht als Ergebnis der Entscheidung eines einzelnen, sondern als Entscheidung bzw. Regelung einer Institution wahrgenommen.[920] Sie basieren auf Programmen, Plänen sowie organisationsinternen Märkten, welche Anweisungen durch vorgelagerte Instanzen verringern oder ersetzen können und diese somit entlasten.[921] Programme geben Verfahren vor, werden über schriftliche Handbücher oder Verfahrensrichtlinien definiert und sind entweder das Ergebnis von Lernprozessen innerhalb der Organisation oder werden verbindlich vorgegeben.[922] Da aufgrund der Dynamik der Organisation eine alleinige Koordination durch eher starre Programme[923] nicht möglich ist,[924] kann mit Hilfe von Plänen durch die Vorgabe von periodenbezogenen Plan- und Sollvorgaben bzgl. Zielen, Maßnahmen, Ressourcen und Verfahren ein höheres Maß an Flexibilität erreicht werden.[925] Eine weitere Ausprägung der technokratischen Koordinationsdimension sind interne Märkte.[926] Die Koordination wird hierbei über einen Marktmechanismus gesteuert, der entweder über Verrechnungspreise, Lenkpreise oder über die zentrale Zuweisung von Investitionsmitteln realisiert wird.[927] Eine weitere Form technokratischer Koordinationsmechanismen besteht

---

Alvesson (2002)), wollen Kieser/Walgenbach (2010) nicht ausschließen, dass ein positiver Effekt existiert. Sie betonen jedoch, dass sich aufgrund der Komplexität des Zusammenhangs keine absolute Klarheit mittels empirischer Studien schaffen lässt (vgl. Kieser/Walgenbach (2010), S. 123).

918 Vgl. Peters/Waterman (1982), S. 102f.

919 Vgl. Kieser/Walgenbach (2010), S. 123, 126.

920 Vgl. Schreyögg (1999), S. 167; Kieser/Walgenbach (2010), S. 101.

921 Vgl. Kieser/Walgenbach (2010), S. 100f., 107. An anderer Stelle wird auch die Formalisierung als technokratische Form der Koordination begriffen (vgl. Freichel (1992), S. 182).

922 Vgl. Hill/Fehlbaum/Ulrich (1994), S. 270ff.; Kieser/Walgenbach (2010), S. 107, 111f.

923 Unterschieden werden starre sowie flexible Programme, wobei letztere ebenfalls einem eng vorgegebenen Rahmen folgen und sich von ersteren lediglich über die Berücksichtigung konditioneller Verzweigungen unterscheiden (vgl. Kieser/Walgenbach (2010), S. 107).

924 Vgl. Schreyögg (1999), S. 171.

925 In der Regel geben Pläne in der Form von Teilplänen für einzelne Organisationseinheiten Ziele, Maßnahmen und Ressourcen vor. Das Konzept des Management by Objectives (MbO) hat das Ziel eine Planung über die Vorgabe von Zielen an Stelle von Prozessschritten zu erreichen (vgl. Ulrich/Fluri (1995), S. 244f.; Kieser/Walgenbach (2010), S. 111-113). Eine ausschließliche Koordination durch Pläne scheitert ähnlich wie im Fall von Programmen an der Unvorhersehbarkeit zukünftiger Umweltzustände (vgl. Kieser/Walgenbach (2010), S. 114).

926 Vgl. Frese/Graumann/Theuvsen (2012), S. 191ff.; Laux/Liermann (2005), S. 385ff.

927 Vgl. Ouchi (1980), S. 129ff.; Frese/Graumann/Theuvsen (2012), S. 194.

in der Formalisierung und Standardisierung.[928] Im Rahmen der Delegation von Aufgaben bietet Standardisierung die Möglichkeit, das Ergebnis, die Art der Durchführung und die notwendigen Informationen vorab im Sinne einer Vorauskoordination zu definieren. Strukturtypalisierung bezeichnet den Grad der Formalisierung organisatorischer Regelungen, die Informationsfluss-Formalisierung beschreibt Regelungen bzgl. des schriftlichen Informationsflusses, die Leistungsdokumentation legt fest, in wie weit eine Dokumentation der Leistungserfassung zu erfolgen hat.[929] Formalisierung reduziert die Menge möglicher Handlungsalternativen und trägt somit zur Reduktion von Unsicherheiten in der Organisation bei.[930] Formalisierung geht in der Regel mit einer starken Spezialisierung und Entscheidungszentralisierung einher.[931]

Neben den erwähnten Koordinationsmaßnahmen ist zur Koordination auch Kommunikation zwischen den Entscheidungsträgern notwendig. Informations- und Kommunikationsprozesse dienen der Weitergabe von Anweisungen, Plänen, Regelungen usw. und somit der Übermittlung der Entscheidungsprämissen.[932] Über die Manipulation von Entscheidungsprämissen erfolgt eine unmittelbare Koordination interdependenter Entscheidungen.[933] Analog zur Koordination erfordert daher Spezialisierung ein hohes Maß an Information – mit der Spezialisierung steigen somit auch die Informations- und Kommunikationskosten.[934]

3.6.1.2.3 Konfiguration

3.6.1.2.3.1 Grundlegende Konfigurationsformen

Als Ergebnis der Spezialisierung und Koordination als Grundkonzepte organisationaler Gestaltung ergibt sich die Konfiguration[935] einer Organisationsstruktur[936] als *„das formale Stellengefüge in einer vertikalen wie horizontalen Ausprägung sowie rang- und zweckbezogenen Zuordnung.“*[937] Als Grundtypen bzw. Strukturtypen der Organisation zählen insbesondere die *Einlinien-*, *Mehrlinien-*, *Stablinien-*, *Matrix- und Projektorganisation*, die daher im Folgenden kurz vorgestellt und anhand ihrer koordinationsbedarfsinduzierenden

---

928 Vgl. Schanz (1994), S. 73.

929 Vgl. Breilmann (1995), S. 161; Daft (2010), S. 17f.; Kieser/Walgenbach (2010), S. 157ff.

930 Vgl. Child (1973), S. 169; Simon (1981), S. 132;

931 Die negativen Auswirkungen hiervon, wie bspw. eine physiologische und psychologische Beeinträchtigung der Mitarbeiter, starres Verhalten, Mangel an Innovationen, Fehlzeiten, Fluktuation oder subversives Verhalten, werden vielfach in der Literatur diskutiert. Siehe hierzu bspw. Mintzberg (1992), S. 60.

932 Vgl. Nippa (1988), S. 55.

933 Vgl. Fieten (1977), S. 31.

934 Vgl. Staneck-Pohl (1997), S. 36.

935 Auch bezeichnet als Leitungssystem (vgl. Kieser/Walgenbach (2010), S. 127).

936 Vgl. Schulte-Zurhausen (2010), S. 245ff.

937 Vgl. Hoffmann (1980), S. 280.

bzw. koordinations-bedarfsreduzierenden und -deckenden [938] Wirkung eingeordnet werden.[939]

Ein Einliniensystem liegt vor, wenn jeder untergeordneten Organisationseinheit nur eine übergeordnete weisungsbefugte Stelle (Instanz) zugeordnet ist.[940] Gerade in größeren Organisationen ergibt sich hierdurch ein mehrstufiges System einander über- bzw. unterstellter Instanzen und Ausführungsstellen, die über Weisungsbeziehungen untereinander verknüpft sind.[941] Nachteile sind lange, mehrstufige Informationswege, hohe Anforderungen an die Qualifikation der Instanzen und hieraus resultierend eine Instanzüberlastung.[942] Einen Lösungsansatz bieten Mehrliniensysteme, die das Problem der langen Informationswege durch Mehrfachunterstellung umgehen, hierdurch allerdings aufgrund teils unklarer Verantwortlichkeiten und Kompetenzstreitigkeiten neue Probleme schaffen.[943] Behoben wird dies in der Praxis durch die Kombination beider Prinzipien: Während Verantwortlichkeiten durch eine eindeutige disziplinarische Unterstellung bzgl. einer Instanz klar geregelt werden, können zusätzlich, falls notwendig, weitere fachliche/funktionale Unterstellungen erfolgen.[944]

Zusätzlich zu den beschriebenen Linienstellen finden sich in Unternehmen heute vielfach auch sogenannte Stabsstellen, deren Aufgabe in der Entscheidungsvorbereitung, Kontrolle sowie fachlichen Beratung für Instanzen besteht.[945] Sie besitzen keine Weisungsbefugnisse und können als generalisierte Stäbe, ohne spezielle Aufgabe mit dem Ziel zur mengenmäßigen Entlastung ihrer zugeordneten Instanzen[946] oder als spezialisierte Stäbe mit klaren fachlichen Zuständigkeiten ausgeführt sein.[947] Gerade wenn Stabsstellen mit einer

---

[938] Aufgrund der schwierigen Abgrenzung wird im Folgenden nicht weiter zwischen Koordinationsbedarfsenkenden bzw. -deckenden Maßnahmen unterschieden.

[939] Vgl. Hill/Fehlbaum/Ulrich (1994), S. 191ff. Konfigurationen bzw. Leitungssysteme werden oftmals in Form von Organisationsschaubildern (Organigrammen) festgehalten. Die Existenz von Organigrammen weißt jedoch nicht auf das Vorhandensein einer Konfiguration sondern vielmehr auf den Grad der Formalisierung innerhalb der Organisation hin (vgl. Kieser/Walgenbach (2010), S. 127).

[940] Vgl. Kosiol (1976), S. 110.

[941] Vgl. Kieser/Walgenbach (2010), S. 128.

[942] Vgl. Schreyögg (1999)Kieser/Walgenbach (2010), S. 128.

[943] Vgl. Kieser/Walgenbach (2010), S.131f. Einen weiteren Lösungsansatz bietet die sogenannte *„Fayolsche Brücke“*, welche die direkte Abstimmung von unterschiedlichen Instanzen unterstellten Abteilungen bei nachträglicher Unterrichtung der jeweiligen Instanzen gestattet (Kieser/Walgenbach (2010), S.131f.).

[944] Beispielsweise erfolgt eine solche Kompetenzverteilung und Konfiguration im Rahmen der Organisation von Niederlassungen von Unternehmen. So sind oftmals Funktionen wie bspw. Finanzabteilungen von Niederlassungen oder Konzerntöchtern fachlich oder gar disziplinarisch der entsprechenden Funktion der Zentrale unterstellt, um eine Vereinheitlichung von Abläufen sowie eine bessere Kontrolle zu gewährleisten (vgl. Kieser/Walgenbach (2010), S.133f.).

[945] Vgl. Hill/Fehlbaum/Ulrich (1994), S. 197. Größere Stabsstellen können wie Linienorganisationen hierarchisch gegliedert sein (vgl. Hill/Fehlbaum/Ulrich (1994), S. 198f.)

[946] Hierbei handelt es sich tendenziell weniger um echte Stabsstelen sondern vielmehr um Hilfsstellen (bspw. Assistenzstellen), die auf eine organisatorische Fehlplanung hindeuten (Schreyögg/Koch (2010), S. 309).

[947] Vgl. Hill/Fehlbaum/Ulrich (1994), S. 198f.

umfangreichen Fach- und Methodenkompetenz ausgestattet sind, erreichen sie unter Umständen ungewollte Quasi-Entscheidungsbefugnisse, was auch zu Konflikten mit anderen Organisationseinheiten führen kann.[948] Über den Vorwurf der Praxisferne erfahren Stabsstellen oftmals nur begrenzte Akzeptanz.[949]

Die zunehmende Größe und Komplexität von Unternehmen hat beim Einsatz der klassischen Organisationsformen vielfach zu Problemen wie intraorganisatorischen Konflikten geführt. Eine Lösung bieten Matrixorganisationen, die als Dualorganisation *„zwei Autoritätslinien mit mehr oder weniger gleichwertigen Kompetenzen“* [950] miteinander vereinen.[951] Die Autoritätslinien sind in der Regel unterschiedlich ausgerichtet. Es werden beispielsweise unterschiedliche Spezialisierungsarten wie verrichtungs- und objektbezogene Spezialisierung miteinander kombiniert.[952] Konflikte, die in einer Einlinienorganisation verdeckt bleiben, treten in der Matrixorganisation klar zu Tage, erfordern allerdings auch den Einsatz entsprechender Konfliktlösungsstrategien und -methoden und stellen hohe Anforderungen an die Organisationsmitglieder. Der erhöhte Abstimmungsaufwand verlangsamt oftmals Entscheidungsprozesse, zudem erschwert die Matrixorganisation, ähnlich wie die Mehrlinienorganisation, die unmittelbare Zuordnung von Ergebnissen.[953] Der oft notwendige zusätzliche Bedarf an Führungskräften und die hieraus resultierende Vergrößerung der Organisation, werden insbesondere in Zeiten des *„Lean Management“* negativ beurteilt.[954]

3.6.1.2.3.2 Zentralbereiche zur Professionalisierung der Organisation

Die hier vorgestellten Organisationsformen bilden eine wesentliche Orientierungshilfe für die Organisation von so genannten *Zentralbereichen* (auch *Center*), wie sie bspw. im Rahmen der Organisation des allgemeinen Risikomanagements anzutreffen sind.[955] *„Zentralbereiche entstehen durch Ausgliederung von Aufgaben in gesonderten Einheiten zur Verankerung einer bereichsübergreifenden Perspektive. Sie kennzeichnen damit ein Prinzip zur Verankerung von Mehrdimensionalität in einer eindimensionalen Grundstruktur.“*[956] Ist ein Unternehmen nach einer Dimension in unterschiedliche Unternehmensbereiche gegliedert, dann handelt es sich bei Zentralbereichen um spezifische, organisatorisch ausdifferenzierte Einheiten, die entweder in der Sphäre der Unternehmensleitung entstehen (im Falle aus Sicht der Unternehmensleitung nicht delegierbarer Aufgaben) oder in der Sphäre der

---

948 Siehe hierzu auch Kapitel 3.6.1.2.1.

949 Vgl. Freichel (1992), S. 146.

950 Schreyögg (1999), S. 176.

951 Im Falle von mehr als zwei Autoritätslinien wird von einer Tensororganisation gesprochen (vgl. Bleicher (1991), S. 593ff.).

952 Vgl. Schreyögg (1999), S. 176f.

953 Vgl. Schreyögg (1999), S. 176ff.

954 Als Alternative bieten sich sogenannte Matrixsurrogate. Siehe hierzu Reiß (1994), S. 152ff.

955 Vgl. hierzu die Auseinandersetzung mit der Organisation des allgemeinen Risikomanagements in Kapitel 3.6.3.

956 Frese/Graumann/Theuvsen (2012), S. 468.

(operativen) Unternehmensbereiche (im Falle aus Sicht der Unternehmensleitung delegierbarer Aufgaben). Je nach Zuordnung werden Zentralbereiche entweder hierarchisch über oder neben Unternehmungsbereichen verankert.[957] Die Aufgabe von Zentralbereichen besteht in der Regel in der zentralen Koordination von Organisationseinheiten niedrigerer Hierarchieebenen und der Aufbereitung entscheidungsrelevanter, übergreifender Informationen für die Unternehmensführung. Dies stellt hohe Anforderungen an die Fähigkeiten zur Informationsverarbeitung der Zentralbereiche.[958] Da Zentralbereiche in der Regel Mitarbeiter mit spezifischer Expertise bündeln, wird ihre Bildung mit einer Professionalisierung der Organisation verbunden.[959] Beispiele für Zentralbereiche sind die interne Revision, das Controlling, die IT oder auch das allgemeine Risikomanagement.[960] In Anlehnung an die bereits vorgestellten Möglichkeiten der organisationalen Konfiguration lassen sich die in Abbildung 46 dargestellten Formen der Koordination/Kooperation entlang eines Kontinuums zwischen *Separation* (Ausgliederungsprinzip) und *Integration* (Autarkieprinzip) unterscheiden.[961] Im Falle eines *Kernbereichsmodells* werden alle Aufgaben eines bestimmten Typs aus den Unternehmensbereichen in einen Zentralbereich verlagert. Der Zentralbereich fällt alle für diese Aufgaben notwendigen Beschlüsse und übernimmt auch ihre operative Umsetzung. Im Rahmen des *Richtlinienmodells* werden durch einen Zentralbereich, wie bspw. dem Risikomanagement, Richtlinien vorgegeben, die von den Unternehmensbereichen strikt zu befolgen sind bzw. in deren Rahmen sich die operativen Einheiten bewegen müssen. Im Rahmen des *Matrixmodells* sind die operativen Einheiten nur gemeinsam mit dem Zentralbereich entscheidungsbefugt; Entscheidungsausschüsse dienen hier zur Selbstabstimmung. Im Rahmen des *Servicemodells* besteht eine formelle Verteilung von Kompetenzen zwischen einem Zentralbereich und Unternehmensbereichen. Die Unternehmensbereiche erteilen hierbei Aufträge an den zentralen Servicebereich. Im Gegensatz hierzu nimmt der Stab im Rahmen des *Stabsmodells* keine operativen Aufgaben wahr sondern verfügt lediglich über eine entscheidungsvorbereitende Funktion. Im Autarkiemodell wird die Aufgabenerfüllung schließlich in autarker Weise von den operativen Einheiten wahrgenommen, ohne dass diese von einem Zentralbereich beeinflusst werden.[962]

---

957 Vgl. Frese/Graumann/Theuvsen (2012), S. 467f.

958 Vgl. Kreikebaum (1992), Sp. 2604f.

959 Vgl. Kreikebaum (1992), Sp. 2605.

960 Vgl. Kreikebaum (1992), Sp. 2604; Frese/Graumann/Theuvsen (2012), S. 468; Werder v. (2015), S. 278-281. Vgl. auch Kapitel 3.6.3.

961 Vgl. Werder v. (2015), S. 278-281.

962 Vgl. Frese/Werder (1993), S. 39ff.

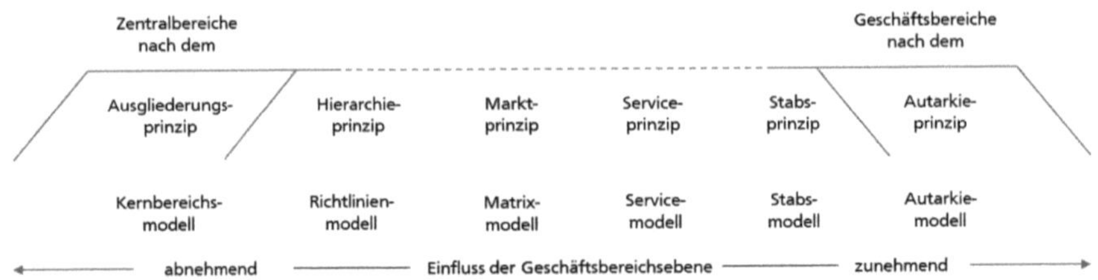

Abbildung 46: Organisationsformen entlang eines Kontinuums zwischen Integration und Separation (Quelle: Frese/Werder (1993), S. 38).

3.6.1.2.3.3 Sonstige Formen der Sekundärorganisation

Stabsstellen und Zentralbereiche werden der die Primärorganisation eines Unternehmens ergänzenden Sekundärorganisation zugeordnet. Schnittstellenprobleme sowie komplexe, neuartige Problemstellungen außerhalb von Routineaufgaben können im Rahmen der an der Linienorganisation ausgerichteten Primärorganisation oft nicht hinreichend berücksichtigt werden. Der Grund hierfür liegt in der durch die Organisationsstrukturen erzwungenen und vornehmlich hierarchischen Kommunikation, die eine Berücksichtigung horizontaler Interdependenzen erschwert. An dieser Stelle setzen Elemente der Sekundärorganisation an, die alle hierarchieübergreifenden und hierarchieergänzenden Organisationsstrukturen umfassen.[963] Bislang noch nicht behandelt wurde in diesem Rahmen die *Projektorganisation*. Sie bildet eine Sonderform, da ihr per Definition die Steuerung zeitlich begrenzter, einmaliger und neuartiger Aufgaben obliegt.[964] Die Projektorganisation überschreitet hierbei andere, durch die Organisation definierte Grenzen und kombiniert unterschiedliche Spezialisten (und auch Ressourcen) in einem Team.[965] Vorteile liegen in der Möglichkeit der Schaffung problembezogener Experten-Teams und der Vermeidung langer Informationswege innerhalb der Linienorganisation.[966] Entsprechend des Projektumfangs lassen sich unterschiedliche Formen der Projektorganisation einsetzen. Im Rahmen einer *Einfluss-Projektorganisation* (auch Stabs-Projektorganisation) greift ein Projektkoordinator auf Ressourcen innerhalb der Linie zurück, und ist somit seinen Projektmitarbeitern nicht alleinig weisungsbefugt.[967] Im Falle einer *reinen Projektorganisation* (auch Task-Force oder autonome Projektorganisation) werden Mitarbeiter aus der Linie herausgelöst und ausschließlich für das Projekt abgestellt. Der Projektleiter erhält alle zur Ausführung des Projektes notwendigen Ressourcen sowie die alleinige Weisungsbefugnis über die ihm zugeordnete Binnenorganisation und ist somit auch alleinig für den Erfolg des Projektes verantwortlich.[968] Eine Mischform der genannten Organisationsformen bildet die

963 Vgl. Schulte-Zurhausen (2010), S. 301ff.

964 Vgl. Schreyögg (1999), S. 190; Kieser/Walgenbach (2010), S. 138f.

965 Vgl. Schreyögg (1999), S. 190; Frese/Graumann/Theuvsen (2012), S. 478ff.

966 Vgl. Freichel (1992), S. 147.

967 Vgl. Burghardt (2006), S. 93.

968 Vgl. Schreyögg (1999), S. 190, S. 193; Burghardt (2006), S. 93.

Matrix-Projektorganisation.[969] Hier wird nach dem Prinzip der Doppelunterstellung verfahren: Während Projektmitglieder fachlich dem Projektleiter unterstehen, bleibt die entsprechende Linieninstanz disziplinarisch vorgesetzt.[970] Vorteilhaft gegenüber der Einflussorganisation ist hierbei, dass die Projektleiter Weisungsbefugnisse besitzen. Vorteilhaft gegenüber der reinen Projektorganisation ist die Möglichkeit des Projektleiters, gegebenenfalls auf zusätzliche Ressourcen aus der Linie zugreifen zu können. Nachteile ergeben sich aus möglichen Konflikten zwischen Linieninstanzen und Projektleitung.[971] Eine Übersicht über unterschiedliche Formen der Sekundärorganisation, strukturiert nach ihrer Befristetheit und der Beständigkeit ihrer Aufgabenwahrnehmung, gibt Abbildung 47.

Befristetheit / Beständigkeit	Dauerorgane (unbefristet)	Organe auf Zeit (befristet)
Ständige Aufgabenwahrnehmung	Stab/ Zentralbereich	Projekt-Team
Sporadische Aufgabenwahrnehmung	Unbefristetes Kollegium	Befristetes Kollegium (Komitee, Sitzung, Konferenz, Kommission)

Abbildung 47: Formen der Sekundärorganisation
(Quelle: Freichel (1992), S. 146 in Anlehnung an Redel (1982), S. 19)

3.6.2 Grundlagen der Netzwerk- und Supply-Chain-Organisation

Auch wenn der Fokus dieser Arbeit auf dem SCRM-System einzelner Unternehmen liegt, bestehen doch gerade im SCRM umfangreiche Wechselwirkungen und Abhängigkeiten mit anderen Unternehmen innerhalb der Supply Chain. Aus diesem Grund erfolgt an dieser Stelle ein begrenzter Exkurs in das Themenfeld der Netzwerkorganisation. Der hier bereits behandelte Organisationsbegriff kommt auch in der Forschung zu Unternehmensnetzwerken zum Tragen.[972] Die Netzwerkorganisation ist eine *„auf die Realisierung von Wettbewerbsvorteilen zielende Organisationsform (...), die sich durch (...) eher kooperative denn kompetitive und relativ stabile Beziehungen zwischen rechtlich selbstständigen, wirtschaftlich jedoch zumeist abhängigen Unternehmen auszeichnet.“*[973] Die Netzwerk-

---

969 Vgl. Kieser/Walgenbach (2010), S. 141f.

970 Nachteile dieses Organisationstyps sind vergleichbar mit den Ausführungen zur Matrixorganisation in Kapitel 3.6.1.2.3 (vgl. Burghardt (2006), S. 94).

971 Vgl. Kieser/Walgenbach (2010), S. 140f.

972 Vgl. Sydow (2010b), S. 388f. Es können zwei Entwicklungsrichtungen hin zum Unternehmensnetzwerk identifiziert werden: Aus Richtung der internen Organisation werden hierarchische Beziehungen in autonome und marktlich koordinierte Einheiten überführt (Quasi-Externalisierung). Umgekehrt kann aus unabhängigen Unternehmungen am Markt eine Hierarchie autonomer Unternehmen entstehen (*Quasi-Internalisierung*)(vgl. Sydow (2010b), S. 389f.).

973 Sydow (1992), S. 79. Nicht alle Definitionen gehen von einer wirtschaftlichen Abhängigkeit aus (siehe bspw. Winkler (1999), S. 23). Betont wird in der Literatur jedoch, dass mit der Formung des Netzwerks eine wirtschaftliche Abhängigkeit entsteht.

organisation erwirkt im Hinblick auf die Leistungserstellung eine Erweiterung der traditionellen Unternehmensgrenzen, die die Konkurrenz externer und interner Einheiten hervorhebt, indem sie die Entscheidung zwischen Fremdbezug oder Eigenerstellung regelmäßig zur Disposition stellt.[974] Durch die Netzwerkkooperation ergeben sich Vorteile des Zugriffs auf umfangreiche Ressourcen bei gleichzeitiger Begrenzung ökonomischer Risiken.[975]

Da es sich bei Supply Chains nicht um lineare Ketten sondern um netzwerkartige Strukturen handelt, weisen sie umfangreiche Parallelen zu Unternehmensnetzwerken auf.[976] Supply Chains stellen Vorstufen von Unternehmensnetzwerken dar oder bilden Bestandteile von Unternehmensnetzwerken. Zudem werden der Aufbau und die Führung von Supply Chains durch Unternehmensnetzwerke ermöglicht, wobei die in Supply Chains realisierten logistischen Prozesse und Warenströme den eher virtuellen Kooperationscharakter von Netzwerken mit praktischer Bedeutung füllen.[977] Auch wenn der Supply-Chain-Begriff dem Netzwerkbegriff nicht gleich gesetzt werden kann, wird in der SCM-Forschung aufgrund der Nähe der Forschungsgegenstände auch auf Erkenntnisse der Netzwerkforschung zurückgegriffen – diesem Vorgehen wird auch an dieser Stelle gefolgt.[978] Wie die intraorganisatorische Gestaltung befasst sich auch die Gestaltung der Supply-Chain-Organisation mit der Spezialisierung sowie Koordination in Supply Chains und mit der Konfiguration von Supply Chains.[979] Einen tieferen Einblick geben die beiden folgenden Kapitel.

3.6.2.1 Spezialisierung und Koordination in Supply Chains

Ähnlich wie im Unternehmen kann auch in der Supply Chain eine Spezialisierung nach Funktionen, Objekten und Prozessphasen aber auch nach Supply-Chain-Abschnitten erfolgen.[980] Mit zunehmender Spezialisierung und einer hiermit einhergehenden Arbeitsteilung steigt die Notwendigkeit der Koordination, um Informationsasymmetrien zu überwinden, die Ausrichtung heterogener Ziele ermöglichen und die Erreichung übergeordneter Supply-Chain-Ziele sicherzustellen.[981] Auch auf der Supply-Chain-Ebene können Maßnahmen zur Reduktion sowie zur Deckung des Koordinationsbedarfs unter-

---

974 Vgl. Müller-Stewens (1997), S. 11.

975 Vgl. Hirschborn/Gilmore (1992), S. 104; Kerr/Ulrich (1995), S. 41; Galbraith (1998), S. 102; Picot/Reichwald/Wigand (2003), S. 3; Sydow (2010b), S. 389, 391f.

976 Vgl. Daecke (2012), S. 69

977 Vgl. Kaluza/Blecker (2000), S. 117ff.; Neuhäuser (2001), S. 120ff.; Heusler (2004), S. 75f. Netzwerkbeziehungen setzen keinen ständigen Leistungsaustausch voraus, wohl aber, dass sich Beziehungen jederzeit kurzfristig aktivieren lassen, um einen Leistungsaustausch zu ermöglichen (vgl. Sydow (1992), S. 38; Männel (1996), S. 54).

978 Vgl. Heusler (2004), S. 67ff.

979 Vgl. Otto (2002), S. 184f.; Karrer (2006), S. 36; Heidtmann (2008), S. 114f.; Mohr (2009), S. 95.

980 Vgl. Heidtmann (2008), S. 115f.

981 Vgl. Wildemann (1997), S. 420-427; Winkler (1999), S. 97-100.

schieden werden (siehe Abbildung 48).[982] Neben diesen Koordinationsmaßnahmen berücksichtigt Wildemann (1997) die Allokation von Leistungsumfängen als eigenständiges Instrument, das die Verteilung der Fertigung unterschiedlicher Module, Komponenten und Teile auf die Netzwerkpartner steuert.[983]

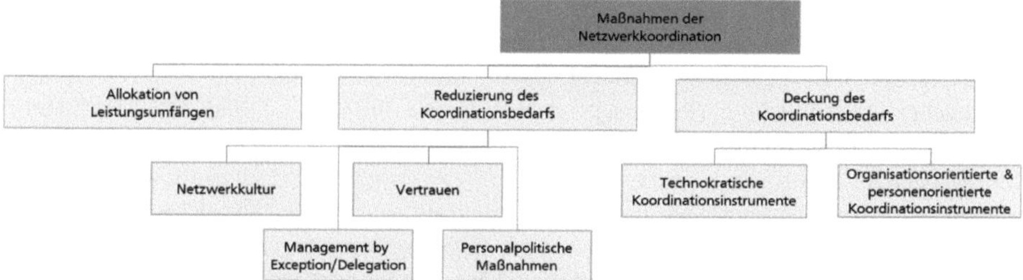

Abbildung 48: Maßnahmen und Mechanismen der Netzwerkkoordination (Quelle: In Anlehnung an Winkler (1999), S. 180-232)

Maßnahmen zur Reduzierung des Koordinationsbedarfs umfassen die Schaffung von Vertrauen und einer Netzwerkkultur, das *Management by Exception/Delegation* sowie personalpolitische Maßnahmen.[984] Supply-Chain- und Branchenkulturen können dabei unterstützen, dass Organisationsmitglieder ihr Verhalten an den Zielen der Supply Chain orientieren.[985] Durch Vertrauen[986] lassen sich Unsicherheiten, Informationskosten sowie Transaktionskosten reduzieren und Zieldifferenzen abbauen.[987] Möglichkeiten zur Bildung von Vertrauen bestehen in einer ehrlichen Kommunikation, langfristigen Beziehungen, der Schaffung personell-organisatorischer Beziehungen sowie einer Selbstverpflichtung von Lieferanten.[988] *Management by Exception* sowie *Management by Delegation* beschränken den Koordinationsbedarf auf zuvor klar definierte Ausnahmesituationen. Personalpolitische Maßnahmen umfassen insbesondere Weiterbildungen und Hospitationen.[989] Diese Maßnahmen dienen der Vermittlung von Sachwissen und Fähigkeiten sowie der Bildung von

---

982 Die Einteilung erfolgt hier in Anlehnung an Winkler (1999), S. 180ff. Eine trennscharfe Einteilung ist oftmals jedoch nicht möglich. In der Literatur wird bspw. Kultur (als Unternehmensphilosophie/Leitlinien) auch als Möglichkeit zur Deckung des Koordinationsbedarfs beschrieben (vgl. Freichel (1992), S. 178-180).

983 Vgl. Hervorgehoben wird hierbei die Bedeutung marktlicher Mechanismen, die auch die Sanktionierung von Unternehmen beinhalten. Zudem sollten bei der Vergabe Gesamtkonzepte, die neben Produktanforderungen bspw. auch Logistik- und Qualitätssicherungskonzepte beinhalten, berücksichtigt werden (vgl. Wildemann (1997), S. 428-430; Vgl. auch Winkler (1999), 150-162).

984 Vgl. Winkler (1999), 180-199.

985 Vgl. Winkler (1999), 181-184; Heidtmann (2008), S. 118. Es ist allerdings strittig, ob sich Kulturen in Netzwerken in ähnlicher Weise wie auf Unternehmensebene entwickeln lassen (vgl. Richter (1995), S. 77).

986 Vertrauen impliziert eine hoffnungsvolle Einstellung trotz Unsicherheit, Echtheit/Ehrlichkeit und die Bereitschaft, echte/wahre Informationen weiterzugeben (vgl. Bierhoff (1995), Sp. 2149).

987 Vgl. Winkler (1999), S. 187; Luhmann (2000), S. 1; Peters (2009), S. 237; Bülow (2013), S. 196.

988 Vgl. Powell (1991), S. 304; Wildemann (1997), S. 433f.; Winkler (1999), 188f.

989 Vgl. Winkler (1999), 193f.

entsprechenden Einstellungen (Kulturentwicklung), um den Netzwerkaufgaben gerecht zu werden.[990] Stabile und langfristige Beziehungen führen allgemein zu einer Senkung des Koordinationsbedarfs, da durch wiederkehrende Transaktionen Erfahrung gesammelt und die Wahrscheinlichkeit opportunistischen Handelns durch die Aussicht auf wiederkehrende Interaktionen gesenkt wird.[991]

Möglichkeiten zur Deckung des Koordinationsbedarfs umfassen technokratische und organisations- bzw. personenorientierte Koordinationsinstrumente. Zu Ersteren zählen Handbücher, Datenbanken, (Prozess-)Standards sowie Programme und Pläne.[992] Zudem werden in der Literatur die Einführung von Netzwerk-Balanced-Score-Cards (N-BSC) auf Netzwerkebene sowie Benchmarks diskutiert.[993] Zu organisatorischen bzw. personenorientierten Instrumenten zählen horizontale Integrationseinheiten.[994] Solche Integrationseinheiten lassen sich als Stellen innerhalb der Organisation integrieren und werden aufgrund ihrer Position an der Unternehmensschnittstelle auch als *Grenzgänger*[995] oder *boundary spanning roles*[996] bezeichnet. Diese Organisationseinheiten sollen als Informationsschnittstellen strukturelle Defizite abfangen und bei der übergreifenden Koordination (Projektcontrolling, Abstimmungstreffen etc.) sowie der Entwicklung zwischenbetrieblicher Organisationsstrukturen unterstützen.[997] In ähnlicher Weise können auch Arbeitsgruppen zur Koordination beitragen.[998] Unterschieden werden *cross-functional Teams*, deren Aufgabe insbesondere im übergreifenden Informationsaustausch zwischen interdependenten Einheiten besteht, sowie *self-directed Teams*, die einen gesamten Geschäftsprozess verantworten.[999] Des Weitern können mit Hilfe des *Management by Objectives (MbO)* auf Netzwerkebene Ziele definiert und dann auf Unternehmens- und Mitarbeiterebene heruntergebrochen werden.[1000] Zudem hilft der Aufbau individueller sozialer Netzwerke (Networking) bei der Gestaltung einer informellen Organisationsstruktur,[1001] die die Abstimmung bei Interdependenzen verbessert sowie die Mitarbeiter-

---

990 Vgl. Staehle/Conrad/Sydow (1999), S. 816.

991 Vgl. Sydow (2010b), S. 395f. Siehe auch Kapitel 4.3.1 zur Transaktionskostentheorie.

992 Vgl. Wildemann (1997), S. 432f.; Heidtmann (2008), S. 118.

993 Eine N-BSC unterstützt bei der übergreifenden Verhaltenssteuerung anhand gemeinsamer Ziele und hilft dabei, Interdependenzen zu berücksichtigen (vgl. Winkler (1999), 202). Benchmarks erlauben einen übergreifenden Vergleich von Netzwerkpartnern und setzen somit Leistungsanreize (vgl. Wildemann (1997), S. 430f.).

994 Vgl. Winkler (1999), 204ff..

995 Sydow (2010a), S. 368.

996 Endres/Wehner (2010), S. 331.

997 Vgl. Endres/Wehner (2010), S. 251.

998 Vgl. Winkler (1999), 109f.

999 Vgl. Parker (2002), S. 2-4. Teams können zudem anhand ihrer Stabilität in *Projekt-Teams* oder *Task-Forces* (kurze Lebensdauer) und fest institutionalisierte, *dauerhafte Gremien* wie *Kommissionen* oder *Komitees* unterschieden werden (vgl. Irle (1971), S. 218ff.; Drexl/Kolisch/Sprecher (1997), S. 208; Parker (2002), S. 9; Nullmeier u. a. (2008), S. 7ff.)

1000 Vgl. Winkler (1999), 230.

1001 Vgl. Hoffer/Steinmann (1998), S. 14; Krackhart/Hansons (1993), S. 104.

motivation erhöht.[1002] Abschließend sind als weitere Koordinationsinstrumente *Informationen* und *Informationssysteme* zu nennen.[1003] Kritisch zu sehen ist hierbei, dass Informations-asymmetrien mitunter gewollt sind, unter anderem da Informationen in Supply Chains beispielsweise dazu genutzt werden, Preise zu drücken oder Zulieferer gegeneinander auszuspielen.[1004]

3.6.2.2 Konfiguration von Supply Chains

Da es sich bei den Teilnehmern von Supply Chains um rechtlich unabhängige Unternehmen handelt, sind Weisungen, wie sie im intraorganisatorischen Kontext besprochen wurden, nicht ohne weiteres auf die Supply Chain übertragbar. Aufgrund der Machtstellung einzelner Unternehmen können jedoch andere Unternehmen an deren Vorgaben gebunden sein.[1005]

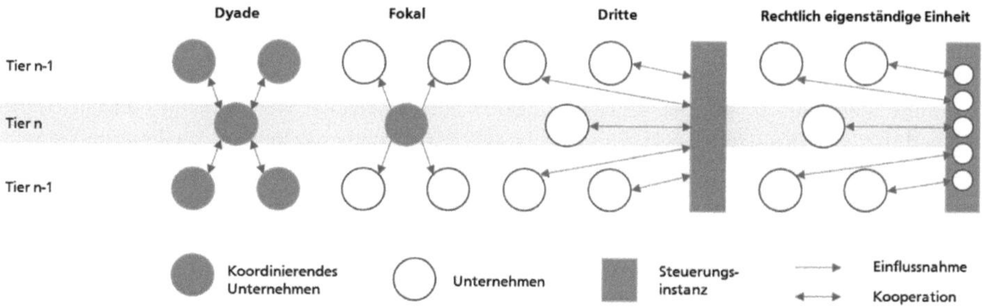

Abbildung 49: Konfigurationsformen der Supply Chain (Quelle: In Anlehnung an Heidtmann (2008), S. 119)

Analog zu Netzwerken weisen Supply Chains, wie in Abbildung 49 dargestellt, unterschiedliche Struktur- sowie Kooperationstypen und damit auch Koordinationsformen auf.[1006] Unterschieden werden können eine Koordination mittels dyadischer Abstimmung der Supply-Chain-Partner, die Koordination durch ein fokales Unternehmen und die Koordination durch einen Dritten – gegebenenfalls in Form einer rechtlich selbstständigen Einheit.[1007] In der vorliegenden Arbeit werden mit der Automobil- und der Elektronik-

---

[1002] Vgl. Sydow (1995), Sp. 1632; Männel (1996), S. 40; Picot/Reichwald/Wigand (2003), S. 459f.

[1003] Vgl. Winkler (1999), 214-224. Hierbei ergeben sich in hierarchischen Netzwerken besondere Herausforderungen aufgrund der langen Kommunikationswege. Im Rahmen heterarchischer Netzwerke stellen die oft instabilen Beziehungen eine Hürde bei der informatorischen Integration dar (vgl. Wildemann (1997), S. 434). Informationslogistik und organisationsübergreifende IT-Systeme können zur besseren interorganisatorischen Vernetzung beitragen (vgl. Picot/Reichwald (1994), S. 548; Winter u. a. (2008), S. 1ff.).

[1004] Vgl. Wildemann (1997), S. 435; Schlösser (2008), S. 156.

[1005] Vgl. Heidtmann (2008), S. 119.

[1006] Vgl. Reh (2009), S. 30; Corsten/Gabriel (2004), S. 233; Lejeune/Yakova (2005), S. 91.

[1007] Vgl. Stommel (2003), S. 153f.; Heidtmann (2008), S. 119f.

industrie Supply Chains untersucht, die strategischen Netzwerken[1008] und damit fokal gesteuerten Supply Chains zuzuordnen sind. Sie sind durch die starke Abhängigkeit der Supply-Chain-Partner von einem fokalen Unternehmen gekennzeichnet.[1009] Weite Teile der Supply-Chain-Struktur werden hier durch das fokale Unternehmen bestimmt, kleineren Unternehmen bleibt meist nur die Entscheidung, sich zu den gegebenen Bedingungen am Netzwerk zu beteiligen oder ganz aus dem Netzwerk auszutreten.[1010] Falls die „*Macht*“ mehrerer fokaler Unternehmen jeweils nur eine Supply-Chain-Stufe reicht, kann „*eine Kette fokaler Strukturen entstehen.*“ [1011] Einen Gegenpol zu den hier vornehmlich diskutierten, hierarchischen Supply Chains bilden heterarchische Supply Chains mit meist gleichberechtigten Partnern. Hier kann die Koordination durch Schaffung einer zentralen Steuerungsinstanz unterstützt werden.[1012]

3.6.3 Erkenntnisse zur Organisation des allgemeinen Risikomanagements

Da die Organisation des allgemeinen Risikomanagements in den vergangenen Jahren wesentlich zielgerichteter erforscht wurde als die Organisation des SCRM, werden zunächst zentrale Forschungserkenntnisse zur Organisation des allgemeinen Risikomanagements zusammengefasst. In der betriebswirtschaftlichen Literatur wird die organisatorische Institutionalisierung bzw. die Definition klarer Verantwortlichkeiten im Risikomanagement als bedeutender Erfolgsfaktor identifiziert. [1013] Die Aufgaben der Ausgestaltung des Risikomanagements bestehen damit in der Schaffung einer oder mehrerer für das Risikomanagement verantwortlicher Organisationseinheiten (Spezialisierung) unter einer anschließenden Eingliederung in die betriebliche Rahmenstruktur.[1014] Gegenüber anderen betrieblichen Funktionen ergeben sich hierbei zwei Besonderheiten: Zum einen handelt es sich beim Risikomanagement um eine Querschnittsfunktion die über Interdependenzen mit allen anderen Unternehmensbereichen verfügt, zum anderen kann in einer Risikomanagement-Organisationeinheit Fachwissen nicht in gleicher Weise wie in anderen Querschnittsfunktionen (bspw. Personalmanagement) gebündelt werden, da für das effektive Management von Risiken aufgrund der engen Verzahnung von Sach- und Risiko-

---

[1008] Typen von Unternehmensnetzwerken werden anhand der *zeitlichen Stabilität der Partnerschaft* sowie der *Art der Koordination im Netzwerk* unterschieden. Strategische Netzwerke weisen eine hohe Stabilität der Partnerschaft auf und sind in der Regel hierarchisch koordiniert (vgl. Sydow (2010b), S. 394ff.).

[1009] Vgl. Wildemann (1997), S. 420-427; Sydow/Möllering (2004), S. 239ff; Sydow (2010b), S. 395f.. Für die Beschreibung unterschiedlicher Netzwerktypen siehe Sydow (2010b), S. 396. Für eine umfangreiche Auseinandersetzung mit strategischen Netzwerken siehe Winkler (1999), S. 26ff.

[1010] Vgl. Hahn (2002), S. 1067f.

[1011] Heidtmann (2008), S. 120.

[1012] Vgl. Mohr (2009), S. 95.

[1013] Vgl. Kupsch (1995), S. 541.

[1014] Vgl. Seifert (1980), S. 125ff.; Kratzheller (1997), S. 104f.; Reichmann (2001), S. 618; Burger/Buchhart (2002) S. 266 -273; Pfohl/Gallus/Köhler (2008c), S. 132; Kajüter (2015), S. 120. Grundlegende Anforderungen für die organisatorische Ausgestaltung ergeben sich aus dem KonTraG, das für Aktiengesellschaften die Einrichtung eines Überwachungssystems zur Erkennung existenzgefährdender Entwicklungen fordert (vgl. Mikus (2001b), S. 23). Siehe zu den rechtlichen Grundlagen des Risikomanagements bspw. Romeike (2008).

entscheidungen umfangreiche fachspezifische Kenntnisse erforderlich sind.[1015] Eine Koordination auf übergeordneter Ebene wird jedoch aufgrund vorhandener Risikointerdependenzen notwendig, so dass von einem notwendigen *„Trade-Off zwischen bereichsbezogener Sachkenntnis und der Gesamtsicht des betrieblichen Risikos"*[1016] gesprochen werden kann. Im Folgenden wird in Kapitel 3.6.3.1 ein Einblick in die Gestaltungsentscheidungen der SCRM-Organisation gegeben bevor in Kapitel 3.6.3.2 Faktoren vorgestellt werden, die die Gestaltung des SCRM beeinflussen.

3.6.3.1 Spezialisierung, Koordination und Konfiguration im allgemeinen Risikomanagement

Anhand der Spezialisierung lassen sich nach Kajüter (2015) mit der *Zentralisierung* und der *Dezentralisierung* zwei wesentliche Extremtypen der Organisation des Risikomanagements festmachen.[1017] Durch die Zentralisierung werden Aufgaben des Risikomanagements in einer zentralen Organisationeinheit zusammengeführt, die sonst keine weiteren Aufgaben übernimmt. Diese Art der Organisation, bei der das Risikomanagement die Organisationsstruktur um eine hierarchieübergreifende Einheit ergänzt, wird auch als Separation oder Institutionalisierung des Risikomanagements bezeichnet.[1018] Den Gegenpol bildet die *Dezentralisierung*, bei der die Aufgaben des Risikomanagements auf mehrere organisatorische Einheiten verteilt werden. Diese Einheiten können sich entweder im Sinne eines dezentral institutionalen Risikomanagements auf das Risikomanagement beschränken oder im Sinne eines funktionalen Risikomanagements neben dem Risikomanagement auch weitere funktionale Aufgaben wahrnehmen.[1019]

Im Falle einer Zentralisierung ist das Risikomanagement oft als Sekundärorganisation in Form einer Stabsstelle realisiert und an die Geschäftsführung angegliedert. Es kann allerdings auch im Controlling, der Finanzabteilung oder anderen Abteilungen des Unternehmens eingegliedert werden.[1020] Aufgrund der Aufgabenfülle erscheint es nicht als praktikabel, alle Risikomanagement-Aufgaben in die Zentraleinheit zu verlagern, sondern der Zentraleinheit kommt vielmehr eine übergreifende, koordinierende Funktion zu. Die konkreten Aufgaben der Zentraleinheit bestehen in der Ableitung von Risikopolitik und -

[1015] Vgl. Karten (1993), Sp. 3834; Kratzheller (1997), S. 105.

[1016] Kratzheller (1997), S. 105.

[1017] Vgl. Kajüter (2015), S. 121f.

[1018] Vgl. Mikus (2001b), S. 24; Diederichs (2004), S. 204; Pfohl/Gallus/Köhler (2007), S 206ff.; Gunkel (2010), S. 236f.; Kajüter (2015), S. 122.

[1019] Vgl. Werder v. (1992), Sp. 2215f.; Kajüter (2015), S. 122.

[1020] Braun (1984), S. 286ff.; Kajüter (2015), S. 123. Die unmittelbare Angliederung an die Geschäftsführung ist nicht zwingend, die Stabsstelle kann wahlweise auch auf einer hierarchisch niedrigeren operativen Ebene, bspw. auf Ebene des mittleren Managements, angesiedelt werden. Hierdurch wird die Nähe zu potenziell risikobehafteten Entscheidungen gewährleistet. Im Vergleich zur höheren Ansiedlung nachteilig ist die fehlende Möglichkeit auf strategische Entscheidungen einzuwirken (vgl. Seifert (1980), S. 157).

strategie aus Unternehmensvision und Unternehmensstrategie,[1021] der Aggregation und Dokumentation von Risiken und Risikowechselwirkungen, der Bestimmung des Gesamtrisikopotenzials und Gegenüberstellung mit der Risikotragfähigkeit, der Risikoberichterstattung, der Bereitstellung zentralen Methoden-Know-hows sowie der bereichsübergreifenden Abstimmung von Risikomanagement-Maßnahmen.[1022] Auch im Falle der Zentralisierung werden bestimmte Aufgaben, wie beispielsweise die Definition von risikobezogenen Kennzahlen und Zielgrößen sowie der Risikoidentifikation und Bewertung, auf dezentraler Ebene durchgeführt.[1023] Ein Nachteil der Zentralisierung besteht in zusätzlich geschaffenen Schnittstellen und hiermit ggf. einhergehenden Informationsasymmetrien sowie einer möglichen Reduktion des Verantwortungsbewusstseins von Mitarbeitern in anderen Organisationseinheiten. Auch fehlen zentralen Risikomanagern gegebenenfalls bereichsspezifische Fachkenntnisse. Vorteile liegen hingegen in der Risikomanagement-Erfahrung und den Methodenkenntnissen hierfür spezialisierter Organisationseinheiten sowie in der Ermöglichung einer integrierten Risikobetrachtung, die die Grundlage für die Balancierung des Risikoportfolios bildet.[1024]

Im Falle einer Dezentralisierung wird auch von einer Integration des Risikomanagements oder von funktionalem Risikomanagement gesprochen, bei dem jede Organisationseinheit Risiken in ihrem Kompetenzbereich selbst verantwortet.[1025] Vorteile liegen in der Nähe der Entscheidungsträger zu risikobehafteten Entscheidungen und den zur Risikobeurteilung notwendigen Informationen sowie dem besonderen Verständnis für Problemstellungen und Risiken im eigenen Aufgabenbereich.[1026] Als Nachteil der Dezentralisierung kann die eventuelle Bevorzugung fachlicher Aufgaben durch die betroffenen Einheiten gesehen werden, da Risikomanagement gegebenenfalls als lästig wahrgenommen wird.[1027] In der Praxis werden daher oft zentrale Elemente mit dezentralen Elementen verknüpft. Hierdurch lassen sich Vorteile der problembezogenen Erfahrung dezentraler Risikomanagementstellen mit Verbund- und Spezialisierungseffekten durch Zentralisation übergreifender Aufgaben in einer institutionalisierten Risikomanagementstelle erzielen.[1028]

Aufgrund der vielfältigen Aufgabenträger hat die Koordination im Risikomanagement einen bedeutenden Stellenwert. Neben der Einrichtung eines zentralen Risikomanagements, beispielsweise in Form einer Stabsstelle, können weitere Elemente der Sekundär-

---

[1021] In einer entgegengesetzten Bewegung können anschließend in einem Bottom-up-Verfahren Risikozielvorgaben abgeleitet werden (vgl. Thom (2008) S. 109).

[1022] Vgl. Zellmer (1990), S. 23; Mikus (2001b), S. 24; Fiege (2006), S. 234; Thom (2008) S. 106, 108f.; Gunkel (2010) S. 55f.; 246; Kajüter (2015), S. 123.

[1023] Vgl. Thom (2008) S. 109; Gunkel (2010) S. 246.

[1024] Vgl. Werder v. (1992), Sp. 2217f.

[1025] Vgl. Kupsch (1995), S. 541.

[1026] Vgl. Kupsch (1995), S. 541; Wittmann (1999), S. 135.

[1027] Vgl. Kajüter (2015), S. 125.

[1028] Vgl. Mikus (2001b), S. 24f.; Pfohl/Gallus/Köhler (2008c), S. 132f.; Thom (2008) S. 108; Gunkel (2010) S. 243;

organisation bei der Koordination unterstützen.[1029] Zur bereichsübergreifenden Abstimmung eignen sich insbesondere Risikomanagementgremien, Ausschüsse, Lenkungskreise und Komitees. Teilnehmer solcher Gremien sind neben Mitgliedern der Geschäftsführung Vertreter zentraler Fachabteilungen, des Controllings und des Risikomanagements sowie der operativen Einheiten. Auf diese Weise wird die Interdisziplinarität der Risikomanagementaufgabe betont und der Informationsstand verbessert, so dass bereichsübergreifende Risikointerdependenzen besser erkannt werden.[1030]

Wie bereits skizziert, besteht eine grundlegende Möglichkeit der Konfiguration des Risikomanagements in der Stabsalternative. In dieser Organisationsform kann das Risikomanagement vornehmlich Methoden bereitstellen und Denkanstöße liefern. Aufgrund beschränkter Entscheidungsbefugnisse ist eine Stabsstelle jedoch weniger dazu geeignet, integrierte Lösungen für sich ergebende Konflikte zwischen Sicherheitszielen und den Zielen der dezentralen Organisationseinheiten zu schaffen. [1031] Stärkere Eingriffsmöglichkeiten bieten sich durch das Risikomanagement als Matrixorganisation. Durch Doppelunterstellung werden den Mitgliedern der Risikomanagement-Organisation zusätzliche Kompetenzen zugebilligt und das Risikomanagement hierdurch gestärkt. Die Risikoentscheidung und die Sachentscheidung sind gleichberechtigt, was allerdings zu zusätzlichen Konflikten und dem Bedarf an entsprechenden Instrumenten zur Konfliktlösung führt.[1032] Falls risikobehaftete Entscheidungen von einer zentralen Risikoabteilung fachlich alleine bewältigt werden können und eine möglichst einheitliche Bewältigung erfolgen soll, kommt neben den vorgestellten Organisationsalternativen auch eine vollständige Ausgliederung in Betracht.[1033] Unabhängig von der gewählten Organisationsform ergibt sich die Frage nach der idealen vertikalen und horizontalen Positionierung. Eine hierarchisch hohe Positionierung nahe der Geschäftsführung unterstreicht die Kompetenz des Risikomanagements, führt aber gegebenenfalls zu langen Kommunikationswegen zum Ort der Risikoentstehung. Bezüglich der horizontalen Positionierung konkurriert die Möglichkeit der Einordnung in einen neutralen Bereich, die alle Risiken gleich priorisiert, mit der Einordnung in einem besonders gefährdeten Bereich, was die besonders kritischen Risikobereiche eines Unternehmens betont.[1034]

Neben den bereits oben skizzierten Koordinationsinstrumenten kommt im Risikomanagement der (Risiko-)Kultur eine besondere Bedeutung zu.[1035] Sie bildet die Grundlage für die nachhaltige Akzeptanz des Risikomanagements durch die Organisations-

---

[1029] Vgl. Kajüter (2015), S. 125.

[1030] Vgl. Pfohl/Gallus/Köhler (2008c), S. 132f.; Kajüter (2015), S. 125.

[1031] Vgl. Werder v. (1992), Sp. 2217f.

[1032] Vgl. Müller/Seifert (1978), S. 24f.; Seifert (1980), S. 161; Werder v. (1992), Sp. 2219. Vgl. hierzu auch die Diskussion der sich mit der Einführung der Matrixorganisation ergebenden Vor- und Nachteile in Kapitel 3.6.1.2.3.

[1033] Vgl. Werder v. (1992), Sp. 2219.

[1034] Vgl. Werder v. (1992), Sp. 2220.

[1035] Vgl. Peter (2001), S. 170.

mitglieder[1036] und prägt deren Risikoverhalten durch die Beeinflussung der Risikowahrnehmung und Risikoeinschätzung.[1037] Die Risikowahrnehmung ist niemals objektiv sondern immer vom jeweiligen Organisationsmitglied und seiner individuellen Wahrnehmung abhängig.[1038] Neben der Risikowahrnehmung ist die Risikoeinstellung für den Ausgang von Entscheidungen verantwortlich. Einflussfaktoren auf die Risikoeinstellung sind die Persönlichkeitsstruktur des Entscheiders,[1039] die Art der Entscheidungssituation,[1040] die Art des Risikos[1041] sowie die Verfügbarkeit von Möglichkeiten zur Risikohandhabung.[1042] Unterschiedliche kulturbildende Maßnahmen zur Beeinflussung der Risikowahrnehmung und -einstellung bestehen in der Formulierung von Sicherheitsvorschriften gemeinsam mit Sanktionsmaßnahmen, der gezielten Information und Kommunikation, beispielsweise durch Trainings, Schulungen oder Mentorenprogramme, sowie einem vorgelebten Führungsverhalten durch das Management.[1043] Eine Veränderung der Kultur impliziert die schwierige Änderung von Werthaltungen und Überzeugungen.[1044] Dies lässt sich nur über enge Einbindung der Mitarbeiter[1045] und eine intensive Auseinandersetzung des Top Managements mit den vorliegenden Risiken erreichen.[1046]

3.6.3.2 Situative Ausgestaltung des allgemeinen Risikomanagements

Die Ausgestaltung der Risikomanagement-Organisation muss sich am situativen Kontext eines Unternehmens orientieren.1047 Eine tiefergehende Auseinandersetzung mit dem diese Aussage stützenden Konfigurationsansatz findet in der vorliegenden Arbeit in Kapitel 4.2 statt. Bereits an dieser Stelle sollen allerdings Ergebnisse verschiedener theoriegeleiteter und empirischer Untersuchungen vorgestellt werden, die unterschiedliche

[1036] Vgl. Rischar (1988), S. 4; Affolter (2001), S. 553.

[1037] Vgl. Sitkin/Pablo (1992), 15ff.; Peter (2001), S. 170; Thom (2008), S. 105.

[1038] Vgl. Peter (2001), S. 131f.

[1039] Persönlichkeitsmerkmale, die sich auf die Einstellung auswirken können, sind bspw. Selbstvertrauen, Durchsetzungswillen, Pflichtbewusstsein und Wissen/Kenntnisse (vgl. Neubürger (1980), S. 44f.; Kupsch (1973), S. 152ff.).

[1040] Wenn Krisensituationen allgegenwärtig sind und Entscheider hiermit dauerhaft konfrontiert sind, nimmt das Risikobewusstsein zu (vgl. Haberfellner (1975), S. 41ff.; Meyer (1990), S. 132).

[1041] Mögliche Einflussfaktoren sind hier die Bekanntheit oder Berechenbarkeit des Risikos sowie eine ggf. vorhandene persönliche Bedrohung des Entscheidungsträgers (vgl. Peter (2001), S. 169).

[1042] Vgl. Kupsch (1973), S. 52; Neubürger (1989), S. 43ff. Zur Einordnung, zur Analyse und zum Vergleich vorhandener Unternehmenskulturen in Bezug auf den Umgang mit Risiken wurden verschiedene Typologien entwickelt. Beispielhaft zu nennen sind die Risikokulturtypen nach KPMG (Typen: Cowboy, Unternehmer, Angsthase, Bürokrat) (vgl. KPMG Deutsche Treuhand-Gesellschaft (1998), S. 9) oder die Risikokulturtypen nach Deal/Kennedy (Typen: Bet Yor Company, Tough Guy, Process, Work Hard / Play Hard) (vgl. Deal u. a. (2000), S. 107ff.).

[1043] Vgl. Renggli (1993), S. 26f.; Brühwiler (2007), S. 214; Thom (2008), S. 106.

[1044] Vgl. Kremers (2002), S. 71.

[1045] Vgl. Dahmen (2002), S. 53f.

[1046] Vgl. Felten (1991), S. 207; Vogler/Gundert (1998), S. 2379.

[1047] Vgl. Seifert (1980), S. 145; Braun (1984), S. 68ff.; Mensch (1991), S. 35ff.; Mikus (2001b), S. 26; Pfohl (2004), S. 323f.; Gunkel (2010) S. 239ff.

Typen der Risikomanagement-Organisation sowie Kontexttypen identifizieren und passende Organisations-Kontext-kombinationen herleiten.[1048]

In der Literatur werden unternehmensinterne und unternehmensexterne Faktoren zur Beschreibung des Risikomanagement-Kontexts herangezogen. Zu externen Kontextfaktoren zählen die Komplexität und Dynamik des Unternehmensumfeldes sowie die Art und der Umfang der damit verbundenen Risiken und die Rechtssituation des Unternehmens.[1049] Zu den internen Kontextfaktoren zählen die Unternehmensgröße[1050], -struktur und –komplexität, die Eigenkapitalquote, die Risikotragfähigkeit, das Alter des Risikomanagementsystems, die Anzahl der Tochtergesellschaften[1051] sowie die Diversifiziertheit des Unternehmens auf Produkt- oder Branchenebene.[1052] Kajüter (2015) hebt in seiner Arbeit die Bedeutung der Unternehmensgröße als zentralen situativen Einflussfaktor auf die Gestaltung des allgemeinen Risikomanagements hervor.[1053] Als typbildende Merkmale mit hoher Aussagekraft identifiziert Gunkel (2010) die Unternehmensgröße sowie den Grad der Diversifiziertheit eines Unternehmens. Hieraus ergeben sich die drei Kontexttypen (1) undiversifizierter Nischenanbieter, (2) undiversifiziertes Großunternehmen und (3) Diversifizierer.[1054]

Auch zur Beschreibung der Typen des Risikomanagements werden in der Literatur unterschiedliche Merkmale herangezogen. Diese beziehen sich auf die Spezialisierung und Zentralisierung unterschiedlicher Aufgabenkomplexe des Risikomanagements, die Institutio-nalisierung sowie die methodische und instrumentelle Unterstützung des Risikomanagements. Basierend auf einer empirischen Untersuchung identifizieren Kajüter (2015) und Gunkel (2010) insgesamt fünf bzw. drei Realtypen der Risikomanagement-Organisation. [1055] Dies sind beispielsweise bei Gunkel (2010) der zentral-institutionale Typ, der dezentral-institutionale Typ und der zentral-funktionale Typ. Hierauf aufbauend lassen sich durch vorgenommene Effizienzbewertungen effiziente Situations-Struktur-Kombinationen identifizieren. Der zentral-institutionale Typ des Risikomanagements eignet sich am besten für den Einsatz bei Nischenanbietern, der dezentral-institutionale Typ am

---

1048 Siehe hierzu insbesondere Werder v. (1992), Gunkel (2010) und Kajüter (2015).

1049 Vgl. Werder v. (1992), Sp. 2218; Pritzer (2000), S. 155; Burger/Buchhart (2002), S. 261; Kajüter (2015), S. 376-379.

1050 In der Regel wird diese anhand der Mitarbeiteranzahl gemessen. Insbesondere in kleinen Unternehmen sorgen begrenzte Ressourcen dafür, dass die Rolle des Risikomanagers nicht ausgefüllt werden kann und bspw. durch andere Manager bzw. die Geschäftsführung mitübernommen wird (vgl. Thom (2008), S. 108).

1051 Dies ist ein spezifisches Merkmal für die Untersuchung von Kajüter (2015), da hier Risikomanagementsysteme in Konzernen untersucht wurden

1052 Vgl. Pritzer (2000), S. 155; Burger/Buchhart (2002), S. 261; Hölscher/Giebel/Karrenbauer (2006), S. 152; Gunkel (2010) S. 243.

1053 Vgl. Kajüter (2015), S. 376-379.

1054 Vgl. Gunkel (2010), S. 232.

1055 Vgl. Gunkel (2010), S. 236; Kajüter (2015), S. 374.

besten für Diversifizierer. Der zentral-funktionale Typ stellt für keinen der betrachteten Unternehmenstypen eine überlegene Strategie dar.[1056]

3.6.4 Erkenntnisse zur Organisation des Supply-Chain-Risikomanagements

Konträr zum allgemeinen Risikomanagement ist die organisatorische Gestaltung des SCRM bislang kaum erforscht. So schreibt beispielsweise Böger (2010b), dass *„die Forschung der organisatorischen Einbettung des SCRM noch am Anfang“*[1057] steht. In wissenschaftlicher Literatur wird oftmals von *Supply Chain Risk Managern* oder *Supply Chain Continuity Teams* gesprochen, von einer genaueren Erläuterung der Aufgabenbereiche oder der Diskussion der Eingliederung dieser Organisationeinheiten in die (Risikomanagement-)Organisation allerdings abgesehen.[1058] Zumindest in praxisorientierter SCRM-Literatur wird die Organisation des SCRM in Ansätzen diskutiert.[1059] Im Gegensatz zum allgemeinen Risikomanagement ist bei Fragen der organisatorischen Gestaltung neben der intraorganisatorischen auch die interorganisatorische Perspektive zu berücksichtigen.[1060] Im Folgenden gibt Kapitel 3.6.4.1 einen Einblick in die Spezialisierung, Koordination und Konfiguration im intraorganisatorischen SCRM bevor in Kapitel 3.6.4.2 interorganisatorische Aspekte des SCRM beleuchtet werden. Anschließend gibt, analog zur Argumentation im Kontext des allgemeinen Risikomanagements, Kapitel 3.6.4.3 einen Einblick in bestehende Erkenntnisse zur situativen Ausgestaltung der SCRM-Organisation.

3.6.4.1 Spezialisierung, Koordination und Konfiguration im SCRM

Auch bei der Gestaltung der SCRM-Organisation kann auf die in Kapitel 3.6.1 eingeführten Gestaltungsmöglichkeiten – Spezialisierung, Koordination und Konfiguration – zurückgegriffen werden.[1061] In der Praxis ist das SCRM nur selten spezialisiert. Die anfallenden

---

[1056] Vgl. Gunkel (2010) S. 235f., 240-244. Die im Rahmen der vorliegenden Arbeit durchgeführte Literaturanalyse zeigte, dass bislang kaum empirische Erkenntnisse zur organisatorischen Ausgestaltung des Risikomanagements existieren. Die wenigen jüngeren Arbeiten, die sich mit dem Thema auseinandersetzen, sind meist rein konzeptioneller Natur (siehe hierzu bspw. Kratzheller (1997)). Aus diesem Grunde wird in der vorliegenden Arbeit häufig auf die Arbeit von Gunkel (2010) verwiesen, die jedoch nicht ohne methodische Schwächen auskommt. So ist nur ein kleiner Teil der Aussagen, die als Grundlage für die Fit-Betrachtung herangezogen werden, auf dem 5%-Niveau signifikant (teils wesentlich schlechtere Signifikanzwerte). Der Autor selbst verweist hierbei auf die ungenügende Sample- bzw. Cluster-Größe (vgl. Gunkel (2010) S. 240ff.). Zudem wurde für die betrachteten Unternehmen offensichtlich ein homogenes Risikoumfeld ermittelt, was zum Ausschluss der Variable *Risikoexposition* im Rahmen der durchgeführten Cluster-Analyse führt. Allerdings ist das Ergebnis des Gleichheitstests der Gruppenmittelwerte ebenfalls nicht auf dem 5%-Niveau signifikant.

[1057] Böger (2010), S. 67.

[1058] Siehe hierzu bspw. Zsidisin/Ragatz/Melnyk (2005); Hale/Moberg (2005); Bakshi/Kleindorfer (2009); Jüttner/Maklan (2011); Sydow/Frenkel (2013); Lavastre/Gunasekaran/Spalanzani (2014).

[1059] Siehe hierzu bspw. Pfohl/Gallus/Köhler (2008a), S. 71ff.; Schlegel/Trent (2014), S. 46ff.; ZVEI (2014), S. 42ff.; Risk Management Association (RMA) (2015), S. 17ff.

[1060] Vgl. Böger (2010), S. 67.

[1061] Vgl. Norrman/Jansson (2004), S. 442f.; Pfohl/Gallus/Köhler (2007), S. 206ff.; Pfohl/Gallus/Köhler (2008b), S. 32, 71ff.

Aufgaben werden, wie in Abbildung 50 skizziert, in der Regal von unterschiedlichsten Organisationseinheiten neben ihrer originären Aufgabe wahrgenommen.[1062]

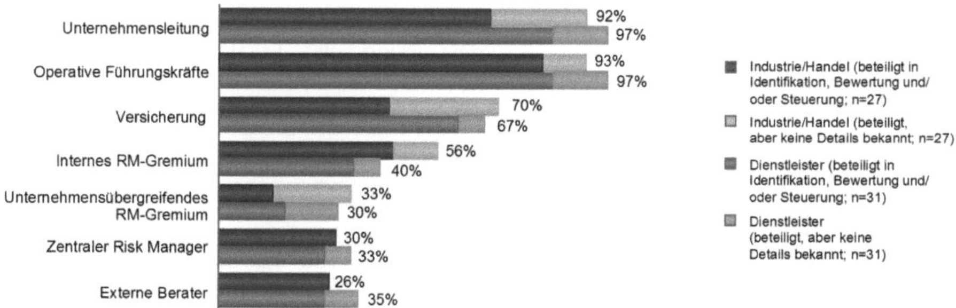

Abbildung 50: Wahrnehmung von SCRM-Aufgaben
(Quelle: Pfohl/Gallus/Köhler (2008c), S. 133)

Oftmals kommt dezentralen Organisationseinheiten, die Supply-Chain-Risiken im besonderen Maße ausgesetzt sind, eine hervorgehobene Bedeutung im Sinne einer Quasi-Spezialisierung zu. Diese Abteilungen oder gegebenenfalls auch spezialisierte Zentraleinheiten aggregieren Risiko-Informationen für die Unternehmensführung und das zentrale Risikomanagement, stellen Methoden-Know-how zur Verfügung, bieten anderen Abteilungen Risikomanagement-Dienstleistungen an und unterstützen die unternehmensweite Koordination des SCRM.[1063] Da insbesondere im SCRM die Identifikation, Analyse und Steuerung von SC-Risiken ein hohes Maß an (Funktionsbereichs-)spezifischen Fachkenntnissen erfordert, müssen wesentliche Aufgaben des SCRM in dezentralen Organisationseinheiten verbleiben. Beispielsweise betonen insbesondere Unternehmen mit globalen Supply Chains die Bedeutung ihrer global tätigen Mitarbeiter im Rahmen der Sammlung von Risikoinformationen. Hieraus ergibt sich für das SCRM ein besonders hoher Koordinationsbedarf. [1064]

Die Koordination der SCRM-Organisation erfolgt über spezialisierte Organisationseinheiten, die Unternehmensführung, Formalisierung sowie ergänzende Formen der Projektorganisation. Zentrale Organisationseinheiten definieren übergeordnete Risikomanagement-Standards, stellen deren Einhaltung sicher und unterstützen bei der Entwicklung einer

---

[1062] Vgl. Schlegelmilch /Robertson (1995), S. 30, Wildemann (2006), S. 66; Pfohl/Gallus/Köhler (2008c), 132f.; Kersten u. a. (2008), S. 11; Böger (2010), S. 67, 124. Schlegel/Trent (2014) gehen davon aus, dass es in der Praxis meist nicht zielführend ist, eine dedizierte SCR-Organisationeinheit zu installieren. Vielmehr ist das SCRM besser in den bestehende Organisationeinheiten zu integrieren. Eine Zentralisierung könnte sich als nachteilig erweisen, wenn hierdurch Risikoverantwortung von den eigentlich in die Pflicht zu nehmenden, dezentralen Stellen auf eine zentrale SCRM-Stelle abgewälzt wird. Vgl. Schlegel/Trent (2014), S. 46. Vgl. hierzu auch Böger (2010), S. 125.

[1063] Vgl. Pfohl/Gallus/Köhler (2008c), 133f.

[1064] Vgl. Burger/Buchhart (2002), S. 268; Diederichs (2004), S. 206; Craighead u. a. (2007), S. 147; Thom (2008), S. 109f; Lavastre/Gunasekaran/Spalanzani (2012), S. 836; Risk Management Association (RMA) (2015), S. 18f.

Risikokultur. Die Prägung der Risikokultur durch eine offene Kommunikation und die Hervorhebung des Stellenwerts des SCRM ist allerdings insbesondere Aufgabe der oberen Führungsebenen. Diese müssen Erkenntnisse des SCRM zudem bei strategischen Entscheidungen berücksichtigen.[1065] Eine Formalisierung trägt insbesondere über die Festlegung von Grenzwerten für die Risikoeskalation und Eskalationsprozessen zur Koordination verteilter SCRM-Aufgaben bei.[1066]

Eine oft genutzte Möglichkeit der SCRM-Koordination besteht in der Verlagerung von SCRM-Aufgaben in unbefristete Ausschüsse und weitere Elemente der Projektorganisation. Diese Organisationsform wird durch die Möglichkeit der Bildung cross-funktionaler Teams den interdisziplinären Anforderungen des SCRM besonders gerecht.[1067] Während SCRM-Komitees als dauerhafte Einrichtung gegebenenfalls die Koordination durch eine zentrale SCRM-Einheit ersetzen können, unterstützen kurzfristig einberufene Task-Forces das reaktive Risikomanagement durch die Ermöglichung eines bereichsübergreifend koordinierten Vorgehens im Falle eines Schadensereignisses.[1068]

Das SCRM kann in verschiedene Organisationseinheiten integriert oder alternativ an verschiedenen Stellen des Unternehmens als eigene institutionalisierte Organisationseinheit positioniert werden. Analog zum allgemeinen Risikomanagement kann eine Positionierung auf unterschiedlichen Hierarchieebenen, entweder in der Nähe der Geschäftsführung bzw. der finanzwirtschaftlich orientierten Zentralbereiche wie dem Controlling oder auf Ebene der operativen Funktionsbereiche angesiedelt werden. Im Rahmen der horizontalen Positionierung kann beispielsweise zwischen einer Eingliederung in Einkauf, Logistik, Produktion oder Supply Chain Management unterschieden werden.[1069] Durch die Einordnung auf der Ebene eines Zentralbereichs wird der integrative Charakter des SCRM betont, während die Einordnung auf operativer Ebene für eine starke Aufgabenintegration sorgt.[1070] Eine Sonderrolle stellt die Konfiguration des SCRM als Matrixorganisation durch das Unternehmen Ericsson dar. Hier wurde die bestehende, nach Sparten und Funktionsbereichen strukturierte Matrixorganisation in beiden Dimensionen um Risikomanager bzw. Stellen mit Risikomanagementverantwortung erweitert. Koordiniert wird das Risiko-

[1065] Vgl. Khan/Christopher/Burnes (2008), S. 421; Böger (2010), S. 124f.; Risk Management Association (RMA) (2015), S. 21.

[1066] Vgl. Cagliano u. a. (2012), S. 833.

[1067] Vgl. Zsidisin u. a. (2004) S. 406, 409; Blackhurst u. a. (2005), S. 381f.; Pfohl/Gallus/Köhler (2008c), 133; Böger (2010), S. 126. Oftmals werden diese Anforderungen allerdings nur ungenügend umgesetzt. Bspw. ist teilweise sogar die Abstimmung zwischen SCRM und SCM ungenügend (vgl. hierzu Jüttner/Peck/Christopher (2003a)).

[1068] Vgl. Norrman/Jansson (2004), S. 450, 453;Ziegenbein (2007), S. 120ff.; Böger (2010), S. 124f., S. 126.

[1069] Vgl. Zsidisin u. a. (2004), S. 401f; Norrman/Jansson (2004), S. 442; Ioannis S. Papadakis (2006), S. 32; Pfohl/Gallus/Köhler (2008c), 132f.; Kersten u. a. (2008), S. 17. Risk Management Association (RMA) (2015), S. 19f.

[1070] Vgl. Zsidisin u. a. (2004), S. 401f; Pfohl/Gallus/Köhler (2008c), 132f.

management mit Hilfe übergreifender Komitees und durch eine zentrale SCRM-Stelle, die an einen Zentralbereich angegliedert ist.[1071]

3.6.4.2 Netzwerkorganisation im SCRM

In der Literatur zum SCRM wird im Rahmen einer netzwerkorientierten Perspektive regelmäßig auf drei von Kajüter (2003) entwickelte Typen der Netzwerkorganisation verwiesen.[1072] Bei den sich hinsichtlich der Kooperationsintensität unterscheidenden Typen handelt es sich um das *Risikomanagement mit Supply-Chain-Orientierung*, das *Dyadische Supply-Chain-Risikomanagement* sowie das *Netzwerkweite Supply-Chain-Risikomanagement*.[1073] Böger (2010) ordnet diese Typen unterschiedlichen Phasen der Netzwerkbildung zu: In einer frühen Phase der Netzwerkbildung ist von einer geringen Kooperation im SCRM auszugehen.[1074] Das SCRM ist hier in Form eines *Risikomanagements mit Supply-Chain-Orientierung* ausgestaltet, wobei die Ziele der Beschaffung (Versorgungssicherheit, Kosten, Qualität) im Mittelpunkt stehen. Mit Supply-Chain-Partnern wird kaum kooperiert, auch werden keine risikorelevanten Informationen in der Supply Chain getauscht. Die nächste Entwicklungsstufe bei gestiegener Kooperationsintensität stellt das *Dyadische Supply Chain Risikomanagement dar.*[1075] Hierbei kooperiert ein Unternehmen bei der Ausgestaltung des SCRM mit seinen unmittelbaren Partnern in der Supply Chain. Informationsasymmetrien werden durch den Austausch risikorelevanter Informationen verringert.[1076]

Als *Netzwerkweites Supply Chain Risikomanagement* wird ein integriertes Risikomanagement über gesamte bzw. weite Teile der Supply Chain bezeichnet, bei welchem Informationen aus dem gesamten Netzwerk berücksichtigt und gleichzeitig mehrere Netzwerkpartner in die Konzeption des SCRM eingebunden sind.[1077] Eine zentrale Rolle spielen hierbei unternehmensübergreifende Teams, die in gemeinsamen Workshops SC-Risiken identifizieren und insbesondere abgestimmte Notfallpläne entwickeln.[1078] Zur Unterstützung des netzwerkweiten SCRM werden in der Literatur zudem die Gründung eines dauerhaften, übergreifenden Risikokomitees sowie die Auslagerung von Aufgaben des

---

[1071] Vgl. Norrman/Jansson (2004), S. 442-444.

[1072] Vgl. Kajüter (2003), S. 116; Kajüter (2015), S. 23f. Vgl. für Bezugnahme in der SCRM-Literatur u.a. Pfohl/Gallus/Köhler (2008b), S. 27; Czaja (2009), S. 118; Pfohl/Köhler/Thomas (2010), S. 42; Böger (2010), S. 37; Meierbeck (2010), S. 326; Tandler (2013), S. 60.

[1073] Vgl. Kajüter (2015), S. 23; Teminologie angepasst nach Pfohl/Gallus/Köhler (2008a), S. 28f.

[1074] Vgl. Kajüter (2015), S. 23.

[1075] Vgl. Pfohl/Gallus/Köhler (2008a), S. 28.

[1076] Vgl. Harland/Brenchley/Walker (2003), S. 56; Hallikas u. a. (2004), S. 52ff.; Kajüter (2015), S. 23.

[1077] Vgl. Pfohl/Gallus/Köhler (2008a), S. 29; Kajüter (2015), S. 23.

[1078] Vgl. Jüttner (2003), S. 786.

SCRM an einen Dienstleister vorgeschlagen. Die Koordination kann auch ein fokales Unternehmen der Supply Chain übernehmen.[1079]

Pfohl/Gallus/Köhler (2008a) entwickeln zudem in Anlehnung an Hallikas u. a. (2004) ein integriertes SCRM-Framework, dass das unternehmensbezogene SCRM um interorganisationale Bausteine erweitert. Diese Bausteine umfassen abgestimmte Risikomanagementgrundsätze, einen integrierten Risikomanagementprozess, einen gemeinsamen Risikokatalog, ein unternehmensübergreifendes und einheitliches Risikostrukturblatt sowie eine unternehmensübergreifende Risikovisualisierung. Zudem ist auch hier ein zentraler Koordinator für das SCRM zu entwickeln oder zu benennen.[1080] Einen Überblick über die unterschiedlichen Typen der Netzwerkorganisation im SCRM gibt Tabelle 9.

Tabelle 9: Konzeptionelle Ansätze für das Risikomanagement in Supply Chains (Quelle: Pfohl/Gallus/Köhler (2008a) S. 28, vgl. auch Kajüter (2015) S. 23)

	Risikomanagement mit Supply-Chain-Orientierung	**Dyadisches Supply-Chain-Risiko-management**	**Netzwerkweites Supply-Chain-Risikomanagement**
Fokus des Risikomanagements	Auswirkungen auf eigenes Unternehmen	Auswirkungen auf eigenes Unternehmen	Supply Chain
Kooperationen im Risikomanagement	Nicht vorhanden	Nur mit einzelnen Partnern	Mit allen Supply Chain Partnern
Austausch von Risikoinformationen	Nicht vorhanden	Unregelmäßig/ Regelmäßig mit Partnern	Regelmäßig im Netzwerk
Informationsasymmetrien in Bezug auf Supply Chain Risiken	Hoch	Mittel	Gering
Art der Beziehung zwischen Unternehmen	Transaktionsorientiert	Transaktionsorientiert/ Partnerschaftlich	Partnerschaftlich
Phase der Netzwerkbildung	Aufbau von Beziehungen	Intensivierung der Beziehung	Etablierte Beziehungen
Gemeinsame Ziele und Planungsprozesse	Nicht vorhanden	Höchstens mit einzelnen Partnern vorhanden	Vorhanden
Notwendiges Vertrauen zwischen den Unternehmen	Gering	Mittel	Hoch

[1079] Vgl. Jüttner (2005b), S. 138; Kersten u. a. (2006b), S. 14; Pfohl/Gallus/Köhler (2007), S. 214; Pfohl/Gallus/Köhler (2008a), S. 36.

[1080] Vgl. Hallikas u. a. (2004), S. 61; Pfohl/Gallus/Köhler (2008b), S. 33. Vgl. hierzu auch Kajüter (2003), S. 121; Jüttner (2005b), S. 138; Kersten u. a. (2006b), S. 14; Götze/Mikus (2007), S. 34; Steven/Pollmeier (2007), S. 11; Ziegenbein (2007), S. 121ff.

Insbesondere in frühen Beiträgen zum SCRM wie dem *„Self-Assessment-Workbook"* der Cranfield University werden ausschließlich dyadische SCRM-Ansätze vorgestellt. Erst neuere Literatur widmet sich übergreifenden, integrierten Ansätzen, die dem hier vorgestellten Typen des netzwerkweiten SCRM entsprechen.[1081] Zu betonen ist, dass es sich bei den hier vorgestellten Typen um rein konzeptionelle Ansätze handelt. Eine empirische Bestätigung der SCRM-Typen ist die SCRM-Forschung nach Kenntnis des Autors bislang schuldig geblieben. Vielmehr gibt es Hinweise darauf, dass in der Praxis nur selten ein dyadisches SCRM umgesetzt wird, netzwerkweites SCRM überhaupt nicht.[1082]

3.6.4.3 Situative Ausgestaltung der Organisation im SCRM

Entgegen dem Kenntnisstand zum allgemeinen Risikomanagement liegen zum SCRM kaum gesicherte Erkenntnisse bezüglich der situationsadäquaten Organisationsgestaltung vor. Offensichtlich wirkt sich die Unternehmensgröße über die in Unternehmen verfügbaren Ressourcen auf die Spezialisierung bzw. Institutionalisierung des SCRM aus. Aufgrund begrenzter Ressourcen bilden daher kleinere Unternehmen (insbesondere KMU) in der Regel keine spezialisierten SCRM-Einheiten.[1083] Zudem kann die allgemeine Gestaltung der Unternehmensorganisation selbst zu Risiken führen bzw. die Auswirkung von Risiken verstärken. Insbesondere aus einer hohen Komplexität der Gesamtorganisation können sich umfangreiche Unsicherheiten für einzelne Entscheider ergeben.[1084] Untersuchungen zeigen auch, dass die eigenen Fähigkeiten von Unternehmen oftmals nicht ausreichen, um eine ihrer Situation angemessene SCRM-Organisation zu entwickeln. In diesem Falle können die bestehenden SCRM-Fähigkeiten durch Dritte wie bspw. Versicherungen und Berater, ergänzt werden.[1085] Zudem gibt es Hinweise darauf, dass Unternehmen genau dann spezialisierte SCRM-Strukturen herausbilden, wenn die etablierte Organisation nicht dazu in der Lage ist, SCRM-Informationen anforderungsgerecht zu beschaffen und zu verarbeiten.[1086]

3.7 Informationstechnik im SCRM

Nachdem in den letzten Kapiteln ein umfangreicher Einblick in das SCRM und die SCRM-Organisation als Subsystem des SCRM-Systems gegeben wurde, soll im Folgenden die Informationstechnik im SCRM näher beleuchtet werden. Hierzu findet in Kapitel 3.7.1 eine allgemeine Einführung und eine Strukturierung von IT-Systemen statt bevor in Kapitel 3.7.2 ein Überblick über spezifische IT-Lösungen für das Supply Chain Management gegeben wird. Kapitel 3.7.3 gibt anschließend einen kompakten Überblick über Interorganisationssysteme im Supply Chain Management. Da in der vorliegenden Arbeit der

---

[1081] Vgl. Pfohl/Gallus/Köhler (2008a), S. 27; Pfohl/Köhler/Thomas (2010), S. 38.

[1082] Vgl. Pfohl/Gallus/Köhler (2008b), S. 136; Gampel (2014), S. 4.Vgl. hierzu auch KPMG LLP/Continuity Insights (2012), S. 12.

[1083] Vgl. Hölscher/Giebel/Karrenbauer (2006), S. 152; Pfohl/Gallus/Köhler (2008b), 133.

[1084] Vgl. Schlegel/Trent (2014), S. 49.

[1085] Vgl. Pfohl/Gallus/Köhler (2008b), 133f.

[1086] Vgl. Jüttner/Maklan (2011), S. 253.

Einsatz spezifischer SCRM-IT erklärt werden soll, in deren Rahmen Teile der Informationsverarbeitung an einen Informationsdienstleister verlagert werden, befasst sich Kapitel 3.7.4. mit dem Outsourcing der Informationsverarbeitung und Kapitel 3.7.5 mit theoretischen Modellen zur Beschreibung und Erklärung von IT-Adoption. Aufgrund der Begrenztheit verfügbarer Literatur, die der Neuheit des Themas geschuldet ist, kann anschließend Kapitel 3.7.6 nur einen ersten, kurzen Einblick in spezifische IT-Lösungen für das SCRM geben.

3.7.1 Einführung in IT-gestützte Informationssysteme

Bereits in Kapitel 3.4.2 wurde das Unternehmen als Informationssystem skizziert. IT-gestützte, aufgabenspezifische Subsysteme dieses Informationssystems werden als Anwendungssysteme bezeichnet.[1087] Solche Anwendungssysteme lassen sich entweder den operativen oder den Planungs- und Kontrollsystemen zuordnen.[1088] Operative Systeme umfassen administrative [1089] Systeme, die eine Rationalisierung der Massendatenverarbeitung gestatten (bspw. ERP-Systeme) sowie Dispositionssysteme, die Entscheidungsvorbereitung oder gar den gesamten Entscheidungsprozess automatisieren (bspw. Losgrößenplanung). Während sich für den Einsatz von administrativen Systemen oft keine Alternativen bieten, ist der Einsatz von Dispositionssystemen immer mit der Problemlösung durch den Menschen abzuwägen.[1090] Dispositive Systeme richten sich an die untere bis mittlere Management-Ebene und sollen hier bei regelmäßigen, routinierten und gut strukturierten Entscheidungsproblemen unterstützen. Planungssysteme bauen auf den operativen und dispositiven Systemen auf und unterstützen das mittlere bis obere Management bei unstrukturierten Entscheidungsproblemen im Rahmen des mittel- bis langfristigen Planungsprozesses. Kontrollsysteme bilden den Gegenpart zu Planungssystemen und dienen dazu, Pläne zu überwachen und ggf. korrigierende Maßnahmen einzuleiten.[1091] Die Datengrundlage bilden hier neben operativen Systemen auch externe Datenquellen, die in Datawarehouses zur weiteren Verwertung in Planungs- und Kontrollsystemen archiviert werden.[1092]

Einheitliche Schnittstellen sind notwendig, um ein optimales Zusammenspiel von Informationssystemen zu erreichen und somit *Integrierte Informationssysteme* zu schaffen. [1093] Gegenstände der Integration in der Informationsverarbeitung sind die

---

1087 Vgl. Hansen/Neumann (2009), S. 34-38.

1088 Vgl. Chamoni/Gluchowski (2009), S. 10; Mertens (2012), S. 24f.;

1089 Administrative Systeme werden insbesondere in der angelsächsischen Literatur auch als Transaction-Processing-Systeme bezeichnet. TPS stellen Informationen im Unternehmen funktionsübergreifend zur Verfügung. Die Literatur legt allerdings teilweise eine gewisse Überschneidung mit Dispositionssystemen nahe, wenn sie TPS unterstellt (Routine-)Prozesse zu unterstützen und zu automatisieren (vgl. Power (2002), S. 8, S. 21; Janakiraman/Sarukesi (2008), S. 21f.).

1090 Vgl. Mertens (2012), S. 24f.; Stahlknecht (2004), S. 328.

1091 Vgl. Griese/Mertens (2009), S. 1ff.; Mertens (2012), S. 26.

1092 Vgl. Griese/Mertens (2009), S. 5.

1093 Vgl. Scheer (1995), S. 4-10; Mertens (2012), S. 1ff.

Integration von Daten, Funktionen, Prozessen, Methoden und Programmen.[1094] Die Vereinigung oder Verbindung von verteilten Informationssystemen zu intergierten Informationssystemen gestattet die Auslösung zeitlich und logisch verknüpfter Prozesse und die Koordination verteilter Wertschöpfungsaktivitäten.[1095] Eine Systemintegration kann auf horizontaler und vertikaler Ebene erfolgen. *Horizontale Integration* beschreibt die Abstimmung von funktionalen Teilsystemen entlang der Wertschöpfungskette. *Vertikale Integration* bezieht sich hingegen auf eine Hierarchieebenen-übergreifende Abstimmung von Informationssystemen unterschiedlicher Detaillierung, um bspw. eine hierarchische Mengenauflösung und damit eine hierarchische Planung zu unterstützen. Umgekehrt gestattet vertikale Integration die Versorgung der Planungs- und Kontrollsysteme mit Informationen aus den operativen Systemen.[1096] In Zukunft wird eine stärkere vertikale Systemintegration erwartet.[1097]

3.7.2 IT-Systeme im Supply-Chain-Management

Informationstechnik ist gleichzeitig Treiber sowie Enabler des Supply Chain Managements.[1098] Insbesondere internetbasierte Systeme, Anwendungen und Standards werden zukünftig zu einer stärkeren Verzahnung von Unternehmen und einer Anpassung von Geschäftsprozessen und -modellen führen.[1099] Informationssysteme unterstützen die vertikale und horizontale Integration von Supply-Chain-Management-Aufgaben. Sie zeichnen sich durch eine hohe Datenintensität, die notwendige Verzahnung von Planung und Abwicklung, hohe Flexibilitätsanforderungen sowie besondere Anforderungen an die Datenkommunikation aus.[1100] Integrationsanforderungen ergeben sich daher insbesondere bzgl. der vertikalen Integration, der Datenintegration sowie der zwischenbetrieblichen Integration.

Bereits in den 60er Jahren wurden Material Requirements Planning (MRP)-Systeme zur Unterstützung der Produktionsplanung eingesetzt.[1101] Aufgrund bestehender Defizite, insbesondere begründet in der Mehrstufigkeit der Planungsmodelle und der fehlenden Supply-Chain-Integration, wurden diese Systeme über MRPII, PPS und integrierte ERP-Systeme zu integrierten Supply-Chain-Management-Systemen (SCMS) weiterentwickelt.[1102] SCMS integrieren die vorhandene ERP-Datenbasis, vernetzen dezentrale PPS-Systeme für eine übergreifende Optimierung und erweitern vorhandene operative Planungssysteme um

---

1094 Vgl. hierzu vertiefend Mertens (2012), S. 13ff.

1095 Vgl. Heinrich/Roithmayr (1998), S. 276; Dietrich (2007), S. 35.

1096 Vgl. Schwarzer/Krcmar (1999), S. 131; Mertens (2012), S. 17.

1097 Vgl. Gluchowski/Kemper (2006), S. 16.

1098 Vgl. Pfohl (2001), S. 204-207; Zhou/Benton Jr. (2007), S. 1351; Hausladen (2014), S. 10ff.

1099 Vgl. Hueck (2001), S. 8; Wildemann (2001), S. 12; Schulze (2009), S. 76.

1100 Vgl. Krieger (1995), S. 33-35.

1101 Vgl. Krüger/Steven (2002), S. 8; Busch u. a. (2003), S. 22f; Steven/Krüger (2004), S. 175f.

1102 Vgl. Steven/Meyer (1998), S. 21f.; Kansky/Weingarten (1999), S. 90; Günther/Tempelmeier (2000), S. 317f.; Steinaecker/Kühner (2001), S. 55; Krüger/Steven (2002), S. 8; Busch u. a. (2003), S. 23; Steven/Krüger (2004), S. 175f.; Wecker (2006), S. 156; Schulze (2009), S. 80;

taktische und strategische Elemente.[1103] Die Verbreitung von SCMS in Supply Chains mit unabhängigen Partnern scheitert heute jedoch an der mangelnden Bereitschaft von Unternehmen auf Planungsautonomie zu verzichten.[1104] Die Verfügbarkeit solch komplexer Planungssysteme darf zudem nicht darüber hinwegtäuschen, dass auch heute Unternehmen zur Planung noch PPS und ERP-Systeme verwenden oder gar auf Basislösungen wie Microsoft Excel zurückreifen. [1105] Abbildung 51 gibt einen Überblick über den Strukturierung von SCMS nach den Ebenen Supply Chain Design, Supply Chain Planning und Supply Chain Execution.[1106]

Systeme für das *Supply Chain Design* unterstützen langfristige, strategische Entscheidungen im Rahmen des Netzwerk-Designs. [1107] Mit den Systemen können basierend auf entsprechenden Vorgaben, bspw. zu Sollkosten oder Soll-Service-Levels, durch Analyse und Bewertung unterschiedlicher Szenarien die optimale Größe, Anzahl und Lokation von Elementen[1108] innerhalb der Supply Chain bzw. innerhalb eines für die Planung relevanten Ausschnitts der Supply Chain ermittelt werden. [1109] Systeme für das Supply Chain Planning unterstützen mittelfristige, taktische Entscheidungen der *Absatzplanung, Netzwerkplanung, Beschaffungsplanung, Produktionsplanung und Distributionsplanung*.[1110] In diesem Rahmen werden mittelfristig alle Bedarfe, Bestände und Kapazitäten geplant, die für die Erfüllung des Kundenbedarfs notwendig sind.[1111]

Durch die *Netzwerkplanung* (Master Planning / Produktionsprogrammplanung) erfolgt die Zuordnung von Kapazitäten und Produktionsplänen zu Produktionsstandorten sowie Lagerreichweiten und Transportbedarfen.[1112] Systeme zur *Produktionsplanung* setzen das netzwerkweit ermittelte Produktprogramm in einer Produktions- und Kapazitätsplanung auf Werksebene um.[1113] Ziel ist die Erreichung einer möglichst hohen Kapazitätsauslastung bei gleichzeitiger Wahrung der Möglichkeit zur flexiblen Einplanung kurzfristiger Aufträge. [1114] Die *Absatzplanung* (*Demand Planning*) bildet die Grundlage für alle

---

1103 Vgl. Corsten/Gössinger (2001), S. 32; Pfriemer/Bauer (2001), S. 71; Busch u. a. (2003), S. 26.

1104 Vgl. Busch u. a. (2003), S. 28; Steven/Krüger (2004), S. 185. Schulze (2009) geht allerdings davon aus, dass ein APS-Ansatz in hierarchischen Supply Chains umsetzbar ist (vgl. Schulze (2009), S. 80f.).

1105 Busch u. a. (2003), S. 23; Laakmann u. a. (2003), S. 21.

1106 Vgl. Werner (2013), S. 82.

1107 Vgl. Busch u. a. (2003), S. 26; Goetschalcks/Fleischmann (2008), S. 118f.

1108 Supply-Chain-Elemente sind hierbei u.a. Produktions- und Lagerstandorte des eigenen Unternehmens bzw. von Kunden und Lieferanten.

1109 Vgl. Ten Hompel /Hellingrath (2007), S. 288-291; Hausladen (2011), S. 87; Goetschalcks/Fleischmann (2008), S. 129f.; Vgl. IML/ten Hompel (2013), S. 146f., 158.

1110 Vgl. IML/ten Hompel (2013), S. 150-154

1111 Vgl. Ten Hompel/Hellingrath (2007), S. 292-230; IML/ten Hompel (2013), S. 149.

1112 Vgl. Ten Hompel/Hellingrath (2007), S. 296f.; IML/ten Hompel (2013), S. 151f.

1113 Vgl. Rohde/Wagner (2008), S. 161.

1114 Vgl. IML/ten Hompel (2013), S. 153; Werner (2013), S. 84.

nachfolgenden Planungsschritte.[1115] Systeme zur *Beschaffungsplanung* dienen der Sicherstellung der kosten-optimalen Materialversorgung einzelner Standorte unter Berücksichtigung notwendiger Versorgungsstrategien (VMI, JIS etc.) sowie Restriktionen wie Anlieferrythmen oder Wiederbeschaffungszeiten.[1116] Die Beschaffungsplanung umfasst Aktivitäten im operativen Bereich mit einer Granularität von Tagen und Stunden. Die Aufgabe von Systemen zur *Distributionsplanung* besteht in der Planung des Distributionskanals incl. der auf unterschiedlichen Stufen des Distributionsnetzwerks vorzuhaltenden Lagerbestände. Zudem wird die Einsatzplanung unterschiedlicher Transportdienstleister bei Berücksichtigung verschiedener Transportmodi abgedeckt.[1117] Systeme zur Distributionsplanung sind direkt mit Transport Management Systemen vernetzt.[1118]

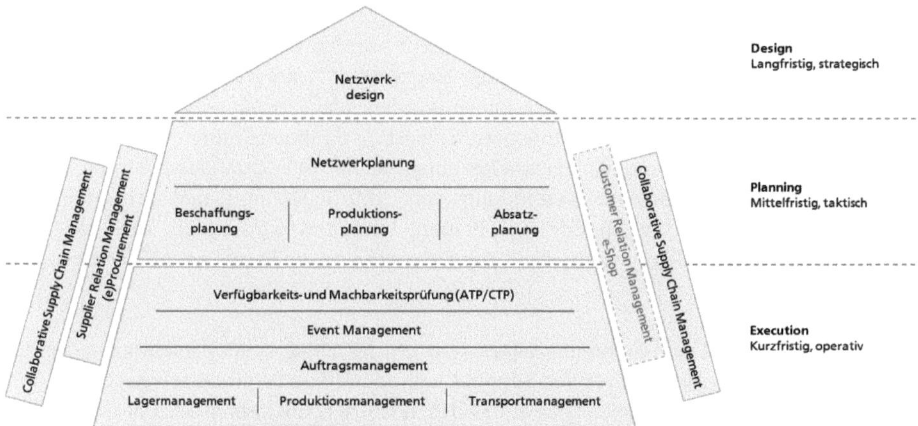

Abbildung 51: Ebenen und Aufgaben für SCM-Systeme
(Quelle: In Anlehnung an Werner (2013), S. 81 sowie auch Arnold u. a. (2008), S. 220)

Die Ebene *Supply Chain Execution* umfasst Entscheidungen auf operativer Ebene. Supply Chain Execution setzt sich aus den Komponenten Verfügbarkeits- und Machbarkeitsprüfung, Supply Chain Event Management, Auftragsmanagement und hiermit verbunden Lagermanagement, Fertigungsmanagement und Transportmanagement zusammen.[1119] Die Verfügbarkeits- und Machbarkeitsprüfung implementiert die Konzepte *Available to Promise* (ATP) und *Capable to Promise* (CTP). ATP gestattet die Ableitung verbindlicher Lieferterminzusagen sowie Produktionskosten für unterschiedliche Auftragserfüllungs-

[1115] Die Datengrundlage für die Absatzplanung bilden historische Nachfrageverläufe, Erfahrungswerte von Experten sowie bereits vorhandene Aufträge. Die Nachfrage wird dann mittels Prognoseverfahren geschätzt (vgl. Kilger/Wagner (2008), S. 133f.; IML/ten Hompel (2013), S. 150f.).

[1116] Vgl. Werner (2013), S. 84.

[1117] Vgl. IML/ten Hompel (2013), S. 152ff.

[1118] Vgl. Fleischmann/Meyr/Wagner (2008), S. 231f.; IML/ten Hompel (2013), S. 154.

[1119] Vgl. Hausladen (2011), S. 86ff.; Werner (2013), S. 86.; IML/ten Hompel (2013), S. 154.

alternativen auf Basis der aktuellen Materialsituation. CTP prüft die Material- und Kapazitätssituation bezüglich eines Kundenauftrags.[1120]

Das Auftragsmanagement (auch Auftragsabwicklung) deckt alle zur Bearbeitung eines Kundenauftrags notwendigen Tätigkeiten ab. Hierzu sind Prozesse aus dem Lagermanagement, Transportmanagement und Produktionsmanagement zu integrieren, wodurch sich wiederum Schnittstellen mit aufgabenspezifischen Systemen wie den *Warehouse-Management-Systemen* (WMS), *Transport-Management-Systemen* (TMS) oder operativen Produktionsmanagementsystemen ergeben.[1121] WMS gestatten die Steuerung, Kontrolle und Optimierung komplexer Lager und ganzer Distributionssysteme. Abgedeckt werden hierbei Aspekte der Lagerhaltung aber auch des Managements von Lagerhäusern und der hier eingesetzten Technik.[1122] TMS unterstützen hingegen bei der Planung, Steuerung und Kontrolle von Transporten und Transportnetzen. Sie werden für die Touren- und Routenplanungen sowie die Laderaumoptimierung eingesetzt.[1123] Integrierte Systeme für das Produktionsmanagement auf operativer Ebene werden auch als *Manufacturing-Execution-Systeme* (MES) bezeichnet. MES integrieren hierbei Funktionalitäten der fertigungsbezogenen Produktionsplanung, Personalplanung sowie der Qualitätssicherung. MES gestatten die medienbruchlose Verbindung von APS/SCMS mit der Fertigung auf Automatisierungsebene. Die Mittelfristige Planung von APS wird durch MES um eine kurzfristige Planungsstufe erweitert, die flexible Reaktionen im Tages- oder Schichtbereich gestattet.[1124]

Mit Hilfe von *Supply-Chain-Eventmanagementsystemen* (SCEM-Systeme) sollen möglichst in Echtzeit Soll-Ist-Abweichungen in der Supply Chain identifiziert und einzelne Aspekte des Controllings unterstützt werden.[1125] Über das SCEM überwachte Kenngrößen beziehen sich bspw. auf Bestände, Wareneingänge, Warenausgänge oder den Transportstatus.[1126] SCEM-Systeme sollen im Falle kritischer Ereignisse ein schnelles, korrigierendes Eingreifen ermöglichen. Events lassen sich in vorhersagbare Events, bei denen ex ante Handlungsroutinen definiert werden können und nicht vorhersagbare Events unterscheiden.[1127]

Die Kernaufgaben der Event-Management-Systeme sind *Alert Management*, *Workflow Management* und *Tracking and Tracing*. Das *Alert Management* dient der frühzeitigen Erkennung von Soll-Ist-Abweichungen über zuvor definierte Schwellenwerte, die über ein visuelles oder akustisches Signal an einen Entscheider übermittelt werden. Im *Workflow Management* wird die Ablaufreihenfolge einzelner Tätigkeiten strukturiert, die Fertig-

---

[1120] Vgl. Busch u. a. (2003), S. 42f.

[1121] Vgl. Kletti (2007), S. 36-39; Werner (2013), S. 86

[1122] Vgl. Ten Hompel (2011), S. 60ff.

[1123] Vgl. Gietz (2008), S. 143, 150f.; Ten Hompel (2011), S. 98ff.

[1124] Vgl. Kletti (2007), S. 21f.; Kiener u. a. (2012), S. 110f.

[1125] Vgl. Schulze (2009), S. 85; Hausladen (2011), S. 88f.; IML/ten Hompel (2013), S. 156.

[1126] Vgl. Werner (2013), S. 86

[1127] Vgl. Hausladen (2011), S. 86.

stellung einer Aktivität löst die Folgeaktivität(en) aus. *Tracking und Tracing* gestattet die räumliche Überwachung von Sendungsdaten mittels Sensorik und Identifikations- bzw. Ortungstechnologie wie RFID und GPS.[1128] Ein Spezialfall ist hierbei der Einsatz von Geofencing-Konzepten, bei denen die Position von Transportmitteln, Transportbehältern oder Gütern laufend überwacht und mit einer Soll-Position oder ggf. auch den Geokoordinaten verbotener Sperrzonen verglichen wird.[1129] Aufgrund bestehender Interdependenzen sind SCEM-Systeme mit ERP-, TMS-, WMS- und MES-Lösungen abzustimmen.[1130]

3.7.3 Interorganisationssysteme im Supply Chain Management

Interorganisationssysteme (IOS) sind Informationssysteme, die den Informationsaustausch über Unternehmensgrenzen hinweg mittels Informationstechnologie ermöglichen und unterstützen.[1131] IOS sollen dabei helfen, Transaktionskosten zu reduzieren und hierdurch Wettbewerbsvorteile für ganze Supply Chains schaffen.[1132] Der Literatur sind unterschiedliche Typisierungsansätze für IOS zu entnehmen,[1133] die entweder die technische oder die organisatorische Perspektive betonen.

Premkumar (2000) unterscheidet drei Entwicklungsstufen der Interorganisationssysteme: Kommunikation, Koordination und Kooperation. Kommunikation bezeichnet die einfachste Art des IOS-Einsatzes und beschränkt sich auf eine semi-automatische Integration und Nutzung von Technologien wie EDI. Die Weiterentwicklung zur Koordination impliziert eine vollautomatisierte Maschine-zu-Maschine-Kommunikation und damit einen unmittelbareren Eingriff in Informationssysteme des Supply-Chain-Partners.[1134] Die letzte Entwicklungsstufe ist die Kooperation, bei der gemeinsame Ziele verfolgt werden und eine intensive Abstimmung auf strategischer Ebene erfolgt.[1135]

1128 Vgl. Werner (2013), S. 87f., S. 286f.

1129 Vgl. Sheffi (2015), S. 34f.

1130 Vgl. Schulze (2009), S. 85; Werner (2013), S. 86

1131 Vgl. Bakos (1991), S. 31f.; Klein (1996), S. 42f.

1132 Vgl. Alt/Cathomen (1996), S. 34; Lee/Kim/Kim (2014), S. 286. Siehe auch Bryan (2013), S. 194 und die dort mit Literaturquellen aufgeführten Definitionen. Als weitere Vorteile werden die verbesserte Kontrolle von Lieferanten und Beständen, verbesserte Kundenbeziehungen, die Möglichkeit der Ressourcen- und Risikoteilung, Verringerung von Eintrittsbarrieren sowie die Erzielung von Netzeffekten und hiermit Economies of Scale/Scope genannt (vgl. O'Donnel/Glassberg (2005), S. 42 und die dort genannte Literatur).

1133 Siehe für eine Übersicht bspw. Choudhury (1997).

1134 Die Enge der Kopplung hängt hierbei von der Intensität des Informationsaustauschs und evtl. zur Entkopplung geschaffenen Puffern ab (vgl. Premkumar (2000), S. 59).

1135 Vgl. Premkumar (2000), S. 58-60. Ähnliche Strukturierungsansätze liefern Schumann (1990) und Shore (2001). Ersterer unterscheidet die Abstufungen elektronischer Datenaustausch, Nutzung gemeinsamer Datenbestände, Zusammenfassen und Verlagern von Funktionen sowie Automatische Abwicklung von Funktionen. Zweiter unterscheidet einfache Kommunikation mittels EDI, die Schaffung integrierter SCM-Systeme sowie die Neuentwicklung von spezifischen Supply-Chain-Lösungen unter Anwendung neuester Technologien (vgl. Schumann (1990), S. 309-311).

Klein (1996), Kumar/van Dissel (1996) sowie Street/Goldsmith (2004) typisieren IOS anhand der bestehenden Netzwerkstruktur bzw. der Netzwerkinterdependenzen. Unterschieden werden hierbei *bilaterale IOS* mit individueller Vernetzung, *sequentielle IOS* als Verkettung bilateraler IOS über die Supply Chain, *netzwerkförmige IOS* als vollständige Vernetzung mittels bilateraler Verbindungen sowie *Pooled IOS* oder *Clearing Center* mit einer Hub-Spoke-Struktur, die eine gemeinsame Infrastrukturnutzung ermöglichen.[1136] Vorteile multilateraler gegenüber bilateraler Verbindungen liegen in der Möglichkeit der Senkung von Transaktionskosten und der Erzielung von Skaleneffekten, in dem übergreifende Standards wie bspw. EDIFACT verwendet werden.[1137] Die Hürden, die sich durch notwendige (heterogene) Standards bei bilateralen Verbindungen ergeben, können durch Hub-Spoke-Netze in Form eines Clearing Centers umgangen werden. Aus diesem Grund wird auch von einem Wandel der IOS zu *Information* oder *Integration Hubs* gesprochen.[1138]

In diesen Netzwerken übernehmen Dienstleister Kommunikations-, Konvertierungs-, Sicherheits-, Datenhaltungs- oder Abrechnungsdienste und können mittels Gatewayfunktion dabei helfen, inkompatible Standards zu erschließen. Eine solche Clearing-Stelle kann auch durch ein oder mehrere fokale Unternehmen bereitgestellt werden. IOS als Clearing-Center unterstützen häufig die horizontale Kooperation und ermöglichen es kleineren Unternehmen, ihre Position gegenüber großen Wettbewerbern zu stärken.[1139] Bei elektronischen Marktplätzen handelt es sich um eine besondere Ausprägung von Clearing Centern. Einen Überblick über die unterschiedlichen in der Literatur diskutierten IOS-Typen gibt Abbildung 52.

IOS zeichnen sich durch Netzwerkexternalitäten (auch Netzeffekte) aus. Dies bedeutet, dass der Nutzen einzelner Akteure von der Teilnahme anderer Akteure abhängt.[1140] Für den erfolgreichen Einsatz von IOS ist eine kritische Masse zu erreichen, die sich jedoch nicht einfach definieren lässt.[1141]

[1136] Vgl. Klein (1996), S. 47f.; Kumar/van Dissel (1996), S. 288f.; Bryan (2013), S. 195.

[1137] Vgl. Klein (1996), S. 50f.

[1138] Vgl. Christiaanse (2005), S. 97.

[1139] Vgl. Klein (1996), S.51ff.

[1140] Vgl. Riggins/Kriebel/Mukhopadhyay (1994), S. 984. Netzeffekte, Netzwerkeffekte oder Netzwerkexternalitäten beschreiben den Effekt, dass der Nutzen eines Standards (im vorliegenden Kontext handelt es sich um einen IOS-Standard) mit der Anzahl der nutzenden Akteure zunimmt (vgl. Katz/Shapiro (1986), S. 822f.; Riggins/Kriebel/Mukhopadhyay (1994), S. 984; Weitzel (2004), S. 14-16; Strahringer (2009), S. 97). Unterschieden werden direkte Netzeffekte, die durch einen direkten Einfluss entstehen, und indirekte Netzeffekte, die auf Interdependenzen komplementärer Güter zurückzuführen sind (vgl. Buxmann/Weitzel/König (1999), S. 136).

[1141] Vgl. Sydow (1993), C542.10; Alt (1997), S. 136.

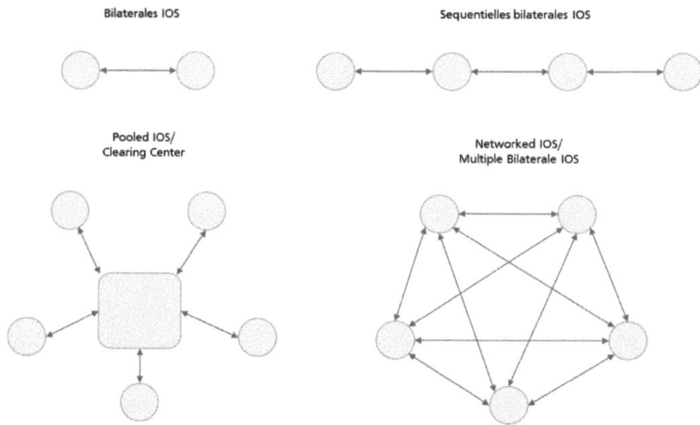

Abbildung 52: Unterschiedliche IOS-Typen
(Quelle: In Anlehnung an Kumar/van Dissel (1996), S. 287 und Klein (1996), S. 47)

Es können für einzelne Akteure allerdings auch negative Netzwerkexternalitäten entstehen. Beispielsweise durch den Beitritt von Konkurrenten zum Netzwerk.[1142] Opportunistisches Verhalten von Netzwerkpartnern kann mittels formeller und informeller Kontrollmechanismen vermindert werden.[1143]

Für Unternehmen ergibt sich mit der Beteiligung an IOS ein Standardisierungsproblem als Entscheidungsproblem zur Auswahl eines zu implementierenden Kommunikationsstandards. Durch Netzwerkexternalitäten entstehen hierbei Entscheidungsinterdependenzen trotz der prinzipiellen Unabhängigkeit der potenziellen Teilnehmer des Netzwerks. Partizipieren Unternehmen an einem falschen Standard, müssen sie entweder die Nachteile des kleinen Netzwerks oder gegebenenfalls hohe Wechselkosten in Kauf nehmen.[1144] Dies führt dazu, dass technologisch überlegene Standards zugunsten von Standards mit höheren Verbreitungspotentialen vernachlässigt werden.[1145] Systemanbieter machen sich dies zu Nutze, indem sie mit Maßnahmen für eine möglichst schnelle Verbreitung neuer Standards sorgen.[1146] Sind die Anforderungen einzelner Nutzergruppen sehr heterogen, ist möglicherweise die Basis für die Umsetzung eines gemeinsamen Standards zu klein. Je höher die Zahl möglicher Standards und beteiligter Akteure, desto

---

[1142] Vgl. Thum (1995), S. 26; Alt (1997), S. 136f.

[1143] Formelle Kontrollmechanismen umfassen bspw. Governance-Strukturen. Der Aufbau von Vertrauen zählt zu den informellen Kontrollmechanismen (vgl. Lee/Kim/Kim (2014), S. 292).

[1144] Vgl. Katz/Shapiro (1992), S. 56; Buxmann/Weitzel/König (1999), S. 133f.

[1145] Vgl. Katz/Shapiro (1986), S. 825; Katz/Shapiro (1992), S. 56, 73f.

[1146] Bspw. über die Subvention früher und die Abschöpfung später Anwender (vgl. Katz/Shapiro (1986), S. 824f.; Buxmann/Weitzel/König (1999), S. 137).

geringer ist die Umsetzung einer aus Gesamtsicht idealen Adoption der vorherrschenden Standards.[1147]

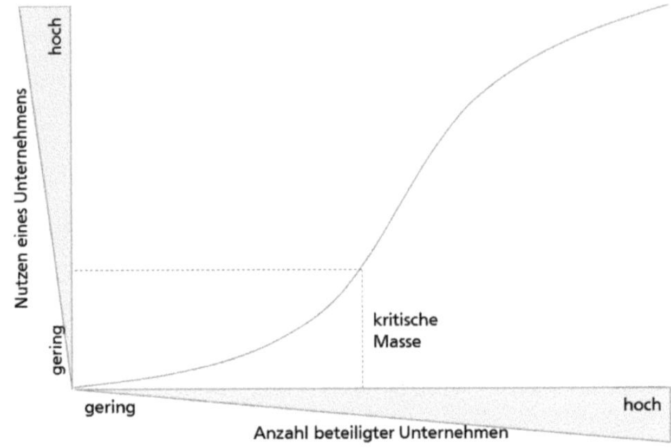

Abbildung 53: Netzwerkexternalitäten/Netzeffekte (Quelle: Gaugler (2013), S. 95)

Das Supply Chain Management können IOS in der Form von Collaborative-Supply-Chain-Management-Systemen (CSCMS) durch eine informatorische und prozessuale Integration unternehmensbezogener SCM-Systeme unterstützen.[1148] Dies wird über eine netzwerkweite Abstimmung von Daten zu Prognosen, Bedarfen, Bestellungen, Kapazitäten, Beständen und Transportplanung,[1149] und einer hierauf basierenden übergreifenden Optimierung erreicht.[1150] Der Funktionsumfang von CSCMS führt von einem übergreifenden Monitoring über die Abstimmung von Prozessen bis hin zur Unterstützung einer intensiven Kooperation.[1151] Zu den unterstützten Tätigkeiten zählen die kooperative Prognose, Kapazitätsabstimmung, Automatisierung der Auftragsabwicklung, Abstimmung von Beständen sowie die Transportkooperation.[1152] Der praktischen Implementierung von CSCM-Systemen stehen allerdings technologische und organisatorische Grenzen im Weg.

[1147] Vgl. Buxmann/Weitzel/König (1999), S. 137. Aus der Steuerung Netzwerk-weiter Standardentscheidungen ergibt sich damit ein Koordinationsproblem, das Netzwerke entweder zentral oder dezentral lösen können. Die zentrale Koordination ermittelt ein Gesamtoptimum basierend auf Informationen zu Standardisierungskosten und -nutzen aller beteiligten Knoten. Dies stellt eine komplexe Aufgabe da, die durch mangelnde Datenverfügbarkeit und mangelnde Durchsetzbarkeit der Standardisierungsentscheidung erschwert wird. Eine Herausforderung bei der dezentralen Standardisierung ergibt sich aus den bestehenden Informationsasymmetrien (vgl. Buxmann/Weitzel/König (1999), S. 139f.).

[1148] Vgl. Busch/Dangelmaier/Langemann (2002), S. 21; Busch u. a. (2003), S. 30-35; Langemann (2004), S. 448f.; Schulze (2009), S. 82.

[1149] Vgl. Busch/Dangelmaier/Langemann (2002), S. 15-17; Langemann (2004), S. 445-448; Bretzke (2002), S. 27f.

[1150] Vgl. Schulze (2009), S. 82.

[1151] Vgl. Busch u. a. (2003), S. 32, 44f.

[1152] Vgl. Busch u. a. (2003), S. 44-48.

Hierzu zählen unter anderem die ungenügende Standardisierung und hohe Komplexität bei der Nutzung multipler bilateraler Kommunikationsverbindungen.

E-Hubs adressieren dieses Problem durch die Umsetzung einer Narbe-Speiche-Struktur und der hiermit einhergehenden Reduktion der Netzwerkverbindungen.[1153] E-Hubs werden auch als *Elektronische Marktplätze*, *Integration Hubs*, *Information Hubs*, *Trade Exchange* oder *Cyber-Purchasing-System* bezeichnet. Sie sind Web-basierte Systeme, die Unternehmen verbinden, und automatisierte Transaktionen, Handel und Kooperation ermöglichen.[1154] Die Komplexität des Informationsaustauschs wird hierbei durch die standardisierte Kommunikation und die Bündelung über ein zentrales Hub reduziert.[1155] Während frühe E-Hubs sich auf die Unterstützung von Beschaffungstransaktionen beschränkten, bieten neuere Lösungen auch umfangreiche Zusatzdienste an.[1156] E-Hubs ermöglichen die Aggregation von Angeboten, den Abgleich von Angebot und Nachfrage (Matching), sowie die Unterstützung der Handels- und Kooperationsbeziehungen.[1157] Besonders weit entwickelte E-Hubs können bei einer integrierten Supply-Chain-Planung unterstützen.[1158] Betrieben werden sie entweder durch ein fokales Unternehmen, ein Konsortium oder einen unabhängigen Dienstleister.[1159] Die Nutzung von E-Hubs ist entweder offen oder auf eine vom Betreiber bestimmte Nutzergruppe beschränkt.[1160] Erfahrungen aus dem Einsatz von E-Hubs sind nicht durchweg positiv und nicht alle Systeme sind am Markt erfolgreich.[1161] Prominente Beispiele in der Automobilindustrie sind *Convisint*, das von Automobil OEM wie Ford und General Motors betrieben wurde sowie das noch heute von mehreren System-lieferanten betriebene *SupplyOn*.[1162] Solche Systeme können die Akzeptanz von E-Hubs durch die Schaffung von Branchenstandards unterstützen. Hinderlich für die Verbreitung sind Ängste von Lieferanten, nicht als ebenbürtiger Partner wahrgenommen zu werden. Zudem hemmt die Existenz einer Vielzahl von Systemen die Sicherung von Externalitäten und die Verbreitung einheitlicher Standards.[1163]

1153 Vgl. hierzu auch Busch/Dangelmaier/Langemann (2002), S. 18f.; Langemann (2004), S. 442, S. 448; Steven/Krüger (2004), S. 185; Bretzke (2002), S. 27f.

1154 Vgl. Kaplan/Sawhney (2000), S. 97f.; Grieger (2003), S. 282; White/Daniel (2004), S. 442; Howard/Vidgen/Powell (2006), S. 53.

1155 Vgl. Grieger (2003), S. 283; Christiaanse (2005), S. 97f.

1156 Vgl. Daniel/White (2005), S. 191.

1157 Vgl. Dai/Kauffman (2002), S. 51ff.

1158 Als Beispiel kann das in der Chemie-Industrie etablierte Elemica-Netzwerk (www.elemica.com) gesehen werden (vgl. Christiaanse (2005), S. 98).

1159 Vgl. Howard/Vidgen/Powell (2006), S. 54f.

1160 Vgl. Grieger (2003), S. 287

1161 Vgl. Christiaanse (2005), S. 97.

1162 Neben diesen in einem Konsortium betriebenen Plattformen bieten eine Vielzahl von Automobil OEM auch eigene, geschlossene Plattformen für ihre Lieferanten. Beispiele sind vwgroupsupply (VW Konzern) sowie SupplyPower (General Motors) (vgl. Howard/Vidgen/Powell (2006), S. 53.

1163 Weitere, für die Automobilbranche relevante E-Hubs sind bspw. RubberNet aus der Kunststoffindustrie oder E-Steel aus der Stahlindustrie (vgl. Howard/Vidgen/Powell (2006), S. 55). *SupplyOn* wird in der

3.7.4 Outsourcing von Informationsverarbeitung und Informationstechnik

Unter Outsourcing wird die langfristige Verlagerung von Sekundärfunktionen an Dienstleistungsunternehmen verstanden.[1164] Outsourcing im Bereich der Informationstechnik bzw. im Bereich des Informationsmanagements wird bereits seit den 50er Jahren des 20. Jahrhunderts betrieben. Gründe für Outsourcing liegen insbesondere in einer hohen Marktunsicherheit und Produktkomplexität. Gegenstände des Outsourcings können Basis- und Anwendungssysteme, Netzwerkmanagement sowie sogenannte Desktop-Services umfassen. Im Bereich der Informationsverarbeitung kann auch die Beschaffung von Informationen an einen Dienstleister fremdvergeben werden.[1165] Aufgrund der Relevanz für diese Arbeit werden in den folgenden Kapiteln das Outsourcing von Anwendungssoftware als Software as a Service sowie das Outsourcing der Informationsbeschaffung an Informationsbetriebe eingehender betrachtet.

3.7.4.1 Outsourcing von Anwendungssoftware als Software as a Service

Die Grundlage für Software as a Service (SaaS) bildet das Cloud Computing. Bei Cloud Computing handelt es sich um ein Modell, „das einen komfortablen, bedarfsabhängigen und netzbasierten Zugriff auf eine gemeinsam benutzte Menge konfigurierbarer Rechenressourcen ermöglicht, die schnell, mit geringem Verwaltungsaufwand und ohne (menschliche) Interaktion mit einem Anbieter bereitgestellt und wieder freigegeben werden können“[1166] SaaS bezeichnet Software, die nicht lokal beim Anwender sondern in einer Cloud betrieben wird. Durch die Virtualisierung und Verteilung IT-basierter Serviceleistungen können Anbieter Ressourcen poolen und Skaleneffekte realisieren.[1167] Da es sich bei SaaS um ein Ourtsourcing-Modell handelt, lassen sich auch grundlegende Vor- und Nachteile aus Anwendersicht aus dem Outsourcing ableiten. So sichert SaaS Kosten- und Liquiditätsvorteile, da der Anwender für die Nutzung an Stelle einmaliger Lizenzgebühren turnusmäßige Nutzungsgebühren entrichtet. Die Vergütung erfolgt in der Regel mengenbezogen (bspw. anhand der Anzahl der Anwender), leistungsbezogen oder zeitbezogen.[1168] Zudem kann der SaaS-Einsatz die Flexibilität von Unternehmen durch die Vereinfachung des Austauschs vorhandener Technologien erhöhen und über fest definierte Service Level Agreements (SLA) dazu beitragen, die mit der IT verbundene Service Qualität zu verbessern.[1169] Betont werden im Zusammenhang mit SaaS zudem die Möglichkeiten des

---

Presse und Fachliteratur in der Regel als erfolgreich beschrieben, *covisint* hingegen nicht. Den Grund hierfür sehen Experten darin, dass sich covisint im Gegensatz zu SupplyOn auf die transaktionale Ebene beschränkt und Kooperationen nicht weitergehender unterstützt. Zudem scheuten sich viele Unternehmen dem mit covisint geschaffenen Standard beizutreten, da sie befürchteten, eine untergeordnete Rolle gegenüber den Gründungsunternehmen einzunehmen (vgl. Howard/Vidgen/Powell (2006), S. 54).

1164 Vgl. Szyperski (1993), S. 32.

1165 Vgl. Voß/Gutenschwager (2001), S. 102f.

1166 National Institute of Standards and Technology (2011), S. 2. Übersetzung aus Buxmann/Diefenbach/Hess (2015), S. 221.

1167 Vgl. Buxmann/Diefenbach/Hess (2015), S. 221.

1168 Vgl. Buxmann/Diefenbach/Hess (2015), S. 250.

1169 Vgl. Greer (2009), S. 65.

Anwenders, auf ihm sonst vorbehaltene Technologien zuzugreifen und sich auf seine Kernkompetenzen zu konzentrieren.[1170] Der Einsatz von SaaS birgt jedoch auch Risiken. Finanzielle Risiken entstehen beispielsweise durch notwendige Anpassungen aufgrund der fehlenden Passung von meist standardisierten SaaS-Lösungen gegenüber unternehmensspezifischen Anforderungen. Zudem ist der SaaS-Einsatz mit strategischen Risiken verbunden da ggf. unternehmenskritische Ressourcen verlagert werden. Soziale Risiken ergeben sich aus Mitarbeiterwiderständen und potenzieller negativer Presse im Rahmen des Outsourcing-Vorhabens.[1171] Insbesondere seit der NSA-/Prism-Affaire werden Sicherheitsaspekte von Cloud Computing breit diskutiert. Ein weiterer Nachteil liegt in der Verletzlichkeit zentraler Systeme, denn ein Systemausfall bei einem Cloud-Anbieter zieht schnell viele Kunden gleichzeitig in Mitleidenschaft. Entsprechend werden Vertraulichkeit und Verfügbarkeit von Daten von Anwendern als die wichtigsten Merkmale von Cloud-Lösungen wahrgenommen.[1172]

3.7.4.2 Outsourcing der Informationsverarbeitung an Informationsdienstleister

Nach Seibt (1993) *„ist prinzipiell jeder Betrieb dafür zuständig, entsprechend seinen Zielen und Zwecken die für seine Entscheidungs- und Ausführungshandlungen geeigneten Informationen zu suchen bzw. zu generieren (...)“* [1173] Allerdings sind heute viele Unternehmen „(...) *aufgrund des explosionsartigen Wachstums der für das Wirtschaftsgeschehen wichtigen Informations- und Wissensbestande“* [1174] nicht mehr dazu in der Lage, die von ihnen benötigten Informationen selbst zu beschaffen und zu verarbeiten. Unternehmen können daher auf Informationsbetriebe oder Informationsdienstleister zurückgreifen, deren vorrangiger Zweck darin besteht, Informationsdienstleistungen zu erbringen. Da es sich bei Informationsdienstleistungen um sämtliche Tätigkeiten der Informationsverarbeitung handelt, [1175] kann auch von einem Outsourcing der Informationsverarbeitung gesprochen werden. Neben der reinen Entscheidungsunterstützung erfüllen Informationen heute in Unternehmen eine wesentliche Funktion zur Koordination. Neue Informationstechnologien haben neue Formen des Zusammenarbeitens auf Unternehmens- und Supply-Chain-Ebene, beispielsweise im Rahmen virtueller Organisationen, erst ermöglichst.[1176] Zur Verbesserung des Informationsstandes sind Unternehmen heute mehr denn je dazu gezwungen, ihre Strukturen an ihre Situation anzupassen, um eine effiziente Informationsverarbeitung zu ermöglichen.[1177] Informationsdienstleister können Defiziten in den Fähigkeiten der Informationsverarbeitung von Unternehmen begegnen, indem sie sie als Informationsverarbeitungsspezialisten bei den einzelnen Prozessen der Informationsverarbeitung (Informationsbeschaffung, -trans-

---

[1170] Vgl. Benlian/Hess/Buxmann (2010), S. 176; Buxmann/Diefenbach/Hess (2015), S. 231f.

[1171] Vgl. Buxmann/Diefenbach/Hess (2015), S. 234f.

[1172] Vgl. Buxmann/Diefenbach/Hess (2015), S. 225-235.

[1173] Seibt (1993), Sp. 1739.

[1174] Seibt (1993), Sp. 1739.

[1175] Vgl. Voß/Gutenschwager (2001), S. 113.

[1176] Vgl. Voß/Gutenschwager (2001), S. 113.

[1177] Vgl. Voß/Gutenschwager (2001), S. 114f.

formation, -speicherung, -distribution) unterstützen. Informationsdienstleister lassen sich somit auch als logistische Dienstleister mit Bezug auf das zu handhabende Gut Informationen auffassen.[1178] Informationsdienstleister können neben der eigentlichen Informationsverarbeitung mit der Bereitstellung von Informations- und Kommunikationssystemen (Entwicklung maßgeschneiderter Unternehmenssoftware, Bereitstellung elektronischer Marktplätze) sowie der Bereitstellung von Informations- und Kommunikationsinfrastruktur (bspw. Rechenzentren, EDI etc.) auch weitere wesentliche Aufgaben wahrnehmen.[1179] Neben dieser Einordnung kann eine Klassifizierung von Informationsdienstleistern in private gewinnorientierte Betriebe, öffentlich rechtliche Betriebe mit Ziel zur Kostendeckung, gemeinnützige Betriebe und für spezielle Auftraggeber operierende Betriebe unterschieden werden.[1180] Einen Überblick über unterschiedliche Arten von Informationsdienstleistern gibt Abbildung 54.

Private gewinnorientierte Betriebe/ Unternehmungen
- Private Forschungseinrichtungen
- Verlage
- Händler
- Nachrichtendienste
- Markt-und Messedienste
- Agenturen
- Kanzleien
- Übersetzungsbüros
- „Autoren"-Betriebe
- Informationsbroker
- Datenbankdienste
- Postdienste/Telekom-Betriebe
- Verzeichnis/Register-Anbieter
- Private Bibliotheken und Archive
- Beratungsunternehmen
- Sachverständigenbüros
- Private Aus-/Weiterbildungsunternehmen

Für spezielle Auftraggeber (z.B. Regierungen tätige, nicht an Kostendeckungszielen orientiere Betriebe)
- Geheimdienste
- Schutz- und Sicherheitsdienste

Öffentlich-rechtliche, an Kostendeckungszwecken orientierte Betriebe
- Nachrichtendienste
- Datenbankdienste
- Dokumentationsstellen
- Kammern
- Transfereinrichtungen
- Fachinformationszentren
- Verzeichnis-/Register-Anbieter
- Rundfunk- und Fernseh-Unternehmungen

Für die Allgemeinheit tätige und gemeinnützige, nicht an Kostendeckungszielen orientierte Betriebe
- Forschungseinrichtungen
- Universitäten, Hochschulen und Schulen
- Datenbankdienste
- Ämter/Behörden
- Gerichte/Schiedsstellen
- Bibliotheken und Archive
- Aus-/Weiterbildungseinrichtungen

Abbildung 54: Unterschiedliche Arten von Informationsdienstleistern (Quelle: Seibt (1993), Sp. 1743).

3.7.5 Theoretische Modelle zur Adoption von Informationssystemen

Nachdem nun unterschiedliche Typen von IT-Systemen vorgestellt wurden, stellt sich die Frage, wann Unternehmen diese IT-Systeme tatsächlich einsetzen bzw. welche Faktoren den IT-Einsatz positiv sowie negativ beeinflussen. Der Beantwortung dieser Frage widmet sich die Adoptionsforschung. Unterschiedliche in der Adoptionsforschung zur Anwendung kommende Modelle werden daher im Folgenden in Kapitel 3.7.5.1 vorgestellt und

[1178] Vgl. Voß/Gutenschwager (2001), S. 116.

[1179] Vgl. Seibt (1993), Sp. 1739ff.

[1180] Vgl. Seibt (1993), Sp. 1743.

zusammengefasst. Anschließend widmet sich Kapitel 3.7.5.2 der Abgrenzung von Inhibitoren und Enablern im Adoptionsprozess.

3.7.5.1 Adoption, Infusion, Diffusion in der Informationssystem-Forschung

Die Adoptionsforschung im Informationssystem (IS)-Kontext soll die Frage beantworten, unter welchen Bedingungen Informationstechnologie als Innovation[1181] akzeptiert und genutzt wird und wie es zur Akzeptanz und Nutzung von Informationstechnologie kommt.[1182] Charakteristisch für eine Adoption sind die Entscheidung für die Nutzung einer Innovation und die routinierte Verwendung einer Innovation.[1183] Diffusion kann entweder aus der Makroperspektive (Durchsetzung einer bestimmten Innovation am Markt) oder aus einer Mikroperspektive (Adoption durch Institutionen oder individuelle Anwender) untersucht werden. Einen wesentlichen Beitrag in der Diffusionsforschung liefern interdisziplinäre Diffusionsmodelle basierend auf der Theorie der *Diffusion of Innovations*, die von der IS-Forschung zur Untersuchung von Adoptionen auf institutioneller Ebene übernommen wurden, sowie spezifisch zur Untersuchung technologischer Innovationen auf individueller Ebene entwickelte Technologieakzeptanz-Modelle.[1184]

Diffusion bezeichnet den Prozess der Kommunikation einer Innovation über die verschiedenen Kanäle an die Mitglieder eines sozialen Systems.[1185] Zentrale Elemente des Adoptionsprozesses sind, wie in Abbildung 55 dargestellt, die Entscheidung zur Nutzung einer Innovation sowie deren eigentliche Verwendung.[1186] Untersuchungsgegenstände der Adoptionsbetrachtung sind der *Adoptionsprozess*, *Adoptionsergebnisse* sowie *ex-ante Einflussfaktoren,* die sich auf Adoptionsprozess und Adoptionserfolg auswirken. Rogers (1995) unterscheidet den Adoptionsprozess in die Phasen *Kenntnisnahme* von der Innovation, *Meinungsbildung*, *Entscheidung* (Adoption vs. Ablehnung), *Implementierung* und *Bestätigung*.[1187] Die Phase der Meinungsbildung kann weiter in die Entstehung von *Interesse*, die *Bewertung* sowie den *Versuch* unterteilt werden.[1188]

[1181] Eine Innovation ist eine Idee, Praktik oder ein Objekt, dass von einer adoptierenden Einheit als neu empfunden wird. Ob es sich wirklich objektiv um eine Neuheit im Sinne dem ersten Erscheinen eines Phänomens handelt, ist hierbei unerheblich (vgl. Rogers (1995), S. 11). Im Folgenden werden Informationssysteme als technische Innovation betrachtet).

[1182] Vgl. Böcker/Gierl (1988), S. 32ff.

[1183] Vgl. Kishore/McLEan (1998), S. 731.

[1184] Vgl. Venkatesh/Brown (2001), S. 72; Oliveira/Martins (2011), S. 110f.

[1185] Vgl. Rogers (1995), S. 35.

[1186] Vgl. Kishore/McLEan (1998), S. 731.

[1187] Voraussetzung für die Kenntnisnahme ist ein unbefriedigtes Bedürfnis oder Problem. Im Rahmen der Meinungsfindung wird der potenzielle Adopter die Innovation auf individuelle Geeignetheit prüfen und sich basierend auf einer Entscheidung für oder gegen die Adoption entscheiden. Die Implementierung gibt dem Adopter die Möglichkeit zur weiteren Evaluation die erst mit der Bestätigung in einer dauerhaften Anwendung mündet (vgl. Rogers (1995), S. 162ff.).

[1188] Vgl. Weiber (1992), S. 8.

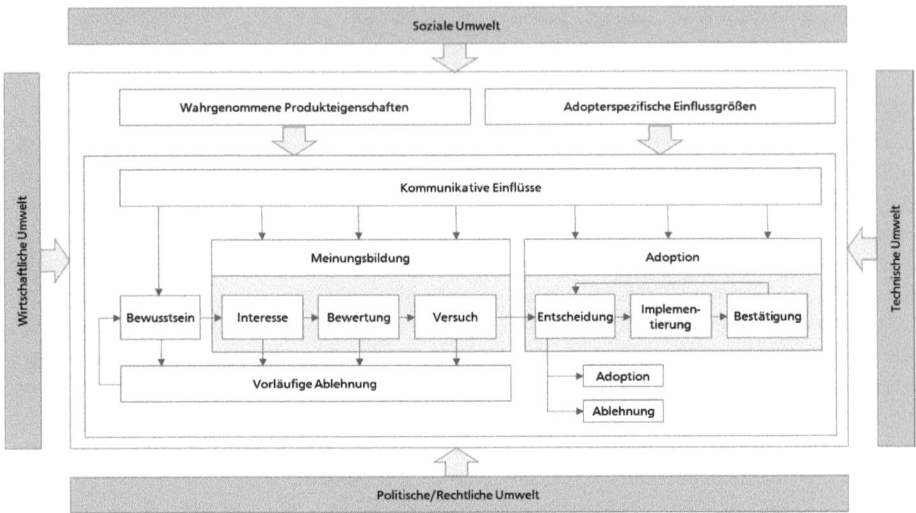

Abbildung 55: Determinanten und Phasen des Adoptionsprozesses (Quelle: Weiber (1992), S. 8)

Bezüglich der Ergebnisse bzw. des Erfolgs einer Adoption lassen sich mehrere Dimensionen unterscheiden: Die Adoption einer Technologie gilt als erfolgreich, wenn sie im Unternehmen im vorgesehenen Maße verwendet wird. Das Ergebnis einer Adoption gilt als erfolgreich, wenn die Adoption der Innovation den zuvor erhofften Nutzen stiftet. *Diffusion* und *Infusion* können ebenfalls als zwei unterschiedliche Resultate des Adoptionsprozesses angesehen werden: [1189] Diffusion, auch als Adoptionsbreite bezeichnet, liegt vor, wenn eine Innovation von vielen Anwendern genutzt wird.[1190] Infusion einer Innovation, auch als Adaptionstiefe bezeichnet, liegt vor, wenn die Anwender die gesamte Funktionalität der adoptierten Innovation im vorgesehenen Maße ausreizen.[1191]

Faktoren, welche die Adoption auf den unterschiedlichen Prozessstufen beeinflussen, werden nach Rogers (1995) in *produktspezifische*, *personenspezifische* und *umweltspezifische* Einflussfaktoren systematisiert.[1192] Neuere Diffusionsmodelle im IT-Kontext betrachten als weitere Adoptionsfaktoren *Managementeinflüsse*, *Merkmale und Charakteristika der Adoption durch Organisationen*, *Interdependenzen* sowie *Wissens-Barrieren*. Das Management kann Innovationen unterstützen oder blockieren indem es Anreize setzt oder benötigte Technologien kontrolliert.

[1189] Vgl. Kishore/McLEan (1998), S. 731f.

[1190] Vgl. Rogers (1995), S. 10ff. Die Begriffe Adoption und Diffusion werden jedoch häufig auch Synonym verwendet, speziell, wenn im Rahmen der Adoptionsbetrachtung das Diffusionsmodell verwendet wird.

[1191] Vgl. Zmud/Apple (1992), S. 150; Kishore/McLEan (1998), S. 732f.

[1192] Vgl. Kotzbauer (1992), S. 35ff.; Weiber (1992), S. 4ff.

Organisationen unterscheiden sich von individuellen Anwendern anhand ihrer Merkmale, bezüglich des Adoptionsprozesses und des adoptionsbezogenen Entscheidungsprozesses.[1193] Einflussfaktoren auf die Adoption durch eine Organisation sind nach Kwon/Zmud (1987) Merkmale der Anwendergruppe, Technologie, Organisation und Umwelt.[1194] Bezüglich der Interdependenzen im Rahmen der Adoption sind Externalitäten und die Verflechtungen mit bestehenden Aufgaben von entscheidender Bedeutung.[1195] Zur Bewertung der Beeinflussung der Adoption durch die Intensität der Verflechtung können als Faktoren die Übertragbarkeit der Innovation (Reife und Kommunizierbarkeit), die organisationale Komplexität und die Möglichkeit der schrittweisen Einführung der Innovation herangezogen werden.[1196]

Auch ungenügendes Wissen über den Wert einer Innovation kann zur Adoptionsbarriere werden. Neben dem Anbieter einer Innovation spielen bei der Förderung der Innovationsbekanntheit auch Berater und Dienstleister eine zentrale Rolle.[1197] Zur Ergänzung von Diffusionsmodellen zur Untersuchung der Adoption von Informationstechnologie auf institutioneller Ebene wird oftmals auch das von Tornatzky/Fleischer/Chakrabarti (1990) entwickelte TOE (Technology Organization Environment)-Framework verwendet. Das Framework ordnet Adoptionsfaktoren den Dimensionen *Externe Aufgabenumwelt*, *Organisation* und *Technologie* zu.[1198] Zur Untersuchung der Adoption von Technologien durch Organisationen mit hoher intraorganisatorischer Aufgabenverflechtung empfiehlt Fichman (1992) aufgrund der Vielschichtigkeit des Phänomens tiefgehende Analysen (bspw. mittels Fallstudien) an Stelle breit angelegter geschlossener Befragungen.[1199]

Aufbauend auf dem verhaltenstheoretischen Theory of Reasoned Action (TRA)-Modell[1200] wurde von Davis/Bagozzi/Warshaw (1989) zur Untersuchung der Adoption von Technologien im B2B-Kontext das Technologie-Akzeptanzmodell (TAM) entwickelt.[1201] Die Anwendungsfälle sind denen des Diffusionsmodells sehr ähnlich, wobei ein stärkerer Fokus auf den Gründen der Adoption auf individueller Ebene liegt. Für die Adoption sind gemäß TAM die *wahrgenommene Nützlichkeit* und *wahrgenommene Bedienbarkeit* einer Technologie entscheidend.[1202] Weiterentwicklungen sind das TAM2 sowie die Unified Theory of

---

[1193] Vgl. Fichman (1992), S. 3f.

[1194] Vgl. Kwon/Zmud (1987).

[1195] Vgl. Markus (1987), S. 491ff.; Fichman (1992), S. 5f.

[1196] Vgl. Fichman (1992), S. 6.

[1197] Vgl. Attewell (1992), S. 12f.; Fichman (1992), S. 6f.

[1198] Vgl. Tornatzky/Fleischer/Chakrabarti (1990); Oliveira/Martins (2011), S. 117ff.

[1199] Vgl. Fichman (1992), S. 16.

[1200] Die TRA gilt als dominantes Modell zur kognitionstheoretischen Erklärung menschlicher Verhaltensabsichten. Ausgangspunkt bildet die Vorstellung vom rational denkenden Menschen, dessen Verhalten von Verhaltensabsichten geprägt werden, die wiederum von personenbezogenen und normativen Faktoren geprägt werden (vgl. Ajzen/Fishbein (1972), S. 1ff.; Olson/Zanna (1993), S. 131).

[1201] Vgl.Götze (2010), S. 49.

[1202] Vgl. Davis/Bagozzi/Warshaw (1989), S. 985. Der TAM-Ansatz ist in der Forschung auf weitgehend positive Resonanz gestoßen. Empirische Untersuchungen sprechen dem Modell eine umfangreiche

Acceptance and Use of Technology (UTAUT). Das TAM2 ergänzt das TAM um Faktoren zur Erklärung der wahrgenommenen Nützlichkeit, um bessere Empfehlungen zur Gestaltung von Informationssystemen geben zu können.

Faktoren, die die Nützlichkeit beeinflussen, sind *subjektive Normen* sowie das *Image einer Technologie*, die *Relevanz zur Aufgabenbewältigung*, die *Ergebnisqualität* sowie die *Vorzeigbarkeit der Ergebnisse*. Moderierende Faktoren sind die Erfahrung mit den Systemen sowie die Freiwilligkeit der Nutzung.[1203] Die *Unified Theory of Acceptance and Use of Technology* (UTAUT) wurde basierend auf dem Review bestehender Adoptionsmodelle[1204] entwickelt. Ziel war die Schaffung eines integrierten Modells mit möglichst hoher Aussagekraft zur Erklärung der individuellen Technologieadoption. Die Intention der Benutzung kann über *Performance-Erwartung*, *Aufwandserwartung* und *soziale Einflüsse* erklärt werden. Die Intention der Benutzung wiederum erklärt gemeinsam mit *ermöglichenden Bedingungen*[1205] die tatsächliche Benutzung. Moderierende Faktoren sind *Alter*, *Geschlecht*, *Erfahrung* und die *Freiwilligkeit* der Nutzung.[1206] Einen Überblick über die in den betrachteten Modellen und Frameworks verwendeten Adoptionsfaktoren gibt Tabelle 10.

Kompetenz zur Erklärung der Technologieadoption zu (vgl. Venkatesh/Davis (2000), S. 187; Venkatesh u. a. (2003). Einzelne empirische Untersuchungen zeigen, dass der Nützlichkeit eine weit wichtigere Rolle als der Bedienbarkeit zukommt (vgl. Dethloff (2004), S. 141).

1203 Vgl. Davis/Bagozzi/Warshaw (1989), S. 985

1204 Auch das Diffusionsmodell wurde hier berücksichtigt.

1205 Zu ermöglichenden Bedingungen zählen u.a. die Fähigkeiten zur Nutzung der Technologie, die Kompatibilität der Technologie sowie die Erklärungen und Hilfestellungen zur Technologie (vgl. Venkatesh/Davis (2000), S. 454).

1206 Vgl. Venkatesh u. a. (2003), S. 447.

Tabelle 10: Überblick über in der Adoptionsforschung verwendete Modelle und Adoptionsfaktoren

Modell	Adoptionsfaktoren	Quelle
Diffusionsmodell	▪ Produktspezifisch (relativer Vorteil, Komplexität, Kompatibilität, Ausprobierbarkeit, Beobachtbarkeit), ▪ Personenspezifisch (Bildung, Erfahrung, Innovationskompetenz, Risikobereitschaft, Involvement) ▪ Umweltspezifisch (makroökonomisch, politisch-rechtlich, soziokulturell)	Götze (2010), S. 32f. sowie die dort genannte Literatur
Diffusionsmodell (ergänzende Faktoren zur Betrachtung der Adoption durch Institutionen)	▪ Management ▪ Organisation ▪ Interdependenzen ▪ Wissensbarrieren	Fichman (1992), S. 3ff.
TOE-Framework	▪ Externe Aufgabenumwelt (Merkmale von Industrie und Markt, Technologie-unterstützende Infrastruktur, Regulierung) ▪ Technologie (bestehende Technologien, verfügbare Technologien) ▪ Organisation (Formelle und informelle Strukturen/Beziehungen, Kommunikationsprozesse, Größe, Kapazitäten)	Oliveira/Martins (2011), S. 112
TAM	▪ Wahrgenommene Nützlichkeit ▪ Wahrgenommene Bedienbarkeit	Davis/Bagozzi/Warshaw (1989), S. 985
TAM2	Erklärung der wahrgenommenen Nützlichkeit über... ▪ Subjektive Normen ▪ Image der Technologie ▪ Relevanz zur Aufgabenbewältigung ▪ Ergebnisqualität ▪ Vorzeigbarkeit der Ergebnisse ▪ Moderierende Faktoren (Erfahrung, Freiwilligkeit)	Venkatesh/Davis (2000), S. 454
UTAUT	▪ Performance-Erwartung ▪ Aufwandserwartung ▪ Soziale Einflüsse ▪ Ermöglichende Bedingungen (Fähigkeiten zur Nutzung der Technologie, Kompatibilität der Technologie, Erklärungen und Hilfestellungen zur Technologie) ▪ Moderatoren (Alter, Geschlecht, Erfahrung, Freiwilligkeit)	Venkatesh u. a. (2003), S. 447

3.7.5.2 Enabler und Inhibitoren in der IS-Forschung

Adoptionsstudien im IS-Kontext untersuchen vornehmlich Faktoren, die die Adoption in positiver Weise unterstützen und vernachlässigen hierbei oft solche, die Unternehmen oder Individuen von der Adoption abhalten. An dieser Stelle setzt das Konzept der Enabler und Inhibitoren an, welches wie das TAM aus der TRA entwickelt wurde.[1207] Enabler und Inhibitoren sind wahrgenommene Attribute einer Technologie und beeinflussen die Adoptionsentscheidung eines Anwenders. Sie dürfen hierbei jedoch nicht als gegensätzliche Extreme angesehen werden.[1208] Enabler und Inhibitoren beziehen sich auf zwei unabhängige Mengen von Attributen. Das Vorhandensein von Enablern wirkt sich positiv auf eine Adoptionsentscheidung aus, ihr Fehlen negativ. Inhibitoren werden nur dann wahrgenommen, wenn sie in einer Beeinträchtigung resultieren.

In Anlehnung an die Zwei-Faktoren-Theorie von Herzberg (1966) können Inhibitoren als zufriedenheitserhaltende Faktoren und Enabler als zufriedenheitssteigernde Faktoren interpretiert werden. Kernfunktionen einer Technologie wirken tendenziell zufriedenheitserhaltend und sind somit Inhibitoren. [1209] Während die Ablehnung einer Technologie grundsätzlich auf Inhibitoren zurückzuführen ist werden Adoptionsentscheidungen durch Enabler unterstützt.[1210] Inhibitoren spielen im Adoptionsprozess eine wichtigere Rolle als Enabler. Schon ein einzelner Inhibitor kann mehrere Enabler überkompensieren und zu einer Ablehnung einer Technologie führen. Von Relevanz für die Adoption ist vordringlich das Vorhandensein eines Inhibitors, weniger die Intensität; Studien zeigen keine Unterschiede bezüglich des Adoptionsverhaltens von *„etwas“* oder *„komplett“* unzufriedenen Nutzern.[1211] Die Rolle von Enablern und Inhibitoren ist dynamisch. Durch Gewöhnung von Nutzern an Enabler werden diese gegebenenfalls nicht mehr als zufriedenheitssteigernde, sondern lediglich als zufriedenheitserhaltende Merkmale wahrgenommen: Enabler werden dann zu Inhibitoren.[1212]

3.7.6 Informationstechnik im SCRM

Aufgrund der sich zuspitzenden Risikosituation in Supply Chains und den verschärften rechtlichen Anforderungen an das Risikomanagement, stellen Unternehmen fest, dass die von ihnen heute eingesetzten Methoden und Instrumente den gestiegenen Anforderungen nicht mehr gerecht werden.[1213] Abbildung 54 gibt einen Überblick über die heute im SCRM eingesetzten IT-Lösungen und einen Ausblick auf das zukünftige Nutzungsverhalten.

[1207] Vgl. Cenfetelli (2004), S. 474f.

[1208] Vgl. Cenfetelli (2004), S. 475f.

[1209] Vgl. Anderson/Mittal (2000), S. 110; Cenfetelli (2004), S. 476; Park/Ryoo (2013), S. 161f.

[1210] Vgl. Venkatesh/Brown (2001), S. 76.

[1211] Vgl. Park/Ryoo (2013), S. 161f.; Harnisch (2015), S. 118.

[1212] Vgl. Anderson/Mittal (2000), S. 112f.

[1213] Vgl. Jüttner (2005a) S. 128; Henke (2009) S. 73; Gunkel (2010) S.247.

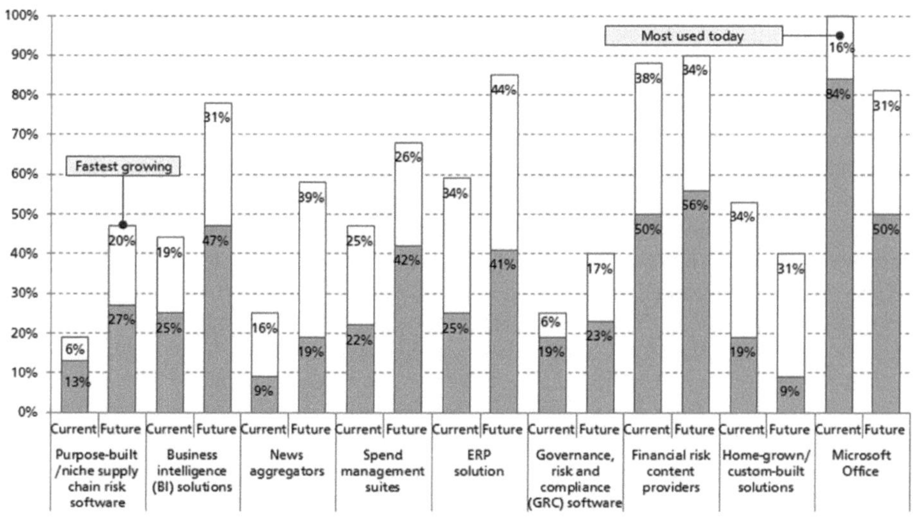

Abbildung 56: Softwareunterstützung im Risikomanagement (Quelle: Hacket Group (2014), S. 24)

Von den hier dargestellten IT-Lösungen spielen heute im Risikomanagement – nach Untersuchungsergebnissen der Hacket Group – Basissysteme wie Microsoft Office die wichtigste Rolle. In den letzten Jahren haben zudem spezifische Risiko-Management-Informationssysteme (RMIS) an Bedeutung gewonnen.[1214] Bei einem RMIS handelt es sich um ein *„IT-gestütztes daten-, methoden- und modellbasiertes EUS (Entscheidungsunterstützungssystem) für das RM (Risikomanagement), das inhaltlich richtige und relevante Informationen zeitgerecht und formal adäquat zur Verfügung stellt und somit methodische Unterstützung bei der Entscheidungsvorbereitung bietet.“*[1215] RMIS greifen hierbei auf unternehmensinterne und unternehmensexterne Informationsquellen zurück.[1216]

Mit der Weiterentwicklung des SCRM zeigt sich auch dort ein zunehmender Bedarf an Unterstützung durch IT-Lösungen. McBeath (2013) unterscheidet IT-Systeme für das SCRM in *ergänzende Systeme*, *unterstützende Systeme* und *Kernsysteme*.[1217] Bei ergänzenden Systemen handelt es sich um IT-Lösungen, die eigentlich für andere Zwecke konzipiert

---

1214 Vgl. Romeike/Erben (2002), S. 551. Eine Strukturierung unterschiedlicher im Risikomanagement eingesetzter IT-Systemtypen bietet auch Gleißner/Romeike (2005), S. 159f.

1215 Romeike/Erben (2002), S. 565. Durch den Einsatz von entsprechenden Systemen kann ein Risikoinventar aufgebaut werden, die Systeme geben einen ganzheitlichen Überblick über die Risikolage des Unternehmens, risikorelevante Daten können zentral erfasst werden, Informations- und Kommunikationsabläufe werden vorgegeben, die Unternehmensleitung wir informiert und sensibilisiert und die Entscheidungsfindung kann zeitnah, ggf. noch vor Risikoeintritt durch die Implementierung einer Früherkennung, realisiert werden (vgl. Romeike/Erben (2002), S. 566).

1216 Vgl. Romeike/Erben (2002), S. 565.

1217 Frei übersetzt nach McBeath (2013), S. 2.

wurden, allerdings auch relevante Informationen für das SCRM bereitstellen. Ein Beispiel hierfür stellen Transport-Management-Systeme dar, die mitunter über Event-Management-Komponenten verfügen.[1218] Unterstützende Systeme adressieren hingegen spezielle Arten von Risiken, wie beispielsweise Frachtdiebstähle oder Lieferantenrisiken. Bei Kernsystemen handelt es sich hingegen um spezifische, für das SCRM entwickelte Informationssysteme, die gegebenenfalls auch verschiedene unterstützende Systeme miteinander vernetzen, um eine integrierte Unterstützung für das SCRM zu bieten. Sheffi/Vakil/Griffin (2012) sprechen im Kontext dieser Kernsysteme von der Entwicklung einer völlig neuen Softwarekategorie, welche die Hacket Group (2014) als das am schnellsten wachsende Segment im Bereich der Risikomanagement-Software identifiziert.[1219] Im Folgenden werden solche Risk-Management-Informationssysteme bzw. Kernsysteme, die speziell auf das SCRM zugeschnitten sind, als SCRM-Informationssysteme bzw. SCRM-IS bezeichnet. SCRM-IS werden entweder von Unternehmen „In-House" entwickelt oder als Cloud-basierte Lösung/Software as a Service von einem Informationsdienstleister bezogen.[1220] SCRM-IS unterstützen Entscheidungen sowohl auf der Planungsebene als auch auf der operativen Ebene. Auf der Planungsebene können Anwender Supply-Chain-Risiken unterstützt durch ein geographisches Supply-Chain-Mapping identifizieren und analysieren und hierauf aufbauend präventive Gegenmaßnahmen ergreifen. Auf der operativen Ebene erfolgt eine Warnung vor latenten bzw. aktuellen Schadensereignissen über akustische und visuelle Alarme. Um diese Unterstützung anbieten zu können, aggregieren SCRM-IS Informationen auf der Lieferanten-, Produkt- und Ereignisebene. Hierzu zählen bspw. Informationen zu Lieferantenstandorten, finanzielle Lieferantenbewertungen, die Zuordnung von Produkten zu Lieferanten, historische Daten zur Risikoexposition geografischer Regionen sowie Echtzeit-Informationen zu Schadensereignissen.[1221]

Zum Zeitpunkt der Anfertigung der vorliegenden Untersuchung war nur wenig Material zu SCRM-IS verfügbar. Anzumerken ist zudem, dass es sich bei einer der Verfasserinnen des hier vornehmlich zitierten Artikels von Sheffi/Vakil/Griffin (2012) um die Geschäftsführerin des Unternehmens Resilinc – einem führenden SCRM-IS Anbieter – handelt. Die bestehende Literatur bleibt einen Markt- und Funktionsüberblick von SCRM-IS schuldig. Zudem findet keine Einordnung in die zu Beginn dieses Artikels skizzierten IT-Systeme des Supply Chain Managements statt, und auch der Zusammenhang zu IOS wird nicht hergestellt, obwohl die Supply-Chain-weite Sichtweise von SCRM-IS eine Implementierung als IOS nahelegt. Zudem werden Erfahrungen aus der SCRM-Nutzung bislang nur anhand einzelner Fallbeispiele beschrieben, eine umfassende Auseinandersetzung mit Adoptionsfaktoren und Erfahrungen aus der Systemanwendung fehlen in der Literatur.

[1218] Vgl. McBeath (2013), S. 2. Vgl. hierzu auch Lavastre/Gunasekaran/Spalanzani (2012) S. 835f.

[1219] Vgl. Sheffi/Vakil/Griffin (2012), S. 5, 14f.; McBeath (2013), S. 1; Hacket Group (2014), S. 24.

[1220] Vgl. Sheffi/Vakil/Griffin (2012), S. 5.

[1221] Vgl. Sheffi/Vakil/Griffin (2012) S. 6f.

4 Konzeption eines Aussagensystems zur Ableitung situationsadäquater Gestaltungsformen des SCRM

Im Fokus dieser Arbeit steht die Identifikation idealer Gestaltungsformen des SCRM-Systems. Hierzu wurde im Rahmen des konzeptionellen Bezugsrahmens ein grundlegendes Verständnis des SCRM-Systems und seiner Ziele und Aufgaben geschaffen. In den Kapiteln 3.3, 3.4 und 3.5 wurde die besondere Rolle von Informationen für das SCRM herausgestellt. Zudem wurde in Kapitel 3.4 gezeigt, dass das SCRM-System als Subsystem des Unternehmens verstanden werden kann, dessen Aufgabe vornehmlich in der auf das SCRM ausgerichteten Informationsverarbeitung besteht. In Kapitel 3.5 wurde die prozessorientierte Aufgabenstellung und die informatorische Vernetzung der einzelnen Prozessphasen vorgestellt. Im Anschluss erfolgte mit der Betrachtung der SCRM-Organisation in Kapitel 3.6 und der Informationstechnik im SCRM in Kapitel 3.7 die Auseinandersetzung mit zwei weiteren zentralen Variablen des SCRM-Systems. Hierauf aufbauend soll im Folgenden der in Abbildung 57 skizzierten Auffassung gefolgt werden, dass es sich beim SCRM-System um ein Subsystem eines in eine Supply-Chain und ein Supply-Chain-Umfeld eingebetteten Unternehmens handelt. Das SCRM-System ergänzt das bestehende Informationssystem des Unternehmens um auf das SCRM ausgerichtete Informationsverarbeitungsfähigkeiten. Auf Basis der erfolgten Vorüberlegungen wird in den folgenden Unterkapiteln ein Aussagensystem erarbeitet, das die Grundlage für die weitergehende, empirisch fundierte Identifikation idealer Gestaltungsformen des SCRM bildet.

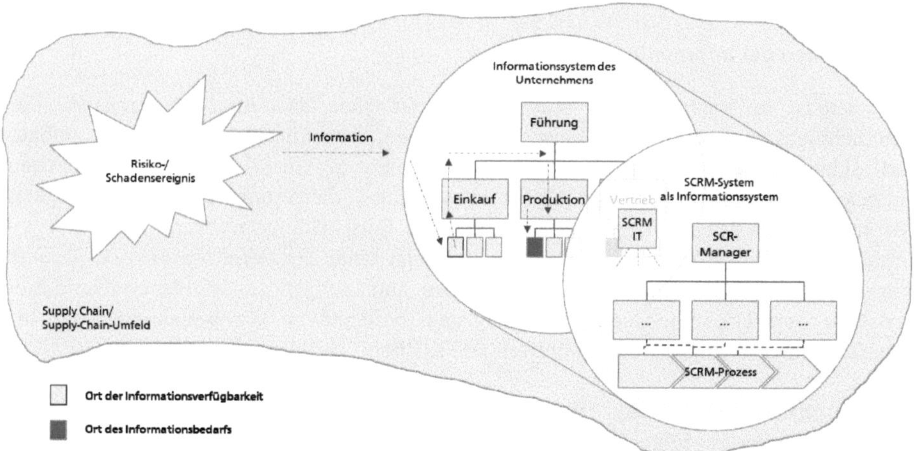

Abbildung 57: Das Informationssystem des Unternehmens und das SCRM-System im Unternehmensumfeld

Die hier vorgenommene Separation des Informationssystems des Unternehmens und des SCRM-Systems als eigenes Informationssystem wirft die Frage auf, weshalb überhaupt ein ergänzendes, auf die Informationsverarbeitung im SCRM zugeschnittenes Informationssystem erwogen werden sollte. Hinweise hierauf geben die in der Informationstheorie diskutierten Informationspathologien, die Defekte der Informationsverarbeitung beschreiben, die aus Merkmalen der Informationssystem-Variablen Mensch, Organisation und Technik resultieren, aus einer ungenügenden Abstimmung dieser Variablen untereinander sowie einer ungenügenden Abstimmung dieser Variablen auf die Situation eines Unternehmens. In Kapitel 4.1 werden daher die aus Informationspathologien resultierenden Grenzen der Informationsverarbeitung beschrieben.

Die in Kapitel 3.2.2 aufgezeigten Risikoquellen und Verwundbarkeiten legen nahe, dass unterschiedliche Unternehmen und Supply Chains unterschiedlichen Risiken in unterschiedlicher Intensität gegenüber stehen. Erkenntnisse aus der Betrachtung von Informationspathologien sowie aus der Systemtheorie und der Organisationsforschung zeigen, dass es keinen für jede Umfeld-Situation passenden Universalansatz der Systemgestaltung geben kann. Bei der Formulierung eines Aussagensystems zur idealen Gestaltung des SCRM-Systems sind daher die individuellen Unternehmenssituationen zu berücksichtigen. Mit der situationsgerechten Gestaltung von Systemen befasst sich der Konfigurationsansatz, der daher die wesentliche Grundlage für das in der vorliegenden Arbeit zu entwickelnde Aussagensystem liefert und in Kapitel 4.2 umfassend beschrieben wird. Wesentliche Einflussfaktoren auf die Systemgestaltung sind die Ressourcen, über die ein Unternehmen verfügen kann sowie die Art der von einem Unternehmen durchgeführten Transaktionen. Zur Ergänzung der theoretischen Fundierung werden daher in Kapitel 4.3 die Ressourcen- und die Transaktionskostentheorie vorgestellt. Die Erkenntnisse des konzeptionellen Bezugsrahmens dieser Arbeit werden anschließend in Kapitel 4.4 unter Zuhilfenahme der hier erfolgten theoretischen Fundierung in ein konzeptionelles Aussagensystem übertragen, welches im empirischen Teil dieser Arbeit weiter fundiert wird.

4.1 Grenzen der Informationsverarbeitung

Wie bereits in Kapitel 3.4.2 dargestellt, setzt sich das Informationssystem des Unternehmens aus Menschen als Entscheidungsträger, unterstützenden Techniken, aufbau- und ablauforganisatorischen Strukturen sowie den zu bewältigenden betrieblichen Aufgabenstellungen zusammen.[1222] Während sich eine Verbesserung der Leistungsfähigkeit des Informationssystems bzgl. der zu lösenden Entscheidungsprobleme bzw. der zu bewältigen Aufgaben theoretisch über die Variation einer der Variablen *Mensch*, *Technik* oder *Organisation* erreichen lässt, muss bei allen Anpassungen die Interdependenz dieser Variablen berücksichtigt werden.[1223] Aufgrund bestehender Wirkbeziehungen ist bei Anpassungen zusätzlich die Systemumwelt zu beachten.[1224]

Die Informationsverarbeitung ist zudem nicht frei von Fehlern. Insbesondere die *Informationsexplosion* führt zu einer zunehmenden informationellen Abschirmung der Entscheidungsträger, bzw. dazu, dass notwendige Informationen nicht (korrekt) beschafft, nicht (korrekt) distribuiert und nicht (korrekt) verarbeitet werden. Dies wirkt sich negativ

---

1222 Vgl. Tushman/Nadler (1978), S. 614; Choo (1996), S. 331; Dietrich (2007), S. 35f.

1223 Vgl. Leavitt (1965), S. 1145; Leavitt (1978), S. 329ff.

1224 Vgl. Luhmann (2011), S. 34ff.

auf den in Kapitel 3.4.1.2 skizzierten Informationsstand von Entscheidern aus.[1225] Fehler der Informationsverarbeitung, die mit einer *„unzulänglichen (informationellen) Fundierung wichtiger Entscheidungen in Organisationen zusammenhängen“*[1226], werden als *Informationspathologien* bezeichnet.[1227] Das Phänomen der Informationspathologien lässt sich mit einem Zitat von Wilensky (1967) verdeutlichen:

„Es gibt unzählige Fehlerquellen: Die Information ist oft nicht richtig, nicht klar, nicht rechtzeitig oder nicht relevant; aber selbst wenn sie dies alles ist wird sie vom Empfänger u.U. nicht beachtet, weil sie nicht zu seinen vorgefassten Meinungen passt, weil sie in irrelevantes Material eingebettet ist, weil der andere nicht glaubwürdig erscheint oder einfach weil er selbst überlastet ist.“[1228]

Im Folgenden werden Informationspathologien, die sich aus den Variablen Mensch, Technik und Organisation ergeben sowie mögliche Maßnahmen zur Behebung dieser Informationspathologien als Grundlage für das zu entwickelnde Aussagensystem vorgestellt. Eine Betrachtung der Interdependenzen zwischen den im Folgenden vorgestellten Struktur-variablen und ihrer Umwelt findet anschließend in Kapitel 4.1.4 statt.

4.1.1 Rolle des Menschen in der Informationsverarbeitung

Mit zunehmender Verbreitung der Annahmen begrenzter Rationalität und begrenzter Verfügbarkeit von Informationen haben verschiedene Disziplinen begonnen, sich mit Fehlern in der Informationsbearbeitung auf der Ebene des Menschen als Entscheidungsträger zu befassen. In der Informationstheorie werden für solche Fehler insbesondere *doktrinenbedingte Informationspathologien* aber auch ungenügende Kenntnisse und kognitive Beschränkungen verantwortlich gemacht. Als Doktrinen mit Einfluss auf die Informationsverarbeitung im SCRM können in *Realitätsdoktrinen* und *Aufklärungsdoktrinen* unterschieden werden.[1229]

Realitätsdoktrinen schaffen innerhalb einer Organisation eine Form der Wahrnehmung, die dieser Wahrnehmung widersprechende Signale ausschließt. Solche Doktrinen helfen bei der Vorselektion von Alternativen im Entscheidungsprozess, führen allerdings auch dazu, dass ggf. wichtige Umweltveränderungen oder innovative Alternativen nicht wahrge-

---

[1225] Vgl. Scholl (1992), Sp. 901; Scholl (2004), S. 38.

[1226] Sorg (1982), S. 6. Siehe hierzu auch Scholl (2004), S. 24ff. sowie Wilensky (1967), S. 41 für die Einführung des Begriffes der „Intelligence Failures“.

[1227] Vgl. Sorg (1982), S. 202ff.; 210ff.; 225ff.; Gresse (2010), S. 59. Zudem können Informationspathologien passiv entstehen oder aktiv (aufgrund willentlich hervorzurufender Informationsasymmetrien) herbeigeführt werden (vgl. Scholl (2004), S. 33).

[1228] Wilensky (1967), S. 41 übersetzt nach Scholl (1992), Sp. 901.

[1229] Vgl. Scholl (1992), Sp. 903; Kienzle (2000), S. 110; Gresse (2010), S. 67. Zu psychischen Wahrnehmungsbarrieren zählen Motivationsbarrieren (Zufriedenheit mit dem Status Quo verhindert das Aufgreifen von Stimuli) und kognitive Dissonanzen (Selektion der Informationen, die Entscheider in seiner Sichtweise bestärken).

nommen werden.[1230] Zudem neigen Entscheider dazu, eigene falsche Entscheidungen nachträglich durch eine gezielte Suche nach bestätigenden Informationen zu rechtfertigen, um die eingeschlagene (falsche) Richtung beibehalten zu können.[1231]

Aufklärungsdoktrinen beziehen sich auf die Art der Verarbeitung von (neuen) Informationen und beschreiben die Merkmale, denen Informationen genügen müssen, um als relevant wahrgenommen zu werden. Problematisch ist hierbei, wenn Entscheider bestimmte Informationsarten, wie Fakten, Prognosen oder inoffiziell erlangte Informationen unbegründet priorisieren und Entscheidungen so auf einen kleinen Ausschnitt tatsächlich angebotener Informationen stützen.[1232] Um die negative Wirkung von Realitäts- und Aufklärungsdoktrinen zu vermeiden, ist eine hohe Qualifikation des Entscheiders in der Form ausgeprägter Kenntnisse des Entscheidungsfelds und der hier vorhandenen Interdependenzen dringend erforderlich. Die Auslagerung von Tätigkeiten der Informationsverarbeitung in auf die Informationsverarbeitung spezialisierte Stellen wird daher als kritisch angesehen.[1233]

Aus fehlenden Grundkenntnissen bzw. fehlendem Wissen ergibt sich das Problem, dass neue Informationen gegebenenfalls nicht im erforderlichen Maße eingeordnet werden können. Somit wird auf der Ebene des Menschen die Aufnahme neuer Informationen und die Transformation in neues Wissen blockiert. Dieser Effekt wird dadurch verstärkt, dass ungenügendes Wissen über Informationen auch zu einer unzureichenden Informationsnachfrage führt. Aufgrund der zunehmenden Dynamik des Unternehmens-umfelds wird sich dieses Problem in Zukunft weiter verschärfen.[1234]

Auf kognitiven Beschränkungen beruhende Informationspathologien sind eine Folge von begrenzter Verarbeitungs- und Aufnahmekapazität sowie begrenzter Wahrnehmung von Entscheidern.[1235] Hervorgehoben wird in der Literatur die Bedeutung der *informationellen Überlastung*: Entscheider können, in Abhängigkeit ihrer kognitiven Kapazitäten, die Fülle ihnen zur Verfügung stehender Informationen nicht oder nicht in angemessener Zeit verarbeiten.[1236] Dies führt trotz objektiv vorhandener Informationen zu intrasubjektiver Ungewissheit auf Seiten des Entscheiders.[1237] Gerade bei Entscheidungen, bei denen es gilt, mehr oder weniger risikobehaftete Alternativen zu vergleichen bzw. Risiken abzuschätzen, stoßen Menschen zudem an kognitive Grenzen:[1238] Menschen versuchen in zufälligen Ereignissen (bspw. Naturkatastrophen) Regelmäßigkeiten zu entdecken und ignorieren

---

1230 Vgl. Wilensky (1967), S. 19ff., 62ff.

1231 Vgl. Scholl (1992), Sp. 905.

1232 Vgl. Wilensky (1967), S. 62ff., Sorg (1982), S. 212ff.

1233 Vgl. Gomez/Malik/Oeller (1975), S. 340ff.; Kienzle (2000), S. 15.

1234 Vgl. Scholl (1992), Sp. 903f.

1235 Vgl. Gresse (2010), S. 59.

1236 Vgl. Sorg (1982), S.290f;

1237 Vgl. Wacker (1971), S. 54f.

1238 Vgl. Slovic/Kunreuther/White (2000), S. 7.

vorhandene Risiken bzw. tun deren Handhabung als unmöglich ab, um sich nicht mit dem Risikomanagement befassen zu müssen.[1239] Für Fehleinschätzungen werden zudem unterschiedliche Wahrnehmungsverzerrungen im Rahmen der Beurteilung von Wahrscheinlichkeiten verantwortlich gemacht. Hierzu zählen das *Gesetz der kleinen Zahlen* sowie *Repräsentativitäts-*, *Verfügbarkeits-* und *Ankerheuristiken.*[1240] Da verhaltenswissenschaftliche Aspekte in dieser Arbeit nur am Rande thematisiert werden, sei hierzu an dieser Stelle insbesondere auf die Arbeiten von Kates (1962), Tversky/Kahneman (1973), Tversky/Kahneman (1974), Slovic/Kunreuther/White (2000) sowie Gigerenzer (2013) verwiesen.

Neben den angeführten Fehlern, die insbesondere die Informationsverarbeitung im engeren Sinne betreffen, ist es insbesondere die Informationskultur, die ggf. die Weitergabe bzw. Erfassung risikorelevanter Informationen verhindert. Gigerenzer (2013) zitiert den Leiter des Risikomanagements einer Fluggesellschaft mit den Worten *„Hätten wir die Sicherheitskultur eines Krankenhauses, wir hätten zwei Abstürze pro Tag“* und belegt anschaulich anhand verschiedener Studien, wie sich Risiken anhand der Entwicklung einer Risikokultur und der Anwendung einfacher Instrumente wie Risiko-Checklisten handhaben lassen.[1241]

Obwohl risikospezifische kognitive Verzerrungen und der hiermit einhergehende Bedarf an Methoden und Instrumenten zur besseren Veranschaulichung von Schadensausmaßen schon durch Kates (1962) identifiziert wurden, sind auch nach Jahrzehnten kaum adäquate Techniken zum Umgang mit diesen Informationspathologien entwickelt worden.[1242] In Anlehnung an Slovic/Kunreuther/White (2000) müssen die (Mensch-bedingten) Ziele eines SCRM-Systems in der Verbesserung der Wahrnehmung von Risiken sowie die Verbesserung des Bewusstseins bezüglich möglicher Alternativen liegen. Hierzu sollten historische Aufzeichnungen geführt, aktualisiert, analysiert und aufbereitet werden.[1243] Zudem müssen Experten darin geschult werden, Risiken auch Personen mit begrenzten statistischen Fähigkeiten zu vermitteln und Änderungen der Risikoexposition regelmäßig zu bewerten. Auch sind Entscheider über potenzielle, sie affektierende Wahrnehmungsverzerrungen aufzuklären. Simulationen und graphische Darstellungen können dazu dienen, das Verständnis von Risikoauswirkungen zu verbessern.[1244]

4.1.2 Rolle der Organisation in der Informationsverarbeitung

Da organisatorische Gestaltung den Fluss von für das SCRM relevanten Informationen verstärken oder hemmen, aber auch selbst zur Risikoquelle werden kann, ist auch die Organisationsstruktur eine Quelle von (strukturellen) Informationspathologien.

[1239] Vgl. Slovic/Kunreuther/White (2000), S. 7

[1240] Während diese Heuristiken oftmals nützlich sind, können sie auch zu Fehlbewertungen führen (vgl. Tversky/Kahneman (1974), S. 1124ff.; Slovic/Kunreuther/White (2000), S. 10).

[1241] Vgl. Gigerenzer (2013), S. 72,

[1242] Vgl. Slovic/Kunreuther/White (2000), S. 15, 24f.

[1243] Vgl. Slovic/Kunreuther/White (2000), S. 24f.

[1244] Vgl. Slovic/Kunreuther/White (2000), S. 24f.

Unterschieden werden können Informationspathologien als Ergebnis von Segmentierungsentscheidungen (Spezialisierung) und von Strukturierungsentscheidungen (Hierarchiebildung).

Spezialisierung bzw. Segmentierung führt nach Wilensky (1967) zu zwei Dilemmas: Zum einen erfordert die effiziente Informationsbeschaffung eine Spezialisierung, wobei für Führungsentscheidungen gleichzeitig eine ganzheitliche Sichtweise nötig ist. Informationen sind für die Stelle in der Organisation, die sie erlangen bzw. besitzen gegebenenfalls ohne Belang und müssen an die richtige Stelle weitergeleitet werden. Warnsignale werden hingegen oft nur durch eine ganzheitliche und übergeordnete Betrachtung erkannt.[1245] Zum anderen führt Spezialisierung zu einem gegenseitigen Unverständnis und zu Rivalitäten zwischen Organisationseinheiten, die potenzielle Erkenntnischancen aus der Kombination gegensätzlicher Sichtweisen verhindern. Dissensen zwischen Organisationseinheiten werden so verschleiert.[1246]

Hierarchie führt zu einer gewollten Abgrenzung von Organisationeinheiten und resultiert in mehrstufigen, gegebenenfalls verpflichtend einzuhaltenden Informationswegen, die Informationen behindern oder verzerren können. Auch führt Hierarchie zu gewollten Informationsasymmetrien zu Zwecken der Machterhaltung oder zur Durchsetzung eigener Interessen. Insbesondere die Weitergabe kritischer Informationen wird aufgrund bestehender hierarchischer Abhängigkeiten unter Umständen vorsätzlich unterbunden.[1247] Hierarchie kann auch dazu führen, dass Vorgesetzte Informationen Untergebener nicht wahrnehmen bzw. nicht wahrnehmen wollen.[1248]

Neben den hier angeführten Strukturmerkmalen kann auch eine starke Bürokratisierung der Organisation zu ungenügenden Fähigkeiten der Informationsverarbeitung führen. Zudem können spezifische Interessen einzelner Organisationsmitglieder sowie innerhalb der Organisation geschaffene Konkurrenzsituationen die vorsätzliche Manipulation von Informationen befördern.[1249]

Als Mittel gegen strukturell bedingte Informationspathologien werden u.a. die Abflachung von Hierarchien, Bildung von Projektgruppen oder Schaffung einer Integrationsrolle, Konfrontation von Experten verschiedener Richtungen, Vereinigung von Informations-

[1245] Vgl. Gresse (2010), S. 67. Unzureichendes Kommunikationsverhalten kann beabsichtigt oder in dem fehlenden Wissen bzgl. der Relevanz der Informationen für Dritte begründet sein (vgl. Mauthe (1989), S. 518f.).

[1246] Vgl. Wilensky (1967), S. 48; Scholl (1992), Sp. 906f.; Hall/Tolbert (2009), S. 128f., 134f.

[1247] Vgl. Blau/Scott (1962), S. 121ff.; Sorg (1982), S. 202ff.; Gresse (2010), S. 59; Hall/Tolbert (2009), S. 128f.

[1248] Vgl. Wilensky (1967), S. 43.

[1249] Vgl. Scholl (1992), Sp. 907f.

beschaffung und -verarbeitung und die Verbesserung der Interpretierfähigkeit der Organisationsmitglieder vorgeschlagen.[1250]

Neben den skizzierten Auswirkungen auf die Informationsverarbeitung wirken sich organisationale Gestaltungsformen auch direkt auf die Risikoentstehung innerhalb der Organisation aus. Risiken können durch Routinisierung, Standardisierungen und Formalisierung reduziert werden. Da im Falle von Routineentscheidungen auf bewährte Lösungen zurückgegriffen werden kann, nimmt die Gefahr von Fehlentscheidungen ab.[1251] Delegation führt zu einer Verschiebung von Entscheidungen zum Ort der Informationsentstehung. Da hierdurch Entscheider entlastet werden, kann auch Delegation zur Reduktion von Risiken beitragen.[1252] *Organisatorischer Slack* im Sinne von Puffern innerhalb der Organisation ist zudem zur Bildung von Substabilitäten geeignet und kann somit ebenfalls Risiken reduzieren.[1253]

4.1.3 Rolle der Informationstechnik in der Informationsverarbeitung

Obwohl Informationstechnik die Art der Funktion von Organisationen durch die Ermöglichung des Informationsaustauschs geographisch und temporal verteilter Einheiten und die Möglichkeit der Unterstützung von Entscheidungen in den letzten Jahrzehnten stark verändert hat, gibt es bislang kaum Erkenntnisse bzw. sogar widersprüchliche Ansichten bezüglich des Zusammenspiels von Unternehmen, Organisationsstruktur und Informationstechnik.[1254] Der oft fehlende Zusammenhang zwischen Informationstechnologie-einsatz und der Produktivität eines Unternehmens gilt als *Produktivitätsparadoxon*.[1255] Als Gründe für fehlende Produktivitätssteigerungen durch den IT-Einsatz werden neben Messfehlern das Missmanagement von Information und Technik, ein ungenügender Fit zwischen Informationstechnik und Organisation sowie eine unzureichende Nutzung von Verbundeffekten (mangelnder Fit zwischen IT-Lösungen) der vorhandenen Informationstechnologie benannt.[1256] Insbesondere die Abkehr von Individual- hin zu Standardlösungen vor dem Hintergrund der günstigeren Softwarebeschaffung führt zu einem fehlenden Fit von Technik und Organisation und einer zunehmenden Unzufriedenheit der Softwareanwender.[1257] Trotz oder vielleicht auf Grund dieser Entwicklung ist der Fit von Informationstechnik und Organisation immer wieder Gegenstand empirischer Untersuchungen.[1258] Strong/Volkoff (2010) identifizieren sechs Dimensionen von *Misfits* von Unternehmenssoftware: Diese Dimensionen sind *Funktionen*, *Daten*, *Rollen*, *Kontrolle*,

---

1250 Vgl. Wilensky (1967), S. 175-178; Sorg (1982), S. 389ff.; Daft/Lengel (1986), S. 560f.

1251 Vgl. Krallmann/Mertens/Rieger (2001), S. 59

1252 Vgl. Krallmann/Mertens/Rieger (2001), S. 60.

1253 Vgl. Welge (1987), S. 525.

1254 Vgl. Hall/Tolbert (2009), S. 57.

1255 Vgl. Reichwald (1995), S. 355.

1256 Vgl. Piller (1998), S. 260f.; Reichwald (1995), S. 355; Piller (1998), S. 260f.;Hong/Kim (2002), S. 25f.

1257 Vgl. Hong/Kim (2002), S. 25f.

1258 Vgl. Yvonne van Everdingen (2000), S. 29.

Nutzerfreundlichkeit und *Kultur* innerhalb der Organisation.[1259] Markus (1983) betont die Notwendigkeit eines Fit zwischen Informationssystemen und deren Anwendungsumfeld.[1260] Zum Anwendungsumfeld zählen hierbei die *Organisationsstruktur*, die *Unternehmensumwelt* sowie die *Menschen*, die Informationssysteme einsetzen.[1261] Raymond/Paré/Bergeron (1995) zeigen, dass bestimmte Typen von IT-Organisationen (high IT Sophistication/low IT Sophistication) durch einen Fit mit der Organisationsstruktur zu höherer Performanz des Unternehmens führen.[1262] Strahringer (2009) und Cooper/Zmud (1990) stellen mögliche Konfigurationen von IT-Systemen unterschiedlichen Einsatzkontexten gegenüber und postulieren einen Fit zwischen IT-Systemtypen und Situationstypen.[1263] Zudem sei darauf hingewiesen, dass Informationstechnik durch adäquate Informationsbereitstellung die Entstehung von Informationspathologien durch die Beeinflussung von Aufklärungs- und Realitätsdoktrinen vermindern kann.[1264]

4.1.4 Notwendige Abstimmung von Umfeld und Informationssystem

Organisationsforscher haben bereits vor Jahrzehnten gezeigt, dass unterschiedliche Aufgaben und Aufgaben-Umfelder unterschiedliche organisationale Strukturen erfordern.[1265] Als kontingente Faktoren organisatorischer Effizienz rücken hierbei regelmäßig das Risiko in Form einer *unsicheren Entscheidungsumwelt* sowie die *Fähigkeiten zur Informationsverarbeitung* der Organisation in den Vordergrund wissenschaftlicher Untersuchungen,[1266] denn mit zunehmender Unsicherheit steigen die Anforderungen an die Informations-verarbeitungsfähigkeiten der Organisation.[1267] Duncan (1974) schreibt bereits: *„In adapting to uncertainty in its environment, a decision unit must gather and process information. The key variable determining how effectively the decision unit processes information is the unit's organizational structure."*[1268] Im Rahmen der Informationstheorie werden Hemmnisse der Informationsverarbeitung, die aus einem ungenügenden Fit zwischen Fähigkeiten der Informationsverarbeitung und der Umwelt-Unsicherheit resultieren, ebenfalls den Informationspathologien zugeordnet.[1269]

Ansätze zur Erklärung der erfolgsbeeinflussenden Beziehung zwischen Unsicherheit und Organisationsstruktur bietet die Systemtheorie, denn nach Luhmann (1973) muss die Komplexität der Systemumwelt in der Eigenkomplexität des Systems ihre Entsprechung

---

[1259] Vgl. Strong/Volkoff (2010), S. 737.

[1260] Vgl. Markus (1983), S. 1.

[1261] Vgl. Markus (1983), S10f.; S. 14f.; 18f.

[1262] Vgl. Raymond/Paré/Bergeron (1995), S. 11f.

[1263] Vgl. Cooper/Zmud (1990), S. 191.

[1264] Vgl. Slovic/Kunreuther/White (2000), S. 24f. Vgl. hierzu auch Romeike/Erben (2002), S. 577; Gleißner/Romeike (2005) S. 157.

[1265] Vgl. Duncan (1974), S. 705. Siehe hierzu vertiefend auch Kapitel 4.2 zur Konfigurationstheorie.

[1266] Vgl. bspw. Lawrence/Lorsch (1967); Duncan (1972); Khandwalla (1973); Duncan (1974).

[1267] Vgl. Tushman/Nadler (1978), S. 616ff.

[1268] Duncan (1974), S. 706.

[1269] Vgl. Sorg (1982), S. 232ff.

finden, um den Systemerhalt zu gewährleisten.[1270] Durch organisatorische Maßnahmen der Differenzierung und Integration können Unternehmen die interne Störvarietät durch Unsicherheitsreduktion und -absorption verringern und die Reaktionsvarietät erhöhen.[1271] Im Rahmen der Differenzierung und Integration müssen Unternehmen insbesondere ihre Informationsverarbeitungskapazitäten an die Unsicherheit der Umwelt – häufig gemessen anhand ihrer Detailkomplexität und Dynamikkomplexität – anpassen. [1272] Die Anpassung an die Umwelt kann sich auch auf einzelne, mit verschiedenen Subumwelten in Kontakt stehende Subsysteme (bspw. fokussiert sich der Einkauf auf die Subumwelt der Lieferanten) beschränken. [1273] Die durch Differenzierung angestrebte Wirkung wird allerdings zumindest teilweise durch die mit der Differenzierung zunehmende Anzahl an Schnittstellen und der hierdurch induzierten Komplexitätserhöhung konterkariert.[1274] Die Effizienz von Organisationen hängt daher auch von der Qualität der Integration des zuvor differenzierten Stellengefüges ab. [1275] Erfolgreich ist eine Unternehmung, wenn sie es schafft, die hieraus resultierenden Koordinationsanforderungen durch Integrationsinstrumente zu bewerkstelligen.[1276] Bereits Leavitt (1965) unterteilte diese Instrumente in personenorientierte, strukturelle und technokratische Integrationsmechanismen. [1277] Sie bilden die Grundlage für die in der Organisationsforschung entwickelten und in Kapitel 3.6.1.2.2 vorgestellten Koordinationsinstrumente.[1278] Insbesondere Elemente der lateralen Organisation sind dazu geeignet, die Komplexität des Informationsaustauschs im Falle von Unsicherheit zu reduzieren. Hierzu gehören direkte Kontakte auf Managementebene, Liaison-Rollen in Abteilungen, Task-Forces für ad-hoc auftretende Themen, Teams zur dauerhaften Bearbeitung interdisziplinärer Aufgaben oder integrierende interdisziplinäre Funktionsbereiche wie die Materialwirtschaft.[1279] Auch Matrixorganisationen können den Informationsaustausch unterstützen.[1280] Effektivität und Effizienz entstehen durch einen

---

[1270] Vgl. Luhmann (1973), S. 184ff.; Ähnliche Erkenntnisse liefert die Kybernetik, die im Falle einer hohen Störvarietät nach einer hohen Reglerkomplexität fordert. Vgl. hierzu auch Sorg (1982), S. 225f.; Steinmann/Schreyögg (1997), S. 63.

[1271] Vgl. Hoffmann (2013), S. 148.

[1272] Vgl. Sorg (1982), S. 227, 232f.; Teubner (1999), S. 69; Wald (2009), S. 271. Siehe z.B. Duncan (1972), Tushman/Nadler (1978), S. 621-623 sowie Karimi/Somers/Gupta (2004), S. 187f. Schon seit mehreren Jahrzenten ist der Fit zwischen Informationssystemen, Informationstechnologieeinsatz und der Organisation Gegenstand wissenschaftlicher Forschung in der Betriebswirtschaftslehre und Informationswissenschaft (vgl. Raymond/Paré/Bergeron (1995), S. 3. Einen Überblick über die wissenschaftliche Diskussion des Fit-Ansatzes im Rahmen des Informationstechnologieeinsatzes gibt Wang (2014)).

[1273] Vgl. Lawrence/Lorsch (1967), S. 3f.; Staehle/Conrad/Sydow (1999), S. 470.

[1274] Vgl. Khandwalla (1975), S. 144; Kratzheller (1997), S. 77.

[1275] Vgl. Lawrence/Lorsch (1967), S. 54ff.

[1276] Vgl. Lawrence/Lorsch (1967), S. 54ff.; Seifert (1980), S. 131.

[1277] Vgl. Khandwalla (1975), S. 141.

[1278] Vgl. Kutschker/Schmid (2008), S. 1031.

[1279] Vgl. Galbraith (1974), S.32f; Daft/Sormunen/Parks (1988), S. 559.

[1280] Vgl. Galbraith (1974), S.35.

hohen Fit von durch die Entscheidungsumwelt gesetzten Anforderungen und den durch die Organisation determinierten Fähigkeiten der Informationsverarbeitung.[1281]

Allerdings zeigt die Forschung auch, dass eine vorhandene Umweltkomplexität nicht immer in der Systemkomplexität ihre Entsprechung findet. Denn es gibt offensichtlich *„eine Reihe von Systemstrategien, die im Hinblick auf die Komplexitätsbewältigung funktional äquivalent sind.“* [1282] Eine Möglichkeit der Verringerung von Ergebnisvarietät besteht in der Verringerung der externen Störvarietät mittels selektiver Inputaufnahmen und Abschirmungsmaßnahmen.[1283] Eine zentrale Rolle spielt hierbei das Konzept der Pufferung, bei dem bspw. ein starres Produktionssystemen als Kernsystemen mit Hilfe von umspannenden Grenzsystemen von der Umwelt entkoppelt wird.[1284] Die Entkopplung mittels Puffern dient allerdings letztendlich nur der Überdeckung von Misfits zwischen System und Umwelt, versperrt die Wahrnehmung von diesen und führt zu weniger effizienten Gesamtlösungen. [1285] Wesentliche Einblicke in die situationsadäquate Systemgestaltung gibt der Konfigurationsansatz (auch Konfigurationstheorie) der im Folgenden eine umfassende Betrachtung erfährt.

4.2 Konfigurationsansatz

Mit der Erörterung der Informationspathologien wurde gezeigt, dass Systemelemente sowohl untereinander abzustimmen sind (Konsistenzforderung), es wurde allerdings auch deutlich, dass bei der Systemgestaltung eine Berücksichtigung der Abhängigkeiten zwischen Systemen und ihrem Umfeld (Kontingenzforderung) notwendig ist. Diese beiden notwendigen Ebenen eines *„Fit“* werden im Rahmen des im Folgenden beschriebenen Konfigurationsansatzes erörtert. Kapitel 4.2.1 gibt einen Einblick in die Entwicklung des Konfigurationsansatzes bevor in Kapitel 4.2.2 die Rollen von Gestaltungsparametern, Fitkonzept und Äquifinalitätskonzept eingeordnet werden. Anschließend gibt Kapitel 4.2.3 Einblick in die Entwicklung von Typologien und Taxonomien bevor in Kapitel 4.2.4 Ansätze zur Effizienzbewertung von Systemen in der Gestalt von Strukturtypen beleuchtet.

4.2.1 Vom situativen Ansatz zum Konfigurationsansatz

Der situative Ansatz in der Organisationtheorie geht davon aus, dass es keine universelle Organisation geben kann, die in allen Situationen effizient ist, sondern dass die Effizienz einer Organisation maßgeblich von ihrer Geeignetheit bezüglich situationsdeterminierender Kontextfaktoren abhängt.[1286] Diese Aussage kann sowohl für die Organisation nach einem instrumentellen Begriffsverständnis (im Falle der vorliegenden Untersuchung die Variable Organisation des SCRM-Systems) als auch für die Organisation nach einem institutionellen

---

[1281] Vgl. Tushman/Nadler (1978), S. 622.

[1282] Vgl. Sorg (1982), S. 228, 232. Siehe auch Luhmann (1973), S. 181ff.

[1283] Vgl. Hoffmann (2013), S. 148.

[1284] Vgl. Thompson (2011), S. 151; Sorg (1982), S. 232f.

[1285] Vgl. Sorg (1982), S. 232ff.

[1286] Vgl. Kieser/Walgenbach (2010), S. 40f.

Begriffsverständnis (im Falle der vorliegenden Untersuchung das SCRM-System) getroffen werden.[1287] Somit grenzt sich der situative Ansatz stark von frühen *administrativen Managementansätzen*[1288] ab, die eine Möglichkeit der optimalen Ausgestaltung des Managements postulieren („*One best way*"). [1289] Lange galt beispielsweise das *Bürokratiemodell* nach Max Weber[1290] als anzustrebende, weil effiziente Organisationsform. Kritik erfuhren die administrativen Managementansätze aufgrund ihrer Vernachlässigung von Menschen innerhalb der Organisation sowie aufgrund der Betrachtung von Unternehmen als geschlossene Systeme und der hiermit verbundenen Vernachlässigung des Unternehmensumfelds als situativer Kontext.[1291]

Defizite der administrativen Managementansätze wurden von *systemtheoretischen Ansätzen* aufgegriffen, welche jedoch aufgrund ihrer Ungeeignetheit zur Ableitung konkreter Handlungsempfehlungen für die Managementpraxis kritisiert wurden.[1292] Dies führte zur Entwicklung des situativen Ansatzes, der auf systemtheoretischen Überlegungen basiert und die Formulierung von Gestaltungsempfehlungen in operationalisierter Form gestattet.[1293] Der situative Ansatz zeichnet sich dadurch aus, dass er eine allgemeingültige (optimale) Lösung für unterschiedliche situative Kontexte ablehnt und stattdessen einen positiven Zusammenhang zwischen der Effizienz einer Unternehmung sowie dem Fit zwischen der Organisationsstruktur einer Unternehmung und ihrer Umwelt, dem situativen Kontext („*One best way for each situation*"[1294]), postuliert.[1295] Das Forschungsprogramm des situativen Ansatzes adressiert somit Fragestellungen bzgl. der Beschreibung von Organisationsstrukturen, der Identifikation situativer, strukturbeeinflussender Faktoren, sowie der Wirkung von Situations-Struktur-Konfigurationen auf die Effizienz der Organisation.[1296]

Staehle/Conrad/Sydow (1999b) unterscheiden situative Ansätze entlang der Historie ihrer Entstehung in den *klassischen situativen Ansatz*, den *verhaltenswissenschaftlichen situativen Ansatz* und *den Konfigurationsansatz*.[1297] Mit dem klassischen situativen Ansatz hatte bis in die 1970er Jahre unter Organisationstheoretikern die *Kongruenz-Effizienz-Hypothese*

[1287] Vgl. hierzu Frese/Werder (1993), die im Rahmen ihres organisationstheoretischen Effizienzansatzes von einem instrumentellen Organisationsbegriff ausgehen und konträr hierzu Thom (1988), dessen Untersuchung auf einem institutionellen Organisationsverständnis aufbaut.

[1288] Hierzu zählen Taylor (1911) sowie Fayol (1929) (vgl. Scherer/Beyer (1998), s. 333.)

[1289] Vgl. Scherer/Beyer (1998), S. 333f.

[1290] Siehe hierzu Weber (1922), S. 124ff.

[1291] Vgl. Schreyögg (1996), S. 31ff.; Hill/Fehlbaum/Ulrich (1998), S. 408ff.

[1292] Zur Kritik an systemtheoretischen Ansätzen siehe bspw. Dachler (1986).

[1293] Vgl. Staehle/Conrad/Sydow (1999), S. 48.

[1294] Scherer/Beyer (1998), S. 334.

[1295] Vgl. Staehle/Conrad/Sydow (1999), S. 61.

[1296] Vgl. Kieser/Walgenbach (2010), S. 40f.

[1297] Vgl. Staehle/Conrad/Sydow (1999), S. 48-66. Der Konfigurationsansatz wird auch als *Konsistenzansatz* oder *systemtheoretischer Kontingenzansatz* bezeichnet (Scherer/Beyer (1998), S. 333-342; Grosche (2013), S. 67).

bestand.[1298] Wie in Abbildung 58 dargestellt, impliziert diese Hypothese einen positiven Zusammenhang zwischen der Effizienz einer Unternehmung sowie dem Fit zwischen der Organisationsstruktur einer Unternehmung und ihrer Umwelt, dem situativen Kontext.[1299]

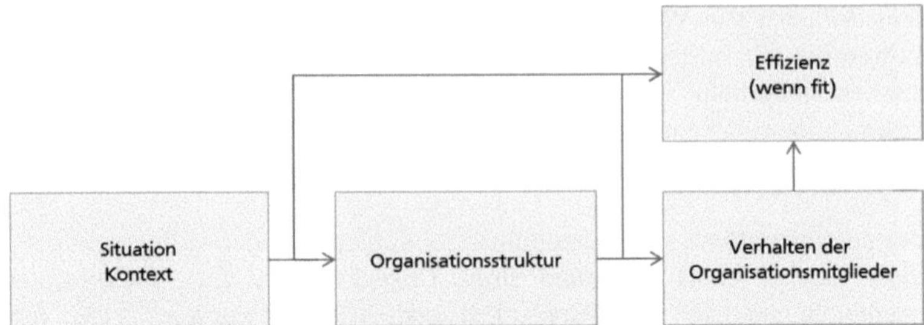

Abbildung 58: Das Forschungsprogramm des analytischen situativen Ansatzes

Kritik erfährt der klassische situative Ansatz aufgrund seiner Verbindung mit einem positivistischen Wissenschaftsverständnis, welches die Erforschung sozialwissenschaftlicher Phänomene eng an den Methoden der Formal- und Naturwissenschaften anlehnt.[1300] Im Zentrum der Kritik steht der *situative Determinismus*, der Unternehmen unterstellt, keinen Einfluss auf Effizienzkriterien oder den situativen Kontext nehmen zu können.[1301] Unter Beibehaltung der grundlegenden Kongruenz-Effizienz-Hypothese wurde der situative Ansatz daher zum *verhaltenswissenschaftlichen situativen Ansatz* weiterentwickelt und die Bedeutung des zugrundeliegenden analytischen Wirkungsmodells relativiert,[1302] so dass auch organisatorische Gestaltungsspielräume sowie Verhaltensspielräume innerhalb einer Organisation berücksichtigt werden.[1303] Somit reichen quantitative empirische Studien zur Ableitung effizienter Organisationsstrukturen allein nicht mehr aus, da neben dem situativen Kontext auch andere Faktoren ausschlaggebend für die Organisationsgestaltung sind.[1304] Qualitative Verfahren[1305] (bspw. Entscheidungsprozessanalysen) gestatten es

---

1298 Vgl. Staehle/Conrad/Sydow (1999), S. 61; Mintzberg (1979), S. 219.

1299 Vgl. Staehle/Conrad/Sydow (1999), S. 61.

1300 Vgl. Klaas-Wissing (2009), S. 100. Für Kritik am situativen Ansatz und dessen Anwendung im Kontext der Informationssystem-Forschung siehe auch Weill/Olson (1989): In der Metastudie wird kritisiert, dass ein Großteil situativer Ansätze eine Naive Meta-Theorie zugrunde legen, die fälschlicherweise von den Annahmen der Rationalität der befragten Entscheider, einem an die Naturwissenschaften angelegten funktionalistischem Paradigma und einem rein objektivistischen Wissenschaftsverständnis ausgehen und hierauf basierend deterministische Modelle entwickeln, die nicht geeignet sind, reale Zusammenhänge in geeigneter Weise abzubilden. Um ein besseres Verständnis bzl. der Bedeutung von Kontingenzfaktoren zu erreichen, empfehlen die Autoren u.a. die vermehrte Anwendung der Fallstudienmethode sowie die Durchführung von Longitudinal-Studien (vgl. Weill/Olson (1989), S. 75f., 78f.).

1301 Vgl. Schreyögg (1994), S. 144, 218; Staehle/Conrad/Sydow (1999), S. 51.

1302 Vgl. Staehle/Conrad/Sydow (1999), S. 55-60; Klaas-Wissing (2009), S. 101.

1303 Vgl. Kieser/Ebers (2014), S. 191.

1304 Vgl. Klaas-Wissing (2009), S. 101f.

hingegen, die Entscheidungen zugrundeliegenden Vorstellungen und Ziele von Entscheidern zu ermitteln.[1306] Problematisch bezüglich des verhaltenswissenschaftlichen situativen Ansatzes zeigt sich, dass ihm eine gewisse Beliebigkeit unterstellt werden kann, da es nicht einfach ist, innerhalb eines qualitativen Forschungsrahmens vorliegende Organisationstrukturen auf den Einfluss des situativen Kontexts oder die Präferenzen eines Entscheiders im Rahmen der Organisationsgestaltung zurückzuführen. Kieser/Kubicek (1992) empfehlen daher, empirisch gemessene Korrelationen als Ausgangspunkt für weitergehende vertiefende Untersuchungen zu wählen. [1307]

Als einer der frühen Kritiker des situativen Ansatzes gilt Khandwalla (1973), [1308] der basierend auf einer empirischen Untersuchung zeigt, dass der Erfolg eines Unternehmens nicht ausschließlich von einzelnen Variablen sondern auch von der Konfiguration stimmiger Variablenkombinationen (*Gestaltansatz*[1309]) beeinflusst wird.[1310] Der zentrale Angriffspunkt der Verfechter des *Konfigurationsansatzes* bezüglich des oben beschriebenen erweiterten situativen Ansatzes besteht somit darin, dass keine Betrachtung von nichtlinearen Interdependenzbeziehungen möglich ist,[1311] obwohl in realen Organisationen vielfältige nichtlineare Interdependenzen zwischen den Strukturmerkmalen bestehen.[1312]

Mit dem Konfigurationsansatz erfolgt eine modellhafte idealtypische Abbildung spezifischer Abschnitte der Realität, so dass diese der Überprüfbarkeit und wissenschaftlichen Diskussion zugänglich gemacht wird.[1313] Konfigurationstheoretische Ansätze reduzieren hierbei die Vielzahl der möglichen Varianten der Merkmalskombinationen auf wenige harmonische Strukturen, die bereits eine hohe Überdeckung mit in der Praxis tatsächlich auftretenden Typen aufweisen und nur einzelne Ausnahmefälle vernachlässigen.[1314] Der Konfigurationsbegriff bezeichnet häufig vorkommende Merkmalskombinationen mit den folgenden Eigenschaften:[1315]

1305 Vorgeschlagen werden bspw. Einzelfallstudien unter der Verwendung der Methoden teilnehmende Beobachtung, inhaltsanalytische Auswertung von Protokollen und offene Interviews (vgl. Staehle/Conrad/Sydow (1999), S. 60).

1306 Vgl. Staehle/Conrad/Sydow (1999), S. 59f; Schreyögg (1994), S. 241.

1307 Vgl. Kieser/Kubicek (1992), S. 216.

1308 Vgl. Staehle/Conrad/Sydow (1999), S. 61.

1309 Miller (1981) bezeichnet bestimmte Typen von Konfigurationen auch als Gestalt: „When such configurations represent very commonly occuring, and, therefore, predictively useful, adaptive patterns or scenarios, they will be called Gestalts“ (Miller (1981), S. 3.

1310 Vgl. Khandwalla (1973), S. 492f.

1311 Vgl. Wolf (2000), S. 4ff; Miller/Mintzberg (1983), S. 60ff.

1312 Vgl. Meyer/Tsui/Hinings (1993), S. 1178.

1313 Vgl. Klaas-Wissing (2009), S. 64.

1314 Vgl. Roos (1998), S. 34.

1315 Vgl. Niemeier (1986), S. 23. Für eine umfangreiche Auseinandersetzung mit dem Konfigurationsbegriff siehe auch: Miller/Friesen (1984), S. 4-8.

- Multivariate Abhängigkeiten
- Integrierte und dauerhafte Verbindung
- In ihrer Gesamtheit aussagekräftiger als die Summen ihrer einzelnen Aussagen
- Hoher Fit untereinander, so dass fehlende Merkmale aus Vorhandenen ableitbar sind

Eine Konfiguration ist genau dann für den Einsatz in einem Unternehmen geeignet, wenn sie einen hohen Fit zur Unternehmenssituation aufweist. Mintzberg (1979) folgert durch Integration der *Konfigurations-*[1316] und *Kongruenzhypothese*[1317], dass Unternehmen genau dann erfolgreich sind, wenn eine *Konsistenz zwischen Gestaltungsparametern und Kontingenzfaktoren* besteht.[1318] Dies bedeutet, Unternehmen sollten eine mit den Kontingenzfaktoren kompatible Konfiguration erreichen, um erfolgreich zu sein.[1319] Weiter oben wurde bereits die Annahme getroffenen, dass es sich bei Unternehmen um informationsverarbeitende Systeme handelt, die ihre eigenen Informationsverarbeitungskapazitäten an den von der Umwelt determinierten Anforderungen ausrichten müssen. Wolf (2000) argumentiert hierzu, dass *„unternehmerischer Erfolg weniger das Ergebnis eines Matches zwischen konkreten Handlungssituationen und konkreten organisationalen Gestaltungsformen, als vielmehr das Ergebnis eines Matches zwischen dem von den konkreten Handlungssituationen induzierten Informationsbedarf und den von den konkreten organisationalen Gestaltungsformen bereitgestellten Informationsverarbeitungskapazitäten ist."*[1320] Das Forschungsprogramm des Konfigurationsansatzes ist in Abbildung 59 dargestellt.

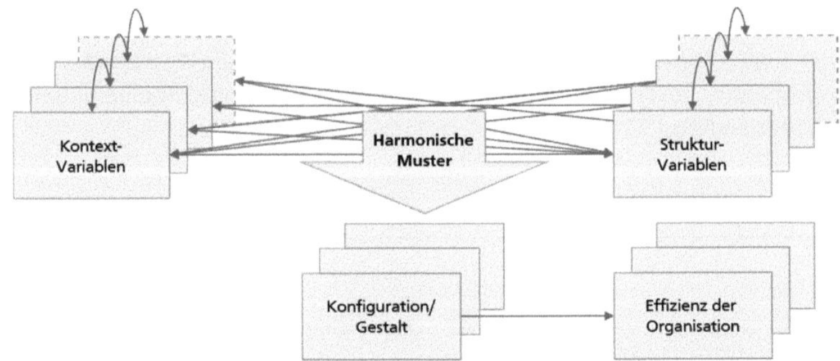

Abbildung 59: Das Forschungsprogramm des Konfigurationsansatzes (Quelle: Klaas (2002), S. 105)

[1316] Die Konfigurationshypothese besagt, dass eine Konfiguration dann effektiv bzw. effizient ist, wenn eine interne Konsistenz der Gestaltungsparameter besteht (vgl. Mintzberg (1979), S. 219f.).

[1317] Die Kongruenzhypothese besagt, dass eine Konfiguration dann effektiv bzw. effizient ist, wenn sich Gestaltungsparameter und Kontingenzfaktoren entsprechen (vgl. Mintzberg (1979), S. 219f.).

[1318] Vgl. Mintzberg (1979), S. 220.

[1319] Vgl. Doty/Glick (1994), S. 232.

[1320] Wolf (2000), S. 57. Vgl. hierzu auch Gresov/Drazin (1997), S. 4141f.

4.2.2 Gestaltungsparameter und das Fit- sowie Äquifinalitätskonzept

Als relevante Gestaltungsparameter und Kontingenzfaktoren werden von Konfigurationstheoretikern u.a. die Variablen Umwelt, Ziele, Strategie, Struktur, Personal, Technologie, Branche, Alter und Größe des Unternehmens, Kultur, Wertsystem, Machtbeziehungen, Eigenschaften der Manager, Strategieformulierungen, Eigenschaften des Informations- und Kommunikationssystems sowie Managementphilosophie benannt.[1321] Das Fit-Konzept unterstellt hierbei, dass der Erfolg einer Organisation von der Übereinstimmung von mindestens zwei Variablen abhängt.[1322] Allerdings existieren unterschiedliche Fit-Konzepte, die sich bezüglich der angenommenen Komponenten und Interdependenzen deutlich unterscheiden. Vom angenommenen Fit-Konzept hängen allerdings der Aufbau der Argumentationskette sowie das Vorgehen bei der Datenerhebung und Datenanalyse ab.[1323] Venkatraman (1989) unterscheidet Fit-Konzepte in einem Systematisierungsraster anhand der Dimensionen Spezifität der Beziehungen/Anzahl der betrachteten Variablen und der Verankerung der Fit-Betrachtung anhand eines Kriteriums. So ergeben sich insgesamt sechs unterschiedliche Fit-Typen (siehe Abbildung 60).[1324]

Abbildung 60: Mögliche Fit-Konstellationen (Quelle: Wolf (2000), S. 47).

Die Spezifität der Beziehungen nimmt mit sinkender Anzahl der Variablen zu, da so eine höhere Genauigkeit von Ursache-Wirkungsbeziehungen erreicht und eine exakte formale Beschreibung der Zusammenhänge möglich wird. Wird das Fit-Konzept auf ein konkretes Kriterium bezogen, so gestattet das Kriterium die Messung der Intensität des Fits zwischen den Variablen. Unterschieden werden bei geringer Spezifität die Fit-Typen *Fit als Profilabweichung* und *Fit als Gestalten*. Während bei ersterem der Fit über die Profilabweichung zu einem Zielkriterium ermittelt wird, geht der Fit als Gestalten lediglich von einer gewissen, unspezifischen Stimmigkeit der Variablen aus. Bei mittlerer Spezifität können die Typen *Fit als Mediation* und *Fit als Kovariation* unterschieden werden. Bei ersterem wirkt die Intensität des Fits als Mediator zwischen zwei Variablen und wirkt auf diese Weise auf die Zielgröße ein. Fit als Kovariation bezeichnet hingegen den Fall, dass

---

[1321] Vgl. Meyer/Tsui/Hinings (1993), S. 1175; Miller/Mintzberg (1983), S. 62; Flippo/Munsinger (1982), S. 27.

[1322] Vgl. Doty/Glick/Huber (1993), S. 1243; Veliyath/Srinivasan (1995), S. 207f;.

[1323] Vgl. Drazin/Van de Ven (1985), S. 515, van de Ven/Drazin (1985), S. 334, 358; Venkatraman (1989), S. 423.

[1324] Vgl. Venkatraman (1989), S. 624ff.

mehrere Variablen, ohne Notwendigkeit eines Zielkriteriums, eine Ganzheit ergeben. Bei hoher Spezifität können die Dimensionen *Fit als Moderation* und *Fit als Matching* unterschieden werden. Beim Fit als Moderation wirkt sich die Intensität des Fit in Form eines Moderators auf die Zielgröße aus. Beim Fit als Matching muss hingegen kein Zielkriterium erfüllt werden, sondern es reicht aus, wenn ein exakt spezifizierter Zusammenhang zwischen den betrachteten Variablen erreicht wird.[1325]

Neben dem Fit-Konzept spielt im Rahmen des Konfigurationsansatzes auch das Äquifinalitätskonzept eine entscheidende Rolle. Rümenapp (2002) beschreibt es mit Hilfe des Sprichworts *„Viele Wege führen nach Rom"*[1326]. Merton/Meja/Stehr (1995) verwenden bevorzugt den Begriff der *funktionalen Äquivalenz*, der die Bedeutung der Äquifinalitäts-Begriffs verdeutlicht. So lässt sich das Äquifinalitätskonzept auf die bereits aus dem Konfigurationsansatz bekannte Annahme zurückführen, dass es eine Vielzahl von Strukturen geben kann, die innerhalb des gleichen situativen Kontexts zum Erfolg führen. Der Grund hierfür liegt darin, dass sich Unternehmen bzw. Entscheider bei zu treffenden Entscheidungen *„gleichzeitig mehreren Kontextfaktoren gegenübersehen und gleichzeitig mehrere Ziele verfolgen."* [1327] Hieraus ergeben sich Zielkonflikte von Trade-Off-Entscheidungen, die letztendlich zugunsten der Verwirklichung des einen oder anderen Ziels gefällt werden.[1328] Merton/Meja/Stehr (1995) kritisieren in diesem Kontext, dass Organisationforscher zunehmend Funktion und Struktur einander gleichsetzen und hierbei nicht hinterfragen, ob sich in Unternehmen gegebenenfalls auch Strukturen entwickeln, die nicht zur Funktion beitragen.[1329] Wolf (2000) argumentiert zudem, dass keine unmittelbare Beziehung zwischen Organisation und Umwelt besteht, sondern dass diese nur mittelbar über die Informations-verarbeitungskapazitäten der Organisation und die Informations-verarbeitungs-anforderungen der Situation gebildet wird.[1330]

In der Literatur werden vier unterschiedliche Arten von Äquifinalität anhand der zwei Dimensionen *Konfliktpotenzial der Anforderungen* und *Gestaltungsspielraum des Unternehmens* unterschieden (siehe Abbildung 61).[1331] *Suboptimale Äquifinalität* liegt dann vor, wenn nur wenige oder nur eine einzige Lösung implementiert werden kann, da ohne wenige Handlungsoptionen durch hohes Konfliktpotenzial mögliche Lösungen abgeblockt werden. Auch bei geringem Konfliktpotenzial gilt die *Dominanz eines Idealprofils*, insofern dem Entscheider nur ein begrenzter Entscheidungsraum zur Verfügung steht. Im Falle der *Substitutionsäquifinalität* tritt die Rolle der Kontingenz bzw. Konsistenz in den Hintergrund, da aufgrund des geringen Konfliktpotenzials eine hohe Substituierbarkeit der Lösungen aus dem vorliegenden Entscheidungsraum gegeben ist. *Gestaltorientierte Äquifinalität* (oder

---

1325 Vgl. Venkatraman (1989), S. 624ff.

1326 Rümenapp (2002), S. 158.

1327 Wolf (2000), S. 56.

1328 Vgl. Wolf (2000), S. 56.

1329 Vgl. Merton/Meja/Stehr (1995), S. 87ff.

1330 Vgl. Wolf (2000), S. 57.

1331 Vgl. Gresov/Drazin (1997), S. 409.

Konfigurationsäquifinalität [1332]) liegt dann vor, wenn konfliktären Anforderungen unterschiedliche Lösungsansätze gegenüberstehen.[1333]

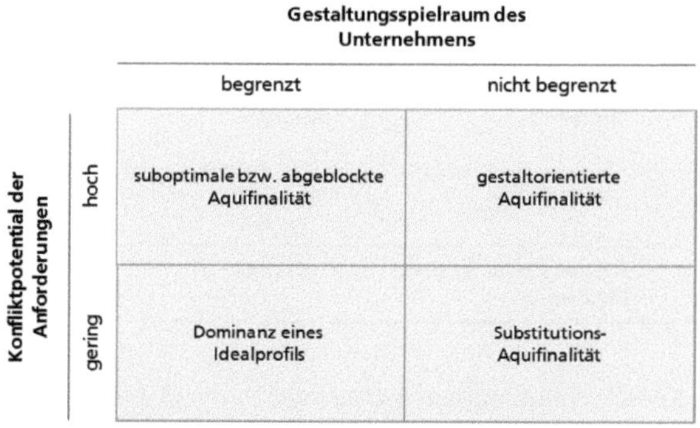

Konfliktpotential der Anforderungen	Gestaltungsspielraum des Unternehmens: begrenzt	Gestaltungsspielraum des Unternehmens: nicht begrenzt
hoch	suboptimale bzw. abgeblockte Aquifinalität	gestaltorientierte Aquifinalität
gering	Dominanz eines Idealprofils	Substitutions-Aquifinalität

Abbildung 61: Typen von Äquifinalitätskonzepten
(Quelle: In Anlehnung an Rümenapp (2002), S- 161;
Siehe auch Gresov/Drazin (1997), S. 409; Wolf (2000), S. 60)

Da die Unternehmensumwelt in der Regel einem laufenden Veränderungsprozess unterliegt, müsste auch regelmäßig eine Anpassung der internen Konfiguration erfolgen, um einen *Misfit* mit der Umwelt zu vermeiden. Dies führt zu einem ständigen Konflikt zwischen Kontingenz (Fit mit der Umwelt) und Konsistenz (interner Fit der Konfiguration).[1334] Kontingenztheoretiker sehen hier im *Piecemeal Change* eine geeignete Anpassungsstrategie.[1335] Der Piecemeal Change sieht eine evolutionäre, inkrementelle Anpassung von einzelnen Strukturelementen mit jeder Änderung der Umwelt vor.[1336] Miller/Friesen (1984) kritisieren an dieser Strategie, dass mit der Anpassung einzelner Strukturvariablen deren Konsistenz nicht gewahrt bleibt und sich somit aus intern inkonsistenten Konfigurationen Effizienzeinbußen ergeben. Sie schlagen daher den *Quantum View* oder *Quantum Change* als Ergänzung der Kontingenztheorie vor.[1337] Der Quantum Change impliziert eine Beibehaltung von gegebenen konsistenten Konfigurationen bis der Druck durch Umweltveränderungen so groß wird, dass eine ganzheitliche und in der Regel revolutionäre Veränderung der Konfiguration unabdingbar ist.[1338] Im Rahmen dieser Anpassung zur Sicherstellung der Kontingenz bleibt die interne Konsistenz der Struktur gewahrt. Einen Vergleich zwischen systemtheoretischem Ansatz sowie Konfigurations- und Kontingenzansatz liefert Tabelle 11.

1332 Vgl. Gallus (2011), S. 125.

1333 Vgl. Rümenapp (2002), S. 160.

1334 Vgl. Staehle/Conrad/Sydow (1999b), S. 63f.

1335 Vgl. Staehle/Conrad/Sydow (1999b), S. 64.

1336 Vgl. Miller/Friesen (1984), S. 202.

1337 Vgl. Miller/Friesen (1984), S. 204;Staehle/Conrad/Sydow (1999b), S. 63.

1338 Vgl. Miller/Friesen (1984), S. 204.

Tabelle 11: Vergleich von Kontingenz- und Konfigurationsansatz (Quelle: Gallus (2011), S. 119; vgl. auch: Meyer/Tsui/Hinings (1993), S. 1177; Scherer/Beyer (1998), S. 336; Meckl (2000), S. 118; Wolf (2000), S. 28).

	Systemtheorie	**Kontingenzansatz**	**Konfigurationsansatz**
Variablenzahl	ganzheitlich	bivariabel oder begrenzt multivariabel	multivariabel/ ganzheitlich
Vorherrschender Untersuchungsmodus	theoretisch	empirisch	theoretisch und empirisch
Beziehungen zwischen Gestaltungselementen	interdependent	unidirektional und linear	interdependent und nicht-linear
Fit-Verständnis	externer Fit und interner Fit, abstrakt	externer Fit	externer und interner Fit, konkret, typbezogen

Kritik erfährt der Konfigurationsansatz insbesondere, da er bislang nicht in allgemeiner Form präzise definiert ist, was die Bewertung des Fits einer Organisation erschwert.[1339] Zudem weisen bspw. van de Ven/Drazin (1985) darauf hin, dass in bestehenden konfigurationstheoretischen Untersuchungen das verwendete Fit-Konzept nur in ungenügender Weise in allgemeiner Form spezifiziert wird.[1340] Um Inkonsistenzen zu vermeiden, sollte das verwendete Fit-Konzept in jeder konfigurationstheoretischen Forschungsarbeit expliziert werden.[1341] Eine explizite Auseinandersetzung mit dem Fit-Konzept, beispielsweise basierend auf dem oben dargestellten Systematisierungsraster und innerhalb der Äquifinalitätskonzepte ist wichtig, da diese Verortung die geeignete Art der Datenerhebung und -auswertung bestimmt.[1342]

4.2.3 Bildung von Situations- und Strukturtypen: Typologien und Taxonomien

Kluge (1999) bezeichnet eine Typologie als „das Ergebnis eines Gruppierungsprozesses, bei dem ein Objektbereich anhand eines oder mehrerer Merkmale in Gruppen bzw. Typen eingeteilt wird, sodass sich Elemente innerhalb eines Typus möglichst ähnlich sind (interne Homogenität) und sich Typen voneinander möglichst stark unterscheiden (externe Heterogenität)“.[1343] Ein Typ fast eine Gruppe von Objekten zusammen, die sich in bestimmten vordefinierten Merkmalsausprägungen gleichen.[1344] Die zur Beschreibung von

---

[1339] Vgl. Galbraith/Nathanson (1979), S. 266; Wolf (2000), S. 40.

[1340] Vgl. van de Ven/Drazin (1985), S. 333.

[1341] Die explizite Spezifikation des Fit-Ansatzes wird in der Forschung oftmals unterlassen, was zu inkonsistenten Forschungsergebnissen führt (vgl. Galbraith/Nathanson (1979), S. 266; Venkatraman/Prescott (1990), S. 2).

[1342] Vgl. Wolf (2000), S. 41. Ausführliche kritische Auseinandersetzungen mit dem Konfigurationsansatz finden sich u.a. bei Scherer/Beyer (1998), S. 339f., Wolf (2000), S. 40f., S. 90ff. sowie Kieser/Walgenbach (2010), S. 42f.

[1343] Kluge (1999), S. 26f.

[1344] Scherer (1991), S. 44f. Im Gegensatz zu Klassifikationen ist die Zuordnung von Objekten zu einem bestimmten Typ unscharf: Während bei der Klassifizierung eines Objekts alle Merkmalsausprägungen den von der Klasse geforderten Merkmalsausprägungen entsprechen müssen, genügt bei der Zuordnung von Typen bereits eine Ähnlichkeit aufgrund der Merkmalsausprägungen (vgl. Kluge (1999), S. 32f.; Ziegler (1973), S. 11f.).

Typen herangezogenen Merkmale werden vom Untersuchungszweck bestimmt. Hierbei erfolgt eine Vereinfachung derart, dass komplizierte Tatbestände durch eine vereinfachte Ordnung dargestellt werden können.[1345] Typologien dienten in der Betriebswirtschaft ursprünglich zur Beschreibung unterschiedlicher Erscheinungsformen der jeweiligen Untersuchungsgegenstände. Hierbei rückten als spezifische Objekte der Typisierung Märkte und Waren in den Fokus.[1346] Typologien wurden später zur Ableitung von Aussagensystemen, bspw. zur Ableitung von Aussagen zur Gestaltung der Beschaffungspolitik in Anlehnung an Warentypen, erweitert. Somit erfüllen Typologien auch eine heuristische Funktion, in dem sie im Entscheidungsprozess die Entscheidungseffizienz durch Alternativenreduktion erhöhen können.[1347]

Strukturtypen als harmonische Muster im Sinne des Konfigurationsansatzes können als Taxonomien oder Typologien gebildet werden.[1348] Klaas (2002) spricht hierbei auch von einem empirisch-taxonomischen und einem theoretisch-typologischen Forschungszweig, wobei die jeweilige Vorteilhaftigkeit der verschiedenen Vorgehensweisen umstritten ist.[1349] Das Ergebnis empirisch-taxonomischer Verfahren sind Taxonomien bzw. Realtypen, das Ergebnis von theoretisch-typologischen Verfahren hingegen Typologien bzw. Idealtypen.[1350]

Bei *Taxonomien* handelt es sich um eine empirisch fundierte Ordnung, Klassifikation oder Gruppierung von Objekten,[1351] die eine überschneidungsfreie Zuordnung realer Phänomene gestattet.[1352] Die zur Beschreibung der Konfigurationen herangezogenen Merkmale ergeben sich im Falle von Taxonomien aus der Exploration eines in der Regel umfangreichen empirischen Datenmaterials.[1353] Als Hauptvertreter der taxonomischen Gestaltungsforschung in der Betriebswirtschaftslehre zählen Miller und Friesen.[1354] Sie entwickeln eine Taxonomie von erfolgreichen und nicht erfolgreichen Unternehmenstypen unter Betonung des Strategie-Struktur-Zusammenhangs.[1355] Kritisiert wird an der Bildung von Taxonomien, dass die rein statistische Analyse sich bei gleichzeitigem Fehlen einer theoretisch-

---

1345 Vgl. Hempel/Oppenheim (1936), S. 70f.

1346 Vgl. Leitherer (1965), S. 650, 659; Knoblich (1969), S. 147.

1347 Vgl. Scheuch (1977), S. 15.

1348 Vgl. Niemeier (1986), S. 27, 30.

1349 Vgl. Klaas (2002), S. 105; Die Kontroverse ist nach Scherer/Beyer (1998) auf den jahrhundertealten Streit zurückzuführen, ob nun *„die Quelle der Erkenntnis im Geist läge (Rationalismus) oder aber in der Erfahrung (Empirismus).“* (Scherer/Beyer (1998), S. 337). Siehe hierzu auch die wissenschaftstheoretische Einordnung der vorliegenden Arbeit in Kapitel 1.4.

1350 Vgl. Scherer/Beyer (1998), S. 337f; Meyer/Tsui/Hinings (1993), S. 1184.

1351 Vgl. Niemeier (1986), S. 129.

1352 Vgl. Venkatraman (1989), S. 434; Wolf (2000), S. 33f.

1353 Vgl. McKelvey (1978), S. 1430; Venkatraman (1989), S. 434; In der Regel kommen im Rahmen großzahliger Erhebungen Methoden wie die Clusteranalye oder die Faktorenanalyse zum Einsatz (Siehe hierzu bspw. Backhaus u. a. (2011), S. 489ff.).

1354 Vgl. Wolf (2000), S. 34.

1355 Vgl. Miller/Friesen (1984). Für Metaanalysen bestehender taxonomischer Untersuchungen Vgl. u.a. Ketchen u. a. (1997) und Niemeier (1986)

konzeptionellen Fundierung verselbstständigt, und differenzierende Struktur- oder Situationsvariablen ohne notwendiges Wissen über deren Bedeutung bzw. Wichtigkeit identifiziert werden.[1356]

Typologien werden über Deduktionsverfahren gebildet und eignen sich zur Beschreibung von Organisationen, Strukturen, Strategien und Umwelten.[1357] Ziel der Typologiebildung ist hierbei nicht die detailgetreue Abbildung der Realität, sondern die pragmatische Veranschaulichung durch präzise Begrifflichkeiten, die es erlaubt, reale Phänomene mit Idealtypen zu vergleichen.[1358] Typologien werden insbesondere in der qualitativen Forschung auf Basis konzeptioneller, deduktiv gewonnener Unterscheidungen gebildet.[1359] Sie gestatten die Ordnung eines Untersuchungsbereiches und helfen somit auch dabei, Zusammenhänge zwischen Variablen zu entdecken.[1360] Zur Ableitung relevanter Strukturmerkmale eignen sich beispielsweise die Darstellung von Merkmalsausprägungen in einem zweidimensionalen Merkmalsraum (analytischer Bezugsrahmen) und die anschließende Überführung in Typen.[1361] Hierbei sollte keine zu große Zahl von Variablen gewählt werden, da die entstehende Typologie sonst ihrer Aufgabe der anschaulichen Darstellung nicht gerecht wird und die Gefahr besteht, dass auch irrelevante Variablen aufgenommen werden und so die Validität der Typen leidet und die tatsächlich relevanten Variablen nur ungenügende Beachtung finden.[1362] Für die Hinzunahme weiterer Variablen spricht hingegen, dass eine detailliertere Spezifikation der Typen ermöglicht wird.[1363]

Zur Gewährleistung einer sorgfältigen Variablenauswahl fordert daher Wolf (2000) eine sorgfältige theoretische Fundierung.[1364] Zu den bekanntesten typologischen Arbeiten zählen Mintzberg (1979) sowie Miles/Snow (1978).[1365] Mintzberg (1979) entwickelt eine Typologie, die insgesamt sechs Strukturtypen enthält (*Einfachstruktur, Maschinenbürokratie, Profibürokratie, Spartenstruktur, Adhokratie*), die jeweils wiederum unterschiedliche Formen von Koordinationsmechanismen, Organisationsstrukturen, Zentralisationsgraden und situativen Faktoren umfassen. Miles/Snow (1978) entwerfen eine Typologie bestehend aus vier Archetypen strategischer Grundhaltung (Defender, Prospector, Analyzer, Reactor). Hierbei wird den ersten drei Typen mehr Erfolg zugesprochen als dem Letztgenannten.

1356 Vgl. Hoffmann/Kreder (1985), S. 459.

1357 Vgl. Doty/Glick/Huber (1993), S. 1205.

1358 Vgl. Scherer/Beyer (1998), S. 338.

1359 Vgl. Mintzberg (1979), S. 582ff.; Niemeier (1986), S. 31.

1360 Vgl. Wolf (2000), S. 31.

1361 Vgl. Niemeier (1986), S. 25f.

1362 Vgl. Wolf (2000), S. 329; Doty/Glick/Huber (1993), S. 230f.

1363 Vgl. Ketchen Jr. u. a. (1997), S. 227ff.

1364 Vgl. Wolf (2000), S. 103-105.

1365 Vgl. Gallus (2011), S. 131.

Im Rahmen des Konfigurationsansatzes werden jedoch oftmals auch der induktiv-taxonomische sowie der deduktiv-typologische Ansatz kombiniert.[1366] In diesem Falle erfolgt die Bildung von Konfigurationen basierend auf theoretischen Grundlagen und wird über empirische Reflexionen gestützt.[1367] Insbesondere Meyer/Tsui/Hinings (1993) argumentieren, dass eine Vereinigung beider Forschungsstränge notwendig ist, da auch empirisch geleitete Forschung nicht ohne theoretische Fundierung auskommt und sich gleichzeitig auch die Konstruktion idealtypischer Konfigurationen nicht von den Erfahrungen des Organisationsforschers lösen lässt.[1368] Auch Miller (1996) betont die Notwendigkeit der Verknüpfung induktiver Verfahren mit theoretischen Paradigmen.[1369]

4.2.4 Effizienzansätze zur Organisationsgestaltung

Wie bereits in Kapitel 3.3.2.1 zum entscheidungslogischen Ansatz gezeigt, handelt es sich bei der Organisationsgestaltung um ein (unstrukturiertes) Entscheidungsproblem.[1370] Die Prämissen dieses Entscheidungsproblems ergeben sich aus der Ausgangssituation (Umfeld), den einsetzbaren organisationalen Gestaltungsinstrumenten (Alternativen bzw. Merkmale der Alternativen), Verhaltenswirkungen und Handlungsergebnissen (verhaltenswissenschaftliche Elemente deskriptiver Entscheidungstheorie) sowie den Zielen des Unternehmens bzw. den für die Organisationsgestaltung abgeleiteten Subzielen. Die Situation wird hierbei durch vorhandene Ressourcen, die Unternehmensumwelt, sowie bestehende Organisationsstrukturen determiniert. Gestaltungsinstrumente beziehen sich auf die in Kapitel 3.6.1.2 dargestellten Instrumente zur Segmentierung, Strukturierung und Koordination sowie auf Motivationsinstrumente zur Förderung eines zielkonformen Verhaltens der Organisationsmitglieder. Zudem sind zur Bewertung und Auswahl von optimalen Gestaltungsalternativen vorab die zu erreichenden Ziele zu definieren.[1371] Um potenzielle Strukturen möglichen Situationen in Form von Situations-Strukturkombinationen gegenüberstellen und bewerten zu können, sind daher ebenfalls entsprechende Maßstäbe notwendig. Im Folgenden wird daher in Kapitel 4.2.4.1 beschrieben, wie überhaupt die Leistungsfähigkeit einer Organisation bewertet werden kann. Im Anschluss werden in Kapitel 4.2.4.2 unterschiedliche Effizienzansätze beschrieben auf deren Basis in Kapitel 4.4.3 ein eigener Effizienzansatz entwickelt wird.

4.2.4.1 Organisatorische Effektivität und Effizienz

Die organisatorische Leistungsfähigkeit wird in der Regel über die Bewertung der organisatorischen Effizienz oder der organisatorischen Effektivität begründet.[1372] Eine Abgrenzung der Begriffe Effizienz und Effektivität ist schwierig, da beide Begriffe auf den

---

1366 Vgl. Niemeier (1986), S. 31.

1367 Vgl. Niemeier (1986), S. 31f.

1368 Vgl. Meyer/Tsui/Hinings (1993), S. 1184.

1369 Vgl. Miller (1996), S. 507f.

1370 Vgl. Frese/Graumann/Theuvsen (2012), S. 50; Werder v. (2015), S. 191.

1371 Vgl. Frese/Graumann/Theuvsen (2012), S. 50f. Werder v. (2015), S. 191f.

1372 Vgl. Thom/Wenger (2010), S. 52.

gleichen sprachlichen Ursprung zurückzuführen sind (lat. *Efficere* – bewirken).[1373] Als Ergebnis finden sich insbesondere im angloamerikanischen Sprachraum andere Begriffsverwendungen als im deutschen Sprachraum, allerdings liegt auch innerhalb der jeweiligen Sprachräume kein einheitliches Begriffsverständnis vor. Im Gegensatz zur bevorzugten Verwendung des *Effizienz*-Begriffs in der deutschsprachigen Literatur wird im englischsprachigen Schrifttum vornehmlich der Begriff *effectiveness* verwendet.[1374] Aus dem angloamerikanischen Raum wird allerdings weitestgehend das Verständnis übernommen, dass Effizienz *„doing the things right"* (die Dinge richtig tun) und Effektivität *„doing the right things" (die richtigen Dinge tun)* bedeutet.[1375] Unter Effektivität wird damit die Zielerreichung oder die *„Zweckeignung bestimmter Maßnahmen zur Erreichung gegebener Ziele"*[1376] verstanden. Bezogen auf die Organisation ist eine Organisationform dann als effektiv anzusehen, wenn sie den höchsten Zielbeitrag liefert. Aufgrund der Komplexität des Effektivitätsbegriffs, der viele einzelne Facetten beinhaltet, kann Effektivität nicht als Kriterium zur Beurteilung von Organisationsstrukturen per se betrachtet werden.[1377]

Trotz bestehender Beschränkungen[1378] erlauben Effektivitätskriterien allerdings die Beurteilung der grundsätzlichen Eignung einer Organisationsstruktur, um definierte Sachziele zu erreichen.[1379] Organisatorische Effizienz hingegen ist ein relatives Merkmal und beschreibt die *Leistungswirksamkeit*[1380] einer Organisation im Hinblick auf Ihre Formalziele.[1381] *„Eine effiziente Organisation ist dann gegeben, wenn sie das ‚Beste' aus den vorgegebenen Zielen macht"*.[1382] Effizienz orientiert sich hierbei entweder am Ziel-Output-, Input-Output- oder am Ziel-Input-Verhältnis.[1383] Es ist offensichtlich, dass Effektivität und Effizienz kaum in separater Weise betrachtet werden können, denn die Bestimmung effizienter Organisationsalternativen muss sich immer an der Menge effektiver Alternativen

---

1373 Scholz (1992), Sp. 533. Eine Übersicht über unterschiedliche Definitionsansätze findet sich bspw. in Grabatin (1981), S. 18.

1374 Vgl. Bünting (1995), S. 73.

1375 Vgl. Thom/Wenger (2010), S. 52. Vgl. im Original bei Drucker (1974), S. 45.

1376 Cramme (2005), S. 43.

1377 Vgl. Campbell (1977), S. 18; Bünting (1995), S. 74.

1378 Bspw. bezeichnet Cameron (1982) organisationale Effektivität als *„enigmatic"*, also als ein Konstrukt mit vielen unterschiedlichen Facetten, das auf individuellen Präferenzen aufbaut, die sich teilweise widersprechen, schnell wechseln und kaum messbar sind (vgl. Cameron (1982), S. 9f.).

1379 Da Effektivität bzgl. definierter Ziele entweder gegeben ist oder nicht, also keine Zwischendimensionen in Frage kommen, handelt es sich hier um ein *kassifikatorisches* Merkmal (vgl. Thom/Wenger (2010), S. 53).

1380 Im Gegensatz zur Effektivität handelt es sich um ein *relatives* Merkmal. Möglichkeiten sind die Erreichung eines Ziels mit minimalem Mitteleinsatz, die Erreichung des maximalen Ziels bei vorgegebenem Mitteleinsatz sowie die Erreichung eines bestmöglichen Verhältnisses zwischen Zielerreichungsgrad und Mitteleinsatz (vgl. Thom/Wenger (2010), S. 53).

1381 Vgl. Thom/Wenger (2010), S. 53.

1382 Thom/Wenger (2010), S. 53.

1383 Vgl. Frost (1997), S. 61; Thom/Wenger (2010), S. 53.

orientieren.[1384] Im Rahmen der Findung einer effizienten Organisationsform ist zu beachten, dass sich Wirkungen von Organisationsmaßnahmen aufgrund der schieren Fülle möglicher Einflussfaktoren nicht eindeutig bestimmen lassen. *„Infolgedessen kann die Vorteilhaftigkeit (bzw. Unzweckmäßigkeit) unterschiedlicher Organisationsstrukturen nicht zweifelsfrei bewiesen werden.“*[1385] Es lassen sich allerdings fundierte Gründe herausarbeiten, die bestimmte effiziente Organisationsformen für einen bestimmten Kontext nahelegen.[1386]

Insbesondere zur Begründung einer geeigneten Gestaltung des SCRM-Systems ist eine Auseinandersetzung mit dem organisatorischen Effektivitäts- und Effizienzbegriff von großer Bedeutung. Die Ziele des SCRM wurden bereits in Kapitel 3.2.4.2 benannt. Als Kernziel eines SCRM-Systems lässt sich demnach die Bereitstellung von Informationen zur Ermöglichung des Ausgleichs des Risikoportfolios und zur Ermöglichung der Abwehr existenzbedrohender Risiken ableiten. Die Informationsverarbeitung hat hierbei unter dem Nebenziel der Effizienz des SCRM-Systems zu erfolgen. Damit wird die Bedeutung der Effizienz für das SCRM-System deutlich. Da das SCRM jedoch existenzgefährdende Risiken zwingend erkennen muss, ist von ihm ein Mindestmaß an Informationen bereitzustellen. Neben organisatorischer Effizienz spielt daher für das Risikomanagement die organisatorische Effektivität eine hervorgehobene Rolle.[1387] Um keine weitere Begriffsverwirrung zu schaffen, wird im Folgenden allerdings in Anlehnung an das deutsche Schrifttum ausschließlich der Effizienzbegriff verwendet. Effizienz soll sich hierbei allerdings am Ziel-Input-Verhältnis orientieren, was bedeutet, dass die organisatorische Effizienz immer die organisatorische Effektivität mit einschließt.

4.2.4.2 Organisationstheoretische Effizienzansätze

Um unterschiedliche Gestaltungsalternativen vergleichen zu können wurden in der betriebswirtschaftlichen Forschung organisationstheoretische Effizienzansätze entwickelt, die sich teils an einem instrumentellen und teils an einem institutionellen Organisationsbegriff orientieren. Im Folgenden wird ein Überblick über solche Effizienzansätze gegeben, bevor anschließend mit dem Effizienzansatz von Frese/Werder (1993) sowie Thom (1988) zwei Ansätze vorgestellt werden, die insbesondere im deutschen Schrifttum weite Verbreitung gefunden haben und sich für die vorliegende Arbeit als besonders relevant erweisen.

4.2.4.2.1 Überblick über organisationstheoretische Effizienzansätze

Organisationstheoretische Effizienzansätze lassen sich in *zielorientierte Effizienzansätze* und *systemorientierte Effizienzansätze* unterscheiden. Zudem gibt es weitere Effizienzansätze, die

[1384] Vgl. Thom/Wenger (2010), S. 54-56.

[1385] Werder v. (2015), S. 191.

[1386] Vgl. Werder v. (2015), S. 191.

[1387] Vgl. insbesondere die Fallstudie zu Ericsson, die eindrucksvoll die ungenügende Informationsverarbeitung im Schadensfall, die hieraus entstehenden negativen Folgen für das Unternehmen und die aus den Ereignissen abgeleiteten umfangreichen organisatorischen Restrukturierungsmaßnahmen schildert: Norrman/Jansson (2004). Vgl. hierzu auch Thom/Wenger (2010), S. 55.

sich nicht eindeutig einer dieser beiden Gruppen zuordnen lassen.[1388] Zielorientierte Ansätze definieren Effizienz einer Organisation anhand des Grades der Zielerreichung.[1389] Voraussetzung hierfür ist das Vorhandensein und die Kenntnis von operationalisierbaren Unternehmenszielen.[1390] Dies, sowie die Heterogenität und Dynamik von Unternehmenszielen sowie mögliche Messfehler und eine mangelnde Berücksichtigung der Unternehmensumwelt werden an zielorientierten Effizienzansätzen kritisiert.[1391] Theoretische Vorteile sind die Betonung der Zweckrationalität der Unternehmung und die einfache Anwendung sowie die Wertfreiheit des Verfahrens.[1392] Bei systemorientierten Effizienzansätzen rücken neben Zielen zusätzlich System-Umwelt-Beziehungen sowie Strukturen und Prozesse und damit Wechselwirkungen zwischen Systemelementen in den Fokus der Untersuchung.[1393] Im Rahmen der systemorientierten Ansätze wird neben der Zielerreichung auch die Systemerhaltung bzw. Anpassungsfähigkeit des Unternehmens an seine Umwelt zum zentralen Effizienzkriterium.[1394] Verschiedene systemorientierte Effizienzansätze, bspw. von Parsons (1960), Etzioni (1960) und Yuchtman/Seashore (1967), bieten unterschiedliche Ansätze und Indikatoren zur Messung organisatorischer Effizienz: Parsons (1960) betrachtet als Universalaufgaben organisatorischer Prozesse die Strukturerhaltung und Bewältigung von Spannungen, die Integration der Organisationsmitglieder, die Zielerreichung sowie die Anpassung an die Umwelt. Aufgrund der Abstraktheit der Indikatoren gestaltet sich deren empirische Messung allerdings als äußerst schwierig.[1395] Etzioni (1960) unterscheidet bei seiner Betrachtung ein Überlebensmodell (*„survival model“*) sowie ein Effektivitätsmodell (*„effectiveness model“*). Während das Überlebensmodell eine eindimensionale Bewertung der Effizienz zugrunde legt erlaubt das Effektivitätsmodell eine differenziertere Bewertung. Kritisiert wird am Modell die mangelnde Thematisierung des Prozesses der Zielbildung.[1396] Im Mittelpunkt des systemorientierten Ansatzes von Yuchtman/Seashore (1967) steht die über Transaktionsbeziehungen abgebildete Ressourcenbeschaffung einer Unternehmung. Eine Unternehmung ist hierbei umso effizienter, je mehr knappe Ressourcen sie sich im Vergleich zur Konkurrenz sichern kann. Dies hängt von ihrer Verhandlungsmacht und der Höhe der anfallenden Transaktionskosten ab. Zur Erreichung ihrer Ziele müssen Systemmitglieder daher Strategien entwickeln, die ihre Verhandlungsmacht stärken. Kritik erfährt der Ansatz von Yuchtman/Seashore (1967) aufgrund der Fokussierung von System-Umwelt-Beziehung und der Vernachlässigung intraorganisatorischer Prozesse und Strukturen.[1397] An diesem

---

[1388] Vgl. Welge (1987), S. 602f.

[1389] Vgl. Banner/Gagné (1995), S. 109.

[1390] Vgl. Frese/Werder (1993), S. 18.

[1391] Vgl. Yuchtman/Seashore (1967), S. 216; Fessmann (1980), S. 216; Grabatin (1981), S. 22ff.; Thom/Wenger (2010), S. 75.

[1392] Vgl. Budäus/Dobler (1977), S. 74; Grabatin (1981), S. 22.

[1393] Vgl. Welge/Fessmann (1980), Sp. 579; Grabatin (1981), S. 26f.

[1394] Vgl. Steers (1975), S. 546ff.; Budäus/Dobler (1977), S. 65ff.

[1395] Vgl. Parsons (1960), S. 162.

[1396] Vgl. Etzioni (1960), S. 258ff.

[1397] Vgl. Yuchtman/Seashore (1967), S. 898ff.

Problem setzen die Ansätze von Frese/Werder (1993) sowie Thom (1988) an, die sich aufgrund ihres übergreifenden Charakters nicht eindeutig den beiden genannten Gruppen zuordnen lassen.[1398] Die genannten Autoren entwickeln unterschiedliche Instrumentarien von Effizienzkriterien, die im Folgenden näher vorgestellt werden.

4.2.4.2.2 Effizienzansatz von Thom

Der Effizienzansatz von Thom (1988) kann als Modell zur Effizienzbeurteilung von Organisationsalternativen verstanden werden. Das Modell ist ein allgemeingültiges und beliebig erweiterbares bzw. modifizierbares System organisatorischer Effizienzkriterien, welches funktionale Formalziele zur Gestaltung der Aufbauorganisation definiert.[1399] Effizienz wird hierbei, einem institutionellem Organisationsverständnis folgend, als die Leistungswirksamkeit einer Organisation im Hinblick auf die Formalziele des Unternehmens definiert.[1400] Die Effizienzkriterien werden aus einem Bezugsrahmen, basierend auf den Unternehmenszielen, den Ressourcen und internen Prozessen sowie den Beziehungen zwischen Unternehmen und Umwelt, gebildet. In den letzten Jahren wurde der Effizienzansatz von verschiedenen Seiten empirisch getestet und hat immer wieder Erweiterungen bzw. Verbesserungen erfahren. Im Zentrum des Ansatzes stehen die folgenden Effizienzkriterien:[1401]

1. Zielorientierung der Organisation
2. Förderung der Führbarkeit und Begrenzung des Koordinationsaufwandes
3. Schnelligkeit und Qualität der Informationsverarbeitung und Entscheidungsprozesse
4. Handlungs-, Anpassungs-, und Innovationsfähigkeit der Organisation
5. Förderung der organisatorischen Lernfähigkeit
6. Förderung der sozialen Effizienz und individualen Lernfähigkeit

Durch die *Zielorientierung der Organisation* werden der Zielbezug übertragener Aufgabenkomplexe sowie die Vermeidung von Zielkonflikten und die Übertragung der notwendigen Verantwortung und Kompetenzen sichergestellt.[1402] Das Ziel zur *Förderung der Führbarkeit und Begrenzung des Koordinationsaufwandes* soll eine für den Koordinationsaufwand günstige Gliederungstiefe und -breite sowie eine geeignete Zahl und Art für die Koordination notwendiger Schnittstellen und Koordinationseinrichtungen und -instrumente sicherstellen.[1403] Mit dem Kriterium der *Schnelligkeit und Qualität der Informationsverarbeitung und Entscheidungsprozesse* wird das Ziel der rechtzeitigen Übermittlung qualitativer und problemgerichteter Informationen verfolgt. Hierbei ist die Zahl der beteiligten Organisationseinheiten zu minimieren und es sind Regeln zur

---

[1398] Vgl. Welge (1987), S. 603.

[1399] Vgl. Thom/Wenger (2010), S. 142.

[1400] Vgl. Thom (1988), S. 325.

[1401] Vgl. Thom/Wenger (2010), S. 117, 142-144.

[1402] Vgl. Thom/Wenger (2010), S. 144.

[1403] Vgl. Thom/Wenger (2010), S. 145.

Prioritätensetzung und Konfliktlösung zu schaffen.[1404] Das Kriterium der *Handlungs-, Anpassungs-, und Innovationsfähigkeit der Organisation* bezieht sich auf die Fähigkeit der Organisation, schnell und wirksam auf Änderungen reagieren zu können. Hieraus ergeben sich Anforderungen bezüglich Kopplung und Entkopplung von Organisationseinheiten, die Wahl eines optimalen Zentralisierungsgrades sowie die Möglichkeit der Kopplung sekundärer oder temporärer Ergänzungsstrukturen. [1405] Durch die *Förderung der organisatorischen Lernfähigkeit* soll der Austausch individuellen Wissens sichergestellt werden. Voraussetzung hierfür sind einfache übergreifende Kommunikationsstrukturen, die Durchlässigkeit von Strukturen sowie die Fähigkeit zur Speicherung und Bereitstellung spezifischer Wissenspotenziale.[1406] Das Kriterium der *Förderung der sozialen Effizienz und individualen Lernfähigkeit* bezieht sich auf die Motivation von Organisationseinheiten. Faktoren wie die ganzheitliche Übertragung einer Aufgabe, die eindeutige personelle Zuordnung sowie die Schaffung von Entwicklungsmöglichkeiten für Führungskräfte wirken motivationsfördernd. [1407] Die Erfüllbarkeit der Effizienzkriterien hängt gemäß dem situativen Ansatz immer von der spezifischen Unternehmenssituation ab. Somit ist diese bei der Priorisierung von Effizienzkriterien und der Auswahl einer Organisationsalternative zu berücksichtigen.[1408] Auch Interdependenzen (komplementär oder konfligierend) zwischen den Effizienzkriterien sind zu beachten.[1409]

4.2.4.2.3 Effizienzansatz von Frese und Werder

Das hier vorgestellte Effizienzkonzept von Frese/Werder (1993) basiert auf der verhaltenswissenschaftlichen Forschung von Simon (1981) und den dort angestellten Überlegungen zu Entscheidungen in arbeitsteiligen Systemen und der Anerkennung kognitiver und kapazitiver Grenzen des Individuums.[1410] Im Rahmen des Konzepts, welches auf einem instrumentellen Organisationsverständnis aufbaut, werden mit der Konfigurations- und der Motivationseffizienz zwei grundlegende Effizienzarten unterschieden. [1411] Die Konfigurationseffizienz stellt das Dualproblem der Organisation, welches die Notwendigkeit der Arbeitsteilung sowie die Integration und Ausrichtung der arbeitsteilig arbeitenden

---

1404 Vgl. Thom/Wenger (2010), S. 145f.

1405 Vgl. Thom/Wenger (2010), S. 146.

1406 Vgl. Thom/Wenger (2010), S. 146f.

1407 Thom/Wenger (2010) definieren für die von Ihnen vorgesehenen Effizienzkriterien Unterkriterien die im oberen Absatz verbal erläutert wurden. Für eine detailliertere Auseinandersetzung mit diesen Kriterien siehe Thom/Wenger (2010), S. 143ff.

1408 Vgl. Grochla/Thom (1980), Sp. 1502ff.; Thom/Wenger (2010), S. 149ff.

1409 Vgl. Thom/Wenger (2010), S. 151f.

1410 Vgl. Simon (1981), S. 79. Zum Effizienzkonzept von Frese und Werder Vgl. insbesondere Frese/Werder (1993), S. 30; Frese/Graumann/Theuvsen (2012), S. 50, 309ff.; Werder (2015), S. 198.

1411 In älteren Veröffentlichungen und bei Veröffentlichungen von Frese wird an Stelle des Begriffs der Konfigurationseffizienz der Begriff der Koordinationseffizienz verwendet (vgl. Frese/Werder (1993), S. 30; Frese/Graumann/Theuvsen (2012), S. 309ff.; Frese/Graumann/Theuvsen (2012), S. 50). Da es sich im weitesten Sinne tatsächlich um Konfigurationsentscheidungen als eine Kombination von Differenzierungs- und Integrationsbemühungen handelt, wird in der vorliegenden Arbeit der Begriff der Konfigurationseffizienz verwendet (vgl. hierzu Werder v. (2015), S. 198).

Einheiten an übergeordneten Zielen betont, in den Vordergrund.[1412] Durch Arbeitsteilung verschlechtert sich neben der Informationsbasis einzelner Entscheider auch die Qualität der Informationsverarbeitung, da auch das Methodenwissen abnimmt. Diese Defizite sind durch Koordinationsmaßnahmen zu kompensieren.[1413] Hierbei wird angenommen, dass sich das Verhalten der Organisationsmitglieder nach den intendierten Zielen richtet – verhaltenswissenschaftliche Aspekte werden in den Bereich der Motivationseffizienz verschoben. Kriterien der Konfigurations- und der Motivationseffizienz werden in den beiden folgenden Kapiteln vorgestellt.

4.2.4.2.3.1 Konfigurationseffizienz

Die Effizienzkriterien zur Ermittlung der Konfigurationseffizienz werden in Anlehnung an die im Rahmen organisatorischer Gestaltung entstehenden Autonomie- und Abstimmungskosten bestimmt. In Abhängigkeit der Quelle dieser Kosten – es handelt sich entweder um Segmentierungs- oder Strukturierungsentscheidungen – werden Effizienzkriterien in *Interdependenzeffizienz*, *Potenzialeffizienz* und *Delegationseffizienz* unterschieden.[1414] Die Segmentierung von Entscheidungen führt zu den bereits in Kapitel 3.6.1.2.2 thematisierten Entscheidungsinterdependenzen. Als Gegenpol entsteht ein Integrationsaufwand, der über die Interdependenzeffizienz ausgedrückt wird. Der Integrationseffekt senkt durch Abstimmung interdependenzbedingte Autonomiekosten (bspw. durch Bereitstellung adäquater Methoden und Informationen). Der Unabhängigkeitseffekt senkt durch die Gewährung von Autonomie (bspw. über Zeit- und Ressourcenfreistellung) interdependenzbedingte Abstimmungskosten.[1415] Segmentierung kann zu einer Separierung von Markt- und Ressourcenpotenzialen führen bzw. den Aufbau oder die Nutzung dieser Potenziale behindern. Die Potenzialeffizienz bezieht sich hierbei auf Poolungs- und Entkopplungseffekte. Durch Pooling werden mittels Abstimmung potenzialbezogene Autonomiekosten gesenkt. Durch Entkopplung lassen sich, durch die Schaffung von Autonomie, potenzialbezogene Abstimmungskosten reduzieren.[1416] Die Delegationseffizienz ergibt sich aus der hierarchischen Aufteilung von Kompetenzspielräumen. Mit dem Zentralisationseffekt werden durch Abstimmung delegationsbezogene Autonomiekosten gesenkt. Mit dem Dezentralisationseffekt werden, durch die Gewährung von Autonomie, delegationsbezogene Abstimmungskosten gesenkt. Hierbei wird in der Regel unterstellt, dass eine übergeordnete Einheit über sämtliche methodische Kenntnisse sowie Informationen der unterstellten Einheiten verfügt bzw. notwendige Informationen jederzeit einholen kann. Träfe dies zu, so wären alle Entscheidungen von einer möglichst übergeordneten Einheit zu treffen, da ihr eine besondere Problemumsicht zugesprochen

[1412] Vgl. Frese/Werder (1993), S. 30; Frese/Graumann/Theuvsen (2012), S. 309ff.; Werder v. (2015), S. 198; Vgl. zum Dualproblem der Organisation auch Kapitel 3.6.1.2.2.

[1413] Vgl. Meise (2001), S. 24; Frese/Graumann/Theuvsen (2012), S. 305.

[1414] Vgl. Frese/Graumann/Theuvsen (2012), S. 201ff., 275ff.; 309ff.

[1415] Vgl. Frese/Werder (1993), S. 31.

[1416] Hierbei ist zu beachten, dass durch gewollte Separation und Nicht-Integration ebenfalls Vorteile durch niedrige Abstimmungskosten entstehen, die jedoch durch entsprechende Autonomiekosten zu erkaufen sind (vgl. Vgl. Frese/Werder (1993), S. 30.).

wird. Da entscheidungsrelevante Informationen allerdings auch auf niedrigeren Hierarchieebenen anfallen, sind bei der Effizienzbewertung auch die Kosten der vertikalen Informationsweitergabe zu berücksichtigen. Delegationseffizienz kann daher nur durch einen Ausgleich der Vorteile höherer Problemumsicht und niedrigerer Informationsverarbeitungskosten erreicht werden.[1417]

Unter Berücksichtigung von Annahmen der verhaltenswissenschaftlichen Entscheidungstheorie kann jedoch diesen Aussagen nicht uneingeschränkt gefolgt werden: Einzelne Individuen können aufgrund beschränkter Verarbeitungskapazitäten im Rahmen der Entscheidungsfindung nicht sämtliche notwendige Informationen und mögliche Alternativen berücksichtigen. Auch wenn einer übergeordneten Einheit eine höhere Problemumsicht zugestanden wird, so fehlen ihr doch ggf. im Vergleich zu nachgelagerten Einheiten die geeigneten Kapazitäten, um ein Entscheidungsproblem adäquat lösen zu können.[1418]

Die bereits oben erwähnten Kriterien der Interdependenz- und Potenzialeffizienz lassen sich weiter anhand ihrer Einsatzbereiche gliedern. In diesem Falle wird, wie in Abbildung 62 dargestellt, zwischen Prozess-, Markt- und Ressourceneffizienz unterschieden.[1419]

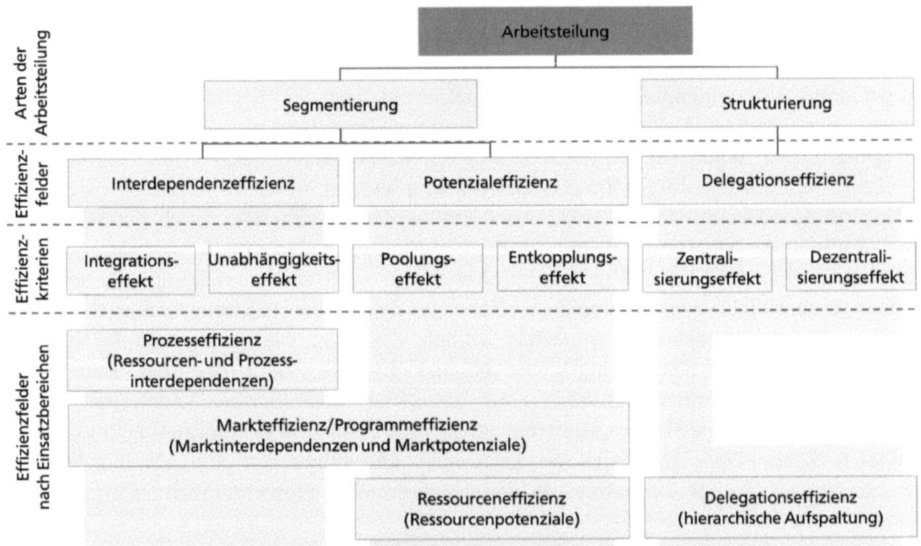

Abbildung 62: Zusammenhang zwischen Arbeitsteilung und Effizienzfeldern sowie Effizienzkriterien (Quelle: In Anlehnung an Frese/Werder (1993), S. 30; Meise (2001), S. 26.; Frese/Graumann/Theuvsen (2012), S. 301)

1417 Vgl. Frese/Graumann/Theuvsen (2012), S. 301f.

1418 Vgl. Meise (2001), S. 28.

1419 Es handelt sich lediglich um eine sprachliche Anpassung/Neugliederung zur besseren Anwendbarkeit in der Organisationsgestaltung (vgl. Meise (2001), S. 26.)

Der Begriff der Prozesseffizienz bezieht sich auf im Rahmen der internen Leistungsverflechtung oder durch Ressourcenüberschneidung miteinander verbundene (interdependente) Organisationseinheiten und somit sich ergebende interne Marktbeziehungen. Klassisches Ziel ist hierbei die Minimierung der Durchlaufzeit. Organisationseinheiten sollten hierzu so zugeschnitten sein, dass mit jedem Prozessschritt[1420] nur eine Einheit durchlaufen wird.[1421]

Im Gegensatz zur internen Marktbetrachtung der Prozesseffizienz adressiert die Markteffizienz die effiziente Bearbeitung von Beschaffungs- und Absatzmärkten außerhalb des Unternehmens.[1422] Das Systemgeschäft zeigt beispielsweise, dass zur effizienten Bearbeitung des Absatzmarktes und zur Ausschöpfung von Kundenpotenzialen eine hohe Abstimmung in der Vermarktung notwendig ist.[1423] Auf Beschaffungsmärkten fokussieren sich Unternehmen hingegen auf die Potenzialeffizienz, d. h. auf die Erlangung von Größenvorteilen bei der Beschaffung mittels übergreifender Abstimmung.[1424]

Die Ressourceneffizienz bezieht sich auf die Ausschöpfung unternehmenseigener Ressourcenpotenziale. Durch Pooling und zentralisierten Ressourcenzugriff können Ressourcen besser genutzt, Größendegressionseffekte realisiert und somit Kosten gesenkt werden. Dem steht ein höherer Koordinationsbedarf gegenüber, insbesondere wenn ein Pooling aufgrund der Heterogenität einzelner Organisationeinheiten nicht ohne weiteres möglich ist.[1425] Hieraus folgt auch das Dilemma der Produktionsplanung: Die Ziele der kurzen Durchlaufzeit und hohen Maschinenauslastung konkurrieren miteinander.[1426] Da unterschiedliche Typen unterschiedliche Stärken aufweisen und kein Typ einem anderen Typ in allen Belangen überlegen ist, müssen im Rahmen der organisatorischen Gestaltung zwangsläufig Zielkonflikte auftreten. Eine Handhabung der Zielkonflikte erfolgt entweder über die Gewichtung von Effizienzkriterien,[1427] bspw. basierend auf der strategischen Ausrichtung der Organisation und der anschließenden Selektion der optimalen

[1420] Ein Prozess kann verstanden werden als „eine strukturierte, durchdachte Menge von Aktivitäten, die darauf ausgerichtet sin eine spezielle Leistung für einen Kunden und einen Markt zu erzeugen. Der Prozess ordnet die Aktivitäten über Zeit und Raum, hat einen Start- und Endpunkt sowie eindeutig festgelegten In- und Output." (Davenport (1993), S. 5; Übersetzung nach Meise (2001), S. 26).

[1421] Beispielhaft hierfür ist die Sparten- oder Regionalorganisation, die idealerweise sparten- oder rergionenübergreifende Abstimmung vermeidet, ohne hierbei zusätzliche Abstimmungskosten zu verursachen (vgl. Frese (2000a), S. 263, 270; Werder (2005), S. 325).

[1422] Vgl. Frese (2000a), S. 268f.

[1423] Das effiziente Auftreten auf Absatzmärkten wird von Werder (2005) auch als Programmeffizienz bezeichnet (vgl. Werder (2005), S. 325).

[1424] Vgl. Frese (2000a), S. 268f.; Werder (2005), S. 325f.

[1425] Vgl. Werder (2005), S. 325f.

[1426] Vgl. Adam (1999), S. 120.

[1427] Vgl. Frese/Graumann/Theuvsen (2012), S. 28ff.

Organisationsalternative oder über die Umsetzung einer multidimensionalen Organisation, die gleichzeitig konkurrierende Effizienzanforderungen erfüllt.[1428]

4.2.4.2.3.2 Motivationseffizienz

Die oben dargelegten Effizienzkriterien wurden unter der Annahme erarbeitet, dass sich Organisationsmitglieder im Sinne der Unternehmensziele verhalten. Da dies in der Realität nicht zutrifft, sind die aus der organisationalen Gestaltung entstehenden Motivationseffekte zu analysieren und gegebenenfalls Maßnahmen zur Gegensteuerung einzuleiten.[1429] Allerdings existieren zur Bewertung der Motivationseffizienz keine aussagekräftigen Kriterien wie im Falle der Konfigurationseffizienz. Es existieren allerdings mit den Kriterien *Eigenverantwortung, Überschaubarkeit* und *Marktdruck* geeignete Hinweise auf das reale Verhalten von Menschen in Organisationen.[1430]

Im Falle der Eigenverantwortung wird auch vom Autoritäts- und Autonomieeffekt gesprochen.[1431] Ob Motivationseffizienz durch Autorität oder Autonomie erreicht werden kann, hängt vom angenommenen Menschenbild[1432] ab. Autoritätseffekte sind dann erstrebenswert wenn davon auszugehen ist, dass sich die Handlungen von Mitarbeitern am ehesten durch Führungs- und Fachautorität an den Unternehmenszielen ausrichten lassen. Hinter dem Streben nach Autonomieeffekten verbirgt sich hingegen ein entgegengesetztes Menschenbild. Durch die Vergrößerung des Entscheidungsspielraums eines Organisationsmitglieds steigt auch dessen Eigenverantwortung. In diesem Falle empfinden Organisationsmitglieder eine größere Verantwortung für das Arbeitsergebnis mit dem Effekt der Förderung von Motivation und eigenverantwortlichem Handeln.[1433] Auch durch die Bildung möglichst überschaubarer Aufgabenkomplexe wird eine Motivationswirkung erreicht. Durch die Überschaubarkeit von Aufgaben verringert sich die notwendige Kommunikation, die Orientierung an einem gemeinsamen Bezugsobjekt in der Gruppe wird erleichtert und die Zurechenbarkeit von Ergebnissen wird verbessert. Letzteres steigert durch die Ermöglichung direkten Feedbacks die intrinsische Motivation, ermöglicht die exakte Zuteilung von Anreizen und erhöht so auch die extrinsische Motivation.[1434] Eine weitere Möglichkeit besteht in der Einführung von Marktdruck im Unternehmen durch die Schaffung von Transparenz bezüglich Preisen, Kosten und Leistungen von Wettbewerbern und der Erschließung interner, gewöhnlich nicht marktgerichteter Abteilungen für ein

---

[1428] Werder (2005) verweist auf Zielkonflikte zwischen den Effizienzkriterien als Erklärung dafür, warum zumindest bei Großunternehmen mehrdimensionale Organisationsstrukturen vorliegen (vgl. Werder (2005), S. 326).

[1429] Vgl. Werder v. (2015), S.199f.

[1430] Vgl. Frese/Graumann/Theuvsen (2012), S. 309.

[1431] Vgl. Werder v. (2015), S.200.

[1432] Vgl. hierzu die Annahmen über Theorie X und Theorie Y bei McGregor (2006), S. 33ff. 45ff.

[1433] Vgl. Frese (2000a), S. 272. Werder v. (2015), S.200.

[1434] Vgl. Frese/Graumann/Theuvsen (2012), S. 311f.

übergreifendes Benchmarking. Im Extremfall führt der Marktdruck zu einer Verlagerung von Tätigkeiten im Rahmen einer Make-or-Buy-Entscheidung.[1435]

Die Motivationseffizienz wird im Rahmen der Auswahl effizienter Organisationsalternativen in der Regel als zweite Stufe eines sequenziellen Entwicklungsprozesses berücksichtigt. Als erstes findet eine Bewertung basierend auf den Kriterien der Konfigurationseffizienz statt. Im Anschluss wird die sich ergebende optimale Organisationsform auf die Faktoren der Motivationseffizienz hin geprüft. Im Falle erkennbarer Defizite können dann entweder *flankierende* oder *modifizierende* Maßnahmen ergriffen werden. Im ersten Fall bleibt die Konfiguration erhalten, wird aber durch ein Motivationssystem ergänzt, welches die Differenzen zwischen persönlichen Zielen der Organisationsmitglieder und den organisationalen Zielen vermindert. Dies kann entweder durch Transaktionssysteme in Form von Anreizen oder durch Transformationssysteme zur Beeinflussung individueller Ziele, beispielsweise über die Prägung von Unternehmenskulturen, geschehen. Im Falle modifizierender Maßnahmen werden Strukturveränderungen vorgenommen, um die Motivationseffizienz zu erhöhen.[1436]

4.3 Ergänzende theoretische Fundierung

Bislang wurden in der vorliegenden Arbeit insbesondere die Erklärungsbeiträge von Systemtheorie, Entscheidungstheorie, Informationstheorie und Konfigurationstheorie beleuchtet. Wesentliche Hinweise auf die situationsadäquate Gestaltung des SCRM-Systems können zudem die Transaktionstheorie und die Ressourcentheorie liefern, die daher im Folgenden eingehender beschrieben werden.

4.3.1 Transaktionskostentheorie

Im Rahmen der Transaktionskostentheorie wird die relative Vorteilhaftigkeit institutioneller Arrangements zur Koordination von Austauschaktivitäten im Sinne von Transaktionen (auch bezeichnet als die Übertragung von Verfügungsrechten) untersucht. [1437] Als Annahmen liegen der Transaktionskostentheorie *begrenzte Rationalität, Opportunismus* und *Risikoneutralität* der Akteure zugrunde.[1438] Den Kern der Theorie bilden die bei jeder Transaktion aufgewendeten Ressourcen bzw. entstehenden Kosten, die weiter in Informationskosten, Verhandlungskosten, Abwicklungskosten, Kontrollkosten sowie Anpassungskosten unterschieden werden. Die Transaktionskosten hängen sowohl von Merkmalen der Transaktion als auch von Eigenschaften der institutionellen Beziehung

---

1435 Vgl. Frese/Werder (1993), S. 9; Frese (2000a), S. 273f.

1436 Vgl. Frese/Graumann/Theuvsen (2012), S. 201-203.

1437 Vgl. Picot/Dietl/Franck (2002), S. 67f. Die Transaktionskostentheorie geht zurück auf Coase (1937) sowie Williamson (1975).

1438 Vgl Ebers/Gotsch (2006), S. 279f.

ab.[1439] Merkmale einer Transaktion umfassen die *Transaktions-Spezifität, -Unsicherheit* und *-Häufigkeit*.[1440]

Aus dem Kontext der vorliegenden Arbeit ergeben sich zwei relevante Sichtweisen auf den Transaktionsbegriff: Zum einen können Risikomanagementaktivitäten als Transaktionen aufgefasst werden. Die Transaktionskosten geben dann Hinweise auf die Kosten des SCRM und können bei der Gestaltung eines effizienten SCRM unterstützen. Zum anderen bilden Transaktionen den Betrachtungsgegenstand bzw. das Handlungsfeld des SCRM in Form von Risikoursachen bzw. potenziell beeinträchtigten Objekten.[1441]

Die erste Perspektive kann bei der Priorisierung bzw. Auswahl SCRM-Maßnahmen über den Vergleich der durch die Maßnahmen induzierten Transaktionskosten unterstützen und somit wertvolle Hinweise zu den Anforderungen und zur Ausgestaltung des SCRM-Systems eines Unternehmens geben. Reaktives SCRM unterscheidet sich vom präventiven SCRM insbesondere durch wesentlich höhere Anpassungskosten,[1442] dafür fallen Informations-, Verhandlungs- Abwicklungs- und Kontrollkosten im reaktiven SCRM gegebenenfalls geringer aus.[1443] Für die vorliegende Arbeit wesentlich ist zudem die Bewertung der im Rahmen der im SCRM notwendigen Informationsverarbeitung entstehenden Kosten. Insbesondere in großen Unternehmen, in welchen die gleichen oder ähnlichen Informationsverarbeitungs-bezogenen Transaktionen häufig durchgeführt werden, kann eine Zentralisierung und Bündelung von Informationsverarbeitungstätigkeiten zur Senkung der Informationsverarbeitungskosten beitragen.[1444]

Die zweite Perspektive lenkt den Blickwinkel auf das Risiko selbst und ist dazu geeignet, die Risikobehaftetheit einzelner Transaktionen über deren Faktorspezifität, Unsicherheit und Häufigkeit zu bewerten und über die Aggregation aller Transaktionen eines Unternehmens ein Bild von der Unsicherheit innerhalb der Supply Chain zu erhalten.[1445] Hohe Faktorspezifität führt zu der in Kapitel 3.2.3.1 bereits skizzierten Abhängigkeit von Objekten der Supply Chain (Lieferanten, Kunden, Dienstleister), was die potenzielle Beeinträchtigung im Falle eines Schadensereignisses erhöht und dazu führt, dass neben dem reaktiven auch der präventive Handlungsrahmen von Unternehmen stark eingeschränkt wird.[1446] Faktorspezifität, beispielsweise hervorgerufen durch zunehmendes Outsourcing und Single-Sourcing-Konzepte, ist wie bereits dargelegt einer der Hauptgründe für die steigende Verwundbarkeit von Supply Chains. Insbesondere in der Automobilindustrie liegt mit der oft notwendigen Freigabe von Lieferanten und Bauteilen sowie der

1439 Vgl. Picot/Dietl/Franck (2002), S. 68.

1440 Vgl. Williamson (1985), S. 52ff.

1441 Vgl. analog bei Moder (2008), S. 42ff.

1442 Siehe hier auch die Bedeutung der Zeitdimension des Risikos in Kapitel 3.2.1.3.

1443 Vgl. analog bei Moder (2008), S. 48.

1444 Vgl. Thomas (2015), S. 220-224.

1445 Vgl. auch im Folgenden Moder (2008), S. 48-50.

1446 Vgl. Stump/Heide (1996), S. 432.

Überlassung von Maschinen durch den OEM in der Regel eine sehr hohe beschaffungsseitige aber auch absatzseitige Faktorspezifität im Sinne einer hohen Lieferanten- bzw. Kundenspezifität vor.[1447] Durch die Entwicklung bestimmter Produktionscluster, bspw. solcher für Halbleiterproduktion, ergibt sich aus der Faktorspezifität neben der Spezifität bestimmter Unternehmen auch eine hohe Spezifität bestimmter Regionen für globale Supply Chains. Da Regionen in zunehmender Weise einer hohen Risikoexposition durch politische Veränderungen und Naturereignisse unterworfen sind, nimmt auch das Risiko in Supply Chains insgesamt zu.

Entsprechend der systemtheoretischen Überlegungen in Kapitel 3.2.1.2 führt die in Kapitel 3.2.3.1 skizzierte zunehmende Supply-Chain-Komplexität zu einer steigenden Unsicherheit in Supply Chains. Mit zunehmender Unsicherheit verschlechtert sich der Informationsstand von Entscheidern und führt ceteris paribus zu einem erhöhten Transaktionsrisiko. Zudem wird die Unsicherheit jeder Transaktion von der Unsicherheit des Transaktions-Umfelds und damit des Supply-Chain-Umfelds negativ beeinflusst.[1448] Durch verstärkten Informationsaustausch bzw. die Schaffung von Möglichkeiten und Anreizen für den Informationsaustausch lassen sich Unsicherheiten bei Transaktionen und somit auch Risiken reduzieren.[1449]

Bezüglich der Auswirkung der Transaktionshäufigkeit auf Risiken ist keine eindeutige Aussage möglich. Die Wiederholung einer Transaktion steigert ganz offensichtlich insgesamt das Risiko eines unerwarteten Ereignisses oder Vorgangs. Gleichzeitig wächst allerdings auch die Erfahrung im Umgang mit dem Transaktionstyp. Dies sowie eine mit zunehmender Transaktionszahl intensivierte Partnerschaft senken das Risiko jeder einzelnen Transaktion. Eine Routinisierung im Umgang mit häufigen Transaktionen kann aber auch dazu führen, dass im Falle einer unvorhergesehenen Abweichung nicht angemessen reagiert werden kann. Die Auswirkungen der Häufigkeit von Transaktionen auf das Risiko sind also insgesamt ambivalent.[1450]

4.3.2 Ressourcentheorie

Die Ressourcentheorie (auch Resource Based View – RBV) geht davon aus, dass Unternehmen Ressourcen besitzen, die es ihnen ermöglichen, Wettbewerbsvorteile zu erzielen bzw. Wettbewerbsvorteile langfristig sicherzustellen.[1451] In der Literatur finden sich unter-schiedlichste Ansätze zur Beschreibung und Typisierung von Ressourcen. Am gängigsten, und daher auch hier verwendet, ist die Unterscheidung in Anlagevermögen (engl. assets) sowie Fähigkeiten (engl. capabilities), die es Unternehmen gestatten, auf

---

[1447] Vgl. hierzu Kapitel 2.4.1.

[1448] Vgl. hierzu Kapitel 3.4.2 sowie Trkman/McCormack (2009), S. 252 zur Unterscheidung von Supply-Chain-endogener und Supply-Chain-exogener Unsicherheit.

[1449] Vgl. Kembro u. a. (2014), S. 6, 9; Yigitbasioglu (2010), S. 563f.

[1450] Vgl. Moder (2008), S. 49.

[1451] Vgl. Wernerfelt (1984), S. 171f.

Chancen und Risiken in ihrem Umfeld zu reagieren.[1452] Während das Anlagevermögen[1453] die unmittelbare Basis für die Produktion von Gütern und Dienstleistungen bildet, umfassen Fähigkeiten organisatorische Strukturen und Prozesse sowie vorhandene Fertigkeiten bezüglich des Einsatzes des Analagevermögens zur Generierung von Wettbewerbsvorteilen.[1454] Damit Ressourcen zu einem Wettbewerbsvorteil führen, sollten sie wertvoll und selten sein und es muss eine Nutzbarmachung der Ressourcen im Sinne der Erzielung einer Nettorendite möglich sein. Zur Sicherung langfristiger und nachhaltiger Wettbewerbsfähigkeit sollten Ressourcen zudem nicht-austauschbar, immobil sowie nicht-imitierbar sein.[1455]

Die Ressourcentheorie bildet in der Informationssystemforschung eine Grundlage für die Unterstützung von Make-Or-Buy-Entscheidungen, d.h. bei Entscheidungen zwischen der Eigenerstellung von Leistungen eines Informationssystems oder zum Fremdbezug dieser Leistungen.[1456] Während Untersuchungen im Rahmen der Informationssystemforschung oftmals auf technologische Aspekte des Informationssystems beschränkt sind und damit das Informationssystem der Informationstechnologie gleichsetzen, zeigt die Literaturanalyse von Wade/Hulland (2004), dass neben der Informationstechnologie auch wesentliche andere Ressourcen zur Informationsverarbeitung beitragen. Beispielhaft sind Fähigkeiten des Beziehungsmanagements sowie die Fähigkeit zur Gewinnung und Verwertung von Marktinformationen zu nennen.[1457] In Anlehnung an das Outsourcing von Informationssystemen kann das Outsourcing von Aufgaben der Informationsverarbeitung mit Hilfe der Ressourcentheorie über zwei Komponenten erklärt werden; die zur Informationsverarbeitung vorhandenen Ressourcen sowie der strategische Wert der Ressource Informationsverarbeitung zur Sicherung von Wettbewerbsvorteilen. Verfügt ein Unternehmen über geeignete Ressourcen zur Informationsverarbeitung (bspw. Informationstechnologie und weit entwickelte Informationsprozesse) kann es notwendige Aufgaben der Informationsverarbeitung in der Regel selbst wahrnehmen und muss diese nicht zwingend fremdvergeben. Kann sich ein Unternehmen über sein Informationssystem einen strategischen Wettbewerbsvorteil erarbeiten, so besteht ebenfalls eine Tendenz zur Nicht-Vergabe der Informationsverarbeitung.[1458]

Roy/Aubert (2000) erklären daher die möglichen Strategien eines Unternehmens im Rahmen des Outsourcings des Informationssystems mit einem zweidimensionalen Portfolio mit den Dimensionen *strategischer Wert* sowie *Verfügbarkeit angemessener Ressourcen.*

[1452] Vgl. Grant (1991), S. 118f.; Wade/Hulland (2004), S. 108f.

[1453] Das Anlagevermögen setzt sich aus intangiblen Assets bzw. immateriellen Vermögensgegenständen wie Software, Patenten oder Beziehungen sowie tangiblen Assets bzw. materiellen Vermögenswerten wie Hardware, Netzwerkinfrastrukturen etc. zusammen (vgl. Wade/Hulland (2004), S. 108).

[1454] Vgl. Grant (1991), S. 118ff.; Wade/Hulland (2004), S. 109.

[1455] Vgl. Barney (1991), S. 625; Wade/Hulland (2004), S. 118-121.

[1456] Vgl. hierzu bspw. Roy/Aubert (2000).

[1457] Vgl. Wade/Hulland (2004), S. 113f.

[1458] Vgl. Roy/Aubert (2000), S. 3.

Weisen beide Variablen eine hohe Ausprägung auf, sollten Unternehmen das interne Informationssystem beibehalten und ausbauen, sind beide Ausprägungen negativ wird das Outsourcing empfohlen. Im Falle hohen strategischen Werts bei geringer Angemessenheit von verfügbaren Ressourcen wird hingegen eine strategische Partnerschaft mit einem Informationssystemanbieter empfohlen. Im Falle der Verfügbarkeit angemessener Ressourcen bei einem gleichzeitig geringen strategischen Wert sind die Möglichkeiten der Auslagerung der Informationsverarbeitung oder gegebenenfalls auch die Platzierung eigener Informationsverarbeitungskapazitäten am Markt zu prüfen. Das Unternehmen wird in diesem Falle selbst zum Informationsdienstleister.[1459]

4.4 Konzeption eines Aussagensystems zur Gestaltung des SCRM-Systems

Mit dem konzeptionellen sowie dem erweiterten theoretischen Bezugsrahmen wurde die Grundlage für die Bildung eines informationsorientierten Verständnisses des SCRM gelegt. Hierauf basierend soll nun für die spätere empirische Fundierung ein Aussagensystem entwickelt werden, das Aussagen über situationsdeterminierende Faktoren, strukturdeterminierende Faktoren sowie Wechselwirkungen zwischen den Faktoren enthält. In Anlehnung an Wolf (2000) ist davon auszugehen, dass durch die individuelle Unternehmenssituation spezifische Anforderungen an die Informationsverarbeitung im SCRM erwachsen, die in den Informationsverarbeitungskapazitäten eines SCRM-Systems ihre Entsprechung finden müssen.[1460] Im Folgenden werden in Kapitel 4.4.1, unter enger Anlehnung an den konzeptionellen und theoretischen Bezugsrahmen dieser Arbeit, die situations- und strukturdeterminierenden Merkmale erarbeitet. Im Anschluss hieran findet in Kapitel 4.4.2 mit der Beschreibung des für diese Arbeit gewählten Fit- sowie Aquifinalitätskonzepts eine Explizierung des gewählten konfigurationstheoretischen Ansatzes statt. Anschließend wird in Kapitel 4.4.3, basierend auf den vorgestellten Effizienzkonzepten, ein eigenes Konzept zur Effizienzbewertung des SCRM-Systems entwickelt bevor in Kapitel 4.4.4 eine zusammenfassende Darstellung des Aussagensystems erfolgt. Da die in dieser Arbeit erfolgende Typentwicklung an einem integrativen, gleichzeitig deduktiven und induktiven Vorgehen angelehnt ist, welches die Entwicklung möglichst realitätsnaher Typen bei gleichzeitig möglichst umfassender Abdeckung real vorkommender Typen zum Ziel hat, erfolgt die Bildung konsistenter Situations- und Strukturtypen (Konfigurationen) erst im empirischen Teil der vorliegenden Arbeit.

4.4.1 Strukturierung situations- und strukturdeterminierender Merkmale

In Anlehnung an das in dieser Arbeit vorgestellte systemtheoretische Verständnis des SCRM lassen sich situationsdeterminierende Merkmale in umfeldspezifische und unternehmensspezifische Kontextmerkmale unterscheiden. In Kapitel 3.4.3.2 wurde aufgezeigt, dass die vom SCRM-System zu verarbeitenden Informationen von der Unsicherheit auf Supply-Chain-Ebene sowie der Unsicherheit des Supply-Chain-Umfelds determiniert werden. Auch aus der Transaktionskostentheorie lässt sich die hohe Relevanz der Transaktions-

---

[1459] Vgl. Roy/Aubert (2000), S. 3f.

[1460] In Anlehnung an Wolf (2000), S. 57. Vgl. hierzu auch Gresov/Drazin (1997), S. 4141f.

Unsicherheit für SC-Risiken ableiten, so dass die Unsicherheit des Supply-Chain-Umfelds und die Unsicherheit innerhalb der Supply Chain als Kontextmerkmale aufgenommen werden. Ein weiteres umfeldspezifisches Kontextmerkmal besteht nach Kapitel 3.2.3.1 in der von Komplexität und Abhängigkeit induzierten Verwundbarkeit der Supply Chain. Auch durch die Transaktionskostentheorie wird die risikoinduzierende Wirkung der aus der Abhängigkeit folgenden Faktorspezifität bestätigt. Komplexität und Verwundbarkeit werden daher ebenfalls als Kontextmerkmale aufgenommen. Neben den skizzierten Effekten geben Umfeldunsicherheit und Verwundbarkeit zudem Hinweise darauf, in wieweit sich Unternehmen über ein SCRM vom Wettbewerb differenzieren können. Ist die Möglichkeit der Differenzierung gegeben, bietet diese mit den in Kapitel 4.3.2 dargestellten Erkenntnissen aus der Anwendung der Ressourcentheorie in der Informationssystemforschung wesentliche Hinweise für Make-or-Buy-Entscheidungen in Bezug auf im SCRM einzusetzende Techno-logien.

Auf der Unternehmensebene lässt sich in Anlehnung an die in Kapitel 3.6.4 vorgestellten, gesicherten Erkenntnisse zum allgemeinen Risikomanagement insbesondere die Unternehmensgröße als wesentlicher Einflussfaktor determinieren. Für das allgemeine Risikomanagement folgt der hergestellte Wirkungszusammenhang insbesondere aus den in größeren Unternehmen umfangreich vorhandenen, für die Umsetzung eines Risikomanagements notwendigen Ressourcen. Die Ressourcentheorie kann hierbei basierend auf den für die Informationsverarbeitung zur Verfügung stehenden Ressourcen wesentliche Hinweise für Make-or-Buy-Entscheidungen in Bezug auf im SCRM einzusetzende Technologien geben. Auch erlaubt die Unternehmensgröße einen Schluss auf die Gesamtheit der in der Informationsverarbeitung im SCRM anfallenden Transaktionen. Informationsverarbeitungskosten lassen sich bei großen Unternehmen vermutlich durch die Bündelung von Tätigkeiten der Informationsverarbeitung reduzieren. Zudem steigen mit der Unternehmensgröße in Anlehnung an die Systemtheorie auch die Systemkomplexität und die Länge der Kommunikationswege innerhalb des Unternehmens. Dies lässt unter Berück-sichtigung der in Kapitel 4.1 skizzierten Informationspathologien eine Zunahme von Fehlern in der Informationsverarbeitung erwarten. Aus diesem Grund wird neben der im Unternehmen verfügbaren Ressourcen auch die Komplexität der Unternehmensstrukturen als Kontextfaktor aufgenommen. Abbildung 63 liefert eine zusammenfassende, strukturierte Darstellung der situationsdeterminierenden Merkmale.

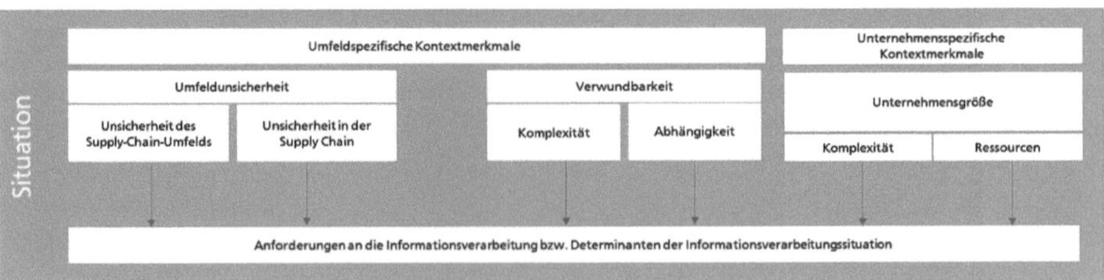

Abbildung 63: Zusammenfassung der wesentlichen situationsdeterminierenden Merkmale

Die wesentlichen strukturdeterminierenden Merkmale ergeben sich unmittelbar aus den Variablen des SCRM-Systems, Mensch, Organisation und Technik. Durch die Variation der Ausprägungen dieser Merkmale werden sowohl die Fähigkeiten des Informationssystems als auch der mit dem Informationssystem einhergehende Ressourcenaufwand determiniert.

Fähigkeiten der Informationsverarbeitung auf der Ebene des Menschen werden in Anlehnung an die Erkenntnisse aus den Informationspathologien in Kapitel 4.1 sowie Erkenntnissen zur Organisation des allgemeinen Risikomanagements in Kapitel 3.6.3 durch die Risikoqualifikation sowie das Risikoverhalten beeinflusst. Das Merkmal Risikoqualifikation bezieht sich auf das Wissen über Risiken sowie potentielle Gegenmaßnahmen und deren Auswirkungen sowie auf die Fähigkeiten zur Anwendung von Methoden und Instrumenten zur Informationsverarbeitung im SCRM. Das Merkmal Risikoverhalten steht im engen Zusammenhang mit kulturbildenden Koordinationsmaßnahmen der Variable Organisation. Ein positives Risikoverhalten soll zu einer offenen Risikokommunikation und der Berücksichtigung von Risiken in allen Entscheidungen führen.

In Anlehnung an die in Kapitel 3.6.3 und Kapitel 3.6.4 diskutierten organisationalen Gestaltungsmöglichkeiten des allgemeinen Risikomanagements und des SCRM, sind insbesondere die organisatorische Segmentierung und Strukturierung zu unterscheiden. Segmentierung führt zu Spezialisierungseffekten im SCRM und bildet die Grundlage für die Einrichtung eines SCRM als Informationsdrehscheibe. Die Strukturierung bezieht sich auf die hierarchische Einordnung des SCRM. Während eine Einordnung als Zentralbereich gegebenenfalls die Handlungsfähigkeit und die Durchgriffsmöglichkeiten einer SCRM-Organisationseinheit erhöht, kann sie eine Verlängerung der unternehmensinternen Kommunikationswege hervorrufen. Wie auch bei sonstigen organisationalen Gestaltungsentscheidungen sind die Segmentierung und Strukturierung durch Koordinationsmaßnahmen zu flankieren. In enger Abstimmung mit der Variable Mensch sind hierbei auch kulturbildende und qualifikationsfördernde Koordinationsmaßnahmen sowie Maßnahmen zur Formalisierung des SCRM zu berücksichtigen.

Bezüglich der einzusetzenden Informationstechnik stellt sich in enger Anlehnung an die in Kapitel 3.7 skizzierten Erkenntnisse die Frage nach der Eigenerstellung oder dem Fremdbezug von SCRM-IT. Zudem stellt sich die Frage, ob eines der in Kapitel 3.7.6 vorgestellten dedizierten Informationssysteme für das SCRM oder eine Kombination aus fachbereichsspezifischen Systemen und einfachen Basissystemen zum Einsatz kommen sollen. Diese Fragestellungen werden unter einem Strukturmerkmal zur Beschreibung der Art der verwendeten IT zusammengefasst. In enger Abstimmung mit der Organisationsgestaltung sowie der Qualifikation der im SCRM eingebundenen Menschen ist zudem zu klären, wer im Unternehmen überhaupt Informationssysteme im SCRM einsetzen soll. Zusätzlich wird daher für die Variable Technik ein Strukturmerkmal zur Beschreibung der Art des IT-Einsatzes aufgenommen. Abbildung 64 liefert eine zusammenfassende, strukturierte Darstellung der strukturdeterminierenden Merkmale.

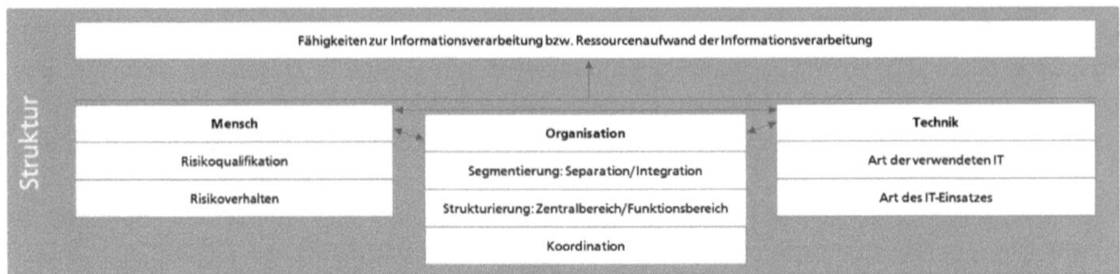

Abbildung 64: Zusammenfassung der wesentlichen strukturdeterminierenden Merkmale

4.4.2 Explizierung des konfigurationstheoretischen Ansatzes

Im Rahmen der Umsetzung des Konfigurationsansatzes können unterschiedliche Fit-und Äquifinalitätskonzepte gewählt werden. Tosi/Slocum (1984) sowie Wolf (2000) sehen die Kombination unterschiedlicher Fit-Konzepte in einer einzelnen Untersuchung als äußerst fruchtbar an, da dieses Vorgehen dabei hilft, durch das gewählte Fit-Konzept induzierte Verzerrungen zu kompensieren.[1461] Zur Setzung eines Forschungsrahmens wird in der Literatur die in der Forschungspraxis oft vernachlässigte Explizierung des gewählten konfigurationstheoretischen Ansatzes – und hiermit des verwendeten Fit- sowie Äquifinalitäts-Konzeptes – empfohlen.[1462]

Fit-Konzepte sind im Rahmen der vorliegenden Untersuchung sowohl auf der Konsistenz-Ebene (innerer Fit der Typen) als auch auf der Kongruenz-Ebene zu spezifizieren. Wie bereits in Kapitel 4.2.2 angedeutet wurde, beeinflussen sich die situations- und strukturdeterminierenden Merkmale auf der Konsistenz-Ebene jeweils untereinander. Bei der Bildung in sich konsistenter Situations- und Strukturtypen sind daher bestehende Wechselwirkungen der Merkmale zu berücksichtigen. Aufgrund der begrenzten Zahl der betrachteten Merkmale und der kriteriumsfreien Betrachtung auf der Konsistenzebene wird im Folgenden von einem *Fit als Kovariation* ausgegangen, bei dem sich in sich konsistente Ganzheiten aus der Kombination harmonierender Merkmale ergeben. In Anlehnung an die bislang theoriegeleitet erarbeiteten Erkenntnisse ist im Folgenden davon auszugehen, dass sich die durch Merkmale beschriebene Situation eines Unternehmens auf die Anforderungen an die Informationsverarbeitung im SCRM auswirkt. Gleichzeitig geben Strukturmerkmale Auskunft über die Informationsverarbeitungskapazitäten eines Unternehmens.[1463] Durch die Einführung eines SCRM-Systems, das die vorhandenen Informationsverarbeitungskapazitäten des Unternehmens ergänzt, kann der Fit zwischen Unternehmen und Situation verbessert und so zur Zielerreichung unter SCRM-Gesichtspunkten beigetragen werden. Auf der Kongruenzebene wirkt der erreichte *Fit* folglich als *Mediation*. Es ist allerdings darauf zu achten, dass gewisse situationsabhängige Restriktionen – im Folgenden insbesondere der für das SCRM notwendige Ressourcen-aufwand – ebenfalls berücksichtigt werden. Hierzu wird auf der Kongruenz-Ebene neben dem Fit als Mediation zusätzlich der *Fit als Kovariation* betrachtet.

[1461] Vgl. Tosi Jr./Slocum Jr. (1984), S. 9ff.; Wolf (2000), S. 52f.

[1462] Vgl. hierzu insbesondere Kapitel 4.2.2.

[1463] Vgl. hierzu auch Wolf (2000), S. 57.

Ziel der vorliegenden Untersuchung ist die Formulierung von Gestaltungshinweisen mit normativem Charakter vor dem Hintergrund des entscheidungslogischen Ansatzes. Daher wird im Folgenden von dem Konzept der Äquifinalität derart abstrahiert, als dass ein geringes Konfliktpotenzial der zu wählenden Strukturalternativen sowie ein begrenzter Entscheidungsspielraum der betrachteten Unternehmen angenommen werden. Folglich ist Äquifinalität in dieser Arbeit generell als *Dominanz eines Idealprofils* zu verstehen. Bei der folgenden Ermittlung dominanter Gestaltungsalternativen soll jedoch unter Berücksichtigung potenzieller Äquifinalität ständig geprüft werden, ob für die betrachteten Situationen gegebenenfalls gleichwertige Strukturalternativen bestehen.

4.4.3 Entwicklung eines Effizienzansatzes zur Bewertung des Fit zwischen SCRM-Situation und SCRM-System

4.4.3.1 Grundlagen für die Entwicklung des Effizienzansatzes

Nachdem Struktur- und Situationsmerkmale bestimmt und der gewählte konfigurationstheoretische Ansatz expliziert wurde, ist ein Fit zwischen Situation und Struktur gemäß des gewählten Fit-Konzeptes herzustellen. Bereits weiter oben wurde aufgezeigt, dass es sich bei der Auswahl einer effizienten Organisationsform um ein unstrukturiertes und daher nur schwer lösbares Entscheidungsproblem handelt.[1464] Im Rahmen der vorliegenden Arbeit wird die Aufgabenstellung der Organisationsgestaltung allerdings wesentlich vereinfacht, da die Analyse auf das SCRM-System und dessen Ziele beschränkt wird.[1465]

Die Ziele des SCRM-Systems bestehen darin, Informationen zur Umwelt und Umweltwirkungen, zu Wirkungen innerhalb des Unternehmens sowie zur Wirkung von Maßnahmen bereitzustellen.[1466] Diese Informationen dienen der Handhabung existenzgefährdender Risiken und sollen Entscheidern im Unternehmen die Balancierung des Risikoportfolios ermöglichen. Im Hinblick auf die in Kapitel 3.3 skizzierten entscheidungstheoretischen Grundlagen sind hierbei insbesondere die Anforderungen von nur im Risikoverbund oder Bewertungsverbund treffbarer Entscheidungen zu beachten. Während die Geschwindigkeit der Informationsbereitstellung im Rahmen des präventiven SCRM eher zweitrangig ist, müssen insbesondere im Rahmen des reaktiven SCRM Informationen Entscheidungsträgern schnell zur Verfügung gestellt werden, um größere Schadensausmaße zu verhindern und gegebenenfalls auch Wettbewerbsvorteile zu sichern. Im Rahmen des präventiven sowie des reaktiven SCRM ist eine hohe Zuverlässigkeit der zur Verfügung gestellten Informationen sicherzustellen.

Da sich mit der Variable Organisation ein zentrales Element des SCRM-Systems an einem instrumentellen Organisationsverständnis orientiert, erweist sich das in Kapitel 4.2.4.2.3 vorgestellte Effizienzkonzept von Frese und Werder für eine Effizienzbeurteilung zumindest

---

[1464] Nach Simon u. a. (1954) gleicht die Bewertung alternativer Organisationsstrukturen dem Versuch, die Auswirkungen eines Regenschauers in Minnesota auf die Niagarafälle zu ermitteln (vgl. Simon u. a. (1954), S. VI.).

[1465] Vgl. hierzu auch Meise (2001), S. 22f.

[1466] Vgl. hierzu Kapitel 3.4.3.

in der Form eines Orientierungsrahmens als geeignet. Das Effizienzkonzept bildet ein grundsätzliches und bei der Effizienzbewertung von Teilbereichen des Unternehmens bewährtes Raster,[1467] das aufgrund seiner allgemeinen Formulierung im Folgenden weiter für das SCRM spezifiziert werden muss. Zudem sind aufgrund der Ausrichtung des Konzepts an einem rein instrumentellen Organisationsbegriff gegebenenfalls Änderungen und Erweiterungen vorzunehmen. Da sich wesentliche Strukturmerkmale des SCRM-Systems auf die Strukturierung und Segmentierung im SCRM anfallender Aufgaben beziehen, kann allerdings eine enge Anlehnung an die bislang vorgestellten Konzepte zur Messung der Konfigurations- und Motivationseffizienz erfolgen. Die Geeignetheit des Effizienzkonzepts von Frese und Werder für die vorliegende Arbeit wird auch durch die erfolgreiche Anwendung bei der Bewertung IT-induzierter Reorganisationsmaßnahmen sowie organisationsweiter Koordinationsmaßnahmen zur Förderung der integrierten Kommunikation durch Martin/Mauterer/Gemünden (2002), Ahlers (2006) und Wulf/Winkler/Brenner (2012) untermauert.

Bei der Entwicklung eines Effizienzkonzepts zur Bewertung des SCRM-Systems ist zu berücksichtigen, dass dieses System das bestehende Informationssystem des Unternehmens nicht vollkommen ersetzen, sondern es nur ergänzen und gegebenenfalls Teilstrukturen verändern soll. Die Anforderungen an das SCRM-System ergeben sich hierbei im Hinblick auf die oben skizzierten SCRM-Ziele als die *Sicherstellung der Berücksichtigung von Risikoverbünden, die Sicherstellung der Verbundbewertung von Risiken* sowie die möglichst *schnelle, rechtzeitige Erkennung von Risiken und Schadensereignissen*. Bei der Umsetzung von Strukturierungs- und Segmentierungsmaßnahmen sind aus Konsistenzgründen Motivations-effekte zu berücksichtigen und getroffene Gestaltungsentscheidungen gegebenenfalls durch geeignete Motivationsmaßnahmen zu flankieren. Zur Sicherung der Effizienz des SCRM sind die hier skizzierten Ziele unter minimalem Ressourceneinsatz zu erreichen.

4.4.3.2 Entwicklung der Effizienzkriterien

In unterschiedlichen Funktionsbereichen des Unternehmens (bspw. Einkauf und Logistik) werden in der Regel interdependente Entscheidungen gefällt, die wie in Kapitel 3.3.2.2 gezeigt wurde, auch Risikointerdependenzen aufweisen können. Komplexe Unternehmensstrukturen können dazu beitragen, diese Interdependenzen zu verschleiern. In Anlehnung an den von Frese und Werder geprägten Begriff der Interdependenzeffizienz[1468] kann ein SCRM-System durch die Schaffung von *Interdependenztransparenz* zu einer Offenlegung und gezielten Adressierung von Risikointerdependenzen beitragen. Hierbei sind neben unternehmensinternen Risikointerdependenzen auch marktliche Interdependenzen, die beispielsweise aus einer heterogenen Marktbearbeitung durch verschiedene Abteilungen resultieren, zu berücksichtigen.[1469] Bei der Bewertung der Interdependenztransparenz sind zudem zwei unterschiedliche Rollen des SCRM-Systems zu beachten: Zum einen kommt

---

[1467] Vgl. hierzu insbesondere die Fallstudien in Frese/Werder (1993).

[1468] Vgl. Frese/Werder (1993), S. 31.

[1469] Vgl. hierzu auch Grundei (1999), S. 294.

ihm eine koordinierende Funktion zu, indem es der Organisationseinheiten und Supply-Chain-Partnern gewährten Autonomie und hieraus resultierenden Ineffizienzen mit integrierenden Maßnahmen entgegenwirkt. Zum anderen erzeugt eine Arbeitsteilung innerhalb des SCRM-Systems gegebenenfalls selbst negative Autonomieeffekte, denen im Rahmen der Organisationsgestaltung entgegenzuwirken ist.

Im Gegensatz zur Segmentierung führt die Strukturierung innerhalb des Unternehmens gegebenenfalls dazu, dass Risiken nicht im Bewertungsverbund bewertet werden können. In Anlehnung an den von Frese und Werder geprägten Begriff der Delegationseffizienz [1470] kann ein SCRM-System durch die Schaffung von *Delegationstransparenz* zu einer Offenlegung und gezielten Adressierung von Bewertungsinterdependenzen beitragen. Hierbei ist eine bestmögliche Nutzung des Informations- und Problemlösungspotenzials auf den jeweiligen Hierarchieebenen sicherzustellen. Entscheidungen, die aufgrund der notwendigen Berücksichtigung von Bewertungsverbünden eine höhere Problemumsicht erfordern, sind auf höheren Hierarchieebenen zu verankern. [1471] Hierarchisch höher angesiedelte Zentralbereiche können den informationsbasierten Wissensaustausch zwischen dezentralen Einheiten fördern und zudem über die Möglichkeit der Kombination von Informationen zu neuem Wissen Informationssynergien heben. [1472] Aufgrund der Zentralbereichen zugestandenen höheren Problemumsicht können ihnen besondere Kompetenzen bei der Bewertung existenzgefährdender Risiken sowie der Ausbalancierung des Risikoportfolios zugesprochen werden. Allerdings ist zu beachten, dass dezentrale Einheiten oft über wichtiges, bereichsspezifisches Wissen verfügen, welches sie entweder im Rahmen einer vertikalen Informationsweitergabe zentralen Einheiten zur Verfügung stellen oder für eigene SCRM-bezogene Entscheidungen verwenden müssen.

Strukturierung und Segmentierung, aber auch eine insgesamt zu geringe Bereitstellung von SCRM-Ressourcen, führen gegebenenfalls zu einer ungenügenden Bearbeitung des Unternehmensumfelds und somit zu einer unzureichenden Schnelligkeit und Qualität bei der Erkennung von Risiken und Schadensereignissen. Hinweise hierauf geben bei Frese und Werder die Effizienzfelder Markteffizienz und Ressourceneffizienz. [1473] Eindeutigere Hinweise finden sich zudem bei Thom über das Effizienzkriterium der *Schnelligkeit und Qualität der Informationsverarbeitung und Entscheidungsprozesse.* [1474] Zur Bewertung des SCRM-Systems bezüglich der Erkennung von Risiken und Schadensereignissen wird für die vorliegende Arbeit das Kriterium der *Risikotransparenz* definiert. Das SCRM-System kann insbesondere durch den Aufbau SCRM-spezifischer Ressourcen, gegebenenfalls verbunden mit der Poolung dieser Ressourcen in Unternehmensbereichen mit besonders ausgeprägten SCRM-Anforderungen, zur Steigerung der Risikotransparenz beitragen.

[1470] Vgl. Frese/Graumann/Theuvsen (2012), S. 201ff., 275ff.; 309ff.

[1471] Vgl. hierzu auch Ahlers (2006), S. 93f.

[1472] Vgl. hierzu auch die Ausführungen von Grundei (1999), S. 303ff. zur Effizienzbewertung von Organisationsstrukturen in der Markforschung.

[1473] Vgl. Frese (2000a), S. 268f.; Werder (2005), S. 325f.

[1474] Vgl. Thom/Wenger (2010), S. 117, 142-144.

Die hier skizzierten Gestaltungsmöglichkeiten wirken sich gemäß dem Effizienzansatz von Frese und Werder über die Beeinflussung von Eigenverantwortung, Überschaubarkeit und Marktdruck auf die Motivationseffizienz aus. Diese Auswirkungen sollen im Rahmen der vorliegenden Arbeit zur Erfüllung der Konsistenzanforderung im Rahmen der Typbildung berücksichtigt werden. Hierbei ist zu beachten, dass sich durch Transformationssysteme, die mittels kulturbildender und qualifikationsfördernder Maßnahmen umgesetzt werden können, Defizite des SCRM-Systems abfedern lassen. Die Sekundäreffekte von organisatorischen Gestaltungsmaßnahmen sowie von motivationsgerichteten Transformationsmaßnahmen werden im Folgenden über das Kriterium des *Motivationseffekts* erfasst.

Es wurde bereits verdeutlicht, dass das SCRM-System als Ergänzung zu vorhandenen Elementen des Informationssystems des Unternehmens verstanden wird. Dies ist insbesondere der institutionellen Betrachtung des SCRM-Systems geschuldet und bedeutet, dass mit unterschiedlichen Strukturtypen gegebenenfalls auch zusätzliche Ressourcenaufwände einhergehen. Vor diesem Hintergrund merken Grundei/Becker (2009) an, dass es gegebenenfalls zielführend ist, den durch Gestaltungsmaßnahmen induzierten Aufwand gesondert zu erheben und zu bewerten.[1475] In der vorliegenden Untersuchung wird diesem Ansatz gefolgt und der von einem Strukturtyp induzierte *Ressourcenaufwand* ebenfalls als Bewertungskriterium übernommen. Abbildung 65 gibt einen Überblick über die entwickelten und für die vorliegende Untersuchung relevanten Effizienzkriterien.

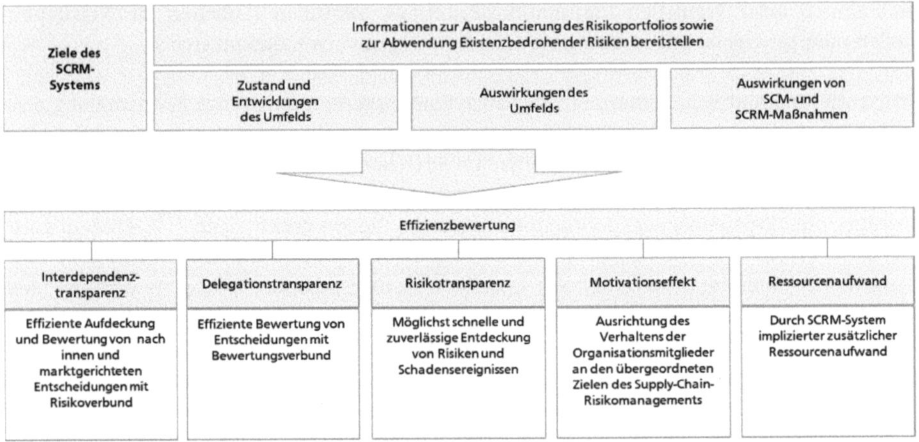

Abbildung 65: Ziele und Kriterien zur Bewertung der Effektivität und Effizienz des SCRM-Systems

1475 Vgl. Grundei/Becker (2009), S. 119.

4.4.4 Zusammenfassung des integrierten und empirisch weiter zu fundierenden Aussagensystems

Abbildung 66 fasst das entwickelte Aussagensystem mit den identifizierten Situations- und Strukturmerkmalen sowie dem entwickelten Effizienzkonzept zusammen. Alle hier angedeuteten Beziehungen haben hypothesenhaften Charakter und wurden in Anlehnung an gefestigte Theorien sowie empirische Befunde konsultierter Sekundärquellen entwickelt. Aussagen bezüglich konsistenter Kombinationen von Merkmalsausprägungen oder gar effizienter Situations-Struktur-Kombinationen können allerdings, basierend auf dem zur Verfügung stehenden Material, nicht getroffen werden. Hierzu und zur weitergehenden Untersuchung des Phänomens des Technologieeinsatzes im SCRM, schließt sich im Folgenden eine eigene empirische Untersuchung an.

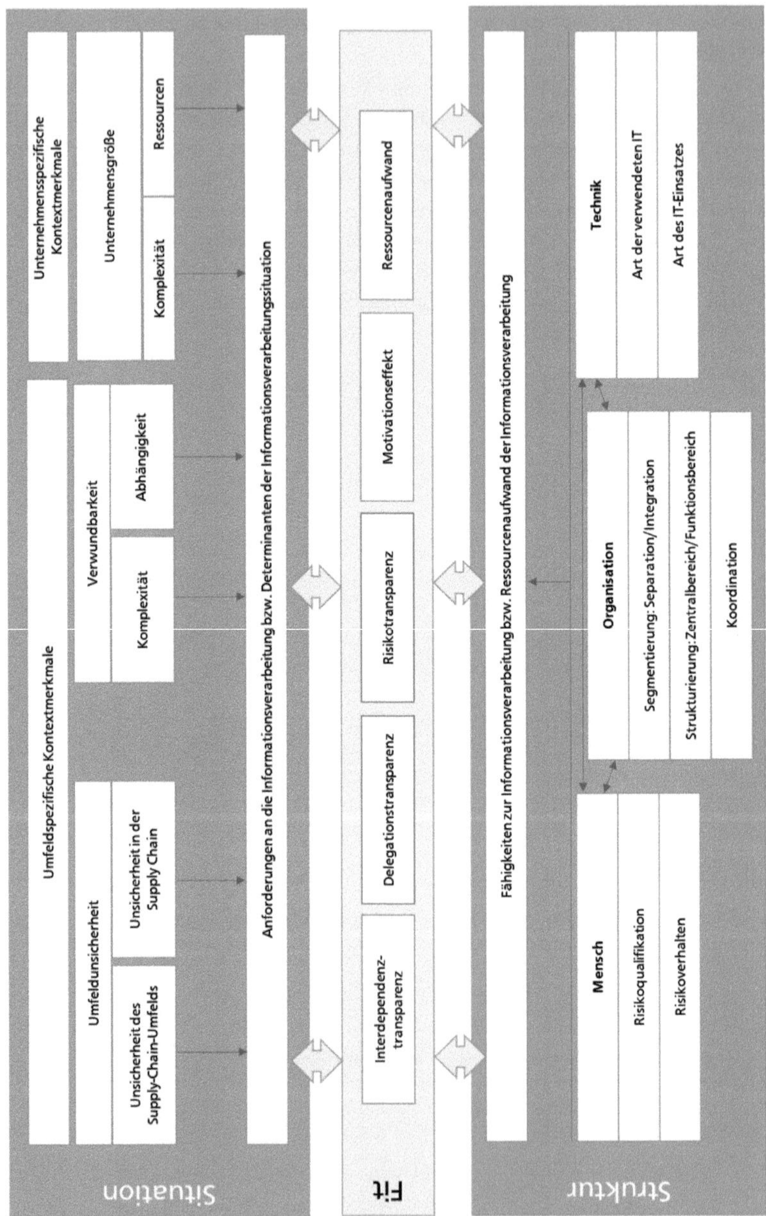

Abbildung 66: Integriertes Aussagenmodell als Grundlage für die folgende empirische Erhebung

5 Konzeption der empirischen Untersuchung

Zur Beantwortung der in Kapitel 1.3 formulierten Forschungsfragen ist eine empirische Untersuchung notwendig. In Kapitel 5.1 wird das allgemeine Vorgehen im sozialwissenschaftlichen Forschungsprozess beschrieben. Hierauf aufbauend wird in Anlehnung an die in Kapitel 1.3 formulierten Forschungsfragen in Kapitel 5.2 der Forschungsprozess in eine Vor- und eine Kernstudie untergliedert. Kapitel 5.3 gibt einen Überblick über verschiedene Forschungsdesigns und die verwendete Forschungsmethode. In diesem Rahmen wird auch das konkrete Vorgehen der Datenerhebung und Datenauswertung skizziert. Im Anschluss gibt Kapitel 5.4 einen Überblick über die von der vorliegenden Arbeit zu berücksichtigenden Gütekriterien qualitativer Forschung.

5.1 Vorgehen im sozialwissenschaftlichen Forschungsprozess

Im empirischen Forschungsprozess wird basierend auf dem existierenden theoretisch-analytischen und persönlichen Vorwissen neues Wissen zur Beantwortung der Forschungsfrage generiert.[1476] In Abbildung 67 ist der sozialwissenschaftliche Forschungs-prozess in Anlehnung an Gläser/Laudel (2010) skizziert.

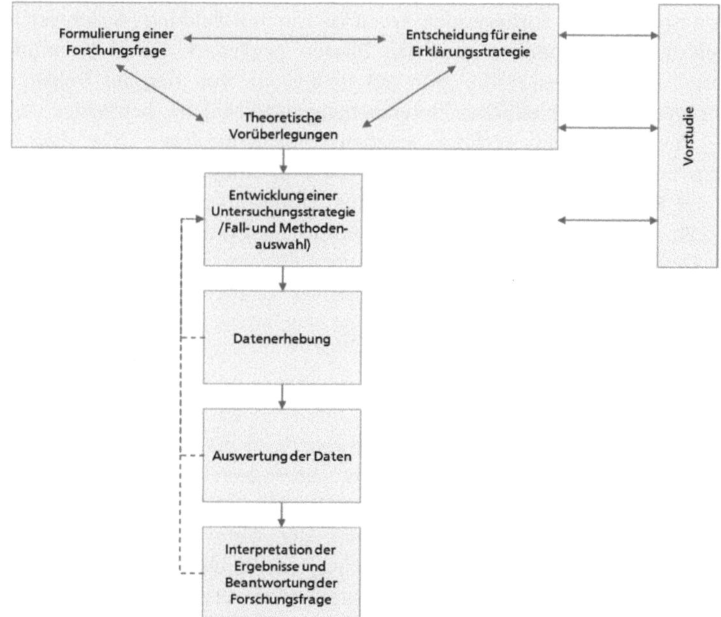

Abbildung 67: Struktur empirischer sozialwissenschaftlicher Forschungsprozesse (Quelle: Gläser/Laudel (2010), S. 35 mit geringfügigen Änderungen aus Ehrenhöfer (2015), S. 218)

1476 Vgl. Gläser/Laudel (2010), S. 33.

Der Forschungsprozess beginnt mit drei interdependenten Phasen zur Formulierung der Forschungsfrage, zur Entscheidung für eine Erklärungsstrategie sowie zur Durchführung theoretischer Vorüberlegungen. Basierend auf den theoretischen Vorüberlegungen werden die Forschungsfragen weiter präzisiert und das Problem strukturiert. Hierbei werden auch Einflussfaktoren identifiziert, die in der empirischen Untersuchung berücksichtigt werden müssen. Wie die theoretischen Vorüberlegungen zu entwickeln sind, hängt von der Forschungsstrategie ab. Die Triade aus Forschungsfrage, Vorüberlegungen und Erklärungsstrategie bildet die Grundlage für die sich anschließende Entwicklung einer Forschungsstrategie, die sowohl die Selektion der betrachteten Realitätsausschnitte in Form von Daten, Fällen oder Untersuchungsobjekten als auch die Wahl einer Forschungsmethode beinhaltet. Hieran schließen sich die Datenerhebung, Datenauswertung sowie die abschließende Interpretation der Ergebnisse zur Beantwortung der Forschungsfrage an. Nach jeder Phase kann eine Rückkopplung in eine der Vorgängerphasen stattfinden, um den Forschungsprozess weitergehend zu qualifizieren.[1477] Die vorbereitende Phase kann durch eine Vorstudie unterstützt werden, die es gestattet, die theoretischen Vorüberlegungen zu schärfen und die Fall- und Methodenauswahl zu fundieren.[1478]

5.2 Untergliederung des Forschungsprozesses in Vorstudie und Kernstudie

Der Forschungsprozess der vorliegenden Arbeit ist wie in Abbildung 68 dargestellt, in zwei separate, allerdings miteinander vernetzte Phasen gegliedert. Diese Trennung in eine Vorstudie und in eine Kernstudie war notwendig, da von den im Fokus stehenden Forschungsfragen unterschiedliche Untersuchungsgegenstände betrachtet und unterschiedliche Forschungsziele verfolgt werden. Forschungsfrage F2a hat dedizierte Technologien zur Unterstützung des SCRM als Forschungsgegenstand und dient ausschließlich der Formulierung definitorischer und deskriptiver Aussagen. Die Forschungsfragen F1, F2b und F3 hingegen haben das SCRM im Unternehmen als Untersuchungsgegenstand. Das Forschungsziel besteht neben der Definition und Deskription insbesondere in der Explikation und der Formulierung normativer Aussagen auf Basis zuvor ermittelter Ziel-Mittel-Beziehungen.[1479]

Die abweichende Ausrichtung von Vor- und Kernstudie bezüglich Untersuchungsgegenstand und Forschungszielen führt zu Unterschieden bezüglich der verwendeten Methoden. In der Vorstudie kamen insbesondere Experteninterviews und eine Dokumentenanalyse von durch Systemanbieter bereitgestellten Informationsmaterialien zum Einsatz. Zu einem späteren Zeitpunkt wurde zudem, basierend auf den Ergebnissen der Kernstudie, eine geschlossene Befragung der Softwareanbieter mittels Onlinefragebogen durchgeführt, um einen tiefergehenden Einblick in die angebotenen IT-Lösungen zu erhalten und einen Anbieter-übergreifenden Vergleich des Softwaremarktes zu ermöglichen.

[1477] Vgl. Gläser/Laudel (2010), S. 33ff.

[1478] Vgl. Gläser/Laudel (2010), S. 36.

[1479] Vgl. hierzu insbesondere Kapitel 1.4.

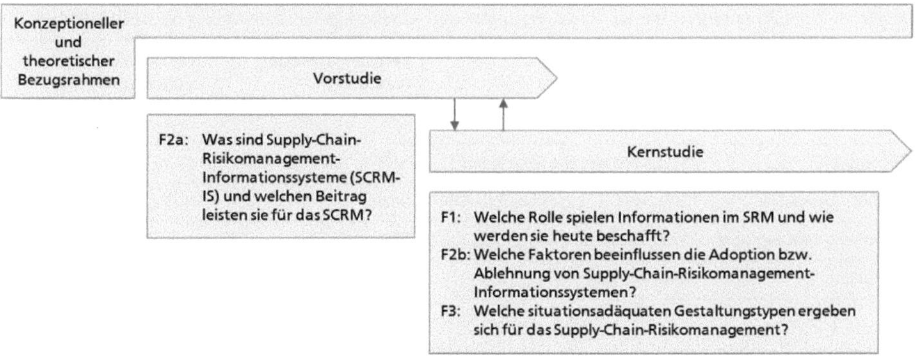

Abbildung 68: Unterteilung des Vorgehens in Vorstudie und Kernstudie

Die Kernstudie basiert hingegen auf einer Fallstudie, in deren Rahmen wiederum Experteninterviews als Datenerhebungsmethode zum Einsatz kamen. Im Folgenden wird das Forschungsdesign näher beschrieben und die Methodenauswahl weitergehend begründet.

5.3 Forschungsdesigns und die Fallstudie als Forschungsmethode

Im Folgenden wird in Kapitel 5.3.1 die Auswahl der Forschungsmethode begründet bevor in den Kapiteln 5.3.2 und 5.3.3 die betrachteten Fälle und Falleinheiten näher beschrieben und die Methoden und das Vorgehen bei der Datenerhebung und Datenanalyse näher vorgestellt werden.

5.3.1 Begründete Auswahl der Forschungsmethode

Die Sozialwissenschaften stellen eine Fülle unterschiedlicher Forschungsmethoden zur Verfügung, deren spezifische Eignung eng an die mit einem Forschungsvorhaben verknüpften Forschungsfragen gebunden ist. So stehen als empirische Forschungsmethoden Experimente, Umfragen, Dokumentenanalysen, historische Betrachtungen und Fallstudien zur Verfügung.[1480] In der Literatur finden sich Entscheidungshilfen, die bei der Auswahl einer geeigneten Methodik unterstützen können.[1481] Von Yin (2014) wird die Geeignetheit einer Forschungsmethode anhand der Merkmale *Art der Forschungsfrage*, *Kontrollmöglichkeit über das Verhalten in der Erhebungssituation* sowie *zeitlicher Fokus der Untersuchung* bewertet.[1482] Einen Überblick über die Geeignetheit unterschiedlicher Forschungsmethoden gibt Tabelle 12.

[1480] Vgl. Scholl (2011), S. 172.

[1481] Vgl. Bryman/Bell (2007), S. 28f.; Kink (2010), S. 140; Yin (2014), S. 9.

[1482] Vgl. Yin (2014), S. 9.

Tabelle 12: Eignung unterschiedlicher Forschungsmethoden (Quelle: Eigene Übersetzung nach Yin (2014), S. 9)

Methode	Form der Forschungsfrage	Verhaltenskontrolle notwendig	Fokussierung auf aktuelle Ereignisse
Experiment	Wie, warum?	Ja	Ja
Befragung	Wer, was, wo, wie viele, wieviel?	Nein	Ja
Archivdaten-Analyse	Wer, was, wo, wie viele, wieviel?	Nein	Ja/Nein
Historische Untersuchung	Wie, warum?	Nein	Nein
Fallstudie	Wie, Warum?	Nein	Ja

Fallstudien[1483] eignen sich dann als Forschungsmethode, wenn eine Forschungsfrage nach dem „*Wie*" oder „*Warum*" von Zusammenhängen beantwortet werden soll, der Forscher im gegebenen Forschungskontext keine bzw. nur eine geringe Kontrolle über das Verhalten in der Erhebungssituation hat und Phänomene der Gegenwart untersucht werden sollen.[1484] Zudem ist die Fallstudienmethode insbesondere zur Erforschung neuer, wenig erforschter und komplexer Forschungsfelder geeignet.[1485]

Nachteile der Fallstudienmethode liegen im hohen Aufwand des Verfahrens, was in der Regel zu einer geringen Zahl betrachteter Fälle mit einer gleichzeitig negativen Beeinflussung der Generalisierbarkeit der Ergebnisse führt.[1486] Allerdings bestehen Stärken der Fallstudie eben nicht in der statistischen sondern in der analytischen Generalisierung, so dass sich auch mit Hilfe von Fallstudien Theorien untersuchen, erweitern und entwickeln lassen.[1487] Fallstudien sind somit nicht auf die explorative Forschung beschränkt, da sie auch deskriptive, explikative und widerlegende Beiträge liefern können.[1488] Kritik erfährt die Fallstudienmethode allerdings aufgrund der nach Aussagen der Kritiker fehlenden Systematik und Strukturiertheit des Verfahrens. Als Antwort hierauf wurden allerdings von verschiedenen Seiten lineare, iterative Vorgehensmodelle entwickelt.[1489]

Aufgrund der benannten Eigenschaften des Fallstudiendesigns ist die Methode sehr gut zur Bearbeitung der vorliegenden Forschungsfrage (*Wie sollte das SCRM in Unternehmen unter*

1483 Die Fallstudie wird in der Literatur oft mit der Datenerhebungsmethode der teilnehmenden Beobachtung oder sonstigen Datenerhebungsmethoden gleichgesetzt, was ihrer Bedeutung jedoch nicht gerecht wird. So ist die Fallstudie vielmehr als Forschungsstrategie zu verstehen, die sich unterschiedlichster Erhebungsmethoden wie dem Interview, der Beobachtung und der Dokumentenanalyse bedient und Ergebnisse der einzelnen Methoden mittels Triangulation miteinander verbindet. In Anlehnung an die regelmäßige Begriffsverwendung wird auch in dieser Arbeit von der „Fallstudienmethode" gesprochen (vgl. Schmidt (2006), S. 9, 95).

1484 Vgl. Yin (2014), S. 9.

1485 Vgl. Lamnek (2010), S. 3ff., 284. Siehe zur Fallstudienmethode auch Yin (2014); Eisenhardt (1989); Eisenhardt/Graebner (2007).

1486 Vgl. Flick (2008), S. 259f.; Yin (2014), S. 40-45;

1487 Vgl. Yin (2011), S. 5.

1488 Vgl. dos Santos/Specht/Bingemer (2003), S. 8; S. 6-9.

1489 Vgl. Eisenhardt (1989), S. 533; Voss/Tsikriktsis/Frohlich (2002), S. 195f.; Yin (2014), S. 45-49.

der notwendigen Beachtung der Rolle von Informationen und neuartiger Technologien gestaltet werden?) geeignet. Die Forschungsfrage fragt danach, „*wie*“ eine Nutzung von SCRM-IT zu erfolgen hat, damit sie das SCRM unterstützt. Die Möglichkeiten einer geschlossenen Befragung und einer reinen Dokumentenanalyse scheiden somit aus, da sie keine Antwort auf die Forschungsfrage geben können. Zudem gestaltet sich das SCRM im Unternehmen sowie das in Kapitel 3.4.3 eingeführte SCRM-System allein aufgrund der Vielzahl der beteiligten Organisationseinheiten als sehr komplex, weshalb die Möglichkeit der kontrollierten Erhebung im Sinne eines Experiments nicht gegeben ist. Aufgrund der Neuheit von spezifischen IT-Systemen für das SCRM [1490] scheidet eine historische Betrachtung aus.

Aufgrund der genannten Faktoren soll zur Beantwortung der zentralen Forschungsfrage bzw. der in Kapitel 1.3 abgeleiteten Unterfragen die Fallstudie als zentrale und leitende Forschungsmethode zum Einsatz kommen. Einzig für die erste der präzisierten Unterfragen, die bereits im Rahmen der Vorstudie zu beantworten ist, erscheint die Fallstudie als weniger geeignet: „*Was sind Supply-Chain-Risikomanagement-Informationssysteme (SCRM-IS) und welchen Beitrag leisten sie für das Supply-Chain-Risikomanagement?*“ Zur Beantwortung dieser Forschungsfrage wurde eine Dokumentenanalyse mit Experteninterviews und einer anschließenden schriftlichen Befragung von Systemanbietern kombiniert. Dieses Vorgehen wird in Kapitel 5.3.3.2.2 näher erläutert.

Beim Vorgehen im Rahmen der Fallstudie zur Beantwortung der weiteren Forschungsfragen wird eine an Yin (2014) angelehnte Vorgehensweise gewählt. Bestandteile des Forschungsdesigns sind hiernach die in Kapitel 1.3 skizzierten Forschungsfragen, die in den Kapiteln 0, 3 und 4 mit dem konzeptionellen Bezugsrahmen und dem Aussagensystem entwickelten Prämissen und Hypothesen, die Identifikation der Untersuchungseinheiten, die Definition von Methoden und Vorgaben zur Datenanalyse sowie die Festlegung von Gütekriterien zur Ergebnisbewertung und Überprüfung. Da die Identifikation der Untersuchungseinheiten, die Festlegung von Methoden und Vorgehen zur Datenerhebung und Datenanalyse sowie die Beschreibung der anzuwendenden Gütekriterien noch ausstehen, werden diese Phasen in den folgenden beiden Kapiteln näher beschrieben.

5.3.2 Identifikation der Fälle und Untersuchungseinheiten

Als Grundlage zur Definition der Untersuchungseinheiten ist zu allererst das Untersuchungsobjekt festzulegen. Schon zu Beginn dieser Arbeit wurde die Untersuchung auf Unternehmen der Automobil- und Elektronikindustrie beschränkt, mit dem Ziel, Unternehmen und Supply Chains zu betrachten, die in besonderer Weise von Supply-Chain-Risiken bedroht sind. Zudem ähneln sich die Supply-Chain-Strukturen und -Prozesse der betrachteten Industrien in vielen Belangen, was die analytische Generalisierung erleichtert.

Das Untersuchungsobjekt wird hierbei durch die von einzelnen Unternehmen herausgebildeten SCRM-Systeme repräsentiert. Als Fälle werden Unternehmen innerhalb

[1490] Siehe hierzu Kapitel 3.7.6.

der Fokusindustrien betrachtet, die über ein SCRM-System verfügen. Zu Untersuchungseinheiten innerhalb eines Falles werden alle Experten, die als Beobachter Auskunft über die Ausgestaltung des SCRM-Systems und den situativen Kontext geben und gegebenenfalls auch die Effizienz des SCRM-Systems bewerten können.

Eine Hilfestellung bei der Selektion von Fällen bieten unterschiedliche Typen von Fallstudiendesigns. In Anlehnung an Yin (2003) lassen sich die vier Typen *holistic single-case, holisitc multi-case, embedded single-case* und *embedded multi-case* unterscheiden.[1491] Den einfachsten Fall einer Fallstudie stellt der *holistic single-case* dar, bei dem nur ein einzelner Fall aus einem bestimmten Kontext gewählt und näher untersucht wird. Sinnvoll ist die Anwendung dieses Typs, wenn den Forschern ein besonderer Fall zur Verfügung steht, über den in der Wissenschaft bislang keine Erkenntnisse existieren. [1492] Eine Erweiterung stellt der *embeded single-case* dar, bei dem unterschiedliche Einheiten im selben Kontext – bspw. mehrere Abteilungen innerhalb eines einzelnen Unternehmens – betrachtet werden.[1493] Der *holisitc multi-case*-Ansatz betrachtet unterschiedliche Einheiten in jeweils unterschiedlichen Kontexten und der *embedded multi-case*-Ansatz eine Mehrzahl unterschiedlicher Einheiten jeweils in unterschiedlichen Kontexten.[1494] Solche multiplen Fallstudien gestatten im Gegensatz zu Einzelfallstudien den Vergleich mehrerer Fälle und lassen somit Gemeinsamkeiten und Unterschiede im Sinne von Mustern erkennen.[1495] Welcher Typ der Fallstudie gewählt wird hängt vom Ziel der Forschung aber auch von den vorhandenen Ressourcen ab. Während multiple Fallstudien mit einem höheren Aufwand verbunden sind, wird ihnen aufgrund der breiteren Datenbasis und der Möglichkeit des fallübergreifenden Vergleichs eine höhere Generalisierbarkeit (externe Validität/ Robustheit) der Ergebnisse zugesprochen. [1496]

Da es das Ziel dieser Arbeit ist, situationsadäquate Strukturtypen von SCRM-Systemen zu identifizieren, ist ein fallübergreifender Vergleich von unterschiedlichen Unternehmenstypen wünschenswert, um eine möglichst hohe Generalisierbarkeit zu erreichen. In den Kapiteln 2.4 und 3.6.2 wurde gezeigt, dass sich die Rolle von Unternehmen insbesondere durch ihre Position in der Supply Chain unterscheidet. Zudem ergeben sich offensichtlich (auch aufgrund unterschiedlicher Umfeldbedingungen) branchenübergreifende Unterschiede zwischen der Automobil- und der Elektronikindustrie. Auch wurde in Kapitel 3.6.3 gezeigt, dass sich die im Unternehmen vorhandenen Ressourcen bzw. die Unternehmensgröße besonders stark auf die Art des von Unternehmen implementierten Risikomanagements auswirken. Es ist somit nicht anzunehmen, dass sich bereits mit einem Fall oder einer sehr geringen Fall-Anzahl analytisch generalisierbare Erkenntnisse ermitteln lassen. Vor diesem Hintergrund wurde in der vorliegenden Arbeit eine holistische multiple

---

[1491] Vgl. Yin (2003), S. 40.

[1492] Vgl. Yin (2003), S. 41f.; Schmidt (2006), S. 115.

[1493] Vgl. Yin (2003), S. 42.

[1494] Vgl. Yin (2003), S. 47ff.

[1495] Vgl. Eisenhardt (1989), S. 540; Yin (2014), S. 56-63.

[1496] Vgl. Yin (2003), S. 54f.

Fallstudie mit insgesamt 19 Fällen [1497] durchgeführt. Zur Fallauswahl diente ein theoretisches Sampling, bei dem insbesondere die Variablen *Branche*, *Unternehmensgröße* und *Position in der Supply Chain* variiert wurden. Insgesamt wurden in den 19 Fällen 29 Untersuchungseinheiten betrachtet. Für einzelne Fälle war damit eine Ergebnistriangulation über mehrere Untersuchungseinheiten möglich. Die Selektion weiterer Fälle wurde abgebrochen, als eine theoretische Sättigung eintrat; d.h. als weitere Fälle mit den zusätzlich gewonnen Informationen nur noch insignifikant zur Theoriebildung beitrugen. [1498] Tabelle 13 gibt einen Überblick über die in der Kernstudie betrachteten Fälle und liefert bereits eine Vorschau auf die innerhalb der Fälle befragten Experten.

Tabelle 13: In der Kernstudie betrachtete Fälle

Fall	Im Fall befragte Experten					SC-Stufe	Branche	Umsatz
	Einkauf	Logistik	SCM	SCRM/ RM	Sonst			
F01		2				OEM	Elektronik	> 100 Mrd. €
F02	1	1				Tier 1	Automobil	> 10 Mrd. €
F03			1			Tier 3 – 2	Automobil	> 250 Mio. €
F04			1			OEM	Automobil	> 1 Mrd. €
F05				1		Tier 1	Automobil	> 1 Mrd. €
F06	1					Tier 1	Automobil	> 10 Mrd. €
F07	1	1		1	1	OEM	Automobil	> 50 Mrd. €
F08	2					OEM	Elektronik	> 250 Mio. €
F09					1	Tier-1	Elektronik	> 250 Mio. €
F10			1			Tier 3 – 1	Elektronik	> 100 Mio. €
F11		1		1		Tier 3 – 1	Elektronik	> 5Mrd. €
F12	1	1				Tier 1	Automobil	> 10 Mrd. €
F13	1					Tier 1	Automobil	> 10 Mrd. €
F14				1		Tier 1	Automobil	> 1 Mrd. €
F15				1		Tier 2 – 1[1499]	Automobil	keine Offenlegung, vermutlich > 50 Mio. €
F16	1					Tier 1	Automobil	> 1 Mrd. €
F17			1	1		OEM	Automobil	> 5 Mrd. €
F18		1	1			OEM	Automobil	> 25 Mrd. €
F19				1		OEM	Elektronik	> 500 Mio. €

[1497] Das Sample enthält insgesamt 6 Unternehmen der Elektronik- und 13 Unternehmen der Automobilindustrie. Bei den Unternehmen der Automobilindustrie wurden auch drei Hersteller von Nutzfahrzeugen berücksichtigt. Die Nutzfahrzeughersteller unterschieden sich von den Unternehmen der Automobilindustrie durch geringere Produktionszahlen bei einer gleichzeitig höheren Variantenvielfalt.

[1498] Vgl. Eisenhardt (1989), S. 545; Corbin/Strauss (2008), S. 148.

[1499] Es handelt sich um einen Anlagenbauer aus der Automobilbranche.

5.3.3 Methoden und Vorgehen zur Datenerhebung und -analyse

Im Folgenden wird in Kapitel 5.3.3.1 ein allgemeiner Einblick in das Experteninterview als primäre Erhebungsmethode der vorliegenden Untersuchung gegeben. Anschließend wird in Kapitel 5.3.3.2 das konkrete Vorgehen im Rahmen der Datenerhebung in Vor- und Kernstudie skizziert. Anschließend gibt Kapitel 5.3.3.3 wesentliche Einblicke in die Dokumentation der Experteninterviews, bevor Kapitel 5.3.3.4 die Auswertung mittels der qualitativen Inhaltsanalyse beschreibt.

5.3.3.1 Experteninterview als primäre Erhebungsmethode

In der qualitativen Forschung haben sich unterschiedliche Erhebungsmethoden etabliert. Hierzu zählen insbesondere die Beobachtung, Inhaltsanalyse und Befragung.[1500] Während mittels Beobachtung zumindest Teile des präventiven SCRM erfasst werden könnten, bspw. über die Begleitungen von Regelterminen in der SCRM-Projektorganisation, würde sich dies für das reaktive SCRM aufgrund der Unregelmäßigkeit und Unvorhersehbarkeit von entsprechenden Auslöseereignissen als unmöglich erweisen. Aufgrund der oft fehlenden Dokumentation des SCRM einerseits und der Neuheit des Themas SCRM-IT andererseits scheiden zudem Inhaltsanalysen aus, weshalb für die vorliegende Fallstudie die Befragung als Erhebungsmethode gewählt wurde. Befragungen lassen sich in schriftlicher und mündlicher Form durchführen, letztere werden auch als Interview bezeichnet.[1501]

Eigenschaften wie die Qualität der erhobenen Daten, Dramaturgie, Kosten oder Repräsentativität einer Studie hängen eng mit dem gewählten Erhebungsinstrument zusammen.[1502] Während sich die schriftliche Befragung eher für eine quantitative Untersuchung eignet, kann im Rahmen eines Interviews eine explorative qualitative Befragung stattfinden.[1503] Im Gegensatz zu einer schriftlichen Befragung gestattet das Interview die unmittelbare Beeinflussung der Dramaturgie (des Interviewablaufs) durch den Interviewer.[1504] So können bestimmte Fragestellungen durch wiederholtes Nachfragen vertieft werden. Zudem haben die befragten Personen bei frei geführten Interviews die Möglichkeit, ihre Meinung frei zu äußern. Hierdurch wird die Spontanität der Antworten unterstützt, was zu einer Erhöhung des Informationsgehalts und einer Erweiterung des Inhalts- und Erkenntnisspektrums führen kann.[1505] Problematisch ist allerdings, dass die individuelle Interviewführung eventuell das jeweilige Ergebnis beeinflusst.[1506] Für die vorliegende Studie wurde aufgrund der Neuheit des Themas und den hierdurch

[1500] Vgl. Stier (1999), S. 161ff.; Lamnek (2010), S. 266ff.; Schnell/Hill/Esser (2011), S. 313ff.

[1501] Vgl. Mey/Mruck (2007), S. 249f.

[1502] Vgl. Rugel et al. (2010), S. 46.

[1503] Vgl. Schöneck und Voß (2005), S. 42ff.

[1504] Vgl. Rugel et al. (2010), S. 48.

[1505] Vgl. Töpfer (2012), S. 256.

[1506] Vgl. Schöneck und Voß (2005), S. 43.

erwachsenden Anforderungen an die Exploration das Interview als Befragungsform gewählt.[1507]

Anhand des Standardisierungsgrades lassen sich Interviews in *vollkommen frei geführte*, auf einen *Interviewleitfaden gestützte* und mit Hilfe eines *festen Fragenkatalogs strukturierte Interviews* unterscheiden.[1508] Vollkommen frei geführte Interviews bergen die Risiken, dass wichtige Fragen vergessen werden oder dass der Interviewer den Befragten beeinflusst.[1509] Außerdem ist der Auswertungsprozess im Vergleich zu Interviews auf Basis eines festen Fragenkataloges komplex und aufwendig.[1510] Interviews, die mit einem strikten Fragenkatalog arbeiten, haben jedoch die negative Eigenschaft den Befragten in einem Fragenkorsett einzuzwängen, so dass der Vorteil der persönlichen gegenüber der schriftlichen Befragung verloren geht.[1511] Eine Mischform zwischen den beschriebenen Interviewtypen stellt das durch einen Leitfaden gestützte Interview dar. Es gestattet einen möglichst offenen Dialog zwischen Interviewer und Befragtem, gibt gleichzeitig einen groben Ablauf des Interviews vor und stellt die Bearbeitung aller forschungsrelevanten Themen sowie die interviewübergreifende Vergleichbarkeit der erhobenen Daten und subjektiven Theorien sicher.[1512]

Aufgrund dieser Vorzüge des Leitfadeninterviews kommt in der vorliegenden Arbeit das Experteninterview als eine spezifische Ausprägung dieses Interviewtyps zum Einsatz.[1513] Bei diesem Interviewtyp werden solche Personen befragt, die über den Status eines Experten verfügen. Als Experte gilt, *„wer in irgendeiner Weise Verantwortung trägt für den Entwurf, die Implementierung oder die Kontrolle einer Problemlösung oder wer über einen privilegierten Zugang zu Informationen über Personengruppen oder Entscheidungsprozesse verfügt.“*[1514] Im unternehmerischen Kontext sind Experten Mitarbeiter, die in einem spezifischen Teilbereich des Unternehmens über ein besonders ausgeprägtes Fachwissen verfügen.[1515] Bei einem Experteninterview ist damit weniger der Befragte als Person

---

[1507] Vgl. Lamnek (2010), S. 312.

[1508] Vgl. Schöneck/Voß (2005), S. 42; Gläser/Laudel (2010), S. 111ff. In der Literatur finden sich auch abweichende Strukturierungen nach anderen Kriterien. Bspw. erfolgt oftmals eine Unterscheidung in standardisierte, halbstandardisierte und nichtstandardisierte Interviews. Auch werden nichtstandardisierte Interviews oftmals in narrative, offene und leitfadengestützte Interviews unterschieden (vgl. Gläser/Laudel (2010), S. 40-43; Lamnek (2010), 326ff.; Schnell/Hill/Esser (2011), S. 378).

[1509] Vgl. Lamnek (2005), S. 334f.

[1510] Vgl. Schöneck und Voß (2005), S. 43.

[1511] Vgl. Lamnek (2005), S. 337.

[1512] Vgl. Gläser/Laudel (2010), S. 43; Helfferich (2011), S. 179; Schnell/Hill/Esser (2011), S. 379; Mayer (2013), S. 37.

[1513] Siehe zu Experteninterviews insbesondere Meuser/Nagel (2005); Trinczek (2005); Gläser/Laudel (2010); Meuser/Nagel (2009).

[1514] Meuser/Nagel (2005), S. 443.

[1515] Vgl. Bähring u. a. (2008), S. 93.

interessant, vielmehr wird der Tätigkeitsbereich, bzw. die Funktion des Befragten zum Gegenstand der Untersuchung.[1516]

Experteninterviews können allein zum Testen bzw. Falsifizieren bestehender Hypothesen genutzt werden, aber auch einen stark explorativen Charakter aufweisen und zur Bildung neuer Hypothesen dienen.[1517] Die vorliegende Untersuchung macht sich die Expertise der befragten Personen auf verschiedenen Ebenen zu Nutze. So wurden im Rahmen der Vorstudie Softwareanbieter zum Funktionsumfang von SCRM-IT in ihrer Funktion als Software-Experten befragt. In der Kernstudie bildeten, wie bereits weiter oben erläutert, solche Mitarbeiter die Untersuchungseinheiten, die aufgrund ihrer Position in den betrachteten Unternehmen (Fällen) als Experte Auskunft über das SCRM-System geben konnten und somit dank Ihrer Expertise zur weiteren Erschließung des Untersuchungsgegenstandes beitrugen.

5.3.3.2 Vorbereitung und Expertenauswahl

5.3.3.2.1 Vorbereitung der Experteninterviews

Die Vorbereitung von Experteninterviews umfasst die Konzeption eines Interviewleitfadens, die Expertenauswahl und -ansprache sowie die Ablaufplanung und Materialbeschaffung.[1518] Die Grundlage für die Erarbeitung von Interviewleitfäden bildet eine Aufbereitung des vorhandenen Wissens im Rahmen der Vorstrukturierung der Forschungsthematik,[1519] wie sie in der vorliegenden Arbeit mit dem in den Kapiteln 2 und 3 vorgestellten konzeptionellen Bezugsrahmen erfolgt ist. Zur konkreten Ausgestaltung des Leitfadens wurde in der vorliegenden Arbeit dem SPSS-Prinzip nach Helfferich (2011) gefolgt, welches zur Leitfadenerstellung die Schritte *Sammeln*, *Prüfen*, *Sortieren* und *Subsummieren* vorsieht. Der Schritt des Sammelns dient hierbei der auf dem Bezugsrahmen und der zentralen Fragestellung basierenden möglichst offenen Kollektion potenzieller Unterfragen; bspw. mit Hilfe eines Brainstormings. Im zweiten Schritt erfolgt eine Prüfung der ermittelten Fragestellungen auf potenzielles Vorwissen und Offenheit. Fragen, die sich gegebenenfalls mit Vorwissen beantworten lassen, werden entfernt und ungenügend offene Fragen umformuliert. Im dritten Schritt werden die geprüften Fragen sortiert und zu übergeordneten Frageblöcken verschmolzen. Im letzten Schritt wird für jeden Fragenblock eine Oberfrage im Sinne einer Erzählaufforderung formuliert. Die Erzählaufforderung dient im Interview als erster Impuls zur Gesprächsanregung, liefert dieser Impuls nicht die erwarteten Antworten können die vorher verfassten Unterfragen zur Präzisierung bzw. Vervollständigung der Fragestellung dienen.[1520]

Neben dem erwähnten Prinzip wurden zwei weitere bewährte Standards bei der Leitfadenerstellung berücksichtigt: Es erfolgte eine Dreiteilung des Leitfadens entlang des Erzählflus-

---

[1516] Vgl. Mey/Mruck (2007), S. 254.

[1517] Vgl. Meuser/Nagel (2005), S. 443; Bähring u. a. (2008), S. 92.

[1518] Vgl. Bähring u. a. (2008), S. 94ff.

[1519] Vgl. Bähring u. a. (2008), S. 94.

[1520] Vgl. Helfferich (2011), S. 182-185.

ses in eine Einleitung, einen Hauptteil und einen Abschluss. Die Einleitung diente hierbei insbesondere bei der Kernstudie nicht nur der Eröffnung und der Skizzierung des Forschungsprojekts sondern auch der Erfassung von demographischen Daten und hiermit der Rolle des befragten Experten im SCRM. Während dann im Hauptteil die weiteren forschungsrelevanten Themen adressiert wurden, diente der Schluss neben einer Danksagung dazu, vom Befragten eigene zentrale Fragestellungen zu erfassen.[1521] Zur Unterstützung des Interviewers wurde der Leitfaden um eine zweite Spalte ergänzt, die Erwartungen an den Gesprächsverlauf oder Unterfragen bzw. Stichworte zur weiteren Präzisierung der vorliegenden Fragen beinhaltet.[1522] Um den Interviewleitfaden auf Schwachstellen wie mangelnde Verständlichkeit zu testen, empfiehlt es sich, vor der eigentlichen Interviewführung einen Pretest durchzuführen.[1523]

In der vorliegenden Arbeit wurden im Rahmen des hier beschriebenen Verfahrens je ein Interviewleitfaden für die Vor- und für die Kernstudie entwickelt. Die Leitfäden können dem Anhang dieser Arbeit entnommen werden. Beide Leitfäden wurden mit mehreren Forschern, die mit der Fragestellung des Forschungsprojektes vertraut waren, vorab besprochen, so dass vor der eigentlichen Interviewführung Korrekturen vorgenommen werden konnten. Zudem konnten die Expertengespräche der Vorstudie, die mit Softwareanbietern geführt wurden, dazu genutzt werden, die Interviewleitfäden für die Kernstudie weiter zu verfeinern.

5.3.3.2.2 Experteninterviews und weitere, ergänzende Erhebungsmethoden im Rahmen der Vorstudie

Aufgrund der nur begrenzt verfügbaren Literatur zu dedizierten Informationssystemen für das SCRM[1524] musste zur Beantwortung der zweiten Forschungsfrage ein Überblick über am Markt angebotene Systeme und deren Funktionalitäten gegeben werden. Hierzu war ein umfangreicher Analyseprozess notwendig, der neben der Führung von Experteninterviews auch andere Erhebungsmethoden beinhaltete, die im Folgenden näher skizziert werden sollen. Abbildung 69 zeigt das Vorgehen im Analyseprozess.

[1521] Vgl. Huber/Mandl (1994).

[1522] Vgl. Kuckartz u. a. (2007), S. 20; Aghamanoukjan/Buber/Meyer (2009), S. 432.

[1523] Vgl. Bähring u. a. (2008), S. 97; Gläser/Laudel (2010), S. 107.

[1524] Abgesehen von einzelnen Beiträgen in Praxis-Journalen die in der Regel nur einzelne Lösungen an einem Fallbeispiel vorstellen, waren im Rahmen der Anfertigung der vorliegenden Arbeit nur die Beiträge von Sheffi/Vakil/Griffin (2012) sowie McBeath (2013) bekannt.

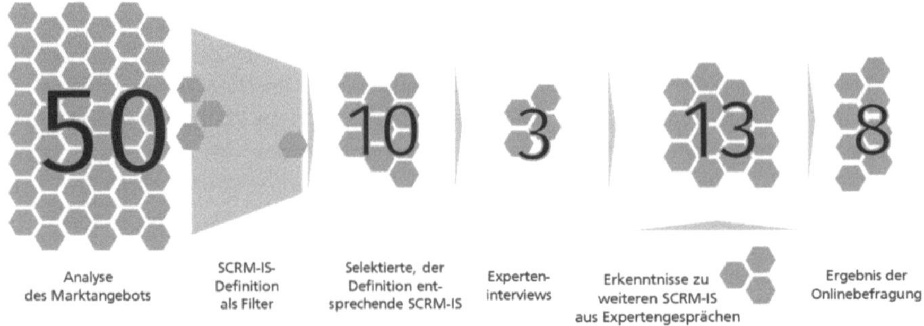

Abbildung 69: Vorgehen im Rahmen der Marktrecherche

Der Analyseprozess begann mit einer Marktanalyse[1525] zur Schaffung eines ersten Überblicks über die am Markt für das SCRM angebotenen Informationssystemen und deren Funktionalitäten. Die Basis für die Marktanalyse bildete Literatur,[1526] eine Web-Recherche, Informationen von Branchenverbänden und Branchenportalen[1527] sowie Recherchen auf Messen und Konferenzen.[1528] Auf diese Weise wurden initial über 50 Systeme ermittelt, die von den Systemanbietern als IT-Systeme zur Unterstützung des SCRM beworben wurden. Bei vielen dieser Systeme handelt es sich allerdings entweder um allgemeine Lieferantenmanagementsysteme, Supply-Chain-Intelligence-Systeme, allgemeine (Enterprise) Risk Management Informationssysteme oder reine Track and Trace- bzw. Event Management-Lösungen. Nur ein kleiner Teil ist den in Kapitel 3.7.6 beschriebenen Kernsystemen zuzurechnen. Zur weiteren Eingrenzung und Filtrierung der Ergebnisse wurde daher eine Definition für dedizierte IT-Lösungen für das SCRM formuliert. Diese Systeme werden im Folgenden als Supply-Chain-Risikomanagement-Informationssysteme (SCRM-IS) bezeichnet:

Definition: Supply-Chain-Risikomanagement-Informationssystem (SCRM-IS)

Supply-Chain-Risikomanagement-Informationssysteme (SCRM-IS) ermöglichen die Beschaffung, Aggregation, Transformation und Visualisierung von für das Supply-Chain-Risiko-Management relevanten Informationen zur Unterstützung von Entscheidern im Supply-Chain-Risikomanagement. Hierbei gestatten sie die Modellierung komplexer Supply-Chain-Strukturen (Supply Chain Mapping) und die Integration von Unternehmens-, Supply-Chain- und Umfeldinformationen mit dem Ziel der ganzheitlichen Entscheidungsunterstützung entlang mehrerer, idealerweise aller Stufen des SCRM-Prozesses.

1525 Analog zu dem in Tornack/Decker/Schumann (2014), S. 708ff. geschilderten Verfahren.

1526 Insbesondere Sheffi/Vakil/Griffin (2012), McBeath (2013).

1527 Bspw. Veranstaltungen des Bundesverband Materialwirtschaft, Einkauf und Logistik e. V. (BME) sowie das Einkaufs-Portal Spend Matters (www.spendmatters.com).

1528 Genutzt wurden insbesondere die Veranstaltungen transport logistic der Messe München sowie der Deutsche Logistik Kongress der Bundesvereinigung Logistik (BVL).

Durch Abgleich der Funktionen der initial identifizierten Informationssysteme mit der oben skizzierten Definition ließen sich insgesamt zehn Systeme als SCRM-IS identifizieren. Um ein besseres Bild von der Funktionalität der Systeme zu gewinnen, wurden anschließend Websites und Dokumente der Systemanbieter gesichtet und mit drei der Systemanbieter Experteninterviews geführt, in deren Rahmen auch eine Live-Demonstration der Systeme stattfand. Zudem nahm der Autor an Webinaren und Informationsveranstaltungen teil, in denen die Vorführung weiterer Systeme erfolgte. In einem ausgewählten Fall konnte ein SCRM-Informationssystem über mehrere Wochen ausgiebig getestet werden.

Eine Übersicht über die Systeme wurde anschließend den interviewten Experten in der parallel begonnenen Kernstudie vorgelegt. Durch das Wissen dieser Experten konnte die Liste von SCRM-IS um drei weitere auf insgesamt 13 Systeme ergänzt werden. Nach einer systematischen Auswertung von Dokumenten und Interview-Transkripten aus den Expertengesprächen der Vorstudie[1529] wurde der Link zu einem Online-Fragebogen an die 13 identifizierten Systemanbieter versendet.[1530] Die Online-Befragung diente der späteren deskriptiven Aufbereitung der Funktionalitäten einzelner Systeme und der Ermöglichung eines systemübergreifenden Vergleichs. Innerhalb der gesetzten Frist von drei Wochen beantworteten 8 der 13 angeschriebenen Systemanbieter den Fragebogen vollständig. Dies entspricht einer als äußerst hoch einzuschätzenden Rücklaufquote von über 60%.[1531] Die positive Resonanz auf den Fragebogen kann über die Neuheit von SCRM-IS und die hiermit einhergehende Unbekanntheit solcher Systeme bei potenziellen Anwendern erklärt werden. Die Antwortbereitschaft der Systemanbieter wurde insbesondere durch die in Aussichtstellung der Vorstellung ihrer Systeme in zwei deutschen Logistik-Fachmagazinen erhöht.[1532] Eine Übersicht über die 13 in dieser Arbeit berücksichtigten Informationssysteme, Systemanbieter und die erfolgten Maßnahmen zur Datenerhebung und -erfassung kann Tabelle 14 entnommen werden.

[1529] Das exakte Vorgehen wird in den Kapiteln 0 und 5.3.3.4 näher beleuchtet.

[1530] Da die Online-Befragung nur eine Randmethode im Rahmen des verfolgten Multimethodenansatzes bildete und lediglich zur deskriptiven Darstellung von Systemfunktionalitäten diente, wird sie hier nicht weiter beschrieben. Für eine tiefergehende Auseinandersetzung mit der Methode der geschlossenen Online-Befragung siehe bspw. Kuckartz (2009).

[1531] In der Regel lassen sich bei entsprechenden Online-Befragungen Rücklaufquoten von 10 – 20% erzielen (vgl. Bourque/Fielder (2003), S. 16f.).

[1532] Hierbei handelt es sich um die Veröffentlichungen Pfohl/Berbner (2015) und Pfohl/Berbner (2016).

Tabelle 14: Übersicht über die im Rahmen dieser Arbeit berücksichtigen Informationssysteme für das Supply-Chain-Risk-Management

Name des Systems	Anbieter	Markteinführung	Datenerhebung und -erfassung
AMERIGO	th data GmbH	2012	Interview/Transkript, Demonstration, Homepage, Dokumente (Ago_1), Onlinebefragung
BSI Supplier Compliance Manager	BSI	2007	Homepage, Dokumente (BSI_1, BSI_2), Onlinebefragung
Dynamic Supply Chain (Risk) Management	Mieschke, Hofmann und Partner	2015	Homepage, Dokumente (MHP_1), Onlinebefragung
NC4 Risk Center	NC4	2014[1533]	Homepage, Dokumente (NC4_1)
Resilience360	Deutsche Post DHL	2014	Hompeage, Demonstration, Interview, Dokumente (RLNC_1), Onlinebefragung
Resilinc SCRM Solution Suite	Resilinc	2011	Webinar/Protokoll, Demonstration, Homepage, Dokumente (RLNC_1), Onlinebefragung
SCAIR (SC Analysis of Interruption Risks)	Intersys Ltd	2007	Homepage, Dokumente (SCAIR_1, SCAIR_2), Onlinebefragung
Sourcemap	Sourcemap	2013	Homepage, Dokumente (SMAP_1), Onlinebefragung
Supplier Infonet	SAP	2013[1534]	Homepage
Supply Chain Risk Analytics(SM) Plattform	PwC	2015[1535]	Homepage
Supply Chain Risk Management	Razient	2013[1536]	Homepage, Dokumente (RZT_1)
Supply Chain Risk Mitigation	Infosys	2013[1537]	Homepage, Dokumente (ISYS_1, ISYS_2)
Supply Risk Network	riskmethods	2013	Interview/Transkript, Demonstration, Test-Setup, Homepage, Dokumente, (RMTS_1-RMTS_3), Onlinebefragung

[1533] Da keine Beteiligung an der Onlineumfrage stattfand, beziehen sich das Datum der Markteinführung sowie weitere Angaben auf ggf. ungenaue Angaben aus dem Internet.

[1534] Wie oben.

[1535] Wie oben.

[1536] Wie oben.

[1537] Wie oben.

5.3.3.2.3 Experteninterviews im Rahmen der Kernstudie

Überlegungen zur Fallauswahl im Rahmen der Kernstudie wurden bereits in Kapitel 5.3.2 skizziert und sollen hier nicht weiter erörtert werden. In einem zweiten Schritt mussten für unterschiedliche Falltypen Personen mit möglichst hoher SCRM-Expertise identifiziert und angesprochen werden. Als besondere Herausforderung ergab sich hierbei die Rolle des SCRM als interdisziplinäre Querschnittsfunktion, die erwarten ließ, dass sich entsprechende Experten in den unterschiedlichen Funktionsbereichen finden würden. Zwei Verfahren sind für die Akquise von Interviewpartnern geeignet: Die Gatekeeper-Akquise nutzt bestehende Kontakte zu Unternehmen, um in diesen Unternehmen Experten für die vorliegende Fragestellung zu akquirieren. Bei der Kaltakquise werden hingegen über Recherchen identifizierte Experten direkt angesprochen.[1538]

Für die empirische Untersuchung innerhalb der Kernstudie wurden beide Verfahren verwendet. Für 9 der insgesamt 19 Fälle ließen sich Interviewpartner mit entsprechender Expertise mit Hilfe von Gatekeepern identifizieren. Da die hierdurch erfassten Unternehmen die Anforderungen an das Untersuchungssample noch nicht vollständig abdeckten, [1539] wurden im Rahmen einer Kaltakquise rund weitere 30 Personen angesprochen. Diese wurden insbesondere im Rahmen des Workshops *Supply-Chain-Risikomanagement* des 31. Deutschen Logistik Kongresses,[1540] im Rahmen des Workshops *Supply-Chain-Risikomanagement* des RiskNET Summit 2014[1541] sowie durch den Arbeitskreis *Supply-Chain-Risikomanagement* der Risk Management Association e.V. (RMA)[1542] identifiziert. Von den weiteren 30 angesprochenen Personen sagten Repräsentanten von 11 Unternehmen für die Teilnahme an einem Experteninterview zu. Im Rahmen der Interviewführung zeigte sich, dass die Expertise eines der befragten Ansprechpartner für den Gegenstand des SCRM nicht ausreichend war, so dass dieses Interview und der dahinter stehende Fall im Rahmen der Auswertung nicht weiter berücksichtigt wurden. Ein Überblick über die im Rahmen der Kernstudie befragten Experten sowie eine Vorschau auf

---

[1538] Vgl. Gläser/Laudel (2010), S. 98; Helfferich (2011), S. 175f.

[1539] Anforderungen des theoretischen Samplings zu Erreichung möglichst kontrastreicher Idealtypen.

[1540] Der 31. Deutsche Logistik-Kongress fand vom 22. bis 24. Oktober 2014 in Berlin statt und wurde von der Bundesvereinigung Logistik (BVL e.V. Bremen) veranstaltet. Der Workshop „Supply-Chain-Risikomanagement – Risiken in der Logistik sicher beherrschen" wurde von Prof. Dr. Dr. h.c. Wolfgang Kersten am 23.10.2014 im Rahmen des Kongresses veranstaltet. Durch den Workshop konnten u.a. Experten aus Logistik und Einkauf mit Aufgaben im SCRM identifiziert werden.

[1541] Der RiskNET Summit 2014 fand am 5. und 6. November 2014 in Ismaning bei München statt und wurde vom RiskNET Risk Management Network veranstaltet. Kontakte zu Experten konnten über den auf dem Seminar abgehaltenen Workshop „Supply-Chain-Risikomanagement" aber auch durch die auf dem Seminar ausgegebene Kontaktliste geknüpft werden. Durch das Seminar ließen sich insbesondere Experten aus Zentralbereichen von Unternehmen wie dem Risikomanagement oder dem Controlling identifizieren, die gleichzeitig über Aufgaben im SCRM verfügen.

[1542] Die Risk Management Association (RMA e.V.) unterhält einen regelmäßigen Arbeitskreis zum Thema Supply-Chain-Risikomanagement, der von Vertretern der Unternehmen Münchner Rückversicherungsgesellschaft und Accenture geleitet wird. Das Arbeitskreistreffen am 15.01.2015 wurde genutzt, um weitere Interviewpartner zu identifizieren. Das Arbeitskreistreffen am 08.05.2015 diente der Präsentation und Diskussion erster Ergebnisse aus dem Forschungsprojekt.

die noch zu diskutierende Erhebungsmethode und die Art der Datenerfassung gibt Tabelle 15.

Tabelle 15: In der Kernstudie befragte Experten[1543]

Fall	Experte	Funktion	Datenerhebung			Datenerfassung		
			vor Ort	Telefon	Webinar	Transkript	Fragebogen	Protokoll
F01	E01	Program Manager Global Logistics		1		1		(1)
F01	E02	Manager Strategy & Analytics		1				1
F02	E03	Manager strategisches Lieferantenmanagement	1			1		(1)
F02	E04	Materials Management / Logistics	1					1
F03	E05	Supply Chain Management, Master Scheduling	1			1		(1)
F04	E06	Leiter Liefernetzwerk	1	1				1
F05	E07	Leiter Supply Chain Risikomanagement	1			1		(1)
F06	E08	Projektleiter Einkauf		1		1		(1)
F07	E09	Projektmanagement Einkauf und Lieferanten-netzwerk	1			1		(1)
F07	E10	Referent Risikomanagement	1			1		(1)
F07	E11	IT-Riskmanagement		1				1
F07	E12	Manager Ersatzteillogistik	1			1		
F08	E13	Bereichsleiter Einkauf, stellvertretender COO	1			1		(1)
F08	E14	Manager strategischer Einkauf	1			1		(1)
F09	E15	Director Global IT		1		1		(1)
F10	E16	Leiter Supply Chain Management weltweit		1		1		(1)
F11	E17	Customer Logistics	1			1		(1)
F11	E18	Leiter Risikomanagement Supply Chain		1		1	1	(1)
F12	E19	Manager Corporate Purchasing & Logistics	1			1		(1)

1543 Eine Markierung mit „1“ bedeutet, dass die entsprechende Datenerhebungs- bzw. Datenerfassungsmethode bei dem entsprechenden Experten angewandt wurde. Eine „(1)“ in den Feldern der Datenerfassung bedeutet, dass die entsprechende Methode zwar angewandt wurde, aufgrund anderer, besserer Datenbestände bei der Auswertung jedoch keine explizite Berücksichtigung fand.

Fall	Experte	Funktion	Datenerhebung			Datenerfassung		
			vor Ort	Telefon	Webinar	Transkript	Fragebogen	Protokoll
F12	E20	Director Logistics			1	1		(1)
F13	E21	Leiter strategischer Einkauf	1			1		(1)
F14	E22	Forward Sourcing und Supply Chain Risikomanagement		1		1		(1)
F15	E23	Supply Chain Management/ Risiko Management	1			1		(1)
F16	E24	Leiter Werkseinkauf		1		1		(1)
F17	E25	Director Global Purchasing & Materials Management	1	1	1	1		1
F17	E26	Leiter Risikomanagement Supply Chain			1			1
F18	E27	Leiter Logistik und Lieferantenmanagement	1			1		(1)
F18	E28	Leiter Supply Chain Management	1			1		(1)
F19	E29	Vice President Risk Management		1		1		(1)

5.3.3.3 Durchführung und Dokumentation der Experteninterviews

Wie in Kapitel 5.3.3.2 gezeigt, wurden im Rahmen der vorliegenden Untersuchung Interviews mit insgesamt 32 Experten geführt – 29 Experten wurden in der Kernstudie befragt und 3 Experten in der Vorstudie. Es wurde versucht möglichst alle Interviews persönlich vor Ort beim Experten durchzuführen, was aufgrund mangelnder terminlicher Verfügbarkeit oder hoher geographischer Distanz zum Interviewpartner nicht in allen Fällen möglich war. In diesen Fällen wurden Interviews per Telefon geführt.[1544] In Einzelfällen wurden zur Datenergänzung bzw. zur Gesprächsanbahnung auch von einzelnen Experten mitveranstaltete Webinare zum Thema *Softwareeinsatz im SCRM* verwendet. Die Betrachtung von 19 Fällen im Rahmen der Kernstudie führt zu rund 1,5 Experten je Fall. Bei der Befragung von mehreren Experten je Fall wurde auf eine möglichst interdisziplinäre Ausrichtung geachtet, d.h. es wurden bspw. für einen Fall Gespräche mit einem Einkaufs- und mit einem Risikomanagement-Experten geführt. Aus pragmatischen Gründen wurden mehrere Experten des gleichen Falles in der Regel gemeinsam befragt. Während dies zu einer gegenseitigen Ergänzung der unterschiedlichen Blickwinkel durch gegenseitige Inspiration führte, war insbesondere darauf zu achten, dass keine Verzerrung

[1544] Die ex-post Analyse der Interviews hat gezeigt, dass eine solche Beeinflussung bei der Befragung nicht oder nur im geringfügigen Maße stattgefunden hat. Dies belegen insbesondere Beispiele, bei denen sich befragte Interviewpartner offen widersprachen (vgl. hierzu auch Lamnek (2010), S. 354).

der Aussagen durch gegenseitige Einflussnahme entstand.[1545] Die Interviews wurden vom Interviewer in offener Weise in Anlehnung an den entwickelten Interviewleitfaden geführt. Ein Interview dauerte in der Regel rund eine Stunde – Gesprächen mit mehreren Interviewpartnern wurde mehr Zeit eingeräumt.

Für alle geführten Interviews wurde umgehend nach der Interviewführung ein Protokoll angefertigt. Zudem fand während fast aller Interviews eine Tonaufzeichnung[1546] statt, die im Anschluss mittels Transkription für die spätere qualitative Inhaltsanalyse erschlossen wurde. Nur in Einzelfällen – wenn ein Interview entweder lediglich ergänzenden Charakter aufwies oder der Interviewpartner sich aus Vertraulichkeitsgründen eine Aufnahme verbat – fand keine Tonaufzeichnung statt. In diesen Fällen musste bei der Auswertung auf das angefertigte Protokoll zurückgegriffen werden.

5.3.3.4 Auswertung mit Hilfe der qualitativen Inhaltsanalyse

Die hier verwendeten Erhebungsmethoden weisen aufgrund ihrer Offenheit eine hohe Unschärfe der gewonnen Daten auf. Die Auswertung erfordert daher eine umfassende Interpretationsleistung.[1547] Für die Auswertung qualitativer Daten kommen verschiedene Verfahren wie freie Interpretationen, sequenzanalytische Methoden, Kodieren sowie die qualitative Inhaltsanalyse in Betracht.[1548] Gerade bei großen Textmengen oder rekonstruierenden Untersuchungen, wie sie im Falle der vorliegenden Untersuchung vorkommen, wird die Verwendung der qualitativen Inhaltsanalyse empfohlen.[1549]

Die qualitative Inhaltsanalyse hat ihren Ursprung in einer quantifizierenden Methode zur Textanalyse. Ursprünglich wurden Textstellen vorab definierten Kategorien zugeordnet (Kodieren) und deren Häufigkeit analysiert. Dies ist jedoch nur im Falle der Existenz eines unmittelbaren Zusammenhangs zwischen der Häufigkeit einer Kategorie und dem beschriebenen Sachverhalt sinnvoll. Die qualitative Inhaltsanalyse nach Mayring (2007) stellt eine Weiterentwicklung dieses Verfahrens dar. Hierbei wird ein System vorzugsweise ordinalskalierter Kategorien entwickelt, das zur Strukturierung extrahierter Textstellen dient. Dieses Vorgehen ist insbesondere zur Quantifizierung qualitativer Inhalte geeignet, geht allerdings mit einer erheblichen Komplexitätsreduktion einher. Die Bedeutung ganzer Textpassagen wird auf die Aussage einer einzelnen Kategorie reduziert und sonstige zentrale Inhalte werden gegebenenfalls außer Acht gelassen.[1550] Aufgrund der besseren

---

[1545] Vgl. hierzu auch Lamnek (2010), S. 354.

[1546] Bei der hier vorgenommenen wörtlichen Transkription erfolgt eine Verschriftlichung ohne umfangreiche Paraphrasierung/Umformulierung. Aufgrund ihrer für die vorliegende Untersuchung geringen Bedeutung wurde die Phonetik bei der Transkription nicht berücksichtigt. Umgangssprachliche Ausdrücke wurden möglichst ins Schriftdeutsche übersetzt (vgl. zu Transkriptionsverfahren insbesondere Mayring (2002), S. 89ff.; Lamnek (2010), S. 367f.).

[1547] Vgl. Gläser/Laudel (2010), S. 43.

[1548] Vgl. Gläser/Laudel (2010), S. 43. Vgl. für weitere Auswertungsmöglichkeiten auch Mayring (2002), S. 102ff.; Bähring u. a. (2008), S. 103-106; Lamnek (2010), S. 178ff.

[1549] Vgl. Gläser/Laudel (2010), S. 47.

[1550] Vgl. Gläser/Laudel (2010), S. 198.

Eignung zur Bearbeitung komplexer Sachverhalte kam daher in der vorliegenden Arbeit die qualitative Inhaltsanalyse nach Gläser/Laudel (2010) zum Einsatz.

Bei dieser Methode werden Fragmente aus dem Text auf Basis eines ex ante theoriegeleitet entwickelten Kategoriensystems extrahiert.[1551] Im Gegensatz zum Vorgehen nach Mayring gestattet die qualitative Inhaltsanalyse nach Gläser und Laudel die Ergänzung und Modifikation der Kategorien auch während des Extraktionsprozesses, was insbesondere die Offenheit des Verfahrens positiv beeinflusst. Zur Durchführung der qualitativen Inhaltsanalyse schlagen Gläser und Laudel ein vierstufiges Verfahren vor, welches in der vorliegenden Arbeit sowohl im Rahmen der Vorstudie, als auch in der Kernstudie umgesetzt wurde. Das Verfahren umfasst die Stufen Vorbereitung, Extraktion, Aufbereitung und Auswertung.[1552] Hierbei wird der gesamte Prozess in der Regel durch so genannte QDA (Qualitative Datenanalyse)-Software unterstützt – im Rahmen der vorliegenden Untersuchung kam MAXQDA zum Einsatz.[1553]

Zur Vorbereitung der Extraktion war als erstes das Kategoriensystem zu bilden.[1554] Die einzelnen Kategorien ergaben sich aus den theoretischen Annahmen bzw. Hypothesen, die vor der Durchführung der Befragung im Rahmen des konzeptionellen Bezugsrahmens gebildet wurden. Zudem lieferten Erkenntnisse aus der Vorstudie wichtige Anhaltspunkte für die Entwicklung des Kategoriensystems der Kernstudie.[1555] Aufgrund der Neuartigkeit des Themas musste das Kategoriensystem während der Extraktionsphase umfangreiche Ergänzungen von Kategorien und Sub-Kategorien erfahren. Schon mit der Extraktion erfolgte eine Aufbereitung der Daten in dem Sinne, dass extrahierte Textstellen mit Hilfe eines Kategorien-Baumes in Kontext zueinander gesetzt wurden.[1556] Zudem fand nach Abschluss der Extraktion eine Aufbereitung der Daten mittels Konsolidierung zu Oberkategorien sowie durch eine fallweise Konsolidierung der Ergebnisse statt. Die Auswertungsphase diente abschließend der Interpretation der aufbereiteten Inhalte und orientierte sich an den vier eingangs skizzierten Forschungsfragen. Bevor die finalen Forschungsergebnisse vorgestellt werden, widmet sich das folgende Kapitel den Gütekriterien qualitativer Forschung.

5.4 Gütekriterien qualitativer Forschung

Um die Qualität des Forschungsprozesses sicherzustellen, werden an die qualitative Forschung Qualitätsanforderungen gestellt und über Gütekriterien präzisiert. Im Gegensatz zur quantitativen Forschung, bei welcher zur Qualitätssicherung statistische Tests herangezogen werden können, ist der Gütenachweis bei qualitativen Studien ungleich

---

[1551] Vgl. Gläser/Laudel (2010), S. 197ff., 200; Vgl. auch Mayring (2002), S. 114.

[1552] Vgl. Gläser/Laudel (2010), S. 202.

[1553] Vgl. Kuckartz (2010), S. 12. Andere häufig verwendete QDA-Lösungen sind ATLAS.TI und NVivo.

[1554] Vgl. Kuckartz u. a. (2007), S. 36.

[1555] Vgl. Gläser/Laudel (2010), S. 203.

[1556] Vgl. Kuckartz u. a. (2007), S. 13.

komplexer. Nach Gibbert/Ruigrok/Wicki (2008) umfassen qualitative Gütekriterien die *interne Validität*, die *Konstruktvalidität*, die *externe Validität* und die *Reliabilität*. In Ergänzung zu diesen Faktoren wird in Anlehnung an Wrona (2006) auch die *Objektivität* als weiterer Faktor berücksichtigt:[1557]

Interne Validität bezieht sich auf die Güte identifizierter Zusammenhänge zwischen Variablen innerhalb der Untersuchung. Die vom Forscher getroffenen Aussagen müssen über das vorliegende Material begründet und nachvollziehbar sein. Identifizierte Kausalität muss sich auf eine strenge logische Argumentation stützen und mögliche Fehlinterpretationen ausschließen.[1558] In der vorliegenden Arbeit wird die interne Validität durch ein deduktives Vorgehen, welches die Ableitung kausaler Beziehungen auf eine breite Theoriebasis stützt, die Verschriftlichung sämtlichen Datenmaterials, die Kodierung des Datenmaterials sowie die enge Arbeit am Material sichergestellt. Auch die Triangulation der Datenquellen und die Rückspiegelung von Forschungsergebnissen mit Praktikern tragen zur internen Validität der Untersuchungsergebnisse bei.

Konstruktvalidität soll sicherstellen, dass in einer Studie das untersucht wird, was untersucht werden soll. Sie bezieht sich damit auf die Qualität in der ein konzeptualisiertes Modell die Realität tatsächlich abbildet.[1559] Konstruktvalidität wurde in der vorliegenden Untersuchung sichergestellt, indem der entwickelte Interviewleitfaden auf bestehenden theoretischen Konzepten des SCRM und der Informationstheorie aufbaut und zudem auch andere vergleichbare, bewährte Leitfäden bei der Entwicklung herangezogen wurden. Zudem wurde der Leitfaden mit mehreren Experten vor der Führung erster Interviews besprochen.

Externe Validität beschreibt, in wie weit sich die Forschungsergebnisse auf Einheiten übertragen lassen, die nicht selbst Teil der Untersuchung sind und betrifft damit die Generalisierbarkeit der Forschungsergebnisse. Durch theoretisches Sampling, welches bei der Zusammenstellung des Untersuchungssamples gezielt Extremtypen bzw. Prototypen berücksichtigt, lässt sich die Generalisierbarkeit der Forschungsergebnisse erhöhen.[1560] In der vorliegenden Studie wird externe Validität gesichert, in dem die Forschungsergebnisse

---

[1557] Vgl. Gibbert/Ruigrok/Wicki (2008). S. 1466f. Gütekriterien unterstützen bei der Vermittlung des Wertes und der Qualität einer Forschungsarbeit. Zudem können sie helfen, Akzeptanz in sozialen Kommunikations- und Konstruktionsprozessen zu erzeugen (vgl. Lincoln/Guba (1985), S. 290; Steinke (2008), S. 322). Die Rolle, die Art und der Nutzen von Gütekriterien in der qualitativen Sozialforschung sind umstritten. In der qualitativen Forschung werden Gütekriterien der quantitativen Forschung adaptiert und eigene Gütekriterien entwickelt. Einige Autoren lehnen Gütekriterien auch zur Gänze ab (vgl. Wrona (2006), S. 202ff.; Steinke (2008), S. 319-321). In der vorliegenden Arbeit soll einer Anwendung angepasster Kriterien nach Gibbert/Ruigrok/Wicki (2008) sowie Wrona (2006) gefolgt werden. Für eine Weitergehende Fundierung von Gütekriterien in der qualitativen Sozialforschung, als sie in dem durch diese Arbeit gegebenen Rahmen möglich ist, siehe auch Kirk/Miller (1985); Mayring (2002), S. 140ff.; Wrona (2006); Gibbert/Ruigrok/Wicki (2008); Lamnek (2010), S. 127ff.;.

[1558] Vgl. Wrona (2006), S. 202; Gibbert/Ruigrok/Wicki (2008), S. 1466.

[1559] Vgl. Gibbert/Ruigrok/Wicki (2008,S. 1467.

[1560] Vgl. Wrona (2006), S. 206f.;Gibbert/Ruigrok/Wicki (2008). S. 1468; Lamnek (2010), S. 171.

auf anerkannten Theorien sowie theoriegeleiteten Modellen und Konstrukten aufbauen. Zudem wurden für die Untersuchung gezielt zwei Branchen ausgesucht, mit der Möglichkeit, Fälle branchenübergreifend zu typisieren. Durch ein theoretisches Sampling, das Unternehmen verschiedener Größen und Supply-Chain-Stufen umfasste, konnte mit der Selektion von insgesamt 19 Fällen ein Sättigungsgrad erreicht werden, der die Generalisierbarkeit mit noch zu nennenden Einschränkungen gewährleistet. Als erste Arbeit überhaupt, die sich mit dem Phänomen des IT-Einsatzes im SCRM befasst und hiermit zwangsweise einen explorativen Charakter aufweist, muss eine eingeschränkte Generalisierbarkeit mit dem Ausblick auf zukünftige (quantitative) Ergänzungsstudien akzeptiert werden.

Reliabilität bezieht sich auf die Zuverlässigkeit und damit die Reproduzierbarkeit von Untersuchungsergebnissen. Aufgrund der in der qualitativen Forschung fehlenden Stabilität des Untersuchungsgegenstandes scheidet die Überprüfung der Messgenauigkeit mittels Re-Test allerdings aus. Daher wird hier auf die prozessuale Reliabilität zurückgegriffen, die bewertet, „*inwieweit der Forschungsprozess und die Interpretationen des Forschers explizit gemacht werden*“[1561]. Die hiermit geforderte intersubjektive Nachvollziehbarkeit kann durch Dokumentation und Regelgeleitetheit des Forschungsprozesses sichergestellt werden.[1562] In der vorliegenden Untersuchung wird Reliabilität durch die Dokumentation des gesamten Forschungsprozesses sichergestellt. Die vorliegende Dokumentation enthält die Forschungsziele sowie die formulierten Forschungsfragen (siehe Kapitel 1.3) einen Überblick über das theoretische Vorwissen (Kapitel 2 und 3), die Art der Datenerhebung und Auswertung (Kapitel und Kapitel 5.3). Zudem können die verwendeten Interviewleitfäden dem Anhang der vorliegenden Arbeit entnommen werden.

Objektivität wird nur teilweise den qualitativen Gütekriterien zugerechnet, da Subjektivität als Teil der qualitativen Forschungsmethodologie verstanden werden kann.[1563] Einzelne Ansätze wie beispielsweise die qualitative Inhaltsanalyse nach Mayring versuchen sich jedoch an einer Objektivierung des qualitativen Forschungsprozesses.[1564] Hiervon abgesehen muss sich der Forscher seine Subjektivität im Forschungsprozess ständig bewusst machen und diese durch die Dokumentation des Forschungsprozesses offen darlegen.[1565] In der vorliegenden Arbeit erfolgt zur Sicherung der Objektivität daher auch mit dem verfolgten konstruktivistischen Paradigma ein offener Umgang mit der zwangsweise vorhandenen Subjektivität. Hierzu tragen auch die ausführliche Dokumentation des Forschungsprozesses und die Auswertung der geführten Interviews nach der Methode von Gläser/Laudel (2010) in Anlehnung an die von Mayring (2007) entwickelte qualitative Inhaltsanalyse bei.

[1561] Wrona (2006), S. 207. Siehe auch Gibbert/Ruigrok/Wicki (2008). S. 1468f.

[1562] Vgl. Wrona (2006), S. 207.

[1563] Vgl. Wrona (2006), S. 207.

[1564] Siehe hierzu Mayring (2007).

[1565] Vgl. Wrona (2006), S. 207.

6 Information, Informationsbeschaffung und Informationsverarbeitung im SCRM

Das vorliegende Kapitel widmet sich der Beantwortung der ersten Forschungsfrage:

Forschungsfrage 1:
Welche Rolle spielen Informationen im SCRM und wie werden sie heute beschafft?

In Kapitel 6.1 soll als erstes ein allgemeiner Überblick über die Risikosituation und die Rolle des SCRM auf Basis der untersuchten Fälle gegeben werden. Im Anschluss skizziert Kapitel 6.2 die empirischen Erkenntnisse bezüglich der Rolle von Informationen im SCRM, bevor in Kapitel 6.3 die von Unternehmen verwendeten Informationsquellen und die sich ergebenden Herausforderungen der Informationsbeschaffung beschrieben werden. Kapitel 6.4 liefert schließlich eine an die Praxis angelehnte Darstellung des SCRM-Prozesses bevor in Kapitel 6.5 Informationsprozesse und resultierende Informationspathologien näher beleuchtet werden.

6.1 Satus Quo zu SC-Risiken und SCRM

Wie bereits in den Kapiteln 3.2.2 und 3.2.3 skizziert, werden Unternehmen zunehmend von Risikoquellen aus dem Unternehmensumfeld bedroht, während sich gleichzeitig die Verwundbarkeit von Supply Chains erhöht. Verschiedene Risikoereignisse auf der Umfeldebene, [1566] der institutionellen Ebene, [1567] der Ressourcenebene [1568] und der Wertstromebene[1569] haben bei den befragten Unternehmen in den letzten Jahren immer wieder zu Supply-Chain-Unterbrechungen geführt. Für die meisten der befragten Unternehmen sind Auswirkungen von aus SC-Risiken folgenden Unterbrechungen unmittelbar messbar. Tier-1-Lieferanten in der Automobilindustrie sind in der Regel dazu verpflichtet, die Kosten von ihnen beim OEM verursachten Bandstillständen zu tragen. Je nach OEM werden Strafzahlungen zwischen 1.000 und 5.000 € pro Minute Bandstopp gefordert, die bereits bei kurzen Unterbrechungen zu hohen Gesamtschadenssummen führen.[1570] Ein befragtes Unternehmen gab z.B. als Folge des Tōhoku-Erdbebens 2011 und

---

[1566] Vgl. F011, Abs. 2, 12; F021, Abs. 17-19, 21, 35; F061, Abs. 13, 17; F081F082, Abs. 10; 18, 102, 103; F091, Abs. 29; F101, Abs. 26, 34; F111, Abs. 269-271; F112, Abs. 3, 5; F113; F122, Abs. 1; F131, Abs. 9, 57, 72, 88; F141, Abs. 9f., 54, 110, 112; F151, Abs. 73; F161, Abs. 15; F171, Abs. 14; F191, Abs. 13, 15; F012, Abs. 34-39; F181F182, Abs. 22.

[1567] Vgl. F081F082, Abs. 22, 105; F091, Abs. 27, 29, 98; F131, Abs. 9; F141, Abs. 9f., 20, 63f.; F151, Abs. 7, 41; F161, Abs. 4, 6; F191, Abs. 13, 15.

[1568] Vgl. F011, Abs. 2, 12; F101, Abs. 60; F114, Abs. 52-54; F122, Abs. 4; F151, Abs. 51; F175, Abs. 90; F181F182, Abs. 38.

[1569] Vgl. F031, Abs. 29-36; F061, Abs. 13; F091, Abs. 29, 51, 63; F101, Abs. 29f., 50; F114, Abs. 6f.; F122, Abs. 7; F141, Abs. 16-18, 60, 116; F151, Abs. 51; F171, Abs. 4, 14; F181F182, Abs. 22.

[1570] Vgl. F051, Abs. 120; Vgl. auch F161, Abs. 34.

der Überflutungen in Thailand 2012 Gesamtschäden in der Supply Chain in Höhe von rund 30 Mio. € an.[1571]

Vor dem Hintergrund zunehmender Einflüsse aus dem Unternehmensumfeld sind auch die Anforderungen an das SCRM von Seiten unternehmensinterner und -externer SCRM-Stakeholder gewachsen: Wichtige Einflussnehmer sind das Management des Unternehmens, Investoren, Versicherungen, Kunden, Lieferanten aber auch der Gesetzgeber, insbesondere über das KonTraG.[1572] Zudem nehmen Unternehmen das SCRM verstärkt als Differenzierungs- und Alleinstellungsmerkmal wahr, über das sie sich Wettbewerbsvorteile sichern können:[1573]

„Und das ist für mich ein ganz interessanter Punkt (...), dass Risk Management (...) ein Differenzierungs- und Alleinstellungsmerkmal einer Supply Chain ist und ich finde ein Unternehmen, dass dieses Risk Management betreibt, sich dadurch wirklich einen Vorteil im Wettbewerb verschaffen kann."[1574]

Ursächlich für eine verstärkte Entwicklung des SCRM, die sich beispielsweise durch die Herausbildung spezialisierter Aufbaustrukturen und formalisierter Prozesse abzeichnet, sind meist jedoch nicht die allgemeine Risikosituation von Unternehmen sondern spezifische Schlüsselereignisse, die zu einem hohen individuellen Schadensausmaß geführt und die Risikowahrnehmung von Unternehmen nachhaltig geprägt haben. Solche Ereignisse sind beispielsweise die weltweite Finanzkrise ab dem Jahr 2007 oder das Tōhoku-Erdbeben 2011:[1575]

„Und das (Supply-Chain-)Risikomanagement war da eher so, dass das zufällig dazu kam, mit der Krise 2008/2009, so ungefähr: ‚Frau (...), wir brauchen da was. Machen Sie was. Wir treffen uns in vier Wochen wieder.' So war das wirklich gewesen und so kam ich zu dem Thema (Supply-Chain-)Risikomanagement."[1576]

Um die mit Supply-Chain-Unterbrechungen entstehenden Kosten zu reduzieren, ergreifen Unternehmen verstärkt umfangreiche präventive Maßnahmen. Hierbei spielen laut der befragten Unternehmen seit dem Tōhoku-Erdbeben 2011 in Japan Maßnahmen zur Risikobegrenzung eine hervorgehobene Rolle. So haben die befragten Unternehmen in den letzten Jahren teilweise Bestände in der Supply Chain erhöht und bestehende Single-Source-Konzepte zur Dual- bzw. Multi-Source-Beschaffung ausgebaut. In Einzelfällen ist gar die Erhöhung der Eigenfertigung im Gespräch. Den hier skizzierten Maßnahmen stehen allerdings hohe Kosten entgegen. Neben risikobegrenzenden Maßnahmen wird daher der

---

[1571] Vgl. F122, Abs. 5.

[1572] Vgl. F021, Abs. 9m 25; F051, Abs. 2; F072F073, Abs. 17; F131, Abs. 81f.; F191, Abs. 4.

[1573] Vgl. F011, Abs. 16. Vgl. auch F041, Abs. 18-29; F081F082, Abs. 10, 22, 59.

[1574] F011, Abs. 16.

[1575] Vgl. F112, Abs. 5; F 131, Abs. 2, 9; F141, Abs. 4; F151, Abs. 7; F161, Abs. 4, 80; F171, Abs. 14;

[1576] F141, Abs. 4.

verstärkte Einsatz von Möglichkeiten zur Risikoübertragung betont. Während gerade in der Automobilindustrie Risiken in großem Umfang vom OEM an Systemlieferanten (Tier-1) übertragen werden, nutzen einige Unternehmen auch die Überwälzung von Risiken im Rahmen von Betriebsunterbrechungsversicherungen.[1577] Im letzteren Falle wird eine Unterbrechung zwar nicht verhindert, deren finanzielle Auswirkungen werden jedoch begrenzt. Die Notwendigkeit der hier skizzierten präventiven Maßnahmen wird durch die in der Regel höheren Kosten reaktiver Maßnahmen unterstrichen. Oftmals müssen Werke beispielsweise per Luftfracht – gegebenenfalls sogar mit dem Hubschrauber – beliefert werden, um einen Bandstopp zu verhindern.[1578]

„Da fliegst du Stahl für mehrere Tonnen durch die Gegend, das ist natürlich auch nicht gerade günstig.“[1579]

Aufgrund der Vielzahl potenzieller Risiken lassen sich im Rahmen des präventiven SCRM allerdings nicht für alle denkbaren Risiken präventive Steuerungsmaßnahmen entwickeln. Dem präventiven SCRM kommt für diese Fälle allerdings die Aufgabe zu, Strukturen, Technologien und Informationen bereitzustellen, die im Falle eines Schadensereignisses das reaktive SCRM unterstützen.[1580] Präventive Maßnahmen sind folglich mit reaktiven Maßnahmen zu ganzheitlichen Konzepten zu integrieren.[1581] In der Umsetzung des präventiven und des reaktiven SCRM zeigen sich bei den befragten Unternehmen deutliche Unterschiede. Zum einen ist erkennbar, dass sich das SCRM bei vielen Unternehmen auf einem als unzureichend empfundenen Niveau befindet und zukünftig weiterentwickelt werden soll.[1582]

„(...) ich habe den Eindruck, man reagiert nur. Es gibt keine proaktiven Handlungen auf irgendwelche Risiken.“[1583]

„Auch mit der Spedition hatten wir oft genug, dass dann da irgendwas schief lief und dann gab es da keine Alternativen oder keinen Notfallplan.“[1584]

Allerdings folgen die untersuchten Unternehmen aufgrund von Abweichungen in ihrem Risikoappetit auch unterschiedlichen risikopolitischen Grundstrategien.[1585]

[1577] Vgl. F031, Abs. 36-43; F072F073, Abs. 47, 148; F101, Abs. 58, 66, 84; F131, Abs. 70-82.; F161, Abs. 27, 32f., 77; F171, Abs. 12; F191, Abs. 17, 51, 62-70.

[1578] Vgl. F061, Abs. 79; F121, Abs. 80; F141, Abs. 54-56; F151, Abs. 54-56; F161, Abs. 35f.

[1579] F061, Abs. 79.

[1580] Vgl. F012, Abs. 58-61; F031, Abs. 16-23; F041, Abs. 32: F161, Abs. 82.

[1581] Vgl. F072F073, Abs. 45; F114, Abs. 46-50.

[1582] Vgl. F031, Abs. 68-80; F051, Abs. 74; F161, Abs. 78.

[1583] F161, Abs. 78.

[1584] F051, Abs. 74.

[1585] F181F182, Abs. 3; F161, Abs. 82.

„Ja die sind unheimlich angreifbar. Und dieses Risiko (…) (geht) die Firma bewusst ein, weil wir sagen, so viele Varianten, um die von zwei verschiedenen Lieferanten gleichzeitig zu haben, da müsste ich noch mehr Lieferanten managen, also solche Funktionen wie uns müsste ich dann verdoppeln.“[1586]

„Die Bonität ist schlecht, das bedeutet jetzt, man kann den Auftrag dort günstig platzieren, weil die unbedingt Umsatz benötigen – oder man steht mit einem Fuß im Knast.“[1587]

Zudem ergeben sich Einflussfaktoren aus der Position in der Supply Chain und der hieraus folgenden Verwundbarkeit bzw. Exponiertheit der beschaffungsseitigen Supply Chain. Auch die Unternehmensgröße beeinflusst – über die verfügbaren Ressourcen und SCRM-Fähigkeiten – die Umsetzung des SCRM.[1588] Abbildung 70 gibt einen Einblick in die von den befragten Unternehmen ergriffenen präventiven Steuerungsmaßnahmen sowie präventiven Maßnahmen zur Unterstützung des reaktiven SCRM und ermöglicht die Zuordnung der 19 untersuchten Fälle zu vier unterschiedlichen SCRM-Typen: *SCRM-Adapter* fokussieren ihre SCRM-Aktivitäten auf die präventive Unterstützung reaktiver Maßnahmen während sich *SCRM-Guards* auf die Umsetzung präventiver Maßnahmen konzentrieren. Hingegen implementieren *SCRM-Firefighter* keine bis wenige SCRM-spezifische Maßnahmen. *SCRM-Master* implementieren umfangreiche Maßnahmen, sowohl auf präventiver als auch auf reaktiver Ebene. Bei genauerer Betrachtung der zugeordneten Unternehmenstypen wird ersichtlich, dass OEM in der Regel umfangreiche SCRM-Maßnahmen ergreifen, während ihre Lieferanten und insbesondere Unterlieferanten oftmals den *SCRM-Firefightern* zuzuordnen sind. Diese Zuordnung gibt einen ersten Einblick in die SCRM-Fähigkeiten unterschiedlicher Unternehmen. Für den konfigurationstheoretischen Ansatz ist allerdings eine weitergehende Differenzierung notwendig, die in Kapitel 9 der vorliegenden Arbeit erfolgt.

Neben Einzelmaßnahmen setzen einige Unternehmen auch auf Kooperation im SCRM. Entgegen des in Kapitel 3.6.4.2 skizzierten konzeptionellen Ansatzes von Kajüter (2003) zur Beschreibung unterschiedlicher Netzwerkorganisationen fokussiert sich die Kooperation in der Regel allerdings auf dyadische Beziehungen im Rahmen des reaktiven SCRM. Im Falle eines Schadensereignisses wird Supply-Chain-aufwärts wie -abwärts eine hohe Flexibilität der Supply-Chain-Partner erwartet und in der Regel auch gewährleistet.[1589] Kritisiert wird in der Automobilindustrie allerdings die mangelnde Flexibilität von OEM bezüglich der Freigabe alternativer Standorte, Produktionsanlagen und Lieferanten.[1590]

[1586] F181F182, Abs. 3.

[1587] F161, Abs. 82.

[1588] Vgl. F031, Abs. 44-49; F021, Abs. 54; F072F073, Abs. 69; F101, Abs. 20, 36, 60; F113; F151, Abs. 7; F161, Abs. 27, 43, 78, 82; F171, Abs. 4; F181F182, Abs. 34; F191, Abs. 45.

[1589] Vgl. F072F073, Abs. 148; F081F082, Abs. 93; F131, Abs. 74.; F181F182, Abs. 22, 38.

[1590] Vgl. F111, Abs. 263f.

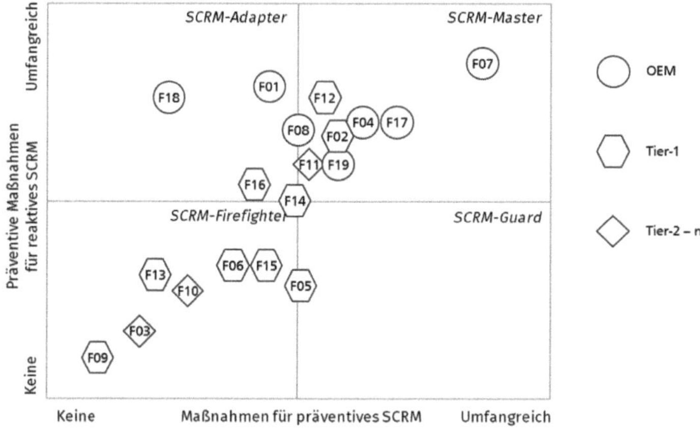

Abbildung 70: Ausprägung der präventiven und reaktiven Aktivitäten im SCRM

Zudem platzieren Kunden im Schadensfall eigene Mitarbeiter beim Lieferanten, um Einblicke in die dortigen Prozesse zu erhalten und gegebenenfalls unmittelbar in das operative Schadensmanagement einzugreifen.[1591] Allerdings kooperieren nur einzelne Unternehmen auch im Rahmen des präventiven SCRM mit Supply-Chain-Partnern. In der Regel ist die Zusammenarbeit in der Supply Chain auf die gemeinsame Erarbeitung von Business-Continuity-Plänen beschränkt. Abbildung 71 zeigt in Anlehnung an die in Kapitel 3.6.4.2 vorgestellten Organisationstypen nach Kajüter (2003), inwiefern in den betrachteten Fällen eine Kooperation mit Supply-Chain-Partnern stattfindet. Während zumindest gelegentlich mit direkten Partnern kooperiert wird, kann auf eine für die heutige Praxis kaum relevante Bedeutung eines umfassenden dyadischen oder SC-weiten SCRM geschlossen werden.[1592] Eine weitergehende informatorische Integration scheitert oft an gewollten Informationsasymmetrien. Dennoch arbeiten zumindest einige Unternehmen daran, die sich in der Regel auf eine einzige Supply-Chain-Stufe beschränkende Supply-Chain-Visibility auf mehrere Stufen zu erhöhen.[1593]

„Klar, es gibt da halt diese große Diskussion in der Supply Chain, deswegen ist auch die Stufe drei (Supply-Chain-weites Supply-Chain-Risikomanagement) sehr unwahrscheinlich, (…) weil es ist halt immer auch mit Kosten verbunden, das man sagt, je transparenter man wird, umso

---

[1591] Das Recht des Kunden auf Eingriff im Schadensfall wird oftmals vertraglich fixiert (vgl. F131, Abs. 13, 45; F141, Abs. 60; F161, Abs. 51f.; F181F182, Abs. 10, 38).

[1592] Vgl. F011, Abs. 14, 34; F061, Abs. 23; F072F073, Abs. 132-140; F101, Abs. 58, 86, 102; F113; F131, Abs. 45, 95f.; F141, Abs. 60; F181F182, Abs. 45, 49, 52, 89-91. Die Diskussion der vorliegenden Ergebnisse mit den Anbietern von SCRM-IS legt den Schluss nahe, dass das betrachtete Sample bzgl. der Entwicklung des SCRM als vergleichsweise fortschrittlich angesehen werden kann. In Bezug auf die Grundgesamtheit ist mit einer noch geringeren Verbreitung der Kooperation im SCRM zu rechnen.

[1593] Vgl. F042, Abs. 70-75; F072F073, Abs. 100; F061, Abs. 25.

leichter fällt es auch mit den vorliegenden Informationen den wahren Produktwert zu berechnen.“[1594]

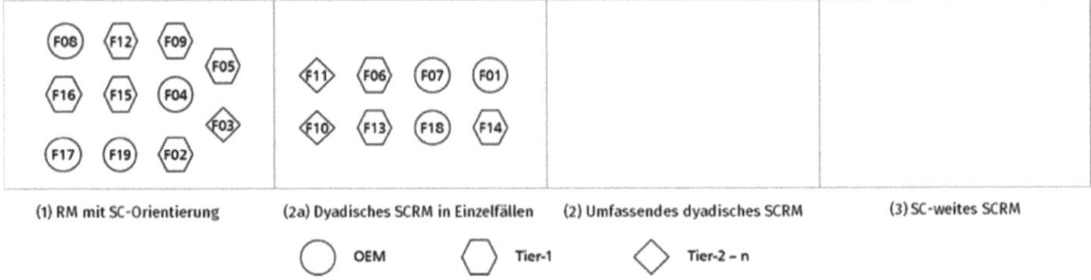

Abbildung 71: Kooperationsformen im präventiven SCRM

Da das SCRM als Aufgabe der Netzwerkorganisation offensichtlich bislang eine untergeordnete Rolle spielt, widmet sich die vorliegende Arbeit im Folgenden dem SCRM aus einer intraorganisatorischen Perspektive. An einzelnen Stellen, wie beispielsweise in Kapitel 7.3, das sich mit Interorganisationssystemen für das SCRM befasst, wird allerdings auch auf die interorganisatorische Perspektive Bezug genommen.

6.2 Ursachen- und wirkungsorientierte Perspektive auf SCRM-Informationen

In fast allen untersuchten Fällen wurde die große Bedeutung von Informationen zur Unsicherheitsreduktion als Grundlage für das präventive und das reaktive SCRM betont. Der Nutzen von Information lässt sich über eine ursachen- und einer wirkungsbezogenen Informationssicht verdeutlichen.

Aus ursachenbezogener Sicht sorgen, wie bereits in dieser Arbeit aufgrund theoretischer Vorüberlegungen vermutet, die zunehmende Komplexität und Abhängigkeit in der Supply Chain sowie eine zunehmende Unsicherheit des Unternehmensumfelds für den Bedarf erhöhter Supply-Chain-Transparenz.[1595] Insbesondere Tier-1-Lieferanten in der Automobilindustrie berichten von einem hohen Druck zur Schaffung von Transparenz, der durch die Risikoüberwälzung durch OEM und die gleichzeitig bei den eigenen Lieferanten nur begrenzt vorhandenen SCRM-Fähigkeiten erzeugt wird.[1596]

Die wirkungsbezogene Informationssicht bezieht sich auf die ermöglichende Wirkung von Informationen zur Umsetzung von Maßnahmen im SCRM. Im Rahmen des präventiven SCRM gestatten Informationen die wesentlich gezieltere Maßnahmenumsetzung. Ist beispielsweise der Value at Risk für eine Beschaffungsalternative bekannt, können die

---

[1594] F061, Abs. 25.

[1595] Vgl. F031, Abs. 36-44; F061, Abs. 17; F012, Abs. 40-42.

[1596] Vgl. F061, Abs. 13; F122, Abs. 1; F161, Abs. 46; F181F182, Abs. 30.

Risikokosten der Alternative mit anderen, gegebenenfalls teureren aber weniger risikobehafteten Alternativen abgewogen werden:[1597]

„Wir haben (...) immer gedacht, (...) der produziert in Japan. Stimmt aber nicht, (nicht) alles. Ein Teil leider in Thailand."[1598]

Zudem können bei Bekanntheit potenzieller Risiken Rückschlüsse auf die im Schadensfall benötigten Informationen getroffen und benötigte Informationen sowie Business-Continuity-Pläne präventiv bereitgestellt werden. Durch diese vorbereitende Informationsbeschaffung werden die Informationsbeschaffungszeiten im Schadensfall reduziert und Zeitvorteile bei der Maßnahmenergreifung erzielt:[1599]

„Informationen und Zeit sind kriegsentscheidend, um sich (im Falle eines Schadensereignisses) Kontingente zu sichern"[1600]

„Also von dem her spielt Zeit für uns eine maßgebliche Rolle. Dass ich im Prinzip weiß, dass ich ein Problem habe. Je früher desto besser natürlich, dass man reagieren kann. Um evtl. Alternativen zu suchen in der Lieferkette. Aber das Wesentliche ist die Transparenz in der Lieferkette am Ende des Tages. Weil nur wenn ich diese habe bringt mir dann der Faktor Zeit einen Vorteil."[1601]

„Dadurch, dass man direkt mehr in die Tiefe geht, erwirbt man mehr Zeit zur Reaktion."[1602]

Neben diesem Effekt senkt die präventive Informationsbeschaffung auch die insgesamt im SCRM anfallenden Kosten der Informationsverarbeitung. Für größere Risiken wie das Tōhoku-Erdbeben 2011 schätzt ein Experte von F01 die Aufwände zur Informationsverarbeitung auf 1.500 Mannstunden. Im Schadensfall werden hierdurch die fähigsten Mitarbeiter gebunden, die dann dem Tagesgeschäft nicht zur Verfügung stehen.[1603] Hiermit wird deutlich, dass die Kosten der präventiven Informationsverarbeitung immer mit dem entstehenden Informationsnutzen abgewogen werden müssen. Damit steht insbesondere das SCRM in der Verantwortung, seinen Nutzen zu quantifizieren. Dies geschieht in der Praxis häufig nicht. Einzelne Unternehmen versuchen sich allerdings an einer ex post Betrachtung historischer Schadensereignisse als Grundlage für die zukunftsgerichtete Abschätzung von Risikokosten.[1604] Grenzen des Informationsnutzens im SCRM sind in der Regel durch eine geringe Aktionsflexibilität bedingt. Unternehmen mit hoher Abhängigkeit

---

[1597] Vgl. bspw. F072F073, Abs. 47; F081F082, Abs. 62, 102; F161, Abs. 64.

[1598] F081F082, Abs. 102.

[1599] Vgl. F012, Abs. 41; F031, Abs. 16-23; F041, Abs. 18-29; F113; F114, Abs. 44; F072F073, Abs. 68.

[1600] F012, Abs. 41.

[1601] F072F073, Abs. 68.

[1602] F031, Abs. 16-23.

[1603] Vgl. F012, Abs. 40-42.

[1604] Vgl. F061, Abs. 85; F175, Abs. 97-101.

zu Lieferanten bei gleichzeitig wenigen Alternativen messen erhöhter Supply Chain Visibility nur geringen Wert bei.[1605] Abbildung 72 fasst die hier skizzierte ursachen- und wirkungsorientierte Informationssicht zusammen.

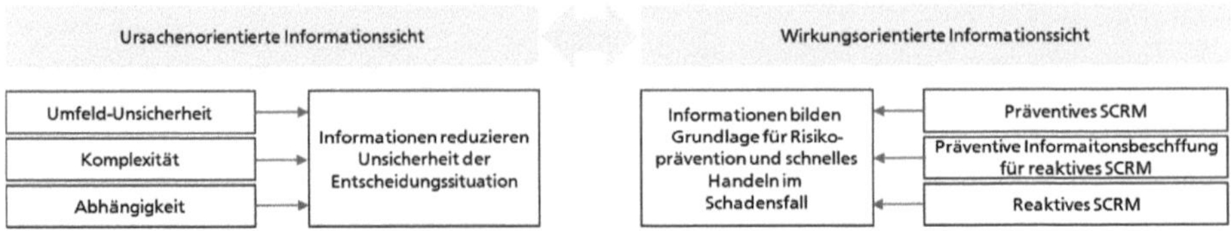

Abbildung 72: Ursachen- und wirkungsorientierte Informationssicht

6.3 Informationsbeschaffung aus heterogenen Informationsquellen

Nachdem ein allgemeiner Einblick in die Rolle von Informationen im SCRM gegeben wurde, werden im Folgenden für das SCRM wesentlichen Informationsquellen aufgezeigt. Kapitel 6.3.1 stellt unterschiedliche Informationsdienstleister als Informationsquellen vor, bevor in Kapitel 6.3.2 Supply-Chain-Partner und in Kapitel 6.3.3 das eigene Unternehmen als Informationsquelle diskutiert werden.

6.3.1 Informationsdienstleister als Informationsquellen

Informationsdienstleister können SCRM-Informationen auf der Umfeld-, Institutionen-, Infrastruktur und Wertstromebene bereitstellen. Als Anbieter von SCRM-Informationen fungieren allgemeine Informationsanbieter wie Suchmaschinenbetreiber, Fachinformationsdienste wie beispielsweise Wetterdienste, Brancheninformationsdienste, Finanzinformations-dienste, dedizierte Risikomanagementinformationsdienste, Track-and-Trace-Dienste, Lieferanteninformationsdienste, Handelsinformationsdienste sowie sonstige Dienstleister wie Versicherungen, bei denen Informationsdienste nicht zum eigentlichen Kerngeschäft zählen.[1606]

Auf der Umfeldebene wird das präventive SCRM insbesondere durch Informationen zur Risikoexposition geografischer Regionen und der in diesen Regionen ansässigen Supply-Chain-Akteure unterstützt. Hierbei werden insbesondere von Versicherungen, Fachinformationsdiensten, Länderinformationsdiensten und Risikomanagementinformations-diensten angebotene Informationen zu politischen, rechtlichen, makroökonomischen, regulatorischen, geologischen und meteorologischen Risiken genutzt. Informationen zu rechtlichen bzw. regulatorischen Risiken liefern zudem Brancheninformationsdienste und Branchenverbände, beispielsweise auch im Rahmen von Fachsymposien. Informationen zu Zöllen und Handelsbeschränkungen liegen auf einer Meso-Ebene zwischen Umfeld und Institutionen und werden durch Handelsinformationssysteme bereitgestellt. Das reaktive SCRM wird insbesondere durch allgemeine Informationsdienste sowie Risikomanagementinformationsdienste unterstützt,

[1605] Vgl. 101, Abs. 137f.

[1606] Vgl. hierzu die im Folgenden genannten Datenverweise. Vgl. auch Sheffi (2015), S. 33ff.

die Unternehmen mit Echtzeitinformationen zu ihrem Supply-Chain-Umfeld versorgen können.[1607]

Auf der Ebene der Institutionen und des institutionellen Netzwerks spielen für das präventive SCRM insbesondere Informationen zur finanziellen Stabilität von Lieferanten, Dienstleistern und Kunden eine zentrale Rolle. Solche Informationen werden von Finanzinformations-diensten bereitgestellt. Darüber hinaus sind für Unternehmen auch Informationen zu Corporate-Social-Responsibility-Aspekten sowie zur Performance von Supply-Chain-Partnern interessant, die von Lieferanteninformationsdiensten angeboten werden. Das reaktive SCRM wird auf dieser Ebene wiederum von allgemeinen Informationsdiensten sowie Risikomanagementinformationsdiensten unterstützt.[1608]

Auf der Infrastruktur- und Ressourcenebene können insbesondere allgemeine sowie Risikomanagementinformationsdienste für das SCRM relevante Informationen zu logistischen Knotenpunkten wie beispielsweise Seehäfen bieten. Lieferanteninformationsdienste gestatten die Identifikation von Lieferanten und deren Standorten in der gesamten Supply Chain. Das reaktive SCRM wird wiederum durch allgemeine und Risikomanagementinformationsdienste gestützt, die Echtzeitinformationen zu Ereignissen an den Supply-Chain-Standorten und Störungen der Logistikinfrastruktur bereitstellen können.[1609]

Auf der Wertstromebene wird insbesondere das reaktive SCRM durch das Angebot von Telematik-Lösungen durch Track-and-Trace-Dienste unterstützt. Durch die Implementierung von Geofencing- und Eventmanagement-Mechanismen werden Unternehmen proaktiv über Soll-Ist-Abweichungen auf der Wertstromebene informiert.[1610] Abbildung 73 gibt einen Überblick über die für das SCRM relevanten Supply-Chain-externen Datenquellen und die Arten verwendeter Informationen. Aus der großen Menge für das SCRM relevanter Datenquellen ergibt sich oftmals eine Überforderung der mit dem SCRM betrauten Mitarbeiter. Zudem wird neben der teils schlechten Datenqualität die starke Vergangenheitsorientierung der angebotenen bzw. verwendeten Informationen kritisiert.[1611]

[1607] Vgl. F011, Abs. 44; F021, Abs. 54; F041, Abs. 30, 32-43; F061, Abs. 13, 72; F081F082, Abs. 105; F101, Abs. 78, 90, 144; F113; F122, Abs. 4; F123, Abs. 11; F141, Abs. 62, 161; F175, Abs. 74-80; F191, Abs. 28, 30. Oftmals stehen zur Reaktion nur kurze Zeiträume zur Verfügung. Neue Regelungen zur Handhabung von Konfliktmineralien traten erst ein Jahr nach Bekanntgabe in Kraft. Importzölle für bestimmte Güter aus China wurden durch die USA binnen weniger Tage erhöht. Ein anderes Beispiel für ein plötzliches Ereignis sind die von China verhängten Ausfuhrbeschränkungen für seltene Erden. Regularien betreffen u.a. Finanzberichterstattung, Besteuerung, Zölle, Sicherheit am Arbeitsplatz, Produktsicherheit und -beschaffenheit, Emissionen sowie Gebäude (vgl. hierzu auch Sheffi (2015), S. 38).

[1608] Vgl. F041, Abs. 32-34.

[1609] Vgl. F021, Abs. 105. Vgl. auch Sheffi (2015), S. 34f.

[1610] Vgl. F061, Abs. 37; F181F182, Abs. 93. Vgl. auch Sheffi (2015), S. 34f.

[1611] Vgl. F101, Abs. 72; F042, Abs. 55-63; F081F082, Abs. 37; F042, Abs. 55-63; F122, Abs. 4; F072F073, Abs. 62; F171, Abs. 8.

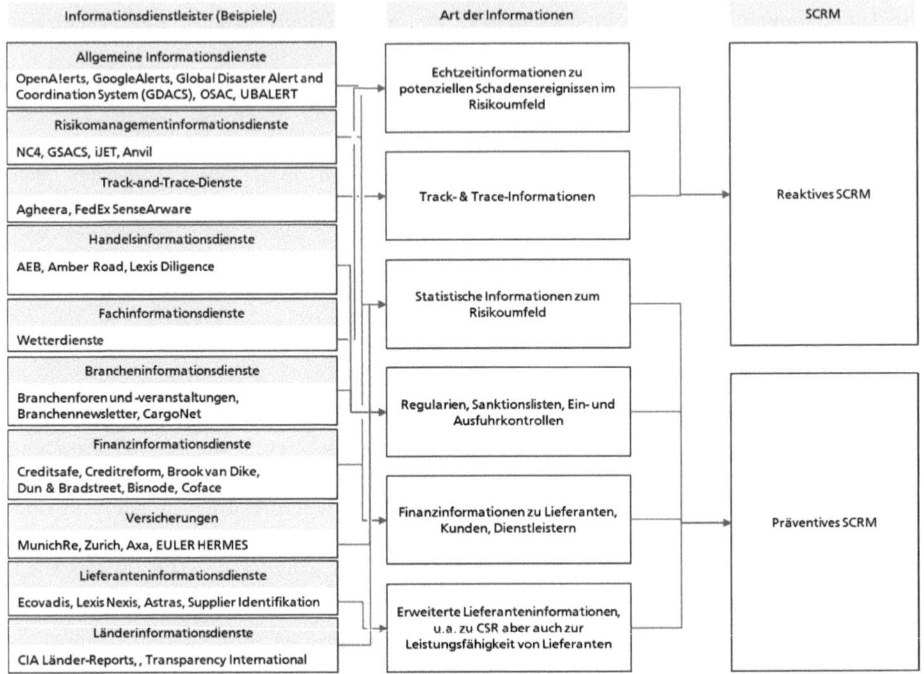

Abbildung 73: Informationsdienstleister und Informationsarten im SCRM

6.3.2 Supply-Chain-Partner als Informationsquelle

Auch wenn, wie in Kapitel 6.1 skizziert, Kooperationen im SCRM bislang eine untergeordnete Rolle spielen, tauschen einige Unternehmen SCRM-bezogene Informationen. Insbesondere OEM aber auch Tier-1 zwingen ihre Lieferanten im Rahmen des präventiven SCRM, umfangreiche Informationen zu identifizierten Risiken, umgesetzten Risikomanagementmaßnahmen, wie beispielsweise Business-Continuity-Plänen, aber auch Informationen zur eigenen Risikotragfähigkeit preiszugeben. Hierbei sind lieferantenseitig insbesondere Informationen zu Beständen, Beschaffungskonzepten, Produktions- und Lagerstandorten sowie zur Auftragslage von Interesse. Kundenseitig interessieren vorwiegend Nachfrageprognosen, allerdings sind gerade in der Elektronikindustrie Unternehmen auch an der Risikotragfähigkeit ihrer Kunden interessiert.

Aufgrund der zunehmenden globalen Verflechtungen und der Verringerung der Wertschöpfungstiefe spielt für Unternehmen zudem die von ihren Supply-Chain-Partnern gewährte Supply-Chain-Visibility eine entscheidende Rolle. Über ihre Lieferanten versuchen Unternehmen daher zunehmend umfassende Informationen zu ihrer Supply Chain stromaufwärts ihres unmittelbaren Lieferanten zu erhalten. Hierbei sind die oben genannten Informationen auch bezüglich aller Unterlieferanten von Interesse. Auf diese Weise soll einem in Abbildung 74 skizzierten verdeckten Single Sourcing vorgebeugt werden. Beschafft werden die genannten Informationen über gezielte Audits, Befragungen von einzelnen Stellen beim Supply-Chain-Partner sowie – insbesondere bei Lieferanten –

durch vor-Ort-Begehungen.[1612] Im Rahmen des reaktiven SCRM müssen Unternehmen Schadensereignisse sowie ergriffene Gegenmaßnahmen bereits zum Zeitpunkt des Risikoeintritts an potenziell betroffene Supply-Chain-Partner weitergeben.[1613]

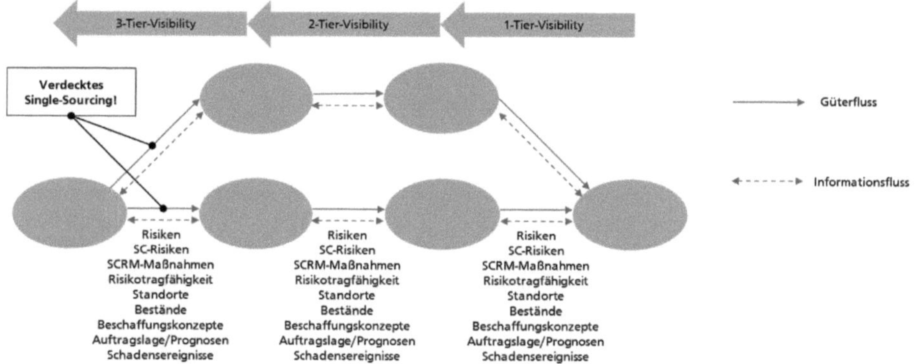

Abbildung 74: Relevante Informationen in der Supply Chain und verdecktes Single Sourcing

6.3.3 Das eigene Unternehmen als Informationsquelle

Neben den skizzierten externen Informationsquellen spielen beim SCRM auch unternehmensinterne Informationsquellen und Informationsverarbeitungsmechanismen eine zentrale Rolle. Informationslieferanten sind hierbei einzelne Funktions- und Zentralbereiche als Organisationseinheiten innerhalb des Unternehmens. Hierzu zählen insbesondere der Einkauf bzw. das Lieferantenmanagement, die Logistik, sowie das Qualitätsmanagement. Vom Einkauf/Lieferantenmanagement werden vornehmlich Informationen zu Umsatzvolumen, Sourcing-Typ, Lieferantenmacht, Lieferantensubstitute, Umsatzanteile, Branchenanteile, Unternehmensform und auch zum Lieferantenverhalten in Verhandlungen zur Verfügung gestellt. Das Qualitätsmanagement beschafft, produziert und verteilt hingegen Informationen zu Reklamationsverhalten, Bemusterungsverfahren und Auditergebnissen. Die Logistik stellt insbesondere Informationen zur Lieferperformance und ein Incidence-Tracking für einzelne Lieferanten und Dienstleister zur Verfügung. Wichtige Informationen liefern zudem Grenzgängerstellen wie beispielsweise Customer-Logistics-Manager oder Resident-Stellen bei Lieferanten sowie Projektstellen, die mit Lieferanten eng kooperieren und daher auch qualitative Warnsignale wie eine hohe Mitarbeiterfluktuation erfassen können.[1614]

Neben diesen Stellen verfügen einige Unternehmen über ausgewiesene Recherchestellen, die Beschaffungs- und Absatzmärkte auf Trends überprüfen und zudem ein explizites

---

[1612] Vgl. F011, Abs. 18; F012, Abs. 49; F021, Abs. 2; F041, Abs. 32-43; F042, Abs. 70-75; F061, Abs. 5; F072F073, Abs. 37, 39, 68, 113, 119-121, 136-138; F113; F122, Abs. 7; F141, Abs. 16; F171, Abs. 25; F181F182, Abs.52.

[1613] Vgl. F101, Abs. 62-64.F113, Abs. 4. F072F073, Abs. 164.F181182, Abs. 49-51.

[1614] Vgl. F011, Abs. 9f.; F101, Abs. 110; F141, Abs.4, 46; F171, Abs. 41.

Scanning und Monitoring im Sinne einer Früherkennung durchführen. Zu Risiken und Schadensereignissen gewonnene Informationen werden gezielt innerhalb des Unternehmens verteilt.[1615] Eine Herausforderung resultiert offensichtlich in der Integration der hier skizzierten heterogenen Risikoinformationen. Diese Aufgabe obliegt, wenn vorhanden, einer dedizierten SCRM-Organisationeinheit. Falls nicht vorhanden wird diese Aufgabe in Teilen auch von anderen Stellen (SCM, allgemeines Risikomanagement, Controlling etc.) wahrgenommen. Solche Stellen führen zur Ergänzung der Risikoinformationen auch unternehmensinterne Risikoabfragen durch.[1616] Hierbei erfolgt eine IT-Unterstützung oftmals mittels funktionsbereichsspezifischen IT-Systemen wie ERP-Systemen, Auditsystemen, Lieferantenmanagementsystemen, Qualitätsmanagementsystemen, Track-and-Trace-Systemen oder Transportmanagementsystemen.[1617] Auch kommen oft Basissysteme wie Microsoft Excel zum Einsatz.[1618] Weniger weit verbreitet sind spezifische, von Unternehmen selbst entwickelte IT-Systeme zur Unterstützung des SCRM. Hierunter fallen unter anderem selbstentwickelte E-Listening-Systeme, die mittels Data-Mining-Algorithmen unterschiedliche Datenbanken bzw. Nachrichtenportale im Internet durchsuchen und Warnmeldungen verschicken sowie Supply-Chain-Mapping-Systeme für die Risikoanalyse.[1619] Hervorzuheben ist, dass für das SCRM häufig selbst entwickelte Excel-Lösungen zum Einsatz kommen, da am Markt keine geeigneten Lösungen identifiziert werden konnten und die Eigenentwicklung komplexerer Lösungen für viele Unternehmen zu aufwändig ist.[1620]

„Aber an sich, das eigentliche Arbeitstool ist seit 2010 eine Excel-Lösung, die sehr stabil funktioniert weltweit, weil wir auch nicht die Software gefunden haben am Markt, die diese individuellen Bedürfnisse und Faktoren aufnehmen kann und bearbeiten kann, dass es auch

auswertbar und überschaubar bleibet und dass dann auch ein Management für sich genauso (übergreifende Reports) kreieren kann wie einen Detailreport für einen bestimmten Lieferanten."[1621]

Während insbesondere in einem vom allgemeinen Risikomanagement gesteuerten SCRM auch allgemeine Risikomanagement-Informationssysteme zum Einsatz kommen, findet kaum ein Einsatz von Simulations-Tools für das Risikomanagement statt. Selbst wenn solche Systeme im Unternehmen vorhanden sind, werden sie aufgrund des mit ihrem

1615 Vgl. 112, Abs. 42-47; F141, Abs. 2; 85-89; F072F073, Abs. 52.

1616 Vgl. F061, Abs. 10f; F081F082, Abs. 8; F141, Abs. 46.

1617 Vgl. F061, Abs. 41, 61f., 87; F101, Abs. 108, 112-130; F131, Abs. 47, 50f.; F181F182, Abs. 24, 102-10

1618 Vgl. F021, Abs. 56f., 67; F042, Abs. 83f.; F051, Abs. 38; F131, Abs. 47; F141, Abs. 38; F191, Abs. 19, 31f.

1619 Vgl. F011, Abs. 36; F012, Abs. 48; F072F073, Abs. 52; F112, Abs. 42-47; F113; F171, Abs. 61.

1620 Vgl. F131, Abs. 47; F141, Abs. 38.

1621 F141, Abs. 38.

Einsatz verbundenen Aufwands und des zur Anwendung notwendigen Know-hows nur selten genutzt.[1622]

„Also der Aufwand (der Simulationsanwendung) stand nicht im Verhältnis. Es wurden Ermittlungen dann monatlich gemacht, aber die wurden nicht so komplettiert, dass man einen Bericht hatte der auch managementtauglich war.“[1623]

Einen Überblick über in das SCRM involvierte Unternehmensbereiche, die verwendeten IT-Systeme sowie für das SCRM relevante, unternehmensintern gewonnene Informationen gibt Abbildung 75.

[1622] Vgl. F141, Abs. 84ff.; F191, Abs. 31f.

[1623] F141, Abs. 84ff.

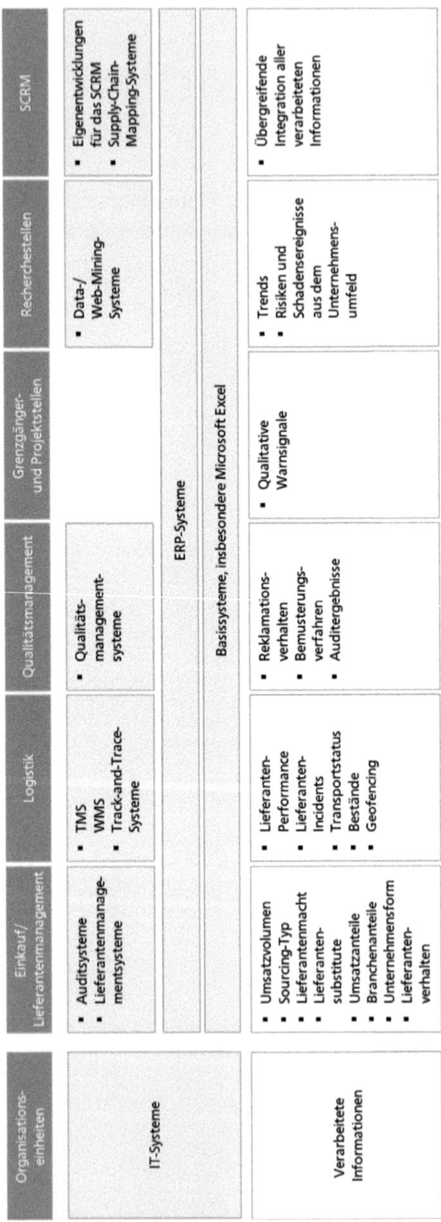

Abbildung 75: SCRM im Unternehmen – Organisation, IT und Information

6.4 Integration der Informationen im SCRM-Prozess

Im Rahmen der vorliegenden Arbeit erfolgte in Kapitel 3.5 eine Skizzierung der Aufgaben des SCRM und der für das SCRM relevanten Informationen anhand des SCRM-Prozesses. Da sich diese Auseinandersetzung auf die verfügbare Literatur stützte, die in der Regel unkritisch auf dem vier-Phasen-Modell des allgemeinen SCRM aufbaut, findet im Folgenden eine Darstellung in der Praxis beobachteter Prozesse statt.

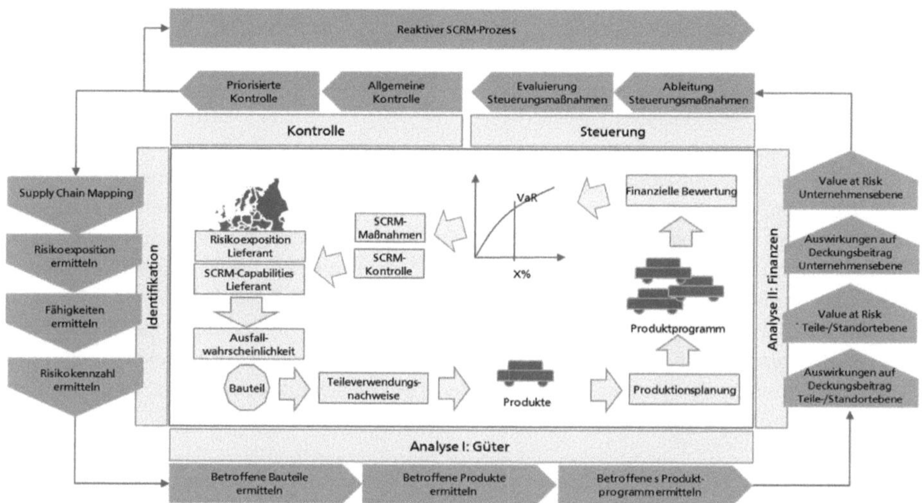

Abbildung 76: Deckungsbeitragsbezogenes SCRM

In Abbildung 76 ist ein idealtypischer SCRM-Prozess skizziert, der sich aus der Integration von in der Fallstudie identifizierten Best Practices ergibt. Während der Prozess auf den ersten Blick dem in Kapitel 3.5 skizzierten Prozessmodell entspricht, muss als wesentlicher Unterschied festgehalten werden, dass bei einem weit entwickelten SCRM in der Praxis keine Priorisierung von Risiken im Sinne der ausschließlichen Betrachtung von Risiken, die vorab definierte Wesentlichkeitsgrenzen überschreiten, stattfindet. Der Einsatz von Informationsverarbeitungstechnologien ermöglicht es stattdessen, alle möglichen Risiken auf ihre finanziellen Auswirkungen – gemessen über Einflüsse auf den Deckungsbeitrag und den Value at Risk – zu prüfen. Erst nach der Risikoanalyse findet, basierend auf den ermittelten finanziellen Auswirkungen, eine Risikopriorisierung als Grundlage für eine selektive Risikosteuerung statt.

Das SCRM beginnt mit einem Mapping aller Supply-Chain-Objekte auf einer geographischen Karte. Zu Supply-Chain-Objekten zählen alle in die Leistungserstellung eingebundenen Ressourcen sowie die zur Leistungserstellung genutzte Infrastruktur. Dies sind insbesondere eigene Produktions- und Lagerstandorte, die Produktions- und Lagerstandorte von Lieferanten und Kunden – idealerweise vom Rohmateriallieferanten bis zum Endkunden – sowie wichtige Verkehrsknoten und Verkehrsinfrastruktur. In der Praxis findet in der Regel allerdings heute meist nur ein Mapping von allen Tier-1-Lieferanten bis zum eigenen Unternehmen statt. Auf Basis der geographischen Verortung werden unter Rückgriff auf verschiedene Informationsdienstleister umfangreiche Risikoprofile für alle Supply-Chain-Objekte erstellt. Im Anschluss hieran findet ein auf diese Risikoprofile ausgerichtetes Audit statt, das beispielsweise auf Fragebögen und einer vor Ort-Begehung der Supply-Chain-Objekte basiert. Unter Rückgriff auf Kennzahlen zur Risikotragfähigkeit auf der institutionellen Ebene und den ermittelten Fähigkeiten zum Umgang mit Risiken auf der Ressourcen- und Infrastrukturebene wird anschließend ein SCRM-Fähigkeitenprofil für jedes Supply-Chain-Objekt erstellt. Durch Integration von Risikoprofil und SCRM-Fähigkeitenprofil kann eine Risikokennzahl ermittelt werden. Auf Basis historischer Erfahrungswerte wird diese Risikokennzahl in eine Ausfallwahrscheinlichkeit des Risikoobjekts überführt.[1624]

Die Risikoanalyse kann in eine Analyse auf Güterebene und auf Finanzebene unterteilt werden. Die Analyse auf Güterebene nutzt in einem ersten Schritt Stammdaten bzw. Daten aus der Beschaffungsplanung, die bspw. aus dem ERP-System bezogen werden können, um auf Basis der Risikoexposition von Risiko-Objekten auf der Infrastrukturebene eine Risikoexposition auf Teile- bzw. Wertstromebene zu ermitteln. Über Teileverwendungsnachweise kann anschließend auf die Risikoexposition auf Produktebene geschlossen werden, aus der sich über die Daten zur Produktprogrammplanung eine Risikoexposition des Produktprogramms errechnen lässt. Aufbauend auf der Risikoexposition auf Güterebene können nun Auswirkungen auf den Deckungsbeitrag sowie der Value-At-Risk auf Teile-, Standort- sowie Gesamtunternehmensebene errechnet werden.[1625]

Basierend auf den so ermittelten Kennzahlen lassen sich gezielt Steuerungsmaßnahmen für die Risiken mit dem höchsten finanziellen Einfluss entwickeln. Mittels Simulation oder Szenarioanalysen wird die Wirksamkeit unterschiedlicher SCRM-Maßnahmen überprüft und es werden geeignete Maßnahmen für die Implementierung ausgewählt.[1626]

Die Risikokontrolle ist weitestgehend automatisiert und wird durch ein laufendes Monitoring bereits im Rahmen der Risikoidentifikation und Risikoanalyse definierter Kennzahlen gewährleistet. Hierbei kann eine priorisierte und intensivere Kontrolle von als besonders exponiert identifizierten Supply-Chain-Objekten erfolgen. Neu erkannte Risiken werden in die Phase der Risikoidentifikation überführt. Bei erkannten Schadensereignissen findet eine umgehende Eskalation zum reaktiven SCRM statt.[1627]

Der reaktive SCRM-Prozess entspricht den in Kapitel 3.5 skizzierten Prozessphasen. Um auf Schadensereignisse möglichst schnell reagieren zu können ist sicherzustellen, dass im

---

[1624] Vgl. F011, Abs. 20, 36, 46-48; F12, Abs. 48; F021, Abs. 89; F072F073, Abs. 22f., 37F101, Abs. 130; F122, Abs. 5. F171, Abs. 61.

[1625] Vgl. F011, Abs. 46; F021, Abs. 65; F022, Abs. 18-24; 29; F072F073, Abs. 40-47;; F171, Abs. 59.

[1626] Vgl. F021, Abs. 16f.; F042, Abs. 83f.; F051, Abs. 43f.; F072F073, Abs. 47; F081F082, Abs. 8; 16; F101, Abs. 58; F161, Abs. 13, 64; F181F182, Abs. 2.

[1627] Vgl. F021, Abs. 16f.; F022, Abs. 32-36; F051, Abs. 43f.; F081F082, Abs. 8; F122, Abs. 6; F141, Abs. 14, 16, 48; F161, Abs. 13.

Rahmen der Detektion und der Reaktion auf bereits im präventiven SCRM-Prozess gewonnene Informationen bzw. auf bereits vorhandene Fähigkeiten der Informationsverarbeitung zurückgegriffen werden kann und keine neuen Informationsprozesse zu gestalten sind. Im Rahmen der Recovery- und Redesign-Phase steht Unternehmen anschließend mehr Zeit für die Umsetzung individueller Konzepte zur Verfügung.[1628]

Es wird deutlich, dass in der Praxis heute eine wesentlich stärkere Risikoquantifizierung und monetäre Risikobewertung verlangt wird, als sie in den bislang in der Literatur beschriebenen Konzepten berücksichtigt ist. Dies ist sicherlich auch darauf zurückzuführen, dass in Unternehmen verstärkt integrierte Supply-Chain-Management-Systeme zum Einsatz kommen, die eine Basis für die integrierte finanzielle Bewertung von Supply-Chain-Risiken liefern.

6.5 Informationsprozesse im SCRM und resultierende Informationspathologien

Mit der vorangegangenen anschaulichen Darstellung des SCRM-Prozesses sowie den umfangreichen in Kapitel 6.3 skizzierten und für das SCRM relevanten Informationsquellen wurde gezeigt, dass Unternehmen bei der Informationsverarbeitung im SCRM vor einer großen Herausforderung stehen.[1629]

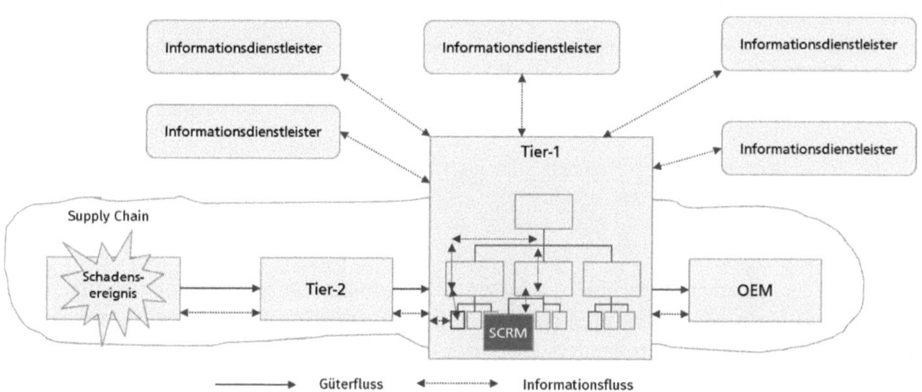

Abbildung 77: Beobachtete Informationsverarbeitung im SCRM

Aufgrund der Komplexität der in Abbildung 77 skizzierten Informationsverarbeitungsprozesse im SCRM ist es nicht verwunderlich, dass sich auch im SCRM umfassende Informationspathologien auf der Ebene der Supply Chain, der Organisationsstrukturen, der Informationstechnologie und des Menschen beobachten lassen. Auf Supply-Chain-Ebene sind neben durchaus gewollten Informationsasymmetrien auch ungenügende Fähigkeiten zur Informationsverarbeitung bei den Supply-Chain-Partnern relevant.

[1628] Vgl. F011, Abs. 2; F012, Abs. 40-42; F041, Abs. 18-22; F051, Abs. 8; F072F073, Abs. 68; F111, Abs. 266; F114, Abs. 44; F141, Abs. 14, 9f.; F161, Abs. 64, 82.

[1629] Vgl. F011, Abs. 2; F012, Abs. 34-39; F021, Abs. 17-19; F042, Abs. 32; F081F082, Abs. 6; F101, Abs. 26;

Aufgrund der in der Regel verketteten Informationsweitergabe in der Supply Chain erreichen Informationen zu Risiken und Schadensereignissen betreffende Unternehmen oft zu einem für eine angemessene Reaktion zu späten Zeitpunkt. Dies ist auch darin begründet, dass im Schadensfall die Ressourcen von unmittelbar betroffenen Unternehmen in der Schadensbekämpfung gebunden sind.[1630]

„(…) Wenn Sie die Bilder sehen (Anm.: Es werden Bilder von einem Brand einer Produktionshalle gezeigt), dann wissen Sie, dass er (der Lieferant) ganz andere Sorgen hatte, wie uns zu informieren, (…).“[1631]

„Ganz schlecht. Die informieren meistens erst, wenn nichts da ist. Wenn die Meldung von hier kommt, es fehlt Rohstoff, es fehlt das oder der LKW ist nicht gekommen. Das heißt, da ist proaktiv auch noch einiges im Argen. Da kommt nichts.“[1632]

Bei Betrachtung der Organisationsstrukturen werden Informationspathologien als Ursache von Erkennungs- und Koordinationsproblemen ersichtlich. Während große Organisationen vom Vorteil berichten, eigene Mitarbeiter vor Ort in den Beschaffungsregionen zu beschäftigen, die die Funktion eines Risikodetektors erfüllen, ergeben sich in diesen Unternehmen aufgrund der Komplexität der Organisationsstrukturen umfangreiche Koordinationsprobleme. So sind den Stellen, die SCRM-Informationen erlangen, gegebenenfalls die diese Informationen benötigenden Stellen nicht bekannt. Auch können konkurrierende Bereichsziele zu gewollten Informationsasymmetrien innerhalb eines Unternehmens führen.[1633]

„Es ist ja so weit ausgeartet, dass wir uns intern bekämpft haben, wer denn das, was zur Verfügung steht, wirklich bekommt. Und das war für uns der Auslöser auch intern so ein paar Strukturen grade zu ziehen.“[1634]

Auf Ebene der Informationstechnologie lassen sich ebenfalls eine ganze Reihe von Ursachen für Informationspathologien identifizieren. Hierzu zählen fehlende bzw. fehlerhafte Informationen in den Stammdatensystemen des Unternehmens, die ungenügende Fähigkeit bestehender Systeme Beschaffungs- und Nachfrageinformationen zu verknüpfen, die unzureichende Aufbereitung von Informationen für das SCRM sowie die fehlende proaktive Unterstützung des SCRM mittels Warnmeldungen.[1635]

[1630] F022, Abs. 41; F042, Abs. 53; F051, Abs. 83f.; 85f.; F122, Abs. 7.

[1631] F122, Abs. 7.

[1632] F051, Abs. 83f.

[1633] Vgl. F012, Abs. 44-56; F042, Abs. 53; F051, Abs. 28; F171, Abs. 14, 91; F181F182, Abs. 16f.

[1634] F171, Abs. 14.

[1635] Vgl. F011, Abs. 1, 36, 40; F042, Abs. 12f., 55-63; F072F073, Abs. 62, 178; F091, Abs. 63; F101, Abs. 140; F112, Abs. 37-39; F101, Abs. 20, 74; F122, Abs. 4; F141, Abs. 50; F171, Abs. 8, 19, 33-35, 47; F081F082, Abs. 37.

„Wenn dann der Festplatten-Lieferant sagt, „ups, von einer bestimmten Festplatte jetzt, irgendeine Größe oder ein Formfaktor kann ich grade nicht liefern," dann zu identifizieren, welche Aufträge davon alle betroffen sind, ist gar nicht leicht. Und das haben wir auch mit einem Produktionsplanungsspezialisten (...) lange diskutiert. Das kann das (...) ERP so ohne Weiteres nicht.[1636]

Auf der Ebene des Menschen führt insbesondere die Masse der zu verarbeitenden Informationen in Verbindung mit einem ungenügenden SCRM- und Methodenwissen zu einer informationellen Überlastung. Da bislang zu SC-Risiken kaum Erfahrungen vorliegen, geben einzelne Experten an, dass Entscheider die potenziellen Gefahren deutlich unterschätzen. Zudem werden Aufgaben des SCRM oft in das allgemeine Risikomanagement verlagert, auch wenn hier keine geeignete Qualifikation zum Umgang mit Supply-Chain-Risiken besteht. Auf der operativen Ebene wird SCRM oft eher als notwendiges Übel denn als Chance zur Sicherung von Wettbewerbsvorteilen wahrgenommen.[1637]

„Das hab ich auch einmal versucht heraus zu finden, aber darüber gibt - sag ich mal - die Gesetzgebung der Vereinigten Staaten keine Auskunft, was denn ist, wenn es eben trotzdem aus einer Konfliktregion geliefert wird. Also ich hab es nicht herausgefunden."[1638]

"Man bräuchte alleine zwei Mitarbeiter, die jeden Tag das Internet und diverse Blogs scannen, um diese Informationen zu bekommen."[1639]

SCRM-Informationssysteme bieten erste Ansätze, um mittels informationsquellenübergreifender informatorischer Integration und einer für das SCRM gezielten Informationsaufbereitung die hier skizzierten Informationspathologien zu reduzieren. Die beiden folgenden Kapitel befassen sich daher tiefergehender mit den Funktionen und der Adoption von SCRM-IS. Da Informationstechnologie jedoch nur einen Teil des SCRM-Systems bildet, werden die im Folgenden vorgestellten Technologien in Kapitel 9 in einen übergreifenden Systemansatz integriert.

[1636] F091, Abs. 63.

[1637] Vgl. F012, Abs. 44-46; F021, Abs. 70f.; F022, Abs. 35; F042, Abs. 52, 64-69; F061, Abs. 3; F072F073, Abs. 60; F101, Abs. 96; F113, Abs. 4.

[1638] F101, Abs. 96.

[1639] F042, Abs. 52.

7 Funktionalität und Markt von SCRM-IS

Das vorliegende Kapitel widmet sich der Beantwortung des ersten Teils der zweiten Forschungsfrage.

Forschungsfrage 2a:
Was sind Supply-Chain-Risikomanagement-Informationssysteme (SCRM-IS) und welchen Beitrag leisten sie für das SCRM?

Wie bereits in Kapitel 3.7.6 skizziert bilden dedizierte Informationssysteme für das SCRM eine neue Software-Kategorie.[1640] Eine Definition zur besseren Eingrenzung von SCRM-IS wurde in Kapitel 5.3.3.2.2 formuliert. Abbildung 78 gibt einen Überblick über die im Folgenden betrachteten Systeme und stellt deren Markteintritt dem jährlich weltweit durch Naturkatastrophen entstehenden Schaden gegenüber. Deutlich wird, dass nach dem Tōhoku-Erdbeben 2011 das Angebot am Markt verfügbarer SCRM-IS überproportional gestiegen ist.[1641]

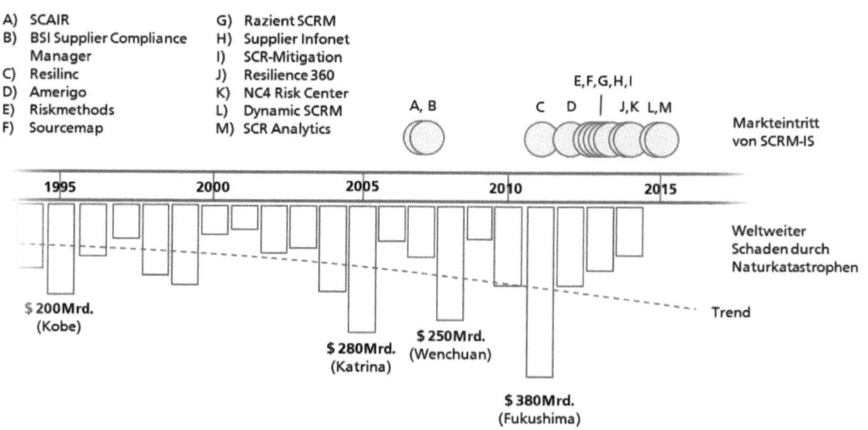

Abbildung 78: Markteinführung von dedizierten SCRM-IS im Vergleich zum weltweiten Schaden durch Naturkatastrophen
(Quelle: Schadensentwicklung übernommen aus Munich RE (2014), S. 49)

Da bislang keine Literatur vorliegt, die eine übergreifende Funktionsübersicht von SCRM-IS bietet, widmet sich Kapitel 7.1 der detaillierten Funktionsbeschreibung von SCRM-IS. Im Anschluss daran zeigt Kapitel 7.2 wie sich SCRM-IS in die bestehende IT-Landschaft im Unternehmen einfügen. Kapitel 7.3 nimmt, basierend auf den in Kapitel 3.7.3 erfolgten Erörterung von Interorganisationssystemen eine Einordnung von SCRM-IS als

---

[1640] Vgl. Sheffi/Vakil/Griffin (2012), S. 15.

[1641] Vgl. hierzu bspw. A1, Abs. 11; A3, Abs. 6.

Interorganisationssystem vor. Basierend auf der durchgeführten Anbieterbefragung liefert Kapitel 7.4 einen Marktüberblick zu SCRM-IS.

7.1 Funktionen von SCRM-IS

Die hinter SCRM-IS stehende Grundidee wird in enger Anlehnung an die in Kapitel 6.5 dargestellten Informationsprozesse in Abbildung 79 skizziert. SCRM-IS nehmen daher eine Funktion als Information Hub ein, indem sie alle für das SCRM notwendigen Informationen aus unterschiedlichsten Informationsquellen aggregieren und gezielt dem SCRM zur Verfügung stellen.

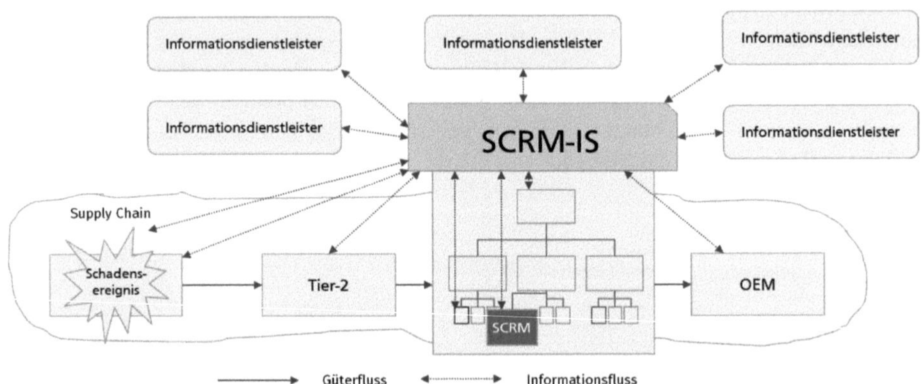

Abbildung 79: Funktionsweise von SCRM-IS als SCRM-Information-Hub

Die Funktionalitäten von SCRM-IS können an den Stufen des SCRM-Prozesses angelehnt werden.[1642] Durch die Implementierung unterschiedlicher Funktionalitäten und Methoden können SCRM-IS Entscheider bzw. entscheidungsvorbereitende Stellen bei der Risikoidentifikation, Risikoanalyse, Maßnahmenentwicklungen und Risikokontrolle unterstützen. Auch der reaktive SCRM-Prozess wird unterstützt.

SCRM-IS zeichnen sich dadurch aus, dass sie Backend-seitig heterogene Informationen, die mitunter bereits im Unternehmen vorhanden sind, mit Informationen von Supply-Chain-Partnern und Informationsdienstleistern kombinieren und für eine integrierte Auswertung erschließen.[1643] SCRM-IS adressieren hierdurch unmittelbar das in den Kapiteln 6.3 und 6.4 angesprochene Problem der im SCRM notwendigen Berücksichtigung umfangreicher Datenquellen. Informationen werden dabei horizontal (bereichsübergreifend) integriert, um eine übergreifende Betrachtung von Risiken entlang der Wertschöpfungskette zu ermöglichen und vertikal integriert, um Wechselwirkungen zwischen strategischen und operativen Risiken erkennen zu können. Eine IOS-Komponente gestattet zudem die unternehmensübergreifende informatorische Integration im SCRM. Alle in der vorliegenden

---

[1642] Vgl. Pfohl/Berbner (2015), S. 40f.

[1643] Siehe hierzu auch Sheffi/Vakil/Griffin (2012), S. 14.

Arbeit untersuchten SCRM-IS werden als Software as a Service angeboten und können Unternehmen daher ohne umfassende Installationsaufwendungen über die Cloud zur Verfügung gestellt werden. Der größte Aufwand bei der Systembereitstellung besteht in der Beschaffung und Aufbereitung der zum Betrieb der Systeme notwendigen anwenderspezifischen Supply-Chain-Informationen.

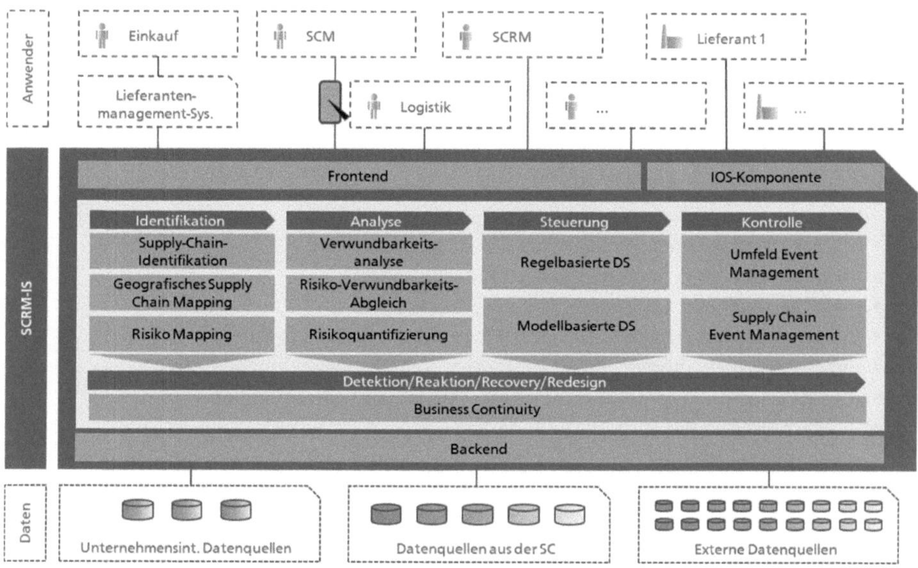

Abbildung 80: Aufbau von Supply-Chain-Risk-Management-Informationssystemen (SCRM-IS)

Durch die Integration aller für das SCRM relevanten Informationen in einem SCRM-IS sollen im Sinne der Informationslogistik die für das SCRM richtigen Informationen zur richtigen Zeit in der richtigen Form und Qualität zur Verfügung gestellt werden. Die Funktionalitäten von SCRM-IS können unterschiedlichen, in Abbildung 80 dargestellten Modulen zugeordnet werden, die im Folgenden in Anlehnung an die Phasen des SCRM-Prozesses beschrieben werden.

7.1.1 Risikoidentifikation

SCRM-IS-Projekte beginnen in der Regel schon vor der eigentlichen Risikoidentifikation mit einem Scoping, in dessen Rahmen eine Eingrenzung der betrachteten Risiken und Supply-Chain-Ausschnitte erfolgt. Auch wenn in der Praxis ein solches Scoping umstritten ist, ziehen es Unternehmen aktuell vor, im Rahmen pilothafter SCRM-IS-Projekte nur Ausschnitte ihrer Supply Chain zu modellieren. Dies ist vornehmlich der Neuheit der hier betrachteten Systeme geschuldet. Gerade die technische Unterstützung gestattet es

Unternehmen in Zukunft, umfassende Teile bzw. ihre gesamte Supply Chain im Rahmen des SCRM zu berücksichtigen.[1644]

Zur Risikoidentifikation stellen SCRM-IS die drei Module *Supply-Chain-Identifikation*, *geografisches Supply Chain Mapping* und *Risiko Mapping* zur Verfügung. Das Modul *Supply-Chain-Identifikation* dient der Identifikation einem Unternehmen nicht bekannter, aber für das SCRM relevanter Teile der Supply Chain. Hierbei unterstützen die Anbieter von SCRM-IS insbesondere bei der Identifikation von Unterlieferanten, mit denen ein Unternehmen keine direkten Beziehungen in der Supply Chain unterhält.[1645] Das Modul *geografisches Supply Chain Mapping* dient der Abbildung von Risikoobjekten in der Supply Chain. Diese Risikoobjekte umfassen in der Regel die folgenden Supply-Chain-Elemente und deren Beziehungen untereinander:[1646]

- Unternehmenseigene Produktions- und Lagerstandorte
- Produktions- und Lagerstandorte von Lieferanten
- Produktions- und Lagerstandorte von Kunden
- Verkehrsknotenpunkte (Seehäfen, Flughäfen, Rail Terminals etc.)
- Verkehrswege/-infrastruktur (Seerouten, Straßenverbindungen etc.)
- Beteiligungen, Eigentumsverhältnisse, Wettbewerbsbeziehungen
- Lieferbeziehungen (produktunabhängig oder auf Produktgruppen- bzw. Produktebene)
- Transportwege
- Für Lieferbeziehungen und/oder Transportwege verantwortliche Transportdienstleister

Die Tiefe der Modellierung im Sinne der Supply-Chain-Stufe ist nicht begrenzt. Aus Gründen beschränkter Informationsverfügbarkeit modellieren Unternehmen Supply Chains allerdings oft nur über eine Stufe bis zu ihrem unmittelbaren Vorlieferanten. In Einzelfällen werden aber auch Beziehungen bis zum Tier 3 abgebildet.[1647] Einzelne Lieferbeziehungen können zudem basierend auf Informationen aus Teileverwendungsnachweisen oder Produktstrukturbäumen zu komplexen Lieferketten erweitert werden.

Das Ergebnis des Supply Chain Mapping wird über das Modul *Risiko Mapping* über Geokodierung in eine Risikolandkarte eingebettet, die die Ermittlung der Risikoexposition der Supply-Chain-Objekte gestattet. Hierzu bilden SCRM-IS für festgelegte, möglichst klein geschnittene geographische Sektoren anhand von Risikoindikatoren die Situation bezüglich politischer, rechtlicher, makroökonomischer, regulatorischer, geologischer, meteorolo-

---

[1644] Vgl. A1, Abs. 17; A2, Abs. 51, 71; A5, Abs. 16;

[1645] Vgl. A1, Abs. 29; A3, Abs. 22, 34, 69-81. Vgl. auch DHL_6, S. 2.

[1646] Vgl. A1, Abs. 21, 29,17, 29, 52f., 57, 59; 81f.; A2, Abs. 21, 23, 35, 61, 21; A4, Abs. 68-81; A5, Abs. 25. Vgl. hierzu auch AGO_1, S. 24; IHS_1, S. 6; DHL_1, S. 6; DHL_5, S. 13; DHL_6, S. 2; MHP_1, S. 23; IHS_1, S. 6; SCAI_1, S. 73; RLNC_1, S. 2; MHP_1, S. 23; RZT_1, S. 2; SMAP_1, S. 2.

[1647] Vgl. A1, Abs. 21,52-53; A4, 68.

gischer und pathologischer Risiken ab. Diese Indikatoren werden zu übergreifenden Kennzahlen aggregiert und im Rahmen des geographischen Mapping in der Form von Heat-Maps visualisiert, die eine aggregierte Bewertung der Risikosituation gestatten.[1648] Diese regionalen Risikoindikatoren werden durch Indikatoren auf Ebene der Supply-Chain-Objekte ergänzt. In diesem Rahmen können insbesondere für Lieferanten Finanzindikatoren und qualitative Informationen, beispielsweise zu Nachhaltigkeitsstandards sowie ethischer und regulatorischer Compliance, bereitgestellt werden.[1649] Neben diesen Indikatoren können Anwender auch benutzerdefinierte Kennzahlen und Indikatoren einspielen, die bei der Verdichtung übergeordneter Kennzahlen berücksichtigt werden.[1650] Abbildung 81 zeigt beispielhaft eine integrierte geographische Supply-Chain- und Risiko-Map.

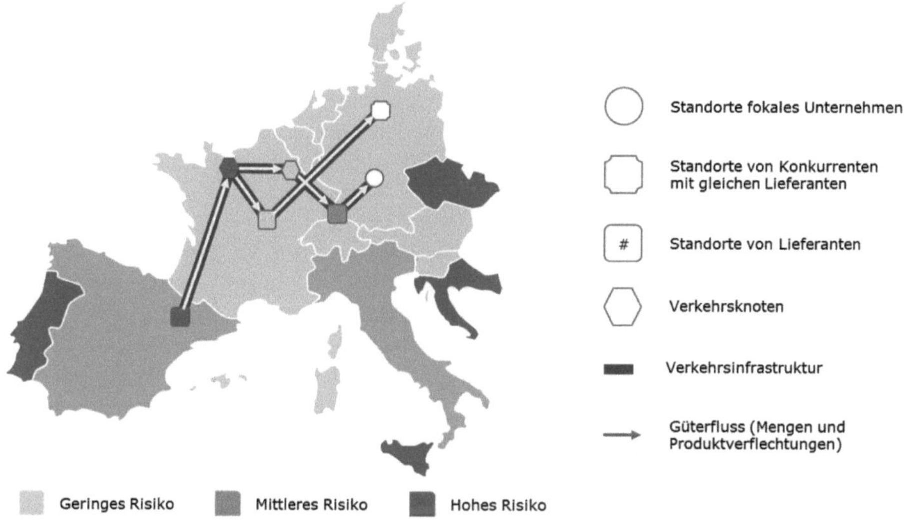

Abbildung 81: Integrierte geographische Supply-Chain- und Risiko-Map

7.1.2 Risikoanalyse

Die Risikoanalyse wird von SCRM-IS durch die Module *Verwundbarkeitsanalyse*, *Risiko-Verwundbarkeits-Abgleich* sowie *Risikoquantifizierung* unterstützt. Im Rahmen der *Verwundbarkeitsanalyse* werden basierend auf den in der Risikoidentifikation gewonnenen Informationen zur Risikoexposition individuelle Informationen zur Verwundbarkeit

[1648] Vgl. A1, Abs. 64; A3, Abs. 34, 60, 69-81; A6, Abs. 25-34. Vgl. hierzu auch HIS_2, S. 3, 6, 9; DHL_1, S. 4; DHL_4, S. 2; INFO_3, S. 14; RLNC_1, S. 4.

[1649] Unter ethischer Compliance werden Themen wie bspw. Corporate Social Responsibility betrachtet. Regulatorische Compliance schließt u.a. Handelsbeschränkungen, wie sie mit Sanktionslisten erfolgen, mit ein (vgl. A5, 11, 35; A4, 39-48). Neben den in Kapitel 6.3 genannten Informationsquellen greifen SCRM-IS hierzu auch auf Suchmaschinenanalysen basierend auf Data-mining-Verfahren zurück (vgl. A5, Abs. 11).

[1650] Vgl. A4, 39-48; 50-51.

einzelner Supply-Chain-Objekte gewonnen. Dies geschieht insbesondere durch eine direkte, automatisierte Befragung von Lieferanten und Unterlieferanten. In Einzelfällen führen Mitarbeiter von SCRM-IS auch vor Ort Audits bei Supply-Chain-Partnern durch. Hierbei erfassen SCRM-IS auch die von Supply-Chain-Partnern ergriffenen Risikomanagement-Maßnahmen. Zudem werden Verwundbarkeiten auf Supply-Chain-Ebene identifiziert; beispielsweise Single-Sourcing-Beziehungen.[1651]

Nach abgeschlossener Verwundbarkeitsanalyse können mithilfe des *Risiko-Verwundbarkeits-Abgleichs* unter Rückgriff auf die zuvor entwickelte Risiko Map die tatsächlich relevanten Supply-Chain-Risiken identifiziert werden. Durch Abgleich mit unternehmensinternen Informationen zum Beschaffungsprogramm und Teileverwendungsnachweisen können Unterbrechungs-Risiken nicht nur auf der Ebene von Supply-Chain-Objekten wie Lieferanten oder Lieferpfaden, sondern auch auf der Wertstromebene als Risiken der Unterbrechung der Flüsse von Gütern oder Gütergruppen erfasst werden. Einzelne SCRM-IS können bei der Berechnung von Risiko-Kennzahlen auch Lagerbestände, alternative Lieferanten und die Fähigkeiten alternativer Lieferanten berücksichtigen. Die resultierenden Risiken werden über kennzahlenbasierte Scorecards, über Risikoportfolios (bspw. anhand der Dimensionen Eintrittswahrscheinlichkeit/Auswirkungsgrad) sowie durch eine Farbkodierung im Rahmen einer Kartendarstellung visualisiert. Die Visualisierung kann nach unterschiedlichen Ebenen wie Lieferanten, Regionen, Produktgruppen oder Risikotypen strukturiert und gefiltert werden. [1652] Das Modul *Risikoquantifizierung* gestattet durch die Hinterlegung von produktbezogenen Deckungsbeiträgen eine Darstellung der zuvor ermittelten Risiken mittels monetärer Kennzahlen. Beispielsweise können Gesamtschadenssummen oder ein Value at Risk ermittelt werden. Durch die finanzielle Bewertung ist sichergestellt, dass Unternehmen auch unscheinbare Risiken mit einem hohen Schadenspotenzial erkennen.[1653] Alle Module der Risikoanalyse werden von SCRM-IS durch implementierte Methoden wie beispielsweise Simulationsmodelle, Szenarioanalysen, Netzwerkanalysen, Fehlerbaumanalysen oder FMEA unterstützt.[1654]

7.1.3 Risikosteuerung

Basierend auf den Ergebnissen der Risikoanalyse kann eine gezielte Umsetzung von Maßnahmen im SCRM erfolgen. Auch in dieser Phase können SCRM-IS notwendige Informationen bereitstellen und bei der Bewertung und Auswahl von Entscheidungsalternativen unterstützen. Die von SCRM-IS angebotenen Module können in *regelbasierte Entscheidungsunterstützung* und *modellbasierte Entscheidungsunterstützung* unterschieden werden. Der Darstellung in Kapitel 7.4 ist an dieser Stelle vorwegzunehmen, dass diese

---

[1651] Vgl. A1, Abs. 33; A3, Abs. 48. Vgl. hierzu auch DHL_1, S. 10; DHL_4, S.2; DHL_5, S. 15; DHL_6, S. 2; BSI_1, S. 3; INFO_3, S. 5; SCAIR_2, S. 2; RLNC_1, S. 6; RZT_1, S. 2.

[1652] Vgl. A1, Abs. 19, 45; A2, Abs. 32; A3, Abs. 3-6, 88; A4, Abs. 17, 39-48, 95-111. Vgl. hierzu auch DHL_1, S. 6, 8, 9; DHL_4, S. 2; DHL_5, S. 13, 15; SCAIR_1, S. 4f.; RLNC_1, S. 3, 5; RZT_1, S. 3. Die Filter gestatten das Einblenden unterschiedlicher Ebenen mit Informationen zu Lokationen, Ländern, Standorten, und aktuellen Events. Vgl. A4, 7-13.

[1653] Vgl. DHL_6, S. 2; SCAIR_1, S. 2, 3; SCAIR_2, S. 4; RLNC_1, S. 4f.

[1654] Dies zeigen insbesondere die Ergebnisse der geschlossenen Anbieterbefragung. Vgl. hierzu Kapitel 7.4.

Module von den betrachteten SCRM-IS derzeit kaum unterstützt werden, sich allerdings bereits verschiedene Lösungen in der Entwicklung befinden. *Regelbasierte Entscheidungsunterstützungen* bieten Informationen und Hinweise zum Umgang mit vordefinierten Ereignissen. Beim Ausfall eines Verkehrsknotenpunkts können SCRM-IS beispielsweise situationsadäquate Handlungsalternativen vorschlagen. Außerdem kann im Falle eines Risikoereignisses, welches größere Regionen betrifft, ein Kurzfragebogen an potenziell betroffene Unternehmen versendet werden. Durch die modellbasierte Entscheidungsunterstützung können zukünftig Simulations- und Optimierungsmodelle bei der Gestaltung robuster Supply Chains oder der Reallokation knapper Ressourcen unterstützen.[1655]

7.1.4 Risikokontrolle

Die Risikokontrolle wird durch das Modul *Umfeld Event Management* auf der Umfeldebene und das Modul *Supply Chain Event Management* auf der Supply-Chain-Ebene unterstützt. Verändert sich die über Indikatoren und Kennzahlen ermittelte Risikolage oder tritt ein Schadensereignis auf, werden Entscheider nahezu in Echtzeit informiert. Durch das *Umfeld Event Management* sammeln SCRM-IS aus einer Vielzahl von Datenquellen ständig Informationen zur politischen, finanziellen und sozialen Stabilität von geographischen Sektoren. Auch Naturereignisse, Rohmaterialpreise, Währungsschwankungen und der Status der Verkehrs- und Logistikinfrastruktur werden laufend überwacht. Das Supply Chain Event Management unterzieht hingegen die Supply Chain auf der institutionellen sowie auf der Ressourcen- und Wertstromebene einer laufenden Beobachtung. Erfasst werden unter anderem finanzielle Störungen, Reputationsverluste und sonstige Schadensereignisse an den Standorten von Supply-Chain-Partnern. Zudem werden auf der Wertstromebene Track-and-Trace-Daten erfasst. Durch die Vernetzung des *Umfeld-Event-Management-* und des *Supply-Chain-Event-Management-Moduls* mit den Erkenntnissen aus dem Supply Chain Mapping können zudem Auswirkungen des Umfelds auf die Supply Chain nahezu in Echtzeit ermittelt und an Entscheidungsträger im SCRM weitergeleitet werden. Zur Vernetzung von Umfeld und Supply Chains werden von SCRM-IS aktuell entweder radiale Auswirkungsumfelder um Schadensereignisse oder radiale Beeinträchtigungsumfelder um Supply-Chain-Objekte definiert. Da diese Annahmen oft stark von der Realität abstrahieren – beispielsweise folgt eine Überflutung in der Regel keinem radialen Ausdehnungsmuster – sind für die Zukunft bessere Matching-Algorithmen in der Entwicklung. Bevor eine Weiterleitung von Informationen zu Ereignissen an den Anwender erfolgt, werden die gewonnen Informationen in der Regel beim Systemanbieter einer manuellen Prüfung durch einen SCRM-Experten unterzogen.[1656]

[1655] Vgl. A1, Abs. 39; A3, Abs. 25-26; 48, 50; A6, Abs. 29, A4, Abs. 114-118. Vgl. hierzu auch DHL_5, S. 14; RZT_1, S. 2.

[1656] Vgl. A1, Abs. 45, 47, 78; A3, Abs. 24; 54, 50, 85-91; A4, Abs. 85-91. Vgl. hierzu auch DH_1, S. 4, 16; DHL_4, S. 2; DHL_5, S. 15; DHL_5, S. 23f.; INFO_2, S. 34; INFO_3, S. 6, 10, 14; RMTS_2, S. 2; RLNC_1, S. 5f.; RZT_1, S. 1f.; NC4_1, S. 2;

7.1.5 Reaktives SCRM

Die Phasen des reaktiven SCRM – Detektion, Reaktion, Recovery und Redesign – werden insbesondere durch die bislang vorgestellten Module unterstützt. Insbesondere die Module der Prozessphase Risikokontrolle bieten wichtige Informationen für die Risikodetektion. Module zur Maßnahmenentwicklung können insbesondere Recovery und Redesign unterstützen, während Module zur Risikoidentifikation die Identifikation neuer, sich aus dem Redesign ergebender Risiken ermöglicht. Zur Unterstützung der ersten Reaktion steht zudem ein eigenes *Business-Continuity*-Modul zur Verfügung. Dieses fungiert als Daten- und Dokumentenspeicher, in dem von Unternehmen individuell erarbeitete Business-Continuity-Pläne sowie wichtige, für den Schadensfall notwendige Informationen wie beispielsweise Kontaktdaten von Supply-Chain-Partnern hinterlegt werden. Zudem unterstützt das Business Continuity-Modul im Falle eines Schadensereignisses durch den automatisierten Versand von Kurzfragebögen an potenziell betroffene Supply-Chain-Partner. Gibt ein Supply-Chain-Partner innerhalb einer gesetzten Frist keine Entwarnung, wird ein manueller Nachforschungsprozess angestoßen. Neben der reinen Informationsbereitstellung können einige SCRM-IS-Anbieter ihre Kunden auch unmittelbar bei der Entwicklung konkreter Business-Continuity-Maßnahmen unterstützen.[1657]

7.2 Systemintegration von SCRM-IS

In den Kapiteln 3.7.1 und 3.7.2 wurden IT-Systeme im Unternehmen und im Supply Chain Management vorgestellt. SCRM-IS tragen zu einer starken vertikalen Vernetzung von SCM-Systemen durch die Berücksichtigung von Informationen auf der operativen Ebene (wie bspw. Daten aus dem Transportmanagement) sowie Informationen auf der strategischen Ebene (wie bspw. Netzwerkgestaltung) bei. Zudem verstärken SCRM-IS die vertikale Vernetzung im Unternehmen, da sie sich an unterschiedliche Unternehmensbereiche wie Einkauf, Logistik und gegebenenfalls auch den Vertrieb richten und hierbei Informationen aus bereichsspezifischen Informationssystemen in einem für das SCRM benötigten interdisziplinären Kontext aggregieren. Wie im Folgenden gezeigt wird, bestehen hierbei allerdings noch diverse Hürden. So erfolgt aufgrund der Heterogenität bestehender Systeme oftmals nur eine teilautomatisierte Integration. Die Integration von SCRM-IS erfolgt auf Seiten des Frontends bzw. des Anwenders sowie auf Seiten des Backends bzw. von IT-Systemen, die die von SCRM-IS benötigten Informationen zur Verfügung stellen.

7.2.1 Frontend-Integration

SCRM-IS bieten eine eigene grafische Benutzeroberfläche, die aufgrund der Implementierung als Software as a Service über einen Webbrowser aufgerufen werden kann. SCRM-IS können allerdings auch selbst als Backend-Systeme in bereits verwendete und von Nutzern gewohnte Anwendungen (bspw. in Lieferantenmanagement-Systeme) integriert werden. Ziel ist hierbei die Schaffung einer zentralen Informationsschnittstelle, die dem

---

[1657] Vgl. A1, Abs. 39; A3, Abs. 48, 50; A6, Abs. 29, A4, Abs. 114-118. Vgl. hierzu auch DHL_5, S. 14; SCAIR_2, S. 2; NC4_1. S. 2.

Anwender im SCRM die richtigen Informationen zur richtigen Zeit am richtigen Ort in der richtigen Form und Qualität zur Verfügung stellt.

Unterstützt wird die Einhaltung dieses Prinzips der Informationslogistik durch die Mandantenfähigkeit von SCRM-IS. Die bereitgestellten Informationen können anwenderspezifisch auf bestimmte Lieferanten, Lieferketten oder Warengruppen zugeschnitten werden, was insbesondere für große Unternehmen mit einer Vielzahl von unterschiedlichen Anwendern in unterschiedlichen Funktionsbereichen von zentraler Bedeutung ist. Zudem kann die Visualisierung über Filter zu Produkten, Ländern, Relationen oder einzelnen Supply-Chain-Knoten anwenderseitig konfiguriert werden.[1658] E-Mail-Alerts sowie die Bereitstellung von Informationen via Apps auf Mobiltelefonen und Tablets stellen die rechtzeitige Weitergabe kritischer Informationen sicher.[1659] Tritt ein negatives Ereignis auf bzw. verändert sich ein Parameter um einen voreingestellten Schwellwert, versenden SCRM-IS entsprechende Nachrichten und heben Risikoereignisse sowie beeinträchtigte Objekte in der Supply Chain Map grafisch hervor.[1660] Neben der automatischen Generierung können Warnungen manuell in der Supply Chain Map erzeugt und für Supply-Chain-Partner sichtbar gemacht werden.[1661]

7.2.2 Backend-Integration

Aus Sicht von SCRM-IS fungieren insbesondere operative bzw. administrative Systeme, die im Supply Chain Management zum Einsatz kommen, als Backend-Systeme. Für Stammdaten zu Lieferanten (insbesondere Lieferantenstandorte) sind Informationen aus ERP-Systemen oder Lieferantenmanagementsystemen zu integrieren. Letztere können weitere für das SCRM relevante Informationen bereitstellen, beispielsweise Kennzahlen zur Lieferanten-zuverlässigkeit. Durch die Integration von Transportmanagementsystemen können Transportpläne und Transportstatus mit der aktuellen Risikosituation abgeglichen werden.[1662] Für die automatische Systemanbindung stehen Web-Interfaces als Middleware oder sogar proprietäre Schnittstellen zu etablierten Systemen zur Verfügung.[1663] Eine automatische Integration dieser Systeme setzt eine Schnittstellenkompatibilität und eine hohe Datenqualität voraus. Aufgrund mangelnder Qualität sind Stammdaten im Rahmen einer SCRM-IS-Einführung in der Regel einer aufwendigen Bereinigung zu unterziehen. Daher erfolgt die ERP-Integration meist als halbautomatischer Batch-Prozess, der vom Systemanbieter kontrolliert wird.[1664] Als Hürde der manuellen Datenbeschaffung im

---

1658 Vgl. A1, Abs. 34; A2, Abs. 27, 35; A3, Abs. 68; A4, Abs. 39-48, 67, 119-124; A5, Abs. 25; A6, Abs. 39. Vgl. hierzu auch DHL_4, S. 2; RLNC_1, S. 3f.; RZT_1, S. 1.

1659 Vgl. A1, Abs. 45, 78. Vgl. hierzu auch DHL_5, S. 22; RMTS_1, S. 34

1660 Vgl. A1, Abs. 45, 47, 78; A3, Abs. 54.

1661 Vgl. A1, 76, 80.

1662 Vgl. A3, Abs. 28, 68, 94; A4, Abs. 18-26; A6, Abs. 37. Vgl. hierzu auch DHL_2, Abs. 2; RLNC_1, Abs. 4; RZT_1, Abs. 2.

1663 Vgl. A1, Abs. 35; A4, Abs. 18-23.

1664 Stammdaten sind in Unternehmen oft nicht in einem zentralen System abgelegt sondern auf unterschiedlichste Systeme verteilt (vgl. A1, Abs. 19, 35f.; A2, Abs. 27). Die Datenübertragung erfolgt oft

Unternehmen werden auch interdisziplinäre Abstimmungsprobleme genannt, da für das SCRM Informationen relevant sind, die gegebenenfalls von Organisationseinheiten beschafft oder aggregiert werden müssen, die von SCRM-IS bzw. vom SCRM nicht unmittelbar profitieren.[1665]

7.3 SCRM-IS als Interorganisationssysteme

In Kapitel 3.7.3 wurden Interorganisationssysteme (IOS) im Supply Chain Management vorgestellt. SCRM-IS fungieren heute oftmals nicht als solche IOS, da kein unternehmensübergreifender Datenaustausch erfolgt, sondern Daten zu Supply-Chain-Partnern manuell vom Systemanbieter oder von mit dem SCRM betrauten Stellen beim fokalen Unternehmen eingepflegt werden.[1666] Allerdings bergen SCRM-IS umfangreiche Potenziale als IOS verwendet zu werden.

In Anlehnung an die in Kapitel 3.7.3 vorgestellten IOS-Typen sind insbesondere die beiden in Abbildung 82 dargestellten Netzwerkkonfigurationen denkbar. Bidirektional gepoolte SCRM-IS reichen nur über eine Supply-Chain-Stufe und entsprechen daher am ehesten dem dyadischen SCRM. Aufgrund des von einem Kunden auf die jeweiligen Lieferanten ausübbaren Marktdrucks bestehen in der Praxis hohe Chancen zur Umsetzung von bidirektional gepoolten SCRM-IS. Vor dem Hintergrund der in Kapitel 3.7.3 angestellten Überlegungen zur Standardisierung ergeben sich allerdings hohe Kosten aufgrund der netzwerkweit gesehen unterschiedlichen Kommunikationsstandards. Diesem Problem kann durch Einsatz netzwerkweit gepoolter SCRM-IS begegnet werden, die neben den von einem Unternehmen zu bedienenden Standards auch die Summe aller Informationsverbindungen in einem Netzwerk verringern. Netzwerkweit gepoolte SCRM-IS entsprechen am ehesten dem Supply-Chain-weiten SCRM.

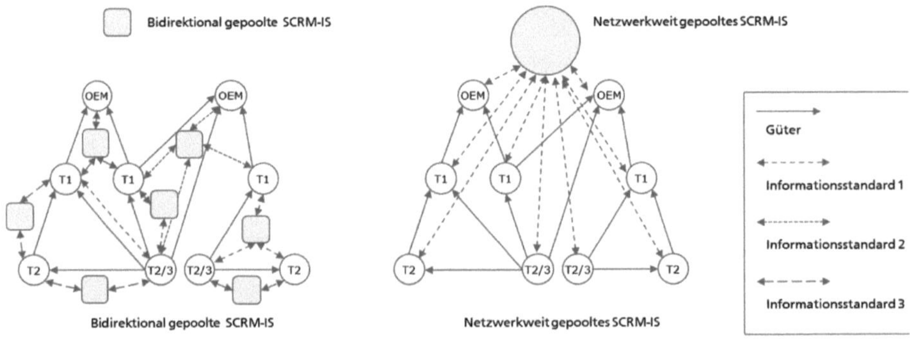

Abbildung 82: SCRM-IS als gepoolte Interorganisationssysteme

über einen Excel-Export aus dem ERP-System und einen anschließenden Import der Stammdaten in das SCRM-IS (vgl. A1, Abs. 35; A4, Abs. 18-23.

1665 Vgl. A1, Abs. 86.

1666 Vgl. A1, Abs. 13; A2, Abs. 23, 27, 47; A3, Abs. 34.

Da im Markt unterschiedliche SCRM-IS konkurrieren, ergibt sich für Unternehmen zukünftig gegebenenfalls ein Entscheidungsproblem bezüglich der Wahl eines SCRM-IS als SCRM-Standard. Hierbei sind sowohl positive Netzwerkexternalitäten durch die direkte Vernetzung mit möglichst vielen Supply-Chain-Partnern als auch negative Externalitäten durch die Beteiligung von direkten Konkurrenten zu erwarten.

Von einigen SCRM-IS-Anbietern wurden bereits die notwendigen Voraussetzungen für den Einsatz als IOS geschaffen. Hierbei erhält ein Unternehmen jedoch keine Transparenz bezüglich aller im System hinterlegten Unternehmen, sondern es wird von einem fokalen Unternehmen ausgehend sukzessive die Aufschaltung von Lieferanten, Unterlieferanten, Unter-Unterlieferanten etc. ermöglicht. Da die Systeme mandantenfähig sind, kann das fokale Unternehmen als Key-User die Sichtbarkeit von Supply-Chain-Objekten für aufgeschaltete Lieferanten beeinflussen.[1667] Lieferanten können ihren Kunden ihre eigene, beschaffungs-seitige Supply Chain freischalten, an Audits teilnehmen und die anderen Teilnehmer des Netzwerks auf Risiken und Schadensereignisse hinweisen.[1668]

Wahrgenommen wird die Möglichkeit der Nutzung von SCRM-IS als IOS bislang jedoch nur von wenigen Anwendern. Begründet wird dies mit einem fehlenden Willen zur Preisgabe gegebenenfalls geschäftskritischer Daten – insbesondere Informationen, die gegebenenfalls Risiken aufdecken, werden ungerne geteilt – sowie den für die informatorische Integration gesehenen hohen Aufwänden. Bidirektional gepoolten SCRM-IS wird daher zumindest heute noch vor netzwerkweit gepoolten Systemen der Vorzug gegeben. Um der Angst vor der Weitergabe geschäftskritischer Informationen zu begegnen, arbeiten Systemanbieter aktuell an Möglichkeiten zur Anonymisierung der hinterlegten Informationen. Auch werden Anreizsysteme entwickelt, um Lieferanten zur Freigabe von Informationen zu bewegen.[1669]

7.4 Marktübersicht und Zusammenfassung der gewonnenen Erkenntnisse

Mit der *th Data GmbH*, *riskmethods*, *Deutsche Post DHL* sowie *MHP* kommt ein Teil der SCRM-IS-Anbieter aus Deutschland. Die anderen hier beschriebenen Systeme stammen aus den USA und Großbritannien. Da sich der SCRM-IS-Markt bereits während der Anfertigung der vorliegenden Arbeit stark veränderte, kann nicht ausgeschlossen werden, dass mittlerweile auch weitere, neuere Lösungen am Markt verfügbar sind. Abbildung 83 zeigt, in welchem Umfang die in den Kapiteln 7.1 bis 7.3 beschriebenen Funktionalitäten und Schnittstellen von unterschiedlichen SCRM-IS implementiert werden.[1670] Die Zusammenstellung basiert auf der in Kapitel 5.3.3.2.2 beschriebenen Befragung zur Selbstbewertung der Systemanbieter. Da nicht davon auszugehen ist, dass Unternehmen Funktionalitäten ihrer Systeme im Rahmen der Selbstbewertung verschwiegen haben, kann basierend auf

[1667] Vgl. A2, Abs. 21, 23; A4, Abs. 52-62; A3, Abs. 46. Vgl. hierzu auch AGO_1, S. 26f.; RLNC_1, S. 4.

[1668] Vgl. A1, Abs. 76; A4, Abs. 52-62; A3, Abs. 38. Vgl. hierzu auch INFO_3, S. 5-7.

[1669] Vgl. A1, Abs. 25, 84; A2, Abs. 47; A3, Abs. 38; A4, Abs. 47, Abs. 52-62; A7, Abs. 20-23.

[1670] Grundlage für die Darstellung in Abbildung 83 bilden über 50 Fragen die von SCRM-IS-Anbietern im Rahmen einer Selbstbewertung beantwortet wurden. Die Ergebnisse übergreifender Fragebatterien wurden anschließend mittels Mittelwertbildung aggregiert.

den erhobenen Daten insbesondere auf unterentwickelte Funktionsbereiche von SCRM-IS geschlossen werden.

Im Rahmen der Prozessphase Identifikation unterstützen nur wenige Anbieter das Modul *Supply-Chain-Identifikation*. Aufgrund der steigenden Kundennachfrage nach solchen Dienstleistungen prüfen allerdings einige Betreiber von SCRM-IS, wie sie in Zukunft einen solchen Service anbieten können. Alle SCRM-IS bieten umfangreiche Funktionalitäten zu den beiden anderen zur Prozessphase Identifikation gehörenden Modulen *geografisches Supply Chain Mapping* und *Risiko Mapping* an.

In der Analysephase werden die unterschiedlichen Module umfassender unterstützt. Bei der *Verwundbarkeitsanalyse* weisen einige SCRM-IS Schwächen auf, weil eine Funktion zur Lieferantenbefragung fehlt.

Die bislang am wenigsten unterstützte Prozessphase ist die Risikosteuerung. Die meisten Systeme bieten einfache, modellbasierte Entscheidungsunterstützungen an, die insbesondere das Durchspielen und Vergleichen von Szenarien gestatten. *Regelbasierte Entscheidungsunterstützungen*, die bei der Auswahl geeigneter Maßnahmen helfen, sind aktuell in der Entwicklung.

Bezüglich der Kontrollfunktion unterscheiden sich die angebotenen Lösungen anhand der Anzahl der für das Event Management herangezogenen Indikatoren. Während SCRM-IS, die das *Event Management* nur in Teilen unterstützen, nur Daten zu Naturkatastrophen und Wetterphänomenen heranziehen, implementieren andere Systeme komplexe Web-Mining-Algorithmen, die unterschiedliche Nachrichtendienste ständig nach relevanten Ereignissen durchsuchen.

Möglichkeiten zur automatisierten Datenintegration mit Bestandsystemen fehlen bei vielen der angebotenen Systeme, sind aber aktuell oftmals in der Entwicklung. Der Ansatz, SCRM-IS als Interorganisationssystem zu betreiben, wird nur von der am MIT entwickelten Lösung Sourcemap umfassend unterstützt. Fast alle anderen Anbieter implementieren bislang erste Funktionalitäten als Grundlage für ein Social Network. Hierzu zählen die Möglichkeit der anonymen Bewertung von Lieferanten, das Teilen von Informationen zum eigenen Beschaffungsnetzwerk mit Supply-Chain-Partnern sowie die Möglichkeit, sich zu Supply-Chain-Risiken auszutauschen.

Durch die informatorische Integration von für das SCRM relevanten Informationsquellen und die adressatengerechte Aufbereitung von SCRM-Informationen können SCRM-IS ganz offensichtlich einen wesentlichen Beitrag zur Beseitigung der in Kapitel 6.5 beschriebenen Informationspathologien leisten. Dennoch haben bereits die Expertengespräche der Vorstudie gezeigt, dass viele Unternehmen SCRM-IS eher verhalten gegenüberstehen. Die Erforschung der Gründe, die Unternehmen zu einer Adoption bzw. Ablehnung von SCRM-IS bewegen, werden daher im folgenden Kapitel näher beleuchtet.

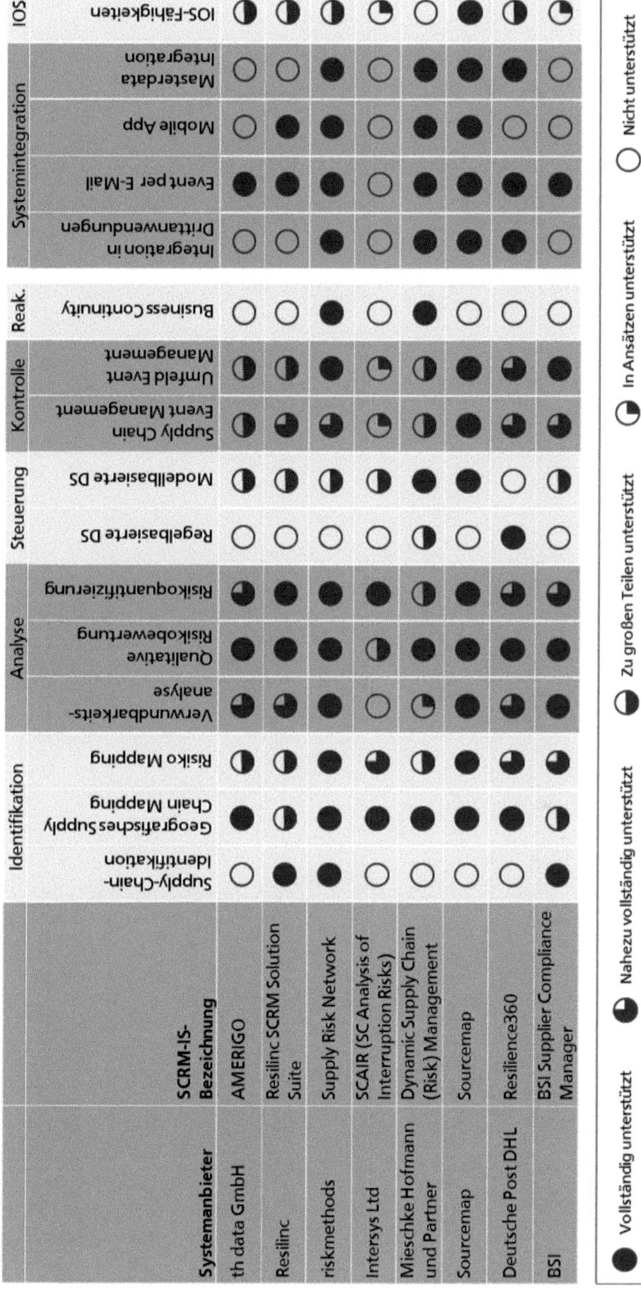

Systemanbieter	SCRM-IS-Bezeichnung	Identifikation: Supply-Chain-Identifikation	Identifikation: Geografisches Supply Chain Mapping	Identifikation: Risiko Mapping	Analyse: Verwundbarkeits-analyse	Analyse: Qualitative Risikobewertung	Analyse: Risikoquantifizierung	Steuerung: Regelbasierte DS	Steuerung: Modellbasierte DS	Kontrolle: Supply Chain Event Management	Kontrolle: Umfeld Event Management	Reak.: Business Continuity	Systemintegration: Integration in Drittanwendungen	Systemintegration: Event per E-Mail	Systemintegration: Mobile App	Systemintegration: Masterdata Integration	IOS: IOS-Fähigkeiten
th data GmbH	AMERIGO	○	●	◑	◕	●	◕	○	◑	◑	◑	○	○	●	○	○	◑
Resilinc	Resilinc SCRM Solution Suite	●	◑	◑	◕	●	●	○	◑	◕	◑	○	○	●	●	○	◑
riskmethods	Supply Risk Network	●	●	●	●	●	●	○	◑	◕	●	●	●	●	●	●	◑
Intersys Ltd	SCAIR (SC Analysis of Interruption Risks)	○	●	◕	○	◑	●	○	◑	◔	◔	○	○	○	○	○	◔
Mieschke Hofmann und Partner	Dynamic Supply Chain (Risk) Management	○	●	◑	◔	●	◑	◑	●	◑	◑	●	●	●	●	●	○
Sourcemap	Sourcemap	○	●	●	●	●	●	○	●	●	●	○	●	●	●	●	●
Deutsche Post DHL	Resilience360	○	●	◕	◕	●	◕	●	○	◕	◕	○	●	●	○	●	◑
BSI	BSI Supplier Compliance Manager	●	◑	◕	●	●	◕	○	◑	◕	●	○	○	●	○	○	◔

● Vollständig unterstützt ◕ Nahezu vollständig unterstützt ◑ Zu großen Teilen unterstützt ◔ In Ansätzen unterstützt ○ Nicht unterstützt

Abbildung 83: Funktionalitätsabdeckung der untersuchten SCRM-IS (Ergebnisse eigener Befragung von Systemanbietern)

8 Identifikation von Adoptionsfaktoren von SCRM-IS

In der Vorstudie konnten die befragten Anbieter von SCRM-IS bereits einzelne Gründe benennen, die zur Ablehnung von SCRM-IS durch potenzielle Anwender führen. Allerdings lag den Anbietern kein systematisches Bild von Adoptionsfaktoren vor. Der Identifikation von Adoptionsfaktoren widmet sich daher der zweite Teil der zweiten Forschungsfrage.

Forschungsfrage 2b:

Welche Faktoren beeinflussen die Adoption bzw. Ablehnung von Supply-Chain-Risikomanagement-Informationssystemen?

Um näher zu untersuchen, warum und wann es zur Ablehnung oder Adoption von SCRM-IS kommt, werden im Folgenden das Modell der *Theorie der Diffusion von Innovationen*, das *TOE-Framework* sowie das *TAM-Modell* und dessen Erweiterungen verwendet, um den Adoptionsprozess und Adoptionsfaktoren zu strukturieren. Die Theorie der Diffusion von Innovationen dient hierbei insbesondere als Grundlage zur Strukturierung des Adoptionsprozesses. Die unterschiedlichen Blickwinkel des TOE-Frameworks (Organisation, Technologie, Umfeld) werden zur Untersuchung von Adoptionsfaktoren auf der Unternehmensebene verwendet, während das TAM-Modell und dessen hier verwendete Erweiterungen die Untersuchung anwenderspezifischer Adoptionsfaktoren gestatten. Im Folgenden gibt Kapitel 8.1 einen ersten Einblick in den zum Untersuchungszeitpunkt erfassten Stand der Adoption von SCRM-IS bei den im Rahmen der Fallstudie untersuchten Unternehmen. In Kapitel 8.2 werden die beobachteten Adoptionsfaktoren erläutert und strukturiert. Hierbei findet auch eine Unterscheidung in Enabler und Inhibitoren statt. Letztere können im Falle des Auftretens trotz umfangreich vorhandener Enabler eine Adoption verhindern. Kapitel 8.3 fasst die Ergebnisse der Adoptionsfaktorenuntersuchung zusammen.

8.1 Betrachtung der SCRM-IS-Adoption auf Fallebene

Wie bereits in Kapitel 3.7.5 beschrieben, umfasst der Adoptionsprozess die Prozessschritte *Kenntnisnahme, Interesse, Bewertung, Adoption/Ablehnung, Implementierung* und *Bestätigung*. Abbildung 84 kann der Stand der Adoption von SCRM-IS in den untersuchten Fällen entnommen werden. Demnach haben 12 der befragten Unternehmen Kenntnis von einem oder mehreren der in Kapitel 7.4 vorgestellten SCRM-IS, 11 Unternehmen haben sich zudem weitergehend über SCRM-IS informiert. 9 Unternehmen haben sich zu SCRM-IS eine umfassende Meinung gebildet, von diesen sind wiederum 6 zu einem Versuch im Sinne eines Pilot-Betriebes übergegangen. Durch ein intensives Marketing der Systemanbieter, oft mit dem Angebot einer kostenlosen Testperiode, wird die Pilotierung von SCRM-IS auf Anbieterseite forciert. In 5 der betrachteten Fälle haben Unternehmen sich nach Einholung von Informationen, einer Systembewertung und teilweise auch nach einer Pilotierung der Systeme gegen einen Einsatz von SCRM-IS entschieden. Nur 3 Unternehmen adoptierten SCRM-IS und überführten deren Anwendung in den regulären Betrieb. Da die Systeme bei den befragten Anwendern erst seit wenigen Monaten im

Einsatz sind, ist die Prozessstufe Bestätigung noch nicht abgeschlossen. Abbildung 84 gibt einen Überblick über den Status der SCRM-IS-Adoption in den betrachteten Fällen. Im Folgenden werden die Gründe für eine Adoption oder Ablehnung der Systeme auf Fallebene näher erläutert.

Abbildung 84: Stand der Adoption von SCRM-IS im Rahmen der untersuchten Fälle

Trotz hoher Risikoexposition und hoher Sensibilisierung bezüglich SC-Risiken lehnt F01 die Adoption von SCRM-IS ab. Das hohe Technologie-Know-how von F01 führte zur Entwicklung eines eigenen SCRM-IS welches das Mapping der Supply Chain über mehrere Stufen unter Betrachtung potenzieller Umfeldrisiken gestattet. Der Mehrwert einer Marktlösung wird nicht gesehen.[1671]

Bei F02 hatten zum Zeitpunkt der Befragung zwei unterschiedliche Funktionsbereiche zwei verschiedene SCRM-IS als Pilotsysteme implementiert. Das Unternehmen zeigte sich insbesondere mit dem Nutzen von SCRM-IS zufrieden, der insbesondere mit dem volatilen Umfeld des Unternehmens begründet wird. Gründe für die bislang nicht erfolgte Adoption liegen insbesondere in unklaren organisatorischen Zuständigkeiten für das SCRM sowie mangelnden Erfahrungen und Best Practices für den Systemeinsatz seitens der Systemanbieter. Insbesondere die mangelnde Festlegung von Verantwortlichkeiten hat zum Prallelbetrieb zweier unterschiedlicher Lösungen geführt. In Zukunft soll im Rahmen einer übergreifenden Integration des SCRM jedoch auch nur eine einzelne IT-Lösung genutzt werden.[1672]

F03 waren SCRM-IS zum Zeitpunkt der Befragung nicht bekannt. Als Tier-2- oder Tier-3-Zulieferer in der Elektronikindustrie, der auch die Automobilindustrie beliefert, bestehen die größten Risiken für das Unternehmen in nachfrageseitigen Schwankungen (Bullwhip-

---

[1671] Vgl. F011, Abs. 2, 8, 18, 20-22, 28-40, 46-50.

[1672] Vgl. F021, Abs. 11ff., 13, 21, 74f., 89, 103, 112f., 114f., 117, 121; F022, Abs. 25, 33, 35, 45f.

Effekt). Beschaffungsseitige Unterbrechungen spielen hingegen eine untergeordnete Rolle. Das SCRM ist nicht institutionalisiert. Da sich das Unternehmen bislang nicht mit SCRM-IS beschäftigt hat und auch nach dem geführten Gespräch kein Interesse zeigt, ist mit einer Ablehnung zu rechnen.[1673]

F04 hat bereits ein SCRM-IS adoptiert. Betont wird, dass ohne ein umfassendes Reengineering des SCM auch keine Professionalisierung des SCRM möglich gewesen wäre. Die SCRM-IS-Adoption war nur dank umfangreicher Managementunterstützung und der generellen Entwicklung des SCRM – auch unter Aspekten der Unternehmenskultur – möglich. Bislang hat das Unternehmen positive Erfahrungen mit dem SCRM-IS-Einsatz gemacht: Beispielsweise wurde die anstehende Kontingentierung der Stromversorgung für einen osteuropäischen Lieferanten durch das verwendete SCRM-IS präventiv gemeldet, noch bevor sich dieser Lieferant selbst mit F04 in Verbindung setzte. So konnten rechtzeitig Maßnahmen zur Reaktion auf die Kontingentierung getroffen werden, die beim Lieferanten zur mittelfristigen Kontingentierung der Produktionskapazitäten um 40% führte.[1674]

F05 hat sich bereits mit SCRM-IS beschäftigt. Eine Ablehnung erfolgte insbesondere aufgrund von technischen Faktoren. Die instrumentelle Unterstützung im SCM besteht vielfach aus Excel-Lösungen. Das Unternehmen will daher vorerst eine Professionalisierung im SCM erreichen, aktuell stehen daher für das SCRM keine ausreichenden Ressourcen zur Verfügung. Zudem werden die Oberflächlichkeit und der hohe Aufwand der Implementierung von SCRM-IS, verbunden mit der ungenügenden bzw. für den Anwender unklaren Integration in die bestehende Systemlandschaft und den Anwendungskontext kritisiert.[1675]

F06 hatte zum Zeitpunkt der geführten Gespräche noch kein SCRM-IS implementiert. Grundsätzlich sieht das Unternehmen aufgrund der hohen Risikoexposition einen zunehmenden Bedarf an Supply-Chain-Transparenz. Als möglicher Inhibitor wurde allerdings der Systemanbieter genannt: Einen Logistikdienstleister als Systemanbieter lehnt F06 aufgrund gewollter Informationsasymmetrien ab. Aufgrund mangelnder IT-Kompetenz im Unternehmen plant F06 die Entwicklung eines eigenen mit SCRM-IS vergleichbaren Systems in enger Kooperation mit einem Informationsdienstleister.[1676]

F07 ist bezüglich der Adoption mit F01 vergleichbar. Beide Unternehmen verfügen über komplexe Supply Chains mit teils hoher Abhängigkeit von Lieferanten und nehmen das Unternehmensumfeld als sehr unsicher wahr. Das SCRM in F07 ist institutionalisiert und genießt einen hohen Stellenwert. Die befragten Experten aus dem Einkauf und dem Risikomanagement sehen zudem einen hohen Nutzen in den durch SCRM-IS bereitgestellten Informationen. Zur Ablehnung von SCRM-IS führen zwei wesentliche Faktoren: F07 hat bereits selbst ein vergleichbares Instrument entwickelt, dessen Funktionalität

[1673] Vgl. F031, Abs. 9-23, 29-36.

[1674] Vgl. F041, Abs. 18-22, 26-29, 36, 39f., 47.

[1675] Vgl. F051, Abs. 2-6, 8, 10, 22, 28, 34, 38-50, 56, 78-98, 104-147.

[1676] Vgl. F061, Abs. 3, 41, 45, 47, 64.

zukünftig ausgebaut werden soll. Zudem gestattet die IT-Policy in F07 keine Auslagerung von kritischen Daten in eine Cloud-Anwendung.[1677]

F08 befindet sich in einer ähnlichen Situation wie F06. Allerdings wurde hier bereits der Pilotbetrieb mit einem Systemanbieter vereinbart. Unterstützt wird die Adoption dadurch, dass das Unternehmen eine sehr unsichere beschaffungsseitige Supply Chain aufweist und bislang mit den verwendeten SCRM-Instrumenten negative Erfahrungen gemacht hat. Die Absorption von SC-Risiken durch den Aufbau von Bildung von Redundanzen (bspw. mittels Dual Sourcing) ist aufgrund des geringen Produktionsvolumens für das Unternehmen keine gangbare Option. Die hieraus resultierende Abhängigkeit von einzelnen Supply-Chain-Partnern wirkt gemeinsam mit den im Unternehmen nur begrenzt für eine Eigenentwicklung vorhandenen Ressourcen als starker Enabler auf die SCRM-IS-Adoption. Hierzu trägt auch der in der Supply Chain als positiv bewertete Informationsaustausch bei.[1678]

F09 kannte SCRM-IS vor dem geführten Gespräch noch nicht. Auch wenn das Unternehmen beschaffungsseitig einem hohen Risiko ausgesetzt ist, fehlt es an einer Professionalisierung im Supply Chain Management, die die Adoption von SCRM-IS unterstützen könnte. Auch stehen andere IT-Projekte im Vordergrund. Es ist mit einer Ablehnung zu rechnen.[1679]

Auch F10 waren SCRM-IS unbekannt. Dieser Umstand und die hohe Fertigungstiefe des Unternehmens lassen darauf schließen, dass es auch in Zukunft nicht zu größerem Interesse und somit auch nicht zu einer Adoption kommen wird. Zudem wurden zur Unterstützung des SCRM eigene Tools entwickelt und das Unternehmen führt aktuell eine ERP-Neueinführung durch, was bestehende Ressourcen bindet.[1680]

F11 nimmt eine hohe Unsicherheit des Unternehmensumfelds wahr. Aufgrund der hohen Wertschöpfungstiefe und der direkten Beschaffung von Rohmaterialien fokussiert sich das SCRM allerdings auf absatzseitige Störungen. Hierzu hat das Unternehmen bereits umfassende eigene IT-Systeme implementiert, die wesentliche Funktionalitäten von SCRM-IS bereits abdecken. Zudem wird die mangelnde Integration von SCRM-IS mit SC-Systemen auf der Wertstromebene kritisiert.[1681]

F12 hat bereits ein SCRM-IS adoptiert und ist mit der Anwendung des Systems sehr zufrieden. Betont werden die zunehmende Unsicherheit in Supply Chain und Supply-Chain-Umfeld und die Möglichkeit durch die Unterstützung durch SCRM-IS im Falle eines Risikoeintritts schneller handeln zu können. Benannt wird ein Beispiel mit einem wichtigen Zulieferer in dessen Werk sich an einem Wochenende ein Brand ereignete. Die zuständigen

---

1677 Vgl. F072073, Abs. 37-39, 42-69, 83-101, 111-129, 135-145, 152-164, 176-178, 191, 198-210.

1678 Vgl. F081082, Abs. 38f., 67, 68f., 102.

1679 Vgl. F091, Abs. 21, 23, 27, 29,33, 35, 51, 63, 82-91, 98.

1680 Vgl. F101, Abs. 20, 26-30, 34-40, 50, 60-78, 84-96, 106, 114-118, 128-152.

1681 Vgl. F112, Abs. 13, 37-39, 42-47; F114, Abs. 35, 44, 73, 85-89, 90-92, 94-97.

Mitarbeiter in F12 wurden durch die Benachrichtigungsfunktion des implementierten SCRM-IS bereits am Sonntag von dem Vorfall in Kenntnis gesetzt und konnten noch am Wochenende eine Task Force bilden und weitere Gegenmaßnahmen einleiten. Ohne ein SCRM-IS wäre F12 wesentlich später benachrichtigt worden. Dies hätte die rechtzeitige Reaktion gefährdet.[1682]

F13 hatte zum Zeitpunkt der Befragung keine Kenntnis von SCRM-IS und war sich sicher, dass aktuell kein System im Unternehmen im Einsatz ist. Aufgrund der begrenzten Komplexität der Unternehmens- und Supply-Chain-Strukturen wird ein nur äußerst begrenzter Mehrwert in den im Interview erstmalig vorgestellten SCRM-IS gesehen. Zudem wird angemerkt, dass das Unternehmen eine Reihe einzelner IT-Tools für das SCRM einsetzt. In naher Zukunft ist daher nicht mit einer Adoption von SCRM-IS zu rechnen. Der befragte Experte gab jedoch auch an, dass das Unternehmen sein Risikomanagement in Zukunft weiter professionalisieren will. Der Einsatz von SCRM-IS wird daher für die Zukunft nicht vollkommen ausgeschlossen.[1683]

F14 lehnte SCRM-IS nach dem Pilotbetrieb eines ausgewählten Systems ab. Das hohe Interesse an SCRM-IS, welches bis zur Pilotierung führte, zeigt, dass viele der Grundvoraussetzungen für die Adoption erfüllt waren. Das Unternehmen spricht von einer hohen wahrgenommenen Unsicherheit der Supply Chain und hat in der Vergangenheit spezifische Organisationsstrukturen und Prozesse für das SCRM aufgebaut. Hierbei wurden auch eigene Instrumente entwickelt, was dazu führt, dass der zusätzliche Nutzen am Markt angebotener SCRM-IS als gering eingeschätzt wird. Zudem wird die mangelnde wahrgenommene Bedienbarkeit der am Markt angebotenen Systeme kritisiert. So wird im Rahmen des für F14 geführten Expertengesprächs berichtet, dass ein hoher Aufwand zur Nacharbeit der bereitgestellten Informationen getätigt werden musste, um informationellen Mehrwert zu schaffen. Insbesondere wird kritisiert, dass die Kopplung von Umfeldrisiken und Supply Chain auf der Länderebene durchgeführt wurde, so dass nur mit Nacharbeit ersichtlich war, ob die Supply Chain des Unternehmens tatsächlich von einem auf Länderebene modellierten Risikoereignis betroffen ist.[1684]

Bei F15 handelt es sich um ein mittelständisches Unternehmen, das wegen in der jüngeren Vergangenheit eingetretenen Supply-Chain-Risiken das SCRM auf dezentraler Ebene institutionalisiert hat. Aufgrund der überschaubaren Lieferantenbasis und Beschaffungskanäle ist die Supply-Chain-Komplexität gering, so dass kein Bedarf für die Einführung von SCRM-IS gesehen wird.[1685]

Im Fall F16 kann zum Zeitpunkt keine Tendenz-Aussage bezüglich der Adoption getroffen werden. SCRM-IS waren dem Unternehmen nicht bekannt und der Gesprächspartner stand

---

1682 Vgl. F122, Abs. 5-7.

1683 Vgl. F131, Abs. 94, 98, 100, 104, 108, 110.

1684 Vgl. F141, Abs. 16, 20, 27f., 32-54, 62-66, 71-76, 80, 88-106.

1685 Vgl. F151, Abs. 7, 15, 27, 35, 41, 49, 51-55, 73.

dem Konzept zu Anfang des Expertengespräches kritisch gegenüber. Aufgrund der zunehmenden Supply-Chain-Komplexität identifizierte er allerdings im Gesprächsverlauf großen Nutzen bezüglich der Signalisierung potenzieller Auswirkung bestehender Umfeldrisiken und zeigte ein zunehmendes Interesse an den durch SCRM-IS offerierten Funktionalitäten.[1686]

F17 hat ein SCRM-IS adoptiert – entgegen vorhandener technologischer und organisatorischer Hürden. Aus technischer Sicht stand F17 vor dem Problem, dass notwendige Stammdaten aufgrund einer Reihe zuvor durchgeführter Akquisitionen in einer Vielzahl heterogener Systeme in unterschiedlichen Formaten abgelegt waren. Neben der Harmonisierung der Stammdaten in einem zentralen IT-System mussten auch organisatorische Strukturen geschaffen werden, um die Einbettung des SCRM-IS zu unterstützen. Dies wurde insbesondere durch die Einführung eines zentralen Supply-Chain-Risikomanagers erreicht. Besonders geschätzt werden an der implementierten Lösung die Möglichkeit des Supply Chain Mappings und die zentrale Informationsbereitstellung für das SCRM.[1687]

Auch bei F18 sind grundlegende Bedingungen für die Adoption eines SCRM-IS erfüllt. Die befragten Manager berichten von hoher Unsicherheit des Unternehmensumfelds und einer hohen Komplexität und Abhängigkeit in der Supply Chain. Allerdings wird die Variantenvielfalt als so hoch wahrgenommen, dass individuelle Risikomanagement-maßnahmen, wie sie oft aus den von SCRM-IS bereitgestellten Informationen entwickelt werden, als kaum umsetzbar gelten. Das Unternehmen nimmt Risiken in der Supply Chain gezielt in Kauf. Trotz ausgeprägter Risikokultur besitzt das Unternehmen kein institutionalisiertes SCRM und sieht auch keinen Nutzengewinn in einer zukünftigen Institutionalisierung. Aufgrund des geringen Mehrwerts, der den mit SCRM-IS gewonnenen Informationen zugeschrieben wird und aufgrund einer fehlenden, für das SCRM verantwortlichen Stelle, ist zukünftig mit einer weiteren Ablehnung von SCRM-IS zu rechnen.[1688]

F19 hat ein eigenes Instrument auf Excel-Basis entwickelt, welches Indikatoren und Kennzahlen aus unterschiedlichen Quellen zusammenführt. Die Entscheider im SCRM sind mit dem Informationsstand offensichtlich zufrieden. Behindert wird ein weiteres Interesse durch die aktuelle Neueinführung von SCM-Systemen und die hierdurch gebundenen Ressourcen sowie durch einen Personalumbruch im SCRM – die Stelle des SCRM-Verantwortlichen ist derzeit unbesetzt.[1689]

Einen Überblick über Gründe der Adoption bzw. Ablehnung von SCRM-IS in allen untersuchten Fällen gibt Abbildung 85. Hierbei wird bereits ein Überblick über die im folgenden Kapitel zur Strukturierung verwendeten Kategorien von Adoptionsfaktoren

[1686] Vgl. F161, Abs. 13, 38-48, 59-69, 72-80.

[1687] Vgl. F171, Abs. 12, 33, 47,51.

[1688] Vgl. F181182, Abs. 6, 10, 13-15, 16f., 24-26, 30, 38-42, 49-56, 64-67, 88-104.

[1689] Vgl. F041, Abs. 17, 26, 28, 30, 34, 37-39, 43-45, 53-55.

gegeben. Adoptiert wurden SCRM-IS lediglich von den Fällen F04, F12 und F17. Eine Tendenz zur zukünftigen Adoption war zum Zeitpunkt der Befragung zudem bei der Untersuchung der Fälle F02, F06 und F08 erkennbar.

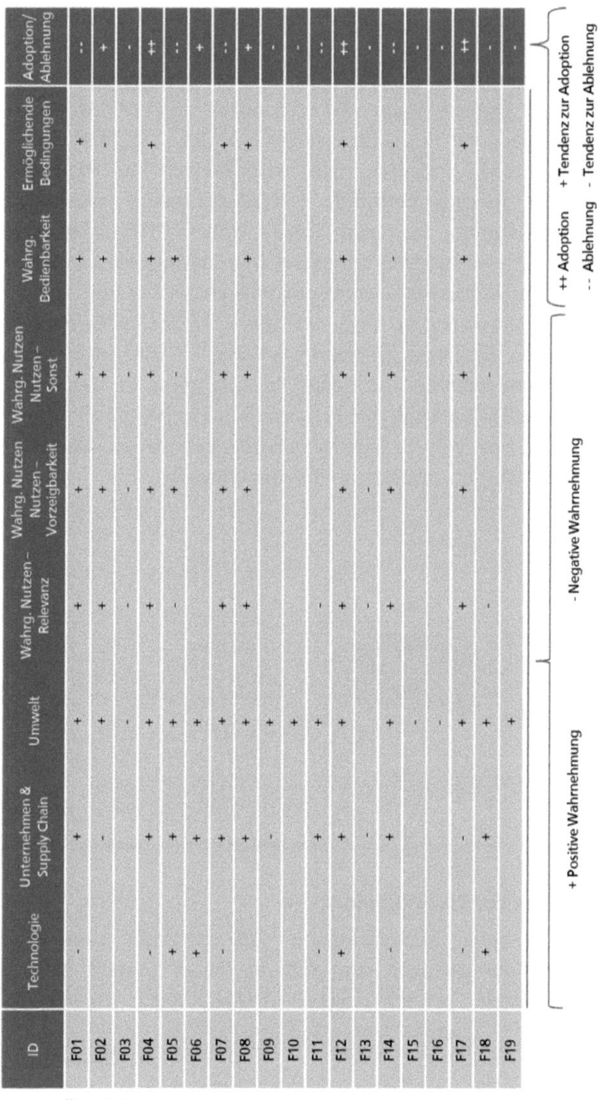

ID	Technologie	Unternehmen & Supply Chain	Umwelt	Wahrg. Nutzen - Relevanz	Wahrg. Nutzen Nutzen - Vorzeigbarkeit	Wahrg. Nutzen Nutzen - Sonst	Wahrg. Bedienbarkeit	Ermöglichende Bedingungen	Adoption/ Ablehnung
F01	-	+	+	+	+	+	+	+	--
F02		-	+	+	+	+	+	-	+
F03			-	-	-	-			-
F04	-	+	+	+	+	+	+	+	++
F05	+	+	+	-	+	-	+		--
F06	+	+	+						+
F07	-	+	+	+	+	+		+	--
F08		+	+	+	+	+	+	+	+
F09		-	+						-
F10			+						-
F11	-	+	+	-					--
F12	+	+	+	+	+	+	+	+	++
F13		-		-	-	-			-
F14	-	+	+	+	+	+	-	-	--
F15			-						-
F16			-						-
F17	-	-	+	+	+	+	+	+	++
F18	+	+	+	-		-			-
F19			+						-

+ Positive Wahrnehmung
- Negative Wahrnehmung
++ Adoption + Tendenz zur Adoption
-- Ablehnung - Tendenz zur Ablehnung

Abbildung 85: Überblick über Adoption/Ablehnung im Rahmen der betrachteten Fälle

8.2 Identifikation von Adoptionsfaktoren

Nachdem über die fallbasierte Beschreibung ein allgemeines Verständnis für die Adoptionsfaktoren geschaffen wurde, erfolgt im Folgenden eine Strukturierung der in den Fällen beobachteten Adoptionsfaktoren. Da es sich bei SCRM-IS um eine neuartige Technologie handelt, können das TOE-Modell sowie die auf dem TAM basierenden Modelle zur Technologieadoption einen Rahmen für die Strukturierung bilden.[1690] Aus den Fallstudien ergaben sich für die Untersuchung der Adoption von SCRM-IS zwei wesentliche Betrachtungsebenen: Die erste Betrachtungsebene bezieht sich auf die im SCRM durchzuführenden Aufgaben bzw. Prozesse, wie beispielsweise die Risikoidentifikation und Risikoanalyse und die hiermit verbundene Wahrnehmung von SCRM-IS durch die Aufgabenträger. In Anlehnung an TAM, TAM2 und UTAUT wird im Folgenden zur Strukturierung von Adoptionsfaktoren auf dieser Betrachtungsebene zwischen *wahrgenommenen Nutzen auf der Aufgabenebene, wahrgenommenen Nutzen bzgl. der Vorzeigbarkeit der Ergebnisse, wahrgenommenem Nutzen bzgl. sonstiger Faktoren, wahrgenommener Bedienbarkeit* und *ermöglichenden Bedingungen* unterschieden.[1691] Die zweite Betrachtungsebene bezieht sich auf das Unternehmen und damit, in Anlehnung an das TOE-Framework, auf allgemeine Faktoren der *Technologie,* auf Faktoren auf Ebene von *Unternehmen und Supply Chain* sowie Faktoren aus dem *Unternehmensumfeld.* Einen Überblick über die im Folgenden diskutierten Adoptionsfaktoren gibt Abbildung 86.

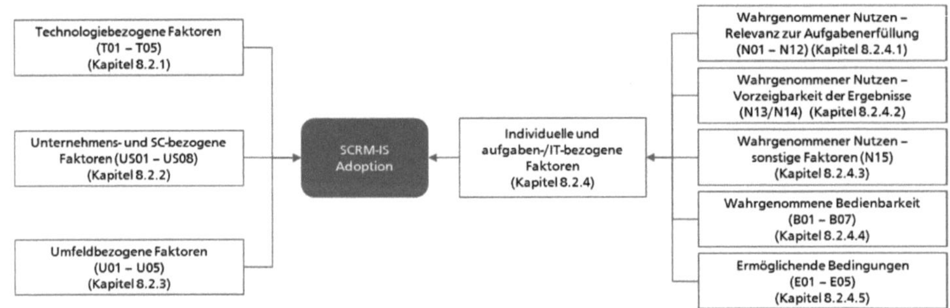

Abbildung 86: Strukturierung von Adoptionsfaktoren in der vorliegenden Arbeit

8.2.1 Adoptionsfaktoren auf Technologieebene

Auch aufgrund mangelnder Marktlösungen sind einzelne Unternehmen, die über entsprechendes Know-how verfügen und sich in ihrem Umfeld über das SCRM vom Wettbewerb differenzieren können, dazu übergegangen, eigene IT-Lösungen zur

---

1690 Vgl. hierzu Kapitel 3.7.5.

1691 Aufgrund der geringen Diffusion von SCRM-IS auf Makroebene (bislang nur geringe Marktdurchdringung) wurden die Faktoren *subjektive Normen, Image der Technologie* und *soziale Einflüsse* nicht berücksichtigt. Auch Moderatoren wie bspw. das Alter des Anwenders wurden nicht berücksichtigt, da diese Faktoren für die Ziele der vorliegenden Untersuchung eher geringere Relevanz haben. Weitere auf Anwenderebene nicht berücksichtigte Faktoren, wie die Kompatibilität der Technologie, werden auf der Unternehmensebene in den Kapiteln 8.2.3 bis 8.2.2 betrachtet.

Unterstützung des SCRM zu entwickeln. Da meist umfangreiche Ressourcen in Eigenentwicklungen investiert wurden und der informationelle Mehrwert am Markt angebotener SCRM-IS als gering angesehen wird, wirken bestehende Eigenentwicklungen als Inhibitor (T01). Zu berücksichtigen ist auch, dass sich solche Unternehmen als SCRM-Vorreiter sehen und im Falle des Outsourcings von Informationsverarbeitungsaufgaben einen Know-how-Abfluss befürchten.[1692] Findet ein solches Outsourcing statt, ist es unbedingt erforderlich, dass Systemanbieter den vertraulichen Umgang mit kritischen Unternehmensdaten wie Finanz- oder Lieferanteninformationen sicherstellen und diesen auch mit entsprechenden Sicherheitszertifikaten belegen (T02). Als Inhibitor wirkt daher offensichtlich gerade für Unternehmen der Automobilindustrie und konservative mittelständische Unternehmen eine Auslagerung der Informationsverarbeitung in die Cloud (T03).[1693]

„Wir haben nichts, was Cloud-basiert ist. (...) als Mittelständler (haben wir) (...) so die Mentalität, dass alles bei uns sein muss."[1694]

Neben den bereits skizzierten Faktoren berichten die befragten Experten von den hohen Aufwänden, die in der Regel zur Stammdaten-Bereinigung notwendig sind, bevor eine Einführung eines SCRM-IS überhaupt erfolgen kann. In Anlehnung an die in Kapitel 3.4.1.1 definierten Anforderungen an die Informationsqualität müssen die von neuen SCRM-IS zu integrierenden Systeme insbesondere korrekte, aktuelle, inhaltlich konsistente und vollständige Informationen über wohldefinierte, einheitliche Schnittstellen anbieten. Aufgrund des historischen Wachstums von Unternehmen und der oft funktionsbereichsübergreifend vorherrschenden heterogenen Datenhaltung in verschiedensten Datenbanken und Basissystemen wie Excel ist dies jedoch regelmäßig nicht der Fall. Daten zu Lieferanten und Teilen werden oftmals in redundanter Form in unterschiedlichen Datenspeichern vorgehalten – die übergreifende Konsistenz der Datenbestände beurteilen die befragten Experten als schlecht. Eine bereits hohe Stammdatenqualität erleichtert die SCRM-IS-Einführung (T04).[1695] Um die Datenlage im Unternehmen und Supply-Chain-weite Integration zu verbessern forcierten einige der befragten Unternehmen die Ablösung bestehender MRP-Systeme durch integrierte SCM-Systeme. Da solche Projekte in der Regel Vorrang vor weniger prestigeträchtigen SCRM-Projekten genießen, kann eine besonders hohe Maturität der SCM-Systemlandschaft die Einführung von SCRM-IS begünstigen (T05).[1696]

[1692] Vgl. F072073, Abs. 201; F141, Abs. 90. Vgl hierzu auch die Erkenntnisse zum Outsourcing der Informationsverarbeitung in Kapitel 3.7.4.2.

[1693] Vgl. F011, Abs. 38; F021, Abs. 114-117; F072F073, Abs. 202-210; F101, Abs. 142.

[1694] F101, Abs. 142.

[1695] Vgl. F011, Abs. 2; F021, Abs. 13; F072073, Abs. 101;. F101, Abs. 150; F112, Abs. 37-39; F114, Abs. 35; F171, Abs. 33.

[1696] Vgl. F101, Abs. 128; F131, Abs. 104.

8.2.2 Adoptionsfaktoren auf Unternehmens- und Supply-Chain-Ebene

Im Falle der SCRM-IS-Adoption sind innerhalb des Unternehmens Ressourcen für die Administration des Systems sowie die Pflege der notwendigen Stammdaten vorzusehen. Eine regelmäßige Aktualisierung des Supply Chain Mapping und der zugrunde liegenden Informationen ist notwendig, um die Funktionalität des Systems und die Qualität der gelieferten Informationen sicherzustellen (US01). In Unternehmen mit einer Institutionalisierung des SCRM in Form einer eigenen Organisationseinheit[1697] kann diese Einheit in der Regel die für den Betrieb von SCRM-IS notwendigen Ressourcen bereitstellen (US02).[1698] Neben personellen Ressourcen unterstützen auch finanzielle Ressourcen die SCRM-IS-Adoption (US03). Zudem ergeben sich gerade in komplexen Unternehmen die bereits in Kapitel 6.5 skizzierten Informationspathologien, so dass auch in diesen Unternehmen mit einer verstärkten Adoption zu rechnen ist (US04). Eine ausgeprägte Risikokultur sorgt für eine positive Wahrnehmung von SCRM-IS und fungiert so ebenfalls als Enabler (US05). Hohes IT-Know-how gepaart mit hohem SCM-Know-how führen gegebenenfalls dazu, dass Unternehmen eigene IT-Systeme für das SCRM entwickeln. Vom Markt beschafft werden SCRM-IS daher eher im Falle eines geringen Know-hows (US06/US07). Der Nutzen von SCRM-IS steigt mit dem Umfang der in den Systemen abgebildeten Supply Chain und ist somit auch vom Informationsverhalten der Supply-Chain-Partner abhängig. Einige Experten gaben die Datenbeschaffung als eine der größten Hürden bei der SCRM-IS-Implementierung an. Eine enge Kooperation mit Supply-Chain-Partnern fungiert daher als Enabler (US08).[1699]

8.2.3 Adoptionsfaktoren auf Umfeldebene

Unternehmen die sich für die Adoption von SCRM-IS entscheiden, begründen dies über die Art der Wahrnehmung ihres Unternehmensumfelds. Die Supply Chain wird als unsicher (U01) und komplex (U02) beschrieben oder es wird die hohe Abhängigkeit (U03) von Supply-Chain-Partnern betont. Auch die zunehmende und durch technologische Entwicklungen um Industrie 4.0 unterstützte Verfügbarkeit von Informationen wird als Enabler im Rahmen der SCRM-IS-Adoption gesehen (U04). Zudem berichten Unternehmen von der zunehmenden Bedeutung von Risikoinformationen für externe Stakeholder wie Banken, Versicherungen und Kunden (U05). [1700]

8.2.4 Adoptionsfaktoren auf der Aufgaben- bzw. Anwenderebene

Die Erörterung von Adoptionsfaktoren auf der individuellen Ebene wir in Anlehnung an das UTAUT-Modell strukturiert. Im Folgenden werden die Einflüsse des wahrgenommenen Nutzens von SCRM-IS basierend auf der Relevanz für die Aufgabenerfüllung, der Vorzeigbarkeit der Ergebnisse sowie sonstigen nutzenstiftenden Faktoren skizziert. Im

---

[1697] Vgl. zu unterschiedlichen Organisationsformen des SCRM Kapitel 9.1.2.

[1698] Vgl. F141, Abs. 92; F022, Abs. 33.

[1699] Vgl. F021, Abs. 13, 74f., 89; F022, Abs. 45f.; F041, Abs. 47; F101, Abs. 150; F072073, Abs. 145; F131, Abs. 98, 104.

[1700] Vgl. F011, Abs. 2; F021, Abs. 21,46f.; F022, Abs. 48; F061, Abs. 3; F131, Abs. 81f., 100.

Anschluss hieran werden die Bedienbarkeit von SCRM-IS sowie sonstige ermöglichende Bedingungen diskutiert.

8.2.4.1 Wahrgenommener Nutzen von SCRM-IS: Relevanz zur Aufgabenerfüllung und Ergebnisqualität

Die Ergebnisse der Fallstudie zeigen, dass (potenzielle) Anwender den aufgabenbezogenen Nutzen von SCRM-IS in der *Aufbereitung und Integration von Informationen*, der Bereitstellung von *Informationen zur Unterstützung des präventiven SCRM* sowie von *Informationen* zur *Unterstützung des reaktiven SCRM* sehen. Zudem identifizieren die befragten Experten einen Zusatznutzen von SCRM-IS für das SCRM und darüber hinaus. Im Folgenden werden die einzelnen Adoptionsfaktoren in Form von identifizierten Nutzenpotenzialen näher beschrieben.

8.2.4.1.1 Aufbereitung und Integration von Informationen für das SCRM

Der besondere Mehrwert von SCRM-IS wird in der Integration von für das SCRM notwendigen Informationen aus heterogenen Datenquellen gesehen. Da sich Experten im SCRM gerade wegen der Reduzierung des manuellen Integrationsaufwands für SCRM-IS entscheiden, ist die Datenintegration als Basisfunktion und als Inhibitor zu verstehen (N01).[1701] Vorhandene Informationssysteme zur Entscheidungsunterstützung sind zudem oft nicht im für das SCRM notwendigen Maße konfigurierbar und folgen nicht dem Gebot der Datensparsamkeit; Entscheider berichten von einer sie *„erschlagenden Datenflut"* (N02).[1702] Informationen aus bislang im SCRM verwendeten Systemen sind entweder zu abstrakt, wie bspw. die Signalisierung von Veränderungen über eine Risikoklasse oder eines Score-Werts, oder wenig zielgerichtet, was eine aufwändige Interpretation und gegebenenfalls zusätzliche Recherchen durch den Nutzer erfordert. Um hier eine Überlegenheit auszuspielen müssen SCRM-IS über möglichst automatisierte Filtermechanismen die richtigen Informationen in einer Form bereitstellen, die Entscheidern im SCRM die unmittelbare Ableitung von Handlungen gestattet (N03). Gerade im Hinblick auf raumbezogene Informationen ist eine hohe Granularität geografischer Informationen von Nöten, um einen definitiven Rückschluss von einem externen Schadensereignis auf die eigene Supply Chain ziehen zu können und die Notwendigkeit manueller Rechercheaufwände zu reduzieren (N04). [1703]

8.2.4.1.2 Informationsbereitstellung zur Unterstützung des präventiven SCRM

In Kapitel 3.3.2.2 wurden risikoinduzierende Entscheidungen im Rahmen des Supply Chain Managements vorgestellt. SCRM-IS können das präventive SCRM unterstützen, indem sie die Entscheidungsgrundlage bei taktischen und strategischen Entscheidungen des Supply Chain Managements verbessern. Positiv hervorgehoben werden von den befragten Experten

---

[1701] Vgl. F072F073, Abs. 145; F114, Abs. 73.

[1702] Vgl. F072F073, Abs. 62.

[1703] Vgl. F041, Abs. 47; F081, Abs. 68f.; F072073, Abs. 60; F101, Abs. 136. Als Beispiel für eine ungeeignete Informationsbereitstellung wurden bspw. häufige Warnmeldung zu (irrelevanten) ausländischen Feiertagen genannt, die bei den Systemanwendern zu Unzufriedenheit führten (vgl. F041, Abs. 47).

die Funktion von SCRM-IS zur Modellierung mehrstufiger, komplexer Supply Chains und die Möglichkeit der Einbettung der Supply Chain Map in eine Risiko Map. Auch die befragten Großunternehmen verfügen oftmals nicht über ein geografisches Mapping ihrer Supply Chain, so dass dieser Funktion eine große Bedeutung für das SCRM zugesprochen wird (N06/N07). Kritik erfahren heute angebotene SCRM-IS allerdings aufgrund der statischen Abbildung der Supply Chains und der fehlenden Möglichkeit, Güterflüsse bis auf die Wertstromebene zu erfassen (N07). Auch die teils fehlende Möglichkeit der monetären Bewertung von Supply-Chain-Risiken wird von Unternehmen kritisiert (N08). Zudem vermissen Unternehmen das Fehlen konkreter Entscheidungsunterstützungen im Rahmen der Risikosteuerung (N09). [1704]

8.2.4.1.3 Informationsbereitstellung zur Unterstützung des reaktiven SCRM

Zur Unterstützung des reaktiven SCRM liefern SCRM-IS mit den integrierten Event-Management-Modulen nahezu in Echtzeit Informationen zum Status der Supply Chain und des Supply-Chain-Umfelds. Hoher Nutzen wird in der Möglichkeit der schnellen Reaktion durch die Bereitstellung aktueller Informationen und der damit einhergehenden Möglichkeit zur Sicherung von Wettbewerbsvorteilen gesehen. Zur schnellen Reaktion trägt die Übermittlung von Informationen zu Schadensereignissen via E-Mail, SMS und Mobile-App bei (N10). SCRM-IS sollten jedoch nicht nur Schadensereignisse sondern auch Warnsignale im Sinne von schwachen Signalen aufnehmen und potenzielle Risiken ableiten können (N11). Kritisiert wird auch im Falle des reaktiven SCRM die fehlende Bereitstellung bewerteter Handlungsalternativen, die Unternehmen im Schadensfall bei der Ermittlung von Reaktionsmaßnahmen unterstützen könnte. Eine solche Funktion würde sich positiv auf die Adoptionsbereitschaft auswirken (N12). [1705]

8.2.4.1.4 Zusatznutzen für das SCRM und SCM

SCRM-IS schaffen durch die Informationsbereitstellung neben dem direkten Nutzen auch einen indirekten Nutzen für das SCRM sowie einen Zusatznutzen für die Funktionen Einkauf, Logistik, Vertrieb und Supply Chain Management. Zum indirekten Nutzen für das SCRM zählt die Sensibilisierung von Entscheidern – insbesondere in Einkauf, Logistik und SCM – die durch die Visualisierung der Supply Chain auf risikoinduzierende Entscheidungen aufmerksam gemacht werden. Unternehmen sehen zudem einen Zusatznutzen von SCRM-IS durch die erstmalige Visualisierung der eigenen Supply Chain, die bei der kostenseitigen Optimierung im Rahmen der taktischen und strategischen Supply-Chain-Planung (bspw. Standortplanung/strategische Neuausrichtung des Netzwerks) oder sogar bei der operativen Planung (bspw. Gestaltung von Lieferverkehren/Milk Runs) unterstützen kann. Die Möglichkeit der Integration von Parametern wie finanzieller Lieferantenstabilität, Risikoexposition und Transportentfernung gestattet die Unterstützung interdisziplinärer

[1704] Vgl. F021, Abs. 121; F011, Abs. 36; F101, Abs. 114-118, 130-132; F122, Abs. 6; F171, Abs. 51; F081F082, Abs. 102; F072F073, Abs. 178; F114, Abs. 95f.; F181F182, Abs. 42.

[1705] Vgl. F021, Abs. 121; F041, Abs. 18-22; F061, Abs. 3; F072F073, Abs. 178, 198-200; F081F082, Abs. 102; F101, Abs. 114-118, 128; F114, Abs. 90, 95-97; F122, Abs. 6f.; F141, Abs. 90; F161, Abs. 64, 72, 74; F181F182, Abs. 42, 100.

Entscheidungen unter TCO-Gesichtspunkten. Sogar die Möglichkeit der geographischen Bündelung von Audit-Terminen im Lieferantenmanagement oder die Unterstützung bei der Reiseplanung im Fall von Reisebeschränkungen wurden in der Fallstudie als Beispiele für den Sekundärnutzen genannt.[1706] Der hier skizzierte Zusatznutzen wird nicht als Enabler aufge-nommen, da er von den Systemanwendern zwar nach der Systembeschaffung als positiv wahrgenommen wird, allerdings nicht im Mittelpunkt von Adoptionsentscheidungen steht.

8.2.4.2 Wahrgenommener Nutzen: Vorzeigbarkeit der Ergebnisse

Für SCRM-Informationen gibt es im Unternehmen und im Unternehmensumfeld verschiedene Stakeholder. Über Information wollen Stakeholder Einblick in die Risikosituation erhalten und sind zudem an Belegen bezüglich der Funktion des installierten SCRM-Systems interessiert. Für die Darstellung der Risikosituation sind Kennzahlen auf unterschiedlichen Aggregationsebenen sowie Risikoportfolios und sonstige grafische Risikodarstellungen, die gegebenenfalls auch zu übergreifenden SCRM-Reports zusammengeführt werden können, geeignet. Die Funktion des SCRM-Systems kann sowohl ergebnisorientiert mittels SCRM-Kennzahlen als auch maßnahmen- bzw. fähigkeitenorientiert, durch Dokumentation des SCRM-Systems erfolgen. Teil der Dokumentation sind beispielsweise Beschreibungen von SCRM-Prozessen, der SCRM-Aufbauorganisation, von SCRM-Standards sowie der im SCRM verwendete Methoden und Instrumente. Die Weitergabe von Informationen kann über einen regelmäßigen oder ereignisgesteuerten Prozess erfolgen.[1707] Enabler für SCRM-IS sind die Möglichkeit der Erstellung vorzeigbarer Reports für die SCRM-Stakeholder (N13) und die Möglichkeit der Dokumentation des SCRM-Systems (N14).

8.2.4.3 Wahrgenommener Nutzen: Sonstige Faktoren

In der Literatur werden als sonstige Faktoren, die den wahrgenommenen Nutzen von IT-Lösungen verstärken, subjektive Normen und das Image einer Technologie angeführt. Vermutlich aufgrund der Neuheit von SCRM-IS spielen diese Faktoren im Rahmen der Adoption von SCRM-IS (noch) keine Rolle. Festgestellt wurde jedoch, dass der Typ des Anbieters der Technologie sich in Einzelfällen auf die Adoption positiv und auch negativ auswirken kann. So wird in F07 angemerkt, dass Logistikdienstleister aufgrund ihres Know-hows und ihrer globalen Präsenz als Systemanbieter bevorzugt werden. Hingegen wird in F06 betont, dass das Unternehmen Vorbehalte hat, einem Logistikdienstleister umfassende Informationen bezüglich der eigenen Supply Chain zur Verfügung zu stellen. Das Unternehmen bevorzugt einen neutralen Dritten als Technologie-Anbieter. Dass dies kein Einzelfall ist konnte im Gespräch mit Systemanbietern bestätigt werden. [1708]

[1706] Vgl. F011, Abs. 2; F021, Abs. 23, 36 89; F041, Abs. 39; F122, Abs. 6; F131, Abs. 104.

[1707] Vgl. F011. Abs. 2; F122, Abs. 6; F141, Abs. 38.

[1708] Vgl. F061, Abs. 47; F072F073, Abs. 59; A7, Abs. 37.

„Aber von der Datenhoheit und der Datentransparenz, das ist schon ein riesen Thema ob wir die Daten jetzt bspw. (Logistikdienstleister A) geben, obwohl die für uns gar nicht als Dienstleister (tätig) sind (…), das ist schon sehr fraglich. Da würden wir eher auf neutralere Partner zugehen." [1709]

In Abhängigkeit vom Systemanwender wird die Art des Systemanbieters (N15) daher entweder als Inhibitor oder als einfacher Enabler wahrgenommen oder sie spielt gegebenenfalls auch überhaupt keine Rolle.

8.2.4.4 Wahrgenommene Bedienbarkeit

Faktoren die sich auf die Wahrnehmung der Bedienbarkeit auswirken werden im Folgenden in Bezug auf die Bedienbarkeit im Rahmen der Nutzung sowie in Bezug auf die Bedienbarkeit im Rahmen von Einrichtung, Pflege und Wartung strukturiert.

Systeme müssen leicht erlernbar, leicht verständlich und möglichst leicht an die bestehenden Bedingungen und Anforderungen anzupassen sein (B01). Wichtig ist zudem, dass die zur Verfügung gestellten Informationen möglichst ohne weitere manuelle Nacharbeit Antworten auf die Fragestellungen liefern (B02). Kann ein SCRM-IS beispielsweise Risikoereignisse nur auf Länderebene abbilden, dann ist zusätzlich zur SCRM-IS-Nutzung eine umfassende Recherche notwendig, um festzustellen, ob sich das ermittelte Risikoereignis tatsächlich auf den eigenen Standort auswirkt. Eine weitere Stärke von SCRM-IS wird in der Bereitstellung von Informationen über ein zentrales SCRM-Cockpit gesehen, das alle relevanten Informationen zusammenführt (B03). In anderen Fällen benötigen Entscheider sonst oft Anleitungen, welches System zu welchem Zweck eingesetzt werden muss. [1710]

SCRM-IS müssen sich leicht über vordefinierte Schnittstellen in die bestehende Systeminfrastruktur integrieren lassen. Die zu integrierenden Systeme sind insbesondere ERP-Systeme, TMS und SCMS. Anwender bevorzugen eine vollautomatische Systemintegration – nur wenige geben sich mit einer halbautomatischen Integration, beispielsweise über einen Excel-Import/-Export zufrieden. Idealerweise ermöglichen SCRM-IS daher neben der Möglichkeit der Anbindung über Web-Interfaces auch die Integration über proprietäre Schnittstellen prominenter SCRM-Anwendungen (B04). Die Einrichtung von SCRM-IS wird als sehr positiv wahrgenommen, da die Systeme als Software as a Service angeboten und somit binnen Minuten über die Cloud zur Verfügung gestellt werden können (B05). Dies gestattet insbesondere das schnelle Einrichten von Pilotsystemen, die auf ausgesuchten Datensegmenten aufbauen und nur Subsysteme der gesamten Supply Chain eines Unternehmens abbilden. Im Rahmen der Einführung müssen SCRM-IS zudem hochgradig konfigurierbar und so an individuelle Anforderungen anpassbar sein (B06). Desweiteren wollen Unternehmen selbst die in SCRM-IS hinterlegten Stammdaten editieren und so beispielsweise gemappte Supply-Chain-Strukturen anpassen können (B07). Oftmals kann

[1709] F061, Abs. 47.

[1710] Vgl. F113, Abs. 4; F072F073, Abs. 198-200; F141, Abs. 50.

solche Anpassungen nur der Systemanbieter vornehmen, was vereinzelt als sehr störend wahrgenommen wird. [1711]

8.2.4.5 Ermöglichende Bedingungen

Entsprechend der allgemeinen Erkenntnisse der Adoptionsforschung ist auch für die Einführung von SCRM-IS die Unterstützung durch das Top-Management von zentraler Bedeutung (E04). Einen Einfluss auf die Adoption hat zudem das Know-how über die ideale Einbettung von SCRM-IS in den Anwendungskontext. Aufgrund der Neuheit der Systeme fehlt es hier noch an Erfahrungen, was Interessenten von der Adoption abhält. Anbieter müssen mit der technischen Lösung daher auch Konzepte liefern, wie SCRM-IS in bestehende Prozesse und die Organisationsstruktur einzubetten sind (E01). Unterstützt wird die Akzeptanz von SCRM-IS durch gezielte Anwenderschulungen (E02) sowie die Einbettung der Einführung in eine umfassende SCRM-Initiative (E03), die neben der eigentlichen Technologie auch prozessuale, aufbauorganisatorische und kulturelle Anpassungen berücksichtigt. Insbesondere um die für die Adoption notwendige Management-Unterstützung zu erhalten, müssen SCRM-IS-Anbieter den monetären Nutzen der Systeme verdeutlichen.[1712]

8.3 Zusammenfassung der Ergebnisse der Adoptionsfaktorenuntersuchung

Eine Zusammenfassung der im Rahmen der Fallstudie ermittelten Adoptionsfaktoren gibt Abbildung 87. Einen gewichtigen Anteil an der Erklärung der Systemadoption haben die identifizierten Inhibitoren. SCRM-IS heben sich von bestehenden Systemen durch die Möglichkeit der auf das SCRM ausgerichteten Datenintegration (N01) ab und werden hierdurch für potenzielle Anwender interessant. Die Realisierung als Cloud-Lösung sowie der Typ des Systemanbieters können für einzelne Unternehmen jedoch bereits zum Abbruch der Einsatzerwägungen führen. Auch Unternehmen, die bereits umfangreiche Ressourcen in die Entwicklung eigener Lösungen entwickelt haben, werden sich nicht für SCRM-IS interessieren (T03). SCRM-IS-Anbieter können insbesondere über die Gewährleistung und den Nachweis der Vertraulichkeit (T02) der Lösungen eine zentrale Adoptions-Hürde beseitigen.

Neben den skizzierten Inhibitoren zeigte sich durch die Analyse der Adoptionsfaktoren, dass insbesondere Unternehmen mit einem risikobehafteten Umfeld, das sich durch hohe Unsicherheit, hohe Komplexität und hohe Abhängigkeit auszeichnet, ein besonders großes Interesse an SCRM-IS haben. Zudem lassen Aussagen der Experten darauf schließen, dass in einem solchen Umfeld eine besonders starke Differenzierung vom Wettbewerb mittels eines leistungsfähigen SCRM möglich ist.

[1711] Vgl. F021, Abs. 112f.; F022, Abs. 25; F041, Abs. 47; F051, Abs. 40, 137; F061, Abs. 3; F072F073, Abs. 198-200; F114, Abs. 97; F122, Abs. 5; F131, Abs. 98, 104; F141, Abs. 38, 50, 88, 95-98; F171, Abs. 33; A10, Abs. 58;

[1712] Vgl. F011, Abs. 2; F021, Abs. 21, 112f.; F041, Abs. 39, 47; F061, Abs. 3; F131, Abs. 98, 100; F061, Abs. 3;

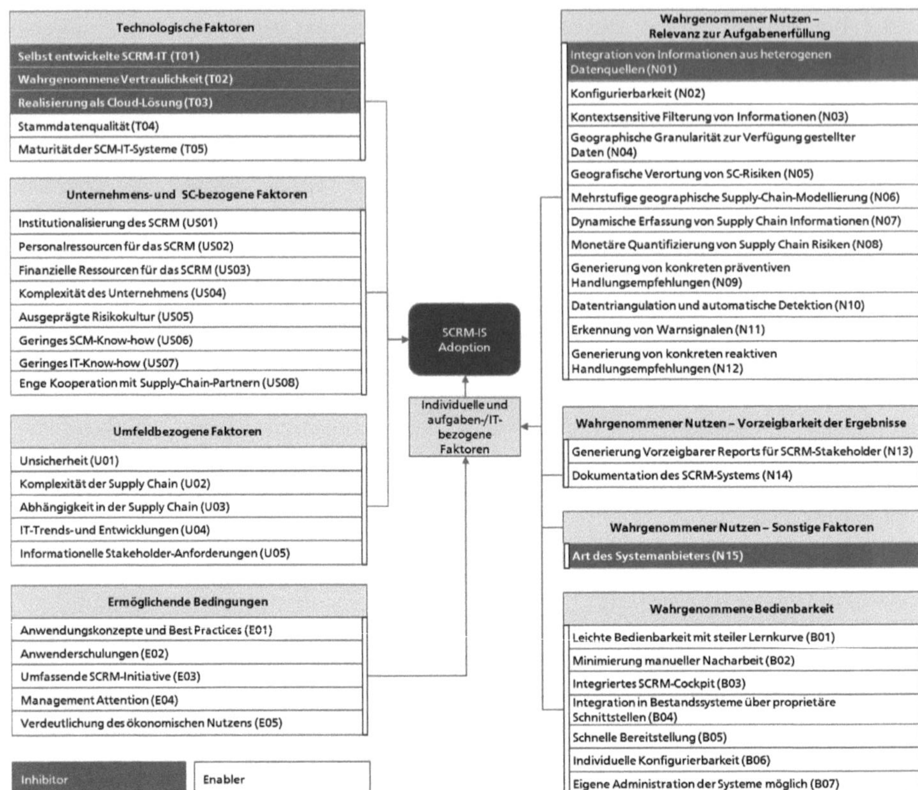

Abbildung 87: Zusammenfassung der ermittelten Enabler und Inhibitoren

Zudem zeigt die vorliegende Untersuchung, dass Unternehmen mit besonders hoher SCRM-, SCM- und IT-Expertise am Markt angebotene Systeme nicht adoptieren, da sie bereits eigene, vergleichbare Systeme entwickelt haben. In Anlehnung an die in Kapitel 4.3.2 dargestellten Überlegungen zur Rolle der Ressourcentheorie in der Informationssystemforschung können die betrachteten Fälle daher in das in Abbildung 88 dargestellte Portfolio von SCRM-IS-Adoptionstypen eingeordnet werden.

Das Portfolio unterscheidet die betrachteten Fälle anhand der strategischen Bedeutung des SCRM und der SCRM-, SCM- und IT-Fähigkeiten der Unternehmen. Unternehmen des Typs *SCRM-IS-Individualist* zeichnen sich durch eine hohe strategische Bedeutung des SCRM bei gleichzeitig umfassend vorhandenen Fähigkeiten aus. In Anlehnung an die Ressourcentheorie entwickeln solche Unternehmen eigene IT-Lösungen für das SCRM. Liegt bei hoher Expertise keine oder eine nur geringe strategische Bedeutung des SCRM vor, werden Unternehmen als *SCRM-IS-Provider* eingeordnet. Solche Unternehmen bieten die von ihnen entwickelten SCRM-IS gegebenenfalls sogar als eigene Lösung am Markt an. F01 scheint sich tatsächlich in diese Richtung zu entwickeln – ein Experte berichtete im Gespräch von einer entsprechenden Ausgründung. Sind hingegen SCRM-Anforderungen und SCRM-

Fähigkeiten beide als niedrig einzustufen, gehören die entsprechenden Unternehmen zum Typ *SCRM-IS-Rejector*. Solche Unternehmen stufen den durch SCRM-IS gewonnenen Nutzen als zu gering ein und lehnen die Informationssysteme daher ab. Adoptiert werden SCRM-IS hingegen von der Gruppe der *SCRM-IS Adopter*. Für diese Unternehmen ist das SCRM von hoher strategischer Bedeutung, sie verfügen allerdings selbst nur über begrenzte Ressourcen bzw. Fähigkeiten im SCRM.

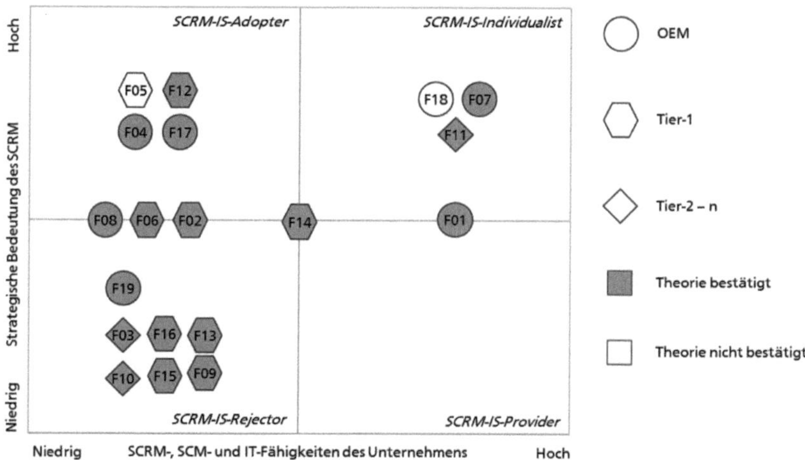

Abbildung 88: SCRM-IS-Adoption und -Entwicklung aus einer ressourcenorientierten Perspektive

Dass die Ressourcentheorie offensichtlich großes Potenzial hat, um die Adoption von SCRM-IS und sogar die Eigenentwicklung entsprechender Systeme zu erklären, zeigt Abbildung 88. Nur in zwei Fällen verhalten sich die beobachteten Unternehmen anders, als es die hier skizzierte Theorie voraussagt. F05 adoptiert kein SCRM-IS, da das Unternehmen bei den angebotenen Lösungen funktionale Defizite sieht und sich gegenwärtig anderen Software-Projekten im SCRM widmet. F18 sieht aufgrund der besonders hohen Supply-Chain-Komplexität keine Einsatzmöglichkeiten von SCRM-IS. Den befragten Experten waren die genauen Funktionen der Systeme zum Zeitpunkt des Interviews allerdings (noch) nicht bekannt, so dass die Entscheidung zur Ablehnung als noch nicht abgeschlossen angesehen werden kann.

Die Adoptionsfaktorenforschung, insbesondere in Verbindung mit dem hier skizzierten ressourcentheoretischen Ansatz, bietet wesentliche Anhaltspunkte und Erklärungspotenziale für die Adoption der in Kapitel 7 vorgestellten SCRM-IS. Um eine weitergehende Bewertung der identifizierten Adoptionsfaktoren vornehmen zu können, muss in Zukunft eine umfassende und breit angelegte Studie durchgeführt werden. Statt die Adoptionsfaktoren weiter zu untersuchen, widmet sich die vorliegende Arbeit daher im Folgenden wieder dem gesamthaften SCRM-System. Im Rahmen der Entwicklung konsistenter Systemtypen werden hierbei in Abhängigkeit zu vorhandenen Kontextbedingungen auch Hinweise darauf gegeben, ob ein SCRM-IS als Teil des SCRM-Systems eingesetzt werden sollte.

9 Identifikation situationsadäquater Strukturtypen

Nachdem nun umfangreiche Erkenntnisse zur Funktionsweise und Adoptionsfaktoren von SCRM-IS vorgestellt wurden, sollen im Folgenden mit der Beantwortung der dritten und letzten Forschungsfrage ein umfassender Einblick in die Rolle von Mensch, Organisation und Informationstechnologie gegeben und situationsgerechte Gestaltungs- bzw. Strukturtypen für das SCRM ermittelt werden. Die zuvor beschriebenen SCRM-IS bilden als technologische Komponente einen wesentlichen Teil der im Folgenden entwickelten Typen von SCRM-Systemen.

Forschungsfrage 3:

Welche situationsabhängigen, idealen Gestaltungstypen ergeben sich für das Supply-Chain-Risikomanagement?

Die folgenden Kapitel lehnen sich bei der Beantwortung der dritten Forschungsfrage eng an das in Kapitel 4 konzipierte Aussagensystem an. In Kapitel 9.1 werden zunächst die identifizierten Strukturmerkmale empirisch fundiert, bevor in Kapitel 9.2 die Ableitung konsistenter Strukturtypen erfolgt. Anschließend dient Kapitel 9.3 der empirischen Fundierung der identifizierten Kontextmerkmale bevor in Kapitel 9.4 konsistente Situationstypen abgeleitet werden. In Kapitel 9.5 werden schließlich situationsadäquate Strukturtypen anhand des in Kapitel 4.4.3 theoretisch hergeleiteten Effizienzkonzepts identifiziert und anhand der Ergebnisse der Fallstudie fundiert. Das in Kapitel 9 verfolgte Vorgehen ist in Abbildung 89 skizziert.

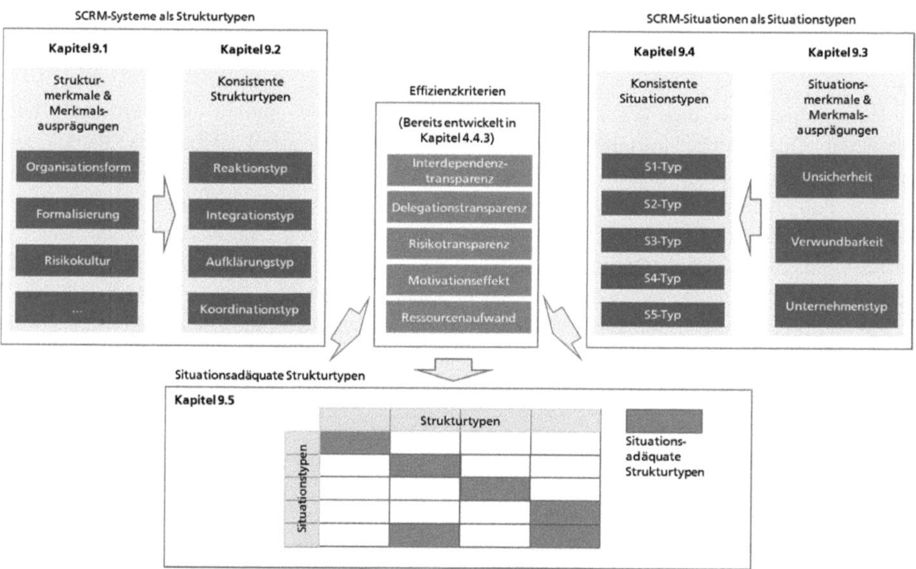

Abbildung 89: In Kapitel 9 verfolgtes Vorgehen zur Ermittlung von situationsadäquaten Strukturtypen

9.1 Empirische Fundierung der Strukturmerkmale

Im Folgenden erfolgt eine kritische Diskussion der in Kapitel 4.4.1 identifizierten Strukturmerkmale anhand der Systemvariablen Mensch, Organisation und Technik des SCRM-Systems auf Basis der durchgeführten Fallstudie. Hierbei werden bereits wesentliche Interdependenzen zwischen den Systemvariablen aufgezeigt, die die Grundlage für die Ableitung von konsistenten Strukturtypen in Kapitel 9.2 bilden.

9.1.1 Empirische Ergebnisse zum Menschen im SCRM-System

Der Mensch nimmt eine zentrale Rolle im SCRM-System ein, da Unternehmen ihn als wichtigen, über die Unternehmensgrenzen hinaus ausgerichteten *Risikomesser* sowie als unternehmensinternen *Risikokommunikator* verstehen.[1713] Zentralen Einfluss auf das Verhalten des Menschen im SCRM-System haben die SCRM-Qualifikation als die Qualifikation im Umgang mit SC-Risiken sowie die Risikokultur als Einflussfaktor auf das Risikoverhalten.[1714]

9.1.1.1 SCRM-Qualifikation

Die SCRM-Qualifikation entspricht dem für das SCRM relevanten Vorwissen von Mitarbeitern im Unternehmen. Dieses Vorwissen gestattet es den Mitarbeitern, neu gewonnene (Risiko-)Informationen einzuordnen sowie für das SCRM notwendige Methoden und Instrumente der Informationsverarbeitung zu verwenden. Da SCRM oft in dezentralen Funktionsbereichen stattfindet, fehlt den Mitarbeitern eines Unternehmens oftmals die richtige Qualifikation, um Informationen zu Risiken einordnen und bewerten zu können.[1715]

„Genau das ist das Problem und der normale Einkäufer, der ist kein Zahlenmensch. Der kennt sich nicht sonderlich gut mit Bilanzen und Geschäftsabschlüssen aus.“[1716]

In Unternehmen ist das Wissen zum Umgang mit Risiken zudem gegebenenfalls bei einzelnen Organisationsmitgliedern konzentriert, deren Ausfall selbst als Risiko zu interpretieren ist. IT-Lösungen und eine Formalisierung der SCRM-Prozesse können in diesem Fall helfen, das SCRM selbst redundanter und somit robuster zu gestalten. Aufgrund des interdisziplinären Charakters des SCRM können Organisationsmitglieder in bestimmten funktionalen Organisationseinheiten zudem nicht sämtliche für das SCRM notwendigen Methoden und Instrumente beherrschen. Methoden und Instrumente für das SCRM sollten aus Anwendersicht alle für das SCRM notwendigen Informationen integrieren um den Anwendern eine Gesamteinschätzung der Risikolage zu gestatten:[1717]

[1713] Vgl. bspw. F171, Abs. 2.

[1714] Vgl. hierzu auch Kapitel 4.4.1.

[1715] Vgl. F021, Abs. 70f.; F022, Abs. 32-36; F061, Abs. 82f.; F171, Abs. 18.

[1716] F021, Abs. 70f.

[1717] Vgl. F021, Abs. 70f.; F141, Abs. 88; F171, Abs. 18; 26f., 31.

„(...) der Einkäufer muss sich so Schritt für Schritt vortasten können und am Ende (...) wird (er) zu so einer Gesamteinschätzung geführt (...)“[1718]

Die Nutzung von SCRM-IS erfordert zusätzliches Know-how auf Seiten der Anwender. Aufgrund des bereits breiten, einzusetzenden Softwareportfolios wird die Neueinführung von SCRM-IS daher vereinzelt als problematisch angesehen. Eine mögliche Lösung für dieses Problem besteht in der Einschränkung des Nutzerkreises von SCRM-IS auf vorab bestimmte Experten, denen als Information-Hub die Weitergabe von SCRM-relevanten Informationen in der Organisation obliegt. Eine weitere, benutzergerechte Lösung besteht in der bereichsübergreifenden individuellen Integration dedizierter IT-Systeme für das SCRM in bereits in den Funktionsbereichen verwendeten funktionsbereichsspezifischen IT-Systemen.[1719] Im Untersuchungssample finden sich Unternehmen mit einer gering ausgeprägten[1720], einer mittelmäßig ausgeprägten[1721] sowie einer umfassend ausgeprägten[1722] SCRM-Qualifikation. Im Folgenden werden zur Beschreibung des Merkmals *SCRM-Qualifikation* die Ausprägungen *geringe Qualifikation*, *mittlere Qualifikation* und *hohe Qualifikation* unterschieden.

9.1.1.2 Risikokultur

Da SCRM nicht nur von einem einzelnen Risikomanager wahrgenommen werden kann, sondern alle Funktionsbereiche im Unternehmen adressiert, spielt die Risikokultur des Unternehmens eine entscheidende Rolle. Über die Prägung risikoorientierter Realitäts- und Aufklärungsdoktrinen sorgt eine Risikokultur dafür, dass sämtliche Informationen und Informationsquellen bei Entscheidungen gemäß den Anforderungen des SCRM berücksichtigt werden. Ein Beispiel liefert ein Experte aus dem Fall F17, der vom reaktiven SCRM seines vorherigen Arbeitgebers (Tier-1 in der Automobilindustrie) berichtete:

„Wir hatten im Jahr 2010 bei (...) rund 35 Lieferanten-Insolvenzen. Von den 35 (...) (sind) 30 frühzeitig durch informelle Kanäle identifiziert worden. Das heißt Einkäufer, die über ihre Netzwerke an Informationen kamen, Lieferantenentwickler (...) dieses Informelle, das haben wir zu einem ganz wichtigen Baustein von unserer Risikoidentifizierung gemacht“[1723]

Im SCRM wird zudem betont, dass die Mitarbeiter des Unternehmens die wichtigsten Risikosensoren darstellen.[1724] Dies zeigen auch Aussagen wie *„Risk Management ist eigentlich integriert in der Linie und vergemeinschaftet“*[1725] oder *„Das Risikomanagement zieht*

[1718] F021, Abs. 70f.

[1719] Vgl. F021, Abs. 86f.; F061, Abs. 64; F171, Abs. 26f.

[1720] Hierzu zählen die Fälle F02, F03, F06, F09, F10, F13.

[1721] Hierzu zählen die Fälle F01, F04, F05, F08, F14, F15, F16, F19.

[1722] Hierzu zählen die Fälle F07, F11, F12, F17, F18.

[1723] F171, Abs. 18.

[1724] Vgl. F131, Abs. 37; F171, Abs. 2, 21; F181F182, Abs. 97.

[1725] F181F182, Abs. 97.

sich, wenn man genau hinguckt, durch all unser Tun.“ [1726] Sie stammen aus Unternehmen, die nach eigenen Angaben auf Risiken und Schadensereignisse in angemessener Weise reagieren, obwohl sie über kein institutionalisiertes SCRM verfügen. Sie weisen darauf hin, dass eine entsprechende Risikokultur das Fehlen einer formellen SCRM-Organisation kompensieren kann. Neben der Verbesserung der Informationsweitergabe trägt die Prägung einer SCRM-Kultur auch zur Akzeptanz des Risikomanagements bei. Dies ist notwendig, da SCRM-Initiativen in der Praxis oftmals auf Unverständnis stoßen. Mitarbeiter können sich angegriffen fühlen, da mit dem SCRM explizit Fehler und Schwachstellen aufgedeckt werden sollen. Zudem wird das SCRM von Mitarbeitern mitunter auch als ärgerlich oder lästig wahrgenommen.[1727] Es lassen sich die folgenden Ziele für die Schaffung einer Risikokultur im SCRM zusammenfassen:

- Schaffung eines Verständnisses für die Notwendigkeit des SCRM
- Sensibilisierung für die Wahrnehmung vom Regelfall abweichender Informationen
- Schaffung eines Verständnisses interdisziplinärer Zusammenhänge
- Etablierung eines offenen Umgangs mit Risiken

In den letzten Jahren haben bedeutende Risikoereignisse zu einer stärkeren Sensibilisierung der Mitarbeiter geführt. Dies reicht allerdings für eine Prägung einer Risikokultur nicht aus, da viele Organisationsmitglieder aufgrund ihres geringen oder vollkommen fehlenden Außenkontakts kein Risikoverständnis entwickeln: [1728]

„(Sie) kommen jeden Morgen zur Arbeit und das Material ist da“.[1729]

Zur Prägung einer SCRM-Kultur werden daher Schulungen und Workshops durchgeführt. Zudem können (SC)RM-Ziele in Geschäftsfeld- oder Bereichsstrategien festgehalten werden. Den Mitarbeitern werden neben Methoden und Instrumenten insbesondere die Konsequenzen von Risikoeintritten vermittelt. So wird jeder Mitarbeiter der Funktionsbereiche Einkauf, Logistik, Supply Chain Management etc. auch zum Risikomanager. Da der Vorstands- bzw. Führungsebene bei der Kulturbildung eine zentrale Stellung zukommt, ist sie bei den genannten Maßnahmen zu berücksichtigen. Kulturbildende Maßnahmen können zudem auch auf Supply-Chain-Partner ausgedehnt werden. [1730] Im Untersuchungssample finden sich Unternehmen mit einer gering ausgeprägten[1731], einer mittelmäßig ausgeprägten [1732] sowie einer umfassend ausgeprägten [1733] Risikokultur. Im Folgenden

[1726] F131, Abs. 37.

[1727] Vgl. F022, Abs. 45f.; F031, Abs. 25-29; F072F073, Abs. 212f.

[1728] Vgl. F031, Abs. 25-29; F072F073, Abs. 212f.

[1729] F031, Abs. 25-29.

[1730] Vgl. F031, Abs. 25-29; F041, Abs. 9; F072F073, Abs. 19, 212; F101, Abs. 46; F112, Abs. 31; F114, Abs. 17ff., 64f.; F115, Abs. 39f.; F161, Abs. 13; F171, Abs. 18.

[1731] Hierzu zählen die Fälle F02, F03, F04, F05, F09, F10, F15, F19.

[1732] Hierzu zählen die Fälle F01, F06, F08, F11, F13, F14, F16, F17.

[1733] Hierzu zählen die Fälle F07, F12, F18.

werden zur Beschreibung des Merkmals *Risikokultur* die Ausprägungen *kaum ausgeprägte Risikokultur*, *mittelmäßig ausgeprägte Risikokultur* und *stark ausgeprägte Risikokultur* unterschieden.

9.1.2 Organisation des SCRM

Die Ergebnisse der Fallstudie zeigen, dass sich die Anforderungen an das SCRM und damit auch an die Aufbauorganisation des SCRM in den letzten Jahren stark verändert haben. Wo früher schnelle ad-hoc-Reaktionen in Form eines reaktiven SCRM im Vordergrund standen, verstärken Unternehmen heute den präventiven Umgang mit SC-Risiken.[1734] Unterstützt werden kann das präventive SCRM durch die Schaffung spezialisierter Organisationseinheiten oder Stellen, deren Aufgabe vornehmlich im Aufbau und der Koordination eines bereichs- oder unternehmensweiten SCRM besteht.[1735] Den Gegenpol zu Unternehmen mit solch einem institutionalisierten SCRM bilden Unternehmen, bei denen das SCRM offensichtlich historisch gewachsen ist, was sich in einer dezentralen, unkoordinierten Verteilung von SCRM-Aufgaben äußert.[1736] Im Folgenden werden die im Rahmen der Fallstudie beobachteten Gestaltungsmöglichkeiten der SCRM-Organisation beschrieben.

9.1.2.1 Gestaltungsmöglichkeiten und Konfiguration der SCRM-Organisation

In Anlehnung an die organisatorischen Gestaltungsmerkmale des allgemeinen Risikomanagements werden im Folgenden mit der *Art der Institutionalisierung* des SCRM und der *Art der Strukturierung des SCRM* zwei wesentliche Gestaltungsdimensionen und die sich daraus ergebenden Konfigurationen untersucht.[1737]

9.1.2.1.1 Institutionalisierung des SCRM-Organisation

Das Merkmal *Art der Institutionalisierung* beschreibt, inwiefern in der Organisation das SCRM als eigene Abteilung oder Stelle geführt wird und steht somit in engem Zusammenhang mit der organisationalen Differenzierung bzw. Spezialisierung. Hat ein Unternehmen solch eine Organisationseinheit, deren Tätigkeit sich vornehmlich an den im SCRM-Prozess definierten Aufgaben bzw. an der Ausgestaltung des SCRM-Prozesses orientiert, so verfügt es über ein *institutionelles SCRM*. Sind Aufgaben des SCRM hingegen in bestehende Organisationseinheiten integriert, so verfügt das Unternehmen über ein *funktionales SCRM*.

[1734] Vgl. F141, Abs. 14; F022, Abs. 26f.

[1735] Siehe bspw. F14, F17, F07.

[1736] Vgl. F021, Abs. 8f.

[1737] Für das allgemeine Risikomanagement ergibt sich aufgrund bestehender gesetzlicher Vorschriften auch die direkte Wahrnehmung durch oder praktikabler die direkte Angliederung an den Vorstand. Für das SCRM erscheint diese Form der Konfiguration jedoch als pragmatisch nicht zweckmäßig und wurde in der durchgeführten Fallstudie auch nicht beobachtet (vgl. Gunkel (2010), S. 151f.; Kajüter (2015), S. 120ff.)

Nur vier der im Rahmen der Fallstudie befragten Unternehmen verfügen über ein institutionelles SCRM.[1738]

Die Aufgabe einer institutionalisierten SCRM-Einheit besteht in der Ausgestaltung des SCRM-Systems und der Koordination von bereichsübergreifenden SCRM-Aktivitäten. Zudem nehmen SCRM-Einheiten eine Unterstützungsfunktion wahr und versorgen Funktionsbereiche mit für das SCRM relevanten Informationen. Teilweise haben sie auch Verantwortung für bestimmte Risikobereiche, die durch andere Funktionsbereiche nicht abgedeckt werden. SCRM-Einheiten operieren damit losgelöst von Routineaufgaben und Entscheidungen des Supply Chain Managements. Im Detail nehmen sie die folgenden Aufgaben wahr: [1739]

- Ausgestaltung des SCRM-Systems
    - Entwicklung von Prozessen, Methoden und Instrumenten
    - Vorgabe von Standards bzgl. Prozessen, Methoden und Instrumenten
    - Entwicklung der SCRM-Aufbauorganisation
    - Schulungen veranstalten
    - Informationelle Kanäle entwickeln
    - Entwicklung einer SCRM-Kultur und Umsetzung kulturprägender Maßnahmen
- Koordination und Kontrolle von SCRM-Prozessen
    - Koordination von Elementen der Sekundärorganisation (Komitees, Arbeitsgruppen, regelmäßige Treffen, Workshops)
    - Kanalisierung der Außen- und Innen-Kommunikation im Risikofall (bspw. Insolvenz)
    - Überwachung der Maßnahmenumsetzung
- Support-Funktion: Supply Chain (Risk) Intelligence Service
    - Erstellung übergreifender Analysen bzgl. der Anfälligkeit der Supply Chain
    - Unterstützung bei der Lieferantenauswahl durch ganzheitliche Bewertung
    - Umfeldrisiken erfassen und potenzielle Auswirkungen auf die Supply Chain analysieren
    - Errechnung konkreter Schadenspotenziale auf Deckungsbeitrags-Ebene
    - Erstellung von Reports zu Vorfällen und Schäden
    - Durchführung bereichsübergreifender Befragungen
    - Bei Problembehebung unterstützen
    - Allgemeine Information der Mitarbeiter, Hinweisen auf Trends und Bedrohungen
- Verantwortung für bestimmte Risikobereiche
    - Insbesondere Management von Finanzrisiken in der Supply Chain

[1738] Dies sind F05, F07, F11, F17. Die mit den SCRM-IS-Anbietern geführten Expertengespräche und breite empirische Studien zum SCRM legen nahe, dass der Anteil an Unternehmen mit institutionalisiertem SCRM in der Praxis noch weit geringer ausfällt (vgl. hierzu auch Kapitel 3.6.4).

[1739] Vgl. auch im Folgenden F041, Abs. 23; F051, Abs. 20; F081082, Abs. 86; F072F073, Abs. 40f.; F101, Abs. 36; F113; F131, Abs. 7; F113; Vgl. F171, Abs. 18, 21ff..

Auch wenn das SCRM im Unternehmen institutionalisiert ist, müssen die anderen Organisationseinheiten weiterhin ebenfalls Aufgaben des SCRM-Prozesses wahrnehmen. Hierzu zählen insbesondere: [1740]

- Erfassung dezentraler Risiken über bereichsspezifische Kennzahlen
- Bericht über dezentrale Risiken
- Verarbeitung zentral aggregierter Risikoinformationen
- Entwicklung von SCRM-Maßnahmen

Ist SCRM im Unternehmen nicht institutionalisiert, werden die oben skizzierten Aufgaben der institutionellen Organisationseinheit teilweise von anderen Einheiten übernommen. SCRM ist dann zwar oft vorhanden, trägt allerdings andere Namen.[1741] Es wird von einer *„(...) Vergemeinschaftung des Risikomanagements in der Linie (...)“*[1742] gesprochen und davon, dass die Mitarbeit aller Funktionsbereiche wichtiger sei als die Schaffung einer *„Horde von Risikomanagern“*. [1743] Nachteile der Institutionalisierung werden insbesondere in der möglichen Verlagerung der Risikoverantwortung auf eine SCRM-Organisationseinheit gesehen:

„Wir haben keine Spezialgruppe wo die anderen sagen, Risiko, ich kümmere mich nicht darum, mach du mal.“[1744]

Für die Verteilung von SCRM-Aufgaben auf unterschiedliche Organisationseinheiten spricht zudem das dort vorhandene verrichtungsspezifische Risikowissen der jeweiligen Entscheider. Da sich die Anforderungen einzelner Funktionsbereiche oft stark unterscheiden, können funktionsbereichsspezifische Methoden und Instrumente entwickelt und eingesetzt werden. Insbesondere Unternehmen mit einer stark ausgeprägten Risikokultur sehen daher weniger Nutzen in der Institutionalisierung des SCRM.[1745] Nachteile eines funktionalen SCRM bestehen allerdings in fehlenden Standards, einer ungenügenden übergreifenden Sichtweise auf SC-Risiken, einer ungenügenden Koordination sowie einer heterogenen Leistungsfähigkeit des SCRM:[1746]

„(...) in den anderen Bereichen würde ich eher mal ‚situativ‘ sagen. Wenn halt mal wieder etwas eintritt, dann beschäftigt man sich damit und ansonsten ist man wahrscheinlich froh, wenn man davon nichts hört.“[1747]

[1740] Vgl. F041, Abs. 9, 57; F072F073, Abs. 13f.; F171, Abs. 23.

[1741] Vgl. F181F182, Abs. 3ff;. F061, Abs. 7.

[1742] F181182, Abs. 97.

[1743] Vgl. F171, Abs. 18.

[1744] F181F182, Abs. 97.

[1745] Vgl. F021, Abs. 9; F061, Abs. 7; F171, Abs. 18; F181F182, Abs. 97.

[1746] Vgl. F021, Abs. 8f., 48, 52, 92f., 125f. F131, Abs. 16f.; F101, Abs. 104.

[1747] F101, Abs. 104.

Zudem kann die Integration bestehende Stellen überfordern, wenn das Tagesgeschäft parallel abzuwickeln ist, dazu führen, dass erhobene und vorhandene Informationen nicht ausreichend genutzt werden, oder sogar zur Konkurrenz um knappe Bestände und zur gezielten Schaffung von Informationsasymmetrien innerhalb des Unternehmens im Schadensfall führen. Das Fehlen eines institutionalisierten SCRM in der Primärorganisation kann allerdings durch interdisziplinär angelegte Elemente der Sekundär- bzw. Projektorganisation kompensiert werden.[1748] Diese Möglichkeit wird in Kapitel 9.1.2.3 weiter vertieft.

9.1.2.1.2 Strukturierung der SCRM-Organisation

Das Merkmal *Strukturierung des SCRM* beschreibt, auf welcher Ebene innerhalb der Organisation das SCRM verankert wird. Die Art der Strukturierung ist hierbei von der Entscheidung über die Institutionalisierung des SCRM unabhängig. Grundsätzlich können eine Einordnung des SCRM auf einer hohen Hierarchieebene im Sinne eines Zentralbereichs[1749] – im Folgenden *Zentralisierung* – sowie eine Einordnung auf einer niedrigeren Hierarchieebene innerhalb eines Funktionsbereichs oder einer Sparte – im Folgenden *Dezentralisierung* – unterschieden werden.[1750] Während die Zentralisierung die übergeordnete Integration unterschiedlicher Risikobereiche betont, legt die Dezentralisierung einen Schwerpunkt auf strategische und/oder operative Fachbereiche.

Der Vorteil einer Anordnung auf Zentralbereichsebene besteht somit in der Möglichkeit der zentralen Aggregation und Verteilung von Informationen sowie der übergeordneten Koordination von SCRM-Aktivitäten. Hierdurch werden das übergreifende Risiko-Reporting und die Balancierung des Risikoportfolios unterstützt. Der Vorteil der Anordnung auf dezentraler Ebene liegt in dem hier vorhandenen Fachwissen und der Möglichkeit, schnell auf bereichsspezifische Risiken zu reagieren.[1751]

Neben den hier skizzierten Extremtypen sind durch die Definition weiterer SCRM-Rollen jedoch auch Zwischentypen der organisatorischen Strukturierung möglich. Analog zum allgemeinen Risikomanagement kann, wie in Abbildung 90 skizziert, eine Strukturierung der Risikomanagementstellen in *Risk Manager*, *Risk Owner* und *Risk Specialists* (auch *Risk Experts*) erfolgen. *Risk Manager* entsprechen hierbei den zentralen, gegebenenfalls institutionalisierten SCRM-Einheiten. *Risk Specialists* sind Spezialisten bezüglich spezifischer Risiken in den Fachabteilungen und betreuen den SCRM-Prozess für diese Risiken. *Risk Owner* bilden eine Zwischenebene zwischen Risk Specialist und Risk Manager. Ihnen wird ein Bereich spezifischer Risiken (bspw. Beschaffungsrisiken oder Logistik-

---

[1748] Vgl. F021, Abs. 127ff.; F041, Abs. 57; F114, Abs. 71; F101, Abs. 46; F141, Abs. 14; F171, Abs. 14;

[1749] In der Regel erfolgt diese Einordnung durch direkte Zuordnung zum allgemeinen Risikomanagement oder einer zentralen Business-Continuity-Abteilung.

[1750] Vgl. F011, Abs. 6; F021, Abs. 5, 9; F041, Abs.19, 23; F051, Abs. 65f.; F061, Abs. 5; F072F073, Abs. 13f.; F091, Abs. 77, 78f., 81; F101, Abs. 26, 44, 46; F114, Abs. 71; F131, Abs. 16f.; F171, Abs. 21; F151, Abs. 21; F171, Abs. 23; F181182, Abs. 85-87, 97.

[1751] Vgl. F021, Abs. 9; F041, Abs. 57; F061, Abs. 7; F101, Abs. 42; F141, Abs. 6, 8, 14, 61; F081F082, Abs. 86; F112, Abs. 9; F114, Abs. 17f.

risiken) zugeordnet. In diesem Bereich tragen sie die Verantwortung für die Geeignetheit und Korrektheit der von Risk Specialists erarbeiteten Maßnahmen. Durch die Einbettung möglichst vieler Organisationsmitglieder in das SCRM durch die Vergabe der Funktionen Risk Owner und Risk Specialist wird die Risikokultur gestärkt und eine virtuelle SCRM-Organisation geschaffen, die insbesondere in kleineren Unternehmen die Etablierung einer SCRM-Organisation mit überschaubarem Ressourcenaufwand gestattet.[1752]

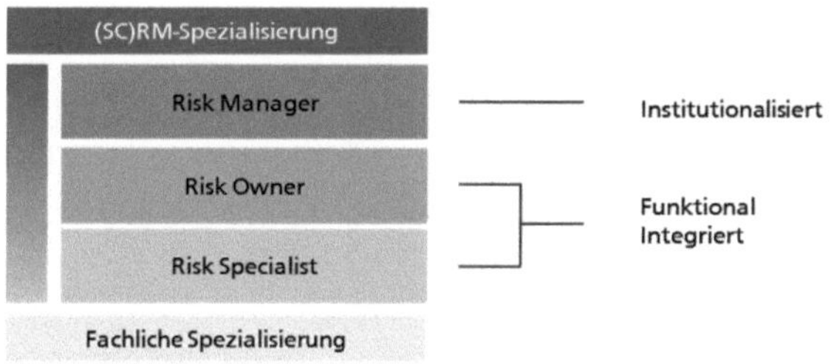

Abbildung 90: Spezialisierung von Organisationseinheiten/Stellen im SCRM

9.1.2.1.3 Konfiguration der SCRM-Organisation

Im Folgenden werden basierend auf den beschriebenen Merkmalen der organisationalen SCRM-Gestaltung und der Fallstudienergebnisse Typen von SCRM-Organisationen entwickelt. Durch die Kombination der potenziell möglichen Merkmalsausprägungen der oben skizzierten Merkmale Institutionalisierung und Strukturierung lassen sich vier Typen bilden. Es handelt sich hierbei um *zentral-institutionelles SCRM*[1753], *zentral-integriertes SCRM*[1754], *dezentral-institutionelles SCRM*[1755] sowie *dezentral-funktionales SCRM*.[1756] Eine weitere, ebenfalls beobachtete und unterschiedliche Merkmalsausprägungen miteinander kombinierende Organisationsform besteht in der Ausgestaltung des SCRM als Matrixorganisation.[1757] Hierbei werden spezifische SCRM-Stellen gebildet, die dann disziplinarisch einem dezentralen Unternehmensbereich, beispielsweise dem Einkauf, unterstellt werden. Fachlich erfolgt gegenüber dem dezentralen Funktionsbereich und dem zentralen (Supply Chain) Risikomanagement eine Doppelunterstellung. Im Risikomanagement gibt es wiederum spezifische SCR-Manager als Schnittstelle der verschiedenen Funktionsbereiche.[1758] Einen Überblick über die möglichen Konfigurationsformen und ihre jeweiligen Stärken und Schwächen (basierend auf den Erörterungen in den Kapiteln 9.1.2.1.1 und

---

[1752] Vgl. F041, Abs. 9, 51ff.; F171, Abs. 23; F191, Abs. 7, 9 51, 57.

[1753] Hierzu zählen die Fälle F05, F07, F11, F17.

[1754] In der Fallstudie konnte dieser Typ nicht beobachtet werden. Die Diskussion mit Experten zeigt, dass mit dem allgemeinen Risikomanagement betraute Organisationseinheiten nur ein begrenztes Interesse an SC-Risiken zeigen. Auch wenn dies die fehlende Präsenz eines entsprechenden Typs innerhalb des Samples erklären kann, kann dieser Typ für die Praxis dennoch nicht gänzlich ausgeschlossen werden und wird daher auch weiter betrachtet.

[1755] Hierzu zählen die Fälle F02, F04, F12, F14, F15, F19.

[1756] Hierzu zählen die Fälle F01, F03, F06, F08, F09, F10, F13, F16, F17, F18.

[1757] Hierzu zählt Fall F07.

[1758] Vgl. F072F073, Abs. 13f.

9.1.2.1.2) liefert Abbildung 91. In der Praxis sind auch weitere Kombinationen der dargestellten Typen möglich – das Ziel der Typisierung besteht allerdings in einer Abstraktion und der Darstellung möglicher Grundtypen, weshalb solche Kombinationen an dieser Stelle vernachlässigt werden.

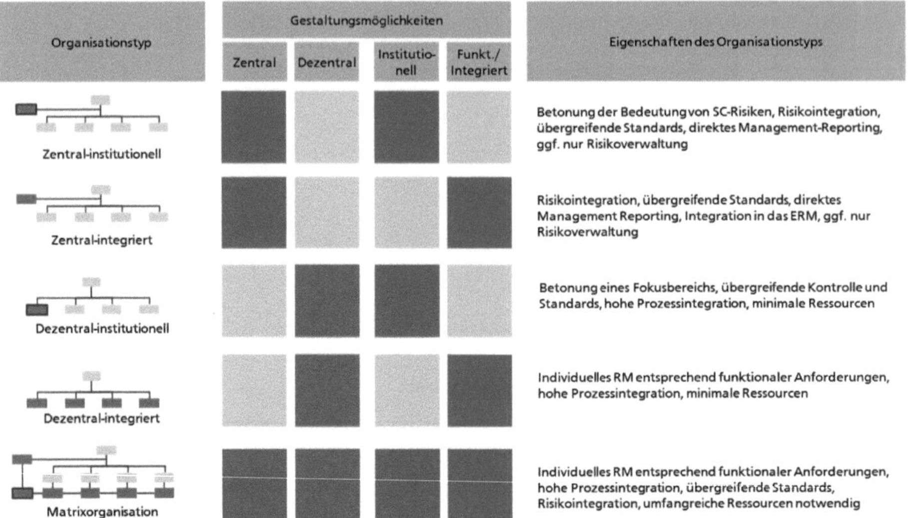

Abbildung 91: Unterschiedliche Organisationstypen im SCRM

Aus der Fallstudie lassen sich neben den beschriebenen SCRM-Typen bereits erste Erkenntnisse über sich in der Praxis ergebende Situations-Struktur-Kombinationen gewinnen. Durch den übergreifenden Ansatz gepaart mit dezentralen Einheiten kann die Matrixorganisation als äußerst effektiv angesehen werden. Aufgrund des hohen Ressourcenbedarfs wird sie allerdings nur bei großen Unternehmen zum Einsatz kommen, bei denen dem SCRM aufgrund hoher Umfeldunsicherheit eine hohe Relevanz zugestanden wird. Ob das SCRM zentral oder dezentral angesiedelt wird, ist oftmals auch eine Frage der historischen Entwicklung. Traditionell starke Risikomanagementabteilungen werden in Einzelfällen auch das SCRM für sich reklamieren. Ist aufgrund des bestehenden Kontexts das SCRM hingegen für einen Funktionsbereich wie den Einkauf besonders interessant, werden hier auch vermehrt entsprechende Tätigkeiten verankert.

Insbesondere bezüglich der Frage der Institutionalisierung gewinnt die These der Äquifinalität eine besondere Bedeutung: Die Qualität eines SCRM hängt offensichtlich nicht notwendigerweise mit dessen Institutionalisierung zusammen. Die Fallstudie liefert Hinweise darauf, dass eine fehlende Institutionalisierung durch eine starke Risikokultur und eine Integration des SCRM in dezentrale Unternehmensbereiche kompensiert werden kann.[1759] Im Folgenden werden zur Beschreibung des Merkmals *SCRM-Organisation* die Merkmalsausprägungen *zentral-institutionell*, *zentral-integriert*, *dezentral-institutionell*, *dezentral-funktional* sowie *Matrixorganisation* verwendet.

9.1.2.2 Standardisierung und Formalisierung als ergänzende Möglichkeiten der SCRM-Koordination

Die Ergebnisse der Fallstudie legen den Schluss nahe, dass die Formalisierung eng mit der Institutionalisierung des SCRM zusammenhängt. Unternehmen, bei denen es keine für das SCRM verantwortliche Organisationseinheit gibt, sprechen von einem geringen Grad der Formalisierung des SCRM.[1760] Unternehmen mit institutionalisiertem SCRM erwähnen hingegen unterschiedliche Gegenstände der SCRM-Formalisierung. Diese umfassen neben einer festgelegten und dokumentierten Aufbauorganisation mit entsprechenden Verantwortlichkeiten unternehmensweite SCRM-Begriffsdefinitionen sowie festgelegte Prozesse, Methoden und Instrumente. Neben Prozessschaubildern und Organigrammen werden Standards in Leitfäden festgehalten. Auch eine Verankerung des SCRM in der Unternehmensstrategie sowie die explizite Formulierung von Risikozielen im Rahmen des Supply Chain Managements können zur Formalisierung beitragen.[1761] In Anlehnung an die untersuchten Fälle werden im Folgenden für das Merkmal *Formalisierung* die Merkmalsausprägungen *geringer Formalisierungsgrad*[1762], *mittlerer Formalisierungsgrad*[1763] sowie *hoher Formalisierungsgrad*[1764] beschrieben.

9.1.2.3 Projektorganisation im SCRM

Neben den skizzierten Elementen der Aufbauorganisation bilden in regelmäßigen Abständen oder ad-hoc zusammenkommende Komitees und Task-Forces ein zentrales Rückgrat der SCRM-Organisation. Teilnehmer von Komitees und Task-Forces sind u.a. der Einkauf, die Rechtsabteilung, Produktion, Supply Chain Management und Logistik. In Zukunft wird zunehmend auch der Vertrieb als Teilnehmer solcher Arbeitsgruppen gesehen.[1765]

Komitees sind als Element des präventiven SCRM zu verstehen. Sie tagen im wöchentlichen bis halbjährlichen Rhythmus wobei, diese Abstände dynamisch entsprechend der Arbeitsbelastung angepasst werden können. Die physische Präsenz der Teilnehmer ist nicht zwingend notwendig – gerade wegen der oft notwendigen Berücksichtigung von Organisationsmitgliedern von anderen Standorten empfiehlt sich die Durchführung als Telefon-

---

[1759] Vgl. F181, Abs. 16; F101, Abs. 42; F091, Abs. 23; F011, Abs. 6; F072F973, Abs. 19; F131, Abs. 7; F051, Abs. 24.

[1760] Vgl. F061, Abs. 5; F131, Abs. 16f.; F171, Abs. 17f.

[1761] Vgl. F072F073, Abs. 19. F115, Abs. 39f.; F114, Abs. 17ff., 64f.; F161, Abs. 13; F101, Abs. 46; F041, Abs. 9.

[1762] Hierzu zählen die Fälle F02, F03, F06, F08, F09, F10, F13, F16.

[1763] Hierzu zählen die Fälle F01, F04, F05, F11, F14, F15, F18.

[1764] Hierzu zählen die Fälle F07, F12, F17, F19.

[1765] Vgl. F061, Abs. 5. F021, Abs. 127-129. F061, Abs. 5; F041, Abs. 17; F072F073, Abs. 71-82.

oder Webkonferenz. Der Zweck von Komitees besteht im regelmäßigem interdisziplinären und standortübergreifenden Austausch bezüglich potenzieller Risiken und zu ergreifenden Gegenmaßnahmen. Aufgrund ihrer präventiven Ausrichtung werden sie entweder vom allgemeinen Risikomanagement, einer institutionalisierten SCRM-Einheit oder durch einen strategisch ausgerichteten Funktionsbereich wie beispielsweise den strategischen Einkauf geführt. Methodisch bzw. instrumentell unterstützt werden Komitees insbesondere durch einen Risiko- bzw. Themenspeicher, über den die aktuelle Risikolage in jedem Treffen erfasst und basierend auf den umgesetzten Maßnahmen in Form eines ständigen Status-Tracking aktualisiert werden kann.[1766]

Task-Forces sind im Gegensatz zu Komitees als Element des reaktiven SCRM zu verstehen. Es handelt sich hierbei um interdisziplinär besetzte Teams, die im Falle eines Risikoereignisses zusammengerufen werden. Aufgrund ihrer reaktiven und operativen Ausrichtung erfolgt die Führung in der Regel durch einen operativ ausgerichteten Funktionsbereich wie die Logistik. Zudem sind Task-Forces genauso wie Komitees mit Führungskräften der oberen Hierarchie-ebenen zu besetzen, da im Einzelfall zur Risikobewältigung Entscheidungen mit umfang-reichen finanziellen Auswirkungen getroffen werden müssen. Unterschieden werden können globale und lokale Task-Forces sowie Task-Forces auf Unternehmens- oder Werksebene.[1767] Aufgrund des dynamischen und leicht veränderlichen Charakters der Projektorganisation wird sie im Rahmen der folgenden Bildung der Strukturtypen nicht weiter berücksichtigt.

9.1.3 Empirische Ergebnisse zum Einsatz von Informationstechnik im SCRM

Bereits in Kapitel 6.3 wurden unterschiedliche Informationsquellen für das SCRM vorgestellt und damit bereits verdeutlicht, dass Unternehmen einen Teil der für das SCRM notwendigen Informationsverarbeitung nach außen verlagern. Neben der *Art der im SCRM verwendeten IT-Systeme* sowie der *Art der Anwendung dieser Instrumente* werden daher im Folgenden auch die *Gründe für die Fremdvergabe von Teilen der Informationsverarbeitung* näher beleuchtet.

9.1.3.1 Arten von IT-Systemen im SCRM und Fremdvergabe der Informationsverarbeitung

Neben den in Kapitel 6.5 vorgestellten SCRM-IS als dedizierte IT-Systeme für das SCRM, die heute, wie in Kapitel 6.3.3 gezeigt, noch eine untergeordnete Rolle spielen, werden in Unternehmen im SCRM auch, wie bereits in Kapitel 6.3.3 dargestellt, funktionsbereichsspezifische Systeme, Basissysteme sowie Eigenentwicklungen für das SCRM genutzt.[1768]

1766 Vgl. F021, Abs. 127-129; F041, Abs. 17; F061, Abs. 5; F072F073, Abs. 71-82; F114, Abs. 75ff.; F181F182, Abs. 2.

1767 Vgl. F081F082, Abs. 86; F072F073, Abs. 11, 71-82; F181F182, Abs. 2; F041, Abs. 17; F041, Abs. 59; F113, Abs. 4

1768 Vgl. F112, Abs. 35; F051, Abs. 98; F174, Abs. 21f.

Zu den funktionsbereichsspezifischen Systemen konnten, basierend auf dem Untersuchungssample, insbesondere Informationen zum SCRM-bezogenen IT-Einsatz in Einkauf, Qualitätsmanagement, Logistik, Lieferantenmanagement, SCM sowie im allgemeinen Risikomanagement gewonnen werden. Einen übergreifenden Charakter weisen ERP-Systeme auf, die für das SCRM wesentliche Stammdaten zu Lieferanten aber auch Informationen zu Abhängigkeiten in der Supply Chain wie beispielsweise Stücklisten-auflösungen enthalten. Im Einkauf oder Lieferantenmanagement kommen oftmals spezifische Einkaufs- bzw. Lieferantenmanagementsysteme zum Einsatz, die das Risikomanagement teilweise explizit unterstützen, beispielsweise durch die Ermöglichung der Risikobewertung mittels Checklisten und Fragebögen. Idealerweise werden in solchen Systemen, in enger Kooperation mit dem Qualitätsmanagement, auch Kennzahlen zur Lieferantenqualität regelmäßig ermittelt. Überschneidungen mit der Logistik entstehen aufgrund der Einordnung von Logistikdienstleistern als Lieferanten, deren Logistik-Performance daher auch mit entsprechenden Kennzahlen in Einkaufs- bzw. Lieferantenmanagementsystemen überwacht wird. In der Logistik werden insbesondere auf Ebene des Tier-1 und des OEM in der Automobilindustrie zudem Track-and-Trace bzw. Geofencing-Systeme verwendet, die eine Überwachung von Güterflüssen auf der Transportebene gestatten. Neben den hier skizzierten Systemen werden im allgemeinen Risikomanagement zudem Risikomanagement-Informationssysteme für die übergreifende Risikodokumentation verwendet.[1769]

Die Aufgabe von Supply-Chain-Managementsystemen im SCRM besteht in der Sichtbarmachung von Verflechtungen zwischen beschaffungs- und absatzseitigen Risiken. Oftmals werden jedoch auch in den hier betrachteten Industrien SCM-Systeme nur unzureichend verwendet. Informationen zwischen Unternehmen, beispielsweise zu Lieferabrufen, werden oftmals via E-Mail und unter Zuhilfenahme von Excel-Dateien als Informationsträger weitergegeben. Aufgrund der hohen Fehleranfälligkeit der Informationsübermittlung werden die Informationssysteme so selbst zum Risiko. Zudem werden für das SCM oftmals ERP-Systeme verwendet, deren Funktionalität vor dem Hintergrund der vom SCRM geforderten Fähigkeiten zur Verknüpfung von beschaffungs- und absatzseitigen Prozessen als ungenügend anzusehen ist. [1770]

Wenn die Funktionalität im Unternehmen verfügbarer, funktionsbereichsspezifischer IT-Systeme zur Unterstützung des SCRM nicht ausreicht, greifen Unternehmen auf Basissysteme wie Microsoft Excel zurück. Einsatzfelder sind u.a. Szenarioanalysen, Nutzwertanalysen (bspw. zur Unterstützung bei der Auswahl einer Beschaffungsalternative), integrierte Risiko-Score-Cards und die Modellierung und Bewertung mehrstufiger Lieferketten. Doch auch mangelnde Ressourcen oder ungenügendes Methoden-Know-how führen zum Einsatz von Basissystemen im SCRM, beispielsweise im Bereich der Lieferantenbewertung, und dies, obwohl Basissysteme wie Microsoft Excel als

---

[1769] Vgl. F021, Abs. 56f., 67; F031, Abs. 63f.; F051, Abs. 350f.; F191, Abs. 51; F131, Abs. 15, 47; F181F182, Abs. 6, 24, 49-51.

[1770] Vgl. F031, Abs. 36-44; F051, Abs. 34, 46; F072F073, Abs. 106-110; F091, Abs. 63; F141, Abs. 21, 38; F191, Abs. 31f.

in vielerlei Hinsicht ungeeignet – weil beispielsweise zu fehleranfällig oder zu langsam – beschrieben werden.[1771]

Einen grundsätzlichen Gegenentwurf zur Nutzung dieser heterogenen Systeme bilden die in Kapitel 6.5 ausführlich vorgestellten SCRM-IS als systematischer und dedizierter Ansatz zur Entscheidungsunterstützung im SCRM. Neben der Beschaffung am Markt ist auch eine Eigenentwicklung solcher Systeme durch Industrieunternehmen denkbar. Insbesondere Unternehmen mit einem begrenzten IT-Know-how oder solche, denen für Eigenentwicklungen keine Ressourcen zur Verfügung stehen, entscheiden sich für eine der vorgestellten Marktlösungen. Für Unternehmen, die sich über SCRM-Informationen einen Wettbewerbsvorteil verschaffen können und über das notwendige Know-how verfügen, kommt hingegen eine Eigenentwicklung in Frage. Wenn hierbei Einzelsysteme mit unterschiedlicher Zweckeignung gekoppelt werden, sprechen Unternehmen von einem *Best-of-Breed-Ansatz*. Im Folgenden kann daher auch von einem *Best-of-Breed-SCRM-IS* gesprochen werden (siehe Abbildung 92).[1772]

„Es war klar, dass wir Inhouse eine Lösung entwickeln, weil die Lösung technologisch nicht sehr anspruchsvoll ist. Also Geographical Mapping heutzutage kann man mit Software, die frei verfügbar ist auf dem Markt, einfach selbst machen."[1773]

Die *Art der verwendeten IT Systeme* wird im Folgenden in *Fach- und Basissysteme*[1774] sowie *dedizierte SCRM-IS*[1775] unterschieden. Im Falle der Anwendung dedizierter SCRM-IS kann zudem anhand der erfolgten *Make-or-Buy-Entscheidung* zwischen *Eigenerstellung*[1776] und *Fremdbezug*[1777] von SCRM-IS unterschieden werden.

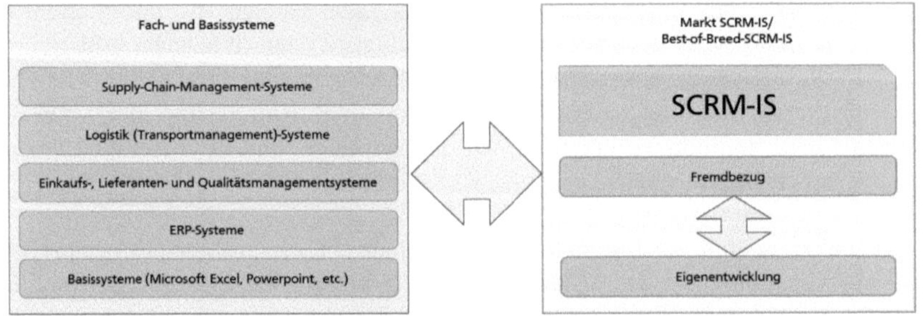

Abbildung 92: Heterogene IT-Systeme sowie dedizierte SCRM-IS als Eigenentwicklung oder im Fremdbezug

---

[1771] Vgl. F042, Abs. 83f.; F051, Abs. 42, 46; F072F073, Abs. 102-110; F091, Abs. 63; F141, Abs. 38.

[1772] Vgl. F011, Abs. 36; F012, Abs. 48; F051, Abs. 98; F072F073, Abs. 52; F112, Abs. 35; F113, Abs. 55; F114, Abs. 85-89; F122, Abs. 4; F174, Abs. 21f.

[1773] F011, Abs. 36.

[1774] Hierzu zählen die Fälle F03, F05, F06, F09, F10, F13, F14, F15, F16, F18, F19.

[1775] Hierzu zählen die Fälle F01, F02, F04, F07, F08, F11, F12, F17.

[1776] Hierzu zählen die Fälle F01, F07, F11.

[1777] Hierzu zählen die Fälle (F02), F04, (F08), F12, F17.

9.1.3.2 Art der Anwendung von dedizierten IT-Systemen im SCRM

Die hier diskutierte Art der Anwendung bezieht auf am Markt angebotene oder in Unternehmen als Best-of-Breed-SCRM-IS entwickelte SCRM-IS. Grundsätzlich lassen sich eine breite, funktionsbereichsübergreifende Anwendung und eine auf SCRM-Experten beschränkte Anwendung unterscheiden.

Im Falle der Beschränkung der Anwendung auf Experten führen diese mit Hilfe von SCRM-IS Analysen durch, bzw. werden über SCRM-IS von Ereignissen in Kenntnis gesetzt und teilen schließlich ihr gewonnenes Wissen als Multiplikatoren innerhalb des Unternehmens. Hierdurch lassen sich im Falle eines anwenderbezogenen Lizenzmodells Kosten bei der Systembeschaffung sparen, zudem kann eine gegebenenfalls notwendige Anwenderschulung auf die Experten begrenzt werden. Im Rahmen der funktionsbereichsübergreifenden Anwendung werden SCRM-IS hingegen von einer breiten Zahl von Anwendern im Unternehmen genutzt. Als Anwender kommen beispielsweise Mitarbeiter aus dem Einkauf, dem Lieferantenmanagement, der Logistik, dem Supply Chain Management aber auch aus Zentralbereichen wie dem Controlling, dem Qualitätsmanagement oder dem allgemeinen Risikomanagement in Frage. Der Vorteil dieses Modells liegt in der unmittelbaren Informationsweitergabe an die von den Informationen betroffenen Organisationseinheiten. Nachteilig sind die gegebenenfalls höheren IT-Kosten sowie die sich ergebende zusätzliche Belastung der Mitarbeiter der betroffenen Funktionsbereiche. Letztere lässt sich gegebenenfalls durch eine Integration der von SCRM-IS gewonnenen Informationen in funktionsbereichsspezifische und gewohnte Anwendungen reduzieren.[1778] Als mögliche Ausprägungen der Anwendungsart lassen sich im Folgenden die in Abbildung 93 dargestellten Ausprägungen *Expertenmodell* und *Anwendermodell* unterscheiden.[1779]

[1778] Vgl. F021, Abs. 86f., 89; F041, Abs. 45-47; F042, Abs. 38-42, 45; F072F073, Abs. 179-182; F122, Abs. 6; F141, Abs. 92F171, Abs. 26-27.

[1779] Aufgrund der Neuheit von SCRM-IS waren sich die im Rahmen der Fallstudie befragten Unternehmen über die eigene Art der Anwendung noch im Unklaren, so dass bezüglich dieser Merkmalsausprägungen in der Praxis keine Kenntnisse bestehen.

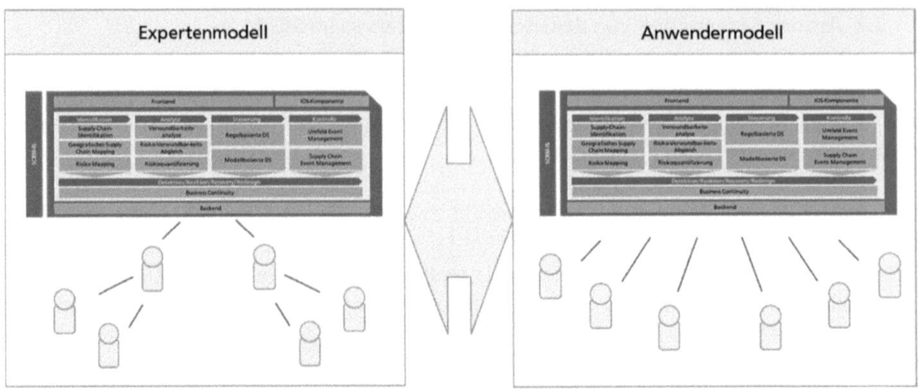

Abbildung 93: Unterscheidung der SCRM-Anwendung in Expertenmodell und Anwendermodell

9.2 Ermittlung konsistenter Strukturtypen

Im Folgenden sind unter Zuhilfenahme der empirischen Ergebnisse und der Erkenntnisse des konzeptionellen und theoretischen Bezugsrahmens Strukturtypen für SCRM-Systeme zu bilden. Die Typbildung orientiert sich hierbei an dem in Kapitel 4.4.2 festgelegten Fit-Konzept. Kapitel 9.2.1 fast die oben ermittelten Merkmale und Merkmalsausprägungen zusammen und gibt einen Überblick über die abgeleiteten Strukturtypen. In den Kapiteln 9.2.2 bis 9.2.5 werden die abgeleiteten Strukturtypen anschließend detailliert vorgestellt.

9.2.1 Überblick über mögliche Strukturmerkmale und konsistente Strukturtypen

Die für die Typbildung relevanten Merkmale beziehen sich auf die Gestaltung der Organisation (SCRM-Organisation, SCRM-Formalisierung), des Faktors Mensch (Risikokultur, SCRM-Qualifikation) sowie der Technologie (Arten der IT-Systeme, SCRM-IS Make-or-Buy, IT-Anwendungsart). Tabelle 16 gibt einen Überblick über die in den Kapiteln 9.1.1 bis 9.1.3 entwickelten Merkmale und deren potenzielle Ausprägungsformen.

Tabelle 16: Strukturmerkmale und deren mögliche Ausprägungen

Merkmal	Mögliche Merkmalsausprägungen
SCRM-Organisation	Zentral-institutionell/Zentral-integriert/Dezentral-institutionell/Dezentral-funktional/Matrixorganisation
SCRM-Formalisierung	Gering/Mittel/Hoch
Risikokultur	Kaum ausgeprägt/Mittelmäßig ausgeprägt/Stark ausgeprägt
SCRM-Qualifikation	Gering/Mittel/Hoch
Arten der IT-Systeme	Fach- und Basissysteme/Dediziertes SCRM-IS
SCRM-IS Make-or-Buy	Eigenerstellung/Fremdbezug
IT-Anwendungsart	Expertenmodell/Anwendermodell

Bei der Strukturbildung ist in Anlehnung an das in den Kapiteln 4.2.1 und 4.2.3 skizzierte Vorgehen auf die Konsistenz der Merkmalsausprägungen sowie auf die Sparsamkeit bei der Typenbildung zu achten, so dass die entwickelten Typen dennoch eine möglichst große Zahl realer Erscheinungen abdecken. Eine vollkommen exakte Abbildung der Realität ist hingegen nicht das Ziel der Typenbildung, sondern vielmehr eine für die Untersuchung geeignete Abdeckung. Zudem sind die empirische Relevanz und damit die praktische Aussagekraft der später zu entwickelnden Effizienzbedingungen sicherzustellen. Das Ergebnis der Typenbildung ist in Tabelle 17 in Form von vier unterschiedlichen Strukturtypen des SCRM-Systems dargestellt. Zu unterscheiden sind der *Reaktionstyp* (SCRM1), der *Integrationstyp* (SCRM2), der *Aufklärungstyp* (SCRM3) sowie der *Koordinationstyp* (SCRM4). In den folgenden Kapiteln werden die im Rahmen der Typenentwicklung getroffenen Annahmen sowie die entwickelten Strukturtypen detailliert vorgestellt.

Tabelle 17: Strukturtypen des SCRM-Systems

Merkmale	**(SCRM1) Reaktionstyp**	**(SCRM2) Integrationstyp**	**(SCRM3) Aufklärungstyp**	**(SCRM4) Koordinationstyp**
SCRM-Organisation	Dezentral-funktional	Dezentral-funktional/ Zentral-integriert	Dezentral institutionell	Zentral-institutionell/ Matrixorganisation
SCRM-Formalisierung	Gering	Gering	Mittel	Hoch
Risikokultur	Kaum ausgeprägt	Mittelmäßig ausgeprägt/ Stark ausgeprägt	Mittelmäßig ausgeprägt/ Stark ausgeprägt	Mittelmäßig ausgeprägt/ Stark ausgeprägt
SCRM-Qualifikation	Gering	Mittel/Hoch	Mittel/Hoch	Hoch
Arten der IT-Systeme	Fach- und Basissysteme	Fach- und Basissysteme	Dedizierte SCRM-IS/ Fach- und Basissysteme	Dedizierte SCRM-IS
SCRM-IS Make-or-Buy	/	/	Fremdbezug	Fremdbezug/ Eigenerstellung
IT-Anwendungsart	/	/	Expertenmodell	Anwendermodell

9.2.2 Strukturtyp SCRM1: Reaktionstyp

Bereits die Betrachtung von Beiträgen zur Risikomanagement- und zur SCRM-Organisation in Kapitel 3.6 hat verdeutlicht, dass es offensichtlich Unternehmen gibt, die dem SCRM nur einen geringen Stellenwert beimessen. In diesen Unternehmen ist das SCRM nicht institutionalisiert und wenig formalisiert. Gleichzeitig besteht keine besonders ausgeprägte Risikokultur. Risiken finden daher auch implizit kaum Eingang in die Zielsysteme der Organisationsmitglieder. Zudem ist die SCRM-Qualifikation gering, was bedeutet, dass Mitglieder von Unternehmen des Reaktionstyps nur ungenügend im Umgang mit Risiken geschult und nicht mit Methoden und Instrumenten zur Unterstützung des SCRM vertraut sind. Aufgrund der fehlenden SCRM-Spezialisierung und der dezentralen Struktur des SCRM werden keine SCRM-spezifischen, übergreifenden IT-Systeme eingesetzt. Aufgrund des Fehlens spezifischer SCRM-IS sind die Merkmale SCRM-IS Make-or-Buy und IT-Anwendungsart nicht weiter zu berücksichtigen.

Aus der Fallstudie lässt sich ausschließlich Fall F09 dem Reaktionstyp zuordnen. In diesem Unternehmen nimmt das SCRM eine untergeordnete Rolle ein, auch weil das Supply Chain Management bislang wenig professionalisiert ist. Das Unternehmen arbeitet allerdings in einem unsicheren Umfeld, was dazu führt, dass die Fähigkeiten des SCRM-Systems als der Situation nicht angemessen bezeichnet werden. Durch weitere Professionalisierung versucht sich das Unternehmen zum Integrationstyp weiter zu entwickeln.[1780] Hervorzuheben ist im Hinblick auf die spätere Effizienzbewertung, dass sich viele der befragten Unternehmen in den letzten Jahren aufgrund ungenügender Effizienz vom Reaktionstyp zu einem anderen Strukturtyp weiterentwickelt haben (dies sind F02, F04, F05, F13, F14, F15, F17, F19).[1781] Damit wird deutlich, dass die Informationsverarbeitungsfähigkeiten des Reaktionstyps den generellen Anforderungen der in der vorliegenden Arbeit betrachteten Industrien kaum gerecht werden.

9.2.3 Strukturtyp SCRM2: Integrationstyp

Bereits in Kapitel 9.1.2.1.1 wurde aufgezeigt, dass in der Praxis mit der Institutionalisierung und der Integration zwei grundlegende Segmentierungsvarianten der SCRM-Organisation zu unterscheiden sind. Ähnliche Ergebnisse liefern auch die in Kapitel 3.6.3 vorgestellten Studien zur Organisation des allgemeinen Risikomanagements. In Anlehnung an die Fallstudien-ergebnisse unterscheidet den Integrationstyp vom Aufklärungs- und dem Koordinationstyp, dass hier in keinem Fall eine Institutionalisierung des SCRM vorliegt.

SCRM-Aufgaben werden je nach Aufgabentyp in unterschiedlichen dezentralen Bereichen wie dem Einkauf oder der Logistik wahrgenommen. Daraus resultiert, dass das SCRM im Integrationstyp entweder überhaupt nicht koordiniert wird, oder die Koordination in einem bestehenden Zentralbereich wie dem Controlling oder dem allgemeinen Risikomanagement gebündelt ist. Bei Unternehmen des Integrationstyps kann die Koordination allerdings auch durch ressourcensparende Elemente der Projektorganisation, wie regelmäßige Risikokomitees unterstützt werden. Im Falle der Koordination über einen bestehenden Zentralbereich ist diese in der Regel SCRM-unspezifisch und beschränkt sich in Folge dessen auf allgemeine Checklisten und die Bereitstellung allgemeiner Methoden und Instrumente, wie die Verwaltung eines Risikospeichers.

Ähnlich wie beim Reaktionstyp ist das SCRM wenig formalisiert, allerdings verfügen Unternehmen des Integrationstyps über eine wesentlich stärker ausgeprägte Risikokultur. Vertreter dieser Unternehmen betonen die *„Vergemeinschaftung des SCRM in der Linie“* und legen Wert darauf, dass Risiken implizit in das Zielsystem des Supply Chain Managements eingehen und bei jeder Entscheidung berücksichtigt und offen kommuniziert werden. Zudem besteht im Gegensatz zum Reaktionstyp eine mindestens mittelmäßige SCRM-

[1780] Vgl. F091, Abs. 5, 9, 21, 23, 29, 33, 35, 51, 63, 78-81, 87, 91, 95, 98.

[1781] Eine genauere Einordnung dieser Fälle erfolgt in den folgenden Kapiteln.

Qualifikation, was bedeutet, dass zumindest bereichsspezifische Methoden und Instrumente für das SCRM bekannt sind und bei den Mitarbeitern Wissen zum Umgang mit Risiken und Schadensereignissen besteht. Wegen der geringen Eigenständigkeit des SCRM und der geringen Formalisierung werden im Integrationstyp keine dedizierten SCRM-IS verwendet. Aufgrund des Fehlens dedizierter SCRM-IS sind die Merkmale SCRM-IS Make-or-Buy und IT-Anwendungsart nicht weiter zu berücksichtigen. Im Rahmen der Fallstudie ließen sich mit den Fällen F01, F03, F06, F08, F10, F11, F13, F16 und F18 die meisten Fälle dem Integrationstyp zuordnen.[1782]

9.2.4 Strukturtyp SCRM3: Aufklärungstyp

Der Aufklärungstyp ist auf einer dezentralen Hierarchieebene des Unternehmens angesiedelt. Dort wird das SCRM in einer eigenen Einheit, die gegebenenfalls nur aus einer einzelnen, für das SCRM spezialisierten Stelle besteht, institutionalisiert. Entsprechend seiner Bezeichnung liegt der Schwerpunkt des Aufklärungstyps in einer in das Umsystem des Unternehmens gerichteten Aufklärung. Der Aufklärungstyp verbessert die Fähigkeiten des Unternehmens, Risiken zu identifizieren und Schadensereignisse frühzeitig zu erkennen. Hierzu liegt ein mittlerer Formalisierungsgrad vor, der insbesondere die in das SCRM-IS explizit eingebundenen Einheiten betrifft. Diese Einheiten haben eine besonders hohe SCRM-Qualifikation, die sich insbesondere auf die Fähigkeiten zur Nutzung von Methoden und Instrumenten im SCRM bezieht. Zudem ergeben sich auch für die Unternehmensbereiche, in denen die Institutionalisierung erfolgt, eine fortgeschrittene Risikokultur und ein umfangreiches Risiko- und Methodenwissen. Aufgrund der Existenz spezifischer SCRM-Stellen können im Aufklärungstyp dedizierte SCRM-IS zum Einsatz kommen. Aufgrund der im SCRM nur begrenzt eingesetzten Ressourcen werden diese Systeme in der Regel am Markt bezogen. Sie werden dann durch einzelne, mit der Aufklärung betraute Experten verwendet, die relevante Informationen innerhalb der Organisation verteilen. Aus der Fallstudie lassen sich die Fälle F02, F04, F12, F14, F15 und F19 dem Aufklärungstyp zuordnen.[1783]

9.2.5 Strukturtyp SCRM4: Koordinationstyp

Der Koordinationstyp unterscheidet sich vom Aufklärungstyp insbesondere durch die hierarchisch zentrale Verankerung der SCRM-Organisation, denn das SCRM wird hier als Zentralbereich institutionalisiert. Im Falle der Matrixorganisation wird diese zentrale Stelle um weitere Stellen aus den dezentralen Fachbereichen ergänzt. Die Schaffung und Dokumentation eines SCRM-Stellengefüges, das sowohl Risk Manager, Risk Owner als auch Risk Specialists umfasst, führt zu einem hohen Grad an Formalisierung. Durch regelmäßige Schulungen wird die Qualifikation der Mitarbeiter, die spezifische Rollen im SCRM

[1782] Vgl. F011, Abs. 2, 6, 20, 24, 26, 34-42, 46, 50; F012, Abs. 61f.; F031, Abs. 12-16, 25-44, 59-63; F061, Abs. 5, 7, 23; F081F082, Abs. 17f., 38f., 47f., 49f., 54, 65, 67-71,77-79, 86-89, 96f., 102, 105, 109-112; F101, Abs. 26, 36, 42, 44, 48, 86, 104-106; F131, Abs. 7, 11, 14, 16f.; 37; F161, Abs. 13, 21, 29, 31-33, 44, 46, 60-64,72, 74, 78, 80; F181F182, Abs. 2, 3-6, 6, 12f., 57, 65, 69, 70f., 79, 85-87, 97;

[1783] Vgl. F021, Abs. 2, 5f., 7, 8f., 25, 52, 92-95, 125-129; F022, Abs. 3-7, 9, 12-17, 26f., 45-48; F041, Abs. 18-22, 33-36, 39-47; F042, Abs. 18-23, 31, 33, 36, 64-69; F122, Abs. 1, 4-7; F141, Abs. 2, 6, 8, 10, 14, 48, 78; F151, Abs. 19, 21, 37, 39; F191, Abs. 7, 9, 11, 13, 19, 21, 23, 57, 59.

einnehmen, sichergestellt. Je nach Reife des SCRM-Systems, die insbesondere von der Dauer der SCRM-Institutionalisierung abhängig ist, hat sich in den Unternehmen bereits eine ausgeprägte Risikokultur entwickelt. Im Rahmen des Koordinationstyps liegt der Einsatz dedizierter SCRM-IS nahe. Aufgrund der umfangreichen für das SCRM bereitgestellten Ressourcen kann diese Lösung entweder über den Markt beschafft oder vom Unternehmen selbst entwickelt werden. Aufgrund der breit gestreuten Verantwortlichkeiten im SCRM kommen SCRM-IS nach dem Anwendermodell zum Einsatz. Aus der Fallstudie lassen sich die Fälle F05, F07, F11 und F17 dem Koordinationstyp zuordnen.[1784]

9.3 Empirische Fundierung der Situationsmerkmale

In Anlehnung an die Vorgehensweise im vorrangehenden Kapitel sind im Folgenden konsistente Situationstypen zu entwickeln. Auch hier herrscht das Bestreben vor, möglichst praxisrelevante Typen zu bilden, weshalb im Folgenden eine kritische Diskussion der in Kapitel 4.4.1 identifizierten Situationsmerkmale *Umfeld-Unsicherheit*, *Supply-Chain-Struktur* sowie *Unternehmensgröße* erfolgt, bevor in Kapitel 9.4 relevante Situationstypen abgeleitet werden können.

9.3.1 Empirische Ergebnisse zur Unsicherheit des Umfelds

9.3.1.1 Unsicherheit im Supply-Chain-Umfeld

Gemäß der theoretischen Fundierung stellt die Unsicherheit des Supply-Chain-Umfelds zentrale Anforderungen an die Informationsverarbeitung. Von allen der befragten Unternehmen wurde die Unsicherheit des Umfelds als Unsicherheit bezüglich der aktuellen Umfeld-Situation und zukünftigen Umfeld-Entwicklungen als kritisch angegeben. Im Rahmen der Fallstudie beschriebene Risiken, die die Unsicherheit erhöhen, haben naturbezogene (Erdbeben, Überflutungen, Tsunamis, Vulkanausbrüche, sonstige meteorologische Ereignisse)[1785], politische (marktliche Einflussnahme durch Regierungen)[1786], makroökonomische (globale Finanzkrisen, Währungsrisiken)[1787], technologische (Technologie-Trends wie E-Mobility)[1788], regulatorische (Konfliktmineralien)[1789], soziale (Hafen- und Flughafenstreiks)[1790] sowie marktbezogene (schlechtere Vorhersagbarkeit von Marktentwicklungen, Abhängigkeit von einzelnen Märkten wie Asien, Entwicklung der Bedeutung von Schwellenländern, zunehmende

---

[1784] Vgl. F051, Abs. 3, 5f., 12, 16, 20, 24-34, 38, 40, 43-48, 65f., 71f., 74-86, 94, 99-100, 116-120, 137; F072F073, Abs. 2-4, 7-11, 13-15, 19, 22-30, 34f., 37, 40-45, 54f., 59-62, 68, 71-82, 101, 129, 132-135, 138-140, 145, 168-170, 178-182, 191, 198-201, 212f.; F112, Abs. 9, 11, 31, 37f.; F114, Abs. 17-19, 35, 64-69, 71, 73-83, 75-83, 90-92, 94, 95f., 97; F171, Abs. 2, 4, 6, 10, 12, 14, 16-41, 47-61; F175, Abs. 36--46, 48-51, 81-85, 95.

[1785] Vgl. F011, Abs. 2, 12; F021, Abs. 21; F042, Abs. 46-51; F061, Abs. 5; F081F082, Abs. 102; F091, Abs. 29; F113; F131, Abs. 72; F141, Abs. 54; F151, Abs. 49; F174, Abs. 14; F181F182, Abs. 20.

[1786] Vgl. F081F082, Abs. 10; F141, Abs. 112; F191, Abs. 13.

[1787] Vgl. F021, Abs. 17-19; F081F082, Abs. 6; F112, Abs. 5; F131, Abs. 9; F141, Abs. 9f.

[1788] Vgl. F061, Abs. 17.

[1789] Vgl. F021, Abs. 35; F101, Abs. 26; F131, Abs. 57.

[1790] Vgl. F011, Abs. 12; F042, Abs. 52.

Flexibilisierungsanforderungen, Monopolisten)[1791] Ursachen. Die zunehmende Umfeld-Unsicherheit führt dazu, dass die Mitarbeiter der befragten Unter-nehmen (in Einkauf, Logistik, SCM etc.) verstärkt Anfragen (beispielsweise seitens des Top-Managements) bezüglich der Risikoexposition und möglicher zukünftiger Schadensereignisse sowie der Auswirkung aktueller Schadensereignisse beantworten müssen. Eine ungenügende Leistungsfähigkeit des SCRM-Systems führt hierbei dazu, dass im Falle eines Schadensereignisses im Rahmen von Sondermaßnahmen umfangreiche Ressourcen in der Informationsverarbeitung gebunden werden müssen. Insbesondere Unternehmen, die die Unsicherheit ihrer Supply-Chain-Umwelt hervorheben, berichten von einem steigenden Informationsbedarf im SCRM-Kontext.[1792]

„Das war mehr so, dass das Risk Management zu uns (als Logistik-Einheit) kam. Wir hatten ja verschiedene Supply-Chain-Störungen in den letzten Jahren. (…) und dann eine Frage kam: ‚Wie sind denn eigentlich die Auswirkungen?‘ Sprich das Senior Management schlägt morgens die Zeitung auf und sieht: Erdbeben in Japan und die Frage geht raus: ‚Was heißt das für unsere Zulieferer, haben wir dort Produktion‘?“[1793]

„Und das Risikomanagement war da eher so, dass das zufällig dazu kam, mit der Krise 2008/2009, so ungefähr: ‚(…), wir brauchen da was. Machen Sie was. Wir treffen uns in vier Wochen wieder.‘ „[1794]

„Informationen und Zeit sind kriegsentscheidend, um sich (im Schadensfall) Kontingente zu sichern.“[1795]

Zudem zeigt sich, dass die zunehmende Umfeld-Unsicherheit einen verstärkten Bedarf an horizontaler und vertikaler Abstimmung in Supply Chains induziert, dem Unternehmen heute allerdings offensichtlich nur ungenügend gerecht werden:[1796]

„Das hat aber auch jeder gemacht, das heißt jeder hat gehamstert (…). Also das Problem ist 2009 nach der Krise zuerst aufgetreten, (…). Jeder hat alles aufgekauft, was nur irgendwie aufzukaufen war und hat die Lager hochgefahren: Totaler Engpass!“[1797]

Aufgrund dieses unmittelbaren Zusammenhangs zwischen der *Unsicherheit im Supply-Chain-Umfeld* und der *Unsicherheit in Supply Chains* wird im Folgenden ein übergreifendes Situationsmerkmal zur Beschreibung der Unsicherheit im Unternehmensumfeld entwickelt.

[1791] Vgl. F061, Abs. 13; F081F082, Abs. 18, 22, 103; F101, Abs. 34; F122, Abs. 1; F141, Abs. 112.

[1792] Vgl. F011, Abs. 2; F012, Abs. 34-39, 50-56; F021, Abs. 17-19; F021, Abs. 21; 35; F141, Abs. 4; F081F082, Abs. 6; F101, Abs. 26;

[1793] F011, Abs. 2.

[1794] F141, Abs. 4.

[1795] F012, Abs. 41.

[1796] Vgl. F151, Abs. 53.

[1797] F151, Abs. 53.

9.3.1.2 Unsicherheit in der Supply Chain

In einem Großteil der betrachteten Fälle sprechen die befragten Experten von einer steigenden Dynamik und Unsicherheit innerhalb der Supply Chain, die durch Supply-Chain-exogene Unsicherheiten induziert werden. Oftmals vervielfachen sich die Supply-Chain-exogenen Effekte aufgrund von Verhaltensunsicherheiten innerhalb der Supply Chain. Die Quelle von Verhaltensunsicherheiten bilden insbesondere das opportunistische Verhalten sowie die mangelnde Qualifikation zur Supply-Chain-Planung der Supply-Chain-Akteure.[1798]Als Konsequenz der Unsicherheit des Supply-Chain-Umfelds verringern OEM die Verbindlichkeit der Abnahmemengen gegenüber ihren Lieferanten und verschieben das Risiko innerhalb der Supply Chain zum Tier-1-Lieferanten. Für Tier-1 spielt daher das SCRM eine besonders zentrale Rolle, da eine Risikoübertragung auf ihre Lieferanten, aufgrund der dort mangelnden SCRM-Ressourcen, oft nicht in Frage kommt.[1799] Die negativen Auswirkungen der Unsicherheit werden insbesondere durch die Komplexitätssteigerungen (siehe Folgekapitel) sowie Interdependenzen heterogener Produktionsprozesse in den hier betrachteten Industrien verstärkt. Letzteres zeigt sich insbesondere durch die Verflechtungen zwischen der Automobil- und Elektronikindustrie, bei der sich insbesondere aufgrund der hohen Durchlaufzeiten in der Halbleiterfertigung, die bis zu drei Monate betragen, ein risikoinduzierender Entkopplungs-punkt ergibt.[1800] Aufgrund der hier skizzierten Umstände steigen auch mit der Unsicherheit innerhalb der Supply Chain die Anforderungen von Unternehmen an die Informations-beschaffung.[1801] Aufgrund der skizzierten Zusammenhänge zwischen Supply-Chain-endogener und -exogener Unsicherheit wird zur weiteren Vereinfachung im Rahmen der Beschreibung von Situationstypen lediglich das Merkmal *Umfeld-Unsicherheit* verwendet. Als potenzielle Merkmalsausprägungen werden im Folgenden eine *geringe Unsicherheit*, *mittlere Unsicherheit* und *hohe Unsicherheit* betrachtet.

9.3.2 Empirische Ergebnisse zur Struktur der Supply Chain

Gemäß der theoretischen Fundierung ergeben sich aus den Strukturmerkmalen der Supply Chain zentrale Anforderungen an die Informationsverarbeitungsfähigkeiten im SCRM. Hervorgehoben wurden in Kapitel 3.2.3.1 die Rolle der Abhängigkeit und der Komplexität in der Supply Chain.

In der Fallstudie wurden durch die befragten Experten immer wieder komplexitätsinduzierende und die Supply-Chain-Verwundbarkeit erhöhende Gestaltungsentscheidungen erwähnt, die sich auch auf den Informationsbedarf auswirken. Hervorzuheben sind insbesondere die Verringerung der Wertschöpfungstiefe und der hiermit verbundene gesamthafte Anstieg der Lieferantenanzahl sowie die weiter zunehmende Globalisierung, insbesondere im Rahmen der Beschaffung aus Low-Cost- und Best-Cost-Countries. Die

---

[1798] Vgl. F031, Abs. 29; F061, Abs. 13; F101, Abs. 29f.; F121, Abs. 78-80.

[1799] Vgl. F021, Abs. 35; F061, Abs. 13; F091, Abs. 29; F101, Abs. 29f.; F111, Abs. 262-264; F122, Abs. 7; F171, Abs. 10; F181182, Abs. 30; F191, Abs. 13.

[1800] Vgl. F061, Abs. 13; F101, Abs. 54; F112, Abs. 27; F113; F171, Abs. 10; F181182, Abs. 30; F191, Abs. 13.

[1801] Vgl. hierzu auch F061, Abs. 13, 63.

zunehmende Länge von Supply Chains verringert die Supply-Chain-Transparenz und führt aufgrund der oft fehlenden Anpassung der Informationsverarbeitungskapazitäten dazu, dass Unternehmen Risiken nicht erkennen bzw. Schadensereignisse nicht ausreichend schnell detektieren:[1802]

„Also wir sourcen aus China Material, machen daraus eine Komponente in Osteuropa, die Endmontage findet dann wiederum in Deutschland statt und dann verkaufen wir es wieder nach China. (…) Aber diese vier, fünf Wochen Transportstrecke, die macht uns schon zu schaffen. Dann muss man auch immer Sicherheitsbestände irgendwo hinlegen, die möchte aber keiner finanzieren.“[1803]

„Da kam das Thema in den Fokus, denn man musste sagen, wir haben eigentlich gar keine Transparenz in der Supply Chain. (…) auflösen zu können der Lieferant liefert genau die und die Teile und die gehen genau in das und das Produkt ein und das Werk, das das Produkt verarbeitet ist beispielsweise in Deutschland oder in den USA oder so etwas, das ist schwer, ja.“[1804]

„(…) aber ein Elektronikteilelieferant ist uns da sozusagen durch die Maschen des Netzes gegangen, das haben wir dann erst später mitbekommen. (…) Das war wirklich ein Unter-unter-unterlieferant irgendwo, der aber genau die Teile für verschiedene (Abnehmer) in der Branche geliefert hat (…) da haben wir dann schon Probleme bekommen.“[1805]

Mit ursächlich für die Supply-Chain-Komplexität ist zudem die steigende und kundenseitig eingeforderte Variantenvielfalt sowie die zunehmende Komplexität produzierter Komponenten, die zur Absenkung von Sicherheitsbeständen, zur Implementierung von schlanken Belieferungskonzepten wie Just-in-Sequence oder Just-in-Time und zu einer höheren Abhängigkeit von einzelnen Supply-Chain-Partnern führt.[1806] Gerade der Ausfall von Single-Source-Lieferanten im Falle des bereits Eingangs skizzierten Tohoku-Erdbebens hat bei den befragten Unternehmen zu hohen Schäden geführt.[1807] Abhängigkeit besteht jedoch oft nicht nur gegenüber einzelnen Supply-Chain-Partnern sondern gegenüber spezifischen Fertigungsclustern in einzelnen Beschaffungsregionen. Von diesen Fertigungsclustern hängen oft ganze Branchen ab.[1808]

[1802] Vgl. F021, Abs. 22f.; F041, Abs. 31; F061, Abs. 5, 17, 79.; F072F073, Abs. 31f.; F081F082, Abs. 12, 102; F091, Abs. 29-33; F122, Abs. 1; F141, Abs. 54.F181F182, Abs. 2, 59.

[1803] F061, Abs. 17, 79.

[1804] F061, Abs. 5.

[1805] F141, Abs. 54.

[1806] Vgl. F091, Abs. 23, 33; F122, Abs. 4; F181F182, Abs.30-32, Abs. 44f, 59, 79-83.

[1807] Vgl. insbesondere F091, Abs. 29; F141, Abs. 54; F181F182, Abs. 20.

[1808] Vgl. F011, Abs. 18; F151, Abs. 49, 53; F181F182, Abs. 22;

„Fukushima war ein Problem, weil die Lieferanten von (Elektronikbauteil X) überwiegend aus Japan kommen. Die gab es dann halt einfach nicht mehr.“[1809]

„Was wir zum Beispiel festgestellt haben (...), dass offensichtlich eine Komponente die quer durch die IT Industrie gebraucht wird mehr oder weniger in einem Straßenzug (...) produziert wird, da sitzen alle Zulieferer wie an einer Perlenkette und die waren alle unter Wasser.“[1810]

„Dasselbe Problem gab es irgendwann einmal, als es einen Tropensturm irgendwo in Ostasien gab. Da gab es irgendwelche Speicherchips auf einmal nicht mehr. (...) Das Problem hatte jeder gehabt.“ [1811]

Für die Abhängigkeit von einzelnen Partnern, insbesondere Lieferanten, werden verschiedene Gründe genannt. Anzuführen sind insbesondere die monopolartige Stellung einzelner Lieferanten in der Elektronikindustrie (bspw. *Intel*), die relevanten Freigabeprozesse in der Automobilindustrie, die hohe Spezifität von Werkzeugen in beiden betrachteten Industrien (die oftmals mit einer hohen Teilevielfalt verbunden ist und Dual-Sourcing-Konzepte verbietet), hohe Qualitätsanforderungen, hohe Spezifität der beschafften Komponenten sowie ein geringes Beschaffungsvolumen. [1812]

Offensichtlich beeinflussen Supply-Chain-Komplexität und -Abhängigkeit die Verwundbarkeit der Supply Chain, welche dann wiederum als Mediator auf die situationsspezifischen Anforderungen der Informationsverarbeitung wirkt. Um die Verwundbarkeit möglichst anschaulich in die Situations-Typen zu integrieren, wird daher das in Abbildung 94 dargestellte Verwundbarkeitsportfolio anhand der Dimensionen Abhängigkeit und Komplexität gebildet, welches eine Einteilung der vorliegenden Supply-Chain-Strukturen in die *wenig kritische, mittelmäßig kritische*, *kritische* und *hochkritische Supply Chain* gestattet.

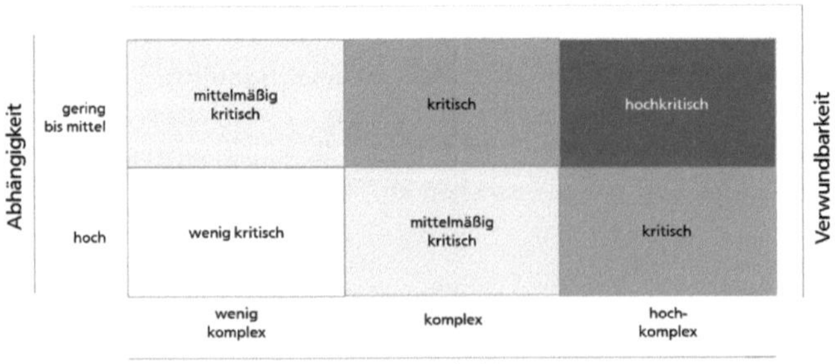

Abbildung 94: Portfolio zur Supply-Chain-bezogenen Identifikation von Verwundbarkeitstypen

[1809] F151, Abs. 49.

[1810] F011, Abs. 18.

[1811] F151, Abs. 53.

[1812] Vgl. F011, Abs. 52; F081F082, Abs. 12, 22, 110; F061, Abs. 29-31; F091, Abs. 27; F141, Abs. 16-18; F161, Abs. 6, 19; F181F182, Abs. 22, 30, 37f.; F191, Abs. 13, 15, 21.

9.3.3 Empirische Ergebnisse zur Unternehmensgröße

Das Merkmal Unternehmensgröße basiert insbesondere auf den in Kapitel 3.6.3 skizzierten Untersuchungen zum allgemeinen Risikomanagement, die zeigen, dass die Unternehmensgröße über die im Unternehmen vorhandenen Ressourcen die Art der organisatorischen Gestaltung des allgemeinen Risikomanagements bestimmt. Ähnliche Resultate lieferte auch die vorliegende Fallstudie zur Organisation des SCRM: Insbesondere kleinere Unternehmen verweisen auf ihre begrenzten Möglichkeiten zur Umsetzung eines SCRM bzw. auf ihre mangelnden Kapazitäten im Vergleich zu größeren Konkurrenten.[1813] Große Unternehmen betonen den Vorzug, den sie dank ihrer umfangreichen Ressourcen genießen. Dies beschränkt sich nicht nur auf explizite SCRM-Mitarbeiter, sondern auf die Möglichkeit, alle global tätigen Mitarbeiter als Informationsquellen für das SCRM zu nutzen. [1814]

Da sich die Unternehmensgröße in der Regel auch auf die Komplexität der Prozesse und Strukturen innerhalb des Unternehmens auswirkt, steigen mit der Unternehmensgröße zudem die Anforderungen an die Informationsverarbeitung. Werden die Informationsverarbeitungs-systeme nicht an den Bedarf wachsender Unternehmen angepasst, ergibt sich ein Mangel an Koordination und Transparenz innerhalb des Unternehmens, der sich auch auf die Supply-Chain-Transparenz auswirken kann.[1815] Ungenügende Koordination kann im Grenzfall sogar zu einer bewussten Ignoranz bestehender Interdependenzen führen, um eigene, bereichsbezogene Ziele zu erfüllen: [1816]

„Es ist ja so weit ausgeartet, dass wir uns intern bekämpft haben, wer denn das, was zur Verfügung steht, wirklich bekommt. Und das war für uns der Auslöser auch intern so ein paar Strukturen grade zu ziehen.“[1817]

Einzelne Unternehmen betonen allerdings auch die Vorteile, die sich bezüglich des SCRM durch eine starke Diversifikation gekoppelt mit einer dezentralen Organisation und einer hohen Unabhängigkeit einzelner Werke ergeben. Denn hierdurch lässt sich für die einzelnen Werke eine Komplexitätsreduktion erreichen.[1818]

Da die zur Verfügung stehenden Ressourcen und die Komplexität innerhalb des Unternehmens in der Regel aber in direktem Zusammenhang zur Unternehmensgröße stehen, wird diese im Folgenden als Merkmal für die Beschreibung von Situationstypen verwendet. Unterschieden werden sollen *KMU und kleinere bzw. dezentral organisierte Großunternehmen* auf der einen Seite sowie *Großunternehmen und Konzerne* auf der anderen Seite.

[1813] Vgl. F031, Abs. 64-68; F061, Abs. 23, 72; F101, Abs. 86; F141, Abs. 9f., 14; F171, Abs. 47; F191, Abs. 45.

[1814] Vgl. F011, Abs. 28; F171, Abs. 18.

[1815] Vgl. F012, Abs. 50-60; F061, Abs. 5;F171, Abs. 14, 16, 53.

[1816] Vgl. F171, Abs. 14.

[1817] F171, Abs. 14.

[1818] Vgl. F131, Abs. 23.

9.4 Ermittlung konsistenter Situationstypen

Im Folgenden sind unter Zuhilfenahme der empirischen Ergebnisse und der Erkenntnisse des konzeptionellen und theoretischen Bezugsrahmens Situationstypen zur Abbildung relevanter SCRM-Kontexte zu bilden. Die für die Typisierung relevanten Merkmale beziehen sich auf die Unsicherheit der Supply Chain und des Supply-Chain-Umfelds (*gering/mittel/hoch*), die Supply-Chain-Verwundbarkeit (*unkritisch/mittelmäßig kritisch/kritisch/hochkritisch*) sowie auf den Unternehmenstyp (*KMU und kleinere bzw. dezentral organisierte Großunternehmen /Großunternehmen und Konzerne*). Tabelle 18 gibt einen Überblick über die in den Kapiteln 9.3.1 bis 9.3.3 entwickelten Merkmale und deren potenzielle Ausprägungsformen.

Tabelle 18: Situationsmerkmale und deren mögliche Ausprägungen

Merkmal	**Mögliche Merkmalsausprägungen**
Unsicherheit von SC und SC-Umfeld	gering / mittel /hoch
Supply-Chain-Verwund-barkeit	unkritisch / mittelmäßig kritisch / kritisch / hochkritisch
Unternehmenstyp	KMU und kleinere bzw. dezentral organisierte Großunternehmen / Großunternehmen und Konzerne

Bei der Bildung von Situationstypen ist in enger Anlehnung an das Vorgehen bei der Bildung von Strukturtypen auf die Konsistenz der Merkmalsausprägungen sowie auf die Sparsamkeit bei der Typenbildung zu achten. Das Ergebnis der Typenentwicklung ist in Tabelle 19 in Form von fünf unterschiedlichen Situationstypen dargestellt. Zu unterscheiden sind die *stabile Universalsituation* (S1), die *begrenzt-kritische Supply Chain* (S2), die *kritische Supply Chain unter einfachen Unternehmensstrukturen* (S3), die *kritische Supply Chain unter komplexen Unternehmensstrukturen* (S4) sowie die *hochkritische Supply Chain unter komplexen Unternehmensstrukturen* (S5). In den folgenden Kapiteln werden die im Rahmen der Typenentwicklung getroffenen Annahmen sowie die entwickelten Situationstypen detailliert vorgestellt.

Tabelle 19: Situationstypen im Supply-Chain-Risikomanagement

Merkmale	**(S1) Stabile Universal-situation**	**(S2) Begrenzt-kritische Supply Chain**	**(S3) Kritische Supply Chain unter einfachen Unternehmens-strukturen**	**(S4) Kritische Supply Chain unter komplexen Unternehmens-strukturen**	**(S5) Hochkritische Supply Chain unter komplexen Unternehmens-strukturen**
Unsicherheit von Supply Chain und Supply-Chain-Umfeld	gering	mittel bis hoch	mittel bis hoch	mittel bis hoch	mittel bis hoch
Supply-Chain-Verwundbarkeit	/	mittelmäßig kritisch	kritisch	kritisch	hochkritisch
Unternehmens-typ	/	KMU und kleineres bzw. dezentral organisiertes Groß-unternehmen	KMU und kleinere bzw. dezentral organisiertes Groß-unternehmen	Groß-unternehmen und Konzerne	Groß-unternehmen und Konzerne

9.4.1.1 Situationstyp S1: Stabile Universalsituation

Der Situationstyp S1 wird als stabile Universalsituation bezeichnet, da er lediglich durch eine geringe Unsicherheit der Supply Chain und ihres Umfelds beschrieben wird. Die Ausprägungen der anderen Merkmale sind für diesen Typ irrelevant. Trotz dieser wenig restriktiven Einordnung lässt sich keiner der in der Fallstudie betrachteten Fälle diesem Typ zuordnen. Allerdings berichten viele der befragten Unternehmen von einer sich in den letzten Jahren verschärfenden Umfelddynamik, in deren Rahmen sie sich von vormals stabilen Umfeldsituationen verabschieden mussten. Aufgrund der stabilen Umfeldsituation waren für diese Unternehmen Risiken unabhängig von der Supply-Chain-Verwundbarkeit und vom Unternehmenstyp wesentlich besser handhabbar.[1819] Aufgrund von möglichen Vorkommens außerhalb des Fallstudiensamples wird der Typ S1 trotz der fehlenden Zuordenbarkeit der hier betrachteten Fälle in die Typologie aufgenommen.

9.4.1.2 Situationstyp S2: Begrenzt-kritische Supply Chain

Der Situationstyp S2 zeichnet sich, wie alle noch folgenden Situationstypen, durch eine *mittlere bis hohe Unsicherheit* von Supply Chain und Supply-Chain-Umfeld aus. Über die mittlere bis hohe Unsicherheit grenzen sich die Situationstypen S2 bis S5 von Situationstyp S1 ab. Da eine zumindest mittlere Unsicherheit für alle untersuchten Fälle F01 bis F19

[1819] Vgl. u.a. F021, Abs. 8f., 23, 35; F031, Abs. 80-87; F061, Abs. 13; F101, Abs. 29f.; F122, Abs. 1; F141, Abs. 14; F175, Abs. 30; F191, Abs. 13, Abs. 41.

gegeben ist, wird die Unsicherheit bei der folgenden Diskussion auf Fallebene nicht weiter betrachtet.[1820]

Wichtige Unterscheidungsmerkmale des S2-Typs zu den noch folgenden Situationstypen bilden die mittelmäßig kritische Verwundbarkeit sowie die Zuordnung von KMU bzw. kleineren, dezentral organisierten Großunternehmen. Gründe für die begrenzte Verwundbarkeit liegen insbesondere in der hohen Substituierbarkeit von Supply-Chain-Partnern und der hohen Fertigungstiefe, welche die Komplexität des Beschaffungsnetzwerkes und die Abhängigkeit von Supply-Chain-Partnern reduziert. Nur eines der dem S2-Typ zugeordneten Unternehmen berichtet von hoher Abhängigkeit in der Supply Chain, die sich jedoch auf einen Weltmarktführer der Halbleiterindustrie beschränkt.[1821] Durch die begrenzte Unternehmensgröße bzw. die Subsystembildung im Falle von dezentral organisierten Großunternehmen, entstehen kleinere, wenig komplexe Einheiten, die nur über eingeschränkte Ressourcen verfügen.[1822] Aus der Fallstudie entsprechen die Fälle *F03, F09, F10, F13* und *F16* dem Situationstyp der *begrenzt-kritischen Supply Chain*.[1823]

9.4.1.3 Situationstyp S3: Kritische Supply Chain unter einfachen Unternehmensstrukturen

Im Vergleich zu Situationstyp S2 erhöht sich in Situationstyp S3 der Grad der Verwundbarkeit der zugeordneten Unternehmen. Wie im S2-Typ umfasst auch der S3-Typ KMU sowie kleinere bzw. dezentral organisierte Großunternehmen. Gründe für die Einstufung der Supply Chain als kritisch liegen in der oft hohen Supply-Chain-Komplexität gepaart mit einer hohen Abhängigkeit von Supply-Chain-Partnern. Als Folge der hohen Verwundbarkeit wird von den befragten Experten ein umfassender Informationsbedarf skizziert. Zur Deckung des Informationsbedarfs unterliegen die Unternehmen aufgrund ihrer Größe bzw. der Größe der dezentralen Einheiten monetären bzw. technischen und organisatorischen Ressourcenbeschränkungen. In den hier betrachteten Fällen werden unternehmensinterne Strukturen in der Regel nicht für Informationspathologien und die Verstärkung von Supply-Chain-Risiken verantwortlich gemacht. Informationspathologien sind vielmehr das Ergebnis einer ungenügenden Erfassung von Informationen aus dem Unternehmensumfeld, die oft den begrenzten Unternehmensressourcen und dem Mangel eigener (internationaler) Unternehmensstandorte in der Nähe der Supply-Chain-Standorte der Kunden und Lieferanten geschuldet ist. Aus der Fallstudie entsprechen die Fälle *F04, F08, F14, F15* und *F19* dem Situationstyp der *kritischen Supply Chain unter einfachen Unternehmensstrukturen*.[1824]

[1820] Eine umfassende Betrachtung des Unsicherheitsbegriffs, die in mehr oder weniger starker Ausprägung auf alle in der Fallstudie betrachteten Fälle zutrifft, hat bereits in Kapitel 9.3.1.

[1821] Vgl. F091, Abs. 27, 51; F101, Abs. 20; F131, Abs. 31.

[1822] Vgl. F101, Abs. 34; 86; F131, Abs. 7, 14, 23, 94.

[1823] Vgl. F031, Abs. 12-16; F091, Abs. 29, 51, 61; F101, Abs. 29f., 34, 50, 86; F131, Abs. 31; F161, Abs. 21, 46, 64.

[1824] Vgl. F042, Abs. 12-15, 26-29, 53; F081F082, Abs. 12, 37, 54, 69, 102; F141, Abs. 2, 16-18, F151, Abs. 53; F191, Abs. 13, 15; 30-34, 45, 57.

9.4.1.4 Situationstyp S4: Kritische Supply Chain unter komplexen Unternehmensstrukturen

Bezüglich der Verwundbarkeit der Supply Chain ist der Situationstyp S4 mit dem S3-Typ vergleichbar. Auch hier wird von einer kritischen Supply Chain ausgegangen. Allerdings sind dem S4-Typ hinsichtlich der Unternehmenstypen Großunternehmen mit komplexen Strukturen zugeordnet. Wie auch im S3-Typ stellt die hohe Verwundbarkeit besonders hohe Anforderungen an die Informationsverarbeitungskapazitäten. Informationsmängel sind im S4-Typ auch das Ergebnis unternehmensinterner Komplexitäten, die zu einer ungenügenden Weitergabe von Informationen und zu organisationsbedingten Informationspathologien führen. Allerdings stehen im S4-Typ umfangreiche Ressourcen für das SCRM zur Verfügung. Aus der Fallstudie entsprechen die Fälle *F01, F02, F05, F06, F07, F11, F12* und *F17* dem Situationstyp der *kritischen Supply Chain unter komplexen Unternehmensstrukturen.*[1825]

9.4.1.5 Situationstyp S5: Hochkritische Supply Chain unter komplexen Unternehmensstrukturen

Der Situationstyp S5 entspricht in seinen Merkmalen weitestgehend Situationstyp S4, allerdings wird die Verwundbarkeit der Supply Chain aufgrund der äußerst komplexen Supply-Chain-Strukturen als hochkritisch eingestuft. Unternehmen des S5-Typs fertigen beispielsweise Produkte mit einer sehr hohen Variantenvielfalt in Serie. Aufgrund der Vielzahl von Varianten und Lieferanten ist ihre Entscheidungsflexibilität im Rahmen von SCRM-Entscheidungen stark eingeschränkt. Beispielsweise sind prinzipiell keine Dual-Sourcing-Konzepte umsetzbar. SCRM-Informationen mit Lieferantenbezug werden daher nur dann als Wertvoll angesehen, wenn sie Eigenschaften des Lieferanten enthüllen, die derart kritisch sind, dass sie zum Austausch des Lieferanten führen. Zudem trägt die äußerst hohe Variantenvielfalt im S5-Typ zur Balancierung des Risikoportfolios bei, da selbst bei Ausfall einzelner Lieferanten nicht betroffene Varianten auch weiterhin gefertigt werden können. Der geringe Wert von SCRM-Informationen für den S5-Typ lässt sich auch theoretisch, wie bereits in Kapitel 3.4.1.3 skizziert, aus der geringen Entscheidungsflexibilität des Situationstyps herleiten. Aus der Fallstudie entspricht nur der Fall *F18* dem Situationstyp der *hochkritischen Supply Chain unter komplexen Unternehmensstrukturen.*[1826]

9.5 Identifikation von situationsadäquaten Strukturtypen

Auf Basis der Kenntnis der Stärken und Schwächen der entwickelten Strukturtypen kann eine für unterschiedliche Situationstypen und deren spezifische Anforderungen dominante Alternative gewählt werden.[1827] Die in Kapitel 4.4.3 entwickelten Effizienzkriterien bilden

---

[1825] Vgl. F011, Abs. 6, 9f., 18, 20, 24, 28-30, 36, 44; F021, Abs. 8f., 21, 23-27, 52, 86f., 94f.; F22, Abs. 45ff.; F051, Abs. 8f., 83f., 91; F061, Abs. 5, 13, 17, 79; F072F073, Abs. 7-11, 22f., 25-32, 100, 111f., 119-121, 176f.; F111, Abs. 269-272; F112, Abs. 11, 13, 27; F113; F122, Abs. 1, 4; F171, Abs. 4, 6, 8, 10, 16, 18, 21, 25.

[1826] F181F182, Abs. 2, 3-6, 16f., 30, 32, 44f. Hinweise auf die Zusammenhänge zwischen Variantenvielfalt und Risikoexposition gibt auch F072F073, Abs. 31f.

[1827] Vgl. Grundei/Becker (2009), S. 126.

im Folgenden die Basis für eine Heuristik zur Auswahl dominanter bzw. situationsadäquater Strukturtypen auf Grundlage gegebener situativer Kontexte. Das Ergebnis der Untersuchung für alle hier betrachteten Situationstypen ist ein Portfolio aus *situationsadäquaten Strukturtypen*. Im Folgenden werden in Kapitel 9.5.1 basierend auf den bislang geschilderten theoretischen Überlegungen und empirischen Erkenntnissen sowie dem in Kapitel 4.4.3 entwickelten Effizienzkonzept die Stärken und Schwächen der identifizierten Strukturtypen beleuchtet. Auf Basis dieser ersten, hypothesenhaften Einordnung findet im Anschluss in Kapitel 9.5.2 eine situationsbezogene Identifikation situationsadäquater Strukturtypen statt. Hierbei kommen die empirischen Erkenntnisse aus der Fallstudie zum Tragen. In Kapitel 9.5.3 werden abschließend die sich ergebenden situationsadäquaten Strukturtypen zusammengefasst.

9.5.1 Diskussion von Stärken und Schwächen der identifizierten Strukturtypen

9.5.1.1 Stärken und Schwächen des Reaktionstyps

Der Reaktionstyp verfügt über keine dedizierte SCRM-Organisationseinheit, die eine Koordination der SCRM-Aufgaben ermöglichen würde. Er kann nicht zur Aufdeckung von Entscheidungen mit Risikoverbund und somit nicht zur Interdependenztransparenz im SCRM beitragen. Alle SCRM-Aufgaben werden zudem zumindest implizit an niedrige Hierarchieebenen delegiert, ohne dass dieser Delegation durch die Förderung des vertikalen Informationsaustauschs entgegengewirkt würde. Der Reaktionstyp kann folglich auch nicht zur Förderung von Delegationstransparenz beitragen. Durch fehlende spezialisierte Stellen, eine kaum ausgeprägte Risikokultur, eine geringe SCRM-Qualifikation sowie aufgrund fehlender SCRM-IS kann der Reaktionstyp zudem nicht zu einer Erhöhung der Risikotransparenz beitragen. Aufgrund der fehlenden Risikokultur und SCRM-Qualifikation wird durch den Reaktionstyp zudem kein Motivationseffekt im Rahmen des SCRM erzielt. Aufgrund des Fehlens von SCRM-spezifischen Maßnahmen sind im Rahmen der Gestaltung des SCRM-Systems im Falle des Reaktionstyps allerdings auch keine besonderen Ressourcen aufzuwenden.

9.5.1.2 Stärken und Schwächen des Integrationstyps

Beim Integrationstyp werden SCRM-Aufgaben entweder zentral oder dezentral (funktional) integriert. Im Falle zentraler Integration können daher im Gegensatz zum Reaktionstyp zumindest Ansatzweise unternehmensinterne sowie umfeldgerichtete Interdependenzen berücksichtigt werden. Der Integrationstyp kann folglich zumindest eingeschränkt die Interdependenztransparenz im SCRM erhöhen. Im Falle einer dezentralen Integration tragen beim Integrationstyp die mindestens mittelmäßig ausgeprägte Risikokultur sowie die mindestens mittlere SCRM-Qualifikation zur Sicherstellung der vertikalen Integration von SCRM-Informationen bei. Somit kann der Integrationstyp stärker als der Reaktionstyp zur Delegationstransparenz beitragen. Zudem sorgen die Risikokultur und die SCRM-Qualifikation für eine Erhöhung der Risikotransparenz und einen positiven Motivationseffekt. Der SCRM-bezogene Ressourcenaufwand ist im Rahmen des Integrationstyps auf die die Risikokultur und die SCRM-Qualifikation fördernden Maßnahmen beschränkt. Die hierfür zu tätigenden Aufwände sind jedoch in Anlehnung an die Ausführungen in Kapitel 9.1.1 nicht zu unterschätzen.

9.5.1.3 Stärken und Schwächen des Aufklärungstyps

Der Aufklärungstyp zeichnet sich insbesondere durch eine dezentrale Institutionalisierung des SCRM aus. Da eine solche Organisationseinheit in der Regel mit anderen Fachbereichen vernetzt ist, kann der Aufklärungstyp noch stärker als der Integrationstyp zu einer Stärkung der Interdependenztransparenz beitragen. Die mittelmäßige bis starke Ausprägung der Risikokultur sowie formale Regelungen unterstützen zudem die vertikale Weitergabe von für das SCRM relevanten Informationen. Der Aufklärungstyp trägt daher auch zur Erhöhung der Delegationstransparenz bei. Die besondere Stärke des Aufklärungstyps liegt allerdings in der zuverlässigen und schnellen Entdeckung für das Unternehmen besonders relevanter Risiken und Schadensereignisse. Durch die hohe SCRM-Spezialisierung können auch spezifische Methoden und Instrumente wie SCRM-IS eingesetzt werden, so dass der Aufklärungstyp die Risikotransparenz intensiver als die beiden zuvor betrachteten Systemtypen fördert. Durch die Verwendung dedizierter SCRM-IS und ein hiermit einhergehendes Outsourcing von Teilen der Informationsverarbeitung kann der Aufklärungstyp zudem vorhandene Defizite bei der Verarbeitung von Informationen aus dem Unternehmensumfeld kompensieren. Die Risikokultur trägt im Aufklärungstyp neben der Verbesserung des Informationsaustauschs auch zu einer Akzeptanz der SCRM-Maßnahmen bei und ist damit als flankierende Motivationsmaßnahme zu verstehen. Die Schaffung eines *Supply Chain Risikomanagers* könnte sonst von den anderen Organisationsmitgliedern als störend oder lästig wahrgenommen werden. Ressourcenaufwände umfassen insbesondere die für das institutionalisierte SCRM abzustellenden Organisationsmitglieder, die Aufwände zur Schulung von Mitarbeitern und zur Prägung einer Risikokultur sowie gegebenenfalls die Aufwände für den Marktbezug von SCRM-IS. Die im Rahmen des Aufklärungstyps zu erbringenden Ressourcenaufwände sind damit als wesentlich höher einzuschätzen als beim Reaktionstyp oder beim Integrationstyp.

9.5.1.4 Stärken und Schwächen des Koordinationstyps

Der Koordinationstyp zeichnet sich durch die Institutionalisierung des SCRM in Form eines Zentralbereichs aus, wobei die zentrale Einheit im Falle der Realisierung als Matrixorganisation von weiteren dezentralen Einheiten unterstützt wird. Durch die zentrale Koordination hat der Koordinationstyp die vergleichsweise stärkste positive Auswirkung auf die Interdependenztransparenz und die Delegationstransparenz. Durch eine koordinierte Kombination zentraler und dezentraler Aufgabenerfüllung im SCRM, idealerweise gepaart mit entweder fremdbezogenen oder selbst entwickelten SCRM-IS, kann eine hohe Effizienz bei der Entdeckung von Risiken und Schadensereignissen und somit eine hohe Risikotransparenz erzielt werden. Aufgrund der starken Aufgabenteilung im SCRM liegt im Koordinationstyp in der Regel ein hohes Maß an Formalisierung vor. Aufgabenteilung und Formalisierung können sich ähnlich wie beim Aufklärungstyp allerdings motivationsmindernd auswirken. Die Bildung einer Risikokultur kann daher als flankierende Maßnahme verstanden werden, die negative Motivationseffekte des Koordinationstyps kompensiert. Im Vergleich zu den bereits diskutierten Strukturtypen erfordert die Umsetzung des Koordinationstyps die umfangreichsten Ressourcen. Neben den für das SCRM abzustellenden Mitarbeitern und den Aufwendungen für Schulungen und kulturbildende Maßnahmen sind gegebenenfalls Kosten für ein SCRM-IS zu berücksichtigen.

9.5.2 Empirische fundierte Ableitung situationsadäquater Strukturtypen

Die in Kapitel 9.4 entwickelten Situationstypen sowie die in Kapitel 9.5.1 erfolgte theoriegeleitete Erörterung von Stärken und Schwächen der unterschiedlichen Strukturtypen bilden die Grundlage für die empirisch gestützte Fundierung von situationsadäquaten Strukturtypen. Bei der empirischen Fundierung werden neben Informationen zur gegenwärtigen Struktur innerhalb der untersuchten Fälle auch ehemalige Strukturtypen sowie für die Zukunft geplante Strukturtypen berücksichtigt. Hierbei wird die Stärke der Fallstudienmethode in vollem Maße genutzt, da die befragten Experten nicht nur zur aktuellen sondern auch zur früheren und zukünftigen Struktur des SCRM-Systems Auskunft geben konnten. Im Rahmen der Erörterung der Gründe für bereits vorgenommene bzw. geplante Reorganisationsmaßnahmen war es den Experten in der Regel möglich, die Effizienz von Strukturtypen im jeweiligen situativen Kontext zu bewerten. Oftmals führte in den untersuchten Fällen in den letzten Jahren ein ungenügender Fit zwischen Strukturtyp und Situationstyp zu einem umfassenden Strukturwandel im Sinne eines bereits in Kapitel 4.2.2 beschriebenen *Quantum Changes*. Hierbei legten die befragten Experten Wert darauf, dass im Rahmen organisationaler Veränderungen in der Regel nicht einzelne Variablen verändert werden können, sondern eine Anpassung an neue Umweltsituationen immer die gleichzeitige und abgestimmte Veränderung aller Variablen des SCRM-Systems – Mensch, Organisation und Technologie – erfordert. Durch die Berücksichtigung von Strukturtypen zu unterschiedlichen Zeitpunkten gewinnt die durchgeführte Fallstudie einen Längsschnitt-Charakter und kann hierbei wesentlich besser zu Klärung der Forschungsfrage beitragen, als es mit einer ausschließlich zeitpunktbezogenen Beobachtung möglich gewesen wäre.[1828] Im Folgenden wird in den Kapiteln 9.5.2.1 bis 9.5.2.5 in enger Anlehnung an die empirischen Ergebnisse für jeden Situationstyp ein aus Effizienzgesichtspunkten dominanter Strukturtyp identifiziert.

9.5.2.1 Situationsadäquater Strukturtyp in der stabilen Universalsituation (S1-Typ)

In Kapitel 9.4.1.1 wurde bereits darauf hingewiesen, dass die stabile Universalsituation innerhalb der betrachteten Fälle in der Gegenwart keine Entsprechung findet. Hinweise auf die prinzipielle Existenz dieses Situationstyps liefern jedoch einige Fälle, die in der Vergangenheit über eine stabile Unternehmensumwelt verfügten. Wegen der geringen Unsicherheit bei gleichzeitig geringer Verwundbarkeit der Supply Chain stellt der S1-Typ nur geringe Anforderungen an die Informationsverarbeitung im SCRM und damit auch nur geringe Anforderungen an die von einem zu implementierenden Strukturtyp zu schaffende Interdependenztransparenz, Delegationstransparenz und Risikotransparenz. Auch an den Motivationseffekt des SCRM-Systems werden nur geringe Anforderungen gestellt.

Aufgrund der geringen Anforderungen des S1-Typs ergibt sich als dominanter Strukturtyp daher der Reaktionstyp. Er genügt den Anforderungen der stabilen Universalsituation und weist im Vergleich zu den anderen möglichen Strukturtypen den geringsten Ressourcen-

[1828] Vgl. hierzu auch Wolf (2011), S. 207f. Der Längsschnittcharakter bezieht sich auf die Äußerung der befragten Experten zu unterschiedlichen Zeitpunkten. Die Befragung fand jedoch aufgrund von Ressourcenbeschränkungen nur zu einem einzelnen Zeitpunkt statt.

aufwand auf. Auch wenn umfangreiche empirische Belege aufgrund der Irrelevanz des Situationstyps für das Fallstudiensample fehlen, gibt es doch empirische Evidenz, die auf diesen situationsadäquaten Strukturtyp hinweist. So entsprachen zu früheren Zeitpunkten die Fälle F02, F04, F05, F13, F14, F15 und F17 dem Reaktionstyp. Aufgrund einer steigenden Unsicherheit des Unternehmensumfelds wurde der Reaktionstyp allerdings zunehmend als ungeeignet wahrgenommen. Die Konsequenz war in den genannten Fällen, wie in den folgenden Kapiteln noch ausführlicher gezeigt wird, ein Übergang zu einem anderen Strukturtyp.[1829] Der Fall F09 entspricht noch heute dem Reaktionstyp (SCRM1). Aufgrund der gleichzeitigen Einordnung als begrenzt-kritische Supply Chain (S2) wird die Effizienz der vorhandenen Strukturen in F09 allerdings ebenfalls als ungenügend wahrgenommen, weshalb für die Zukunft ein Wechsel zum Integrationstyp angestrebt wird.[1830] Abbildung 95 zeigt den situationsadäquaten Strukturtyp für die stabile Universalsituation.

	(SCRM1) Reaktionstyp	(SCRM2) Integrationstyp	(SCRM3) Aufklärungstyp	(SCRM4) Koordinationstyp
(S1) Stabile Universalsituation	■			

■ Situationsadäquater Strukturtyp

Abbildung 95: Situationsadäquater Strukturtyp in der stabilen Universalsituation

9.5.2.2 Situationsadäquater Strukturtyp in der begrenzt kritischen Supply Chain (S2-Typ)

Aufgrund der beschränkten Komplexität der Unternehmen im S2-Typ spielt in diesen Unternehmen die Förderung der Interdependenz- und Delegationstransparenz eine untergeordnete Rolle. Die als mittel bis hoch eingeschätzte Unsicherheit des Umfelds sowie die als mittelmäßig kritisch eingeschätzte Supply-Chain-Verwundbarkeit stellen mittlere Anforderungen an die vom SCRM zu schaffende Risikotransparenz. Einschränkend wirken in Fällen des S2-Typs die für das SCRM nur begrenzt vorhandenen Ressourcen.

Aufgrund dieses Anforderungsprofils ergibt sich der Integrationstyp als situationsadäquater Strukturtyp im Falle der begrenzt kritischen Supply Chain (S2-Typ). Dies zeigen auch die empirischen Ergebnisse der Fallstudie: F03, F10, F13 und F16 sind dem S2-Typ zuzuordnen. Von diesen Fällen entsprechen gegenwärtig F10, F13 und F16 dem Integrationstyp und sehen diesen Strukturtyp als der Unternehmenssituation angemessen an.[1831] F03 hat jüngst begonnen, die Risikokultur und die SCRM-Qualifikation mittels Schulungen zu verbessern und damit einen Wechsel vom Reaktions- zum Integrationstyp eingeleitet.[1832] F09 gehört hingegen gegenwärtig dem Reaktionstyp an, zeigt sich mit

[1829] Eine genauere Einordnung dieser Fälle erfolgt in den folgenden Kapiteln.

[1830] Vgl. F091, Abs. 5, 9, 21, 23, 29, 33, 35, 51, 61, 63, 78-81, 87, 91, 95, 98.

[1831] Vgl. F101, Abs. 26, 29f., 34, 36, 42, 44, 48, 50, 86, 104-106; F131, Abs. 7, 11, 14, 16f., 31,37; F161, Abs. 13, 21, 29, 31-33, 44, 46, 60-64,72, 74, 78, 80.

[1832] Vgl. F031, Abs. 13-16, 25-29, 59-63, 64-68.

diesem Strukturtyp allerdings nicht zufrieden und strebt zukünftig nach einem Wechsel zum Integrationstyp.[1833] Abbildung 96 veranschaulicht die von den befragten Experten beobachteten Entwicklungen und zeigt den situationsadäquaten Strukturtyp für die Situation der begrenzt kritischen Supply Chain.

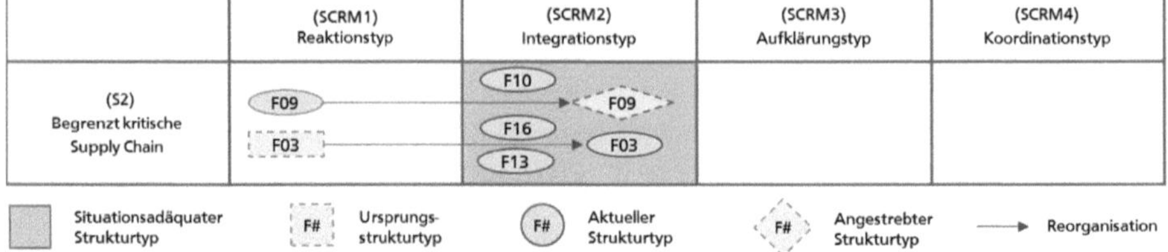

Abbildung 96: Situationsadäquater Strukturtyp und empirische Fälle in der Situation der begrenzt kritischen Supply Chain

9.5.2.3 Situationsadäquater Strukturtyp in der kritischen Supply Chain unter einfachen Unternehmensstrukturen (S3-Typ)

Ähnlich wie für den S2-Typ spielen auch für den S3-Typ die Interdependenztransparenz sowie die Delegationstransparenz aufgrund der begrenzten Unternehmenskomplexität nur eine untergeordnete Rolle. Allerdings weist der S3-Typ eine höhere Verwundbarkeit als der S2-Typ auf und stellt daher höhere Anforderungen an die Risikotransparenz. Ähnlich wie beim S2-Typ sind jedoch die für das SCRM zur Verfügung stehenden Ressourcen begrenzt. Zudem verfügt die bestehende Organisationsstruktur nicht über die Fähigkeiten, relevante Risikoinformationen aus dem Unternehmensumfeld in adäquater Weise zu beschaffen und weiter zu verarbeiten.

Dem hier skizzierten Anforderungsprofil wird der *Aufklärungstyp* in bester Weise gerecht, dies zeigen auch die Ergebnisse der empirischen Untersuchung. Der Aufklärungstyp gestattet die Fokussierung ausgewählter Risikobereiche durch die Herausbildung dezentraler spezialisierter Organisationseinheiten und steht durch die Selektion relevanter Risikobereiche und die Möglichkeit der Auslagerung von Informationsverarbeitungs-aufgaben im Rahmen des Einsatzes eines SCRM-IS für einen geringen Ressourcenbedarf. Die Fälle F04, F14, F15 und F19 haben noch vor einiger Zeit dem Reaktionstyp entsprochen, sich aber aufgrund gestiegener Aufklärungsanforderungen des situativen Umfelds zum Aufklärungstyp entwickelt.[1834] F08 plant für die Zukunft eine Weiterentwicklung vom Integrationstyp, um externe Entwicklungen schneller erkennen und bewerten zu können.[1835] Abbildung 97 veranschaulicht die von den befragten Experten beobachteten Entwicklungen und zeigt den situationsadäquaten Strukturtyp für die Situation der kritischen Supply Chain unter einfachen Unternehmensstrukturen auf.

1833 Vgl. F091, Abs. 5, 9, 21, 23, 29, 33, 35, 51, 61,63, 78-81, 87, 91, 95, 98.

1834 Vgl. F041, Abs. 18-22, 33-36, 39-47; F042, Abs. 12-15, 18-23, 26-29, 31, 33, 36, 53, 64-69; F141, Abs. 2, 6, 8, 10, 14, 16-18, 48, 78; F151, Abs. 19, 21, 37, 39, 53; F191, Abs. 7, 9, 11, 13, 15, 19, 21, 23, 30-34, 45, 57, 59.

1835 Vgl. F081F082, Abs. 17f., 38f., 47-50, 54, 65, 67-71,77-79, 86-90, 96f., 105.

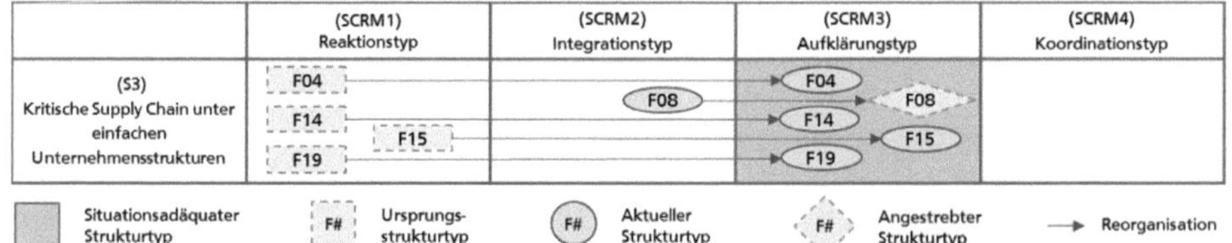

Abbildung 97: Situationsadäquater Strukturtyp und empirische Fälle in der Situation der kritischen Supply Chain bei einfachen Unternehmen

9.5.2.4 Situationsadäquater Strukturtyp in der kritischen Supply Chain unter komplexen Unternehmensstrukturen (S4-Typ)

Im Gegensatz zu den bislang diskutierten Situationstypen spielen die Interdependenztransparenz und die Delegationstransparenz für Fälle mit kritischen Supply Chains unter komplexen Unternehmensstrukturen eine wichtige Rolle. Das SCRM-System muss in diesen Fällen die nachteiligen Effekte der Unternehmenskomplexität und die hierdurch entstehenden Informationspathologien kompensieren. Die als kritisch eingeschätzte Verwundbarkeit der Supply Chain erfordert zudem ein SCRM-System, das ein hohes Maß an Risikotransparenz sicherstellt. Den Unternehmen des S4-Typs stehen umfangreiche Ressourcen bei der Gestaltung eines SCRM-Systems zur Verfügung.

Dem hier skizzierten Anforderungsprofil wird der *Koordinationstyp* in bester Weise gerecht, dies zeigen auch die Ergebnisse der empirischen Untersuchung. Die Fälle F05 und F17 entsprachen bis vor wenigen Monaten noch dem Reaktionstyp. Es ergaben sich jedoch aufgrund der Komplexität der Unternehmen innerbetriebliche Hemmnisse des Informationsaustauschs, auch wegen vorhandener intraorganisatorischer Zielkonflikte. Die Unternehmen haben hierauf durch die Weiterentwicklung des SCRM-Systems zum Koordinationstyp reagiert.[1836] In F02 ist hingegen eine inkrementelle Entwicklung zu beobachten: Nachdem der Reaktionstyp zu Misserfolgen führte, haben einzelne Unternehmensbereiche unabhängig differenzierte Konzepte für das SCRM entwickelt. F02 entspricht daher aktuell dem Aufklärungstyp. Aufgrund umfassender bereichsübergreifender Verflechtungen plant das Unternehmen allerdings eine weitergehende Integration und damit einen Wandel zum Koordinationstyp.[1837]

Die Fälle F07 und F11 entsprachen zum Zeitpunkt der Befragung bereits seit einem längeren Zeitraum dem Koordinationstyp und sahen die bestehenden Strukturen, unabhängig von einzelnen Defiziten, als effizient an.[1838] Eine Abweichung von der Systematik zeigen aufgrund der beobachteten Expertenaussagen die Fälle F01, F06 und F12. F01 war

---

[1836] Vgl. F051, Abs. 3, 5f., 8f., 12, 16, 20, 24-34, 38, 40, 43-48, 65f., 71f., 74-86, 91, 94, 99-100, 116-120, 137; F171, Abs. 2, 4, 6, 8, 10, 12, 14, 16-41, 47-61; F175, Abs. 36-46, 48-51, 81-85, 95.

[1837] Vgl. F021, Abs. 2, 5f., 7, 8f., 21, 23-27, 52, 86f., 92-95, 125-129; F22, Abs. 3-7, 9, 12-17, 26f., 45-48.

[1838] Vgl. F072F073, Abs. 2-4, 7-11, 13-15, 19, 22-32, 34f., 37, 40-45, 54f., 59-62, 68, 71-82, 101, 111f., 119-121, 129, 132-135, 138-140, 145, 168-170, 176-182, 191, 198-201, 212f.; F111, Abs. 269-272; F112, Abs. 9, 11, 31, 31, 27, 37f.; F113; F114, Abs. 17-19, 35, 64-69, 71, 73-83, 75-83, 90-92, 94, 95f., 97.

zum Zeitpunkt der Befragung dem Integrationstyp zuzuordnen. Dank einer stark ausgeprägten Risikokultur und einer hohen SCRM-Qualifikation in den Fachbereichen gelang es dem Unternehmen durch eine Steuerung durch einen Logistik-Zentralbereich ein adäquates SCRM-System zu entwickeln. Es sind keine Pläne zur Weiterentwicklung des SCRM-Systems bekannt.[1839] F06 gehörte zum Zeitpunkt der Befragung dem Integrationstyp an und plante eine Weiterentwicklung zum Aufklärungstyp.[1840] Es muss allerdings als fraglich angesehen werden, ob die geplante Entwicklungsstufe der Unternehmenssituation gerecht wird. Bezüglich F12 ist aufgrund der Datenlage keine Aussage bezüglich der zukünftigen Entwicklung des Unternehmens möglich. Es ist aber auch hier zu erwarten, dass der Aufklärungstyp aufgrund der ungenügenden Abstimmungspotenziale zukünftig als ungeeignet wahrgenommen wird.[1841] Abbildung 98 veranschaulicht die von den befragten Experten beobachteten Entwicklungen und zeigt den situationsadäquaten Strukturtyp für die Situation der kritischen Supply Chain unter komplexen Unternehmensstrukturen auf.

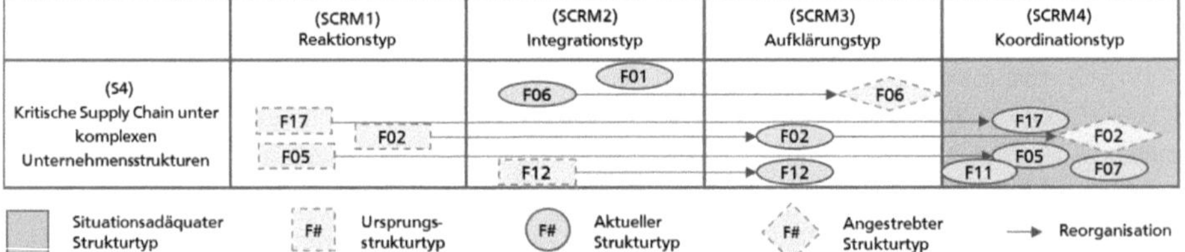

Abbildung 98: Situationsadäquater Strukturtyp und empirische Fälle in der Situation der kritischen Supply Chain bei komplexen Unternehmen

9.5.2.5 Situationsadäquater Strukturtyp in der hochkritischen Supply Chain unter komplexen Unternehmensstrukturen (S5-Typ)

Für Unternehmen des S5-Typs, die sich insbesondere durch eine hochkritische Verwundbarkeit auszeichnen, stellt sich die Frage, ob eine hohe Interdependenztransparenz und eine hohe Delegationstransparenz überhaupt zu einem für die Situation angemessenen SCRM beitragen. Ist die hohe Supply-Chain-Komplexität das Ergebnis einer besonders hohen Variantenvielfalt, dann trägt die hohe Variantenvielfalt selbst zur Risikobegrenzung in der Supply Chain bei. Zudem muss die Aufgabe der Informationsverarbeitung im Falle hochkomplexer Supply Chains selbst als hochkomplex angesehen werden, wobei der informationelle Mehrwert aufgrund der im S5-Typ als begrenzt angenommenen Entscheidungsflexibilität als geringer als im S4-Typ anzusehen ist. Andererseits schaffen neuartige Informationstechnologien wie SCRM-IS die notwendige Basis, um solch komplexe Informationen, wie sie bei der Informationsverarbeitung im S5-Typ anfallen, verarbeiten zu können. Aufgrund der im S5-Typ umfangreich vorhandenen Ressourcen kommen bei der Auswahl von Strukturtypen auch ressourcenintensive Varianten in Frage.

[1839] Vgl. F011, Abs. 6, 9f., 18, 20, 24, 28-30, 36, 44.

[1840] Vgl. F061, Abs. 5, 7, 23, 39, 45, 64, 65, 68.

[1841] Vgl. F121, Abs. 6, 70, 74, 76, 80; F122, Abs. 1, 4f., 6f.

Während die bisherigen Situationstypen im Sinne der Annahme der Existenz eines Idealprofils die eindeutige Zuordnung dominanter Strukturtypen gestatten, gestaltet sich dies für den Situationstyp hochkritischer Supply Chains bei komplexen Unternehmen aufgrund der heterogenen Anforderungen als schwierig. Unter Verwendung neuartiger SCRM-IS kann gegebenenfalls auch im S5-Typ ein SCRM nach dem Koordinationstyp umgesetzt werden. In Anlehnung an die in Kapitel 3.2.1.2 formulierten Überlegungen zur Systemtheorie kann es allerdings auch zweckmäßig sein, auf eine hohe Umfeldkomplexität durch eine hohe Eigenkomplexität des SCRM-Systems mittels Subsystembildung zu reagieren. Vor diesem Hintergrund kann auch der Integrationstyp als situationsadäquat angesehen werden. Damit wird deutlich, dass für den S5-Typ offensichtlich suboptimale Äquifinalität besteht, da mit dem Integrationstyp und dem Koordinationstyp zwei verschiedene Idealprofile für den S5-Typ identifiziert werden können. Als einziger Fall entspricht F18 dem S5-Typ. Das SCRM-System in F18 entspricht dem Integrationstyp den die befragten Experten als effizient ansehen.[1842] Abbildung 99 zeigt die in der Situation der hochkritischen Supply Chain unter komplexen Unternehmensstrukturen situationsadäquaten Strukturtypen.

	(SCRM1) Reaktionstyp	(SCRM2) Integrationstyp	(SCRM3) Aufklärungstyp	(SCRM4) Koordinationstyp
(S5) Hochkritische Supply Chain unter komplexen Unternehmensstrukturen		F18		

Situationsadäquater Strukturtyp | F# Ursprungsstrukturtyp | F# Aktueller Strukturtyp | F# Angestrebter Strukturtyp | → Reorganisation

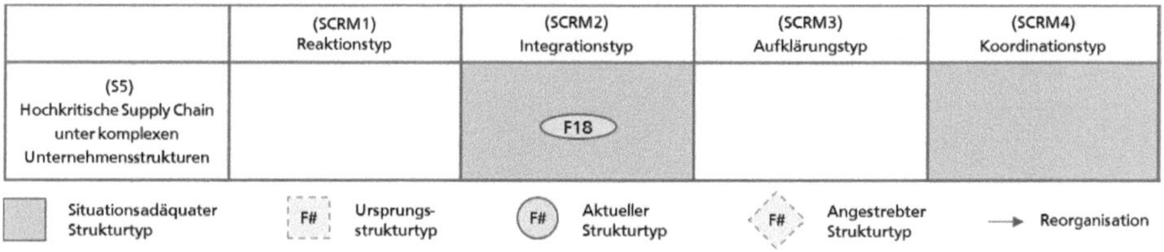

Abbildung 99: Situationsadäquate Strukturtypen und empirische Fälle in der Situation der hochkritischen Supply Chain bei komplexen Unternehmen

9.5.3 Zusammenfassende Darstellung der empirisch fundierten situationsadäquaten Strukturtypen

Abbildung 100 fasst die Ergebnisse der konfigurationstheoretischen Betrachtung zusammen. Während sich der Reaktionstyp als situationsadäquater Strukturtyp für die stabile Universalsituation erweist, ist der Integrationstyp der situationsadäquate Strukturtyp für die begrenzt kritische Supply Chain. Der Aufklärungstyp entspricht hingegen dem situationsadäquaten Strukturtyp im Falle einer kritischen Supply Chain unter einfachen Unternehmensstrukturen während der Koordinationstyp im Falle einer kritischen Supply Chain unter komplexen Unternehmensstrukturen als situationsadäquat anzusehen ist. Im Falle der hochkritischen Supply Chain unter komplexen Unternehmensstrukturen ergibt sich hingegen keine Dominanz eines Idealprofils. Vielmehr gibt es insbesondere theoretisch deduzierte Hinweise darauf, dass sowohl der Integrationstyp als auch der Koordinationstyp situationsadäquate Strukturtypen darstellen.

Für die Situationstypen S2 bis S4 konnte im Rahmen der Fallstudie eine hohe Sättigung der Expertenaussagen bezüglich situationsadäquater Strukturtypen erreicht werden, so dass

[1842] Vgl. F181F182, Abs. 2, 3-6, 6, 12f., 16f., 30, 32, 44f., 57, 65, 69, 70f., 79, 85-87, 97.

hier im Hinblick auf die in Kapitel 5.4 definierten Gütekriterien von einer hohen externen Validität im Sinne einer hohen Generalisierbarkeit der Ergebnisse ausgegangen werden kann. Auch für die Kombination aus S1-Typ und dem Reaktionstyp finden sich in den vergangenheitsorientierten Berichten der befragten Experten wesentliche Übereinstimmungen, so dass auch hier von einer hohen externen Validität ausgegangen werden kann. Hingegen basieren die Ergebnisse zu adäquaten Strukturtypen im Falle des S5-Typs im Wesentlichen auf theoretischen Überlegungen und werden durch die Fallstudie nur bedingt unterstützt. Um die Aussagekraft des entwickelten Aussagensystems zu stärken ist daher für die Zukunft eine weitere Erhärtung der Aussagen, beispielsweise durch eine breit angelegte geschlossene Befragung mit dem Ziel eines Hypothesentests, zu erwägen.

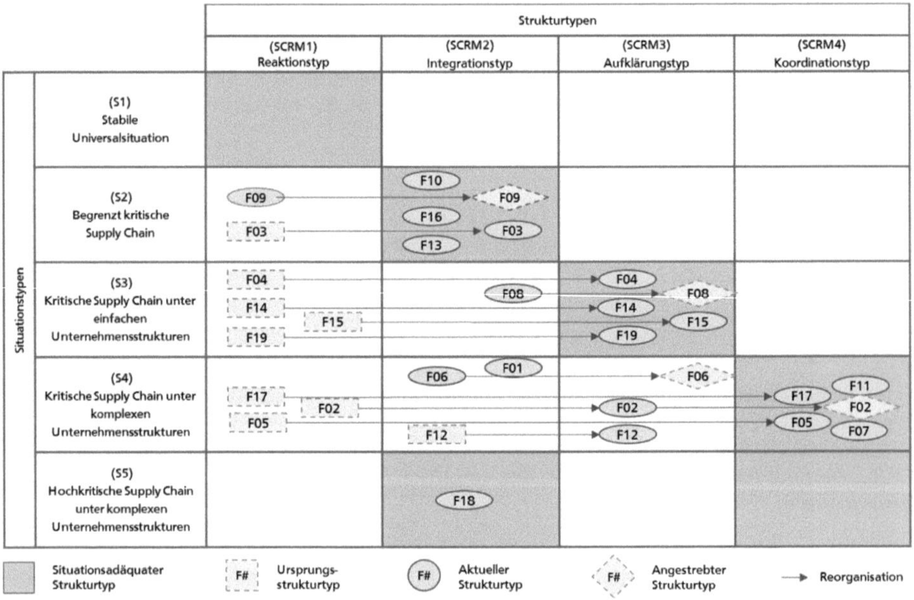

Situationstypen	Strukturtypen: (SCRM1) Reaktionstyp	(SCRM2) Integrationstyp	(SCRM3) Aufklärungstyp	(SCRM4) Koordinationstyp
(S1) Stabile Universalsituation				
(S2) Begrenzt kritische Supply Chain	F09, F03	F10, F09, F16, F03, F13		
(S3) Kritische Supply Chain unter einfachen Unternehmensstrukturen	F04, F14, F15, F19	F08	F04, F08, F14, F15, F19	
(S4) Kritische Supply Chain unter komplexen Unternehmensstrukturen	F17, F02, F05	F06, F01, F12	F06, F02, F12	F11, F17, F02, F05, F07
(S5) Hochkritische Supply Chain unter komplexen Unternehmensstrukturen		F18		

Situationsadäquater Strukturtyp | F# Ursprungs-strukturtyp | F# Aktueller Strukturtyp | F# Angestrebter Strukturtyp | → Reorganisation

Abbildung 100: Überblick über die ermittelten situationsadäquaten Strukturtypen

10 Schlussbetrachtung

Im Folgenden werden in Kapitel 10.1 die Ergebnisse der vorliegenden Forschungsarbeit zusammengefasst. Im Anschluss gibt Kapitel 10.2 einen Überblick über die bestehenden Limitationen. Kapitel 10.3 gibt einen Ausblick bezüglich der Anwendung von SCRM-IS in dem in der vorliegenden Arbeit nur am Rande thematisierten Konzept des Supply-Chain-weiten SCRM. Abschließend zeigt Kapitel 10.4 die aus der vorliegenden Arbeit resultierenden Implikationen für Forschung und Praxis auf.

10.1 Zusammenfassung der Forschungsarbeit

Ausgehend von dem übergeordneten Forschungsziel wurde in der vorliegenden Arbeit das Phänomen des Supply-Chain-Risikomanagements unter besonderer Berücksichtigung der Rolle von Informationen und neuartigen Technologien umfassend untersucht.

Einen wesentlichen Beitrag zur Beantwortung der Forschungsfragen leistete hierbei der in den Kapiteln 2 bis 4 aufgespannte theoretische und konzeptionelle Bezugsrahmen. So wurde das SCRM als informationsverarbeitungsorientiertes Subsystem des Unternehmens vorgestellt und eine Differenzierung dieses Systems als das Ergebnis von Gestaltungsentscheidungen sowie Situationen als unveränderliche Rahmenbedingungen ermöglicht. Zudem wurde die Rolle von Informationen im SCRM theoretisch hergeleitet und am SCRM-Prozess veranschaulicht. Basierend auf dem Konfigurationsansatz und gestützt von einem eklektischen Theorieverständnis wurde anschließend ein Aussagensystem entwickelt, das situativen Anforderungen verschiedene Informationsverarbeitungsfähigkeiten des SCRM-Systems gegenüberstellt und die Bewertung eines Fits zwischen Situation und Struktur mittels eigens hergeleiteter Effizienzkriterien ermöglicht.

Zur finalen Beantwortung der Forschungsfragen diente eine in Vor- und Kernstudie gegliederte empirische Untersuchung. Die Vorstudie diente der Beantwortung von Forschungsfrage 2a, half aber durch die Prägung eines Vorverständnisses bezüglich neuartiger Technologien bei der Vorbereitung und Durchführung der als Fallstudie realisierten Kernstudie. Im Rahmen der Kernstudie wurden insgesamt 29 Experten in 19 Fällen befragt. Ein theoretisches Sampling bei der Fallauswahl stellte eine weitreichende Generalisierbarkeit der Forschungsergebnisse – zumindest innerhalb der untersuchten Branchen – sicher.

Die erste Forschungsfrage wurde in Kapitel 6 durch eine umfassende Untersuchung der Rolle von Informationen im SCRM abschließend beantwortet. Hierbei wurde gezeigt, dass die Situationsmerkmale Umfeld-Unsicherheit, Komplexität und Abhängigkeit die Anforderungen an die Informationsverarbeitungsfähigkeiten des SCRM-Systems eines Unternehmens beeinflussen. Zudem wurde gezeigt, dass Informationen sowohl im präventiven als auch im reaktiven SCRM eine zentrale Rolle spielen. Ferner wurden Informationsquellen auf Unternehmens-, Supply-Chain- und Umfeldebene vorgestellt und hiermit aufgezeigt, welch umfangreiche Herausforderungen die Informationsverarbeitung im SCRM zu bewältigen hat.

Die zweite Forschungsfrage wurde in den Kapiteln 7 und 8 abschließend beantwortet. Kapitel 7 widmete sich mit einer umfangreichen Analyse des Marktes für SCRM-IS dem ersten Teil der Forschungsfrage. Hierbei konnte aufgezeigt werden, dass neuartige SCRM-IS den SCRM-Prozess schon heute durch eine Integration einer Vielzahl von für das SCRM zu erschließender heterogener Datenquellen unterstützen. Es wurde allerdings auch gezeigt, dass im Rahmen der Unterstützung der Risikosteuerung noch wesentliche Defizite bei allen untersuchten Systemen bestehen. Um den Anforderungen der Anwender und des SCRM gerecht zu werden, müssen Systemanbieter zukünftig verstärkt auch modell- und regelbasierte Entscheidungsunterstützungen implementieren, die den Anwendern neben Informationen auch eine unmittelbare Entscheidungsunterstützung im Sinne von bewerteten Alternativvorschlägen zur Verfügung stellen. SCRM-IS entwickeln sich damit zukünftig von reinen Planungs- zu Dispositionssystemen.

Kapitel 8 widmete sich der Beantwortung des zweiten Teils der zweiten Forschungsfrage. In Anlehnung an bewährte Modelle der Adoptionsfaktorenforschung wurden Enabler und Inhibitoren identifiziert, die zu einer Adoption bzw. einer Ablehnung von SCRM-IS führen können. Großes Interesse wecken SCRM-IS bei Industrieunternehmen aufgrund der Möglichkeit, für das SCRM relevante Informationen aus unterschiedlichsten Datenquellen zu integrieren und so die Anforderungen an die Informationsverarbeitung im Unternehmen zu reduzieren. Faktoren die dazu führen können, dass SCRM-IS nicht adoptiert werden, sind insbesondere die vor der Systemeinführung in der Regel vorzunehmende und ressourcenaufwändige Bereinigung von Stammdaten sowie eine als ungenügend wahrgenommene Vertraulichkeit der Lösung. Letztere ist für einige Unternehmen insbesondere dann nur unzureichend gegeben, wenn Logistikdienstleister als Systemanbieter fungieren. Zudem können einige Unternehmen aufgrund vorhandener IT-Policies nicht auf SCRM-IS als Cloud-Lösungen zurückgreifen. Darüber hinaus haben solche Unternehmen, die über umfangreiches SCRM- und IT-Know-how verfügen, bereits eigene Lösungen entwickelt und sehen somit von der Adoption am Mark angebotener Systeme ab. Aufgrund des Erklärungspotenzials der ermittelten Adoptionsfaktoren sind mit ihrer Hilfe auch prognostische Aussagen bezüglich der zukünftigen SCRM-IS Adoption von Unternehmen möglich.

Den empirischen Teil der vorliegenden Arbeit schließt Kapitel 9 ab, das die dritte Forschungsfrage und damit auch die übergeordnete Forschungsfrage abschließend beantwortet. Basierend auf dem in Kapitel 4 entwickelten Aussagensystem wurden unter Berücksichtigung der Fallstudienergebnisse konsistente Struktur- und Situationstypen entwickelt. Anschließend konnten unter Rückgriff auf das in Kapitel 4 entwickelte Effizienzkonzept – ebenfalls mittels Fundierung durch empirische Daten – für jeden Situationstyp situationsadäquate Strukturtypen abgeleitet werden. Für die stabile Universalsituation erweist sich der Reaktionstyp als der am besten geeignete Strukturtyp während im Falle einer begrenzt kritischen Supply Chain der Integrationstyp implementiert werden sollte. Im Falle der kritischen Supply Chain unter einfachen Unternehmensstrukturen erweist sich der Aufklärungstyp als situationsadäquater Strukturtyp während im Falle der kritischen Supply Chain unter komplexen Strukturen der Koordinationstyp als situationsadäquat anzusehen ist. Im Falle der hochkritischen Supply Chain unter komplexen Unternehmensstrukturen konnte hingegen basierend auf den theoretischen Vorüberlegungen und der empirischen

Befunde kein einzelner situationsadäquater Strukturtyp identifiziert werden. Es gibt Hinweise darauf, dass der Integrationstyp und der Koordinationstyp beide als situationsadäquat anzusehen sind.

Abschließend kann festgehalten werden, dass Informationen im SCRM heute eine außerordentliche Bedeutung zukommt. Auch wenn ein Großteil der befragten Unternehmen die am Markt angebotenen SCRM-IS heute ablehnt, so ist dies nicht auf die geringe Bedeutung von Informationen sondern vielmehr auf Unzulänglichkeiten der vorhandenen Technologien oder darauf zurückzuführen, dass Unternehmen bereits umfangreiche Investitionen in Eigenentwicklungen getätigt haben, die als Substitute dieser Systeme aufzufassen sind. Ferner wurde mit der vorliegenden Untersuchung deutlich, dass die Gestaltung des SCRM nicht losgelöst von Informationen und Informationsflüssen erfolgen darf. Zum einen beeinflusst die bestehende Organisationsstruktur die Art der Aufnahme und des Flusses für das SCRM notwendiger Informationen, zum anderen bestimmt die Art der organisationalen Gestaltung des SCRM die Informationsverarbeitungsfähigkeiten des Unternehmens.

10.2 Limitationen der Forschungsarbeit

Die vorliegende Arbeit unterliegt, wie es für wissenschaftliche Arbeiten die Regel ist, einer Reihe von Limitationen, die sowohl dem Forschungsgegenstand als auch dem Forschungsdesign geschuldet sind.

Insbesondere die bislang mangelnde Erforschung der Rolle von Informationen sowie das in der Forschung mangelnde Systemverständnis bezüglich des SCRM erforderten eine breite und explorative Analyse des Forschungsgegenstandes. Hierbei musste festgestellt werden, dass bislang sogar die zentralen Elemente des hier vorgestellten SCRM-Systems – Mensch, Organisation und Technologie – im Kontext des SCRM bislang nur wenig bis überhaupt nicht erforscht sind. Um überhaupt eine Einordnung von Informationen und Informationstechnologie vornehmen zu können, musste daher eine umfangreiche eigene Erhebung bezüglich dieser Systemelemente vorgenommen werden. Umfassende Teile der vorliegenden Arbeit weisen daher einen für die Typenbildung notwendigen deskriptiven Charakter auf. Um daraufhin überhaupt erste Aussagen im Sinne eines Ursache-Wirkungssystems aufstellen zu können, war bei der Typentwicklung eine starke Abstraktion in Kauf zu nehmen.

Des Weiteren ist insbesondere qualitative Forschung, die auf umfassenden Interpretationsleistungen beruht, von einer durch Sinnkonstruktionen des Verfassers herbeigeführten subjektiven Prägung betroffen. Durch die Wahl der Fallstudienmethode in Verbindung mit einer auf Experteninterviews basierenden Datenerhebung ist die Arbeit zudem subjektiven Einflüssen der befragten Individuen ausgesetzt. Da die Sichtweisen von Experten erhoben und analysiert wurden, mussten Beobachtungs- und Verstehensleistungen auf mehreren Ebenen vollzogen werden. Missverständnisse in der Beobachtung aus Sicht der Experten und bei der Beobachtung von Experten lassen sich niemals vollkommen eliminieren. Hiermit wird deutlich, dass die Arbeit aufgrund der Verfolgung eines konstruktivistischen

Wissenschaftsparadigmas keinen Beitrag zur objektiven Wahrheit leistet, sondern vielmehr einen wesentlichen Kommunikationsbeitrag konstruiert. Dieser soll einen wissenschaftlichen Diskurs anregen, in dem die Forschungsergebnisse weiter fundiert oder gegebenenfalls auch teilweise verworfen werden können.

Auch wenn sich der verfolgte Konfigurationsansatz, der auf einem System-Verständnis des SCRM beruht, als für die vorliegende Arbeit besonders fruchtbar erwies, führen theoretische Vorüberlegungen über die vorgenommenen Einschränkungen ebenfalls zu Limitationen. So können, ein anderes Theorieverständnis verfolgend, gegebenenfalls auch andere Erkenntnisse gefördert werden.

Eine weitere wesentliche Limitation resultiert in der qualitativen Forschung in der Regel aus der Fallauswahl, da meist nur eine im Verhältnis zur Grundgesamtheit kleine und wenig repräsentative Stichprobe gewählt werden kann. Im Sampling-Prozess wurde jedoch gezielt auf die breite Abdeckung unterschiedlicher Situationstypen für das SCRM geachtet. Aufgrund der beim Sampling erreichten Sättigung wird davon ausgegangen, dass zumindest innerhalb der betrachteten Branchen – der Automobil- und der Elektronikindustrie – eine hohe Generalisierbarkeit der Forschungsergebnisse besteht. Da in anderen Branchen jedoch oft auch andere situative Bedingungen hinsichtlich Unternehmensstrukturen, Supply-Chain-Strukturen und der Umfeldunsicherheit anzutreffen sind, kann nicht ohne weiteres von einer branchenübergreifenden Generalisierbarkeit der Ergebnisse ausgegangen werden.

10.3 Ausblick im Rahmen einer interorganisatorischen Perspektive

Neben den hier skizzierten Limitationen musste sich die Arbeit aufgrund des Umfangs des Themas bei der Auseinandersetzung mit dem SCRM auf die Unternehmensebene beschränken. Diese Beschränkung erfolgte auch, da die interorganisatorische Perspektive des SCRM, wie in Kapitel 6.1 an einer Fallübersicht gezeigt wurde, bislang eine untergeordnete Rolle einnimmt. Vor dem Hintergrund des möglichen Einsatzes von SCRM-IS als IOS sollten allerdings zukünftig Möglichkeiten der Umsetzung eines Supply-Chain-weiten SCRM weiter untersucht werden. Dies wird von dem Interesse einiger der befragten Unternehmen unterstrichen, die Supply-Chain-Visibility in Zukunft über den Tier-1 hinaus auszudehnen.[1843]

„Wir haben im Moment ja noch keine durchgängige Transparenz. Das ist wahrscheinlich noch ein ganz weiter Weg bis dahin. Eher halt punktuell zu bestimmten Themen, aber ich glaube, das ist die allgemeine Tendenz, dass man natürlich mehr wissen möchte. Weil was bringt mir der 1st Tier, wenn mir dahinter alles abbricht. Dann habe ich ja gar nix davon."[1844]

[1843] Vgl. F042, Abs. 76-80; F081F082, Abs. 55; F122, Abs. 7; F171, Abs. 55.

[1844] F072F073, Abs. 100.

„Da ist halt schon meine Hoffnung, dass wir da auch in Richtung Soziales Netzwerk, Kooperation stärker kommen können, auch mit unseren Wettbewerbern oder gegebenenfalls auch mit unseren Hauptpartnern, die wir haben."[1845]

Als problematisch ist hierbei allerdings zu sehen, dass nicht alle Unternehmen dazu bereit sind, für das SCRM relevante Informationen bezüglich ihrer Lieferantenbasis den nachgeordneten Partnern in der Supply Chain zur Verfügung zu stellen. Zu den Ursachen für diese Zurückhaltung zählen die Angst vor Compliance-Problemen, die Angst, dass Kunden gegebenenfalls bei den eigenen Lieferanten direkt beschaffen und so das eigene Unternehmen umgehen (betrifft insbesondere wenig spezifische Tier-2- bis Tier-n-Lieferanten mit geringer Wertschöpfungstiefe), die potenzielle Reduktion der Marge durch Ermöglichung der Berechnung des Produktwertes (insbesondere in der Automobilindustrie) sowie ein möglicher Verlust eines bestehenden Know-how-Vorsprungs.[1846] Gegen die Informationsbereitstellung spricht aber auch der hierfür zu tätigende Aufwand, für den Unternehmen oftmals keinen direkten Nutzen sehen.[1847] Insbesondere Lieferanten mit einer starken Marktposition, die gegebenenfalls auch eine hohe Spezifität in der Supply Chain einnehmen, nutzen ihre Stärke, um Informationen zurückzuhalten.[1848] Während OEM, die in der Regel eine starke Machtposition einnehmen, nur begrenzt Probleme darin sehen, ihre Lieferanten zur Weitergabe von Informationen zu bewegen, sprechen Tier-1 von einer stark abnehmenden Machtkaskade und sehr begrenzten Durchsetzungsmöglichkeiten in der Supply Chain.[1849] Allerdings betonen die Experten auch, dass sie nur begrenzt Nutzen in der heute von vielen Unternehmen vorgenommenen Abschottung sehen.[1850]

„(…) wir wären offen für so etwas, ich würde da auch mit Sicherheit mitmachen, weil ich halte diesen Ansatz, dass jedes Unternehmen für sich das Rad wieder neu erfindet, für total bekloppt. Wir reden den ganzen Tag über Effizienz und sobald die Firmentür verlassen wird schotten wir uns ab, als wären wir zwei Supermächte."[1851]

Es werden jedoch auch verschiedene Möglichkeiten gesehen, Lieferanten zukünftig zu einer intensiveren Kooperation im SCRM zu bewegen.

1845 F171, Abs. 53.

1846 Vgl. F011, Abs. 21f.; F021, Abs. 15; F031, Abs. 23-25; F042, Abs. 76-80; F061, Abs. 25, 32f.; F072F073, Abs. 152f.; F081F082, Abs. 42; F101, Abs. 74; F113; F131, Abs. 107f.; F141, Abs. 100; F171, Abs. 41-43, 86-89.

1847 Vgl. F101, Abs. 76; F113, Abs. 4.

1848 Vgl. F011, Abs. 21f.; F021, Abs. 15; F031, Abs. 23-25; F042, Abs. 76-80; F061, Abs. 25, 32f.; F072F073, Abs. 152f.; F081F082, Abs. 42; F101, Abs. 74; F113; F131, Abs. 107f.; F141, Abs. 100; F171, Abs. 41-43, 86-89.

1849 Vgl. F011, Abs. 20ff; F031, Abs. 23-25; F041, Abs. 96; F061, Abs. 27; F072F073, Abs. 94f.; F081F082, Abs. 42, 44; F101, Abs. 74; F113; F131, Abs. 65; F161, Abs. 48

1850 Vgl. F171, Abs. 48f.; F113, Abs. 4.

1851 F171, Abs. 48f.

„Und natürlich müssen wir sie dann auch unterstützen und nicht einfach sagen: ‚Macht mal!‘ Sondern man muss mit dem Konzept oder wie auch immer oder mit dem Risikomanagement Supply Chain natürlich auch mit ins Boot holen (…)“[1852]

„Unsere Überlegung ein Stück weit ist, dass wir durch dieses Geographical Mapping und diesen Ansatz für Risk Management ein Stück weit auch unsere Lieferanten überzeugen können uns diese Daten zur Verfügung zu stellen, weil sie im Gegenzug ja auch praktisch eine Risk Management Analyse bekommen (…)“[1853]

Zum Informationsaustausch motivieren lassen sich Lieferanten durch eine Intensivierung der Kooperation im Allgemeinen sowie durch eine (unter Umständen aufwendige) Verdeutlichung des Supply-Chain-weiten Nutzens bereitgestellter Informationen. Durch die Anwendung von SCRM-IS als gemeinsames IOS in der Supply Chain können zudem Lieferanten unmittelbar von den bereitgestellten SCRM-Informationen profitieren. Stellt der Lieferant Informationen zu seinen Lieferanten im System ein, erhält er als Nebeneffekt eine umfassende Risikoanalyse seiner Lieferantenbasis. Letztendlich können auch finanzielle Anreize dazu genutzt werden, Lieferanten zur Bereitstellung für das SCRM notwendiger Informationen zu bewegen. Zudem verankern Unternehmen die Anforderungen an die Informationsbereitstellung zunehmend auch in den Einkaufsbedingungen.[1854]

Um bestehende Hürden bei der Informationsbereitstellung zu umgehen, wurde von mehreren der befragten Experten zudem die Idee zur Anonymisierung der in SCRM-IS hinterlegten Supply-Chain-Informationen aufgeworfen.

„Insoweit wäre ja wirklich die Frage, ob man quasi da eine anonymisierte Variante hätte. Mein Lieferant muss mir nicht unbedingt sagen, wer genau mein Sublieferant ist. Aber das wenigstens die Geokoordinaten bekannt sind und man sagt seine Hauptlieferanten liegen in der und der Region, ohne vielleicht genau zu wissen, wer das genau ist. Um dann bei solchen Events dann eine Analyse fahren zu können.“[1855]

Allerdings können auch solche Ansätze nicht darüber hinwegtäuschen, dass es in Supply Chains in den nächsten Jahren offensichtlich immer gewisse Grenzen der informatorischen Integration geben wird.[1856]

1852 F051, Abs. 98.

1853 F011, Abs. 20.

1854 Vgl. F021, Abs. 81; F031, Abs. 23-25; F041, Abs. 80, 96; F042, Abs. 76-80; F051, Abs. 98; F061, Abs. 27; F072F073, Abs. 93; F081F082, Abs. 42, 44; F101, Abs. 74; F113; F131, Abs. 128; F141, Abs. 66; F161, Abs. 48, 68.

1855 F061, Abs. 39.

1856 Vgl. bspw. F021, Abs. 100f.; F061, Abs. 68

„Wir würden auch als Supplier niemals einen großen OEM (auf ein SCRM-IS) mit drauf nehmen. Oder mit ins Boot holen. Die Gefahr ist einfach, dass der OEM seine Interessen zu stark durchsetzen kann auf der Plattform und dann die Zulieferer wieder zu Sachen zwingt. Und da sagt man lieber man bildet nur unsere Lieferantenstruktur ab und nutzt andere Portale für die OEMs, um denen Informationen zu geben, aber wir lassen die nur ungern auf die eigene Plattform drauf.“[1857]

Aufgrund der angestellten Beobachtungen kann für die Zukunft durchaus mit einer teilweisen Durchsetzung von SCRM-IS als IOS gerechnet werden. Hierdurch lassen sich Skaleneffekte durch die Bündelung der Informationsverarbeitung bei einem zentralen SCRM-IS-Anbieter erreichen. Mit einer steigenden Diffusion von SCRM-IS auf der Makroebene ist zudem auch mit möglichen Netzeffekten zu rechnen. Aufgrund in der Supply Chain gegebener Grenzen der informatorischen Integration ist aber auch zu erwarten, dass sich unterschiedliche, voneinander entkoppelte Sub-Netze entwickeln. Für die Automobilindustrie könnte dies bedeuten, dass OEM auch weiterhin isolierte proprietäre Systeme betreiben und hier ihre Tier-1 zunehmend dazu bewegen, Supply-Chain-Informationen für kritische Teile zu hinterlegen. Tier-1 könnten ihre eigenen IOS betreiben – gegebenenfalls sogar im Rahmen horizontaler Kooperationsformen. Die Zukunft wird zeigen, wie sich an dieser Stelle bestehende E-Hubs wie beispielsweise *SupplyOn* positionieren, die aufgrund ihrer bestehenden Vernetzung eine ideale Ausgangsposition für den Betrieb eigener SCRM-IS als IOS bieten.

10.4 Implikationen der Forschungsarbeit

Aus der vorliegenden Arbeit ergeben sich weitreichende Implikationen für die SCRM-Forschung und die Umsetzung des SCRM in der Praxis, die in den folgenden beiden Kapiteln näher skizziert werden.

10.4.1 Implikationen für die Forschung

Das theoretische Wissenschaftsziel bestand in der Identifikation, Beschreibung und Erklärung der Rolle von Informationen und IT im SCRM sowie der Wechselwirkungen zwischen der Situation eines Unternehmens und dem von einem Unternehmen herausgebildeten SCRM-System.

In vielfacher Hinsicht hat die vorliegende Arbeit bei der Verfolgung des theoretischen Wissenschaftsziels Neuland betreten. Dem in dieser Arbeit entwickelten Aussagensystem liegt daher ein breiter, explorativer Forschungsansatz zugrunde. Bei diesem Ansatz wurden erstmals gezielt die Rollen von Informationen und Informationstechnologie im SCRM untersucht. Zudem ist die vorliegende Arbeit nach Wissen des Autors der erste wissenschaftliche Beitrag, der das SCRM als System unter Konsistenzbedingungen abgestimmter Subsysteme (Mensch, Organisation, Technologie) versteht und diesem System unterschiedliche Umsysteme als situative Kontexte gegenüberstellt. Dieses

---

[1857] F061, Abs. 68.

Systemverständnis bildet die ideale Voraussetzung für tiefergehende Untersuchungen, gegebenenfalls auch unter Einsatz anderer wissenschaftlicher Methoden. So sind ganz allgemein weitergehende Untersuchungen zur Rolle von Mensch, Organisation und Technologie mit dem Ziel der weiteren Fundierung des konzipierten SCRM-Systems naheliegend. Aus den Forschungsergebnissen lassen sich zudem einige konkrete, zukünftig zu bearbeitende Forschungsstränge ableiten. Diese umfassen eine weitergehende Adoptionsfaktorenforschung, eine weitergehende empirische Prüfung der ermittelten Ursache-Wirkungsbeziehungen sowie eine Untersuchung des Einsatzes von SCRM-IS im interorganisationalen SCRM.

In der vorliegenden Untersuchung wurden Adoptionsfaktoren identifiziert, strukturiert und mir einer Einordnung in Enabler und Inhibitoren einer ersten Bewertung unterzogen. Eine abschließende Gewichtung der identifizierten Adoptionsfaktoren steht allerdings noch aus. Eine Untersuchung der Adoptionsfaktoren und des Adoptionsprozesses von SCRM-IS durch Industrieunternehmen im Rahmen einer großzahligen Erhebung – mittels Methoden der schließenden Statistik – ist daher naheliegend.

Ebenfalls mit einer solch großzahligen Erhebung sollte zukünftig dass entwickelte Aussagensystem und die hieraus entwickelten situationsadäquaten Strukturtypen einer weitergehenden Prüfung unterzogen werden. Unter der Voraussetzung der Verfügbarkeit entsprechender Daten ließen sich die entwickelten Situations- und Strukturtypen mit Hilfe einer Clusteranalyse – auch für andere Branchen – weiter fundieren. Mittels einer Korrelationsanalyse und einem Cluster-übergreifenden Vergleich ließen sich mit einem solchen Vorgehen auch die identifizierten Wechselwirkungen zwischen Situation und Struktur überprüfen. Problematisch zu sehen ist hierbei allerdings die gegenwärtig noch geringe Grundgesamtheit von Unternehmen, die bereits SCRM-IS einsetzen. Das hier skizzierte Vorgehen, das aus wissenschaftstheoretischer Sicht im Bereich des Empirismus oder des kritischen Rationalismus zu verorten wäre, kann daher erst dann zielführend realisiert werden, wenn auf der Makroebene bereits eine umfassende Diffusion von SCRM-IS erreicht wurde.

Abschließend wurden in Kapitel 10.3 die in der vorliegenden Arbeit nur peripher behandelte Rolle von SCRM-IS als Interorganisationssysteme verdeutlicht und mögliche Entwicklungspfade aufgezeigt. Auch wenn, wie bereits deutlich wurde, interorganisationale Konzepte im SCRM bislang von geringer Bedeutung sind, ist zu erwarten, dass neue Technologien zukünftig gemeinsam mit der steigenden Risikoexposition als Treiber fungieren und die informatorische Integration in der Supply Chain weiter beschleunigen werden. Die Adoption von SCRM-IS als IOS sowie die erfolgreiche Einbettung von SCRM-IS in die Netzwerkorganisation des SCRM bilden daher für die Zukunft hochinteressante Forschungsfelder.

10.4.2 Implikationen für die Praxis

Das pragmatische Wissenschaftsziel bestand in der anschaulichen Darstellung des Marktes und der Funktionsweise von SCRM-IS, der Identifikation von Faktoren, die die Adoption von SCRM-IS beschreiben und erklären sowie der Bereitstellung einer Entscheidungsheuristik, die in Abhängigkeit von der Unternehmenssituation Auskunft über den jeweils situationsadäquaten Typ des SCRM-Systems gibt.

Die Notwendigkeit der Umsetzung dieses Ziels wurde im Rahmen der durchgeführten Fallstudie nochmals verdeutlicht. So hatten einige der befragten Experten überhaupt keine Kenntnisse von SCRM-IS, andere konnten die Systeme nur grob einordnen und waren mit deren Funktionsweise nicht vertraut. Zudem gab es Unternehmen, die SCRM-IS zwar bereits in prototypischer Form implementiert hatten, allerdings keinerlei Kenntnisse darüber besaßen, wie diese in das interdisziplinäre Anwendungsumfeld des SCRM einzubetten sind. Aufgrund der Neuheit von SCRM-IS und den begrenzten Erfahrungen aus der Systemanwendung ist es auch den Systemanbietern nur bedingt möglich, Hilfestellung bei der Verankerung der Systeme in Prozesse und Aufbauorganisation zu geben.

Für Industrieunternehmen als Anwender von SCRM-IS schafft die vorliegende Arbeit einen deutlichen Mehrwert, da sie als erste Arbeit überhaupt einen breiten Überblick über am Markt angebotene SCRM-IS in Verbindung mit einer tiefgehenden Beschreibung des Funktionsumfangs der Systeme bietet. Weiteren Wert stiftet die Arbeit durch die konsistente Einbettung von SCRM-IS in verschiedene Typen von SCRM-Systemen. In diesem Rahmen wird ein bislang in der Literatur fehlender, strukturierter Überblick über die Rolle der Organisation, der Informationstechnologie und des Menschen im SCRM gegeben. Die entwickelten situationsadäquaten Strukturtypen bilden zudem eine Heuristik, die Unternehmen anhand der eigenen Situation die Identifikation eines geeigneten Strukturtyps ermöglicht. Auch wenn durch die bei der Typenbildung notwendige Abstraktion auf der Situations- und Strukturebene gegebenenfalls keine absolut verlässliche Aussage getroffen werden kann, so geben die entwickelten situationsadäquaten Strukturtypen doch wesentliche und bei Gestaltungsentscheidungen zu berücksichtigende Hinweise, über die Unternehmen bislang nicht verfügten. Zudem wird im Rahmen der entwickelten Strukturtypen erstmalig eine an Konsistenzgesichtspunkten orientierte Einbettung von SCRM-IS in das SCRM-System als Anwendungskontext vorgenommen. So werden die Beschaffung und die Anwendung von SCRM-IS aufgrund der dort vorhandenen Ressourcen und der bestehenden Anforderungen an die Informationsverarbeitung insbesondere für den Aufklärungstyp und den Koordinationstyp empfohlen. Während sich die Anwendung im Aufklärungstyp tendenziell auf wenige, mit der Aufklärung betraute Organisationsmitglieder beschränkt, empfiehlt sich für den Koordinationstyp eine Nutzung nach dem Anwendermodell, welches die bereichsüber-greifende informatorische Integration durch SCRM-IS in den Mittelpunkt stellt.

Neben Industrieunternehmen schafft die vorliegende Untersuchung über die Identifikation und Strukturierung von Adoptionsfaktoren von SCRM-IS auch für die Systemanbieter einen deutlichen Mehrwert. So sollte beim Angebot insbesondere der vertrauliche Umgang mit den vom Kunden erhaltenen Daten betont und die Vertrauenswürdigkeit der Systeme über entsprechende Sicherheitszertifikate für Cloud-Anbieter dokumentiert werden. Insbesondere wenn Logistikdienstleister entsprechende Systeme anbieten, ist den Kunden eine datenmäßige Trennung zwischen dem SCRM-IS-Geschäftsfeld und dem Geschäftsfeld zur Erbringung logistischer Dienstleistungen nachzuweisen. Zudem sollten Systemanbieter

Unternehmen proaktiv bei der Bereinigung von Stammdaten unterstützen, über Schnittstellen die direkte Anbindung an proprietäre SCM-Systeme gewährleisten und sich verstärkt auf die Entwicklung modell- und regelbasierter Entscheidungsunterstützungen zur Verbesserung der Unterstützung der Steuerungsphase konzentrieren. Zudem schaffen die entwickelten situationsadäquaten Strukturtypen gegebenenfalls auch eine Grundlage für maßgeschneiderte Beratungslösungen, in deren Rahmen SCRM-IS-Anbieter neben der reinen technischen Lösung auch bei der ganzheitlichen Transformation des SCRM-Systems unterstützen. Dass eine alleinige Einführung einer technischen Lösung zur weitergehenden Qualifizierung des SCRM-Systems nicht ausreicht, haben die in der Fallstudie betrachteten Fälle gezeigt, die SCRM-IS bereits implementiert haben.

Anhang 1: Interviewleitfaden Vorstudie

Fragen	Vertiefungsfragen/Beispiele/Erläuterung
1. Einführung	▪ Interviewpartner (Name, berufliche Erfahrung) ▪ Abteilung (Anzahl MA, bestehen seit...) ▪ Tätigkeitsbereich
2. Wieso hat aus Ihrer Sicht die Entwicklung und Vermarktung von dedizierten SCRM-Lösungen in den letzten Jahren stark zugenommen?	▪ Chart Hackett Group ▪ Bedeutung von SCRM allgemein ▪ Steigende Bedeutung und Nutzung von SCRM-Lösungen
3. Wie kam es zu der Entwicklung von <SCRM-IS>?	▪ Wann/wieso wurde mit der Entwicklung begonnen? ▪ Was waren die Anforderungen? ▪ Was sind die größten Nutzen des Systems?
4. Was sind die Leistungsmerkmale von <SCRM-IS>?	▪ Beschreiben Sie ein Einsatzszenario, am besten eines, bei welchem mehrere Unternehmen GEMEINSAM <SCRM-IS> nutzen ▪ Abdeckung bzgl. Risikoarten nach Objekt: Umfeldrisiken, Versorgungsrisiken, Prozessrisiken, Steuerungsrisiken, Nachfragerisiken ▪ Abdeckung bzgl. Risikoarten nach Ebene: Strategische Risiken, Operative Risiken, Finanzrisiken ▪ Abdeckung nach Prozessschritt: Risikoidentifikation, Risikobewertung, Risikosteuerung, Risikokontrolle ▪ Wie trägt Supply Chain Mapping zum Risikomanagement bei? ▪ Wie können auch Events beim Supply Chain Mapping berücksichtigt werden?
5. Wie wird der Informationsbedarf ermittelt und welche Informationsquellen werden genutzt?	▪ Informationsmodell fest vorgeschrieben oder individuell mit Kunden entwickelt? ▪ Infoquellen: LDL, Kunde, Externe Broker, Lieferant? ▪ Wie bekommt man Lieferanten dazu, Informationen zu liefern? ▪ Wie gehen Lieferanten mit immer mehr Audits um – welche Ansätze zur Standardisierung gibt es und welche anderen Standards können genutzt werden? ▪ Abweichungen zwischen Informationsbedarf und Informationsbereitstellung in Unternehmen – was wird beobachtet?
6. Welche Faktoren beeinflussen Informationsbedarf und Informationsbereitstellung? Welche Unternehmen können <SCRM-IS> einsetzen und welche nicht?	▪ Größe der Unternehmen? ▪ Art der Supply Chain und Machtstrukturen in der SC? ▪ Branche – Komplexität der Produkte? ▪ Rollenkonzept in Software: Wie können SC-Partner die Lösung gemeinsam nutzen?
7. Wie wird die Lösung organisatorisch und technisch innerhalb der Supply Chain bzw. innerhalb der nutzenden Unternehmen integriert?	▪ Schnittstellen ▪ Hürden der Implementierung ▪ Spezielle Hürden bei der SC-weiten Implementierung
8. Welche Entscheider nutzen die Lösung auf Kundenseite?	▪ Bspw. SC-Manager, Einkäufer, Risk-Manager ▪ Wieso diese Zuordnung?

Fragen	Vertiefungsfragen/Beispiele/Erläuterung
9. Wie wird die Einführung der Lösung beim Kunden gestaltet?	▪ Prozessschritte? ▪ Aufwand? ▪ Beratung bei Einführung und Betrieb notwendig? ▪ Kann der mit der Lösung erzielte Nutzen im Unternehmen gemessen werden?
10. Welche Erweiterungen sind für die Zukunft geplant?	▪ Stärkere Supplier-Integration geplant?

Anhang 2: Interviewleitfaden Kernstudie

Einführung		Vertiefungsfragen/Beispiele/Erläuterung
Bitte erzählen Sie etwas zu Ihrer Rolle in <Unternehmen> und wie Sie mit dem Thema SCRM in Verbindung kommen.		
1.	Einordnung/ Demographische Daten	▪ Name/Abteilung ▪ Produkte ▪ Unternehmensgröße (MA)
2.	Was verstehen Sie unter den Begriffen *Supply-Chain-Risiko* und *Supply-Chain-Risikomanagement* (SCRM)?	▪ Definition im Unternehmen?
3.	Wie lässt sich SCRM von den Aufgaben des SCM, Lieferantenmanagement, Einkauf und Logistik abgrenzen?	
4.	Welche Funktion erfüllen Sie im SCRM? Welche Erfahrung haben Sie hier?	

RM-Einordnung und Organisation	Vertiefungsfragen/Beispiele/Erläuterung
Welchen Stellenwert hat SCRM in ihrem Unternehmen, wie ist es gestaltet und wer nimmt welche Aufgaben im SCRM war?	
5. Welchen Stellenwert hat das SCRM in Ihrem Unternehmen?	▪ Nennen Sie ein oder zwei Beispiele für Risikoeintritte und deren Folgen für Ihr Unternehmen. ▪ Hat sich die Bedeutung des SCRM in den letzten Jahren erhöht?
6. Welche Bedeutung haben unterschiedliche Risikotypen nach Herkunft?	▪ Umfeld ▪ Markt ▪ Institutionen ▪ Ressourcen/Infrastruktur ▪ Wertstrom
7. Strukturierung der SCM Aufgaben	▪ Organisation von Logistik, Lieferantenmanagement, Supply Chain Management (Zentral vs. Dezentral)
8. Welche SCRM-Aufgaben erfüllen unterschiedliche Funktionsbereiche?	▪ Logistik, Lieferantenmanagement, Supply Chain Management, Einkauf etc.?
9. Gibt es Zentralorganisationen RM/SCRM, wie sin diese in das SCRM eingebunden?	▪ Zentral/dezentral, funktional/institutionell, formell/informell ▪ Bspw. Standards durch zentrale Einheit
10. Welchen Stellenwert hat das SCRM in Ihrem Unternehmen?	▪ Nennen Sie ein oder zwei Beispiele für Risikoeintritte und deren Folgen für Ihr Unternehmen. ▪ Hat sich die Bedeutung des SCRM in den letzten Jahren erhöht?
11. Welche Bedeutung haben unterschiedliche Risikotypen nach Herkunft?	▪ Umfeld ▪ Markt ▪ Institutionen ▪ Ressourcen/Infrastruktur ▪ Wertstrom
12. Strukturierung der SCM Aufgaben	▪ Organisation von Logistik, Lieferantenmanagement, Supply Chain Management (Zentral vs. Dezentral)
13. Welche SCRM-Aufgaben erfüllen unterschiedliche Funktionsbereiche?	▪ Logistik, Lieferantenmanagement, Supply Chain Management, <- Einkauf, andere?
14. Gibt es Zentralorganisationen RM/SCRM, wie sin diese in das SCRM eingebunden?	▪ Zentral/dezentral, funktional/institutionell, formell/informell ▪ Bspw. Standards durch zentrale Einheit

SC/SCRM-Gestaltung	Vertiefungsfragen/Beispiele/Erläuterung
Welche konkreten Maßnahmen implementieren sie im SCRM und wie kooperieren Sie hierbei mit ihren Supply-Chain-Partnern?	
15. Wie ist die Supply Chain Ihres Unternehmens strukturiert und welche besonderen Herausforderungen ergeben sich auf Beschaffungs- und Absatzseite?	▪ Strukturdetails o Anzahl der direkten Lieferanten o Anteil Setzteile/Vorgabe Unterlieferanten o A/B/C-Teile o Just in Time o Systeme/Module
16. Ergeben sich für Ihre Lieferanten andere/größere Herausforderungen?	
17. Wird mit Supply-Chain-Partnern im SCRM kooperiert? Wie differenzieren Sie, mit wem Sie wie eng zusammenarbeiten?	▪ Mögliche Optionen: Keine Zusammenarbeit / Zusammenarbeit mit direkten Partnern / Zusammenarbeit über mehrere Supply Chain Stufen
18. Welche Maßnahmen nutzen Sie zur Vermeidung von Risiken bzw. zur Reduzierung der Auswirkungen von Risiken?	▪ Lieferantenmanagement, Logistik, Supply Chain Management ▪ Proaktiv vs. Reaktiv? ▪ Rolle von Spezifität/Häufigkeit/Unsicherheit in Bezug auf Produkte, Lieferanten, Kunden
19. Wie differenzieren Sie, für welches Produkt/Beschaffungsgut Sie welche Maßnahmen ergreifen?	

Informationen und Methoden im SCRM?	Vertiefungsfragen/Beispiele/Erläuterung
Welche Rolle spielen Informationen im SCRM und welche Methoden benutzen Sie zur Verarbeitung von Informationen?	
20. Welche Informationen benötigen Sie für das SCRM? (Was sind die wichtigsten Informationen)	▪ Umfeld (statistisch/Echtzeit) ▪ Markt (Entwicklung) ▪ Institutionen (Welche Kapazitäten hat mein Lieferant) ▪ Ressourcen/Infrastruktur (Wo ist mein Lieferant mit welcher Infrastruktur) ▪ Wertstrom (bspw. Geo Fencing) ▪ Vernetzung der Informationen?
21. Wie hoch ist die Visibility in der Supply Chain, wann ist Visibility notwendig?	▪ Tiefe der informatorischen Integration
22. Welche Auswirkungen haben die Organisationsstrukturen auf Informationsverfügbarkeit und –bedarf für das Risikomanagement?	
23. Was steuert den Informationsbedarf?	▪ Spezifität/Unsicherheit/Häufigkeit?
24. Welchen Wert/Nutzen haben Informationen im SCRM?	
25. Welche Informationsquellen nutzen Sie in der Supply Chain?	▪ Lieferanten, Kunden, Dienstleister ▪ D&B, Rating Agenturen, Wirtschaftsprüfung, Versicherer, sonstige Info-Dienstleister
26. Werden Informationen für das SCRM zentral aufbereitet? Wie?	▪ Welche zentralen Kennzahlen und Indikatoren verwenden Sie im SCRM? Value at Risk?
27. Wie beurteilen Sie Ihren Informationsstand in SCM/SCRM?	▪ Welche benötigten Informationen bekommen Sie ggf. nicht? ▪ Welche Informationen sind ggf. kritisch? ▪ Warum werden Informationen von Partnern nicht geteilt? Welche Informationen werden nicht geteilt? ▪ Wie lassen sich Partner zum Informationsaustausch motivieren? o Finanziell o Sonstiger Nutzen für Partner? ▪ Unter welchen Bedingungen/warum stellen Sie Daten für Kunden/Lieferanten zur Verfügung? Welche? ▪ Gibt es Informationen, die Sie selbst nicht an Ihre SC-Partner weitergeben würden? Warum nicht?
28. Welche Methoden/Instrumente setzen Sie im SCRM ein? Welche Anforderungen haben Sie an die Methoden?	▪ Haben Sie selbst Methoden entwickelt? ▪ Beispiele für Methoden: Brainstorming, Checklisten, Prognose, Stresstest, Expertenbefragungen, Schätzungen, Szenarioanalyse, AHP, Simulation zur Alternativenbewertung, Event-Management-Systeme
29. Welche Erfahrungen gibt es aus der Methodennutzung?	▪ Welche Methoden haben sich bewährt, welche nicht? Warum?

IT-Lösungen?	Vertiefungsfragen/Beispiele/Erläuterung
Welche IT-Systeme verwenden Sie im SCRM? Sehen Sie für die Zukunft verstärkte Einsatzpotenziale von IT-Systemen?	
30. Welche Zentralen IT Systeme nutzen Sie in ihrem Aufgabenbereich?	▪ ERP, Demand Planning, MRP, APS, Event Management, Supply Demand Match? ▪ Entwicklungsbedarf?
31. Sehen Sie Bedarf für Systeme im SCM/SCRM-Bereich, die die Mikro-/Meso-/Makroebene überbrücken?	▪ Bspw.: Integration von Wertströmen mit Daten zur aktuellen Umfeldsituation
32. Welche IT-/Softwarelösungen setzen Sie im Risikomanagement ein? Welche Funktionsbereiche nutzen welche Tools?	▪ Tools für: Lieferantenbewertung, Simulation, SC-Mapping, Eventmanagement, Track & Trace, Geofencing
33. Handelt es sich um Marktlösungen oder Eigenentwicklungen?	
34. Sind spezifische IT-Lösungen für ein ganzheitliches SCRM bekannt? Werden diese genutzt? Wird die Anwendung erwogen?	▪ Bspw. Riskmethods, Resilinc, Resillience 360
35. Wo sehen Sie Potenziale in der Nutzung von IT-Systemen im SCRM?	▪ Welche Einsatzfelder sind relevant?
36. Sehen Sie Potenziale für den Einsatz einer zentralen SCRM-Plattform?	▪ Mit unterschiedlichen OEM geteilt ▪ Zentrale Lieferanten aufgeschaltet ▪ Zentrale Unterlieferanten aufgeschaltet
37. Könnten/sollen verstärkt IT-Lösungen im SCRM genutzt werden?	
38. Welche Anforderungen stellen Sie an eine IT-Unterstützung im SCRM?	▪ Welche Anforderungen gibt es an IT-Lösungen aus den folgenden Perspektiven: o Anwender (Menschliche Faktoren) o Organisatorische Integration o Technische Integration

Anhang 3: Übersicht über zitierte Fallstudienbelege

Belegdokument	Experte	Datenerhebung: vor Ort	Datenerhebung: Telefon	Datenerhebung: Webinar	Dokumentart: Transkript	Dokumentart: Fragebogen	Dokumentart: Protokoll
F011	E01		X		X		
F012	E02		X				X
F021	E03	X			X		
F022	E04	X					X
F031	E05	X			X		
F041	E06	X					X
F042	E06		X				X
F051	E07	X			X		
F061	E08		X		X		
F071F072	E09/E10	X			X		
F073	E12	X			X		
F074	E11		X				X
F081F082	E13/E14	X			X		
F091	E15		X		X		
F101	E16		X		X		
F111	E17	X			X		
F112	E18		X		X		
F113	E18		X			X	
F114	E18		X				X
F121	E19	X			X		
F122	E20			X			X
F131	E21	X			X		
F141	E22		X		X		
F151	E23	X			X		
F161	E24		X		X		
F171	E25		X		X		
F172F173	E25/E26			X			X
F175	E25	X					X
F181F182	E27/E28	X			X		
F191	E29		X		X		

Anhang 4: Übersicht über Datenerhebung im Rahmen der Vorstudie

		Daten-erhebung			Dokumentart		
Belegdokument	Experte/Event	vor Ort	Telefon	Webinar/ Workshop	Transkript	Fragebogen	Protokoll
A1	Interview System 1	X			X		
A2	Interview System 2		X	X	X		
A3	Interview System 3	X			X		
A4	Webinar System 3			X			X
A5	Webinar System 3			X			X
A6	Workshop AK SCRM im RMA e.V.			X			X
A7	Workshop mit Anbieter System 1			X			X

Anhang 5: Übersicht über zitierte, frei verfügbare Dokumente von SCRMIS-Anbietern

AGO_1: Web-Plattform für Ihre Supply Chain. Lieferantenmanagement für den strategischen Einkauf. Online im Internet verfügbar: http://2010.xinnovations.de/downloads-2010.html%3Ffile=tl_files%252Fxinnovations.2010%252FDownload%252FE-Manufacturing%252FStefan%20Zeeb.pdf (Zugriff am: 01.12.2015).

BSI_1: See real threats before they become a danger with Supplier Compliance Manager. Online im Internet verfügbar: http://www.bsigroup.com/LocalFiles/en-AE/Risk/Supply%20Chain%20Solutions/Supplier%20Compliance%20brochure_MEA.pdf (Zugriff am: 01.12.2015).

BSI_2: Your reputation is hard earned. Why risk it with poor supply chain management?. Online im Internet verfügbar: http://www.bsigroup.com/LocalFiles/en-IN/Resources/supplychain/BSI-Supply-Chain-Solutions-Overview-Brochure.pdf (Zugriff am: 01.12.2015).

DHL_1: DHL Resilience360 - An innovative approach for managing of weather incidents in logistics. Online im Internet verfügbar: http://www.mowe-it.eu/wordpress/wp-content/uploads/2014/09/23_Speich_DHL_Resilience360_v1_01.pdf (Zugriff am: 01.12.2015).

DHL_2: DHL Resilience360 Flyer. Online im Internet verfügbar: http://www.dhl.com/content/dam/downloads/g0/logistics/resilience360/dhl_resilience_360_flyer_en.pdf (Zugriff am: 01.12.2015).

DHL_3: The Resilient Supply Chain. Online im Internet verfügbar: https://www.securecargo.org/sites/securecargo.org/files/The_Resilient_Supply_Chain_-_DHL.pdf (Zugriff am: 01.12.2015).

DHL_4: DHL Dupont Case Study. Online im Internet verfügbar: http://www.dhl.com/content/dam/downloads/g0/logistics/resilience360/dupont_case_study_en.pdf (Zugriff am: 01.12.2015).

DHL_5: Supply Chain Risk Management - Resilient Supply Chains in Logistics and other Industries. The 3rd India Business & IT Resilience Summit (27. – 28.05.2015, Mumbai, Indien).

DHL_6: DHL ZF Case Study. Online im Internet verfügbar: http://www.dhl.com/content/dam/downloads/g0/logistics/resilience360/zf_case_study_Apr2014.pdf (Zugriff am: 01.12.2015).

IHS_1: Managing Supply Chain Risk. Online im Internet verfügbar: http://www.erai.com/presentations/Training%20Track%205/Managing%20Supply%20Chain%20Risk%20-%20Katherine%20Lewis.pdf (Zugriff am: 01.12.2015b).

IHS_2: IHS Country Risk Consulting presentation. Online im Internet verfügbar: https://www.ihs.com/pdf/IHS%20Country%20Risk%20Consulting%20presentation_146331110913044932.PDF (Zugriff am: 01.12.2015a).

INFO_1: Big Data Meets the Supply Chain — How SAP's Supplier InfoNet and Ariba Network Enable Companies to Predict, and Proactively Manage Supplier Risk. Big Data Meets the Supply Chain — How SAP's Supplier InfoNet and Ariba Network Enable Companies to Predict, and Proactively Manage Supplier Risk. Online im Internet verfügbar: https://www.ariba.com/assets/uploads/documents/Partners/Big-Data-Meets-the-Supply-Chain-Enabling-Companies-to-Predict-and-Proactively-Manage-Supplier-Risk.pdf (Zugriff am: 01.12.2015).

Info_2: What's New in SCM - SAP-Supply-Chain-Management. Online im Internet verfügbar: https://www.sapusers.org/connect/2013/wp-content/uploads/2013/12/SAP-Supply-Chain-Management-What%E2%80%99s-New-Ian-Scott-SAP.pdf (Zugriff am: 01.12.2015).

Info_3: SAP Supplier InfoNet User Guide. Online im Internet verfügbar: http://help.sap.com/download/supplier_infonet/supp_inet_20_user_en.pdf (Zugriff am: 01.12.2015).

ISYS_1: Creating Supply Chain Flexibility in the Flattening World. calameo.com. Online im Internet verfügbar: http://www.calameo.com/read/0013352764702619e0fef (Zugriff am: 01.12.2015).

ISYS_2: Infosys - Supply Chain Risk Mitigation. Online im Internet verfügbar: https://www.infosys.com/industries/industrial-manufacturing/industry-offerings/Documents/supply-chain-risk-mitigation-solution.pdf (Zugriff am: 01.12.2015).

MHP_1: Sicherstellung von Transparenz und Kontinuität globaler Produktionsnetzwerke. Online im Internet verfügbar: http://geocom.ch/sites/default/files/uploads/20150224_mhp_vce_thbe_final.pdf (Zugriff am: 01.12.2015).

NC4_1: NC4 Risk Center. Online im Internet verfügbar: http://nc4.com/documents/SupplyChainRiskManagement.pdf (Zugriff am: 01.12.2015).

RLNC_1: Resilinc SupplyIntelTM and EventWatchTM 5.0 Next-Generation Risk Management and Mitigation Solutions Address the Critical Need for Greater Supply Chain Resiliency. Online im Internet verfügbar: http://info.resilinc.com/hs-fs/hub/354536/file-708526528-pdf/SI-EW_solutions_brief.pdf (Zugriff am: 01.12.2015).

RMTS_1: Supply Chain Risk Management geht auch einfach!. Online im Internet verfügbar: http://assets.bme.de/public/uploads/ce792f5c3c0fdf8c04cf4c5ea898f58153aca92afa4e694b5e52c76ac912 (Zugriff am: 01.12.2015).

RMTS_2: CASESTUDY Supply Chain Risk Management Belimo. Online im Internet verfügbar: http://www.riskmethods.net/resources/case-studies/belimo-casestudy_riskmethods_de.pdf (Zugriff am: 01.12.2015).

RMTS_3: CASESTUDY Supply Chain Risk Management kardexremstar. Online im Internet verfügbar: http://www.riskmethods.net/resources/case-studies/kardex-casestudy_riskmethods_de.pdf (Zugriff am: 01.12.2015).

RZT_1: Razient Supply Chain Risk Management. Online im Internet verfügbar: https://business2.fiu.edu/vc/avcc2011/pdf/executive_summaries/2011/Razient-Summary-v1.pdf (Zugriff am: 01.12.2015).

SCAIR_1: 21st Century Supply Chain Management Understanding Drivers and Resolving Complexity. Online im Internet verfügbar: http://supplychain-risk.com (Zugriff am: 01.12.2015).

SCAIR_2: Scair Leaflet. Online im Internet verfügbar: https://intersys.co.uk/images/brochure/Scair_Leaflet_8_page_210mm_99mm_v4.pdf (Zugriff am: 01.12.2015b).

SMAP_1: Sourcemap: Eco-Design, Sustainable Supply Chains, and Radical Transparency. Online im Internet verfügbar: https://pdfs.semanticscholar.org/40b6/a8494c6e6bcc04366d18c5cd98de30c64830.pdf (Zugriff am: 01.12.2015).

Literaturverzeichnis

Abele, E. u. a. (2012): Überwindung von Zielkonflikten in Netzwerken der Automobilindustrie. Wettbewerbsfähigkeit durch Integration von Produktion, Logistik und Verkehr. In: Industrie Management, 28(2012)5, S. 29–32.

Adam, D. (1996a): Heuristische Planung. In: Schulte, C. (Hrsg.): Lexikon des Controlling. München, Wien 1996.

Adam, D. (1996b): Planung und Entscheidung. Modelle - Ziele - Methoden. Mit Fallstudien und Lösungen. 4. Aufl., Wiesbaden 1996.

Adam, D. (1999): Produktions-Management. 9., vollst. überarb. Aufl., Wiesbaden 1999.

Adexa (2015): The Electronics Supply Chain: Winning in a Virtual Environment. Online verfügbar: http://www.adexa.com/pdf/electronics.pdf.

Adhitya, A./Srinivasan, R./Karimi, I.A. (2007): A model-based rescheduling framework for managing abnormal supply chain events. In: Computers & Chemical Engineering, ESCAPE-15. Selected Papers from the 15th European Symposium on Computer Aided Process Engineering held in Barcelona, Spain, 29. Mai – 1. Juni 2005, 31(2007)5–6, S. 496–518.

Aertsen, F./Versteijnen, E. (2006): Responsive Forecasting and Planning Process in the High-Tech Industry. In: The Journal of Business Forecasting, 25(2006)2, S. 33.

Affolter, B. (2001): Risk Management bei der Schweizerischen Post : ein Erfahrungsbericht. In: Zehnder, M. (Hrsg.): Der Schweizer Treuhänder, 2001, S. 553-560.

Aghamanoukjan, A./Buber, R./Meyer, M. (2009): Qualitative Interviews. In: Buber, R./Holzmüller, H.H. (Hrsg.): Qualitative Marktforschung. Wiesbaden 2009, S. 415–436.

Aghapur, A./Zailani, S./Marthandan, G. (2015): Supply Chain Risk Identification in Electrical and Electronics Industry: An Exploratory Study in the context of Malaysia. In: Full Paper Procedings Global Illuminators, 1(2015)1, S. 176–197.

Ahlers, G.M. (2006): Organisation der integrierten Kommunikation. Entwicklung eines prozessorientierten Organisationsansatzes. Wiesbaden 2006.

airmic (2013): Supply Chain Failures. Online verfügbar: http://www.airmic.com/sites/default/files/supply_chain_failures_2013_FINAL_web.pdf (Zugriff am: 16.02.2016).

Ajzen, I./Fishbein, M. (1972): Attitudes and Normative Beliefs as Factors Influencing Behavioral Intentions. In: Journal of Personality and Social Psychology, 21(1972)1, S. 1.

Akkermans, H./Dellaert, N. (2005): The rediscovery of industrial dynamics: the contribution of system dynamics to supply chain management in a dynamic and fragmented world. In: System Dynamics Review, 21(2005)3, S. 173–186.

Allianz (2014): Allianz Risk Barometer - Top Business Risks 2014. Online verfügbar: http://www.agcs.allianz.com/assets/PDFs/Reports/Allianz-Risk-Barometer-2014_EN.pdf (Zugriff am: 16.02.2016).

Allianz (2015): Allianz Risk Barometer - Top Business Risks 2015. Online verfügbar: http://www.agcs.allianz.com/assets/PDFs/Reports/Allianz-Risk-Barometer-2015_EN.pdf (Zugriff am: 16.02.2016).

Allianz (2016): Allianz Risk Barometer - Top Business Risks 2016. Online verfügbar: http://www.agcs.allianz.com/assets/PDFs/Reports/AllianzRiskBarometer2016.pdf (Zugriff am: 16.02.2016).

Alt, R. (1997): Interorganisationssyteme in der Logistik. Interaktionsorientierte Gestaltung von Koordinationsinstrumenten. Wiesbaden 1997.

Alt, R./Cathomen, I. (1996): Handbuch Interorganisationssysteme: Anwendungen für die Waren- und Finanzlogistik. Braunschweig 1996.

Alt, R./Österle, H. (2012): Real-time Business: Lösungen, Bausteine und Potenziale des Business Networking. Berlin 2012.

Alvesson, M. (2002): Understanding organizational culture. London 2002.

Amann, M. (2009): Bedeutung von Produktionskompetenz im Supply Chain Management: Entwicklung einer marktorientierten Steuerungskonzeption am Beispiel der Lebensmittelindustrie. Wiesbaden 2009.

Anderson, E.W./Mittal, V. (2000): Strengthening the Satisfaction-Profit Chain. In: Journal of Service Research, 3(2000)2, S. 107–120.

Ansoff, H.I. (1976): Managing surprise and discontinuity. Strategic response to weak signals. In: Zeitschrift für betriebswirtschaftliche Forschung, 28(1976)3, S. 129–152.

Ansoff, H.I. (1991): Critique of Henry Mintzberg's 'The design school: Reconsidering the basic premises of strategic management'. In: Strategic Management Journal, 12(1991)6, S. 449–461.

Arnold, D. (2008): Handbuch Logistik. Berlin 2008.

Attewell, P. (1992): Technology Diffusion and Organizational Learning: The Case of Business Computing. In: Organization Science, 3(1992)1, S. 1–19.

Backhaus, K. u. a. (2011): Multivariate Analysemethoden. Eine anwendungsorientierte Einführung. 13. Aufl. Heidelberg u.a. 2011.

Badea, A. u. a. (2014): Assessing Risk Factors in Collaborative Supply Chain with the Analytic Hierarchy Process (AHP). In: Procedia - Social and Behavioral Sciences, 124(2014), S. 114–123.

Bähring, K. u. a. (2008): Methodologische Grundlagen und Besonderheiten der qualitativen Befragung von Experten in Unternehmen - Ein Leitfaden. In: Die Unternehmung, 62(2008)1, S. 89–111.

Bakos, J.Y. (1991): Information Links and Electronic Marketplaces: The Role of Interorganizational Information Systems in Vertical Markets. In: Journal Management Information Systems, 8(1991)2, S. 31–52.

Bakshi, N./Kleindorfer, P.R. (2009): Co-opetition and Investment for Supply-Chain Resilience. In: Production & Operations Management, 18(2009)6, S. 583–603.

Bamberg, G./Coenenberg, A.G./Krapp, M. (2012): Betriebswirtschaftliche Entscheidungslehre. Auflage: 15., überarbeitete Auflage. München 2012.

Banner, D.K./Gagné, T.E. (1995): Designing Effective Organizations: Traditional and Transformational Views. 1995.

Bäppler, E. (2009): Nutzung des Wissensmanagements im Strategischen Management: Zur interdisziplinären Verknüpfung durch den Einsatz von IKT. Wiesbaden 2009.

Barney, J. (1991): Firm Resources and Sustained Competitive Advantage. In: Journal of Management, 17(1991)1, S. 99–120.

Basole, R.C./Bellamy, M.A. (2014): Visual analysis of supply network risks: Insights from the electronics industry. In: Decision Support Systems, 67(2014), S. 109–120.

Baumgarten, H./Wieland, A. (2008): Lieferkettensicherheit. In: Wolf-Kluthausen, H. (Hrsg.): Jahrbuch Logistik 2008. Korschenbroich 2008, S. 190–193.

Baum, J. (1999): Back on Track. In: Far Eastern Economic Review, 162(1999)47, S. 95.

Bea, F./Göbel, E. (2010): Organisation. 4. Aufl. Stuttgart 2010.

Bechtel, C./Jayaram, J. (1997): Supply Chain Management: A Strategic Perspective. In: The International Journal of Logistics Management, 8(1997)1, S. 15–34.

Becker, D.H. (2010): Darwins Gesetz in der Automobilindustrie. Berlin 2010.

Becker, F.G. (1993): Explorative Forschung mittels Bezugsrahmen - Ein Beitrag zur Methodologie des Entdeckungszusammenhangs. In: Zeitschrift für Personalforschung/German Journal of Research in Human Resource Management, (1993), S. 111–127.

Beckmann, H. (2012): Prozessorientiertes Supply Chain Engineering: Strategien, Konzepte und Methoden zur modellbasierten Gestaltung. Wiesbaden 2012.

Beer, S. (1962): Kybernetik und Management. 4.Aufl., Berlin 1962.

Behdani, B. u. a. (2012): How to Handle Disruptions in Supply Chains – An Integrated Framework and a Review of Literature. Rochester, NY 2012.

Behdani, B. (2013): Handling Disruptions in Supply Chains: An Integrated Framework and an Agent-based Model. Delft 2013.

Bellmann, K. (2001): Heterarchische Produktionsnetzwerke: ein konstruktivistischer Ansatz. In: Kooperations- und Netzwerkmanagement : Festgabe für Gert v. Kortzfleisch zum 80. Geburtstag, (2001), S. 31–54.

Benlian, A./Hess, T./Buxmann, P. (2010): Software-as-a-Service. Wiesbaden 2010.

Bergamin, I. (2002): Ein Gestaltungskonzept integrierter Früherkennung? Ergebnis einer systemtheoretischen Analyse von Metakonzepten der Früherkennung und von Prognoseansätzen. 2002.

Berg, E./Knudsen, D./Norrman, A. (2008): Assessing Performance Of Supply Chain Risk Management Programmes – A Tentative Approach. In: International Journal of Risk Assessment and Management, 9(2008)3, S. 288–310.

Bernard J. La Londe/James M. Masters (1994): Emerging Logistics Strategies: Blueprints for the Next Century. In: International Journal of Physical Distribution & Logistics Management, 24(1994)7, S. 35–47.

Berndt, R./Altobelli, C.F./Schuster, P. (1998): Springers Handbuch der Betriebswirtschaftslehre 1. Berlin, Heidelberg 1998.

Bertalanffy, L. von (1968): An Potline of General Systems Theory: Foundations, Development, Applications. New York 1968.

von Bertalanffy, L. (1972): The History and Status of General Systems Theory. In: Academy of Management Journal, 15(1972)4, S. 407–426.

Berthel, J. (1975): Betriebliche Informationssysteme. Stuttgart 1975.

Beuermann, G. (1992): Zentralisation und Dezentralisation. In: Frese, E. (Hrsg.): Handwörterbuch der Organisation. 3. völlig neu gestaltete Aufl., Stuttgart 1992, S. 2611–2625.

Bierhoff, H. (1995): Vertrauen in Führungs- und Kooperationsbeziehungen. In: Kieser, A./Reber, G./Wunderer, R. (Hrsg.): Handwörterbuch der Führung. Stuttgart 1995, Sp. 2148–2158.

Bildingmaier, J. (1970): Die Bedeutung zielgerichteter Informationen für die Unternehmensführung. In: Zeitschrift für Organisation, 39(1970)3, S. 97–102.

Blackhurst, J. u. a. (2005): An empirically derived agenda of critical research issues for managing supply-chain disruptions. In: International Journal of Production Research, 43(2005)19, S. 4067–4081.

Blackhurst, J./Dunn, K./Craighead, C.W. (2011): An Empirically Derived Framework of Global Supply Resiliency. In: Journal of Business Logistics, 32(2011)4, S. 374–391.

Blackhurst, J./Wu, T./O'Grady, P. (2005): PCDM: a decision support modeling methodology for supply chain, product and process design decisions. In: Journal of Operations Management, 23(2005)3-4, S. 325–343.

Blankenburg, J. (1978): Risikomanagement als betriebswirtschaftliche Aufgabe. In: ZfB, 48(1978)4, S. 329–332.

Blau, P.M./Scott, W.R. (1962): Formal Organizations: A Comparative Approach. Stanford 1962.

Bleicher, K. (1966): Zentralisation und Dezentralisation von Aufgaben in der Organisation der Unternehmungen. Berlin 1966.

Bleicher, K. (1993): Dynamisch-integriertes Management. In: Scharfenberg, Heinz (Hrsg.): Strukturwandel in Management und Organisation. 1993, S. 29–53.

Bleicher, K. (1995): Das Konzept integriertes Management. 3. Aufl., St. Gallen 1995.

Blum, U./Gleißner, W. (2007): Unternehmensbewertung, Rating und Risikobewältigung. 2007.

Böcker, F./Gierl, H. (1988): Die Diffusion neuer Produkte. In: ZfbF, 40(1988)1, S. 32–49.

Bode, C. (2015): Reaktives Risikomanagement: Mut zur Lücke. In: BIP – Best in Procurement, 6(2015)1, S. 50–51.

Bode, C./Wagner, S.M. (2015): Structural drivers of upstream supply chain complexity and the frequency of supply chain disruptions. In: Journal of Operations Management, 36(2015), S. 215–228.

Bodendorf, F. (2006): Daten- und Wissensmanagement. 2., aktualisierte und erw. Aufl., Berlin 2006.

de Boer, L./Labro, E./Morlacchi, P. (2001): A review of methods supporting supplier selection. In: European Journal of Purchasing and Supply Management, 7(2001)2, S. 75–89.

Bogaschewsky, R./Müller, H./Altmann, M. (2009): Integrierte Risikobetrachtung im strategischen Supply Chain Design von KMU. In: Konferenzband Supply Chain Management im Mittelstand. Dortmund 2009, S. 214–224.

Bogataj, D./Bogataj, M. (2007): Measuring the supply chain risk and vulnerability in frequency space. In: International Journal of Production Economics, 108(2007)1-2, S. 291–301.

Böger, M. (2010): Gestaltungsansätze und Determinanten des Supply Chain Risk Managements: eine explorative Analyse am Beispiel von Deutschland und den USA Lohmar 2010.

Bolstorff, P.A./Rosenbaum, R.G./Poluha, R.G. (2007): Spitzenleistungen im Supply Chain Management ein Praxishandbuch zur Optimierung mit SCOR. Berlin 2007.

Bolstorff, P./Rosenbaum, R. (2003): Supply Chain Excellence: a Handbook for Dramatic Improvement Using the SCOR Model. New York 2003.

Boone, T./Ganeshan, R./Stenger, A.J. (2005): The Benefits of Information Sharing in a Supply Chain: An Exploratory Simulation Study. In: Geunes, J. u.a. (Hrsg.): Supply Chain Management: Models, Applications, and Research Directions. 2005, S. 363–381.

Borgelt, C./Kruse, R. (2001): Unsicherheit und Vagheit: Begriffe, Methoden, Forschungsthemen. In: KI, 15(2001)3, S. 5–8.

Bornewasser, M. (2009): Organisationsdiagnostik und Organisationsentwicklung. Stuttgart 2009.

Bourque, L./Fielder, E.P. (2003): How to conduct self-administered and mail surveys. 2003.

Bowersox, D./Closs, D.J. (1996): Logistical Management: The Integrated Supply Chain Process. International edition. 1996.

Bowersox, D.J./Closs, D.J./Helferich, O.K. (1986): Logistical management: a systems integration of physical distribution, manufacturing support, and materials procurement. 1986.

Bowersox, D.J./Closs, D.J./Stank, T.P. (1999): 21st Century Logistics: Making Supply Chain Integration Reality. Oak Brook, Ill. 1999.

Bowman, R.J. (2006): Looking backward : Sony Ericsson takes on challenge of reverse logistics. In: Global Logistics & Supply Chain Strategies, 10(2006)5, S. 74–77.

Brandon-Jones, E. u. a. (2014): A Contingent Resource-Based Perspective of Supply Chain Resilience and Robustness. In: Journal of Supply Chain Management, 50(2014)3, S. 55-73.

Braun, H. (1984): Risikomanagement. Eine spezifische Controllingaufgabe. Darmstadt 1984.

Braunscheidel, M.J./Suresh, N.C. (2009): The organizational antecedents of a firm's supply chain agility for risk mitigation and response. In: Journal of Operations Management, 27(2009)2, S. 119–140.

Brehm, C.R. (2003): Organisatorische Flexibilität der Unternehmung: Bausteine eines erfolgreichen Wandels. Wiesbaden 2003.

Breilmann, U. (1995): Dimensionen der Organisationsstruktur. Ergebnisse einer empirischen Untersuchung. In: Zeitschrift für Führung und Organisation, 64(1995)3, S. 159–164.

Brenner, V. (2015): Causes of supply chain disruptions: an empirical analysis in cold chains for food and pharmaceuticals. Wiesbaden 2015.

Bretzke, W.-R. (Hrsg) (2002): SCEM - Entwicklungsperspektive für Logistikdienstleister. In: Supply Chain Management : Automotive, 2(2002)3, S. 27–31.

Brodersen, J./Pfüller, K. (2013): Information und Wissen als Wettbewerbsfaktoren: Analysen und Managementansätze. München 2013.

Brokmann, T./Weinrich, G. (2012): Frühwarnindikatoren und Krisenfrühaufklärung – Ansätze und Praxisanforderungen. In: Jacobs, J. u. a. (Hrsg.): Frühwarnindikatoren und Krisenfrühaufklärung. 2012, S. 13–41.

Brühwiler, B. (2007): Risikomanagement als Führungsaufgabe. Bern 2007.

Bryan, C. (2013): Economic Behavior, Game Theory, and Technology in Emerging Markets. 2013.

Bryman, A./Bell, E. (2007): Business Research Methods. Oxford 2007.

Budäus, D./Dobler, C. (1977): Theoretische Konzepte und Kriterien zur Beurteilung der Effektivität von Organisationen. In: Management International Review, (1977), S. 61–75.

Bühl, W.L. (1990): Sozialer Wandel im Ungleichgewicht. Zyklen, Fluktuationen, Katastrophen. Stuttgart 1990.

Bühner, R. (2004): Betriebswirtschaftliche Organisationslehre. 10., bearb. Aufl. München 2004.

Bülow, S. (2013): Netzwerk-Organisation für Allfinanzanbieter: Ein organisations-theoretischer Vorschlag auf Grundlage der Neuen Institutionenökonomie. Wiesbaden 2013.

Bunge, M. (1996): Finding philosophy in social science. Yale 1996.

Bungenstock, C. (1995): Entscheidungsorientierte Kostenrechnungssysteme Eine entwicklungsgeschichtliche Analyse. Wiesbaden 1995.

Bunkley, N. (2011): Japan's Automakers Now See Longer Delays. In: The New York Times. Zugleich online im Internet: http://www.nytimes.com/2011/03/19/business/global /19auto.html (Zugriff am: 20.12.2015).

Bünting, H.F. (1995): Organisatorische Effektivität von Unternehmungen: ein zielorientierter Ansatz. Wiesbaden 1995.

Burger, A./Buchhart, A. (2002): Risiko-Controlling. München 2002.

Burghardt, M. (2006): Projektmanagement: Leitfaden für die Planung, Überwachung und Steuerung von Entwicklungsprojekten. 7., überarb. u. erw. Aufl. Erlangen 2006.

Burrus, J./Kuettner, D. (2002): Forecasting for Short-Lived Products: Hewlett-Packard's Journey. In: The Journal of Business Forecasting, 21(2002)4, S. 9–14.

Busch, A. u. a. (2003): Marktspiegel Supply Chain Management Systeme - Potenziale - Konzepte - Anbieter im Vergleich. Wiesbaden 2003.

Busch, A./Dangelmaier, P.D. (2004): Integriertes Supply Chain Management: Theorie Und Praxis Effektiver Unternehmensübergreifender Geschäftsprozesse. 2.Aufl. Wiesbaden 2004.

Busch, A./Dangelmaier, W./Langemann, T. (2002): Collaborative Supply Chain Management - Grundlagen, Konzepte, Systeme. In: Supply Chain Management : Automotive, 2(2002)2, S. 15–22.

Buscher, U. (1999): ZP-Stichwort: Supply Chain Management. In: Zeitschrift für Planung : ZP, 10(1999)4, S. 449–456.

Buxmann, D.P./Weitzel, D.-K.T./König, P.D.W. (1999): Auswirkung alternativer Koordinationsmechanismen auf die Auswahl von Kommunikationsstandards. In: Albach, H. (Hrsg.): Innovation und Absatz. Wiesbaden 1999, S. 133–152.

Buxmann, P. (2001): Informationsmanagement in vernetzten Unternehmen. Wirtschaftlichkeit, Organisationsänderungen und der Erfolgsfaktor Zeit. Wiesbaden 2001.

Buxmann, P./Diefenbach, H./Hess, T. (2015): Die Softwareindustrie. Berlin, Heidelberg 2015.

Cachon, G.P. (2003): Supply Chain Coordination with Contracts. 2003.

Cagliano, A.C. u. a. (2012): An integrated approach to supply chain risk analysis. In: Journal of Risk Research, 15(2012)7, S. 817–840.

Cameron, K.S. (1982): The Effectiveness of Ineffectiveness: A New Approach to Assessing Patterns of Organizational Effectiveness. 1982.

Campbell, J.P. (1977): On the nature of organizational effectiveness. In: Goodman, P. S./Pennings, J.M. (Hrsg.): New perspectives on organizational effectiveness. San Francisco 1977, S. 13–55.

Cardona, O.-D. u. a. (2012): Determinants of Risk: Exposure and Vulnerability. In: Field, Christopher B. u. a. (Hrsg.): Managing the Risks of Extreme Events and Disasters to Advance Climate Change Adaptation. Cambridge 2012, S. 65–108.

Carter, C.R./Ellram, L.M./Tate, W. (2007): The use of social network analysis in logistics research. In: Journal of Business Logistics, 28(2007)1, S. 137–168.

Catalan, M./Kotzab, H. (2003): Assessing the responsiveness in the Danish mobile phone supply chain. In: International Journal of Physical Distribution & Logistics Management, 33(2003)8, S. 668–685.

Cenfetelli, R.T. (2004): Inhibitors and Enablers as Dual Factor Concepts in Technology Usage. In: Journal of the Association for Information Systems, 5(2004)11.

Ceryno, P.S. u. a. (2013): Supply chain risk management: A content analysis approach. In: International Journal of Industrial Engineering and Management, 4(2013)3, S. 141–150.

Chamoni, P.D.P./Gluchowski, P.D.P.P. (2009): Analytische Informationssysteme — Einordnung und Überblick. In: Chamoni, P./Gluchowski, P. (Hrsg.): Analytische Informationssysteme. Berlin 2009, S. 3–22.

Chang, S.-C./Lin, N.-P./Sheu, C. (2002): Aligning manufacturing flexibility with environmental uncertainty: Evidence from high-technology component manufacturers in Taiwan. In: International Journal of Production Research, 40(2002)18, S. 4765–4780.

Charles Scott/Roy Westbrook (1991): New Strategic Tools for Supply Chain Management. In: International Journal of Physical Distribution & Logistics Management, 21(1991)1, S. 23–33.

Child, J. (1973): Predicting and Understanding Organization Structure. In: Administrative Science Quarterly, 18(1973)2, S. 168–185.

Chmielewicz, K. (1994): Forschungskonzeptionen der Wirtschaftswissenschaft. 3., unveränd. Aufl. Stuttgart 1994.

Choi, T.Y./Dooley, K.J./Rungtusanatham, M. (2001): Supply networks and complex adaptive systems: control versus emergence. In: Journal of Operations Management, 19(2001)3, S. 351–366.

Choi, T.Y./Hartley, J.L. (1996): An exploration of supplier selection practices across the supply chain. In: Journal of Operations Management, 14(1996)4, S. 333–343.

Choi, T.Y./Hong, Y. (2002): Unveiling the structure of supply networks: case studies in Honda, Acura, and DaimlerChrysler. In: Journal of Operations Management, 20(2002)5, S. 469–493.

Choi, T.Y./Krause, D.R. (2006): The supply base and its complexity: Implications for transaction costs, risks, responsiveness, and innovation. In: Journal of Operations Management, 24(2006)5, S. 637–652.

Choo, C.W. (1996): The knowing organization: How organizations use information to construct meaning, create knowledge and make decisions. In: International Journal of Information Management, 16(1996)5, S. 329–340.

Choo, C.W. (2005): The Knowing Organization: How Organizations Use Information to Construct Meaning, Create Knowledge, and Make Decisions. 2 Rev ed. New York 2005.

Choudhury, V. (1997): Strategic Choices in the Development of Interorganizational Information Systems. In: Information Systems Research, 8(1997)1, S. 1–24.

Choy, K.L./Lee, W.B. (2003): A generic supplier management tool for outsourcing manufacturing. In: Supply Chain Management: An International Journal, 8(2003)2, S. 140–154.

Christiaanse, E. (2005): Performance Benefits Through Integration Hubs. In: Commun. ACM, 48(2005)4, S. 95–100.

Christopher, M. (1998): Logistics and Supply Chain Management: Strategies for Reducing Cost and Improving Service. In: International Journal of Logistics Research and Applications, 2(1998)1, S. 103–104.

Christopher, M. (2000): The agile supply chain. Competing in volatile markets. In: Industrial Marketing Management, 29(2000)1, S. 37–44.

Christopher, M. (2005): Logistics and supply chain management: Creating value-added networks. 3. Aufl. Harlow, England; New York 2005.

Christopher, M. (2013): Logistics And Supply Chain Management: Creating Value-Adding Networks. Harlow 2013.

Christopher, M./Peck, H. (2004): Building the Resilient Supply Chain. In: The International Journal of Logistics Management, 15(2004)2, S. 1–14.

Christopher, M./Peck, H./Towill, D. (2006): A taxonomy for selecting global supply chain strategies. In: International Journal of Logistics Management, 17(2006)2, S. 277–287.

Clark, p (1990): Business Interruption Coverage from Startup to Finished Product. In: Risk Management, 37(1990)10, S. 59–65.

Coase, R. (1937): The Nature of the Firm. In: Economica, 4(1937)16, S. 386–405.

Coenenberg, A.G. (2003): Kostenrechnung und Kostenanalyse. 5. Auflage. 2003.

Cohen, M.A./Agrawal, N. (1999): An analytical comparison of long and short term contracts. In: IIE Transactions, 31(1999)8, S. 783–796.

Coker, B. (2004): The ODM Threat to EMS. In: Circuits Assembly, 15(2004)2, S. 34.

Cooper, M.C./Lambert, D.M./Pagh, J.D. (1997): Supply Chain Management. More than a new name for logistics. In: The International Journal of Logistics Management, 8(1997)1, S. 1–13.

Cooper, R.B./Zmud, R.W. (1990): Information Technology Implementation Research: A Technological Diffusion Approach. In: Manage. Sci., 36(1990)2, S. 123–139.

Copacino, W.C./Lewinski, H. von/Lee, H. (2003): Supply Chain Mastery through Innovative Collaboration. In: Supply Chain Management, 3(2003)3, S. 59–61.

Corbin, J.M./Strauss, A.C. (2008): Basics of Qualitative Research: Techniques and Procedures for Developing Grounded Theory. 3. Aufl. Los Angeles 2008.

Corsten, D./Gabriel, C. (2002): Supply Chain Management erfolgreich umsetzen. Grundlagen, Realisierung und Fallstudien. Berlin 2002.

Corsten, D./Gabriel, C. (2004): Supply Chain Management erfolgreich umsetzen: Grundlagen, Realisierung und Fallstudien. 2. Aufl. Berlin 2004.

Corsten, H. (1997): Management von Geschäftsprozessen. Kohlhammer 1997.

Corsten, H./Gössinger, G. (2001): Advanced Planning Systems - Anspruch und Wirklichkeit. In: PPS Management, 6(2001)2, S. 32–39.

COSO (2011): Integrated Control - Integrated Framework. 2011.

Cousins, P.D./Lawson, B./Squire, B. (2006): Supply chain management: theory and practice – the emergence of an academic discipline? In: International Journal of Operations & Production Management, 26(2006)7, S. 697–702.

Craighead, C. u. a. (2007): The severity of supply chain disruptions. Design characteristics and mitigation capabilitis. In: Decision Science, 38(2007)1, S. 131 – 156.

Cramme, C. (2005): Informationsverhalten als Determinante organisationaler Entscheidungseffizienz. Hampp 2005.

Cranfield University (2003): Creating Resilient Supply Chains:: A Self-Assessment Workbook. 2003. Zugleich online im Internet: http://www.som.cranfield.ac.uk /som/dinamic-content/research/lscm/downloads/57081_Report_AW.pdf (Zugriff am: 16.09.2015).

Croson, R./Donohue, K. (2006): Behavioral Causes of the Bullwhip Effect and the Observed Value of Inventory Information. In: Management Science, 52(2006)3, S. 323–336.

Culp, C. (2001): The Risk Management Process: Business Strategy and Tactics. 2001.

Cyert, R.M./March, J.G. (1999): Eine Verhaltenswissenschaftliche Theorie der Unternehmung. 1999.

Cyert, R.M./Simon, H.A./Trow, D.B. (1956): Observation of a Business Decision. In: The Journal of Business, 29(1956)4, S. 237–248.

Czaja, L. (2009): Qualitätsfrühwarnsysteme für die Automobilindustrie. 2009.

Dachler, H.-P. (1986): Grenzen der Erklärungskraft biologischer und organismischer Analogien im Lichte grundsätzlicher, in den Sozialwissenschaften begründeter Eigenschaften von Humansystemen. 1986.

Daecke, N. (2012): Akteursbasierte Führung von Supply-Chain-Beziehungen. 2012.

Daft, R. (2010): Organization theory and design. 10. Aufl. Mason Ohio 2010.

Daft, R.L./Lengel, R.H. (1986): Organizational Information Requirements, Media Richness and Structural Design. In: Management Science, 32(1986)5, S. 554–571.

Daft, R.L./Sormunen, J./Parks, D. (1988): Chief executive scanning, environmental characteristics, and company performance: An empirical study. In: Strategic Management Journal, 9(1988)2, S. 123–139.

Dahmen, J.W. (2002): Prozeßorientiertes Risikomanagement zur Handhabung von Produktrisiken. 2002.

Dai, Q./Kauffman, R.J. (2002): Business Models for Internet-Based B2B Electronic Markets. In: Int. J. Electron. Commerce, 6(2002)4, S. 41–72.

Dane, E./Pratt, M.G. (2007): Exploring intuition and its role in managerial decision making. In: Academy of Management Review, 32(2007)1, S. 33–54.

Daniel, E.M./White, A. (2005): The future of inter-organisational system linkages: findings of an international Delphi study. In: European Journal of Information Systems, 14(2005)2, S. 188–203.

Dapiran, P. (1992): Benetton – Global Logistics in Action. In: International Journal of Physical Distribution & Logistics Management, 22(1992)6, S. 7–11.

Darkow, I.-L./Richter, M. (2004): Supply Chain Controlling. In: Baumgarten, H. u.a. (Hrsg.): Supply Chain Steuerung und Services. Berlin 2004, S. 113–122.

Davenport, T.H. (1993): Process Innovation: Reengineering Work Through Information Technology. Fifth Printing. Boston, Mass 1993.

Davis, F.D./Bagozzi, R.P./Warshaw, P.R. (1989): User Acceptance of Computer Technology: A Comparison of Two Theoretical Models. In: Management Science, 35(1989)8, S. 982–1003.

Deal, T. u. a. (2000): Corporate Cultures: The Rites and Rituals of Corporate Life. 2000.

Dedrick, J./Kraemer, K.L./Linden, G. (2010): Who profits from innovation in global value chains? A study of the iPod and notebook PCs. In: Industrial and Corporate Change, 19(2010)1, S. 81–116.

Dekker, A.H./Colbert, B.D. (2004): Network Robustness and Graph Topology. In: Proceedings of the 27th Australasian Conference on Computer Science. Volume, S. 359–368. Zugleich online im Internet: http://dl.acm.org/citation.cfm?id =979922.979965 (Zugriff am: 17.12.2014).

Delfmann, W. (1995): Logistik. In: Corsten, H./Reiß, M. (Hrsg.): Handbuch Unternehmungsführung. Wiesbaden 1995, S. 506 – 517.

Demeter, K./Gelei, A./Jenei, I. (2006): The effect of strategy on supply chain configuration and management practices on the basis of two supply chains in the Hungarian automotive industry. In: International Journal of Production Economics, 104(2006)2, S. 555–570.

Dethloff, C. (2004): Akzeptanz und Nicht-Akzeptanz von technischen Produktinnovationen. Lengerich 2004.

Diederichs, M. (2004): Risikomanagement und Risikocontrolling. München 2004.

Diederichs, M. (2012): Risikomanagement und Risikocontrolling. 3. Aufl. München 2012.

Dietrich, A.J. (2007): Informationssysteme für Mass Customization: Institutionenökonomische Analyse und Architekturentwicklung. Wiesbaden 2007.

Disney, S.M./Towill, D.R. (2003): On the bullwhip and inventory variance produced by an ordering policy. In: Omega, 31(2003)3, S. 157–167.

Domschke, W./Drexl, A. (2002): Einführung in Operations Research. 5., überarb. u. erw. Aufl. 2002.

Domschke, W./Drexl, A. (2007): Einführung in Operations Research. Berlin 2007.

Domschke, W./Scholl, A. (2005): Grundlagen der Betriebswirtschaftslehre: eine Einführung aus entscheidungsorientierter Sicht. Berlin; Heidelberg; New York 2005.

Doty, D.H./Glick, W.H. (1994): Typologies as a Unique Form of Theory Building. Toward improved Understanding and Modeling. In: Academy of Management Review, 19(1994)2, S. 230–251.

Doty, H./Glick, W.H./Huber, G.P. (1993): Fit, Equifinality, and Organizational Effectiveness. A Test of two Configurational Theories. In: Academy of Management Journal, 36(1993)6, S. 1196–1250.

Douglas M. Lambert/Martha C. Cooper/Janus D. Pagh (1998): Supply Chain Management: Implementation Issues and Research Opportunities. In: The International Journal of Logistics Management, 9(1998)2, S. 1–20.

Drazin, R./Van de Ven, A.H. (1985): Alternative Forms of Fit in Contingency Theory. In: Administrative Science Quarterly, 30(1985)4, S. 514–539.

Drexl, A./Kolisch, R./Sprecher, A. (1997): Koordination und Integration im Projektmanagement : Aufgaben und Instrumente. Kiel 1997.

Drucker, P.F. (1974): Management: Tasks, Responsibilities, Practices. Oxford 1974.

Drumm, H.J. (2004): Delegation. In: Schreyögg, G./v. Werder, A. (Hrsg.): Handwörterbuch Unternehmensführung und Organisation. 4., völlig neu bearb. Aufl. 2004, Sp. 179–189.

Duncan, R.B. (1972): Characteristics of Organizational Environments and Perceived Environmental Uncertainty. In: Administrative Science Quarterly, 17(1972)3, S. 313–327.

Duncan, R.B. (1974): Modifications in Decision Structure in Adapting to the Environment: Some Implications for Organizational Learning. In: Decision Sciences, 5(1974)4, S. 705–725.

Eberle, A.O. (2005): Risikomanagement in der Beschaffungslogistik. Bamberg 2005.

Ebers, M./Gotsch, W. (2006): Institutionenökonomische Theorien der Organisation. In: Kieser, Alfred/Ebers, Mark (Hrsg.): Organisationstheorien. 6. erw. Aufl. Stuttgart 2006, S. 247–308.

Eckert, S./Lamparter, G./Möller, K. (2004): Konzept und Umsetzung eines Risikomanagementsystems bei der DÜRR AG. In: Zeitschrift für Controlling und Management, 48(2004) 3, S. 26–36.

Ehrenhöfer, M. (2015): Entscheidungsfindung im Enterprise 2.0: Erkenntnisse über die Nutzung von Corporate Social Software bei der Entscheidungsfindung in Unternehmen. Norderstedt 2015.

Eisenbarth, M. (2003): Erfolgsfaktoren des Supply Chain Managements in der Automobilindustrie. Frankfurt am Main ; New York 2003.

Eisenführ, F./Langer, T./Weber, M. (2010): Rationales Entscheiden. Berlin u.a. 2010.

Eisenhardt, K./Graebner, M. (2007): Theory building from Cases. Opportunities and Challenges. In: Academy of Management Journal, 50(2007)1, S. 25–32.

Eisenhardt, K.M. (1989): Building Theories from Case Study Research. In: Academy of Management Review, 14(1989)4, S. 532–550.

Elliott, D./Herbane, B./Swartz, E. (2001): Business Continuity Management. London ; New York 2001.

Endres, D.E./Wehner, P.D.T. (2010): Störungen zwischenbetrieblicher Kooperation — Eine Fallstudie zum Grenzstellenmanagement in der Automobilindustrie. In: Sydow, J. (Hrsg.): Management von Netzwerkorganisationen. Wiesbaden 2010, S. 295–340.

Engelke, M. (1997): Qualität logistischer Dienstleistungen: Operationalisierung von Qualitätsmerkmalen, Qualitätsmanagement, Umweltgerechtigkeit. Berlin 1997.

Erben, R.F./Reichwald, R. (2005): Chancen- und Risikomanagement in der grenzenlosen Unternehmung. In: Keuper, F./Roesing, D./Schomann, M. (Hrsg.): Integriertes Risiko- und Ertragsmanagement: Kunden- und Unternehmenswert zwischen Risiko und Ertrag. Wiesbaden 2005, S. 163–193.

Erben, R.F./Romeike, F. (2003): Komplexität als Ursache steigender Risiken in Industrie und Handel. In: Romeike, Frank/Finke, Robert (Hrsg.): Erfolgsfaktor Risiko-

Management. Chance für Industrie und Handel. Methoden, Beispiele, Checklisten. Mit CD-ROM. Wiesbaden 2003, S. 43–64.

Espejo, R./Watt, J. (1988): Information management, organization and managerial effectiveness. In: Journal of the Operational Research Society, (1988), S. 7–14.

Etzioni, A. (1960): Two Approaches to Organizational Analysis: A Critique and A Suggestion. Rochester, NY 1960.

Falasca, M./Zobel, C.W./Cook, D. (2008): A decision support framework to assess supply chain resilience. In: Proceedings of the 5th International ISCRAM Conference. 2008, S. 596–605. Zugleich online im Internet: http://www.iscramlive.org/dmdocuments/ISCRAM2008/papers/ISCRAM2008_Falasca_etal.pdf (Zugriff am: 08.05.2014).

Farmer, D. (1995): Presentation at the NAPM International Academic Conference 1995.

Fasse, F.-W. (1995): Risk-Management im strategischen internationalen Marketing. Duisburg 1995.

Fayol, H. (1929): Allgemeine und industrielle Verwaltung. München 1929.

Fazli, S./Masoumi, A. (2012): Assessing the vulnerability of supply chain using Analytic Network Process approach. In: International Research Journal of Applied and Basic Sciences 3(2012), S. 2763-2771.

Felten, S. (1991): Unternehmenskultur: Zur Kluft zwischen postulierter Unternehmens-philosophie und gelebter Wirklichkeit. In: Papmehl, A. (Hrsg.): Personalentwicklung im Wandel. Wiesbaden 1991, S. 205–215.

FERMA (2003): Der Risikomanagement-Standard, adaptierte und übersetzte Version des Risikomanagementstandards von AIRMIC, ALARM, IRM. Brüssel 2003.

Feser, M. (2015): Entwicklung eines Modells zur situationsadäquaten Implementierung von Supply Chain Risikomanagement. Lohmar 2015.

Fessmann, K.-D. (1980): Organisatorische Effizienz in Unternehmungen und Unternehmungsteilbereichen. Düsseldorf 1980.

Fichman, R.G. (1992): Information Technology Diffusion: A Review of Empirical Research. In: Proceedings of the Thirteenth International Conference on Information Systems. 1992, S. 195–206.

Fiege, S. (2006): Risikomanagement- und Überwachungssystem nach KonTraG. Prozess, Instrumente, Träger. Wiesbaden 2006.

Fieten, R. (1977): Die Gestaltung der Koordination betrieblicher Entscheidungssysteme. Frankfurt am Main 1977.

Fink, S. (2002): Crisis Management: Planning for the Inevitable. 2002.

Flechtner, H.-J. (1966): Grundbegriffe der Kybernetik. Stuttgart 1966.

Fleischmann, B./Meyr, H./Wagner, M. (2008): Advanced Planning. In: Stadtler, H./Kilger, C. (Hrsg.): Supply Chain Management and Advanced Planning. Berlin 2008, S. 81–106.

Flick, U. (2008): Design und Prozess qualitativer Forschung. In: Flick, U./Kardoff, E. v./Steinke, I. (Hrsg.): Qualitative Forschung: Ein Handbuch. 6. Aufl. Reinbek 2008, S. 252–265.

Flippo, E.B./Munsinger, G.M. (1982): Management. 5. überarb. Aufl. 1982.

Forrester, J.W. (1958): Industrial Dynamics - A Major Breakthrough for Decision Makers. In: Harvard Business Manager, 36(1958)4, S. 37–66.

Freichel, S.L.K. (1992): Organisation von Logistikservice-Netzwerken. Berlin 1992.

Freimann, J. (1994): Das Theorie-Praxis-Dilemma der Betriebswirtschaftslehre. In: Fischer-Winkelmann, F. (Hrsg.): Das Theorie-Praxis-Problem der Betriebswirtschaftslehre. Wiesbaden 1994, S. 7–24.

Frese, E. (1975): Koordiantion. In: Grochla, Erwin/Wittmann, Waldemar (Hrsg.): Handwörterbuch der Betriebswirtschaft. 4., völlig neugestaltete Aufl. Stuttgart 1975, Sp. 1645–1658.

Frese, E. (1980): Aufgabenanalyse und -synthese. In: Grochla, Erwin (Hrsg.): Handwörterbuch der Organisation. 1980, Sp. 207–217.

Frese, E. (1992a): Handwörterbuch der Organisation. Stuttgart 1992.

Frese, E. (1992b): Organisationstheorie: Historische Entwicklung - Ansätze - Perspektiven. 2., überarb. u. wesentl. erw. Aufl. Wiesbaden 1992.

Frese, E. (2000a): Grundlagen der Organisation. Konzepte - Prinzipien - Strukturen. 9. Aufl. Wiesbaden 2000.

Frese, E. (2000b): Logistics as an Academic Discipline - Reflections from an Organization Theory Perspective. In: European Logistics Association (Hrsg.): Diversity in Logistics and the importance of Logistics in the Extended Enterprise. Athens 2000, S. 21–27.

Frese, E./Graumann, M./Theuvsen, L. (2012): Grundlagen der Organisation: entscheidungsorientiertes Konzept der Organisationsgestaltung. 10. überarb. und erw. Aufl. Wiesbaden 2012.

Frese, E./Werder, A. v. (1993): Zentralbereiche. Organisatorische Formen und Effizienzbeurteilung. In: Frese, E./Werder, A. v./Maly, W. (Hrsg.): Zentralbereiche. Theoretische Grundlagen und praktische Erfahrungen. Stuttgart 1993, S. 1–50.

Frost, J. (1997): Die Koordinations- und Orientierungsfunktion der Organisation. Bern 1997.

FT (2015): Companies feel effect of Tianjin blasts as $625m of cars wrecked. In: Financial Times. Online im Internet: http://www.ft.com/cms/s/0/ad62904c-44ce-11e5-b3b2-1672f710807b.html (Zugriff am: 12.09.2015).

Fujimoto, T./Park, Y.W. (2014): Balancing supply chain competitiveness and robustness through "virtual dual sourcing": Lessons from the Great East Japan Earthquake. In: International Journal of Production Economics Part B(2014), S. 429–436.

Fülbier, R.U. (2004): Wissenschaftstheorie und Betriebswirtschaftslehre. In: Wirtschaftswissenschaftliches Studium : WiSt; Zeitschrift für Studium und Forschung, 33(2004)5, S. 266–271.

Gabriel, S. (2007): Prozessorientiertes Supply Chain Risikomanagement. Frankfurt 2007.

Gäfgen, G. (1974): Theorie der wirtschaftlichen Entscheidung: Untersuchungen z. Logik u. Bedeutung d. rationalen Handelns. 1974.

Gaitanides, M. u. a. (1994): Prozeßmanagement: Konzepte, Umsetzungen und Erfahrungen des Reengineering. München 1994.

Gaitanides, M. (1996): Prozessorganisation. In: Kern, W./Schröder, H.-H./Weber, J. (Hrsg.): Handwörterbuch der Produktionswirtschaft. 1996.

Gaitanides, M. (2012): Prozessorganisation: Entwicklung, Ansätze und Programme des Managements von Geschäftsprozessen. München 2012.

Galbraith, J.R. (1973): Designing Complex Organizations. 1973.

Galbraith, J.R. (1974): Organization Design: An Information Processing View. In: Interfaces, 4(1974)3, S. 28–36.

Galbraith, J.R. (1998): Designing the networked organization. In: Mohrmann, S.A./Galbraith, J.R./Lawler, E.E. (Hrsg.): Tomorrow's organization. Crafting winning capabilities in a dynamic world. San Francisco 1998, S. 76–102.

Galbraith, J.R./Nathanson, D.A. (1979): The role of organizational structure and process in strategy implementation. 1979.

Gallus, P. (2011): Effiziente Organisationsformen im Regionalflugsegment von Netzwerk-Carriern. Lohmar; Köln 2011.

Gampel, B. (2014): Übergreifendes risiko-management für die gesamte supply chain: Vision oder realistische Chance?. In: Clasen, M./Gesellschaft für Informatik/Gesellschaft für Informatik in der Land-, Forst- und Ernährungswirtschaft (Hrsg.): IT-Standards in der Agrar- und Ernährungswirtschaft ; Fokus: Risiko- und Krisenmanagement: Referate der 34. GIL-Jahrestagung, 24.- 25. Februar 2014 in Bonn, 226(2014). Zugleich online im Internet: www.gil-net.de/Publikationen/26_57-60.pdf (Zugriff am: 28.10.2015).

Gansor, T./Totok, A./Stock, S. (2010): Von der Strategie zum Business Intelligence Competency Center (BICC): Konzeption - Betrieb - Praxis. München 2010.

Gaugler, T. (2013): Interorganisatorische Informationssysteme: Ein Analyse- und Gestaltungsrahmen für das Informationsmanagement. Wiesbaden 2013.

Gehra, B. (2005): Früherkennung mit Business-Intelligence-Technologien Anwendung und Wirtschaftlichkeit der Nutzung operativer Datenbestände. Wiesbaden 2005.

Geimer, H./Kuehn, H./Salje, R. (Hrsg) (2005): Komplexitaetsmanagement: Basis fuer ein erfolgreiches Supply Chain Management. In: Supply Chain Management : Automotive, 5(2005)3, S. 43–48.

Geißler, J. (1995): Frühaufklärungssysteme - Instrumente zur frühzeitigen Wahrnehmung von Chancen und Risiken im Unternehmen : eine Analyse des derzeitigen Erkenntnisstandes und die Entwicklung eines Modells der Kombination eines strategischen und operativen Frühaufklärungssystems mit dem Ziel, einen kontinuierlichen Informationsfluß zwischen beiden Systemen zu gewährleisten. 1995.

Ghadge, A./Dani, S./Kalawsky, R. (2012): Supply chain risk management: present and future scope. In: The International Journal of Logistics Management, 23(2012)3, S. 313–339.

Gibbert, M./Ruigrok, W./Wicki, B. (2008): What passes as a rigorous case study?. In: Strategic Management Journal, 29(2008)13, S. 1465–1474.

Gibson, J.L. u. a. (2009): Organizations: behavior, structure, processes. 13. Auflage, Boston 2009.

Giese, A. (2012): SC-Typologien zur Differenzierung von Supply Chains. In: Differenziertes Performance Measurement in Supply Chains. Wiesbaden 2012, S. 97–130.

Gietz, M. (2008): Transport- und Tourenplanung. In: Arnold, Dieter u. a. (Hrsg.): Handbuch Logistik. 3. Aufl. 2008. Berlin 2008, S. 137–153.

Gigerenzer, G. (2013): Risiko: wie man die richtigen Entscheidungen trifft. München 2013.

Glaser, B.G./Strauss, A.L. (1967): The discovery of grounded theory: Strategies for qualitative research. New York 1967.

Gläser, J./Laudel, G. (2010): Experteninterviews und qualitative Inhaltsanalyse. 3. überarb. Aufl. Wiesbaden 2010.

Glasl, F. (2008): Konflikt, Krise, Katharsis: und die Verwandlung des Doppelgängers. 2. Aufl. 2008.

Gleißner, W./Füser, K. (2000): Moderne Frühwarn- und Prognosesysteme für Unternehmensplanung und Risikomanagement. In: Der Betrieb, 53(2000)19, S. 933–941.

Gleißner, W./Romeike, F. (2005): Anforderungen an die Softwareunterstützung für das Risikomanagement. In: Controlling und Management, 49(2005)2, S. 154–164.

Global Times (2016): Improperly stored hazardous materials blamed for Tianjin blasts. Global Times. Online verfügbar: http://www.globaltimes.cn/content/967630.shtml (Zugriff am: 16.02.2016).

Gluchowski, P./Kemper, H.-G. (2006): Quo vadis business intelligence. In: BI-Spektrum, 1(2006)1, S. 12–19.

Goankar, R.S./Viswanadham, N. (2007): Analytic framework for the management of risk in supply chains. In: IEEE Transaction on Automation Science and Engineering, 4(2007)2, S. 265–273.

Goetschalcks, M./Fleischmann, B. (2008): Strategic Network Design. In: Stadtler, H./Kilger, C. (Hrsg.): Supply Chain Management and Advanced Planning. Berlin, 2008, S. 117–132.

Gomez, P./Malik, F./Oeller, K.-H. (Hrsg) (1975): Systemmethodik : Grundlagen einer Methodik zur Erforschung und Gestaltung komplexer soziotechnischer Systeme. St. Gallen 1975 ´.

Gomm, M./Trumpfheller, M. (2004): Netzwerke in der Logistik. In: Pfohl, Hans-Christian (Hrsg.): Netzkompetenz in Supply Chains: Grundlagen und Umsetzung. Wiesbaden 2004, S. 44–65.

Gonçalves, P.M./Management, S.S. of (2003): Demand bubbles and phantom orders in supply chains. 2003.

Google Scholar (2015): Google Scholar Ranking: Three types of perceived uncertainty about the environment: State, effect, and response uncertainty. Online verfügbar: https://scholar.google.de/scholar?q=Three+Types+of+Perceived+Uncertainty+about+the+Environment:+State,+Effect,+and+Response+Uncertainty&hl=de&as_sdt=0&as_vis=1&oi=scholart&sa=X&ved=0ahUKEwi32-CZ-aHKAhWHmg4KHUsjDd0QgQMIHTAA (Zugriff am: 15.02.2016).

Göpfert, I. (2005): Logistik: Führungskonzeption und Management von Supply Chains. München 2005.

Götz, A. (2007): Mit Salamitaktik zu neuer Größe. In: Automobil Produktion, (2007)10, S. 20–22.

Götze, F. (2010): Determinanten der Innovationsadoptionsabsicht bei chinesischen Konsumenten - Eine theoretische und empirische Analyse am Beispiel einer Smartphone-Innovation. Berlin 2010.

Götze, U./Mikus, B. (2001): Risikomanagement mit Instrumenten der strategischen Unternehmensführung. In: Götze, U./Henselmann, K./Mikus, B. (Hrsg.): Risikomanagement. Heidelberg 2001, S. 385–412.

Götze, U./Mikus, B. (2007): Der Prozess des Risikomanagements in Supply Chains. In: Vahrenkamp, R./Amann, M. (Hrsg.): Risikomanagement in Supply Chains. Gefahren abwehren, Chancen nutzen, Erfolg generieren. Berlin 2007, S. 28–58.

Grabatin, G. (1981): Effizienz von Organisationen. Berlin 1981.

Grant, R.M. (1991): The resource-based theory of competitive advantage: implications for strategy formulation. In: Knowledge and strategy, 33(1991)3, S. 3–23.

Greening, P./Rutherford, C. (2011): Disruptions and supply networks: a multi-level, multi-theoretical relational perspective. In: International Journal of Logistics Management, The, 22(2011)1, S. 104–126.

Greer, M.B. (2009): Software As a Service Inflection Point: Using Cloud Computing to Achieve Business Agility. 2009.

Greschner, J./Zahn, E. (1992): Strategischer Erfolgsfaktor Information. In: Krallmann, H. (Hrsg.): Rechner gestützte Werkzeuge für das Management. Grundlagen, Methoden, Anwendungen. Berlin 1992, S. 9–28.

Gresov, C./Drazin, R. (1997): Equifinality: Functional Equivalence in Organization Design. In: Academy of Management Review, 22(1997)2, S. 403–428.

Gresse, C. (2010): Informationsverarbeitung und Informationspathologien. Wissensmanagement im Technologietransfer. Wiesbaden 2010.

Grieger, M. (2003): Electronic marketplaces: A literature review and a call for supply chain management research. In: European Journal of Operational Research, 144(2003)2, S. 280–294.

Griese, J./Mertens, P. (2009): Integrierte Informationsverarbeitung 2. Wiesbaden 2009.

Grochla, E. (1975): Entwicklung und gegenwärtiger Stand der Organisationstheorie. In: Grochla, E. (Hrsg.): Organisationstheorie. Stuttgart 1975, S. 2–32.

Grochla, E. (1978): Einführung in die Organisationstheorie. Stuttgart 1978.

Grochla, E. (1982): Grundlagen der organisatorischen Gestaltung. Stuttgart 1982.

Grochla, E./Lehmann, H. (1981): Systemtheorie der Organisation. In: Grochla, W. (Hrsg.): Handwörterbuch der Organisation. 1981, Sp. 2204–2216.

Grochla, E./Thom, N. (1980): Organisationsformen, Auswahl von. In: Grochla, E. (Hrsg.): Handwörterbuch der Organisation. 2. Aufl. Stuttgart 1980, Sp.1494–1517.

Grosche, P.M. (2013): Konfiguration und Koordination von Wertschöpfungsaktivitäten in internationalen Unternehmen: Eine empirische Untersuchung in der Automobilindustrie. Wiesbaden 2013.

Grozdanovic, M. (2007): Wettbewerbsorientierung von Unternehmen: Konzeption, Einflussfaktoren und Erfolgsauswirkungen. Wiesbaden 2007.

Grundei, J. (1999): Effizienzbewertung von Organisationstrukturen. Integration verhaltenswissenschaftlicher Erkenntnisse am Beispiel der Marktforschung. Wiesbaden 1999.

Grundei, J./Becker, L. (2009): Herausforderung Organisations-Controlling — Entwicklung von Bewertungskriterien für die Aufbau- und Führungsorganisation. In: Controlling & Management, 53(2009)2, S. 117–126.

Gümüş, M./Ray, S./Gurnani, H. (2012): Supply-Side Story: Risks, Guarantees, Competition, and Information Asymmetry. In: Management Science, 58(2012)9, S. 1694–1714.

Gunkel, M.A. (2010): Effiziente Gestaltung des Risikomanagements in deutschen Nicht-Finanzunternehmen: Eine empirische Untersuchung Norderstedt 2010.

Günther, H.-O./Tempelmeier, H. (2000): Produktion und Logistik. 4. neubearb. u. erw. Aufl. Berlin 2000.

Gutenberg, E. (1983): Grundlagen der Betriebswirtschaftslehre. Band 1: Die Produktion. 24. unveränd. Aufl. Berlin u.a. 1983.

Haasis, H.-D. (2008): Produktions- und Logistikmanagement: Planung und Gestaltung von Wertschöpfungsprozessen. Wiesbaden 2008.

Haberfellner, R. (1975): Die Unternehmung als dynamisches System : der Prozesscharakter der Unternehmungsaktivitäten. 2. Aufl. Zürich 1975.

Haberl, A.-K. (2014): Handling of an Exemplary Disruption at Weidmüller Interface GmbH & Co. KG. In: Stölze, W./Wütz, S./Hofstetter, J.S. (Hrsg.): Disruptions in supply chains: contemporary challenges and hands-on reactions. Hamburg 2014, S. 49–56.

Hacket Group (2014): Hacket Group 2014 Supply Risk Management Study. Boston 2014.

Hahn, D. (1983): Frühwarnsysteme. In: Buchinger, G. (Hrsg.): Umfeldanalysen für das strategische Management. Konzeptionen, Praxis, Entwicklungstendenzen. 1983, S. 3–26.

Hahn, D. (1987): Risiko-Management, Stand und Entwicklungstendenzen. In: Zeitschrift für Organisation, 56(1987)3, S. 137–150.

Hahn, D. (2000): Problemfelder des Supply Chain Management. In: Wildemann, H. (Hrsg.): Supply Chain Management. München 2000, S. 9–20.

Hahn, D./Krystek, U. (1979): Frühwarnsysteme in der Wirtschaft. Gießener Universität 1979.

Hahn, D. (2002): Problemfelder des Supply Chain Management. In: Krystek, U./Zur, E. (Hrsg.): Handbuch Internationalisierung. Berlin 2002, S. 1063–1071.

Hale, T./Moberg, C.R. (2005): Improving supply chain disaster preparedness. In: International Journal of Physical Distribution & Logistics Management, 35(2005)3, S. 195–207.

Haller, M. (1978): Risiko Management. Neues Element der Führung. In: io management, 47(1978)11, S. 483–487.

Haller, M. (1986): Risiko-Management - Eckpunkte eines integrierten Konzeptes. In: Jacob, Herbert (Hrsg.): Risiko-Management. Wiesbaden 1986, S. 7–43.

Haller, M. (1990): Risiko-Management und Risiko-Dialog. In: Risiko und Wagnis–Die Herausforderung der industriellen Welt, 1(1990), S. 229-256.

Haller, M. (1991): Risiko-Management - zwischen Risikobeherrschung und Risikodialog. In: Organisationsforum Wirtschaftskongress e.V., OFW (Hrsg.): Umweltmanagement im Spannungsfeld zwischen Ökologie und Ökonomie. Wiesbaden 1991, S. 167–189.

Hallikas, J. u. a. (2004): Risk management processes in supplier networks. In: International Journal of Production Economics, 90(2004)1, S. 47–58.

Hallikas, J./Virolainen, V.M./Tuominen, M. (2002): Risk analysis and assessment in network environments. A dyadic case study. In: International Journal of Production Economics, 78(2002)1, S. 45–55.

Hall, R.H./Tolbert, P.S. (2009): Organizations: structures, processes, and outcomes. 10. Aufl. N.J. 2009.

Hammervoll, T. (2009): Value-Creation Logic in Supply Chain Relationships. In: Journal of Business-to-Business Marketing, 16(2009)3, S. 220–241.

Handfield, R. u. a. (Hrsg) (2013): Trends und Strategien in Logistik und Supply Chain Management. Hamburg 2013.

Handfield, R.B./Nichols, E.Z. (1999): Introduction to Supply Chain Management. N.J. 1999.

Handfield, R./McCormack, K. (2008): Supply chain risk management. Minimizing disruptions in global sourcing. New York 2008.

Hansen, H.R./Neumann, G. (2009): Wirtschaftsinformatik 1. 10., völlig neubearb. und erw. Aufl. 2009.

Harland, C. u. a. (2004): A Conceptual Model for Researching the Creation and Operation of Supply Networks1. In: British Journal of Management, 15(2004)1, S. 1–21.

Harland, C./Brenchley, R./Walker, H. (2003): Risk in supply networks. In: Journal of Purchasing & Supply Management, 9(2003)2, S. 51 – 62.

Harland, C.M. u. a. (2001): A Taxonomy of Supply Networks. In: The Journal of Supply Chain Management, 37(2001)4, S. 21–27.

Harmon, P. (2014): Business Process Change: A Business Process Management Guide for Managers and Process Professionals. Amsterdam 2014.

Harnisch, S. (2015): Einkauf und Einsatz von Unternehmenssoftware: empirische Untersuchungen zum anwenderseitigen Software-Lebenszyklus. Wiesbaden 2015.

Harrington, H.J. (1991): Business Process Improvement: The Breakthrough Strategy for Total Quality, Productivity, and Competitiveness. New York 1991.

Harrison, A. (1996): An Investigation of the Impact of Schedule Stability on Supplier Responsiveness. In: The International Journal of Logistics Management, 7(1996)1, S. 83–92.

Harrison, E.F. (1975): The managerial decision-making process. Boston 1975.

Hartlieb, E. (2013): Wissenslogistik: Effektives und effizientes Management von Wissensressourcen. Wiesbaden 2013.

Hasselberg, F. (1989): Strategische Kontrolle im Rahmen strategischer Unternehmensführung. Frankfurt/M u.a. 1989.

Hausladen, I. (2011): IT-gestützte Logistik: Systeme - Prozesse - Anwendungen. Wiesbaden 2011.

Hausladen, I. (2014): IT-gestützte Logistik: Systeme - Prozesse - Anwendungen. 2., vollst. überarb. u. erw. Aufl. Wiesbaden 2014.

Häusler, P. (2002): Auswirkungen der Integration der Logistik auf Unternehmensnetzwerke. In: Stölzle, W./Gareis, P. (Hrsg.): Integrative Management- und Logistikkonzepte : Festschrift für Professor Dr. Dr. h.c. Hans-Christian Pfohl zum 60. Geburtstag. Wiesbaden 2002.

Hazebrouk, J. (1998): Konzeption eines Management Support Systems zur Frühaufklärung. Ein modellbasierter Ansatz unter Nutzung von Fuzzy Logic. Wiesbaden 1998.

Heidtmann, V. (2008): Organisation von Supply Chain Management: Theoretische Konzeption und empirische Untersuchung in der deutschen Automobilindustrie. Wiesbaden 2008.

Heinen, E. (1976): Grundlagen betriebswirtschaftlicher Entscheidungen : das Zielsystem der Unternehmung. Wiesbaden 1976.

Heinen, E. (1985): Industriebetriebslehre als Entscheidungslehre. In: Heinen, E. (Hrsg.): Industriebetriebslehre. Wiesbaden 1985, S. 5–80.

Heinen, E./Dietel, B. (1976): Zur Wertfreiheit der Betriebswirtschaftslehre, Teil 2. In: Zeitschrift für Betriebswirtschaft, 46(1976)2, S. 101–122.

Heinrich, L.J./Burgholzer, P. (1996): Der Prozeß der Systemplanung, der Vorstudie und der Feinstudie. 7., korr. Aufl. München 1996.

Heinrich, L./Roithmayr, F. (1998): Wirtschaftsinformatik-Lexikon. München 1998.

Helfferich, C. (2011): Die Qualität qualitativer Daten. Wiesbaden 2011.

Hempel, C./Oppenheim, P. (1936): Der Typusbegriff im Lichte der neuen Logik. Wissenschaftstheoretische Untersuchungen zur Konstitutionsforschung und Psychologie. Leiden 1936.

Hendricks, K.B./Singhal, V.R. (2003): The effect of supply chain glitches on shareholder wealth. In: Journal of Operations Management, 21(2003)5, S. 501–522.

Hendricks, K.B./Singhal, V.R. (2012): Supply Chain Disruptions and Corporate Performance. In: Gurnani, Haresh (Hrsg.): Supply Chain Disruptions: Theory and Practice of Managing Risk. London 2012, S. 1–20.

Hendricks, K.B./Singhal, V.R./Zhang, R. (2009): The effect of operational slack, diversification, and vertical relatedness on the stock market reaction to supply chain disruptions. In: Journal of Operations Management, 27(2009)3, S. 233–246.

Henke, M. (2009): Supply Risk Management: Planung, Steuerung und Überwachung von Supply Chains. Berlin 2009.

Henschel, J. (2014): Handling of an Exemplary Disruption at „Test Company". In: Disruptions in Supply Chains. Hamburg 2014.

Hermann, C.F. (1963): Some consequences of crisis which limit the viability of organizations. In: Administrative science quarterly : ASQ ; dedicated to advancing the understanding of administration through empirical investigation and theoretical analysis, 8(1963)1, S. 61–82.

Hermann, D.C. (1996): Strategisches Risikomanagement kleiner und mittlerer Unternehmen. Berlin 1996.

Hertwig, M. (2012): Institutional effects in the adoption of e-business-technology: Evidence from the German automotive supplier industry. In: Information and Organization, 22(2012)4, S. 252–272.

Herzberg, F. (1966): Work and the nature of man. London 1966.

Heusler, K.F. (2004): Implementierung von Supply Chain Management: kompetenzorientierte Analyse aus der Perspektive eines Netzwerkakteurs. Wiesbaden 2004.

Hillebrand, V. (2002): Gestaltung und Auswahl von Koordinationsschwerpunkten zwischen Produzent und Logistikdienstleister. Aachen 2002.

Hill, W./Fehlbaum, R./Ulrich, P. (1994): Organisationslehre 1: Ziele, Instrumente und Bedingungen der Organisation sozialer Systeme. 5. Aufl., Bern 1994.

Hill, W./Fehlbaum, R./Ulrich, P. (1998): Organisationslehre 2: Theoretische Ansätze und praktische Methoden der Organisation sozialer Systeme. 5., verb. Aufl., Berlin 1998.

Hilmola, O.P./Helo, P./Holweg, M. (Hrsg) (2005): On the outsourcing dynamics in the electronics sector : the evolving role of the original design manufacturer. Cambridge 2005.

Hirschborn, L./Gilmore, T. (1992): The new Boundaries of the „Boundarieless Company". In: Harvard Business Review, 70(1992)3, S. 104–115.

Hoffer, C./Steinmann, S. (1998): Networking für Führungskräfte. In: General Management, 13(1998)9, S. 14–17.

Hoffmann, F. (1980): Führungsorganisation. Band 1. Stand der Forschung und Konzeption. Tübingen 1980.

Hoffmann, F. (2013): Betriebswirtschaftliche Organisationslehre in Frage und Antwort. Wiesbaden 2013.

Hoffmann, F./Kreder, M. (1985): Situationsabgestimmte Strukturform - ein Erfolgspotential der Unternehmung. In: Zeitschrift für betriebswirtschaftliche Forschung 37(1985)6, S. 455-484.

Höflinger, P. (1975): Informationsoptimierung in betrieblichen Entscheidungsprozessen: ein Beitrag zur informationsökonomischen Theorienbildung. Köln 1975.

Hofmann, E./Elbert, R. (2004): Collaborative Cash Flow Management. Financial Supply Chain Management als Herausforderung der Netzkompetenz. In: Pfohl, H.-J. (Hrsg.): Netzkompetenz in Supply Chains. Wiesbaden 2004, S. 93–117.

Hohrath, P.A. (2013): Analyse der strategisch und strukturell induzierten Verwundbarkeit von Wertschöpfungsnetzwerken: Eine empirische Untersuchung am Beispiel der Windenergieanlagenindustrie. Lohmar 2013.

Hölscher, R./Elfgen, R. (2013): Herausforderung Risikomanagement: Identifikation, Bewertung und Steuerung industrieller Risiken. Wiesbaden 2013.

Hölscher, R./Giebel, S./Karrenbauer, U. (2006): Stand und Entwicklungstendenzen des industriellen Risikomanagements. Ergebnisse einer aktuellen Studie der Technischen Universität Kaiserslautern. In: Risk, Fraud & Governance, 1(2006)4, S. 149–154.

Holzkämpfer, H. (1996): Management von Singularitäten und Chaos: außergewöhnliche Ereignisse und Strukturen in industriellen Unternehmen. Wiesbaden 1996.

Hong, K.-K./Kim, Y.-G. (2002): The critical success factors for ERP implementation: an organizational fit perspective. In: Information & Management, 40(2002)1, S. 25–40.

Hopp, W./Iravani, S./Liu, Z. (2012): Mitigating the Impact of Disruptions on Supply Chains. In: Gurnani, Haresh (Hrsg.): Supply Chain Disruptions: Theory and Practice of Managing Risk. London 2012, S. 1–20.

Hornung, K./Reichmann, T./Diederichs, M. (Hrsg) (1999): Controlling-Wissen - Risikomanagement - Teil 1 : Konzeptionelle Ansätze zur pragmatischen Realisierung gesetzlicher Anforderungen. In: Controlling : Zeitschrift für erfolgsorientierte Unternehmenssteuerung, 11(1999)7, S. 317-326.

Horváth, P. (2008): Controlling. 11., vollst. überarb. Aufl., München 2008.

Ho, W. u. a. (2015): Supply chain risk management: a literature review. In: International Journal of Production Research, 53(2015)16, S. 5031–5069.

Howard, M./Vidgen, R./Powell, P. (2006): Automotive e-hubs: Exploring motivations and barriers to collaboration and interaction. In: The Journal of Strategic Information Systems, 15(2006)1, S. 51–75.

Huber, G.L./Mandl, H. (1994): Verbale Daten: eine Einführung in die Grundlagen und Methoden der Erhebung und Auswertung. Weinheim 1994.

Hueck, T. (2001): Logistik aus volkswirtschaftlicher Sicht. In: Pfohl, Hans-Christian (Hrsg.): Jahrhundert der Logistik : Wertsteigerung des Unternehmens: customer related, glocal, e-based. Berlin 2001, S. 1 – 27.

Hujer, R./Cremer, R. (1977): Grundlagen und Probleme einer Theorie der sozioökonomischen Messung. In: Pfohl, H.-C./Rürup, B. (Hrsg.): Wirtschaftliche Messprobleme. Köln 1977, S. 1–22.

Hungenberg, H. (1995): Zentralisation und Dezentralisation. Strategische Entscheidungsverteilung in Konzernen. Wiesbaden 1995.

IBT (2015): China Tianjin blasts: Toyota and John Deere halt operations in northern city. In: International Business Times (Online). Online im Internet: http://www.ibtimes.co.uk/china-tianjin-blasts-toyota-john-deere-halt-operations-northern-city-1515742 (Zugriff am: 12.09.2015).

Ihde, G. (2001): Transport, Verkehr, Logistik: gesamtwirtschaftliche Aspekte und einzelwirtschaftliche Handhabung. 3., völlig überarb. und erw. Aufl., München 2001.

IML, F.-I. für M. und L./ten Hompel, M. (2013): IT in der Logistik 2013/2014: Marktübersicht & Funktionsumfang: Enterprise-Resource Planning, Warehouse-Management, Transport-Management & Supply-Chain-Management-Systeme. Dortmund 2013.

Ioannis S. Papadakis (2006): Financial performance of supply chains after disruptions: an event study. In: Supply Chain Management: An International Journal, 11(2006)1, S. 25–33.

Irle, M. (1971): Macht und Entscheidungen in Organisationen: Studie gegen das Linie-Stab-Prinzip. Frankfurt am Main 1971.

ISO (2009): ISO 31000 - Risk Management. Principles and Guidelines. International Organization of Standardization. Genf 2009.

ISO (2015): ISO - Technical committees - ISO/TC 262 - Risk management. ISO. Online verfügbar: http://www.iso.org/iso/home/standards_development/list_of_iso_technical_committees/iso_technical_committee.htm?commid=629121 (Zugriff am: 20.10.2015).

Iyer, A.V./Deshpande, V./Wu, Z. (2003): A Postponement Model for Demand Management. In: Management Science, 49(2003)8, S. 983–1002.

Janakiraman, V.S./Sarukesi, K. (2008): Decision Support Systems. 2008.

Jessensberger, J./Zimmermann, G. (2008): Rechtliche Grundlagen des Risikomanagements in internationalen Großkonzernen. In: Romeike, Frank (Hrsg.): Rechtliche Grundlagen des Risikomanagements: Haftungs- und Strafvermeidung für Corporate Compliance. 2008, S. 207–230.

Jirasek, J. (1977): Das Unternehmen - ein kybernetisches System. Eine Einführung für die Wirtschaftspraxis. Berlin 1977.

Johannson, L. (1994): How can a TQEM approach add value to your supply chain?. In: Environmental Quality Management, 3(1994)4, S. 521–530.

Jungermann, H./Pfister, H.-R./Fischer, K. (2010): Die Psychologie der Entscheidung: eine Einführung. 3., korr. Aufl. Heidelberg 2010.

Jüttner, U. (2003): Risiko- und Krisenmanagement in Supply Chains. In: Boutellier, R./Wagner, S. M./Wehrli, H.P. (Hrsg.): Handbuch Beschaffung : Strategien - Methoden - Umsetzung. München, Wien 2003.

Jüttner, U. (2005a): Supply chain risk management: Understanding the business requirements from a practitioner perspective. In: International Journal of Logistics Management, The, 16(2005)1, S. 120–141.

Jüttner, U. (2005b): Supply chain risk management: Understanding the business requirements from a practitioner perspective. In: International Journal of Logistics Management, The, 16(2005)1, S. 120–141.

Jüttner, U./Maklan, S. (2011): Supply chain resilience in the global financial crisis: an empirical study. In: Supply Chain Management: An International Journal, 16(2011)4, S. 246–259.

Jüttner, U./Peck, H./Christopher, M. (2003a): Supply chain risk management: Outlining an agenda for future research. In: International Journal of Logistics: Research and Applications, 6(2003)4, S. 197–210.

Jüttner, U./Peck, H./Christopher, M. (2003b): Supply chain risk management: Outlining an agenda for future research. In: International Journal of Logistics: Research and Applications, 6(2003)4, S. 197–210.

Kagelmann, U. (2001): Shared Services als alternative Organisationsform. Wiesbaden 2001.

Kahle, E. (2001): Betriebliche Entscheidungen: Lehrbuch zur Einführung in die betriebswirtschaftliche Entscheidungstheorie. München 2001.

Kajüter, P. (2003): Instrumente zum Risikomanagement in der Supply Chain. In: Stölzle, W./Otto, A. (Hrsg.): Supply Chain Controlling in Theorie und Praxis. Aktuelle Konzepte und Unternehmensbeispiele. Wiesbaden 2003, S. 107–135.

Kajüter, P. u. a. (2003): Risk management in supply chains. In: Strategy and Organization in Supply Chains. Heidelberg, New York 2003, S. 321–336.

Kajüter, P. (2014): Risikomanagement im Konzern: Eine empirische Analyse börsennotierter Aktienkonzerne. München 2014.

Kajüter, P. (2015): Risikomanagement in der Supply Chain. Ökonomische, regulatorische und konzeptionelle Grundlagen. In: Vahrenkamp, R. (Hrsg.): Risikomanagement in Supply Chains. Gefahren abwehren, Chancen nutzen, Erfolg generieren. 2. Aufl., Berlin 2015, S. 13–27.

Kaluza, B./Blecker, T. (2000): Supply chain management und unternehmen ohne Grenzen - Zur Verknüpfung zweier interorgansationaler Aspekte. In: Wildemann, H. (Hrsg.): Supply Chain Managament. München 2000, S. 49–85.

Kalwait, R. (2008): Rechtliche Grundlagen im Risikomanagement. In: Kalwait, Rainer u. a. (Hrsg.): Risikomanagement in der Unternehmensführung: Wertgenerierung durch chancen- und kompetenzorientiertes Management. Weinheim 2008, S. 93–153.

Kamitz, R. (1980): Wissenschaftstheorie. In: Handbuch wissenschaftstheoretischer Grundbegriffe, Göttingen, (1980), S. 771–775.

Kampker, R. (2003): Steigerung der Informationsqualität auf elektronischen Marktplätzen für betriebliche Informationssysteme Aachen 2003.

Kansky, D./Weingarten, U. (1999): Supply Chain: Fertigen, was der Kunde verlangt. In: Havard Business Manager, 21(1999)4, S. 87–95.

Rao, K./Young R.R. (1994): Global Supply Chains. In: International Journal of Physical Distribution & Logistics Management, 24(1994)6, S. 11–19.

Kaplan, S./Sawhney, M. (2000): E-Hubs: The New B2B Marketplaces. In: Harvard Business Review, (2000)Mai/Juni, S. 97–103.

Kappler, E. (1975): Informationskosten aus der Sicht der Informationsökonomik und des Informationsverhaltens. In: Zeitschrift für Organisation, 44(1975), S. 95–104.

Karimi, J./Somers, T.M./Gupta, Y.P. (2004): Impact of Environmental Uncertainty and Task Characteristics on User Satisfaction with Data. In: Information Systems Research, 15(2004)2, S. 175–193.

Karrer, M. (2006): Supply Chain Performance Management. Entwicklug und Ausgestaltung einer unternehmensübergreifenden Steuerungskonzeption. Wiesbaden 2006.

Karrer, M./Graf, H. (2014): Handling of an Exemplary Disruption at ZF Friedrichshafen AG. In: Stölze, W./Wütz, S./Hofstetter, J.S. (Hrsg.): Disruptions in supply chains: contemporary challenges and hands-on reactions. Hamburg 2014, S. 80–87.

Karten, W. (1993): Risk Management. In: Wittmann, W. (Hrsg.): Handwörterbuch der Betriebswirtschaft. Stuttgart 1993, S. Sp. 3825–3836.

Kasper, H. u. a. (1999): Management aus systemtheoretischer Perspektive - eine Standortbestimmung. In: Management : Theorien, Führung, Veränderung. Stuttgart 1999, S. 161–209.

Kates, R.W. (1962): Hazard and Choice Perception in Flood Plain Management. Chicago 1962.

Katz, D./Kahn, R.L. (1978): The Social Psychology of Organizations. Revised. New York 1978.

Katz, M.L./Shapiro, C. (1992): Product Introduction with Network Externalities. In: The Journal of Industrial Economics, 40(1992)1, S. 55–83.

Katz, M./Shapiro, C. (1986): Technology Adoption in the Presence of Network Externalities. In: Journal of Political Economy, 94(1986)4, S. 822–41.

Kaufmann, L. (2001): Internationales Beschaffungsmanagement. Gestaltung strategischer Gesamtsysteme und Management einzelner Transaktionen. Wiesbaden 2001.

Kembro, J.H. u. a. (2014): Theoretical perspectives on information sharing in supply chains: A systematic literature review and conceptual framework. In: Supply Chain Management: An International Journal, (2014), S. 609–625.

Kerr, S./Ulrich, D. (1995): Creating the boundaryless organization: The radical reconstruction of organization capabilities. In: Planning Review, 23(1995)5, S. 41–45.

Kersten, W. u. a. (2005): Reduktion der Prozesskomplexität durch Modularisierung. In: Industrie Management, 21(2005)4, S. 11–14.

Kersten, W. u. a. (2006): Supply chain risk management. Development of a theoretical and empirical framework. In: Kersten, W./Blecker, T. (Hrsg.): Managing Risks in Supply Chains. How to Build Reliable Collaboration in Logistics. Berlin 2006, S. 3–17.

Kersten, W. u. a. (2007): Komplexitäts- und Risikomanagement als Methodenbausteine des Supply Chain Managements. In: Hausladen, I. (Hrsg.): Management am Puls der Zeit. Strategien, Konzepte und Methoden. Band 2. Produktion und Logistik. München 2007, S. 1159–1181.

Kersten, W. u. a. (2008): Wettbewerbsfähigkeit von Unternehmen und Regionen - empirische Ergebnisse zum Status Quo der Logistik im Ostseeraum. In: Gronau, N. (Hrsg.) Schriftenreihe der Hochschulgruppe Arbeits- und Betriebsorganisation e.V.: GITO, (2008), S. 45 – 61.

Kersten, W./Feser, M./Schröder, M. (2013): Schlussbericht zum Projekt Situationsadäquate Implementierung eines Supply Chain Risk Managements. Hamburg 2013.

Kersten, W./Muhammad, S. (2014): A SCOR based analysis of Simulation in Supply Chain Management. In: ECMS, 2014, S. 461-469.

Ketchen, D.J. u. a. (1997): Organizational configurations and performance. A meta-analysis. In: Academy of Management Journal, 40(1997)1, S. 223–240.

Khandwalla, P.N. (1973): Viable and Effective Organizational Designs of Firms. In: Academy of Management Journal, 16(1973)3, S. 481–495.

Khandwalla, P.N. (1975): Unsicherheit und die optimale Gestaltung der Organisation. In: Grochla, E. (Hrsg.): Organisationstheorie. Stuttgart 1975, S. 140–155.

Khan, O./Christopher, M./Burnes, B. (2008): The impact of product design on supply chain risk: a case study. In: International Journal of Physical Distribution & Logistics Management, 38(2008)5, S. 412–432.

Khatri, N./Ng, H.A. (2000): The role of intuition in strategic decision making. In: Human Relations, 53(2000)1, S. 57–86.

Kiener, S. u. a. (2012): Produktions-Management: Grundlagen der Produktionsplanung und -steuerung. Berlin 2012.

Kienzle, W. (2000): Früherkennung im Beschaffungsmarketing. Köln 2000.

Kieser, A./Ebers, M. (2014): Organisationstheorien. Auflage: 7., aktual. und überarb. Aufl., Stuttgart 2014.

Kieser, A./Kubicek, H. (1976): Organisation. Berlin 1976.

Kieser, A./Kubicek, H. (1992): Organisation. 3., völlig neubearb. Aufl. Berlin 1992.

Kieser, A./Segler, T. (1981): In: Kieser, Alfred (Hrsg.): Organisationstheoretische Ansätze. München 1981, S. 129–144.

Kieser, A./Walgenbach, P. (2010): Organisation. 6., überarbeitete Auflage. 2010.

Kilger, C./Wagner, M. (2008): Demand Planning. In: Stadtler, H./Kilger, C. (Hrsg.): Supply Chain Management and Advanced Planning. Berlin 2008.

Kink, N. (2010): Methodologie der empirischen Wirkungsanalyse von Informations- und Kommunikationstechnologien: Analyse des Methodenpotenzials von Fallstudien, Experimenten und Surveys. Hamburg 2010.

Kirk, D.J./Miller, M.L. (1985): Reliability and Validity in Qualitative Research. Beverly Hills 1985.

Kishore, R./McLEan, E. (1998): Diffusion and Infusion: Two Dimensions of „Success of Adoption“ of IS Innovations. In: AMCIS 1998 Proceedings, 1998, S. 730–733.

Klaas, T. (2002): Logistik-Organisation : ein konfigurationstheoretischer Ansatz zur logistikorientierten Organisationsgestaltung. 1. Aufl., Wiesbaden 2002.

Klaas, T. (2013): Logistik-Organisation: Ein konfigurationstheoretischer Ansatz zur logistikorientierten Organisationsgestaltung. Wiesbaden 2002.

Klaas-Wissing, T. (2009): Der Konfigurationsansatz in der Logistikforschung: Eine Bestandsaufnahme. In: Albers, S./Reihlen, M. (Hrsg.): Management integrierter Wertschöpfungsnetzwerke. Köln 2009, S. 49–72.

Klausmann, W. (1983): Betriebliche Frühwarnsysteme im Wandel. In: Zeitschrift Führung + Organisation, 52(1983)1, S. 39–45.

Kleindorfer, P.R./Saad, G.H. (2005): Managing Disruption Risks in Supply Chains. In: Production and Operations Management, 14(2005)1, S. 53–68.

Klein, R./Scholl, A. (2011): Planung und Entscheidung: Konzepte, Modelle und Methoden einer modernen betriebswirtschaftlichen Entscheidungsanalyse. München 2011.

Klein, S. (1996): Interorganisationssysteme und Unternehmensnetzwerke: Wechselwirkungen zwischen organisatorischer und informationstechnischer Entwicklung. Wiesbaden 1996.

Klein-Schmeink, S. (2012): Risiko- und Innovationsmanagement für strategische Netzwerke. Auflage: 1., Aufl. 2012.

Kless, T. (1998): Betriebswirtschaft - Beherrschung der Unternehmensrisiken: Aufgaben und Prozesse eines Risikomanagements. In: Deutsches Steuerrecht: DStR, 36(1998)3, S. 93.

Kletti, J. (Hrsg) (2007): Manufacturing Execution Systems (MES). Berlin, London 2007.

Kluckhohn, F.R./Strodtbeck, F.L. (1961): Variations in value orientations. Evanston, Ill. 1961.

Kluge, S. (1999): Empirisch begründete Typenbildung. Zur Konstruktion von Typen und Typologien in der qualitativen Sozialforschung. Opladen 1999.

Klug, P.D.F. (2012): Optimaler Push/Pull-Mix bei der Produktionsplanung und -steuerung mit stabiler Auftragsfolge. In: Göpfert, I./Braun, D./Schulz, M. (Hrsg.): Automobillogistik. 2012, S. 41–65.

Knight, F.H. (1921): Risk, uncertainty and profit. Washington DC 1921.

Knoblich, H. (1969): Betriebswirtschaftliche Warentypologie. Köln 1969.

Knolmayer, G. (2009): Supply chain management based on SAP systems: architecture and planning processes. Berlin 2009.

Knolmayer, G./Mertens, P./Zeier, A. (2000): Supply Chain Management auf Basis von SAP-Systemen: Perspektiven der Auftragsabwicklung für Industriebetriebe. Berlin u.a. 2000.

Köhler, H. (2011): Supply Chain Risiken im Low Cost Country Sourcing. Berlin 2011.

Kohli, M. (1978): Offenes und geschlossenes Interview: Neue Argumente zu einer alten Kontroverse. In: Soziale Welt, (1978), S. 1–25.

de Kok, T. u. a. (2005): Philips Electronics Synchronizes Its Supply Chain to End the Bullwhip Effect. In: Interfaces, 35(2005)1, S. 37–48.

Konrad, G. (2005): Theorie, Anwendbarkeit und strategische Potenziale des Supply Chain Management. Wiesbaden 2005.

Kortzfleisch, H. von (1973): Information und Kommunikation in der industriellen Unternehmung. In: Journal of business economics, 43(1973)8, S. 549–560.

Kosiol, E. (1976): Organisation der Unternehmung. 2., durchges. Aufl. Wiesbaden 1976.

Köth, C.-P. (2007): Keine Harmonie Pur. In: Automobil Industrie, (2007)10, S. 42–43.

Kotzab, H. (2000): Zum Wesen von Supply Chain Management vor dem Hintergrund der betriebswirtschaftlichen Logistikkonzeption - erweiterte Überlegungen. In: Wildemann, H. (Hrsg.): Supply Chain Management. München 2000, S. 21–49.

Kotzbauer, N. (1992): Erfolgsfaktoren neuer Produkte : der Einfluß der Innovationshöhe auf den Erfolg technischer Produkte. Frankfurt am Main 1992.

Kowalczyk, M./Buxmann, P. (2014): Big Data und Informationsverarbeitung in organisatorischen Entscheidungsprozessen: Eine multiple Fallstudie. In: Wirtschaftsinformatik, 56(2014)5, S. 289–302.

KPMG Deutsche Treuhand-Gesellschaft (Hrsg) (1998): Integriertes Risikomanagement. Berlin 1998.

KPMG LLP/Continuity Insights (2012): Global Business Continuity Management (BCM) Benchmarking Study. 2012. Zugleich online im Internet: http://www.kpmg.com/US/en/IssuesAndInsights/ArticlesPublications/Documents/2012-cin-kpmg-management-study.pdf (Zugriff am: 02.05.2015).

Krackhart, D./Hansons, J. (1993): Informal Networks. The Company Behind the Chart. In: Harvard Business Review, 71(1993)4, S. 104–111.

Krallmann, H./Mertens, P./Rieger, B. (2001): Management Support Systeme. In: Mertens, P./Back, A. (Hrsg.): Lexikon der Wirtschaftsinformatik. 4., vollst. neu bearbeitete und erw. Aufl., Berlin, New York 2001.

Kratzheller, J.B. (1997): Risiko und Risk Management aus organisationswissenschaftlicher Perspektive. Wiesbaden 1997.

Krcmar, H. (2015): Informationsmanagement: mit 41 Tabellen. 6. Aufl., Berlin u.a. 2015.

Kreikebaum, H. (1992): Zentralbereiche. In: Frese, E. (Hrsg.): Handwörterbuch der Organisation. Stuttgart 1992, Sp. 2604–2610.

Krelle, W. (1957): Unsicherheit und Risiko in der Preisbildung. In: Zeitschrift für die gesamte Staatswissenschaft : ZgS, 113(1957)4, S. 632–677.

Kremers, M. (2002): Risikoübernahme in Industrieunternehmen. Der Value-at-Risk als Steuerungsgröße für das industrielle Risikomanagement, dargestellt am Beispiel des Investitionsrisikos. Sternenfels 2002.

Krieger, W. (1995): Informationsmanagement in der Logistik: Grundlagen - Anwendungen - Wirtschaftlichkeit. Wiesbaden 1995.

Krishnan S. Anand, H.M. (1997): Information and Organization for Horizontal Multimarket Coordination. In: Management Science, 43(1997)12, S. 1609–1627.

Kroeber-Riel, W. (1979): Empirische Entscheidungsforschung : Informationsverarbeitung bei individuellen Entscheidungen -dargestellt am Beispiel von Konsumentenentscheidungen. In: Marketing : ZFP ; Journal of Research and Management, 1(1979)4, S. 267–274.

Krog, E.H. u. a. (2002): Kooperatives Bedarfs- und Kapazitätsmanagement der Automobilhersteller und Systemlieferanten. In: Logistik Management, 3(2002), S. 45–51.

Krog, E.-H./Statkevich, K. (2008): Kundenorientierung und Integrationsfunktion der Logistik in der Supply Chain der Automobilindustrie. In: Baumgarten, H. (Hrsg.): Das Beste der Logistik. 2008, S. 185–195.

Kromrey, H. (2006): Empirische Sozialforschung. Modelle und Methoden der standardisierten Datenerhebung und Datenauswertung. 11., überarb. Aufl. Stuttgart 2006.

Krüger, R./Steven, M. (2002): Advanced Planning Systems - Eine neue Generation von SCM-Informationssystemen. In: Supply Chain Management, 2(2002)2, S. 7–14.

Krystek, U. (1987): Unternehmungskrisen. Beschreibung, Vermeidung und Bewältigung überlebenskritischer Prozesse in Unternehmungen. Wiesbaden 1987.

Krystek, U./Müller, M. (1999): Controlling-Special - Frühaufklärungssysteme - Spezielle Informationssysteme zur Erfüllung der Risikokontroll-pflicht nach KonTraG. In: Controlling, 11(1999)4/5, S. 177–184.

Krystek, U./Müller-Stewens, G. (1993): Frühaufklärung für Unternehmen. Identifikation und Handhabung zukünftiger Chancen und Bedrohungen. Stuttgart 1993.

Kuckartz, U. u. a. (2007): Qualitative Evaluation der Einstieg in die Praxis. Wiesbaden 2007.

Kuckartz, U. (2009): Evaluation online: Internetgestützte Befragung in der Praxis. Wiesbaden 2009.

Kuckartz, U. (2010): Einführung in die computergestützte Analyse qualitativer Daten. 3., aktualisierte Aufl. Wiesbaden 2010.

Kuhlen, R. (1994): Informationsmarkt: Zur Problematik des Informationsmarktes; Informationssektoren, Wissens-, Informationsindustrie; Weitere theoretische Ansätze zum Informationsmarkt. München 1994.

Kühn, M./Winterling, K. (1991): Vorteile im Konkurrenzkampf durch Früherkennungssysteme. In: IO Management, 60(1991)19, S. 39–41.

Kuhn, T.S. (1999): Die Struktur wissenschaftlicher Revolutionen. 15. Aufl., Frankfurt a. M. 1999.

Kumar, K./van Dissel, H.G. (1996): Sustainable Collaboration: Managing Conflict and Cooperation in Interorganizational Systems. In: Management Information Systems Quarterly, 20(1996)3, S. 279–300.

ZVEI - **Zentralverband Elektrotechnik- und Elektronikindustrie e.V. (2014):** Leitfaden Supply Chain Management in der Elektronikfertigung. Frankfurt a. M. 2014. Zugleich online im Internet: http://www.zvei.org/Publikationen/Leitfaden-Supply-Chain-Management.pdf (Zugriff am: 02.05.2015).

Küpper, H.-U. u. a. (1997): Controlling: Konzeption, Aufgaben, Instrumente. 2. Aufl. Stuttgart 1997.

Kupsch, P. (1973): Das Risiko im Entscheidungsprozeß. 1973. Wiesbaden 1973.

Kupsch, P. (1995): Risikomanagement. In: Corsten, H./Reiß, M. (Hrsg.): Handbuch Unternehmensführung. Konzepte, Instrumente, Schnittstellen. Wiesbaden 1995.

Kutschker, M./Schmid, S. (2008): Internationales Management. 6., überarb. und aktualisierte Aufl. München 2008.

Kwon, T.H./Zmud, R.W. (1987): Unifying the fragmented models of information systems implementation. In: Boland, R.J./Hirschheim, R.A. (Hrsg.): Critical issues in information systems research. New York, NY, USA 1987, S. 227–251.

Laakmann, F. u. a. (2003): Supply Chain Management Software. Planungssysteme im Überblick. In: Supply Chain Management, 3(2003)2, S. 55–60.

Lambert, D.M./Cooper, M.C. (2000): Issues in supply chain management. In: Industrial marketing management, 29(2000)1, S. 65–83.

Lamnek, S. (2010): Qualitative Sozialforschung. 5. Aufl., Weinheim, Basel 2010.

Langemann, T. (2004): Collaborative Supply Chain Management (CSCM). In: Busch, A./Dangelmaier, W. (Hrsg.): Integriertes Supply Chain Management. 2004, S. 435–451.

Larson, P.D./Poist, R.F./Halldorsson, A. (2007): Perspectives on logistics vs. SCM. A survey of SCM professionals. In: Journal of Business Logistics, 28(2007)1, S. 1–24.

Lasch, R./Janker, C.G. (2007): Risikoorientiertes Lieferantenmanagement. In: Vahrenkamp, R./Siepermann, C. (Hrsg.): Risikomanagement in Supply Chains. Gefahren abwehren, Chancen nutzen, Erfolg generieren. Berlin 2007, S. 111–131.

Lattwein, J. (2002): Wertorientierte Strategische Steuerung: Ganzheitlich-integrativer Ansatz zur Implementierung. Wiesbaden 2002.

Laux, H./Gillenkirch, R.M./Schenk-Mathes, H.Y. (2014): Entscheidungstheorie. 9., vollst. überarb. Aufl. Berlin, Heidelberg 2014.

Laux, H./Liermann, F. (2005): Grundlagen der Organisation. Die Steuerung von Entscheidungen als Grundproblem der Betriebswirtschaftslehre. 6. Aufl. Berlin 2005.

Lavastre, O./Gunasekaran, A./Spalanzani, A. (2012): Supply chain risk management in French companies. In: Decision Support Systems, 52(2012)4, S. 828–838.

Lavastre, O./Gunasekaran, A./Spalanzani, A. (2014): Effect of firm characteristics, supplier relationships and techniques used on Supply Chain Risk Management (SCRM): an empirical investigation on French industrial firms. In: International Journal of Production Research, 52(2014)11, S. 3381–3403.

Lawrence, P.R./Lorsch, J.W. (1967): Organization and environment. Managing Differentiation and Integration. Homewood 1967.

Lawrence, P.R./Lorsch, J.W. (1986): Organization and Environment: Managing Differentiation and Integration. Boston Mass. 1986.

Lazanowski, M. (2006): Industrielles Risikocontrolling. Frankfurt a. M. 2006.

Leavitt, H.J. (1965): Applied Organizational Change in Industry: Structural, Technological and Humanistic Approaches. In: March/J. (Hrsg.): Handbook of Organizations. Chicago 1965, S. 1144–1170.

Leavitt, H.J. (1978): Managerial psychology. Chicago 1978.

Lee, H./Kim, M.S./Kim, K.K. (2014): Interorganizational Information Systems Visibility and Supply Chain Performance. In: International Journal of Information Management, 34(2014)2, S. 285–295.

Lee, H.L./Padmanabhan, V./Whang, S. (1997a): Information Distortion in a Supply Chain: The Bullwhip Effect. In: Manage. Sci., 43(1997)4, S. 546–558.

Lee, H.L./So, K.C./Tang, C.S. (2000): The Value of Information Sharing in a Two-Level Supply Chain. In: Management Science, 46(2000)5, S. 626–643.

Lee, H.L./Tang, C.S. (1997): Modelling the Costs and Benefits of Delayed Product Differentiation. In: Management Science, 43(1997)1, S. 40–53.

Lee, H.L./Whang, S. (2000): Information Sharing in a Supply Chain. In: International Journal of Technology Management, 20(2000), S. 373–387.

Lee, H./Padmanabhan, P./Whang, S. (1997b): The Bullwhip Effect in Supply Chains. In: Sloan Management Review, 38(1997)3, S. 93–102.

Lee, Y.H. (2001): Supply Chain Model for the Semiconductor Industry of Global Market. In: Journal of Systems Integration, 10(2001)3, S. 189–206.

Lehmann, H. (1992): Organisationstheorie, systemtheoretisch kybernetisch orientierte. In: Frese, E. (Hrsg.): Handwörterbuch Organisation. Stuttgart 1992, S. 1938–1853.

Lehner, F. (2012): Wissensmanagement: Grundlagen, Methoden und technische Unterstützung. Auflage: 4., aktualisierte und erweiterte Auflage. 2012.

Leitherer, E. (1965): Die typologische Methode in der Betriebswirtschaftslehre : Versuch einer Übersicht. In: Schmalenbachs Zeitschrift für betriebswirtschaftliche Forschung : Zfbf, 17(1965)12, S. 650–662.

Lejeune, M.A./Yakova, N. (2005): On characterizing the 4 C's in supply chain management. In: Journal of Operations Management, 23(2005)1, S. 81–100.

Liebig, O. (1997): Unternehmensführung aus der Perspektive der neueren Systemtheorie : Beobachtungen der Führungspraxis und ihre Implikationen für eine Theorie der Führung. München 1997.

Liekweg, A. (2013): Risikomanagement und Rationalität: Präskriptive Theorie und praktische Ausgestaltung von Risikomanagement. Wiesbaden 2013.

Lincoln, Y.S./Guba, E.G. (1985): Naturalistic Inquiry. Expanded. Beverly Hills Calif 1985.

Linden, G. (1998): Building Production Networks in Central Europe: The Case of the Electronics Industry. Berkeley Calif. 1998.

Linke, A./Nussbaumer, M./Portmann, P.R. (2004): Studienbuch Linguistik. 5. Aufl., Tübingen 2004.

Lipshitz, R./Strauss, O. (1997): Coping with Uncertainty- A Naturalistic Decision-Making Analysis. In: Organizational behavior and human decision processes, 69(1997), S. 149.

Lisowsky, A. (1947): Risiko-Gliederung und Risikopolitik. In: Die Unternehmung, 1(1947)1, S. 97–110.

Locker, D.A./Grosse-Ruyken, D.P.T. (2013): Chefsache Finanzen in Einkauf und Supply Chain: mit Strategie-, Performance- und Risikokonzepten Millionenwerte schaffen. Wiesbaden 2013.

Loh, S.G. von (2009): Evidenzbasiertes Wissensmanagement. Wiesbaden 2009.

Lück, W. (1998a): Der Umgang mit unternehmerischen Risiken durch ein Risikomanagementsystem und durch ein Überwachungssystem. Anforderungen durch das KonTraG und Umsetzung in der betrieblichen Praxis. In: Der Betrieb, 51(1998)39, S. 1925–1930.

Lück, W. (1998b): Elemente eines Risiko-Managementsystems. Die Notwendigkeit eines Risiko-Managementsystems durch den Entwurf eines Gesetzes zur Kontrolle und Transparenz im Unternehmensbereich (KontraG). In: Der Betrieb, 51(1998)1/2, S. 8–14.

Luhmann, N. (1968): Zweckbegriff und Systemrationalität. Tübingen 1968.

Luhmann, N. (1973): Zweckbegriff und Systemrationalität: über die Funktion von Zwecken in sozialen Systemen. Frankfurt a. M. 1973.

Luhmann, N. (1988): Die Wirtschaft der Gesellschaft. Frankfurt a. M. 1988.

Luhmann, N. (1991a): Soziale Systeme: Grundriß einer allgemeinen Theorie. 4. Aufl., Frankfurt 1991.

Luhmann, N. (1991b): Soziologie des Risikos. Berlin 1991.

Luhmann, N. (2000): Vertrauen: Ein Mechanismus der Reduktion sozialer Komplexität. 4. Aufl., Stuttgart 2000.

Luhmann, N. (2011): Organisation und Entscheidung. Wiesbaden 2011.

Lühring, N. (2006): Koordination von Innovationsprojekten. Wiesbaden 2006.

Lumsden, K./Mirzabeiki, V. (2008): Determining the value of information for different partners in the supply chain. In: International Journal of Physical Distribution & Logistics Management, 38(2008)9, S. 659–673.

Machiavelli, N. (1870): Der Fürst. (W. Grützmacher, Übers.). 1870.

Mag, W. (1977): Entscheidung und Information. München 1977.

Mag, W. (1981): Risiko und Ungewißheit. In: Albers, Willi (Hrsg.): Handwörterbuch der Wirtschaftswissenschaft: Organisation bis Sozialhilfe und Sozialhilfegesetz. 1981, S. 478–495.

Maier, B. (2002): Klimaänderungen und betriebswirtschaftliches Risikomanagement. Am Beispiel der Wintersturmaktivitäten in Nordrhein-Westfalen. Lohmar 2002.

Maier, G. (2001): Markt und Trends im Risikomanagement. In: Gleißner, W./Meier, G. (Hrsg.): Wertorientiertes Risiko-Management für Industrie und Handel: Methoden, Fallbeispiele, Checklisten. Wiesbaden 2001, S. 17–26.

Männel, B. (1996): Netzwerke in der Zulieferindustrie: Konzepte - Gestaltungsmerkmale - Betriebswirtschaftliche Wirkungen. Wiesbaden 1996.

Manuj, I./Mentzer, J.T. (2008): Global supply chain risk management. In: Journal of Business Logistics, 29(2008)1, S. 133–155.

March, J./Simon, H. (1994): Organizations. 2. Aufl., Cambridge, Oxford 1994.

Markus, M.L. (1983): The Organizational Validity of Management Information Systems. In: Human Relations, 36(1983)3, S. 203–225.

Markus, M.L. (1987): Toward a "Critical Mass" Theory of Interactive Media Universal Access, Interdependence and Diffusion. In: Communication Research, 14(1987)5, S. 491–511.

Marley, K./Ward, P./Hill, J. (2014): Mitigating supply chain disruptions – a normal accident perspective. In: Supply Chain Management: An International Journal, 19(2014)2, S. 142–152.

Marschak, J. (1971): Economics of Information Systems. In: Journal of the American Statistical Association, 66(1971)333, S. 192–219.

Marschak, J. (1974): Economic Information, Decision, and Prediction. 1974.

Marschak, T./Nelson, R. (1962): Flexibility, Uncertainty, and Economic Theory. In: Metroeconomica, 14(1962)1-2-3, S. 42–58.

Martin Christopher/Lynette Ryals (1999): Supply Chain Strategy: Its Impact on Shareholder Value. In: The International Journal of Logistics Management, 10(1999)1, S. 1–10.

Martin, P.D.R./Mauterer, D.-V.-I.H./Gemünden, P.D.H.-G. (2002): Systematisierung des Nutzens von ERP-Systemen in der Fertigungsindustrie. In: Wirtschaftsinformatik, 44(2002)2, S. 109–116.

Martin, T.A./Bär, T. (2002): Grundzüge des Risikomanagements nach KonTraG: das Risikomanagementsystem zur Krisenfrüherkennung nach § 91 Abs. 2 AktG. Oldenbourg 2002.

Maslaric, M. u. a. (2012): Supply Chain Risk Management: Literature Review with Risk Categorization and Papers Classification. In: Kersten, W./Blecker, T./Ringle, C.M. (Hrsg.): Managing the Future Supply Chain: Current Concepts and Solutions for Reliability and Robustness. Lohmar 2012.

Matsuo, H. (2015): Implications of the Tohoku earthquake for Toyota's coordination mechanism: Supply chain disruption of automotive semiconductors. In: International Journal of Production Economics, 161(2015), S. 217–227.

Maturana, H.R. (1998): Biologie der Realität. Frankfurt a. M. 1998.

Mauthe, K.D. (1989): Strategische Informationen: Ihre Erfassung, Dokumentation und Verarbeitung. In: Trux, W./Müller-Stewens, G./Kirsch, W. (Hrsg.): Das Management strategischer Programme. 2. Halbbd. Erfahrungen und Erkenntnisse aus der Unternehmenspraxis. 3., durchges. Aufl. Herrsching 1989, S. 491–581.

Mayer, H.O. (2013): Interview und schriftliche Befragung: Grundlagen und Methoden empirischer Sozialforschung: Grundlagen und Methoden empirischer Sozialforschung. überarbeitete Auflage. Oldenbourg 2013.

Mayer, J.H. (1999): Führungsinformationssysteme für die internationale Management-Holding. Wiesbaden 1999.

Mayring, P. (2002): Einführung in die qualitative Sozialforschung. 5. Aufl. Weinheim u.a. 2002.

Mayring, P. (2007): Qualitative Inhaltsanalyse: Grundlagen und Techniken. Weinheim u. a. 2007.

McBeath, B. (2013): Supply Chain Risk Solutions: A Market Overview. 2013.

McGregor, D. (2006): The Human Side of Enterprise. New York 2006.

McKelvey, B. (1978): Organizational Systematics: Taxonomic Lessons from Biology. In: Management Science, 24(1978)13, S. 1428–1440.

Meckl, R. (2000): Controlling im internationalen Unternehmen. Erfolgsorientiertes Management internationaler Organisationsstrukturen. München 2000.

Meffert, H. (1969): Zum Problem der betriebswirtschaftlichen Flexibilität. In: Journal of business economics : JBE, 39(1969)12, S. 779–800.

Meffert, H. (1975): Computergestützte Marketing-Informationssysteme: Konzeptionen, Modellanwendungen, Entwicklungsstrategien. 1975. Aufl., Berlin 1975.

Meierbeck, R. (2010): Strategisches Risikomanagement der Beschaffung: Entwicklung eines ganzheitlichen Modells am Beispiel der Automobilindustrie. Lohmar u.a. 2010.

Meise, V. (2001): Ordnungsrahmen zur prozessorientierten Organisationsgestaltung: Modelle für das Management komplexer Reorganisationsprojekte. Hamburg 2001.

Meissner, S. (2009): Logistische Stabilität in der automobilen Variantenfließfertigung. Garching b. München 2009.

Melnyk, S.A./Rodrigues, A./Ragatz, G.L. (2009): Using Simulation to Investigate Supply Chain Disruptions. In: Zsidisin, G. A./Ritchie, B. (Hrsg.): Supply Chain Risk. New York 2009.

Mensch, G. (1991): Risiko und Unternehmensführung. Frankfurt a. M. 1991.

Mentzer, J.T. u. a. (2001a): What is supply chain management. In: Supply Chain Management. London u.a. 2001, S. 1–26.

Mentzer, J.T. u. a. (2001b): Defining Supply Chain Management. In: Journal of Business Logistics, 22(2001)2, S. 1–25.

Mercer Management Consulting (2005): Mercer-Studie Autoelektronik. 2005.

Mertens, P. (2012): Integrierte Informationsverarbeitung 1: Operative Systeme in der Industrie. 18., überarb. Aufl., 2012.

Merton, R.K./Meja, V./Stehr, N. (1995): Soziologische Theorie und soziale Struktur. Berlin, New York 1995.

Meuser, M./Nagel, U. (2005): ExpertInneninterviews - vielfach erprobt, wenig bedacht. In: Bogner, A./Littig, B./Menz, W. (Hrsg.): Das Experteninterview. 2. Aufl., Wiesbaden 2005, S. 71–93.

Meuser, M./Nagel, U. (2009): Das Experteninterview - konzeptionelle Grundlagen und methodische Anlage. In: Pickel, S. u. a. (Hrsg.): Methoden der vergleichenden Politik- und Sozialwissenschaft: Neue Entwicklungen und Anwendungen. Wiesbaden 2009.

Meyer, A.D./Tsui, A.S./Hinings, C.R. (1993): Configurational Approaches to Organizational Analysis. In: The Academy of Management Journal, 36(1993)6, S. 1175–1195.

Meyer, C. (1990): Beschaffungsziele. 2. Aufl. Köln 1990.

Meyerhans, M. (2000): Risikomanagement bei auftragsgebundenen Entwicklungsprojekten in der europäischen Raumfahrtindustrie. Hamburg 2000.

Mey, G./Mruck, K. (2007): Qualitative Interviews. In: Naderer, G./Balzer, E. (Hrsg.): Qualitative Marktforschung in Theorie und Praxis. Wiesbaden, 2007, S. 247–278.

Meyr, H. (2004): Supply chain planning in the German automotive industry. In: OR Spectrum, 26(2004)4, S. 447–470.

Michael Milgate (2001): Supply chain complexity and delivery performance: an international exploratory study. In: Supply Chain Management: An International Journal, 6(2001)3, S. 106–118.

Mikosch, C. (2005): Industrieversicherungen: Eine Führung durch den Versicherungsdschungel. Berlin 2005.

Mikus, B. (2001a): Make-or-buy-Entscheidungen. Chemnitz 2001.

Mikus, B. (2001b): Risiko und Risikomanagement. Ein Überblick. In: Götze, U./Henselmann, K./Mikus, B. (Hrsg.): Risikomanagement. Heidelberg 2001, S. 3–29.

Mikus, B. (2001c): Zur Integration des Risikomanagements in den Führungsprozess. In: Götze, U./Henselmann, K./Mikus, B. (Hrsg.): Risikomanagement. Heidelberg 2001, S. 67–94.

Mikus, B. (2001d): Zur Integration des Risikomanagements in den Führungsprozess. In: Götze, U./Henselmann, K./Mikus, B. (Hrsg.): Risikomanagement. Heidelberg 2001, S. 67–94.

Miles, R.E./Snow, C.C. (1978): Organizational Strategy, Structure, and Process. New York 1978.

Miller, D. (1981): Toward a New Contingency Approach: The Search for Organizational Gestalts. In: Journal of Management Studies, 18(1981)1, S. 1–26.

Miller, D. (1996): Configurations revisited. In: Strategic Management Journal, 17(1996)7, S. 505–512.

Miller, D./Friesen, P.H. (1984): Organizations. A quantum view. Englewood Cliffs N.J. 1984.

Miller, D./Mintzberg, H. (1983): The Case for Configuration. In: Morgan, Gareth (Hrsg.): Beyond Method: Strategies for Social Research. Beverly Hills Calif 1983, S. 57–73.

Miller, K.D. (1992): A Framework for Integrated Risk Management in International Business. In: Journal of International Business Studies, 23(1992)2, S. 311–331.

Milliken, F.J. (1987): Three Types of Perceived Uncertainty about the Environment: State, Effect, and Response Uncertainty. In: The Academy of Management Review, 12(1987)1, S. 133–143.

Minner, S. (2003): Multiple-supplier inventory models in supply chain management: A review. In: International Journal of Production Economics, 81–82(2003), S. 265–279.

Minnich, D.A. (2007): Efficiency and responsiveness of supply chains in the high-tech electronics industry: a system dynamics-based investigation. Mannheim 2007.

Mintzberg, H. (1979): The Structuring of Organizations. Englewood Cliffs, N.J 1979.

Mintzberg, H. (1992): Die Mintzberg-Struktur: Organisationen effektiver gestalten. Landsberg/Lech 1992.

Mitchell, V.-W. (1995): Organizational Risk Perception and Reduction: A Literature Review. In: British Journal of Management, 6(1995)2, S. 115–133.

Mock, T.J. (1971): Concepts of Information Value and Accounting. In: Accounting Review, 46(1971)4, S. 765–778.

Moder, M. (2008): Supply Frühwarnsysteme Die Identifikation und Analyse von Risiken in Einkauf und Supply Management. Wiesbaden 2008.

Mohr, G. (2009): Supply Chain Sourcing: Konzeption und Gestaltung von Synergien durch Mehrstufiges Beschaffungsmanagement. Wiesbaden 2009.

Mönch, L./Fowler, J.W./Mason, S. (2013): Production Planning and Control for Semiconductor Wafer Fabrication Facilities: Modeling, Analysis, and Systems. 2013.

Monsees, H./Saatmann, M./Schorr, S. (2007): Das Flexibilitätsverständnis in der Automobilwirtschaft. In: Günthner, W. A. (Hrsg.): Neue Wege in der Automobillogistik: die Vision der Supra-Adaptivität ; mit 14 Tabellen. Berlin 2007, S. 53–59.

Morais, R.C. (2015): Damn the torpedoes. In: Forbes, 167(2015)11. Zugleich online im Internet: http://www.forbes.com/forbes/2001/0514/100.html.

Mößmer, H.E./Schedlbauer, M./Günther, W.A. (2007): Die automobile Welt im Umbruch. In: Günthner, W.A. (Hrsg.): Neue Wege in der Automobillogistik: die Vision der Supra-Adaptivität ; mit 14 Tabellen. Berlin 2007, S. 53–59.

Müller, A. (1992): Informationsbeschaffung in Entscheidungssituationen. Ludwigsburg 1992 (= Schriftenreihe Wirtschafts- und Sozialwissenschaften).

Müller-Merbach, H. (1979): Datenursprungsbezogene Alarmsysteme. In: Frühwarnsysteme, (1979), S. 151–161.

Müller-Stewens, G. (1997): Auf dem Weg zur Virtualisierung der Prozessorganisation. In: Müller-Stewens, Günter (Hrsg.): Virtualisierung von Organisationen. Stuttgart 1997, S. 1–22.

Müller, W./Seifert, W.G. (1978): Organisation des Risk Management. In: Journal für Betriebswirtschaft : management review quarterly, 28(1978)1, S. 15–27.

Munich RE (2014): Topics Geo 2014. Online verfügbar: https://www.munichre.com/site/corporate/get/documents_E1520419191/mr/assetpool.shared/Documents/5_Touch/_Publications/302-08605_de.pdf (Zugriff am: 10.02.2016).

National Institute of Standards and Technology (2011): The NIST Definition of Cloud Computing - Special Publication 800-145. 2011.

Navrade, F. (2008): Strategische Planung mit Data-Warehouse-Systemen. Wiesbaden 2008.

Neubürger, K.W. (1980): Risikobeurteilung bei strategischen Unternehmungsentscheidungen : Grundlagen d. Einsatzes eines Risiko-Chancen-Kalküls. Stuttgart 1980.

Neubürger, K.W. (1989): Chancen- und Risikobeurteilung im strategischen Management. Stuttgart 1989.

Neuhäuser, K.H. (2001): Strategische Netzwerke in der internationalen Marketing-Logistik. Frankfurt a. M. 2001.

Neumann, K. (2010): Ex Ante Governance Decisions in Inter-organizational Relationships: A Case Study in the Airline Industry. In: Management Accounting Research, 21(2010)4, S. 220–237.

Nguyen, T./Romeike, F. (2012): Versicherungswirtschaftslehre: Grundlagen für Studium und Praxis. Wiesbaden 2012.

Nieden, M. zur (1972): Zur Anwendbarkeit von Informationswertrechnungen. In: Zeitschrift für Betriebswirtschaft : ZfB, 42(1972)7, S. 493–512.

Niemeier, J. (1986): Wettbewerbsumwelt und interne Konfigurationen: theoretische Ansätze und empirische Prüfung. Frankfurt am Main, New York 1986.

Nienhaus, J. (2003): Trends im supply chain management: Ergebnisse einer Studie mit mehr als 200 Unternehmen. Zürich 2003.

Nienhaus, J. (2005): Modeling, analysis and improvement of supply chains - a structured approach. 2005. Zugleich online im Internet: http://dx.doi.org/10.3929/ethz-a-004946421 (Zugriff am: 15.09.2015).

Niggemann, W. (1973): Optimale Informationsprozesse in betriebswirtschaftlichen Entscheidungssituationen. Bochum 1973.

Nippa, M. (1988): Gestaltungsansaätze für die Büroorganisation. Berlin 1988.

Noeske, M. (1999): Durchlaufzeiten in Informationsprozessen Wege zur Beschleunigung der Informationsverarbeitung. Wiesbaden 1999.

Norrman, A. (2003): Supply chain risk management. In: Journal of Packaging Science & Technology, 12(2003)5, S. 257–270.

Norrman, A./Jansson, U. (2004): Ericsson's proactive supply chain risk management approach after a serious sub-supplier accident. In: International Journal of Physical Distribution & Logistics Management, 34(2004)5, S. 434–456.

Norrman, A./Lindroth, R. (2004): Categorization of supply chain risk and risk management. In: Brindley, C. (Hrsg.): Supply Chain Risk. Hampshire 2004, S. 14–27.

North, K. (2011): Wissensorientierte Unternehmensführung: Wertschöpfung durch Wissen. 5. Aufl., Wiesbaden 2011.

Nullmeier, F. u. a. (2008): Entscheiden in Gremien: Von der Videoaufzeichnung zur Prozessanalyse. 2008.

Nystrom, P.C./Starbuck, W.H. (1984): To Avoid Organizational Crises, Unlean. In: Organizational Dynamics, 12(1984)4, S. 53–65.

NYT (2015): In Tianjin Blasts, a Heavy Toll for Unsuspecting Firefighters,. In: New York Times (Online). Zugleich online im Internet: http://www.nytimes.com/2015/08/18/world/asia/tianjin-china-explosions-firefighters-chemicals.html (Zugriff am: 12.09.2015).

Obermaier, R./Saliger, E. (2013): Betriebswirtschaftliche Entscheidungstheorie: Einführung in die Logik individueller und kollektiver Entscheidungen. grundlegend überarbeitete Auflage. München 2013.

O'Donnel, J./Glassberg, B. (2005): A Typology of Inter-Organizational Informaiton Systems. In: Eom, Sean B. (Hrsg.): Inter-organizational Information Systems in the Internet Age. 2005, S. 31–54.

Oehmen, J. u. a. (2009): System-oriented supply chain risk management. In: Production Planning & Control, 20(2009)4, S. 343–361.

Olhager, J. u. a. (2002): Supply chain impacts at Ericsson - from production units to demand-driven supply units. In: International Journal of Technology Management, 23(2002)1/2/3, S. 40.

Oliveira, T./Martins, M.F. (2011): Literature Review of Information Technology Adoption Models at Firm Level. In: The Electronic Journal Information Systems Evaluation, 14(2011)1, S. 110–121.

Oliver, R.K./Webber, M.D. (1992): Supply-chain management. Logistics catches up with strategy. In: Christopher, M. (Hrsg.): Logistics. The strategic issues. London 1992, S. 63–75.

Oliver Wyman (2013): Automotive Manager. Düsseldorf 2013.

Olson, J.M./Zanna, M.P. (1993): Attitudes and Attitude Change. In: Annual Review of Psychology, 44(1993)1, S. 117–154.

Ostertag, R. (2008): Supply-Chain-Koordination im Auslauf in der Automobilindustrie: Koordinationsmodell auf Basis von Fortschrittszahlen zur dezentralen Planung bei zentraler Informationsbereitstellung. Wiesbaden 2008.

Otto, A. (2002): Management und Controlling von Supply Chains - Ein Modell auf der Basis der Netzwerktheorie. Wiesbaden 2002.

Otto, D. habil A./Kotzab, D.H. (2002): Ziel erreicht? Sechs Perspektiven zur Ermittlung des Erfolgsbeitrags des Supply Chain Management. In: Hahn, F./Kaufmann, L. (Hrsg.): Handbuch Industrielles Beschaffungsmanagement. 2002, S. 125–150.

Ouchi, W.G. (1980): Markets, bureaucracies, and clans. In: Administrative Science Quarterly, 25(1980)1, S. 129–141.

Parker, G.M. (2002): Cross- Functional Teams: Working with Allies, Enemies, and Other Strangers. 2. Ausg. San Francisco Calif. 2002.

Park, S.C./Ryoo, S.Y. (2013): An empirical investigation of end-users' switching toward cloud computing: A two factor theory perspective. In: Computers in Human Behavior, 29(2013)1, S. 160–170.

Parsons, T. (1960): Structure and process in modern societies. New York 1960.

Pastoors, H. (1965): Die Informationswirtschaft industrieller Unternehmungen. Köln 1965.

Paulsson, U. (2004): Supply Chain Risk Management. In: Brindley, C. (Hrsg.): Supply Chain Risk. Adelshot 2004.

Peck, H. (2005): Drivers of supply chain vulnerability: an integrated framework. In: International Journal of Physical Distribution & Logistics Management, 35(2005)4, S. 210–232.

Perridon, L./Steiner, M. (2003): Finanzwirtschaft der Unternehmung. München 2003.

Perrow, C. (1999): Normal Accidents: Living with High-Risk Technologies. Updated edition with a New afterword and a new postscript by the author edition. Princeton 1999.

Peter, C.F. (2001): Unternehmerisches Risikomanagement : Konsequenzen einer integrierten Risikobewältigung für die Versicherung. 2001.

Peters, M. (2009): Vertrauen in Wertschöpfungspartnerschaften zum Transfer von retentivem Wissen: Eine Analyse auf Basis realwissenschaftlicher Theorien und Operationalisierung mithilfe des Fuzzy Analytic Network Process und der Data Envelopment Analysis. Wiesbaden 2009.

Peters, T.J./Waterman, R.H. (1982): Auf der Suche nach Spitzenleistungen: Was man von den bestgeführten US-Unternehmen lernen kann. Frankfurt am Main 1982.

Pfänder, A. (2009): Auswirkungen der Zentralisierung von Organisationen auf deren Effizienz. Mechanismen, Wirkungszusammenhänge, Anwendung. Hamburg 2009.

Pfeiffer, W./Weiss, E. (1994): Lean Management: Grundlagen der Führung und Organisation lernender Unternehmen. Berlin 1994.

Pfohl, H.-C. (1977): Problemorientierte Entscheidungsfindung in Organisationen. Berlin 1977.

Pfohl, H.-C. (2000): Supply Chain Management. Konzept, Trends, Strategien. In: Pfohl, H.-C. (Hrsg.): Supply Chain Management: Logistik plus? Logistikkette - Marketingkette - Finanzkette. Berlin 2000, S. 1–42.

Pfohl, H.-C. (2001): Wertsteigerung durch Innovation in der Logistik. In: Pfohl, H.-C. (Hrsg.): Jahrhundert der Logistik : Wertsteigerung des Unternehmens: customer related, glocal, e-based. Berlin 2001, S. 187 – 235.

Pfohl, H.-C. (2004): Logistikmanagement : Konzeption und Funktionen. 2., vollst. überarb. und erw. Aufl., Berlin u.a. 2004.

Pfohl, H.-C. (2007): Supply Chain Risikomanagement. In: Hausladen, I. (Hrsg.): Management am Puls der Zeit. Strategien, Konzepte und Methoden. Band 2. Produktion und Logistik. München 2007, S. 1135–1157.

Pfohl, H.-C. (2008): Sicherheit und Risikomanagement in der Supply Chain: Gestaltungsansätze und praktische Umsetzung. Hamburg 2008.

Pfohl, H.-C. (2010): Logistiksysteme : betriebswirtschaftliche Grundlagen. Berlin, Heidelberg 2010.

Pfohl, H.-C./Berbner, U. (2015): Vorbereitet sein. Risikomanagement. Forscher der TU Darmstadt haben in einer Studie Informationssysteme für das Supply Chain Risk Management untersucht. In: Logistik Heute, (2015)9, S. 40–41.

Pfohl, H.-C./Berbner, U. (2016): Proaktiv und reaktiv. SCRM – Wissenschaftler der TU Darmstadt zeigen, was die neuen Informationssysteme für das Supply Chain Risk Management zu bieten haben. In: Huss Verlag/Fraunhofer-Institut für Materialfluss und Logistik (Hrsg.): Software in der Logistik 2016. Wege zur Industrie 4.0. München 2016, S. 16-19.

Pfohl, H.-C./Braun, G.E. (1981): Entscheidungstheorie: normative und deskriptive Grundlagen des Entscheidens. Landsberg am Lech 1981.

Pfohl, H.-C./Gallus, P./Köhler, H. (2007): Implementierung eines Supply Chain Risikomanagements. Theoretische Grundlagen und Ansätze zur organisatorischen Umsetzung. In: Wimmer, T./Bobel, T. (Hrsg.): 24. Deutscher Logistikkongress. Kongressband 2007. Hamburg 2007, S. 191–224.

Pfohl, H.-C./Gallus, P./Köhler, H. (2008a): Konzeption des Supply Chain Risikomanagements. In: Pfohl, H.-Chr. (Hrsg.): Sicherheit und Risikomanagement in der Supply Chain. Gestaltungsansätze und praktische Umsetzung. Hamburg 2008, S. 7–94.

Pfohl, H.-C./Gallus, P./Köhler, H. (2008b): Risikomanagement in der Supply Chain. Status Quo und Herausforderungen aus Industrie-, Handels- und Dienstleisterperspektive. In: Pfohl, H. -Chr. (Hrsg.): Sicherheit und Risikomanagement in der Supply Chain. Gestaltungsansätze und praktische Umsetzung. Hamburg 2008, S. 95-148.

Pfohl, H.-C./Gallus, P./Köhler, H. (2008c): Supply Chain Continuity Management in globalen Supply Chains. In: Wimmer, T./Wöhner, H. (Hrsg.): 25. Deutscher Logistik-Kongress Berlin Kongressband 2008: Werte schaffe - Kulturen verbinden Creating Value - Connecting Cultures. 2008, S. 164–194.

Pfohl, H.-C./Gallus, P./Thomas, D. (2011): Interpretive structural modeling of supply chain risks. In: International Journal of physical distribution & logistics management, 41(2011)9, S. 839–859.

Pfohl, H.-C./Köhler, H./Thomas, D. (2010): State of the art in supply chain risk management research: empirical and conceptual findings and a roadmap for the implementation in practice. In: Logistics Research, 2(2010), S. 33–44.

Pfohl, H.-C./Stölzle, W. (1997): Planung und Kontrolle: Konzeption, Gestaltung, Implementierung. 2., neubearb. Aufl. München 1997.

Pfohl, H.-C./Yahsi, B./Kurnaz, T. (2015): The Impact of Industry 4.0 on the Supply Chain. In: Kersten, W./Blecker, T./Ringle, C.M. (Hrsg.): Innovations and Strategies for Logistics and Supply Chains. 2015, S. 31–58.

Pfohl, H.-C./Zuber, C./Berbner, U. (2014): The Imbalance of Supply Risk and Risk Management Activities in Supply Chains: Developing Metrics to Enable Network Analysis in the Context of Supply Chain Risk Management. In: Kersten, W./Blecker, T./Ringle, C.M. (Hrsg.): Next Generation Supply Chains: Trends and Opportunities. Berlin 2014, S. 423–446.

Pfriemer, M./Bauer, R. (2001): Supply Chain Planning — Wie Unternehmen die Wertschöpfungskette transparent, schnell und flexibel steuern. In: Gronalt, M. (Hrsg.): Logistikmanagement. Wiesbaden 2001, S. 71–79.

Pibernik, R. (2001): Flexibilitätsplanung in Wertschöpfungsnetzwerken. Wiesbaden 2001.

Picot, A. (1989): Der Produktionsfaktor Information in der Unternehmensführung. In: Thexis, (1989)4, S. 3–9.

Picot, A./Reichwald, R. (1994): Auflösung der Unternehmung? Vom Einfluß der luK-Technik auf Organisationsstrukturen und Kooperationsformen. In: Zeitschrift für Betriebswirtschaft, (1994)5, S. 547–570.

Picot, A./Dietl, H./Franck, E. (2002): Organisation. Eine ökonomische Perspektive. 3., überarb. und erw. Aufl. Stuttgart 2002.

Picot, A./Reichwald, R./Wigand, R.T. (2003): Die grenzenlose Unternehmung: Information, Organisation und Management. Lehrbuch zur Unternehmensführung im Informationszeitalter. 5. Auflage. Wiesbaden 2003.

Picot, A./Reichwald, R./Wigand, R.T. (2008): Information, organization and management. New York 2008.

Piller, F.T. (1998): Das Produktivitätsparadoxon der Informationstechnologie : Stand der Forschung über die Wirkung von Investitionen in Informations- und

Kommunikationstechnologie. In: Wirtschaftswissenschaftliches Studium: WIST, 27(1998)5, S. 257–262.

Piller, F.T./Waringer, D. (1999): Modularisierung in der Automobilindustrie: neue Formen und Prinzipien ; Modular Sourcing, Plattformkonzept und Fertigungssegmentierung als Mittel des Komplexitätsmanagements. Aachen 1999.

Platz, U. (2005): Vulnerabilität von Logistikstrukturen im Lebensmittelhandel : eine Studie zu den Logistikstrukturen des Lebensmittelhandels, möglichen Gefahrenquellen und den Auswirkungen verschiedener Gefahren bei einem Ereigniseintritt. Münster-Hiltrup 2005.

Poirier, C.C./Quinn, F.J. (2003): A Survey of Supply Chain Progress. In: Supply Chain Management Review, 7(2003)5, S. 40–47.

Poluha, R.G. (2014): Anwendung des SCOR-Modells zur Analyse der Supply Chain: Explorative empirische Untersuchung von Unternehmen aus Europa, Nordamerika und Asien. 6. Aufl., Lohmar 2014.

Ponsignon, T. (2013): Modelling and Solving Master Planning Problems in Semiconductor Manufacturing. 2013.

Popper, K. (2005): Logik der Forschung. 11. Aufl., Tübingen 2005.

Popper, K.R. (2010): Die beiden Grundprobleme der Erkenntnistheorie: aufgrund von Manuskripten aus den Jahren 1930-1933. Tübingen 2010.

Pörksen, B. (2015): Schlüsselwerke des Konstruktivismus. Wiesbaden 2015.

Powell, W. (1991): Neither market nor hierarchy: network forms of organization. In: Markets, Hierarchies and Networks. The Coordination of Social Life. 1991.

Power, D.J. (2002): Decision support systems: concepts and resources for managers. Westport Conn 2002.

Premkumar, G.P. (2000): Interorganization Systems and Supply Chain Management: An Information Processing Perspective. In: Information Systems Management, 17(2000)3, S. 56–69.

Pritzer, B. (2000): Risikomanagement als betriebliche Notwendigkeit. In: Saitz, Bernd/Braun, Frank (Hrsg.): Das Kontroll- und Transparenzgesetz: Herausforderungen und Chancen für das Risikomanagement. 2. korr. Nachdruck. Wiesbaden 2000, S. 145–167.

Probst, G.J.B. (1986): Der Organisator im selbstorganisierenden System : Aufgaben, Stellung u. Fähigkeiten. In: Zeitschrift Führung + Organisation : ZfO, 55(1986)6, S. 395–399.

Purdy, G. (2010): ISO 31000:2009-Setting a New Standard for Risk Management. In: Risk Analysis, 30(2010)6, S. 881–886.

Radowski, H. (2007): Netzwerkkrisen und Krisenmanagement in strategischen Unternehmensnetzwerken. Wiesbaden 2007.

Raffée, H. (1999): Gegenstand, Methoden und Konzepte der Betriebswirtschaftslehre. In: Bitz, M./Baetge, J. (Hrsg.): Vahlens Kompendium der Betriebswirtschaftslehre. 1999, S. 1–46.

Raffée, H./Abel, B. (1979): Aufgaben und aktuelle Tendenzen der Wissenschaftstheorie in den Wirtschaftswissenschaften. In: Raffée, H./Abel, B. (Hrsg.): Wissenschaftstheoretische Grundfragen der Wirtschaftswissenschaften. München 1979, S. 1–10.

Ragowsky, A./Ahituv, N./Neumann, S. (1996): Identifying the value and importance of an information system application. In: Information & Management, 31(1996)2, S. 89–102.

Rao, S./Goldsby, T.J. (2009): Supply chain risks: a review and typology. In: The International Journal of Logistics Management, 20(2009)1, S. 97–123.

Raymond, L./Paré, G./Bergeron, F. (1995): Matching information technology and organizational structure: an empirical study with implications for performance. In: European Journal of Information Systems, 4(1995)1, S. 3–16.

Rechenberg, P. (2003): Zum Informationsbegriff der Informationstheorie. In: Informatik Spektrum, 26(2003)3, S. 317–326.

Redel, W. (1982): Kollegienmanagement: Effizienzaussagen über Einsatz und interne Gestaltung betrieblicher Kollegien. Bern 1982.

Reh, D. (2009): Entwicklung einer Methodik zur logistischen Risikoanalyse in Produktions- und Zuliefernetzwerken. 2009.

Reich, M. (2003): Innovatives Kundenbindungs-Controlling: Entwicklung eines integrativen Konzeptansatzes zur Frühwarnung im Kundenbindungsmanagement auf der Basis des... von deutschen Versicherungsunternehmen. München 2003.

Reichmann, T. (2001): Controlling mit Kennzahlen und Managementberichten: Grundlagen einer systemgestützten Controlling-Konzeption. 6., überarbeitete und erweiterte Auflage. München 2001.

Reichmann, T. (2014): Controlling mit Kennzahlen: Die systemgestützte Controlling-Konzeption mit Analyse- und Reportinginstrumenten. München 2014.

Reichwald, R. (1995): Wertschöpfung und Produktivität von Dienstleistungen? : Innovationsstrategien für die Standortsicherung. In: Möslein, K. (Hrsg.): Dienstleistung der Zukunft : Märkte, Unternehmen und Infrastrukturen im Wandel. Ergebnisse der Tagung des BMBF vom 28. und 29. Juni 1995 in Berlin. Gabler u.a. 1995, S. 324-376.

Reinhardt, A. (2006): Nokia's Magnificent Mobile-Phone Manufacturing Machine. In: Business Week online, 3(2006)8. Zugleich online im Internet: http://www.bloomberg.com/bw/stories/2006-08-02/nokias-magnificent-mobile-phone-manufacturing-machine (Zugriff am: 10.09.2015).

Reinhardt, R. (1995): Das Modell organisationaler Lernfähigkeit und die Gestaltung lernfähiger Organisationen. Frankfurt am Main u.a. 1995.

Reiß, M. (1994): Matrixsurrogate. In: Zeitschrift Führung + Organisation, 63(1994)3, S. 152-156, (1994).

Renggli, F. (1993): Sicherheitsgerechtes Verhalten fördern: Unfall- und Sicherheitspsychologie für Führungskräfte und Praktiker. 1993.

Resilinc (2015): The aftermath of the Tianjin explosions. 2015. Online verfügbar: http://info.resilinc.com/tianjin-explosion-global-supply-chain-impact-white-paper (Zugriff am: 23.12.2015).

Reuters (2015): Autozulieferer: Takata muss Tausende Airbags ersetzen. Online verfügbar: http://www.handelsblatt.com/unternehmen/industrie/autozulieferer-takata-muss-tausende-airbags-ersetzen/11872842.html (Zugriff am: 08.06.2015).

Rice, J.B./Caniato, F. (2003): Building a Secure and Resilient Supply Network. In: Supply Chain Management Review, 7(2003)5, S. 22–30.

Richter, F.-J. (1995): Die Selbstorganisation von Unternehmen in strategischen Netzwerken: Bausteine zu einer Theorie des evolutionären Managements. Frankfurt am Main ; New York 1995.

Riggins, F.J./Kriebel, C.H./Mukhopadhyay, T. (1994): The Growth of Interorganizational Systems in the Presence of Network Externalities. In: Management Science, 40(1994)8, S. 984–998.

Riikka Kaipia/Hille Korhonen/Helena Hartiala (2006): Planning nervousness in a demand supply network: an empirical study. In: The International Journal of Logistics Management, 17(2006)1, S. 95–113.

Rinne, H. (2008): Taschenbuch der Statistik. 4., überarb. u. erw. Aufl. Thun 2008.

Rischar, K. (1988): Risk Management als Führungsaufgabe. In: Spinnarke, J./Aretz, H. (Hrsg.): Handbuch Risk-Management. 1988.

Risk Management Association (RMA) (Hrsg.) (2015): Leitfaden für das Supply Chain Risk Management - Schaffung einer einheitlichen Basis für das unternehmensübergreifende Management von Supply Chain Risiken. München 2015. Zugleich online im Internet: https://www.rma-ev.org/Veroeffentlichung-zum-Download.696.0.html (Zugriff am: 06.08.2015).

Ritchie, B./Brindley, C. (2007): Supply chain risk management and performance. In: International Journal of Operations & Production Management, 27(2007)3, S. 303–322.

Ritchie, B./Brindley, C. (2009): Effective Management of Supply Chains: Risks and Performance. In: Wu, Teresa/Blackhurst, Jennifer (Hrsg.): Managing Supply Chain Risk and Vulnerability. 2009, S. 9–28.

Ritchie, B./Brindley, R. (2005): Introduction. In: Brindley, C. (Hrsg.): Supply Chain Risk. Hampshire 2005, S. 3–13.

Ritchie, B./Marshall, D. (1993): Business Risk Management. London, New York 1993.

Rogers, E. (1995): Diffusion of Innovations. 4. Aufl., New York 1995.

Roggisch, N./Wissuek, B. (2002): Systeme und Modelle. In: Krallmann, H./Schönherr, M./Trier, M. (Hrsg.): Systemanalyse im Unternehmen - Prozessorientierte Methoden der Wirtschaftsinformatik. 4. Auflage. 2002, S. 21–46.

Rogler, S. (2002): Risikomanagement im Industriebetrieb: Analyse Von Beschaffungs-, Produktions- und Absatzrisiken. Wiesbaden 2002.

Rohde, J./Meyr, H./Wagner, M. (2000): Die Supply Chain Planning Matrix. Darmstadt Technical University, Department of Business Administration, Economics and Law, Institute for Business Studies (BWL), 2000.

Rohde, J./Wagner, M. (2008): Master Planning. In: Stadtler, H./Kilger, C. (Hrsg.): Supply Chain Management and Advanced Planning: Concepts, Models, Software, and Case Studies. Berlin, Heidelberg 2008, S. 159 – 178.

Romeike, F. (2003): Risikoidentifikation und Risikokategorien. In: Romeike, F./Finke, R. B. (Hrsg.): Erfolgsfaktor Risiko-Management. Chance für Industrie und Handel. Wien 2003, S. 165–180.

Romeike, F. (2008): Rechtliche Grundlagen des Risikomanagements: Haftungs- und Strafvermeidung für Corporate Compliance. Berlin 2008.

Romeike, F. (2009): Erfolgsfaktor Risiko-Management 2.0. Methoden, Beispiele, Checklisten. Praxishandbuch für Industrie und Handel. Auflage: 2., vollst. überarb. u. erw. Aufl., 2009.

Romeike, F./Erben, R.F. (2002): Risk-Management-Informationssysteme - Potentiale einer umfassenden IT-Unterstützung des Risk Managements. In: Pastors, P.M. (Hrsg.): Risiken des Unternehmens, vorbeugen und meistern. Mering 2002, S. 551–579.

Roos, A. (1998): Verfahren zur Gestaltung von Dienstleistungsunternehmen in einem Konfigurationsansatz. Berlin 1998.

Rosenkranz, F./Mißler-Behr, M. (2005): Unternehmensrisiken erkennen und managen Einführung in die quantitative Planung. Berlin u.a. 2005.

Roth, K. (1976): Informationsbeschaffung von Organisationen: Analyse des Informationsverhaltens von Organisationen am Beispiel von Entscheidungsprozessen auf Investitionsgütermärkten. Mannheim 1976.

Roy, V./Aubert, B. (2000): A resource based view of the information systems sourcing mode. In: Proceedings of the 33rd Annual Hawaii International Conference on System Sciences, 2000. S. 10.

Rühl, F. u. a. (2013): Production, logistics, and traffic: a systematic approach to understand interactions. In: Selected Proceedings of the 13th World Conference on Transport Research (WCTR). 15.-18. July 2013, Rio de Janeiro, Brazil.

Rühli, E. (1992): Koordination. In: Frese, E. (Hrsg.): Handwörterbuch der Organisation. 3., völlig neu gestaltete Aufl. Stuttgart 1992, Sp. 1164–1175.

Rümenapp, T. (2002): Strategische Konfigurationen von Logistikunternehmen: Ansätze zur konsistenten Ausrichtung in den Dimensionen Strategie, Struktur und Umwelt. Wiesbaden 2002.

Ruß, H.G. (2004): Wissenschaftstheorie, Erkenntnistheorie und die Suche nach Wahrheit. Eine Einführung. 2004.

Sabherwal, R./Becerra-Fernandez, I. (2010): Business intelligence. Hoboken NJ 2010.

Sanchez-Rodrigues, V./Potter, A./Naim, M.M. (2010): Evaluating the causes of uncertainty in logistics operations. In: The International Journal of Logistics Management, 21(2010)1, S. 45–64.

Sandkuhl, K. (2008): Information Logistics in Networked Organizations: Selected Concepts and Applications. In: Filipe, J./Cordeiro, J./Cardoso, J. (Hrsg.): Enterprise Information Systems. 2008.

dos Santos, A./Specht, G./Bingemer, S. (2003): Die Fallstudie im Erkenntnisprozess: Über die Anwendung der Fallstudienmethode im Bereich Wirtschaftswissenschaften, Arbeitspapier Nr. 16. 2003.

Sartor, F.J./Bourauel, C. (2013): Risikomanagement kompakt: In 7 Schritten zum aggregierten Nettorisiko des Unternehmens. München 2013.

Sauerwein, E./Thurner, M. (1998): Der Risiko-Management-Prozess im Überblick. In: Hinterhuber, H.H./Sauerwein, E./Fohler-Norek, C. (Hrsg.): Betriebliches Risikomanagement. Wien 1998, S. 19–39.

Schade, C. (1993): Instrumente des Kontraktgütermarketing. In: Schott, Eberhard (Hrsg.) Die Betriebswirtschaft : DBW, 53(1993)4, S. 491–511.

Schanz, G. (1992): Organisation. In: Frese, E. (Hrsg.): Handwörterbuch der Organisation. 3., völlig neu gestaltete Aufl. Stuttgart 1992, S. 1459–1471.

Schanz, G. (1994): Organisationsgestaltung: Management von Arbeitsteilung und Koordination. 2., neu bearbeitete Auflage. München 1994.

Scheer, A.-W. (1995): Wirtschaftsinformatik: Referenzmodelle für industrielle Geschäftsprozesse. 6. Aufl., 1995.

Scheer, L. (2008): Antezedenzen und Konsequenzen der Koordination von Unternehmensnetzwerken. Eine Untersuchung am Beispiel von Franchise-Systemen und Verbundgruppen. Wiesbaden 2008.

Scherer, A.G. (2006): Kritik der Organisation oder Organisation der Kritik? Wissenschaftstheoretische Bemerkungen zum kritischen Umgang mit Organisationstheorien. In: Kieser, A./Ebers, M. (Hrsg.): Organisationstheorien. 6., erw. Aufl., Stuttgart 2006, S. 18–61.

Scherer, A.G./Beyer, R. (1998): Der Konfigurationsansatz im Strategischen Management. Rekonstruktion und Kritik. In: Die Betriebswirtschaft, 58(1998)3, S. 332–347.

Scherer, J. (1991): Zur Entwicklung und zum Einsatz von Objektmerkmalen als Entscheidungskriterium in der Beschaffung. Köln 1991.

Schertler, W. (1998): Unternehmensorganisation. München 1998.

Scheuch, F. (1977): Heuristische Entscheidungsprozesse in der Produktpolitik.: Effizientes Entscheidungsverhalten für produktpolitische Aufgaben und experimentelle Prüfung von Problemlösungsstrategien. Berlin 1977.

Schildknecht, C. (2013): Management ganzheitlicher organisationaler Veränderung: Modell und Anwendung auf die Produkt- und Prozeßentwicklung. Wiesbaden 2013.

Schlegel, G./Trent, R. (2014): Supply Chain Risk Management: An Emerging Discipline Boca Raton FL 2014.

Schlösser, O. (2008): Grenzen virtueller Vernetzung in der Automobilindustrie: Einflüsse elektronischer Marktplätze auf Zuliefer-Abnehmer-Beziehungen. Saarbrücken 2008.

Schneckenburger, T. (2003): Bessere Supply Chain-Prognosen gemeinsam mit den Lieferanten. In: Boutellier, R./Wagner, S.M./Wehrli, H.P. (Hrsg.): Handbuch Beschaffung: Strategien - Methoden - Umsetzung. 2003, S. 646 – 687.

Schneider, D. (1981): Geschichte betriebswirtschaftlicher Theorie: allgemeine Betriebswirtschaftslehre für das Hauptstudium. München 1981.

Schneider, D. (2001): Risk Management als betriebswirtschaftliches Entscheidungsproblem? In: Kramer, J.W./Lange, K.W./Wall/F. (Hrsg.): Risikomanagement nach dem KonTraG : Aufgaben und Chancen aus betriebswirtschaftlicher und juristischer Sicht, 2001, S. 181–206.

Schneider, W. (2011): Früherkennung und Intuition. Wiesbaden 2011.

Schnell, R./Hill, P.B./Esser, E. (2011): Methoden der empirischen Sozialforschung. 9. Aufl., München 2011.

Schnetzler, Matthias (2005): Kohärente Strategien im Supply Chain Management - eine Methodik zur Entwicklung und Implementierung von Supply Chain-Strategien. 2005.

Schoenherr, T./Tummmala, V.M.R./Harrison, T.P. (2008): Assessing supply chain risks with the analytical hierarchy process: Providing decision support for the offshoring decision by a US manufacturing company. In: Journal of Purchasing and Supply Management, 14(2008)2, S. 100–111.

Scholl, A. (2011): Konstruktivismus und Methoden in der empirischen Sozialforschung. In: Medien & Kommunikationswissenschaft, 59(2011), S. 161–179.

Scholl, W. (1992): Informationspathologien. In: Frese, E. (Hrsg.): Handwörterbuch der Organisation. Stuttgart 1992, S. 900–911.

Scholl, W. (2004): Innovation und Information: Wie in Unternehmen neues Wissen produziert wird. Göttingen 2004.

Scholz, C. (1992): Effektivität und Effizienz, organisatorische. In: Frese, Erich (Hrsg.): Handwörterbuch der Organisation. 3., völlig neu gestaltete Aufl. 1992, Sp. 533–552.

Schömig, A. (2001): OR-Probleme in der Mikrochipfertigung. In: Fleischmann, B. u. a. (Hrsg.): Operations Research Proceedings: Selected Papers of the Symposium on Operations Research (OR 2000) Dresden, September 9–12, 2000. 2001, S. 339–344.

Schöneck, N.M./Voß, W. (2005): Das Forschungsprojekt: Planung, Durchführung und Auswertung einer quantitativen Studie. Wiesbaden 2005.

Schönsleben, P. u. a. (2003): SCM - Stand und Entwicklungstendenzen in Europa. In: Supply Chain Management, 3(2003)1, S. 19–27.

Schreyögg, G. (1994): Umwelt, Technologie und Organisationsstruktur. Bern 1994.

Schreyögg, G. (1996): Organisation. Wiesbaden 1996.

Schreyögg, G. (1999): Organisation: Grundlagen moderner Organisationsgestaltung. 3.Aufl., Wiesbaden 1999.

Schreyögg, G. (2010): Organisation: Grundlagen moderner Organisationsgestaltung. Mit Fallstudien. 5. Aufl., Wiesbaden 2010.

Schreyögg, G./Koch, J. (2010): Grundlagen des Managements: Basiswissen für Studium und Praxis. 2., überarbeitete und erweiterte Auflage. Wiesbaden 2010.

Schröder, K.-J. (2001): Qualitätsmanagement in der Supply Chain. In: Supply-chain-Management : neue Instrumente zur kundenorientierten Gestaltung integrierter Lieferketten, (2001), S. 273–282.

Schubert, M. (2004): Risikomanagement im Beschaffungsmarketing. Köln 2004.

Schuh, G./Friedl, T. (1999): Die virtuelle Fabrik - Konzepte, Erfahrungen und Grenzen. In: Nagel, K./Piller, F./Erben, R. (Hrsg.): Produktionswirtschaft 2000: Perspektiven für die Fabrik der Zukunft. Wiesbaden 1999, S. 217–242.

Schulte-Zurhausen, M. (2010): Organisation. 5., überarb. und aktualisierte Aufl. München 2010.

Schulze, U. (2009): Informationstechnologieeinsatz im Supply Chain Management. Eine konzeptionelle und empirische Untersuchung zu Nutzenwirkungen und Nutzenmessung. Wiesbaden 2009.

Schumann, M. (1990): Abschätzung von Nutzeffekten zwischenbetrieblicher Informationsverarbeitung. In: Wirtschaftsinformatik, 32(1990)4, S. 307–319.

Schütte, R. (1998): Grundsätze ordnungsmäßiger Referenzmodellierung: Konstruktion Konfigurations- und Anpassungsorientierter Modelle. Wiesbaden 1998.

Schuy, A. (1989): Risiko-Management: eine theoretische Analyse zum Risiko und Risikowirkungsprozess als Grundlage für ein risikoorientiertes Management unter besonderer Berücksichtigung des Marketing. Frankfurt a. M. 1989.

Schwaninger, M. (1994): Managementsysteme. Frankfurt a. M. 1994.

Schwarzer, B./Krcmar, H. (1999): Wirtschaftsinformatik. Grundzüge der betrieblichen Datenverarbeitung. Stuttgart 1999.

Schwegler, G. (1995): Logistische Innovationsfähigkeit: Konzept und organisatorische Grundlagen einer entwicklungsorientierten Logistik-Technologie. Wiesbaden 1995.

Schwegmann, A. (1999): Objektorientierte Referenzmodellierung: Theoretische Grundlagen und praktische Anwendung. Wiesbaden 1999.

Schweitzer, M. (1994): Industrielle Fertigungswirtschaft. In: Schweitzer, M. (Hrsg.): Industriebetriebslehre : das Wirtschaften in Industrieunternehmungen. 2., völlig überarb. und erw. Aufl., München 1994, S. 569 – 746.

Scott J. Mason u. a. (2002): Improving electronics manufacturing supply chain agility through outsourcing. In: International Journal of Physical Distribution & Logistics Management, 32(2002)7, S. 610–620.

Seibt, D. (1993): Informationsbetriebe. In: Wittmann, W. (Hrsg.): Handwörterbuch der Betriebswirtschaft. Stuttgart 1993, Sp. 1736–1748.

Seifert, W.G. (1980): Risk Management im Lichte einiger Ansätze der Entscheidungs- und Organisationstheorie. Frankfurt a. M. 1980.

Semmelroggen, H. (1988): Logistik-Geschichte: Moderner Begriff mit Vergangenheit. In: Logistik im Unternehmen, 2(1988)1, S. 6–9.

Sennheiser, A. (2004): Determinant based selection of benchmarking partners and logistics performance indicators. Zürich 2004

Sennheiser, A. (2008): Wertorientiertes Supply-chain-Management. Strategien zur Mehrung und Messung des Unternehmenswertes durch SCM. Berlin u.a. 2008.

Shannon, C.E. (1948): A Mathematical Theory of Communication. In: Bell System Technical Journal, 27(1948)3, S. 379–423.

Sheffi, Y. (2007): The Resilient Enterprise : Overcoming Vulnerability for Competitive Advantage. Cambridge Mass. 2007.

Sheffi, Y. (2015): Preparing for Disruptions Through Early Detection. In: MIT Sloan Management Review, 57(2015)16, S. 30–42.

Sheffi, Y./Lynn, B.C. (2014): Systemic Supply Chain Risk. In: The Bridge, 4(2014)3, S. 22–29.

Sheffi, Y./Rice, J.B. (2005): A supply chain view of the resilient enterprise. In: MIT Sloan Management Review, 47(2005)1, S. 40–48.

Sheffi, Y./Vakil, B./Griffin, T. (2012): Risk and Disruptions: New Software Tools. Online im Internet verfügbar: http://web.mit.edu/sheffi/www/documents/Risk_and_Disruptions_V9.pdf (Zugriff am: 15.04.2014).

Shin, H./Collier, D.A./Wilson, D.D. (2000): Supply management orientation and supplier/buyer performance. In: Journal of Operations Management, 18(2000)3, S. 317–333.

Shore, B. (2001): Information Sharing in Global Supply Chain Systems. In: Journal of Global Information Technology Management, 4(2001)3, S. 27–50.

Sikora, K. (1994): Betriebswirtschaftslehre als ökonomische Soziotechnologie im Sinne von Mario Bunge. In: Fischer-Winkelmann, Wolf F. (Hrsg.): Das Theorie-Praxis-Problem der Betriebswirtschaftslehre. 1994, S. 175–220.

Simangunsong, E./Hendry, L.C./Stevenson, M. (2012): Supply-chain uncertainty: a review and theoretical foundation for future research. In: International Journal of Production Research, 50(2012)16, S. 4493–4523.

Simchi-Levi, D./Schmidt, W./Wey, Y. (2014): From Superstorms to Factory Fires: Managing Unpredictable Supply-Chain Disruptions. In: Harvard Business Review, January-February(2014), S. 96–101.

Simon, H.A. u. a. (1954): Centralization vs. decentralization in organizing the controller's department. New York 1954.

Simon, H.A. (1959): Theories of Decision-Making in Economics and Behavioral Science. In: The American Economic Review, 49(1959)3, S. 253–283.

Simon, H.A. (1979): Rational Decision Making in Business Organizations. In: The American Economic Review, 69(1979)4, S. 493–513.

Simon, H.A. (1981): Entscheidungsverhalten in Organisationen: eine Untersuchung von Entscheidungsprozessen in Management und Verwaltung. Landsberg am Lech 1981.

Simon, H.A. (1997): Administrative behavior: a study of decision-making processes in administrative organizations. 4th ed. New York 1997.

Simpson, D. (1997): Practical Strategist: Competitive Intelligence Can Be a Bad Investment. In: Journal of Business Strategy, 18(1997)6, S. 8–9.

Sitkin, S.B./Pablo, A.L. (1992): Reconceptualizing the Determinants of Risk Behavior. In: The Academy of Management Review, 17(1992)1, S. 9–38.

Slovic, P./Kunreuther, H./White, G.F. (2000): Decision Process, Rationality and Adjustment to Natural Hazards. In: Slovic, Paul (Hrsg.): The Perception of Risk. 2000, S. 2–31.

Söder, J. (1996): Risikomanagement in der Gefahrgutlogistik. Wiesbaden 1996.

Sodhi, M.S./Son, B.-G./Tang, C.S. (2012): Researchers' Perspectives on Supply Chain Risk Management. In: Production and Operations Management, 21(2012)1, S. 1–13.

Sodhi, M.S./Tang, C.S. (2009): Managing Supply Chain Disruptions via Time-Based Risk Management. In: Wu, Teresa/Blackhurst, Jennifer (Hrsg.): Managing Supply Chain Risk and Vulnerability. 2009, S. 29–40.

Sodhi, M.S./Tang, C.S. (2012): Managing Supply Chain Risk. 2012. New York 2012.

Sorg, S. (1982): Informationspathologien und Erkenntnisfortschritt in Organisationen. Herrsching 1982.

Speier, C. u. a. (2011): Global supply chain design considerations: Mitigating product safety and security risks. In: Journal of Operations Management, 29(2011)7-8, S. 721–736.

Spille, J. (2009): Typspezifisches Risikomanagement für die Beschaffung von Produktionsmaterialien in der Automobilzulieferindustrie. Aachen 2009.

Spohr, M.O. (2001): Inter- und intraorganisationale Beziehungen in der europäischen Automobilelektronikbranche. Frankfurt a. M., New York 2001.

Stadtler, H. (2009): Supply Chain Management - An Overview. In: Stadtler, H./Kilger, C. (Hrsg.): Supply Chain Management and Advanced Planning: Concepts, Models, Software, and Case Studies. Berlin, Heidelberg 2009, S. 9 – 36.

Staehle, W.H./Conrad, P./Sydow, J. (1999): Management: Eine verhaltenswissenschaftliche Perspektive. 8., überarb. Aufl., München 1999.

Stahlknecht, P. (2004): Einführung In Die Wirtschaftsinformatik. 11., vollst. überarb. Aufl., 2004.

Staneck-Pohl, C. (1997): Spezifische executive support systems: Entscheidungsunterstützung bei Investitionen. Wiesbaden 1997.

Stank, T.P./Keller, S.B./Daugherty, P.J. (2001): supply chain collaboration and logistical service performance. In: Journal of Business Logistics, 22(2001)1, S. 29–48.

Starbuck, W.H. (1976): Organizations and their environments. In: Dunette, M.D. (Hrsg.): Handbook of industrial and organizational psychology. Chicago 1976, S. 1069–1123.

Staud, J. (2006): Geschäftsprozessanalyse: Ereignisgesteuerte Prozessketten und objektorientierte Geschäftsprozessmodellierung für Betriebswirtschaftliche Standardsoftware. Berlin, Heidelberg 2006.

Steers, R.M. (1975): Problems in the Measurement of organizational effectiveness. In: Administrative Science Quarterly, 20(1975)4, S. 546–558.

Steinaecker, J. von/Kühner, M. (2001): Supply Chain Management — Revolution oder Modewort? In: Lawrenz, O./Hildebrand, K./Nenninger,M./Hillek,T. (Hrsg.): Supply Chain Management. 2001.

Steiner, D. (1988): Zur autopoietischen Systemtheorie. Berlin 1988.

Steinke, I. (2008): Gütekriterien qualitativer Forschung. In: Flick, U./Kardoff, E. v./Steinke, I. (Hrsg.): Qualitative Forschung: Ein Handbuch. 6. Aufl., Reinbek 2008, S. 319–331.

Steinmann, H./Scherer, A. g. (1995): Wissenschaftstheorie. In: Corsten, Hans (Hrsg.): Lexikon der Betriebswirtschaftslehre. 3., überarbeitete und erw. Aufl. München 1995, S. 1056–1063.

Steinmann, H./Schreyögg, G. (1997): Management. Grundlagen der Unternehmensführung. 4, überarb. u. erw. Aufl. 1997. Wiesbaden 1997.

Steinmann, H./Schreyögg, G./Koch, J. (2005): Management. Grundlagen der Unternehmensführung. Konzepte, Funktionen, Fallstudien. Wiesbaden 2005.

Stephens, S. (2001): Supply chain operations reference model version 5.0: A new tool to Supply Chain Operations Reference Model Version 5.0: A New Tool to Improve Supply Chain Efficiency and Achieve Best Practice. In: Information Systems Frontiers, 3(2001)4, S. 471–476.

Sterman, J.D. (1989): Modeling Managerial Behavior: Misperceptions of Feedback in a Dynamic Decision Making Experiment. In: Management Science, 35(1989)3, S. 321–339.

Sterman, J.D. u. a. (2007): Getting Big Too Fast: Strategic Dynamics with Increasing Returns and Bounded Rationality. In: Management Science, 53(2007)4, S. 683–696.

Steven, M./Krüger, R. (2004): Advanced Planning Systems - Grundlagen, Funktionalitäten, Anwendungen. In: Busch, A./Dangelmaier, W. (Hrsg.): Integriertes Supply Chain Management. Wiesbaden 2004, S. 171–188.

Steven, M./Meyer, H. (1998): Computergestützte PPS-Systeme. Entwicklung, Stand, Tendenzen. In: Wirtschaftswissenschaftliches Studium : WiSt ; Zeitschrift für Studium und Forschung, 27(1998)1, S. 20–26.

Steven, M./Pollmeier, I. (2007): Managment von Kooperationsrisiken in Supply Chains. In: Vahrenkamp, R./Siepermann, C. (Hrsg.): Risikomanagement in Supply Chains. Gefahren abwehren, Chancen nutzen, Erfolg generieren. Berlin 2007, S. 273–286.

Stier, W. (1999): Empirische Forschungsmethoden. 2., verb. Aufl., Berlin 1999.

Stock, J.R. (2009): A research view of supply chain management: Developments and topics for exploration. In: ORiON: The Journal of ORSSA, 25(2009)2.

Stock, J.R./Lambert, D.M. (2001): Strategic logistics management. 4. Aufl., Boston 2001.

Stock, W.G. (2007): Information retrieval: Informationen suchen und finden. München 2007.

Stölzle, W./Wütz, S. (2014): Disruptions in Supply Chains: An Analysis of Contemporary Challenges and Reactions. In: Disruptions in Supply Chains. Hamburg 2014.

Stommel, H. (2003): Inbound-supply-chain-Management in der Automobilindustrie : ein Konzept zur Steuerung von kundengetriebenen und variantenreichen Zulieferketten. 2003.

Strack, J. (2001): Controlling virtueller Unternehmen : Konzept zur Flexibilisierung und Steuerung dezentraler Netzwerkstrukturen. Aachen 2001.

Strahringer, S. (2009): Nutzung interorganisationaler Informationssysteme in der Lieferkette- Einflussfaktoren und Kausalmodell. In: Wissenschaftliche Zeitung der Technischen Universität Dresden, 58(2009)1-2, S. 97–102.

Strauch, B. (2002): Entwicklung einer Methode für die Informationsbedarfsanalyse im Data Warehousing. St. Gallen 2002.

Street, C.T./Goldsmith, D. (2004): Interorganizational Systems and Embedded Relationships: A Resource Dependency Perspective of Interorganizational Systems Management. In: Journal of Information Science and Technology, 1(2004)2.

Strong, D.M./Volkoff, O. (2010): Understanding organization-enterprise system fit: a path to theorizing the information technology artifact. In: MIS quarterly, 34(2010)4, S. 731–756.

Stump, R.L./Heide, J.B. (1996): Controlling Supplier Opportunism in Industrial Relationships. In: Journal of Marketing Research, 33(1996)4, S. 431.

Sturgeon, T.J./Kawakami, M. (2011): Global value chains in the electronics industry: characteristics, crisis, and upgrading opportunities for firms from developing countries. In: International Journal of Technological Learning, Innovation and Development, 4(2011)1/2/3, S. 120.

Sucky, E. (2004): Koordination in Supply Chains. Wiesbaden 2004.

Supply Chain Council (2011): Supply Chain Operations Reference (SCOR) Model - Overview - Version 10.0. 2011.

Supply Chain Council (2012a): (SCOR) Supply Chain Operations Reference Model - Quick Reference Guide - Revision 11.0. 2012.

Supply Chain Council (2012b): (SCOR) Supply Chain Operations Reference Model - Revision 11.0. 2012.

Svensson, G. (2002): A conceptual framework of vulnerability in firms' inbound and outbound logistics flows. In: International Journal of Physical Distribution & Logistics Management, 32(2002)2, S. 110–134.

Svensson, G. (2004): Key areas, causes and contingency planning of corporate vulnerability in supply chains. A qualitative approach. In: International Journal of Physical Distribution & Logistics Management, 34(2004)9, S. 728–748.

Swaminathan, J.M./Smith, S.F./Sadeh, N.M. (1997): Modeling Supply Chain Dynamics: A Multiagent Approach. 1997.

Swoboda, U.-P.D.B. (2003): Kooperation: Erklärungsperspektiven grundlegender Theorien, Ansätze und Konzepte im Überblick. In: Zentes, J./Swoboda, B./Morschett, D. (Hrsg.): Kooperationen, Allianzen und Netzwerke. Wiesbaden 2003, S. 35–64.

Sydow, J. (1992): Strategische Netzwerke. Evolution und Organisation. 1. Aufl. Wiesbaden 1992.

Sydow, J. (1993): Barrieren der Einführung überbetrieblicher Informations- und Kommunikationssysteme in Unternehmensnetzwerke - Das Beispiel unabhängiger Versicherungsvermittler. In: Häußer, E. (Hrsg.): Online-Congress V. EDI, ISDN, die neuen Informations- und Kommunikationstechniken in Deutschland und Europa. 1993, C542.02–C542.15.

Sydow, J. (1995): Netzwerkbildung und Kooperation als Führungsaufgabe. In: Kieser, A./Reber, G./Wunderer, R. (Hrsg.): Handwörterbuch der Führung. Stuttgart 1995, Sp. 1622–1635.

Sydow, J. (2010a): Führung in Netzwerkorganisationen — Fragen an die Führungsforschung. In: Sydow, J. (Hrsg.): Management von Netzwerkorganisationen. Wiesbaden 2010, S. 359–373.

Sydow, J. (2010b): Management von Netzwerkorganisationen - zum Stand der Forschung. In: Sydow, J. (Hrsg.): Management von Netzwerkorganisationen. Wiesbaden 2010, p. 373-470).

Sydow, J./Frenkel, S.J. (2013): Labor, Risk, and Uncertainty in Global Supply Networks: Exploratory Insights. In: Journal of Business Logistics, Volume 34(2013)3, S. 236–247.

Sydow, J./Möllering, G. (2004): Produktion in Netzwerken : make, buy & cooperate. München 2004

Szyperski, N. (1993): Outsourcing als strategische Entscheidung. In: Online, (1993)2, S. 32–41.

Taleb, N.N. (2010): The Black Swan: Second Edition: The Impact of the Highly Improbable Fragility. 2010.

Tandler, S.M. (2013): Supply Chain Safety Management: Konzeption und Gestaltungsempfehlungen für lean-agile Supply Chains. Wiesbaden 2013.

Tang, C.S. (2006a): Robust strategies for mitigating supply chain disruptions. In: International Journal of Logistics, 9(2006)1, S. 33–45.

Tang, C.S. (1999): Supplier Relationship Map. In: International Journal of Logistics Research and Applications, 2(1999)1, S. 39–56.

Tang, C.S. u. a. (2004): The Benefits of Advance Booking Discount Programs: Model and Analysis. In: Management Science, 50(2004)4, S. 465–478.

Tang, C.S. (2006b): Perspectives in supply chain risk management. In: International Journal of Production Economics, 103(2006)2, S. 451–488.

Taschner, A. (2012): Management Reporting: Erfolgsfaktor Internes Berichtswesen. Wiesbaden 2012.

Taylor, F. (1911): The Principles of Scientific Management. New York 1911.

Teichmann, H. (1971): Der Stand der Entscheidungstheorie. In: Die Unternehmung, 25(1971)S 127, S. 127–147.

Ten Hompel, M. (Hrsg) (2011): Software in der Logistik: Cloud Computing. Anforderungen, Funktionalitäten und Anbieter in den Bereichen WMS, ERP, TMS und SCM. 1. Aufl. München 2011.

Ten Hompel, M./Hellingrath, B. (2007): IT &. Forecasting in der Supply Chain. In: Wimmer, T./Bobel, T. (Hrsg.): Effizienz - Verantwortung - Erfolg : 24. Deutscher Logistik-Kongress Berlin – Kongressband, Berlin 2007, S. 281–310.

Teubner, R.A. (1999): Organisations- und Informationssystemgestaltung: Theoretische Grundlagen Und Integrierte Methoden. 1999. Aufl., 1999.

Teuteberg, F. (2008): Supply chain risk management. In: Wirtschafts Studium, 37(2008)6, S. 847–853.

The Economist Intelligence Unit Limited (2009): Managing supply-chain risk for reward. Online verfügbar: http://www.acegroup.com/se-en/assets/ace-supply-chain-web.pdf (Zugriff am: 16.02.2016).

Thiemt, F. (2003): Risikomanagement im Beschaffungsbereich. Göttingen 2003.

Thom, A. (2008): Entwicklung eines Gestaltungsmodells zum Management von Risiken in Produktionsnetzwerken: ein Beitrag zum Risikomanagement in der Logistik. Berlin 2008.

Thomae, M. (1999): Die Managementlehre auf dem Irrweg der Aktionsforschung - Ein wissenschaftstheoretischer Zwischenruf. In: Die Unternehmung, 53(1999)4, S. 287–293.

Thomas C. Jones/Daniel W. Riley (1985): Using Inventory for Competitive Advantage through Supply Chain Management. In: International Journal of Physical Distribution & Materials Management, 15(1985)5, S. 16–26.

Thomas, D. (2015): Gestaltung effizienter BI-Prozesse in informationsintensiven Dienstleistungsunternehmen: Ein informationslogistischer Ansatz zur Auswahl einer effizienten Prozessvariante. Lohmar 2015.

Thom, N. (1988): Organisationsmanagement. In: Hofmann, M./Rosenstiel, L. von (Hrsg.): Funktionale Managementlehre. 1988, S. 322–352.

Thom, N./Wenger, A.P. (2010): Die optimale Organisationsform: Grundlagen und Handlungsanleitung. Wiesbaden 2010.

Thompson, J.D. (2011): Organizations in Action: Social Science Bases of Administrative Theory. New Brunswick 2011.

Thum, M. (1995): Netzwerkeffekte, Standardisierung und staatlicher Regulierungsbedarf. Tübingen 1995.

Thun, D.J.-H. (2005): The Potential of Cooperative Game Theory for Supply Chain Management. In: Kotzab, H. u. a. (Hrsg.): Research Methodologies in Supply Chain Management. Heidelberg 2005, S. 477–491.

Töpfer, A. (2012): Erfolgreich forschen: ein Leitfaden für Bachelor-, Master-Studierende und Doktoranden. 3., überarb. und erw. Aufl. Wiesbaden 2012.

Tornack, C./Decker, J./Schumann, M. (2014): Marktanalyse von Personalinformationssystemen – IT-Unterstützung von Kompetenz- und Nachfolgemanagement. In: HMD Praxis der Wirtschaftsinformatik, 51(2014)5, S. 708–718.

Tornatzky, L.G./Fleischer, M./Chakrabarti, A.K. (1990): The processes of technological innovation. 1990.

Tosi Jr., H.L./Slocum Jr., J.W. (1984): Contingency theory. Some suggested directions. In: Journal of Management, 10(1984)1, S. 9–26.

Träger, D./Wellbrock, W./Kanowski, K.-D. (2013): Tier-n Management – Innovatives Supply Chain Management bei der Daimler AG. In: Göpfert, I./Braun, D./Schulz, M. (Hrsg.): Automobillogistik. 2013, S. 39–62.

Trinczek, R. (2005): Wie befrage ich Manager?. In: Bogner, A./Littig, B./Menz, W. (Hrsg.): Das Experteninterview. 2. Aufl. Wiesbaden 2005, S. 209–222.

Trkman, P./McCormack, K. (2009): Supply chain risk in turbulent environments – A conceptual model for managing supply chain network risk. In: International Journal of Production Economics, 119(2009)2, S. 247–258.

Trovinger, S.C./Bohn, R.E. (2005): Setup Time Reduction for Electronics Assembly: Combining Simple (SMED) and IT-Based Methods. In: Production and Operations Management, 14(2005)2, S. 205–217.

Turing, A.M. (1937): On Computable Numbers, with an Application to the Entscheidungsproblem. In: Proceedings of the London Mathematical Society, 2-42(1937)1, S. 230–265.

Turner, B.A./Pidgeon, N. (1997): Man-made Disasters. 2. Aufl., Boston 1997.

Tushman, M.L./Nadler, D.A. (1978): Information Processing as an Integrating Concept in Organizational Design. In: Academy of Management Review, 3(1978)3, S. 613–624.

Tversky, A./Kahneman, D. (1973): Availability: A heuristic for judging frequency and probability. In: Cognitive Psychology, 5(1973)2, S. 207–232.

Tversky, A./Kahneman, D. (1974): Judgment under Uncertainty: Heuristics and Biases. In: Science, 185(1974)4157, S. 1124–1131.

Ulrich, H. (1970): Die Unternehmung als produktives soziales System: Grundlagen der allgemeinen Unternehmungslehre. 2., überarb. Aufl., Bern 1970.

Ulrich, H. (1981): Die Betirebswirtschaftslehre als anwendungsorientierte Sozialwissenschaft. In: Geist, M./Köhler, R. (Hrsg.): Die Führung des Betriebes. Stuttgart 1981, S. 1–25.

Ulrich, H. (1984): Management. Bern 1984.

Ulrich, H. (2001): Systemorientiertes Management. Bern 2001.

Ulrich, H./Probst, G. (1988): Anleitung zum ganzheitlichen Denken und Handeln. Bern 1988.

Ulrich, P./Fluri, E. (1995): Management. Eine konzentrierte Einführung. 7., verbesserte. Aufl., Bern 1995.

Ulrich, P./Hill, W. (1979): Wissenschaftstheoretische Grundlagen der Betriebswirtschaftslehre. In: Raffée, H./Abel, B. (Hrsg.): Wissenschaftstheoretische Grundfragen der Wirtschaftswissenschaften. München 1979, S. 161–190.

UPS (2015): EBN - David Roegge - Time for a High-Tech Risk Makeover? Online verfügbar: http://www.ebnonline.com/author.asp?section_id=3798&doc_id=279376 (Zugriff am: 20.12.2015).

Vahs, D./Schäfer-Kunz, J. (2012): Einführung in die Betriebswirtschaftslehre. 6. überarbeitete Aufl., Stuttgart 2012.

Van Zant, P. (2014): Microchip fabrication: a practical guide to semiconductor processing. Sixth edition. New York 2014.

VDA (2006): Jahresbericht 2005 des Verbandes der Automobilindustrie (VDA e.V.). 2006.

Veliyath, R./Srinivasan, T.C. (1995): Gestalt Approaches to Assessing Strategic Coalignment: A Conceptual Integration. In: British journal of management : BJM, 6(1995)3, S. 205ff.

van de Ven, A.H./Drazin, R. (1985): The concept of fit in contingency theory. In: Research in organizational behavior : an annual series of analytical essays and critical reviews. (1985) 7, S. 333-365.

Venkatesh, V. u. a. (2003): User Acceptance of Information Technology: Toward a Unified View. In: Management Information Systems Quarterly, 27(2003)3, S. 425–478.

Venkatesh, V./Brown, S.A. (2001): A Longitudinal Investigation of Personal Computers in Homes: Adoption Determinants and Emerging Challenges. In: Management Information Systems Quarterly, 25(2001)1, S. 71–82.

Venkatesh, V./Davis, F.D. (2000): A Theoretical Extension of the Technology Acceptance Model: Four Longitudinal Field Studies. In: Management Science, 46(2000)2, S. 186–204.

Venkatraman, N. (1989): The concept of fit in strategy research. Toward verbal and statistical correspondence. In: Academy of Management Review, 14(1989)3, S. 423–444.

Venkatraman, N./Prescott, J.E. (1990): Environment-strategy coalignment: An empirical test of its performance implications. In: Strategic Management Journal, 11(1990)1, S. 1–23.

Vilko, J./Ritala, P./Edelmann, J. (2014): On uncertainty in supply chain risk management. In: International Journal of Logistics Management, The, 25(2014)1, S. 3–19.

Vogler, M./Gundert, M. (1998): Einführung von Risikomanagementsystemen. Hinweise zur praktischen Umsetzung. In: Der Betrieb, 51(1998)48, S. 2377–2383.

Voigt, K.-I. (1992): Strategische Planung und Unsicherheit. Wiesbaden 1992.

Vorst, J.G.A.J. van der/Beulens, A.J.M. (2002): Identifying sources of uncertainty to generate supply chain redesign strategies. In: International Journal of Physical Distribution & Logistics Management, 32(2002)6, S. 409–430.

Voss, C./Tsikriktsis, N./Frohlich, M. (2002): Case Research in Operations Management. In: International Journal of Operations & Production Management, 22(2002)2, S. 195.

Voß, S./Gutenschwager, K. (2001): Informationsmanagement. Berlin, Heidelberg 2001.

Vroom, V.H./Yetton, P.W. (1973): Leadership and decision-making. Pittsburgh 1973.

Wacker, W.H. (1971): Betriebswirtschaftliche Informationstheorie Grundlagen des Informationssystems. Wiesbaden 1971.

Wade, M./Hulland, J. (2004): Review: The resource-based view and information systems research: Review, extension, and suggestions for future research. In: MIS quarterly, 28(2004)1, S. 107–142.

Wagner, S.M./Bode, C. (2006a): An empirical investigation into supply chain vulnerability experienced by German firms. In: Kersten, W./Blecker, T. (Hrsg.) Managing Risks in Supply Chains. Berlin: Erich Schmidt Verlag, (2006), S. 79–97.

Wagner, S.M./Bode, C. (2006b): An empirical investigation into supply chain vulnerability. In: Journal of Purchasing and Supply Management, 12(2006)6, S. 301–312.

Wagner, S.M./Bode, C. (2007): Empirische Untersuchung von SC-Risiken und SC-Risikomanagement in Deutschland. In: Vahrenkamp, R./Amann, M. (Hrsg.): Risikomanagement in Supply Chains. Gefahren abwehren, Chancen nutzen, Erfolg generieren. Berlin 2007, S. 59–79.

Wagner, S.M./Bode, C. (2009): Managing Risk and Security: The Safeguard of Long-term Success for Logistics Service Providers. In: Transportation journal, 49(2010)3, S. 69.

Wagner, S.M./Neshat, N. (2010): Assessing the vulnerability of supply chains using graph theory. In: International Journal of Production Economics, 126(2010)1, S. 121–129.

Wälchli, H. (1975): Investieren ohne Risiko? Analyse des Risikos und seine Verminderung. 1975.

Wald, A. (2009): A Micro-Level Approach to Organizational Information Processing. In: Schmalenbach Business Review 61(2009)3, S. 270-289.

Wang, Z. (2014): Strategic Fit Issues in Information System Research: Concept, Operationalization and Future Directions. In: International Journal of Hybrid Information Technology, 7(2014)1, S. 13–24.

Waters, C. (2007): Supply chain risk management. Vulnerability and resilience in logistics. London/Philadelphia 2007.

Watzlawick, P. (2003): Wie wirklich ist die Wirklichkeit? Wahn, Täuschung, Verstehen. 30. Aufl. München, Zürich 2003.

Weber, J. (2002): Logistik- und Supply-Chain-Controlling. 5., aktualisierte und völlig überarbeitete Auflage. Stuttgart 2002.

Weber, J./Kummer, S. (1998): Logistikmanagement: Führungsaufgaben zur Umsetzung des Flussprinzips im Unternehmen. 2. Aufl., Stuttgart 1998.

Weber, J./Schäffer, U. (2011): Einführung in das Controlling. Stuttgart 2011.

Weber, J./Weißenberger, B.A./Liekweg, A. (2001a): Risk tracking & reporting. Ein umfassender Ansatz unternehmerischen Chancen- und Risikomanagements. In: Götze, U./Henselmann, K./Mikus, B. (Hrsg.): Risikomanagement. Heidelberg 2001, S. 47–65.

Weber, M. (1922): Wirtschaft und Gesellschaft: Grundriß der verstehenden Soziologie. Tübingen 1922.

Wecker, R. (2006): Internetbasiertes Supply Chain Management Konzeptionalisierung, Operationalisierung und Erfolgswirkung. Wiesbaden 2006.

Weiber, R. (1992): Diffusion von Telekommunikation: Problem der Kritischen Masse. Softcover reprint of the original 1st ed. 1992. Wiesbaden 1992.

Weidner, C. (2013): Let's do IT. Business-IT-Alignment im Dialog erreichen. Berlin u. a. 2013

Weigand, A./Buchner, H. (2000): Früherkennung in der Unternehmenssteuerung: Navigation für Unternehmen in turbulenten Zeiten. In: Horvath und Partner (Hrsg.): Früherkennung in der Unternehmenssteuerung. 2000, S. 1–39.

Weill, P./Olson, M.H. (1989): An Assessment of the Contingency Theory of Management Information Systems. In: Journal of Management Information Systems, 6(1989)1, S. 59–85.

Weitzel, T. (2004): Economics of Standards in Information Networks. Auflage: 1. 2004.

Welge, M./Fessmann, K.-D. (1980): Organisatorische Effizienz. In: Handwörterbuch der Organisation. 1980, S. 577 –592.

Welge, M.K. (1987): Organisation. In: Rüth, D. (Hrsg.): Unternehmungsführung Bd. 2. 1987.

Welling, A. (2013): Strategien externen Unternehmenswachstums. Ein spieltheoretischer Realoptionenansatz. Wiesbaden 2013.

Wendin, C. (2004): Electronics Manufacturing: EMS at Cross Roads. 2004.

Weng, Z.K./Parlar, M. (2005): Managing build-to-order short life-cycle products: benefits of pre-season price incentives with standardization. In: Journal of Operations Management, 23(2005)5, S. 482–495.

Wente, I.M. (2013): Supply Chain Risikomanagement, Umsetzung, Ausrichtung und Produktpriorisierung: eine explorative Analyse am Beispiel der Automobilindustrie Lohmar, Köln 2013.

Wenzel, F. (1975): Entscheidungsorientierte Informationsbewertung. Opladen 1975.

Werder, A. von (2005): Führungsorganisation: Grundlagen der Spitzen- und Leitungsorganisation von Unternehmen. 1. Aufl., Wiesbaden 2005.

Werder v., A. (1992): Organisation des Risk Managements. In: Frese, E. (Hrsg.): Handwörterbuch der Organisation. Stuttgart 1992, S. 2212–2223.

Werder v., A. von (2015): Führungsorganisation: Grundlagen der Corporate Governance, Spitzen- und Leitungsorganisation. 3., aktualisierte und erw. Aufl. Wiesbaden 2015.

Wermers, H. (2000): Interventionen zur Steigerung der Datenqualität in Standard-PPS-Systemen Aachen 2000.

Wernerfelt, B. (1984): A resource-based view of the firm. In: Strategic Management Journal, 5(1984)2, S. 171–180.

Werner, H. (2013): Supply Chain Management: Grundlagen, Strategien, Instrumente und Controlling. Wiesbaden 2013.

Werner, H. (2014): Kompakt Edition: Supply Chain Controlling. Wiesbaden 2014.

Wessler, M. (2012): Entscheidungstheorie. Von der klassischen Spieltheorie zur Anwendung kooperativer Konzepte. Wiesbaden 2012.

Weyer, M. (2002): Das Produktionssteuerungskonzept Perlenkette und dessen Kennzahlensystem: Logistik, Produktionssteuerung. Karlsruhe 2002.

Weyer, M./Spath, D. (Hrsg) (2001): Produktionsplanung und -Steuerung - Das Produktionssteuerungskonzept „Perlenkette“. In: Zeitschrift für wirtschaftlichen Fabrikbetrieb : ZWF, 96(2001)1-2, S. 17-18.

White, A./Daniel, E.M. (2004): The impact of e-marketplaces on dyadic buyer-supplier relationships: evidence from the healthcare sectornull. In: Journal of Enterprise Information Management, 17(2004)6, S. 441–453.

Wiedmann, K.-P. (1984): Frühwarnung, Früherkennung, Frühaufklärung : zum Stand der Verwirklichung eines alten Wunsches im Sektor der Unternehmensführung. Mannheim 1984.

Wieland, A. (2012): An Empirical Examination of Strategies to Cope with Supply Chains Risks. 2012.

Wieland, A. (2013): Selecting the right supply chain based on risks. In: Journal of Manufacturing Technology Management, 24(2013)5, S. 652–668.

Wieland, A./Wallenburg, C.M. (2012): Dealing with supply chain risks. In: International Journal of Physical Distribution & Logistics Management, 42(2012)10, S. 887–905.

Wieland, A./Wallenburg, C.M. (2013): The influence of relational competencies on supply chain resilience: a relational view. In: International Journal of Physical Distribution & Logistics Management, 43(2013)4, S. 300–320.

Wiendahl, H.-P. u. a. (2006): Controlling in Lieferketten. In: Schuh, G. (Hrsg.): Produktionsplanung und -steuerung. 2006.

Wiendahl, H.-P./Selaouti, A./Nickel, R. (2008): Proactive supply chain management in the forging industry. In: Production Engineering, 2(2008)4, S. 425–430.

Wiener, N. (1965): Cybernetics, Second Edition: Or the Control and Communication in the Animal and the Machine. 1965.

Wildemann, H. (1984): Frühwarnsysteme : Gestaltung und Nutzen von Frühwarnsystemen. München 1984.

Wildemann, H. (1995): Entwicklungsstrategien für Zulieferunternehmen. 2. Auflage. München 1995.

Wildemann, H. (1997): Koordination von Unternehmensnetzwerken. Wiesbaden 1997.

Wildemann, H. (2004): Entwicklungstrends in der Automobil- und Zulieferindustrie: empirische Studie. München 2004.

Wildemann, H. (2006): Risikomanagement und Rating. München 2006.

Wildemann, H. (2001): Supply Chain Management mit E-Technologien. In: Albach, H./Wildemann, H. (Hrsg.): E-Business Management mit E-Technologien: Zeitschrift für Betriebswirtschaft Ergänzungsheft (2001)3, S. 1–20.

Wild, J. (1971): Zur Problematik der Nutzenbewertung von Informationen. In: Zeitschrift für Betriebswirtschaft, 41(1971)5, S. 315–334.

Wild, J. (1973): Kosten der Information. In: Betriebswirtschaftliche Forschung und Praxis, 25(1973), S. 616–624.

Wild, J. (1982): Grundlagen der Unternehmungsplanung. 4. Aufl., Opladen 1982.

Wilensky, H.L. (1967): Organizational Intelligence: Knowledge and Policy in Government and Industry. New York u.a. 1967.

Wilkins, A./Ouchi, W.G. (1983): Efficient Cultures: Exploring the Relationship Between Culture and Organizational Performance. In: Administrative Science Quarterly, 28(1983), S. 468–481.

Williamson, O.E. (1975): Markets and Hierarchies, Analysis and Antitrust Implications. New York 1975.

Williamson, O.E. (1985): The Economic Institutions of Capitalism - Firms, Markets, Relational Contracting. New York 1985.

Willke, H. (1991): Systemtheorie I: Grundlagen: Eine Einführung in die Grundprobleme der Theorie sozialer Systeme. 1991.

Willke, H. (2001): Systemtheorie III: Steuerungstheorie: Grundzüge einer Theorie der Steuerung komplexer Sozialsysteme. 4. Aufl., 2001.

Winkler, G. (1999): Koordination in strategischen Netzwerken. Wiesbaden 1999.

Winter, D. (2011): Simultane strategische Produktionsplanung beim Vorliegen unvollständiger Informationen: Vorstellung eines risikobasierten Entscheidungsunterstützungssystems unter Verwendung der unscharfen, stochastischen Programmierung. Berlin 2011.

Winter, P.D.R. u. a. (2008): Das St. Galler Konzept der Informationslogistik. In: Dinter, B./Winter, R. (Hrsg.): Integrierte Informationslogistik. Berlin 2008.

Witte, E. (1972): Das Informationsverhalten in Entscheidungsprozessen. Tübingen 1972.

Wittmann, E. (1999): Organisatorische Einbindung des Risikomanagements. In: Saitz, B./Braun, F. (Hrsg.): Das Kontroll- und Transparenzgesetz. Wiesbaden 1999, S. 129–143.

Wittmann, W. (1959): Unternehmung und unvollkommene Information. Köln u. a. 1959.

Wolf, J. (2000): Der Gestaltansatz in der Management- und Organisationslehre. Wiesbaden 2000.

Wolf, J. (2011): Organisation, Management, Unternehmensführung: Theorien, Praxisbeispiele und Kritik. 4. Aufl., Wiesbaden 2011.

Wolf, K. (2013): Risikomanagement im Kontext der wertorientierten Unternehmensführung. Wiesbaden 2013.

Wolf, K./Runzheimer, B. (2003): Risikomanagement und KonTraG. Konzeption und Implementierung. 4. Aufl., Wiesbaden 2003.

Wright, G./Ayton, P. (1994): Subjective Probability. Chichester, New York 1994.

Wrona, P.D.T. (2006): Fortschritts- und Gütekriterien im Rahmen qualitativer Sozialforschung. In: Zelewski, S./Akca, N. (Hrsg.): Fortschritt in den Wirtschaftswissenschaften. Wiesbaden 2006, S. 189–216.

Wulf, J./Winkler, T./Brenner, W. (2012): Organisationsgestaltung der Demand-IT. In: Goltz, Ursula u. a. (Hrsg.): GI-Jahrestagung, 2012, S. 746-758.

Yeniyurt, S. (2003): A literature review and integrative performance measurement framework for multinational companies. In: Marketing Intelligence & Planning, 21(2003)3, S. 134–142.

Yigitbasioglu, O.M. (2010): Information sharing with key suppliers: a transaction cost theory perspective. In: International Journal of Physical Distribution & Logistics Management, 40(2010)7, S. 550–578.

Yin, R.K. (2011): Applications of Case Study Research. 3. Aufl., Thousand Oaks 2011.

Yin, R.K. (2014): Case study research: design and methods. 5. Auf., Los Angeles 2014.

Yuchtman, E./Seashore, S. (1967): System resource approach to organizational effectiveness. In: American Sociological Review, 32(1967)6, S. 891–903.

Yvonne van Everdingen, J. van H. (2000): ERP Adoption by European Midsize Companies. In: Commun. ACM, 43(2000), S. 27–31.

Zäpfel, G. (2000): Supply Chain Management. In: Baumgarten, H./Wiendahl, H.-P./Zentes, J. (Hrsg.): Logistik-Management. Strategien-Konzepte-Praxisbeispiele. Berlin u.a. 2000, S. 1–32.

Zellmer, G. (1990): Risiko-Management. Berlin 1990.

Zhou, H./Benton Jr., W.C. (2007): Supply chain practice and information sharing. In: Journal of Operations Management, (= Supply Chain Management in a Sustainable Environment Special Issue on Frontiers of Empirical Supply Chain Research), 25(2007)6, S. 1348–1365.

Ziegenbein, A. (2007): Supply Chain Risiken: Identifikation, Bewertung und Steuerung. Zürich 2007.

Ziegler, L.J. (1980): Betriebswirtschaftslehre und wissenschaftliche Revolution: Eugen Schmalenbachs Betriebswirtschaftslehre zum Gedächtnis. Stuttgart 1980.

Ziegler, R. (1973): Typologien und Klassifikationen. In: Albrecht, G./Daheim, H./Sack, F. (Hrsg.): Soziologie. 1973, S. 11–47.

Zimmermann, H.-J. (2000): An application-oriented view of modeling uncertainty. In: European Journal of Operational Research, 122(2000)2, S. 190–198.

Zitzmann, I. (2014): How to Cope with Uncertainty in Supply Chains? - Conceptual Framework for Agility, Robustness, Resilience, Agility and Anti-Fragility in Supply Chains. In: Kersten, W./Blecker, T./Ringle, C.M. (Hrsg.): Next Generation Supply Chains: Trends and Opportunities. Berlin 2014, S. 361 – 377.

Zmud, R.W./Apple, L.E. (1992): Measuring Technology Incorporation/Infusion. In: Journal of Product Innovation Management, 9(1992)2, S. 148–155.

Zsidisin, G.A. (2003a): A grounded definition of supply risk. In: Journal of Purchasing & Supply Management, 9(2003)5, S. 217–224.

Zsidisin, G.A. (2003b): Managerial perceptions of supply risk. In: Journal of Supply Chain Management, 39(2003)1, S. 14–25.

Zsidisin, G.A. u. a. (2004): An analysis of supply risk assessment techniques. In: International Journal of Physical Distribution & Logistics Management, 34(2004)5, S. 397–413.

Zsidisin, G.A./Ellram, L.M. (2003): An Agency Theory Investigation of Supply Risk M anagement. In: Journal of Supply Chain Management, 39(2003)2, S. 15–27.

Zsidisin, G.A./Ragatz, G.L./Melnyk, S.A. (2005): The dark side of supply chain management. 2005.

Zsidisin, G.A./Melnyk, S.A./Ragatz, G.L. (2005): An institutional theory perspective of business continuity planning for purchasing and supply management. In: International Journal of Production Research, 43(2005)16, S. 3401–3420.

Zsidisin, G.A./Ragatz, G.L./Melnyk, S.A. (2005): Effective Practices and Tools for Ensuring Supply Continuity. In: Brindley, C. (Hrsg.): Supply Chain Risk. Hampshire 2005, S. 175–196.

Zsidisin, G.A./Ritchie, B. (2008): Supply chain risk management. Developments, issues and challenges. In: Zsidisin, G. A./Ritchie, B. (Hrsg.): Supply chain risk. A handbook of assessment, management, and performance. Berlin 2008, S. 1-12.

Zurlino, F. (1995): Zukunftsorientierung von Industrieunternehmen durch strategische Früherkennung. München, Wien 1995.

Züst, R. (2004): Einstieg ins Systems Engineering: Optimale, nachhaltige Lösungen entwickeln und umsetzen. 3. vollst. neu bearb. Aufl., Zürich 2004.